サバンナのジェンダー

西アフリカ農村経済の民族誌

友松夕香

明石書店

サバンナのジェンダー

――西アフリカ農村経済の民族誌

目次

第六章　料理の実をめぐる領主と女性たち　375

結　論　411

序論

「途上国」また「アフリカ」とは、開発政策あるいは開発援助政策の実施の場である。開発援助にかかわる国際機関や団体、各国の政府は、これらの地域の人びとの暮らしの改善と向上を目的に、それを阻んできた問題を解決するために開発政策を立案し、プロジェクトを実施してきた。しかし、その前提となっている解決すべき「問題」は、現場の暮らしとはどこか「ずれ」ている。こうした感覚を抱いたことは、開発の現場となってきた地域を調査した研究者はもちろん、現場に一定の経験をもつ開発の実務者たちも、少なからずあるのではないだろうか。本書では、このような問題意識をてがかりに、「アフリカ」の農村部の女性を対象とした開発政策について考えてみたい。

第一節　フェミニズムと開発政策の誤認

女性たちは多くの苦難を経験してきた、といわれている。過去半世紀、女性たちの苦難は、女性の周縁化、女性の従属、資源配分の男女格差、貧困の女性化など、男性との対比で概念化されてきた。開発政策の議論の場でも、解決すべき課題として順にとりあげられることで、「途上国」の「女性」は支援を受ける独立したカテゴリーとしての地位をすっかり確立してきたのである。そして、とくにアフリカ各地の農村部の女性を対象にこれらの問題系が適用されることで、女性たちは耕作技術の指導から、資金の提供、そして、プロジェクトを通じて土地の再配分を受ける対象となってきたのである。しかし、私たちは、「途上国」や「アフリカ」各地の農村部における女性たちの生計をめぐる男性たちとの関係について、その中身をどれだけ知っているのだろうか。また、女性の耕作を支援することがどのように女性たちの苦難を軽減することになるのだろうか。

フェミニズムの思想と運動は、成熟と省察のときを迎えてしばらく経つ。たとえば、日本でも、さまざまな男女格差の解消に向けた女性への政策支援をとおして、現場における女性たちと男性たちの葛藤の声だけではなく、多様な見解が届けられ、政策の矛盾も指摘されることで、少なからずの議論が展開されてきた。ところが、開発政策の議論の場では、依然として、男性と女性を対立軸に振り分けて損得を計る図式で問題が設定されるだけでなく、現場の暮らしの内実が知らされないままに、「問題」の解決のための処方箋が「途上国」や「アフリカ」の支援の現場に一方向的に提供され続けているのである。数多くの研究が表面的な事実を積み、既存の定説を繰り返し再確認しても、そこからは暮らしの「内側」の男性と女性の生計関係は見えてこない。また、実態の複雑さを強調する少なからぬ研究も、その具体的な中身を伝えることなしには、政策の議論の場に熟議を生みだしてはこなかった。

たしかに、遠く離れたアフリカ各地の農村部の日常生活の内実は、日本の読者にとっても、また開発政策の研究者や実務者にとっても、想像にたやすくないだろう。しかし、それぞれの地における男性たち、女性たちの生き方と双方の関係性は、それほど理解できないものなのだろうか。問題は、これまでの研究において、日々の暮らしにおける男性と女性の間のやりとりが十分に精査されてこなかったこと、また、政策の議論の場や一般社会に向けて理解できるようには伝えられてこなかったことではないだろうか。このために、被害者やヒロインとしての一様な女性像が生みだされ、女性への支援が開始され、一途に続いてきたのである。

過去一世紀、アフリカ各地の農村部をとりまく環境は大きく変化してきた。男性と女性の日々の暮らしにおける関係性も、この変化にともない大きく変容してきた。しかし、そのあり方は、開発政策の議論で想定されてきたように、近代化を通じて女性が生産者としての地位を失い、周縁化したとして一様に結論づけることはできない。また女性たちの暮らしは決して楽ではなくても、その問題の所在は男女の権力関係に着目する視点だけで理解できるような単純なものではない。そして、今日の「国際社会」で揺るぎない価値として主張されている「ジェンダー平等」を促進するための女性への支援は、そこで想定されているような女性たちの福利（ウェルビーイング）（幸福と利益）の向上につながるとはかぎらない。

本書は、人びとが環境と他者との相互作用をとおして形成してきた文化的な性差としての「ジェンダー」を分析の中心に据える。そして、人びとによる男女の二分法での規範、役割、特性をめぐる差異化のあり方とその実践をみていくことで、農村部の暮らしを記述した民族誌である。「途上国」や「アフリカ」の農村部の暮らしを対象にしたジェンダーと世帯研究、そしてこれらと密接にかかわってきた開発政策では、フェミニズムがあまりに大きなうねりとなり、男性と女性の関係性を「中心と周縁」「優位と劣位」「支配と自律」「依存と自立」の二項対立的な思考で説明する方式が定着した。この結果、すっかり見えなくなっている男性と女性の生計関係を描きなおすうえで、私は、フェミニズムの思想と運動、理論化の過程でその分析概念として確立したジェンダー[1]を、暮らしと社会関係の理解のためだけではなく、女性を支援する開発政策がはらんできた矛盾を浮き彫りにするために分析に用いたい。

その舞台となるのは、ガーナ共和国の北部の西ダゴンバ地域である。この地が位置する西アフリカの内陸部のサバンナ地域一帯では、比較的近年の環境の変化を通じて多くの女性たちが「新たに」耕作を始め、生産活動の領域を広げてきた。また、この地の女性たちは男性たちとの暮らしのなかで農業に不可欠な土地、樹木、労働力など生産資源の優先的な配分を受けていないとしても、これは従来の議論のように、女性が男性に対して劣位におかれていることや、女性の収益が少ないことを意味するとはまったくかぎらない。ガーナ北部の西ダゴンバ地域は、農業の生産主体としての女性とその女性の周縁化を前提として、女性の従属、そして資源配分の男女格差を女性や世帯全体としての「福利」の低さと結びつけることで展開されてきた女性を支援する開発政策[2]を再検討するうえで、重要な事例を提供するのである。

本書からは、人びとが、男性として、女性として、ともに奮闘しつつ織りなし、展開させてきた、農業を生活の基盤とする日常の営みの具体的な中身が明らかになるだろう。そうして浮き彫りになる暮らしの内実と女性の支援政策の定説との間の「ずれ」をもとに、たとえば、開発政策が人びとを抑圧してきたとして、それに替わる草の根やローカルレベルからの新たな運動を推進すること［e.g. Escobar 1995］は、意図するところではない。私は、本書の検討から明らかになる男性と女性の間の生計関係の複雑な実態をもとに、私自身が調査をとおして現地の人びとから課されてきた制約下において、開発政策の議論の場に向けて従来とは別の角度から女性を支援する手法を提案してみることで、今後の議論を喚起させることができればと思っている。これが民族誌を書くうえでの私の立場である。

第二節　アフリカの農村女性像の誕生と展開

耕作の主役だったにもかかわらず、農業の近代化政策を通じて周縁化され、男性が優位に立つ社会で経済的にも苦しむアフリカの農村女性たち。このような言説は、一九七〇年代ごろより大きな潮流となったフェミニズム論に関心を寄せた経済学、人類学、政策科学研究の手法上の不具合によって生みだされ、定着してきた。そこで、本節では、開発政策の女性支援の議論に大きな影響を与えたこれらの分野の研究を追うことで、言説の誕生と展開の経緯を明らかにする。そして、とくに、本書の調査地が位置する西アフリカの内陸部のサバンナ地域を対象とした研究に焦点をあて、この地域文脈におけるこれらの定説の矛盾点を明確にする。これをとおして、男性と女性の生計関係の再検討に向けた問いを整理し、本書の手法の議論へとつなげていく。

一般化の問題――「女性の周縁化」論

アフリカは、女性による農耕（ファーミング）が卓越した地域である。多くのアフリカの部族（トライブ）は、食料の生産にかかわるほぼすべての作業を女性に任せてきた。これらの部族共同体のほとんどでは、土壌の肥沃度が下がるまでの二〜三年の間だけ土地の一部を耕作する移動耕作の農業システムが営まれている［Boserup 1970: 16］。

政策の議論の場では、個別の事例から導き出された仮説が、「アフリカ」といった、地理的に広大な範囲の地域枠組みで一般化され、問題としてとりあげられる傾向がある。適用範囲を広げることで、議論のインパクトを上げ、効率的に解決を図るためだからである。しかし、生活環境も文化も多様性を極める広大なアフリカ大陸とその周辺の島々を「アフリカ」と一括りで一般化するならば、その議論には見逃すことができない重大な矛盾と混乱が生じる。

一九七〇年は、開発政策において女性を支援する議論が始動した年である。そのきっかけとなったのが、冒頭で引用した農業経済学者のエスター・ボズラップによる『経済開発における女性の役割』の出版だった。ボズラップがアフリカやアジアの事例から主張したのは、農村部の女性たちは近代化を通じて生産者としての地位を失ったという仮説である。植民地時代から独立後を通じて、鋤、換金作物、化学肥料などの近代的な農業技術の導入と普及は男性を対象にしていた。このため、新たな技術を獲得した男性たちと従来の方式のまま食料の生産を続ける女性たちとの間には労働効率や収益に格差が生じ、また、女性たちは土地への権利までも失ってきた［Boserup 1970: 53-64］。ボズラップによる、フェミニズム史観にもとづく性別での農業の生産主体と分業の変容のモデルは、開発政策の女性支援の議論において農業分野の「女性の周縁化」の定説として広く知れ渡ることになった。

とくに「アフリカ」は、この書籍におけるボズラップの主張の「見せどころ」としての地域だった。冒頭の引用は、第一章「男性と女性の農耕システム」の第一節「アフリカの農業における分業」の書き出しである。その内容からも明らかなように、アフリカは、男性ではなく女性が食料の生産の役割を担ってきた「特異」な場所として、暗にほかの地域との対比で強調されているのである。ボズラップによると、ヨーロッパ諸国の統治下に入る前、女性たちが農業をおこなってきた地域での男性たちの仕事といえば、開墾のための木々の伐採や、狩猟、戦だった。しかし、人口密度の上昇による森林被覆の減少や集約的な耕作によって、開墾の必要性と狩猟の重要性が低下し、またヨーロッパ人の支配によって戦も阻止された。こうして、仕事が少なくなった「怠け者のアフリカ男性たち」を対象に、ヨーロッパからの定住者や行政官たちは、男性が耕作を担うヨーロッパでの方式にもとづいて、輸出用の換金作物をつくらせた［Boserup 1970: 18-19］というのである。

問題は、女性が食料の生産の中心的な役割を担ってこなかった地域もアフリカ大陸には広がっていたことである。本書の調査地のガーナ北部を含む、西アフリカの内陸部のサバンナ地域である。ボズラップが参照元にした人類学／民族学者のヘルマン・バウマンによる一九世紀後半から一九二〇年代ごろまでの研究をもとにした論考では、この一帯ではむしろ、男性が単独か、あるいは女性と一緒に農作業をおこなう地域、つまり、男性が耕作の主役になっている地域が支配的だった［Baumann 1928: 303］。すなわち、ボズラップが一般化に向けてその事実を軽視した形跡が少なからず確認できるわけだが[3]、もちろん、ボズラップ自身も但し書きをしていなかったわけではない。食料生産にかかわるほとんどの農作業を女性が担う分業の様式は、「コンゴ地域の全域、東南アフリカと東アフリカの大部分、そして西アフリカの一部で優勢だった」［Boserup 1970: 17］と文中において述べているし、冒頭の引用においても、その様式がみられるのは「多く」のアフリカの部族（トライブ）であり、「すべて」だとは述べてはいない。

しかし、耕作の主役としての「アフリカの女性」の発見、そして、その女性たちが農業の近代化政策によって生産者としての地位を失ってきたという見解は、当時の開発援助業界の諸機関・団体に大きな衝撃を与えたようである。周知のとおり、女性は当時、開発政策の対象者ではなく、生産活動の主体を担う夫など家族の男性を介して受動的に開発の恩恵を受ける存在として位置づけられていたからである。世界銀行の専門家をしていた社会人類学者のモーゼーによると、女性支援のための最初の施策として知られている「開発と女性」（WID: Women in Development）という用語は、一九七〇年代前半にアメリカ合衆国の国際開発協会（Society for International Development）の支部であるワシントンDCの女性委員会がボズラップ、そしてそのほかの文化人類学者による第三世界の開発を主題とする新たな研究の台頭を受けて提唱し、その後、アメリカ合衆国国際開発庁（USAID）が女性支援の手法の名称としていち早くとり入れることで定着したという［Moser 1993: 2］。こうして、「開発と女性」政策は、それまで忘れられていた女性たちを経済発展の重要な主体として位置づけなおし、また男女間の公正（エクイティー）の観点から女性の生産活動を促進するために開始されていくことになったのである［*ibid.*: 63-64］。

もちろん、少なからぬ人類学者らが、ボズラップによるアフリカの農業の性別分業とその変容のモデルに異論を唱えてきた。たとえば、文化人類学者のガイヤーをはじめとするアフリカ各地を調査してきた研究者は、個別の事例や比較研究のレビューをもとに、その矛盾や混乱を指摘した(4)［Guyer 1984, 1991］。また、本書がとりあげるガーナ北部を調査地としてきた社会人類学者のジャック・グディも、自身の民族学的な比較文化研究において、アフリカでは女性の耕作への関与の程度が一般的に高いと述べつつも、「西アフリカのサバンナ地域では、農業における女性の重要性は低下する。男性がほとんどの作業をするか、双方が同等に関与している状況がみられる」［Goody & Buckley 1973: 109］と明記している。

ところが、西アフリカの内陸部のサバンナ地域において、女性が耕作の主役なのか、またその女性が周縁化されたか否かは、開発政策の議論の場では不問にされてきた。この背景として重要なのが、当時のフェミニズム論の勢いだけではなく、開発援助業界での言説とその実践としての「食料生産の女性化」［Whitehead 1990: 436］の現象である。一九七〇年代前半と一九八〇年代前半の二期にわたり、サヘル地域で干ばつが発生した。そして、一九八〇年代前半から、アフリカ諸国が債務状況の悪化にともない国際通貨基金（ＩＭＦ）と世界銀行による構造調整計画（ＳＡＰ）を受け入れたことによって土地の生産性が低迷し、「アフリカの食料危機」がとりざたされた。こうして、農村部の暮らしをとりまく環境の変動に際し、「換金作物」を生産する男性に対して「食料」の生産を担ってきたとされる女性の役割がいっそう強調されることになったのである。このような経緯から、一九八〇年代～一九九〇年代にかけて立て続けに出版されたのが、『アフリカにおける女性たちと仕事』［Bay 1982］、『農業、女性たち、土地――アフリカの経験』［Davison 1988］、『アフリカの女性耕作者たち――マリとサヘル地域の農村開発』［Creevey 1986a］、『構造調整とアフリカの女性耕作者たち』［Gladwin 1991］、『鍬を振るう女性たち――フェミニズム論と開発実践に向けたアフリカの農村部からの教訓』［Bryceson 1995a］などの論集だった。そして、女性の労働の負担が増している状況に懸念が示される一方で［e.g. Bryceson 1995b: 217-218; Cloud & Knowles 1988: 257-258］、やはり、女性を対象に農業技術の習得や資金の提供、そして土地の確保を支援することの重要性が再確認されていったのである。

フェミニスト人類学の矛盾――「女性の従属」論

同時に一九八〇年代ごろ、夫婦や同居家族の間の生計関係を主題に民族誌を書くことで開発政策に大きな影響を与えたのが、フェミニスト人類学者たちである。当時、方法論的個人主義の台頭を受け、「世帯」や「家計」を分析する諸研究において、生計をともにする単位としての「世帯」[5]が単一の調和的な意思決定の主体とみなされてきたことが批判され始めていた。フェミニスト人類学者たちは、この従来の手法を抜本的に修正すべき論拠として、それぞれのフィールドから女性と男性の生計関係についての新たな見解を提供した。しかし、女性の「従属」(subordination)を分析の中心的な概念に据え、ジェンダー・ポリティクス――男性と女性の間の権力関係と役割をめぐる交渉――に着目する手法は、夫婦や同居家族の生計関係の複雑な実態を捉えるうえで大きな矛盾をはらんでいた。ここでは、とくに頻繁に引用されてきた一連の研究を紹介したい。

まず、「「お腹が空いたよ、お母さん!」――家計の支出をめぐるポリティクス」と題する、ホワイトヘッドによる一九八一年の論文である。これは、アフリカにおける女性の生計を支援する議論でフェミニスト人類学が存在感を増すきっかけとなった代表作である。本書と同じガーナ北部に位置するクサシ地域を対象に、一夫多妻による婚姻関係が形成され、直系や傍系の複合家族から成るような、この地域でよくみられる構成の同居家族の事例が扱われている[Whitehead 1984 (1981)]。

> サハラ以南の多くの地域で共通してみられるように、夫と妻は資金を出し合ったりしないし、家事や子育てのために共同で予算を管理していない。〔中略〕…男性と女性はそれぞれ個人の畑をもつが、女性の畑は平均して一エーカーにも満たず、このため個人の畑からそれなりの現金収入を得るのは男性だけなのである。それぞれが生産した作物をどのように利用するのかについても男性と女性の間では大きな違いがみられる。クサシの人びとによると、女性は、空腹期に子どもたちを食べさせるために落花生を生産している。男性は、現金を得るために耕作をしている。〔中略〕男性たちは、世帯主あるいは夫として生産する義務をもつ

主食用（フードステイプル）の食料のために、あるいは通常、生存に不可欠なそのほかの多くの項目のために稼いだ現金を使わない［*ibid.*: 105］。〔中略〕統計によると、この地域のトウジンビエの生産は減少しており、これはおそらく男性たちが換金作物の生産に集中して生存に不可欠な作物をないがしろにしている結果である。男性と女性はこの生存に不可欠な作物の生産が減少しているという事態において、明らかにかなり異なる経験をしている。というのも、男性たちには別にも確実な収入の形態が複数があり、先ほど分析したように、子どもたちの生命の維持の責任もない。嫁いできた女性たちは、夫や世帯主に主食用の食料を依存しているのにもかかわらず、どれだけ生産し、どのように利用するのかの決定には関与できないのである［*ibid.*: 107］。

当然にして、この論考は、ガーナ北部を含む西アフリカのサバンナ地域の従来の「世帯」研究の議論の見直しを迫るものだった。それは、この地をフィールドにしてきたマイヤー・フォーテス、ジャック・グディ、クロード・メイヤスー(6)など著名な人類学／民族学者による研究では、男性とその妻子、あるいは住居をともにする同居家族が生産と消費における共同単位を構成するうえで調和的な意思決定主体として実際に成り立っているか否かは、そうであるものとして問われてこなかったからである［e.g. Fortes 1949: 101-102; Goody 1956: 33-34; Meillassoux 1977 (1975) : 93］。しかし、ホワイトヘッドの論考で明らかになったのは、女性たちは、一緒に暮らしている夫とは別に耕作するなど、自らで主体的に生産活動をおこない、子どもたちを食べさせていることだった。これは、この地域の女性の「従属」に大きな問題関心を寄せ、女性の労働力と出産能力の搾取論を展開したメイヤスー［*ibid.*: 119］の論考においても想定外の、女性にとっていっそう好ましくない事態——男性は、嫁いできた女性と自らの子どもたちを食べさせる「保護」あるいは「扶養」の役割さえ果たしていない——だったのである。

ホワイトヘッドの論考は、一家の大黒柱としての従来の男性像を打ち消すことで、世帯研究におけるパラダイム転換の象徴となった『分裂した家庭——第三世界における女性と収入』［Dwyer & Bruce 1988］にも影響を与えている。人類学者と経済学者が論考を寄せたこの論集では、編者である文化人類学者のドワイヤーとブルースはとくにアフリカに大きな関心を示していた。女性の従属を議論の要に据えたその序論では、(7)「ホワイトヘッドは、いかに西アフリカの男性たちが家庭に不在であり、子どもたちが必要とするものを知ることから〔ホワイトヘッドが「食べ物を求めて子どもたちが泣き叫んでいることから」とセンセーショナルに記述したように〕逃れている点を描いた」[Bruce & Dwyer 1988: 12〔括弧による説明は原文のまま〕]という具合に、先のホワイトヘッドの論文を引用しているのである。

これらの流れを受けて(8)一九九三年に出版されたのが、社会人類学者のモーザーが世界銀行の専門家として記した『ジェンダー計画と開発——理論、実践、教育』[Moser 1993]である。この書籍は、開発政策における女性支援の施策を、女性自身に焦点をおいていた「開発と女性」(WID)から、文化的に形成された「不平等な性差」としての「ジェンダー」関係を解決すべき問題として焦点にする「ジェンダーと開発」(GAD: Gender and Development)へ移す契機となったものである。そこでは、女性が抱える問題を解決するためには女性が男性に従属する関係の変革が最重要だとして、女性に力をつけさせるための「エンパワーメント」手法が次のように提唱されている。

> エンパワーメント手法は、男性たちと女性たちの間の不平等と、女性たちの従属の根源が家庭にあるという認識にもとづいている。〔中略〕…それ〔エンパワーメント手法〕は、女性たちが力（パワー）を拡充させることの重要性を認識している。しかし、この力（パワー）とは、他者に対する優位性（ドミネーション）——たとえば女性たちが利益を得ることが男性たちにとっての損失になること——というよりは、むしろ女性たちが自立性（セルフリライアンス）と内的な強さを高めるための能力（キャパシティー）を意味している。これは、極めて重要な物質的、非物質的な資源を手に入れて支配する能力（アビリティー）を通じて、人生において選択をおこない、変化の方向性に影響力をもつ権利である[Moser 1993: 74-75]。

ここで重要なのは、女性が資源を手に入れ、その資源を自分で管理し利用する能力を得ることが「ジェンダー平等」の手段として強調されていることである。モーザーは、「個人レベルでの経済的な独立性（インディペンデンス）を高めることは、女性が世帯内のレベルで話し合いと交渉をおこなう入り口になる」[Moser 1993: 206]と別の箇所でも述べているように、女性が男性の支配をうけずに「自律」する筋道として、女性が経済的に男性（夫）に依存している状況から抜け出すことが重要だと主張している。すなわち、女性が稼ぐことができるように、生産活動に必要な知識や経験、技術などの非物質的な資源はもちろんのこと、土地や資金などの物質的な資源を手に入れ、利用できるようにすることが、エンパワーメントの手法として有効だと考えられたのである。

ところが、一方で、『ジェンダー計画と開発』が出版される三年前の一九九〇年には、これらの議論に先駆者として貢献したホワイトヘッドは論調の慎重さを求める趣旨を発信し始めていた。女性の「従属」というキーワードを用いることなく、自らのかつての主張の修正はしないまでも、男性は換金作物、女性は食料を生産するというような二分法的な理解に警鐘を鳴らし、経済的な変動と変化の複雑性に着目して男性と女性の間の分業の連関や相互依存的な関係を検討する必要性をより強く主張し始めていたのである［Whitehead 1990: 433-436］。そして、近年、ホワイトヘッドを含むフェミニスト人類学者たちがより明確に提起しているのは、彼女たちが生みだした知識が開発実践を通じて単純化され、「被害者」として、また困難に立ち向かう「ヒロイン」としての女性像が創造され、女性を支援するためのスローガンに使われてきたという問題である［Cornwall *et al.* 2007: 3］。

知識の政治的な利用は、研究者にとっては不可避で非常に厄介な問題である。しかし、これまでみてきたホワイトヘッドやドワイヤーとブルースによる論考では、被害者としての女性像を読み手に印象づけてしまうような内容が明確に記述されていることは否定できない。政治学者のチャントが指摘しているように、女性に焦点をあてる手法は、男性側、ならびにジェンダー関係を精査することの制約にもつながってきた(9)［Chant 2008: 176］。また、社会学者のチールは、先述した一九八〇年代における世帯研究の手法のパラダイム転換に際し、新たな手法による見方を世帯員の競合的、対立的な関係を強調するポリティカルエコノミー論、また従来の手法による見方を世帯員の調和的、協力的な関係を強調するモラルエコノミー論として、どちらかを取捨選択するのではなく、両方の視点から検討する必要性を指摘していた［Cheal 1989: 17-19］。すなわち、フェミニスト人類学者による開発援助業界への問題提起は、むしろ、フェミニストとして女性に「寄り添う」立ち位置が、男性と女性の生計関係の複雑性や両義性を捉えることとは相入れなかったという、フェミニストとして、また同時に人類学者としての民族誌的研究の手法上の矛盾を明るみにしたのである。

政策科学研究とみえない関係性――「資源配分の男女格差」論

ちょうど同じく一九八〇年代ごろ、「途上国」や「アフリカ」の農村部を対象にした女性支援の議論にかかわる学問分野の情勢に変化が生じていた。農村部の暮らしを主題としてきた人類学／民族学研究は、オリエンタリズム批判と民族誌批判[10]、そして研究関心の都市部への移り変わりを通じて衰退し始める。フェミニスト人類学者においても、一九九〇年代ごろより民族誌を書くことではなく、むしろフェミニズム論が関係する開発言説の修正や言説の生成過程を批判的に検討する作業に方向転換する［e.g. Cornwall *et al.* 2007; Whitehead 1990, 2000; Whitehead & Kabeer 2001］。その一方で台頭してきたのが、開発学研究、より厳密には社会の諸問題を主題としてその原因を分析し、解決策を提言する政策科学の研究である。

政策科学の研究の最も典型的な手法とは、既存の諸理論や事例研究を参照することで一般仮説を導きだし、個別の事例において質問票による調査と統計分析をおこなうことで、その仮説の妥当性を検証するものである。これは、仮説が特定の社会集団の特徴をどれだけ捉えているか評価し、政策による問題解決を図るための明確な提言ができるという大きな利点をもっている。一方で、その大きな欠陥とは、そもそも仮説が複雑な実態を捉えていないとしても、その仮説以外の理解ができないことにある。

「資源配分の男女格差」は、夫婦間の不平等関係に関心を寄せる開発関連の政策科学の研究で問題として積極的にとりあげられてきた。その背景として、まず、これらの研究を牽引してきた家計を主題とする経済学の分野においても、方法論的個人主義を採用し、世帯の構成員の競合関係に着目する手法に移り変わったことが重要である。それまで世帯を調和的な意思決定主体とみなしてきたベッカーやチャヤーノフに代表される従来の手法［Becker 1981; Chayanov 1966］は、世帯の「ユニタリーモデル」として批判された。そして、この「ユニタリーモデル」のかわりに、個人を分析の単位として、世帯を異なる選好をもつ個人の集合体としてみなす「コレクティヴモデル」、なかでも、世帯員の間の役割や生産資源の配分をめぐる交渉に着目する「バーゲニングモデル」が台頭したのである[11]。これらの研究は、たとえば、女性が嫁ぎ先でわずかな面積の耕作地しか与えられないこと、あるいは彼女の一日の限られた労働力を夫の畑の農作業のために割り当てなければならないことは、夫との比較において彼女自身が得ることができる収益の相対的な低さを意味するという見解を示してきた。「自営業者としての男性と違い、自営業者としての女性は男性が所有する畑の無給の作業者なのである」[Agarwal 2003: 193]という、インドをフィールドにフェミニスト経済学研究を牽引してきたアガーワルの見解がこの極論である。また、より近年のインドにおける研究では、女性は家計における負担が大きいにもかかわらず、夫からわずかな土地しか与えてもらえないこと、このために市場においても低賃金の労働に応じざるをえないと主張されている[Garikipati 2009: 540]。これらの現象は、開発政策においては、「貧困の女性化[12]」と表現されてきた。

代表的な研究は、西アフリカのサバンナ地域での調査からも生みだされてきた。その一つは、経済学者のジョーンズによるカメルーン北部の灌漑による稲作プロジェクトを対象にしたものである。ジョーンズは、プロジェクトの対象者として生産の主体になっている男性が、畑の手伝いをする妻に相応の「代償」を与えていないために、妻がより労働効率が低い別の生産活動を優先している可能性を指摘している[Jones 1983: 1053, 1986: 112-113]。もう一つは、経済学者のウドリーによるブルキナファソでの研究である。ウドリーは、労働や肥料の投入量、また土地の肥沃度と収量の男女比較を通じて、女性が男性より生産資源を十分に利用できていないこと、このために女性の畑の収量が低い可能性を論じている[Udry *et al.* 1995; Udry 1996]。

ジョーンズとウドリーの研究が着目されたのは、単に、資源配分の男女格差によって女性が不利益を被っていることを示唆していたからではなかった。開発を主題として研究をしてきた文化人類学者のオラフリンは、ジョーンズとウドリーの研究が、夫と妻の生産活動を合わせた「世帯全体」としての経済に非効率が生じている可能性を示唆していたために、とりわけ「経済発展」、そしてそのために「生産性」と「効率性」を重視し、女性支援の政策を牽引してきた世界銀行[13]に大きな影響を与えたことを、二〇〇一年の世界銀行による報告書［World Bank 2001］の検討を通じて指摘している［O'Laughlin 2007］。具体的には、ジョーンズの研究では仮に妻が夫の畑により多くの労働力を配分すれば、世帯全体としてより多くの収益が得られるにもかかわらず、夫が妻に適切な対価を与えないためにそうなっていない非効率性、またウドリーの研究では夫の畑にはより肥えた土地、より多くの労働力と肥料が利用されており、仮にこれらの一部を妻の畑に配分すれば、世帯全体としてより多くの作物が得られるにもかかわらず、そうなっていない非効率性である［*ibid.*: 24］。さらに、世界銀行の報告書では、夫より妻のほうが自らの収益を食事や子どもの養育に利用する割合が高いという仮説も採用しており［World Bank 2001: 80-81］、この二つの研究が示したように、女性が資源を十分に利用できず、収益が相対的に低いことは、子どもの栄養と健康状態の面でも改善すべき非効率が生じていることを示唆するものだった［O'Laughlin 2007: 23-24］。世帯全体としても最適な資源配分がなされていないことを問題として指摘したジョーンズとウドリーによる研究は、国際食料政策研究所（IFPRI）などの諸研究でも繰り返し引用され、女性への農業技術の支援、資金の貸付、そして女性への土地の再配分を求める提言に結びついてきたのである［e.g. Quisumbing *et al.* 1998; Quisumbing 2003; Quisumbing & MacClafferty 2006: 11-12］。

さらに今日、土地は、単に生産活動に利用できる資源としてではなく、有事を乗り越えるための「資産」となる点が強調され、資源の保有のジェンダー平等が求められるようにもなっている。次の引用は、「経済発展」や「効率性」ではなく、女性の福利（ウェルビーイング）（幸福と利益）をキーワードにして、ジェンダー平等を最も重要な目標に据えることで世界銀行との理念的な違いを強調してきた国際連合[14]が、「ミレニアム開発目標」を経て、二〇一六年からの「持続可能な開発目標」のために、男女格差の問題をとりあげている政策科学の研究を参照して記している内容である。

> 女性たちが男性と平等に経済的な資産を管理できるよう確実にすることは不可欠である。というのも、世界の多くの地域の土地保有のあり方とは、男性の世帯主がその所有者であり、女性は彼らの扶養家族として組み込まれているのである。資産を管理し、所有することで、女性たちは世帯内の交渉力と経済的に自立する

能力を高め、自らを強くまもることが可能になり、最悪の事態が発生しても資産が頼みの綱になるのである［UN Women 2013: 26］。

こうして、女性が土地などの資源／資産をもつことが、社会保障的な意味でも強調されるようになってきた一方で、開発政策の女性支援の議論に積極的にかかわってきた研究者の間では、資源配分の男女格差に焦点をあてる政策研究への批判が徐々に高まりをみせてきた。先に述べたフェミニスト人類学者のホワイトヘッドらは、夫婦が生産資源の配分と家計の支出の負担をめぐり競合関係にあり、不平等なジェンダー関係がそのあり方に影響を与えていても、双方は生産と消費において共同（ジョイント）の領域をもっていると強調して述べている［Whitehead & Kabeer 2001］。また、オラフリンも、先述したジョーンズとウドリーによる研究の不備として、質問票調査と統計分析による手法が日常生活での対立的／協力的な夫婦の生計関係の全体像を捉えることができていないと主張している［O'Laughlin 2007: 40］。具体的には、ジョーンズの研究は、妻が夫の畑仕事を手伝うことで作物や現金を分け与えてもらっているだけでなく、夫の畑や夫との共同の畑、また夫がそのほかの生産活動から得た収益を夫から日常生活を通じて分けてもらっている可能性を無視している問題を指摘している［*ibid*: 30］。また、ウドリーの研究に対しては、家や世帯を率いる男性は、個人として生産をおこなう畑だけではなく、彼らが主導して自家消費用の穀物を生産する畑をもっていること、それにもかかわらずウドリーは一緒くたに「男性個人の畑」として分類して分析しているために、女性と男性が得る収益を実態に沿して計量することができていない問題を指摘している［*ibid*: 36］。さらに、国際連合社会開発研究所（ＵＮＲＩＳＤ）でジェンダー研究を牽引してきた経済学者のラザヴィは、行動の最適化や効率性を分析の要とする新古典派経済学の諸理論や「バーゲニングモデル」に傾斜して方法論的個人主義を採用するこれらの経済学研究は、複雑なジェンダー関係の実態を捉えることができていないだけではなく、ジェンダー関係を曲解させて伝えてきたと手厳しく批判している［Razavi 2009: 198］。こうして、政策科学の研究の方法論上の問題は、資源配分の男女格差に関心を寄せ、農業分野の開発政策に向けて多くの研究を生みだしてきた国際食料政策研究所の研究者らによっても認識されるところとなった［Peterman *et al.* 2011: 1486］。

ところが、これらの批判は女性を支援する政策に見直しを与えるほどの大きな影響力を発揮してこなかった。夫婦の間の生計関係がより複雑であることについては理論的には納得できても、その中身が具体的に示されてきたわけではないからである。すでに一九八〇年代には、アフリカ各地では「世帯」のかたちや「家計」をめぐる意思決定のあり方が極めて多様で可変的であること、そしてその背景として、一夫多妻の実践と拡大家族から成る同居家族／世帯の構成と親族関係の複雑さ、出稼ぎや急速に進む経済環境の変化が指摘されていた［Bruce & Dwyer 1988: 12; Oppong 1983: xiii-xiv; Moock 1986: 3-5］。このような経緯から、文化人類学者のガイヤーは、異なる家庭状況や、季節性、家族の発展のサイクル、農村経済の変動などの諸々の文脈に着目して、「家計」のあり方を動態的に捉える必要性を説いていた［Guyer 1988: 171-172］。また、とくに問題としてとりあげられてきた土地の配分のあり方についても、男性と女性の間の平等な配分と経済効率性との関連を検討する以前に、婚姻や親族関係、生計手段、そしてそれぞれの個人の人生の過程におけるこれらの変化に着目して、土地をめぐる男性と女性の関係性の動態についての詳細な民族誌を書く必要性が強調されてもいた［Jackson 2003: 477］。つまり、暮らしにおける男性と女性の関係を捉えることができていないという新古典派経済学の分野の政策科学の研究に対する批判が露呈しているのは、むしろ、日常生活での具体的なやりとりを描くことができるはずの民族誌的な研究が一九八〇年代を境に衰退し、なされてこなかったことなのである。

それにしても、西アフリカの内陸部のサバンナ地域では、なぜ、女性たちではなく男性たちが耕作の主体を担うという性別での仕事の分担がみられるのだろうか。なぜ、妻たちは夫と同居しているにもかかわらず、夫とは別に主体的に生計活動に勤しんでいるのだろうか。なぜ、妻たちは夫の畑を手伝うことで作物を分け与えてもらったりするのだろうか。このような男性と女性の間の生計関係は、過去から今日までどのように変化してきたのだろうか。

この地域の研究の整理を通じてこれらの一連の疑問が浮かび上がってきたのは、やはり、男性と女性が日常の生活においてどのように日々の仕事を分担し、諸活動に必要な資源をそれぞれに配分し、生みだされた収益を利用することで、ともに暮らしを継続させてきたのか、双方の生計関係に関する極めて基本的な事柄さえ未だによくわかっていないことを意味しているのである。そして、地域研究としてだけではなく、同時に開発政策を題材とする研究としてもこれらの問いに取り組むことが重要なのは、この地域において、これまでの女性支援の議論における諸学説を前提に女性の耕作を後押しし、女性の福利（ウェルビーイング）（幸福と利益）の改善と向上を目指してきた政策の矛盾が浮き彫りになるからである。

第三節　日常の暮らしの総合的な検討

本書の目的は、ガーナ北部の西ダゴンバ地域の農村部を調査地として、男性と女性を対立軸に振り分ける構図を取り外し、日常の暮らしの具体的な中身を総合的に検討することで、男性と女性たちがどのような生計関係を築いてきたのか、また、過去一世紀の環境の変化にともない、双方の生計関係がどのように再編してきたのかを明らかにすることである。そして、この作業をとおして、今日の女性たちが男性との暮らしで直面している開発政策にかかわる問題の所在を再検討することである。

広大なアフリカ大陸の各地では、暮らしにおけるジェンダー（性別）の規範と役割、特性をめぐる差異化のあり方、そして男性と女性の間の生計関係の歴史的な変容のあり方は極めて多様である[15]。それにもかかわらず、開発政策の議論や、その前提となってきた諸研究では、食料の生産の中心的な役割を担ってきた女性、周縁化された女性、男性に従属する女性、土地を与えてもらえず経済的に苦しむ女性など、アフリカを一括りとして農村部の女性の姿が語られてきた。これは、歴史学者の羽田［2011: 85-90］の見解にしたがえば、「アフリカ」という地域を「特異性」や「後進性」から特徴づけてきた西洋中心史観を引き継いでいることにほかならない[16]。この「アフリカ」像を解体するには、個別の事例に立ち返ることで、これまでの理解のあり方、ないしは見方の妥当性を再検討しなければならないのである。

具体的には、長期にわたる聞き取りと参与観察をもとに現地の暮らしを調査、記述、分析する民族誌の手法を採用し、農村部の日常を構成するさまざまな側面――農業、食事、家事、市場（いちば）などでの経済活動、雇用と出稼ぎ、同居家族の営み、政治的な文化、作物の収穫と分け与えの現場――を変化の過程としてそれぞれ掘り下げてみていく。生活環境とその変化は、農村部の暮らしにおける性別での仕事の分担のパターンをかたちづくり、変化させてきた。また、農村部の暮らしに不可欠かつ限りある生産資源（土地、樹木、労働力）の配分のあり方は、一夫多妻や拡大家族による複合的な構成の同居家族が共同生活を営むうえでの役割分担に大きくかかわっている。そして、サバンナ地域の農村部の日々の料理に欠かせない「調味料」になる実をつける樹木の配分は、年を重ねた男性たちが多大なる関心を寄せる「称号」の獲得と関連している。さらに、誰がどれだけの労働を負担し、どれくらいの量の作物を手にしているのか、またそれはなぜなのかを明らかにするためには、作物の収穫と利用のあり方を検討しなければならない。農村部の暮らしの男性と女性たちの生計関係の理解は、これらの項目を規範と実践の双方から総合的に分析することで可能になるである。

ここに挙げた題材は、今日の社会／文化人類学者にとっては古めかしく感じられることだろう。農村部を対象に日常の暮らしの諸要素を体系的に記述することは、すっかり時代遅れになってしまったのである。しかし、かつての知見を更新し、また修正することは、この地域を対象とした研究において生じている大きな空白を埋める「地域研究」としての重要な意義をもっている。この点において、研究の調査地はガーナ北部の西ダゴンバ地域ではあるものの、本書の副題からも明らかなように、議論の含意を、地域内の差異と歴史的な変容の多様さを前提としつつも西アフリカの内陸部のサバンナ地域に広げたい。この地理的範囲には、これらの農村部の日常を構成するさまざまな側面で共通項をもつ地域、人びとが多く、過去一世紀、似通った環境の変化を経験してきたからである。

とくに、生活環境における気候的、物質的な側面に着目し、人びとによる男女の二区分での性別の役割や規範をめぐる言説と実践のあり方への規定力をみていくことは、農業を生活の基盤にする暮らしの検討において、おおいに重要だと考えている。ここで強調したいのは、言語と権力の分析に焦点をあてるだけでは捉えられない事柄が生じることである。西アフリカの内陸部のサバンナ地域では、女性による耕作、あるいは、より明確には「鍬仕事」への関与は、先述したように植民地統治が始まった一九世紀後半から一九二〇年代までだけではなく［Baumann 1928］、植民地期が終わるころまでにおいても限定的だった地域が大半を占めていたと結論づけることは、これまでの民族学的な研究から妥当なように思える（図０－１）。これは、たとえば、より南側の雨が多い地域との比較による大胆な理論化がはらんできた矛盾と混乱に陥ることなく[17]、しかし、やはり、西アフリカの内陸部のサバンナ地域の生活環境における物理的、技術的な諸条件に着目して、女性による耕作への関与が限定的だった背景を検討する作業が不可欠なことを明示しているのである。そして、今日、この地域において、男性たちが耕作の主役ではありつつも、女性たちもすっかり耕作をするように変わっていることは、「アフリカ」の食料生産における女性の役割を主張する以前に、人びとの生活を条件づけてきたものの変化に着目してその背景を探る必要性を示唆しているのである。暮らしの営みを環境的な特性との関連から検討する手法はまた、農村部を対象にしてきた一九八〇年代までの人類学／民族学研究で採用されていた。私は、もはや過去の遺物となっている彼らの功績に再び光をあてつつ、構造の解明と比較分析に終始したこれらの研究[18]を、変化の過程をみていくことで批判的に乗り越えたいと思っている。

本書では、一九八〇年代以降の世帯／ジェンダー研究と同様に、方法論的個人主義に立脚してジェンダーを分析の大枠におく。しかし、家族社会学／歴史社会学を専門とする落合［2009: 11］が指摘するように、個人を分析の単位とする手法は、かならずしも対立関係を強調するものではなく、個人の行動の検討をとおして矛盾を含めた「家族」のまとまりのあり方の具体的な観察を可能にすること[19]を確認しておきたい。そして、人類学者の杉山［2007: 163］がアフリカ各地を対象としたジェンダー研究に向けて提案しているように、ジェンダー規範のあり方やその拘束力だけではなく、年齢、身分、地位に応じて社会的に与えられている役割、そして、夫婦、親子、兄弟姉妹をはじめとするさまざまな関係性に着目して、男性と女性の生計関係をみていく[20]。ジェンダー枠組みを超えたこのような視点が必要なのは、男性と女性の関係性を多面的に捉えることを可能にするだけではない。従来の研究のように性別（あるいは夫婦）での単純な二項対立の構図に陥ることなく、日々の暮らしにおける男性と女性の間の関係性の複雑で両義的

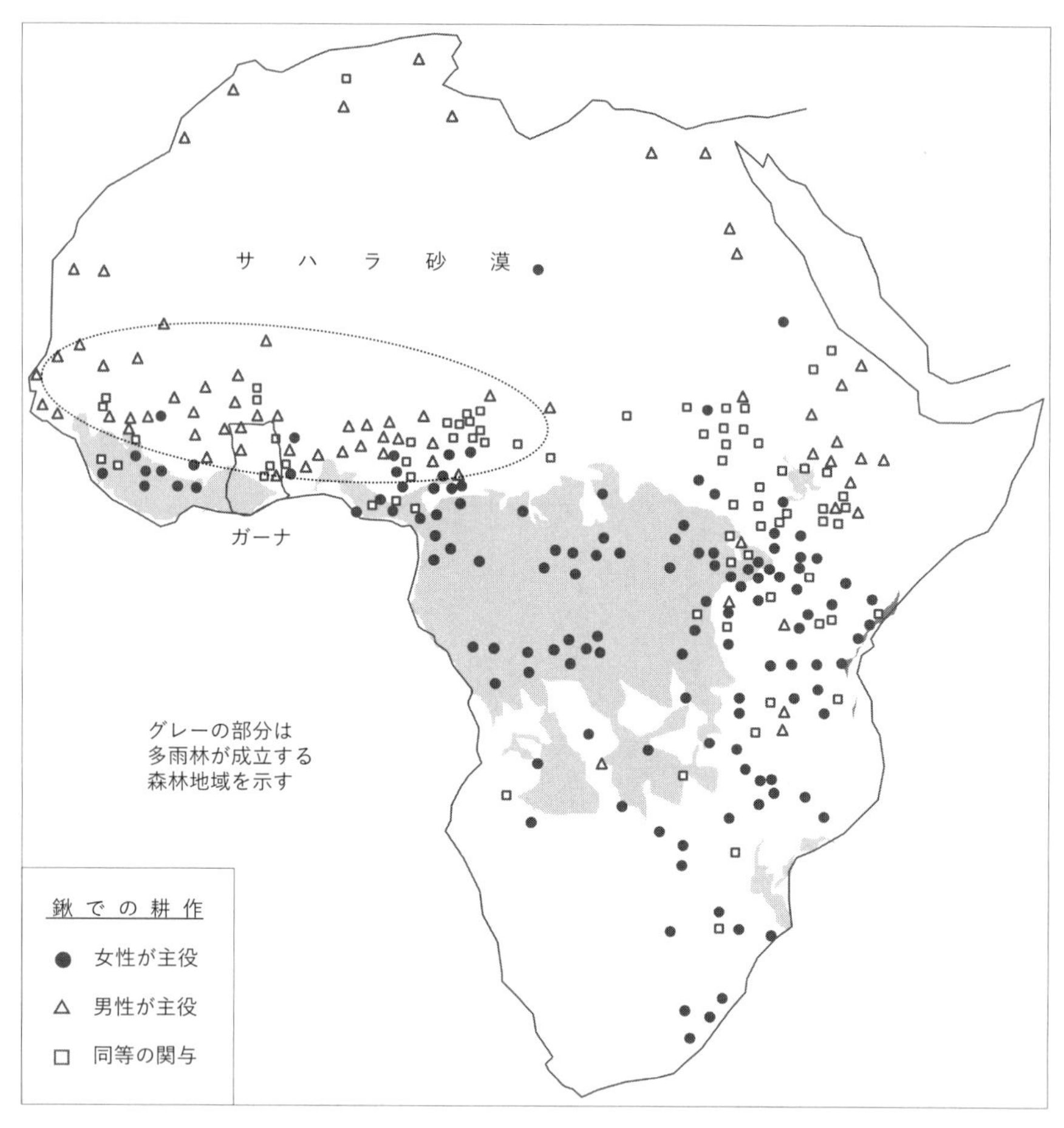

図 0-1　アフリカ大陸における 1967 年以前の鍬による耕作の主役の性別での傾向をサバンナ地域と多雨林が成立する森林地域との関連で示した図。西アフリカの内陸部のサバンナ地域は点線の丸枠で囲っている。グディらによる、ジョージ・マードック作成の 1967 年の「民族学的地図帳」（Ethnographic Atlas）をもとにした鍬での「農業の分業」（地図 I）［Goody & Buckley 1973: 111］とマヨーらの「2000 年の地球の土地被覆におけるアフリカの地図」（図 2）［Mayaux *et al.* 2004: 869］を加工。「民族学的地図帳」では、各地域は基本的に民族の名称によって分類されており、西アフリカのサバンナ地域では、セネガル、マリ、ブルキナファソ、ガーナ北部、ナイジェリア中北部だけでも 50 以上の民族を対象としている［Murdock 1967:121-123］。この地図における西アフリカのサバンナ地域での性別での傾向は、ヘルマン・バウマンが植民地統治の初期〜中期までの研究をもとに作成した地図の内容［Baumann 1928: 303］とほぼ一致している。なお、グディらは「鍬での農業」（hoe agriculture）として性別での傾向を分類しているが、これは、植民地期に導入され始めた新たな耕起の技術としての鋤を使った牛耕を利用していない耕作の形態を指している［Goody & Buckley 1973:109］（詳細は Goody 1971: 25-26 を参照）。1928 年のバウマンの論考においては「鍬による耕作」（hoe culture）という表現がなされており、グディと同じ意味で使われている［Baumann 1928］。

な実態を捉えるために重要なのである。

　また、人びととの間の生計関係を検討するうえで、とくに二つの実践に着目する。一つは、農村部の人びとが日々の仕事において必要とする土地や樹木、労働力を手に入れ、自ら、あるいは他者の活動のために振り分ける「資源の配分（アロケーション）」である。もう一つは、これらの資源から生みだした作物や現金を他者に分け与える「収益の分配（ディストリビューション）」、すなわち共同寄託（プーリング）と分与（シェアリング）[21]である［Sahlins 1972; Price 1975; Wilk & Netting 1984: 9-11］。資源の配分と収益の分配の検討は、帰属や「所有」のあり方（資格や権利）をめぐる考え方や制度を体系的に明らかにする静的な分析手法だけでは事足りない。交渉や操作性、社会関係に着目し、また環境の変化による影響を踏まえつつ、人びとが資源や資源から生みだされた収益を獲得し、他者に与え、利用する過程を動態的に検討することが重要である［e.g. Berry 1993, Ribot & Peluso 2003; 松村 2008］。ただし、本書の目的は、経済学や人類学など個々の学問分野の理論的な考察を深めることにおかれていない。私は、これらの学問分野の用語を民族誌としての記述に多用することをできるだけ避け、むしろ現地の用語と表現に即した平易な説明のしかたでの記述を重視することで、暮らしの理解をその地域の文脈で試みたい。

　このように、本書は、人類学の分野で生みだされてきた民族誌的な手法を主軸としたモノグラフである。しかし、ここから明らかになる結果をてがかりに、開発政策の女性支援のあり方の再検討につなげるうえで、その手法に別の工夫を凝らしたいと考えている。

第四節　民族誌と学際性

「地域研究」として開発政策の女性支援の問題をとりあげるだけではなく、その議論の場に向けて含意を導き出したい、という点において本書を政策を主題とした「開発学研究」としても位置づけるならば、人びとの暮らしについての民族誌的な記述を中心に据えて分析する手法をとることは通常ではない。開発政策に関心を寄せる通常の研究では、たとえ生活環境の諸条件や同居家族の間の役割分担、そして称号の獲得をめぐる実践が男性と女性の間の資源や収益の利用のあり方の差異を生んでいたとしても、その内容の記述は「背景」としてわずかばかりに挿入されるくらいか、仮に分析の一つとして組み込まれても掘り下げられたりしてはこなかった。しかし、この作業こそ、従来の研究が及ばなかった暮らしの内側の理解のために不可欠であり、人びとの生活に少なからず大きな影響を与えてきた女性を支援する開発政策の問題を明らかにすることにつながるのである。そこで、地域の文脈を知ることにさほど興味をもってこなかった読者にも読み進めてもらえるように、同時に定量分析を重視してきた政策の議論の場にも意義をもたせるために、次の方法を検討した。

民族誌の描き方

人びとの暮らしを生きいきと描きたい。この地を踏んだことのない読者にもその中身が伝わるように記述したい。このために、私は、人びとの声と行為だけではなく、表情から読みとった感情を記述の対象にした。そして、背景や状況とその前後関係の記述を重視した。すなわち、人びとの心性と現場の雰囲気を分析して描き［Malinowski 1922: 17-22］、出来事や行動、制度について、読み手が理解できるよう文脈の「厚い記述」をおこなう［Geertz 1973: 14］「古典的」ともいえる手法に習う試みである。ただし、矛盾するようなのだが、複雑な実態を前にして、内容を構造化させ、その意味について首尾一貫した説明を試みたり、分析を加えすぎることは適切ではないと考えた。よって、複数の複雑なものをそのままに、また、出来事をそのまま時系列に記述している箇所が多々あり、本書の内容は、読み手が明快に理解できるものにはなっていないかもしれない。しかし、これでよいと考えるのは、あまりに単純に現実を理解してきたこれまでの研究への批判として、読者にその複雑さを知ってもらうことに第一の目的をおいているからである。

記述には、調査を通じて記録したことわざ（あるいはことわざ的な言い回し）、寓話、半定型化された言い回し、歌を積極的に取り入れた。人びとは、日常生活において、自らの考えや感情、とりわけ不満や強さを他者に伝えるうえで、直接的な表現ではなく「ことわざ」や物語など比喩での表現を多用して会話をしている。本書と同じグル語圏に属するブルキナファソのモシ地域を調査した川田も記しているように、女性たちは単調な労働を楽しいものにするために、また特定の人や周囲の不特定多数に向かって自己表明の手段としてメッセージを込めて歌う［川田 1992: 44-50］。これらの内容は、即興的につくられたのではなく広く知られているものであっても、細部には語り手の間でかなりの違いがみられる。語り手がどのように新たな要素や解釈を加えてみせるかも、自らの見解、知識や技術を披露するうえで重要なのである。私の質問やお願いは、ことわざや寓話で返答されることが多く、当初は回りくどいと感じた。また、返答そのものが回避されたりするなど、ふがいなくも思った。しかし、これらの意味を学ぶうちに、教訓だけではなく皮肉とユーモアが凝縮されたこの生きた話術にすっかり魅了されるようになった。そして、この内容を記すことこそが、地域の人びと自身の生き方や考え方を伝えるうえで有効だと考えた。

記述の中身は、生殖能力、出産、死、病、家族構成、婚姻的な関係、親族関係など、個人的、私的な内容を対象にしている。性別での役割や規範とその変化をみるうえで、個人が男性として、女性として、社会でおかれている状況や直面している問題を具体的に説明することが不可欠だからである。また、このような内容を記してこそ、暮らしの内実が、読者へ、そして政策の議論の場へと伝わるものになり、遠く離れた地域の暮らしのあり方を異常なものとして、また修正すべきものとして捉えがちな見方のほうを問い直すことにつながる可能性があると考えたからである。しかし、仮にそうだとしても、どこまでこうした内容を書くことが「許される」のか。この問題から組み込むことを断念したものも多い。しかし、書くことにした場合においては、個人の同定を難しくするために、私の調査を直接的に支援いただいた個人と公的な地位が広く知られている個人を除き、個人名を仮名にした。また、屋号を記号化し、個人の名誉にかかわる内容の場合は記号化した屋号も伏せた。ただし、調査地を含む地名、そして称号など個人がもつ政治的な地位の名称は、これらそのものが分析の対象となっていることもあり、仮名にしたり伏せることができなかった。

記述には、現地の状況をわかりやすく伝える目的で、平易な日本語、時には口語的な表現を用いている。本書の調査地では、グル語圏に属するダゴンバ語（周辺各地からの外来語や造語を含む）が使用されている。現地の語彙は、翻訳の難しさやその問題を認識しつつもできるかぎり日本語に置き換えた。カタカナでの表記は文章を読みづらくするし、一つの単語は複数の意味をもつために混乱を招くからである。このため、日本語とは一致しえない限界を感じつつも、それぞれの状況での訳をあて、必要に応じて綴りを表記し、また発音をルビとして振ることで、照合を可能にする試みをとった次第である。

他方で、民族学的な専門用語の使用はできるかぎり避けた。これは、文化の咀嚼をないがしろにする行為だという意見もあるかもしれない。しかし、とくに比較分析による分類上の用語には学説の混乱も多い。また、その多用は地域の人びとの文化的な異質性を不必要と思えるほどに強調したり、異なる領域の読者が現場を理解することをむしろ阻んでしまうところがある。繰り返しになるが、本書は、民族誌的手法を主軸に採用していても、人類学／民族学の理論的な深化を試みるものではないのである。

民族誌における写真表現も、操作性と倫理的な面において問題をはらんできた。本書でも、現場の様子を伝えるために写真を掲載しているが、その取捨選択はもちろんのこと、多くが被写体を「ありのままに」撮影したものとは言い難い。その大半が構図として被写体がレンズに視線を向けたポートレート写真になっていることからもわかるように、被写体が私からの撮影の許可の願いに応じつつ、彼らが私に撮って欲しいように私が撮影したものである。調査地では、アジア系を含む肌の色が黒くない「白人」が現地の人びととの写真を撮り、売ってお金を儲けているという話が浸透していて、同意なしの撮影行為は非常に嫌われていたため、その都度同意を得て撮影したからである。また、写真には笑顔のものが含まれているが、その一部は私の要請で被写体が笑顔をつくり、撮影したものである。調査地では、写真に写る際は「真面目な」顔をすることになっていて、口を開け、歯を見せて笑うことなどもってのほかである。このために、撮影の許可の返事とともに直ちにそれまでの笑い顔が硬い表情に変わったことが度々あった。私は、その「変えられた」表情を撮影することより、写真が撮影された状況を「再現」したいと思い、また真面目な表情は現地の写真撮影についての文化的な事情を知らない読者に実態とはかなり異なる印象をもたらすことにもなると考え、再度、笑顔を「つくって」もらうことにしたのである。さらに、撮影時の身だしなみは女性たちにとって重要なことで、腰巻やスカーフが巻きなおされた場合もある。このように、本書の写真には軽視できない問題があるのだが、それでも写真は、やはり、地域の暮らしを伝えるうえで有効な手段である。このため、撮影の過程を読者に明るみにすることで掲載することにしたのである。

学際的な手法が意味すること

民族誌的手法は、実態の複雑さを描くだけではなく、政策の前提となっている定説を覆す新たな仮説や見解を現場から導き出すことができる。しかし、政策では、支援を必要とする集団を特定し、効率的に働きかけることで問題を解決することが求められている。その側に立てば、民族誌で提示されている事例、語り、現場の状況の分析がどれだけ政策の支援対象となりうる、またなってきた集団の全体の特徴をあらわしているのか「客観的な」判断が難しい。データの整理にともなう物語の創作性と、解釈における主観性の問題もある［Clifford 1986: 6-7］。少なくとも調査と分析での手続き上の客観性を重視してきた政策の研究者や実務者にとって、民族誌から導き出される政策への含意は扱いにくいのである。

よって、私は、まず、民族誌的な描写を記述の中心に据える一方で、政策の議論の場へ向けて数値と地図データを加えることにした。具体的には、さまざまな基礎的な情報――人口、家族構成、土地面積、樹木や家畜の保有数など――を聞き取りと実測、観察による調査をとおして集めた。また、民族誌的調査から導き出した現場仮説を構成する質的データのうち「定量化できるもの」についても、「可能な範囲で」続けて量的データを取得した。すなわち、この定量化の作業とは、統計学的な評価をともなう仮説の検証そのものではない。現場仮説を修正して精緻化することを目的とした、帰納的、演繹的な推論法を組み合わせた一連の手続き［井上 2002: 234-243］であり、同時に、現場仮説を客観的に評価したい読者に対してその材料をできるだけ提供するものなのである。なお、グローバル・ポジショニング・システム（GPS）の技術を用いて、ガーナの行政区分とは異なるダゴンバ地域の政治的な領域の境界図を作成した。このような地図データは、民族誌的手法で導き出された仮説を視覚化させる点において高い論証力をもつだけではなく、データそのものとしての独自性を発揮していると考えている。ただ、思いがけなかったのは、これら各種の量的データを取得する作業は、民族誌の記述と分析の質を高めるうえで大きな収穫をもたらしたことである。私自身、量を取得する単調な繰り返しの作業を終わらせるには、ひたすら忍耐と執念が必要だと考えていた。しかし、その過程で、より多くの方々と接し、一人ひとりと話をすることで、新たに気がつくことも多く、また、多様な声を拾うことができた。これは、結果として実態の複雑性と、人びとの間のやりとりや関係における両義的な側面とその意味を捉える点で、民族誌としての質を高めることにつながったのである。

一人の研究者による手法の文理融合性は、農村部を調査してきた日本の地域研究の学派に特徴的だといえる。その手法は、このように多彩なデータを取得することを可能にする。しかし、その意義は、自然科学的な知見が人文・社会科学の手法のみに依拠した研究の議論を修正することができるときにあると考える。私は、かつての人類学／民族学者たちのように、農法、土壌、植物の生態的な特性だけではなく、人口の動態や土地量に着目して、作物の転換や性別での仕事の分担の変化の背景について考察を試みた。この作業をとおして、農村部の暮らしを対象にしているにもかかわらず、男女の権力関係に焦点をあて、総合的な視野を欠く一九八〇年代以降の研究とは異なる実態を明らかにできることを示したい。

私は、過去についての分析を深めるために、聞き取りや参与観察だけではなく、公文書や新聞記事を収集した。歴史学の手法を民族誌的研究に加えることは、これまでの社会／文化人類学研究においてすでに定着してきたものである。人びとによる語りと文献を史料として組み合わせ、記述に織り込んでいくことで、過去の出来事についての理解を相互補完的に深め、また口述と文字資料の間の開きや矛盾をみていく。この方法も含めて、本書で複数の学問領域の手法を学際的に採用するのは、それぞれの領域に向けて考察をおこなうためではない。設定した研究課題に取り組むうえで、一つの手法に依拠する場合の方法論的な限界を認識しているからである。手法を組み合わせることで不足しているデータを取得して、より統合的な理解と説得力のある論述を試みるためなのである。

定量化がはらむ矛盾――分析単位の設定と定義

定量化は、文脈の重視と基本的に矛盾する作業である。定量化のためには、便宜上、分析の単位（集団）を設定しなければならない。しかし、文脈を重視する手法では、むしろ集団の境界と帰属のあり方そのものが検討課題になるからである。また、流動的で、帰属が曖昧な場合も個人を固定化して数値をとらなければならないため、多くの但し書きをすることになる。これらの問題点を踏まえたうえで、とくに重要な集団の単位として分析の対象とする「集落」と「世帯」についての方針を述べたい。

まず、一つのまとまりをもつ複数の家（住居）の寄り集まりとしての地理的単位を、その大きさにかかわらず「集落」とよび、ガーナ政府が定住地（セトルメント）として把握している行政上の最小単位の「ローカリティ」[22]と基本的に一致させた。調査地では、「集落」は家々が隣り合わせに密集している「集村型」の場合がほとんどである。ただし、人口の増加にともない複数の「集落」が地理的に結合した場合や、開拓地のように家々が点在している場合もある。また、ダゴンバ地域に移り住んできたフラニの人びとのように、ほかの家々から離れたところに家を建てて暮らしている場合もみられる。重要な点として、この「集落」の単位がダゴンバ地域の政治的な実践をとおした「領地」と「集団」の単位とはかならずしも一致していないことについては、第四章の検討課題の一つである。なお、集落の類似語である「村」や「農村」は、人口の規模や生活様式が異なる「町」「都市」「都会」との相対的な意味で用いている。

次に、「世帯」を「食事」という人間の生存に不可欠な営為に焦点をあてて定義する。具体的には、日々の食事（食べ物の消費）をともにするために、食材の生産と調達、料理の役割の分担がなされる単位である。ダゴンバ地域の農村部では、同居家族が食事の共同単位（ここでの「世帯」）と一致する場合がほとんどである[23]。しかし、同居家族の間でこの単位が恒常的に二分している場合もある。私が調査したフィヒニ（詳しくは後述）という集落では、合計三五軒のうち三軒の同居家族が食事の共同単位として恒常的に二分裂している現象が確認できたため、世帯数は三八になる。そして、この三八世帯でも、一つの共同の単位としての食材の生産と調達、消費をめぐる「共同性」のあり方は諸事情によって変化する。この詳細と背景は第三章の重要な検討課題である。なお、世帯を率いる人物を「世帯主」

とし、この用語を同居家族を率いる人物を意味する現地語の訳としての「家の主」と区別して用いることにする。「家」「家族」「親族」にかかわる現地の語彙を精査することも暮らしの内側の理解に向けた検討事項の一つである。

調査の手順

ガーナ北部の農村部での現地調査は、博士論文の執筆のために総計二二ヵ月をかけておこなった。調査を開始した二〇〇六年一〇月～二〇〇九年一二月の断続的な七ヵ月間は、ダゴンバ語を習得し、民族誌的調査から基礎的な知識を養い、現場仮説を立てていった点において、予備調査の期間にあたるといえる。主調査は、二〇一〇年一月から翌年の二〇一一年四月の合計一四ヵ月間、途中の二ヵ月間（二〇一〇年四～五月）を除いて集中的、体系的に実施した。

滞在先は、ガーナ北部の中心都市のタマレから二五キロメートルほど西に位置しているトロンという集落の元農業普及員のアスマー・マハマ氏のご自宅である。受け入れ研究者になっていただいたニャンパラの開発研究大学（UDS: University for Development Studies）のジョシュア・アダム・イダナ博士に農村部の暮らしを調査したいこと、しかし当初は研究資金をもっていなかったこともあり、何も払わずに住まわせてもらえるところを紹介してほしいとお願いしたところ、そのままアスマー氏のご自宅に連れられたのである。

アスマー氏の家は大所帯だった。アスマー氏と三人の妻、長男とその二人の妻、そして養子を含む子と孫、そのほかの血族、姻族の子どもたちの総勢三〇人以上が暮らしていた。生活を始めてすぐに、水の利用、食事のしかた、水汲み、料理や掃除など日々の家事仕事をめぐり、家にはさまざまな「決まり」があることがわかった。しかし、その方式がどのような論理にもとづいているのかはすぐにはわからなかった。私には、アスマー氏の息子の一人が使っていた部屋が彼の代わりに与えられ、この私の部屋にアスマー氏の妻の娘たちが移り住んでくるようになった。私は、日々の生活をとおして、大勢の人びとによる一つの家での共同生活の営みの難しさを学んでいくことになり、男性と女性の生計関係を博士論文のテーマにすることを考えるようになった。

本書は、地元出身で、長く農業分野で仕事をしてきたアスマー氏による過去の出来事をはじめとする語りを多く含んでいる。一九四〇年（本人による推定）、トロンから二〇キロメートル北東に位置するクンブングのイスラム教の知識人（マハマ・イブラヒム氏）の第三妻の息子として生まれたアスマー氏は、西洋式の学校に送られた当時ではまだ数少ない子どもの一人だった。アスマー氏が二〇〇三年の退職後に職探しのために作成した履歴書［Mahama n.d.(2003)］によると、アスマー氏は一九六一年から一年間、ダルンのローマ・カトリック教会の小学校で教員として働いたのち、一九六二〜七三年はイェンディ近辺を拠点にスンソンの作物研究所とイェンディの農業試験場に勤務した。夜はアラビア語とコーランと英語を子どもたちに教えていたという。その後、一九七三〜七五年は農業補佐としてトロンにかつておかれていた靭皮繊維開発ボード（Bast Fibre Development Board）、そして一九七五〜七七年はガーナ・ドイツ農業開発プロジェクト（GGADP: Ghanaian German Agricultural Development Project）のニャンパラの試験場にて農業補佐として、そしてニャンパラの牛耕ステーションにて農業普及補佐員として勤めている。一九七八〜八〇年のクワダソ農業学校とニャンパラ農業学校における修学を経て、一九八〇〜二〇〇三年は食料農業省の農業普及員としてトロン、ニャンパラ、ワントゥグに配属された（二〇〇〇年に退職後、二〇〇三年までは再雇用）。私の調査時は、自家消費用のトウモロコシづくりと、インフレーションによって価値がほとんどなくなってしまったわずかながらの年金、イスラム教の祈りの提供、そしてトロンの高等学校のPTA会長や女児の就学を支援するカムフェド（Camfed: Campaign for Female Education）のアドバイザーを務め、会議に参加することなどで臨時収入を得て生計を立てていた。私は、このアスマー氏の話を聞くうちに、さまざまな要素が入り混じる地域の暮らしとその過去をできるかぎり混沌としたままに描く必要があると考えるようにもなった。

アスマー氏は、自身が実施にかかわってきた農村開発の援助プロジェクトについてもよく回想していた。「女に与えられるのは不毛な土地だけだ」というのは、女性支援について話すときのアスマー氏の口癖だった。研究を進めるなかで、これは西アフリカのサバンナ地域で女性による耕作を支援する必要性を訴える政策の決まり文句になっていることを知った。しかし、アスマー氏は、なぜか同時に男性を支援する必要性も説いていて、その矛盾的な見解に興味を抱いた。また、アスマー氏の部屋には、アスマー氏が現役時代に農業の支援をした男性たちが周辺の集落からよく訪れてきていた。このため、私は、男性たちからも、穀物の収量と不足、耕作や支出をめぐる夫婦の間の役割分担と関係性の変化など日々の暮らしの諸問題について話を聞く機会に多く恵まれた。こうして、私は徐々に本書の構想を練ることになった。

主調査では、悉皆的な調査をおこなうことで集落の全体像をつかみたいと考えた。しかし、滞在先のトロンでは、人口が四〇〇〇人を超えていて、町化しているために土地がかぎられていて、自家消費用のトウモロコシはつくっていても、農業が生活の基盤にはなっていない人びとが多く暮らしている。一方で、小さな集落はすべての家々が一つの家から始まった血族の関係にある場合が多く、親族関係を超えた考察を試みることが難しい。よって、主調査の場所として選んだのは、滞在先のトロンから四・五キロメートル離れた場所にある、この地域としては中規模程度の三五軒の家々が建ち並ぶフィヒニという集落である（写真０－１）。

フィヒニでの調査は、集落で暮らす全員の顔と名前を一致させ、人びとの間の関係性をまずは覚えてから体系的に始めたいと考えた。社会関係に着目して日常生活のさまざまなやりとりと出来事の背景を理解し、さらに、聞き取りだけではなく参与観察から多くの情報を得るためには、個人それぞれを識別できることは不可欠だと考えたからである。そこで、乾季の半ばにあたる二〇一〇年の一月から戸口訪問を始め、同居家族の構成、各成員の出身、婚姻や出産、教育歴などを聞き取り、年齢を推定[24]するなど、基本的な情報を得るための調査を始めた。家々で皆さんの写真を撮らせてもらい、写真を現像し、スケッチブックに貼り付け、名前を記し（写真０－２）、フィヒニにおいて誰か思い出せない人に遭遇するたびに繰り返し開いて確認できるようにした。ただし、誤算だったのは、三五軒すべてを回るのに二ヵ月もかかってしまったことである。この地域の農村部の集落の家の規模は概して拡大し続けていて（フィヒニでは平均一七人）、たったの三五軒だと思っていたのに人口が六〇〇人近くにのぼっていたのである。ここまでの調査は、ニャンパラの開発研究大学の学生寮で管理業務を務めているジブリール・スグリ氏（私は友人である彼を「ジブリール」と呼んでいるため、以下ジブリール）がときおり来て、手伝ってくれた。

その後、農業と暮らしの全般に関する調査を始めたが、とくに質問票調査を実施する場合は、たとえフィヒニの方々

写真 0-1　約 2 年間の調査を終える間際にフィヒニで撮った写真。2011 年 3 月 21 日フセイニ・マハマ氏による撮影。

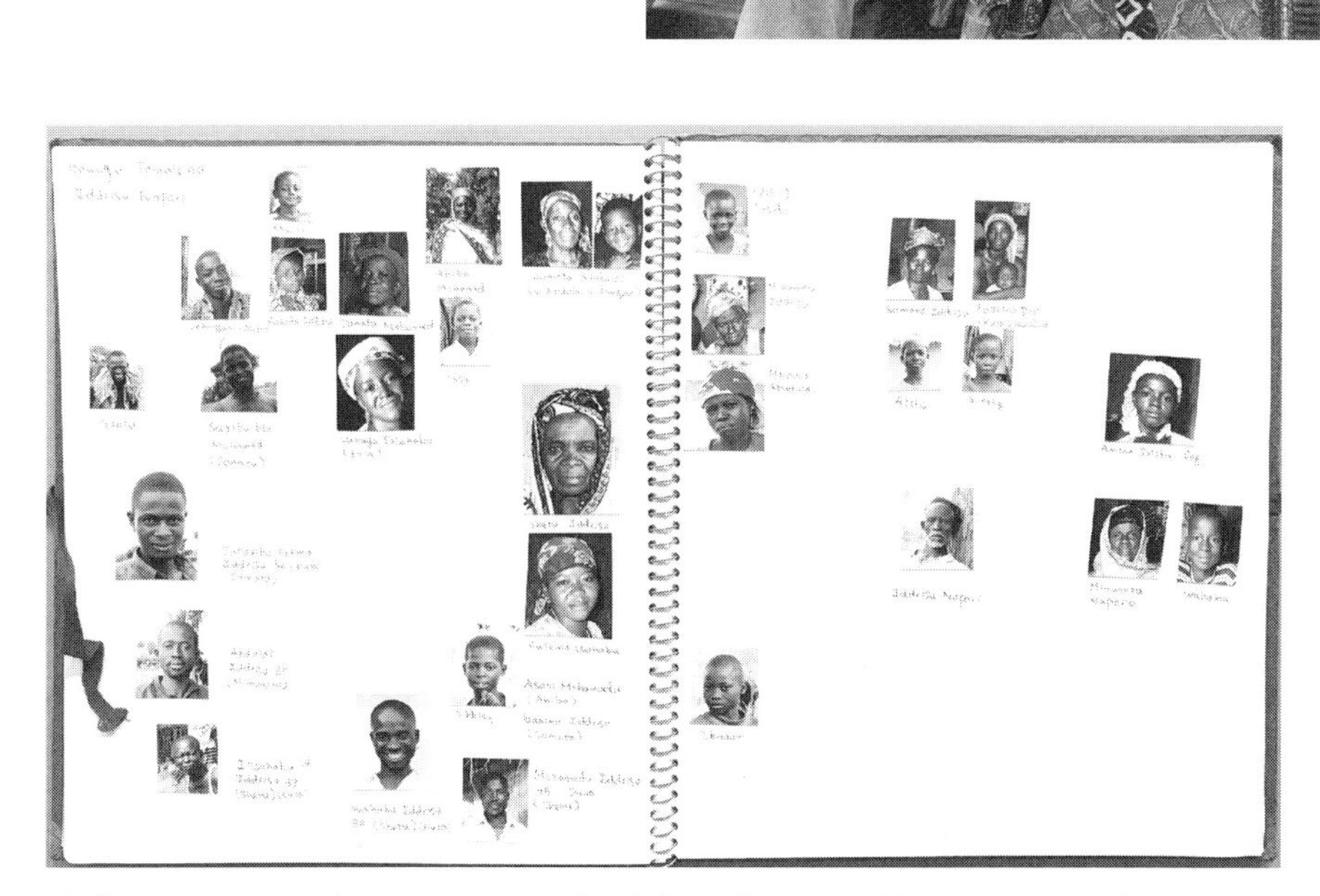

写真 0-2 フィヒニの家々のアルバム。写真は各自が居住している部屋のレイアウトに合わせて貼っている。

それぞれと親しくなった後であっても、先だって、各自の作物づくり現場の確認と観察をできるかぎりおこなうように注意しなければならなかった。これは、質問の内容の精緻化のためだけではなく、調査者である私がその状況や現場について具体的に知っていることを認識してもらうことで回答の質を高める試みである。作付けした作物の種類や面積などの基本的な質問内容に対して、人びとは、実際にはつくっていない作物や実際より広い作付面積を回答することが知られていた。受け入れ研究者のイダナ博士によると、このような調査上の問題は本書の調査地一帯だけではなくガーナ北部の全域でみられるという。その大きな理由の一つとして、長年にわたって地域では数多くの開発プロジェクトが実施されてきたため、プロジェクトの支援対象として選ばれる可能性を見据えた回答をする傾向にあると考えられていた。

フィヒニには、定期市と病気の日を除いてトロンから自転車通いをした。日々通うのは大変だったが、移り住まなかったことには結果として手法上の有効性もあったように思う。少なからずライバル関係にあった家々の間の複雑な関係にとりこまれることなく、すべての家を訪問し、調査できたことである。また、朝食と昼食をフィヒニでいただくことになり、食事時に訪問する家々での実食を通じて、思いがけず、それぞれの家の穀物の自給状況やそのほかの食材の残量に応じた食事の内容と消費の単位の変遷を把握できたことである。一方、限界としては、私は、冠婚葬祭に出席するためにフィヒニに泊まった数日間以外、日暮れ後のフィヒニの生活を経験していない。夜間も生計に直接的、間接的にかかわる重要な活動がおこなわれているが、この部分に関しては主にトロンでの調査に依拠している。

本書の構成

本書の中身は、三部構成になっている。耕作の役割を担う性別での分業とその変容を検討することで、アフリカの農村部の女性たちを支援する前提となってきた「女性の周縁化」論を再考する第一部、土地や樹木、労働力など農村部での日々の生活に必要な資源の配分のあり方と作物の分け合いの実践の現場をみていくことで、資源の配分の男女間の差異を女性の従属に関連づけ、女性や世帯全体の福利の低下に結びつけてきた議論を問いなおす第二部と第三部である。

第一部「女性の耕作――サバンナの性別分業の大転換」では、女性の周縁化とは真逆の現象としての、近年に起きた女性による耕作の開始と定着をとりあげる。植民地期の状況を記した文献や老齢世代からの聞き取りによると、ガーナ北部のダゴンバ地域では、女性たちが自らで畑をもち、耕すことはめったになかった。ところが、一九八〇年代ごろより、徐々に多くの女性たちは夫や息子などから土地の一画を分けてもらい、彼らとは別に自分の畑として耕作するように変化した。ここでは、ダゴンバ地域だけではなく、西アフリカの内陸部のサバンナ地域各地でみられた女性による耕作の広がりの背景と女性たちにとっての耕作することの意味を、農村部の過去一世紀のマクロ環境の変動と照らし合わせて明らかにしていく。

第二部「土地、樹木、労働力――資源をもつことの意味」では、農村部の暮らしにおける資源の配分のあり方とその経緯をみていく。具体的には、一つの住居に人びとが寄り集まり、日々、共同での食事の単位として成立を試みる家の営み、そして男性たちが称号を獲得する政治的な文化が、どのように土地、樹木、労働力の配分にかかわっているのかを明らかにする。人びとがこれらの資源を手に入れることの社会的な意味を検討することで、資源の配分の男女間の差異を「男女格差」として捉え、その背景を資源の経済的な価値と男女の権力関係に着目して説明してきた従来の解釈の代わりとなる見解を示す。

第三部「とりに行く女たち、与える男たち――人口の増加と強化されるジェンダー」では、調査地において一九八〇年代以降に顕在化した「農業のインボリューション」[Geertz 1963]――人口の増加と農村経済の低迷にともなう労働と作物をめぐる社会関係の密な発展――の現象をジェンダー関係に着目してみていく。ここでは、土地や樹木、労働力など資源の配分の男女間の差異が女性の収益の低さに結びつくわけではないことを示す。そして、農村経済をとりまく環境の変化を通じて、男性が近親者や同居家族の女性に作物を与える実践が不特定多数の男性と女性たち、そして子どもたちの間に拡大していったことを明らかにし、その背景を掘り下げて検討する。

本書を通じて、男性と女性の間の「不可分」な生計関係と近年におけるそのさらなる展開があらわになるだろう。

そして、女性の耕作を支援することは、その政策において期待されてきたように女性自身で稼ぎを得る能力やその機会を拡大させる点においてジェンダー不平等を軽減するとしても、そこで想定されているようには女性の福利（ウェルビーイング）（幸福と利益）の向上につながるわけではないことが明らかになる。結論では、人口の増加と農業の低迷に際して「家計」における女性の労働と支出の負担がさらに増してきたこと、このために女性たち自身も女性の生産活動を支援する開発プロジェクトを歓迎して受け入れてきたことを指摘し、女性を支援する政策がはらんできた矛盾を考察する。

なお、記述のしかたとして、次の点をご了承いただきたい。

まず、先述したとおり、本書では実際の地名と政治的な地位の名称を掲載しているが、個人名においては許可を得た場合を除いて仮名にした。写真は、事前に同意を得て撮影し、掲載している。但し書きがないかぎり、私が撮影したものである。

図表はすべて私による作成である。出典は、載せていないかぎり、フィールドワークをもとにしている。データの取得日は必要に応じて掲載することにした。

物価は、ガーナの通貨の「セディ」（GHS）で表示している。但し書きがないかぎり、主調査をおこなった二〇一〇年一月～二〇一一年四月の調査時点での相場である。参照としてアメリカ合衆国の通貨の「ドル」（USD）を掲載している場合、その調査時の為替レートをもとにしている。ガーナでは、二〇〇七年七月に旧セディ（GHC）のデノミネーションがおこなわれ、本書のための調査を終えた二〇一一年四月までの約四年の間、一セディは約一・〇七ドルから〇・六五ドルへとゆるやかにセディ安が進行した。ただし、主調査の期間中（二〇一〇年一月～二〇一一年四月）の変動は限定的であり、一セディは約〇・六五～〇・七〇ドルの間で推移していた。

現地の語彙は、綴りをイタリックで表示している。ダゴンバ語（*Dagbani*, ダゴンバ語の発音では*Dagbanli*）の表記法は、これまで統一されてこなかった。本書では、綴りの基本方針としてローマ字の発音にもとづく表記法を用いるが、ローマ字では表記できない母音、子音については音声記号を用いてそれぞれ「ɛ」、「ɔ」、および「ɣ」「ʒ」「ŋ」と表記した。これは現地の公立学校、ならびにダゴンバ語を母語とする弁護士のイブラヒム・マハマが出版した『ダゴンバ語英語辞書』の方式［Mahama 2003: viii-ix］と一致する。ただし、ほとんどの政府刊行物ではローマ字のみを使用した綴りが採用されている。言語学者はこれらとは別の綴りの方式を提案してきたが［e.g. Blench 2004:5-7; Olawsky 1996］普及していない。

暦として、読者が理解しやすいように、西暦に照らし合わせて記述している。ダゴンバ地域では、月の満ち欠けの周期を基準とした暦が生活上の基準になってきたが、植民地化以降、生活の変化を通じて西暦も加えて併用されるようになってきた。ただし、西洋式の学校に通う学生や公務員などのほか、農村部で農業を生活の基盤として暮らしている大半の人びとの間では、西暦はほぼ意識されていない。また、一日の時刻としても、参考に二四等分による数的な表現を記述している箇所もある。しかし、農村部のほとんどの人びとは時計を使用しておらず、太陽の動きによる時間区分と感覚、そしてモスクによる礼拝の時刻の知らせをもとに生活していることを述べておきたい。

第一部

女性の耕作

――サバンナの性別分業の大転換

こうして我われは今の時代にいたり、昔からのやり方を続けていくと言った。しかし、虚しくそうしたのさ。虚しくそれに従い、結ばれ、先祖代々のやり方を授けられ、そして我われが直面するたくさんの困難について知ったのさ。何の問題に直面しているのかって？　大地を耕すことだとおまえはわからないのかい？　それは神が我われに与えてくれた恵みだよ。大地を耕すことで子どもたちと女たちも食べさせているのがわかるだろう？　我われは子どもと女たちを食べさせているのだよ。鍬のおかげでおまえたちは人びとを食べさせているのだよ。そして彼らは尋ねた。「なぜ女の子は耕すことができないのですか？　なぜ女たちが耕すことができないのか理由をご存知ですか？」と。小さな老婆は彼らにしばらく待ち、静かにしているように求めた。そして老婆は、「これが、女の子が鍬を使えない理由だよ。彼女は料理をする者だよ。彼女は掃いて掃除をする者だよ。彼女はかまどに火をつける者だよ。彼女は水汲みをする者だよ。彼女はほかの人の家の者だよ。だから我われは若い女の子たちにはまったく鍬を使わせないんだよ」と言った。「女の子たちがほかの人の家に属するとはどういうことですか？」と、その若い男は私たちに再び尋ねた。すると、老婆は小さく笑って、「若い女はおまえたちの家にずっと暮らし続けることはできないのさ」と言った。「どうして若い女はあなたの家にとどまることができないのですか？」「彼女は男ではないんだよ。彼女は子を産んで、家を大きくするのさ。彼女が出産して二年くらいたったら、彼女は部屋の中に座って苦しんでいるのさ」［Goody 1972: 263-264］。

この引用は、一九五〇年代に社会人類学者のジャック・グディが現ガーナ北部のアッパー・ウェスト州のダガラ(1)の人びとが暮らす地域で収集した物語の一部である。ここで登場する老婆は、土地を耕すのは「困難な」仕事であること、これを女性たちは担ってこなかったこと(2)、そしてその理由として、彼女たちが嫁ぎ先で出産して夫方の子孫を増やすだけではなく、料理、掃除、水汲みなど家事という別の仕事を担っていることを挙げている。

本書の調査地が位置するガーナ北部のノーザン州のダゴンバ地域でも、およそ一九七〇年代ごろまでは、女性たちが自らで畑をもって耕すようなことはほとんど見られなかった。アフリカ各地の農業の実践について古典的研究をまとめた、イギリスの植民地の元農業行政官で農学者のウィリアム・アランも、約半世紀前に出版した著書『アフリカの農耕民たち』にて、「私はダゴンバの女性が鍬を使っているところ、というより、鍬を持ち運んでいるのさえ見かけたことがない」[Allan 1965: 237] と記している。

もちろん、近親者や同居家族に耕すことができる男性がいない例外的な事情の場合は、必要に迫られることもあっただろう。しかし、女性の耕作へのかかわりとは、夫や息子など男性たちが鍬で耕起して用意した畑で作物の種まきや収穫を手伝うこと、そしてその畑の周囲などに日々の料理に必要なスープの具材用の葉物野菜の種をまき、鍬での除草（中耕の機能も果たす）は彼らに任せておいて、あとは必要なときに収穫することに限られていた。すでに序章の図0－1で示したとおり、この状況はこれらガーナ北部のダゴンバ地域やグディが調査したダガラの人びとが暮らす地域だけではなく、西アフリカの内陸部のサバンナ地域一帯でみられる傾向だった。これは、程度の差[3]や稲作での例外[4]はあっても、農耕の主役だった女性がその地位を失ったというエスター・ボズラップの仮説が、この地ではその前提からあてはまらなかったことを意味している[5]。ところが、今日の世代の女性たちは、ダゴンバ地域だけでなくほかの西アフリカの内陸部のサバンナ地域もそうであるように、自らで土地を耕しているのである。この大きな変化の背景には何があったのだろうか。

第一部では、それまで耕作をしてこなかった女性たちが夫や息子たちとは別に自らの畑と鍬をもち、土地を耕すようになったという、「女性の周縁化」とはまるで逆の現象が起こり定着していったその経緯を明らかにしたい。このために、第一章ではこの地域の農業と食文化のあり方とその変容、第二章では家事や耕起における技術的な変化、ならびに市場での経済活動の営み方に着目して、西ダゴンバ地域の生態的特性と農村経済をとりまく環境の変化と照らし合わせつつ、過去一世紀にわたる暮らしの変容の全体像を捉えていく。

第一章　農食文化の静かなる変容

「以前は、たくさんの食べ物があって暮らしはよかったよ。うちで手に入れることができなくても、ほかの家の人たちから十分にもらえたからね。だけども、今は誰もが自分たちが食べることだけでも大変だよ」

近くの集落からフィヒニに嫁ぎ、暮らしてきた推定八〇代の老婆は、彼女の娘の世代が夫や息子たちとは別に畑をもち、自らで耕作している理由について、このように語った。彼女が若かった頃とは違い、食べ物が十分に手に入らなくなったために生活が苦しくなったこと、このために女性も自分で耕さなければいけなくなった、というのである。「どうして畑を耕すの?」と、耕作している老婆の娘世代の当の女性たちに尋ねれば、「お金（*liyli*）がないからでしょ！」と、あまりに自明な質問に呆れ顔である。

ガーナ北部で女性自らが耕作していることは、序論で述べたように、フェミニスト人類学者のホワイトヘッドがクサシ地域の事例をもとに一九八〇年代にとりあげ、女性を支援する開発政策に大きな影響を与えた［Whitehead 1984 (1981)］。そこでは、女性は、子どもたちを食べさせるために落花生をつくっており、その背景として、夫など男性たちが自給用のトウジンビエより、現金を得るための落花生を積極的に生産するようになったことが示唆されていた［*ibid:* 105-107］。しかし、作物の転換や夫婦の間の「家計」の負担のあり方、そしてその変化の背景を明らかにするためには、男女の間の権力関係に着目する視点では不十分である。たとえば、ブルキナファソ北東部のグルマやマリのソンガイの人びとが暮らす地域からは、一九七〇年代前半に起こった干ばつをきっかけに女性たちがより耕作の仕事をするようになったと報告されている［Hemmings-Gapihan 1982: 179-181; Creevey 1986b: 59］。また、ナイジェリア北部の研究では、一九八〇年代に始まった構造調整による物価の上昇によって、かつては夫の収入に頼っていて、家政（ホームエコノミクス）の普及員が開発プロジェクトへの参加を促しても興味を示してこなかった女性たちが、新しい農業技術の習得や貸し付けを求めるよう変化してきたという［Olayiwole 1991: 368-370］。農村部の暮らしをとりまく環境の悪化によって、夫婦の生計関係のあり方が変化し、女性たちが耕作へのかかわりを強めた可能性が見受けられるのである。

本章では、冒頭で記した老婆による食料の自給状況の悪化の認識と、西アフリカのサバンナ地域からの女性の耕作への関与の強まりについてのこれらの報告をてがかりに、ガーナ北部の西ダゴンバ地域で女性たちが耕作をするようになった背景を探っていく。このために、このサバンナの地の農法と食のあり方にどのような特徴があり、その営みが過去よりどのように変化してきたのかを、植民地時代から今日にいたるまでの市場経済の拡大、飢饉の発生、緑の革命、人口の増加、構造調整政策による影響などをみていくことで検討する。

第一節　ガーナ北部と調査地

本書の調査地の西ダゴンバ地域の農村部は、ガーナ共和国のノーザン州トロン・クンブング郡（現トロン郡）(1)に位置している（図1-1）。

ガーナの国土は西アフリカのギニア湾から内陸部へと南北に長方形状にのびている。その国土面積は、約二四万平方キロメートル、だいたい日本の本州と同じくらいである。西側でコートジボワール共和国、東側でトーゴ共和国、北側でブルキナファソ共和国と国境を接しているが、これは、一九五七年にイギリスから独立した際に、イギリス領ゴールドコーストの統治領域を引き継いだものである。ガーナには、異なる民族アイデンティティをもつ、多様な人びとが暮らしている。国勢調査の報告書では、アカン、ガ・ダングベ、グアン、エウェ、モレ・ダグバン、グルマ、グルシ（グルンシ）、マンデ・ブサンガという八つの言語圏で大分類されており［Ghana 2005a: 3］、本書の調査地にはモレ・ダグバンに属するダゴンバ語（*Dagbani/Dagbanli*）を話し、ダゴンバ（*Dagomba*, またダゴンバ語の発音では *Dagbana*, 複数

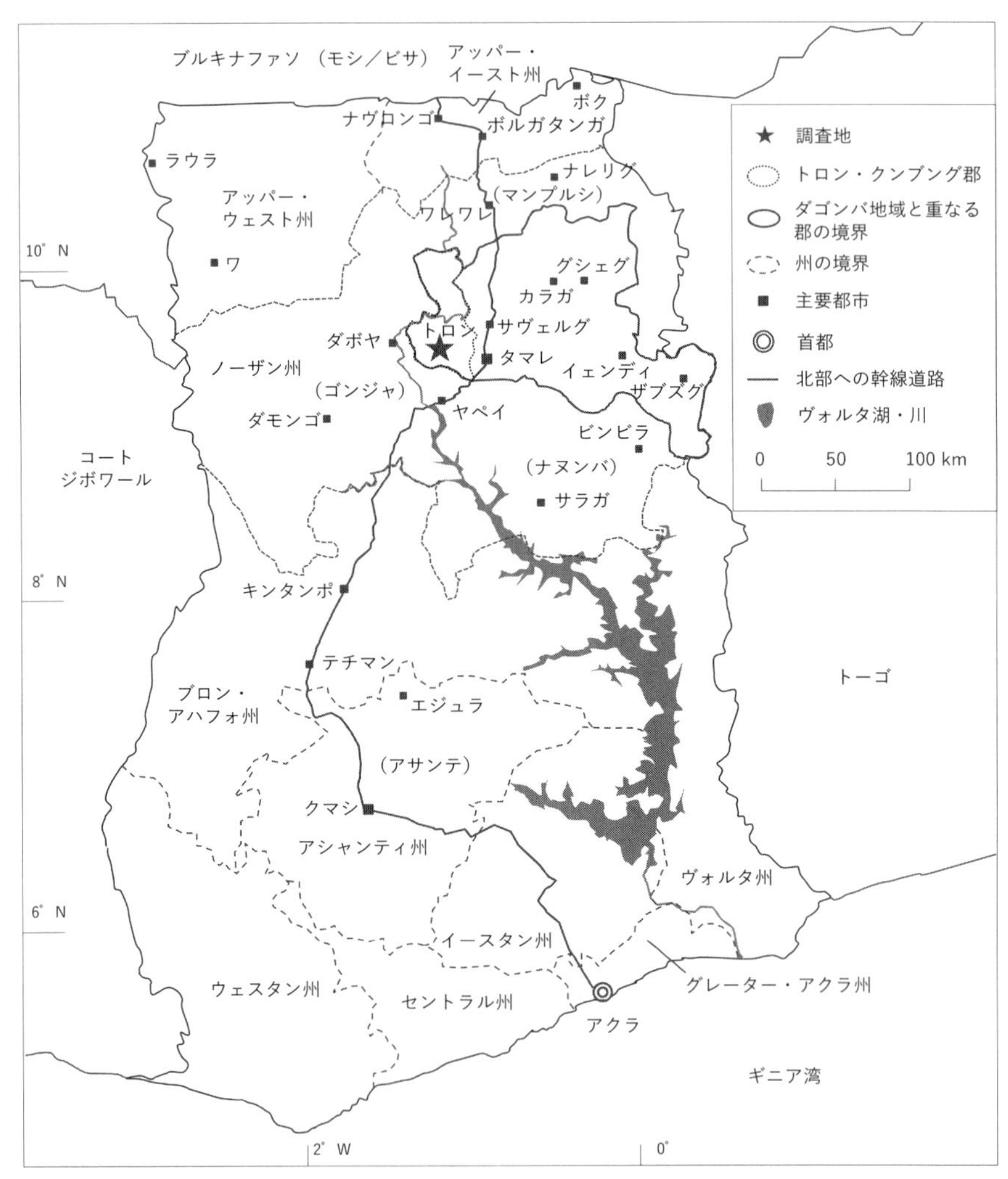

図 1-1　調査地の位置を示すガーナの地図。ガーナ政府発行の地図［Ghana 1989a, 2005c］をもとに作成。ノーザン州を構成する合計 20 の郡（2011 年 4 月現在）のうち、ダゴンバの民族アイデンティティをもつ人びとが多く暮らしており、一般的にダゴンバ地域として参照されるのは、西からトロン・クンブング、サヴェルグ・ナントン、タマレ（メトロポリス）、カラガ、グシェグ、イェンディ（ミュニシパル）、サブズグ・タタレの合計 7 郡である。民族による行政区分は間接統治をしたイギリス領ゴールドコーストの植民地政府による方式を独立後にガーナ政府が引き継いでいるものである。各郡の行政拠点はダゴンバ地域の最高君主（在イェンディ）をはじめとする各地の有力な君主／首長が直接治める地域におかれている。

形は*Dagbamba*）を自称する人びとが主に暮らしている。

世界銀行のデータベース[2]によると、調査をおこなった二〇一〇年、ガーナの国内総生産（ＧＤＰ）は三一二・七億ドル（一人あたりのＧＤＰは一三一二・六ドル）にのぼっていた。これは、サハラ以南のアフリカでは、南アフリカ、ナイジェリア、スーダン（現スーダンと南スーダン）、ケニアに次ぐ五番目の規模である。二〇〇五～二〇〇七年の統計によると、農業はＧＤＰの約三分の一を占めており、チョコレートの原料のカカオの生産と取引がその主力である[Ghana 2010: 5]。二〇〇七年には、ガーナ西部のギニア湾沖で、大規模な石油埋蔵地「ジュビリー油田」が発見された。また、急速に発展している首都のアクラでは、二〇〇八年、複合型映画館まで併設された大型のショッピングモール「アクラモール」が誕生した。

しかし、沖合の油田はともかく、カカオの生産にしろ、ショッピングモールにしろ、これらは本書の調査地があるガーナ北部ではなく、ガーナ南部での話である。このように、ガーナを南部と北部で二分して特徴づけることは、ガーナで暮らす人びと自身によってなされてきた。それは、生態的、文化的にも異なる傾向がみられていたこの二つの地域は、植民地化されて以降、一九世紀末より経済発展の面でさらに対照化されてきたからでもある。

ガーナ南部（通称「サザンセクター」）は、沿岸部側の下方半分の地域である。現在ガーナを構成する一〇州のうち、ガーナ南部にあたるのは、首都アクラが位置するグレーター・アクラ州をはじめ、イースタン州、セントラル州、ウエスタン州、アシャンティ州、ブロン・アハフォ州、そしてヴォルタ州の大部分である。イギリス領ゴールドコーストとしての植民地時代は、直轄地「コロニー」と保護領「アシャンティ」として、そしてドイツ領トーゴランドの一部だった現ヴォルタ州の大部分においては、第一次世界大戦後より国際連盟からの委任統治領（第二次世界大戦後は国際連合の信託統治領）「トーゴランド」として統治されていた。これらの地域は、雨季と乾季の区分が明確なサバンナ気候帯に位置する沿岸部の一部、そしてブロン・アハフォ州とヴォルタ州の北側の端を除いて、主に雨量が多く多雨林が成立する気候帯、ならびにサバンナ気候帯との移行帯に位置している。その大部分には、アサンテやファンテなどアカン語に属する言語を話し、「母系制」を実践してきた人びとが多く暮らしている。植民地化以降、キリスト教が普及してきた地域である。

一方、ガーナ北部（通称「ノーザンセクター」）は、内陸部側の上方半分の地域である。ノーザン州、アッパー・ウエスト州、そしてアッパー・イースト州の合計三州で構成される。植民地時代は、保護領「ノーザンテリトリーズ」として、そしてドイツ領トーゴランドの一部だった現ノーザン州と現アッパー・イースト州の東側は第一次世界大戦後より国際連盟からの委任統治領（第二次世界大戦後は信託統治領）「トーゴランド」として統治されていた。その全域は、サバンナ気候帯に位置している。大部分ではグル語に属する言語が話されていて、父方で住居や土地を受け継ぐ場合が多い地域が支配的である。また、イスラム教の影響が、植民地化以前から交易を通じて、そして独立以降はよりいっそう強くなった地域である。ここから明らかなように、ガーナ北部は、ガーナ南部よりむしろ、ブルキナファソなど内陸部側の隣国と、生態環境、言語、社会制度、宗教などの文化的な共通項をもっている。

本書の調査地であるガーナ北部の西ダゴンバ地域へ到達するには、まずは首都のアクラからガーナ北部の中心都市のタマレ行きの大型バスに乗り込むとよい。混雑したアクラを抜けてしばらく進むと、緑豊かな一帯に入る。ほどなく、うっそうと生い茂る木々の中に背丈の高いマホガニーの木がぽつぽつとそびえ立つ風景が広がってくる。傾斜が繰り返すこの道を七時間ほど進んでいくと、ガーナの第二都市クマシに到着する。アサンテの人びとの中心地である。クマシも交通渋滞が激しい。ようやく中心部を抜け、再び田舎道に入る。そうしてしばらく進んでいくと、キンタンポを過ぎたあたりで急に樹高が低くなったことに気がつく。さらに、密林が徐々に疎林に変わっていく。そして、シアナッツの木（*Vitellaria paradoxa*）やヒロハフサマメの木（*Parakia bigloboSa*）が農地上に点在する、西アフリカの内陸部のサバンナ地域に特有の景観が広がり始める。黒ヴォルタ川を過ぎてしばらく進むと白ヴォルタ川に到達する。流域のヤペイを過ぎるといよいよタマレに到着である。アクラを出発して約一二時間後である。

ダゴンバ地域

タマレは、「ダゴンバ地域」（*Dagbon*）に位置している。ここは、植民地時代にノーザンテリトリーズの中央行政局がおかれた場所である。政治、経済的にはさほど重要ではなかったタマレは、植民地化とともに、急速に商業の中心地として発展した。今日、ガーナ北部だけではなく、南部、そしてブルキナファソやニジェールなど西アフリカの内陸部の各地からさまざまな人びとが集まるガーナ北部の中心都市となっている。

この「ダゴンバ地域」とは、単にダゴンバを自称する人びとが多く暮らす場所としての地名ではない。ダゴンバ地域の最高君主（*Yaa'Naa*）を頂点に、彼が直接に任命する各地の有力な君主（*naa*）たち（あるいは首長（チーフ））が政治的な影響力を及ぼしてきた領域を意味している。ダゴンバ地域は、植民地行政によって「ダゴンバ王国」（Dagbon Kingdom/Kingdom of Dagbon）［Duncan-Johnstone & Blair 1932］、そして、近年にいたっても故ヤクブ二世最高君主（補遺1のno. 38）の元弁護士のイブラヒム・マハマによっても「ダゴンバ国」（State of Dagomba/Dagomba State）［Mahama 2004: ii, 12］とよばれてきた。現ガーナ政府の「首長院」[3]にも、ダゴンバ地域からその代表として有力な君主が送られている。

人びとは、タマレや本調査地が位置するトロン、クンブングやサヴェルグなど、ダゴンバ地域の西側の一帯を「トマ」（*Toma*）として、そこから東に八〇キロメートル以上も遠く離れた、ダゴンバ地域の最高君主が暮らすイェンディ（*Naya*）の周辺の東側の一帯とは分けて参照する。このダゴンバ語による東西での地域区分は、一九世紀末からイギリスの統治化に入った「西ダゴンバ地域」（Western Dagomba area）と、第一次世界大戦後にドイツの統治化からイギリスの統治下に入った「東ダゴンバ地域」（Eastern Dagomba area）という、植民地統治を起源とする地理的な境界がかなり明確な行政区分とは、とりわけカラガやグシェグなど地理的にその中間に位置する地域の帰属をめぐり一致しているわけではなく、より曖昧なものである。

イスラム教が西ダゴンバ地域の農村部へと浸透していったのは、ここ三〇～四〇年のことのようである。イスラム教は一八世紀の初めごろ［Wilks 1976 (1971)］、すでにイスラム教を導入していたゴンジャの君主との戦さをきっかけに、最高君主のザンジナ（*Zangina*）が自らの力を高めるために政治に取り入れたことが知られている（補遺1のno. 17）。現在も、ダゴンバ地域の称号（*nam*）の名称や祭事（補遺2）にイスラム教の影響がみられる。とはいえ、礼拝を実践するのはコーランを学んだイスラム教の知識人（*Afa*）や各地の有力な君主たちに限られていた。ネヘミア・レヴィツィオンは、一九六八年の論文において、一般のダゴンバの人びとの大多数がまったく礼拝をしないと記している［Levtzion 1968: 109］。しかし、それから五〇年後の私の調査時、普通の人びとによる日常生活の多くの場面でイスラム教の浸透を確認できた。礼拝所は、中東からの支援によって、大都市のタマレや農村部の拠点的な集落だけではなく、簡易なものであれば小さな集落においても建てられてきた［Iddrisu 2013: 192, 210, Ryan 1996: 323］。祭事や金曜礼拝には多くの人びとが礼拝所に集まる。日常的に礼拝する人びとはかぎられているとはいえ、これは大きな変化である。また、イスラム教の「普及」が目覚ましいのが、服飾文化や冠婚葬祭である。イスラム教徒のスタイルとされる衣服や帽子、履物、そしてスカーフで着飾ることは、とくに若い男性と女性たちの大きな関心になっている。また、イスラム教の実践としておこなわれている新生児の命名式（*suuna*）や結婚式（*amiliya*）は、農村部の小さな集落では、ほんの二〇年前であればなされることはなかったという[4]。なお、人名においては、農村部の一般の人びとの間でも、少なくとも今日の老齢世代の親の代からアラビア語を語源とするものが使用されることが多くなっている。

トロンとフィヒニ

私が生活したトロンの集落は、タマレからおよそ二五キロメートル西にある（図1-2）。「トロン」とはトロンの集落を意味するだけではなく、この集落を中心地とする、「トロンの君主」（*Tolon Naa*）に属する周辺一帯の集落を含む地域の名称である。

タマレから、トロンなど近郊の農村部へ向かう乗り合いバス（*lorry*）の拠点になっているのは、タマレの定期市が開催される中心部の「アボアボ」にあるターミナルである。トロン行きは、西側の入り口から入ったすぐのところに停まっている。乗り合いバスは、人でぎゅうぎゅう詰めになるとようやく出発する。

タマレを出発して一二キロメートルほど走ると、チャンナイリとよばれる集落に達する。チャンナイリは、私のフィヒニでの主調査を初期に手伝ってくれた友人のジブリールが暮らしている。ここで、タマレ・メトロポリタン郡か

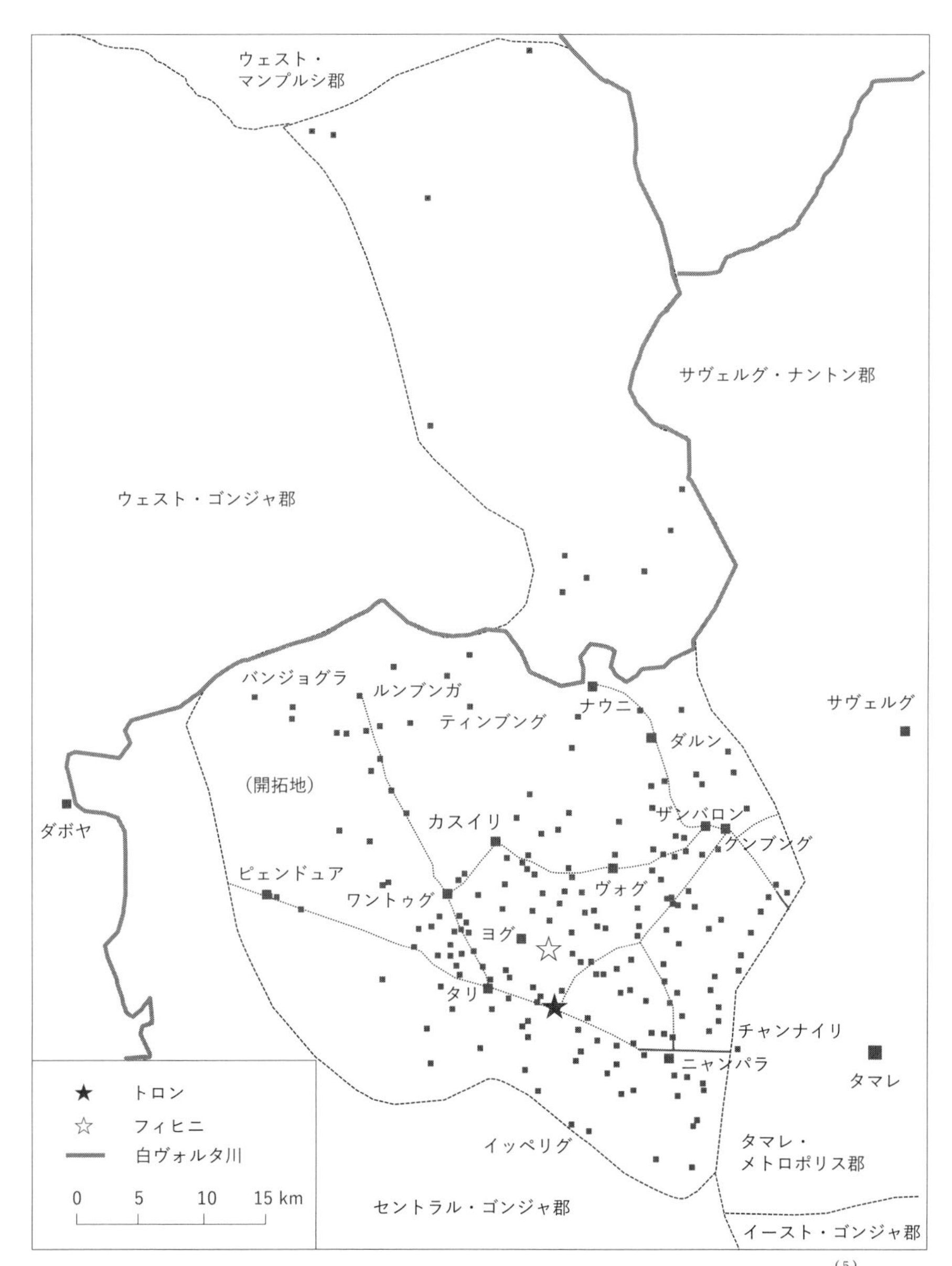

図 1-2 トロン・クンブング郡内の集落の分布。ガーナ政府発行の地図［Ghana 1967, n.d.］(5) をもとに作成。1967 年の地図にある「カパリ」（*Kapali*）は消滅したため除外し、新たな集落「ンラライリ」（*Nlalayili*）を追加した。開拓地と記している一帯には数多くの定住地／集落が点在しているが、行政は位置を把握していないため載せていない。

らトロン・クンブング郡に入る。その先に見えるのが、ニャンパラである。ここまでは、道路が舗装されているのですいすい進む。

ニャンパラは、ガーナ北部の農業開発の研究拠点である。一九五七年のガーナ独立の前よりニャンパラ農業訓練センター（Nyankpala Agricultural Training Centre）が設置されていた［Ghana 1959: 55］。これが前身となって一九六二年に設立されたのが、サバンナ農業研究所（SARI: Savanna Agricultural Research Institute）である。一九九三年には、開発研究大学のニャンパラキャンパスとして農学部がおかれた。しかし、大半の研究者や多くの学生はタマレから通勤、通学しており、ニャンパラの商業的な開発は一向に進んでいない。乗り合いバスが停留する中心部の道路脇に、いくらかの商店や果物など食べ物を売る露店が並ぶ程度である。

トロンは、ニャンパラからおよそ一〇キロメートルの地点にある。ニャンパラの先は、舗装されていない穴だらけのラテライトの赤土の道が続く(6)。乾季に、歩きや自転車、バイクでの移動中に横を車が通り過ぎれば、激しく立ちのぼる土埃で全身が真っ赤になってしまう(7)。両脇の集落をいくつか通り過ぎ、しばらく進んでいくと、携帯電話会社の通信塔が見えてくる。トロンの入口だ。トロンには、トロン・クンブング郡の行政の拠点がおかれている。幼稚園、小学校、中学校だけでなく、高校もある。一九九七年より電気も通っている。ただし、トロンの経済規模は、郡内ではクンブングとニャンパラに次いで三番目である。トロン周辺の集落で暮らす人びとにとっては、人口が四〇〇〇人を超えるトロンは、中心地としての「町」（*fɔŋ*）である。しかし、都市のタマレの人びとにとっては、大きい「村」（*tiŋkpaŋa*）(8)とみなされている。タマレでは、誰かが警察に捕まると「はやくトロンに逃げこめばよかったのに」といわれたりする。警察署がおかれておらず、住民による通報もなされないとされているこの「奥地」には、実際、政治的な事情も含め、なんらかの理由で追われてきた者たちがかくまわれていることがある。

トロンには、人びとが「よそ者」（*samba*）とよぶ、ダゴンバではない人びとも住んでいる。ガーナ南部や北部のほかの地域出身の公務員である。トロンの男親たちは、娘たちがダゴンバ以外の男性に嫁ぐことをひどく嫌っており、万が一のことがあってはならないと、彼らが暮らす公務員宿舎に近寄らないよう娘たちに言い聞かせている。ガーナ南部の男に娘を与えるようなことがあれば、その父親は「娘を売った」と中傷される。南部の男たちはお金をもっていても、礼儀を知らず、人となりもまるで異なると考えられているからである。また、ガーナ北部の民族でも、ダゴンバの人びとが同等の優位性を認めているゴンジャやマンプルシ以外の男性に娘を与えることがあるのなら、それは娘を「棄てる」ことも同然だという。たとえば、フラフラなど「家畜で女をめとる」ような輩とはとうてい相いれないし、ワラはまるで隠れているかのように存在感が薄く、さらにブルキナファソとの国境近くのこれらの地域では人びとはお腹を空かせているなどと、年頃の娘をもつ父親たちは話すのである。ただし、男性がダゴンバ以外の女性をめとり、連れてきている場合はある。たとえば、近隣のコンコンバ、マンプルシ、ゴンジャなどの女性たちである。ガーナ南部の都市部への出稼ぎが定着した今日、出稼ぎ先のガーナ南部で出会った南部の女性たちを妻にしたというダゴンバの男性の話も聞くが、彼女たちが北部に連れて帰ってこられているのを見かけたことはない。また、トロンを含むいくつかの集落では、放牧を営むフラニの家族も暮らしている。彼らは、ウシの世話と引き換えに、集落の中心から少し離れたところに土地を与えてもらい、そこにぽつんと家を建てている。ただ、フラニの人びとと婚姻関係をもつことは、ダゴンバの女性だけではなく男性にとっても、まるで論外のようである。ダゴンバの男性に「フラニの女性はきれいだ」などと言ったりすると、「みんなフラニの女は臭いと話している」、「フラニの女性と性交すると出世できない」などと、即座に否定的な言葉を返してくる。

主調査をおこったフィヒニは、トロンから北に四・五キロメートル先にある。乗り合いバスは、トロンまでしか通っていない。フィヒニとトロンの間の行き来は歩きや自転車、バイクである。ガーナ政府は、集落単位での小学校の建設を積極的に進めてきた。フィヒニにも小学校があり、唯一の公的機関として選挙にも利用されている。携帯電話も、集落の小高い場所に立てばトロンからの電波の受信が可能であり、利用できる。しかし、人口が六〇〇人程度のフィヒニへは、電線が通っていない。トロン地域で電化されているのは、トロンの集落のほか、タマレから続く道沿いの集落や、人口が二〇〇〇人を超えるような大規模の集落のいくらかにとどまっている。このため、携帯電話をもつ若者たちは、充電するためにトロンなど電気が通っている集落の親族や友人宅まで通っている。

トロン地域の定期市は、タマレからトロンまで続いてきた道を、トロンからさらに七キロメートル進んだ先に位置するタリの集落の北側で開催される。トロン・クンブング郡は、このタリから西へ一七キロメートル進んだピェンドュアという集落までである。ここから、ゴンジャの人びとが主に暮らす集落を通過しつつ、一四キロメートル進むと白ヴォルタ川に到着する。川沿いの近くでは、バトー（*Bator*）とよばれる漁を営む人びとが多く暮らしている。川には橋はかかっていない。対岸にあるゴンジャの町のダボヤとの人や物資の行き来は、小さな渡し船でなされている。

タマレからトロン、そしてタリ近辺までは、数多くの集落が生まれ、人口が増加してきたために、人口稠密地帯になっている。このため、集落が少ないタリから白ヴォルタ川流域までの地域一帯には、土地不足に悩まされてきたトロン地域などの人びとが新たな土地を求めて耕作してきた「開拓地」（*kuraa*）が広がっている。

第二節　ギニア・サバンナの暦と農法

二月。乾季（*wuuni*）に入って三ヵ月目になる。ヒロハフサマメの木に、深紅の丸い花がぶら下がる（写真1－1）。各地では、冠婚葬祭の開催が一段落する。この時期、たいてい一度、とても短い雨（*movila-saa*,「焦げた草木の雨」の意）が降る。この黒い雨は、乾季に空気中に溜まる土埃が混じっていて、字義どおり、野焼きのあとの灰を洗い流す。ただ、土地が不足しているトロン地域では、火入れをして開墾する必要もなく、焼かれた場所がちらほら点在するくらいである。とはいえ、この雨は、次の耕作の計画を練り始めなければならないことを知らせる。お金が足りない若い男性たちは、短期の雇われ耕作で一気に資金を稼ぐために、すでに耕作が始まるガーナ南部へと出かけていく。雨が降り始める前に、屋根の葺き替えや部屋の建て直しも終わらせなければならない。カポック（*Ceiba pentandra*）の実を乾燥させる強い風（*gungunleriyu*）が吹く。

三月。一年で最も暑い季節が訪れる。ヒロハフサマメのさやが乾き始め、収穫が始まる。シアナッツの木にも白い花々が咲く。ヤムイモの畑を耕作期の終わりに用意していなかった者たちは、すぐに耕起して盛り土をつくり、植え付けなければならない。

四月。乾季の終わり、家々では穀物がすっかり底をつく。空が黒くなると、嵐のような強い風が、耕作期の始まりを知らせる雨（*salaŋ saa*）を運んでくる。この雨は、短時間に集中的に降り、非常に大粒で、バラバラと大きな音を立てて地面を叩きつける。開拓地で耕作する男性たちは、すぐにフィヒニを出発する。あとを追い、開拓地に向かう女性と子どもたちもいる。

写真 1-1　ヒロハフサマメの木の花。フィヒニにて 2010 年 2 月 8 日撮影。

五月。女性たちは、熟したシアナッツの実の収穫を始める。この頃、種まきができることを知らせる雨（*siyli-saa*）が降り始める。粒が小さく、降り方も落ち着いたこの雨は、まいた種を流してしまうことはもうないだろう。種まきは、落花生を皮切りに穀物へと続く。

六月。女性たちが、畑のいたるところで芽生えたばかりのローゼルとモロヘイヤを、畑を渡り歩いて摘み取っている。乾燥させず、そのまま料理して食べることで、季節の変化を味わう。シアナッツが結実のピークを迎える。

七月初旬。耕作期の真っただなかに入っていく。この頃、各集落を治める君主たちは、社（*buyli*）に使者を遣る。二〇一〇年七月四日、私が調査をしたフィヒニで暮らす「フィヒニの君主」（*Fihiŋ dana*）と「ガウァグの君主」（*Gawaŋ Naa*）は、かつては水が湧き出ていた社「小高い場所の泉」（*Zoo-biliga*）に四人の臣下たちを送り、まじないの薬（*tim*）を埋め、ニワトリを捧げ、雨乞いをした。その五日後の朝、「君主のお知らせだ！」と、フィヒニの君主から遣わせられた少年たちが、小さな打楽器（*dawli*）を鳴らしながら集落内を歩き回り、家々の周りの土地でトウモロコシの種をまくため、翌日からヤギとヒツジを放してはならない旨を伝える。まだ用意をしていなかった家々では、これらの家畜をつなぐため、その日のうちに木々を庭先に組み立てる。翌日、フィヒニの君主とガウァグの君主が種まきをしたあと、ほかの家々を率いる男性たちも続いた。

七月下旬〜八月初旬。この時期、たいてい二〜三週間ほど雨が途切れる、小さな「日照り」（*sanzali*）がやってくる。長引かないよう皆が願う。女性たちは、まだ大きくなっていないオクラを摘み取っていく。乾燥させずに使う雨季用のオクラは料理に入れる。乾燥させて使う乾季用のオクラは、一年のうち供給量が最も少なくなったこの時期は市場で高値で売れる。

八月中旬〜九月。日照りが終わると、今度は雨が毎日のように降り続く。ダゴンバ語での「雨季」（*sheyuni*）とは、雨の始まりから終わりまでの雨季（レイニーシーズン）ではなく、この時期のみである。唐辛子の苗を畑に植え付けるこの頃、落花生の収穫が始まる。少年たちのなかには、自分の畑の収穫を終えるとすぐに、ガーナ南部に耕作労働に向かう者もいる。穀物も徐々に実をつけていく。

九月中旬。落花生の収穫がピークを迎える。毎朝、どこかの男性の畑で収穫がおこなわれるこの時期、女性と子どもたちは、収穫の手伝いで最も忙しくなる。タバコの苗が家々の庭先の一画に植え付けられる。

一〇月。雨季の終わりを知らせる、「草木を色づかせる雨」（*gbaŋ zieyu-saa*）が降る。強い風をともなうこの雨は、背丈の高い草本類を倒す。雨がもうすぐ降り止むこの時期、ようやく唐辛子が結実して収穫がおこなわれる。トウモロコシやソルガムの収穫も始まる。

一一月。雨が完全に止み、一日、とても暑くなる。低地が乾き始めると、稲の刈り取りがおこなわれる。すべての収穫が終わりかけるこの時期の定期市の日、一〇代半ばの少女たちは、いち早く連れ添って「家出」する。向かう先は、遠く離れたガーナの南部の首都のアクラや第二都市のクマシである。まだ料理を担当していない若妻たちのなかにも、収穫が終わり、用事が片付くと出稼ぎへ出発する者たちがいる。若い男性たちのなかにも、新たに都市へと向かう者たちがいる。開拓地からは、一足早く女性たちが戻ってくる。しばらくすると、サハラ砂漠の方角から「ハルマッタン」（*kikaa*）という名称で知られる乾いた貿易風が吹き始める。タバコの葉が風で乾く。庭先からは、「トントントン」と、摘み取ったタバコの葉を少年たちが専用の木臼で叩く心地よい音が聞こえ始める。

一二～一月。乾季が本格的に始まる。大地を吹きつける強い風が寒さをもたらす。開拓地からは、キャッサバの皮むきを終えた男性たちが次々に帰ってくる。各地で冠婚葬祭が執りおこなわれる。耕作期の間しばらく会いに行けなかった親族を訪問する。

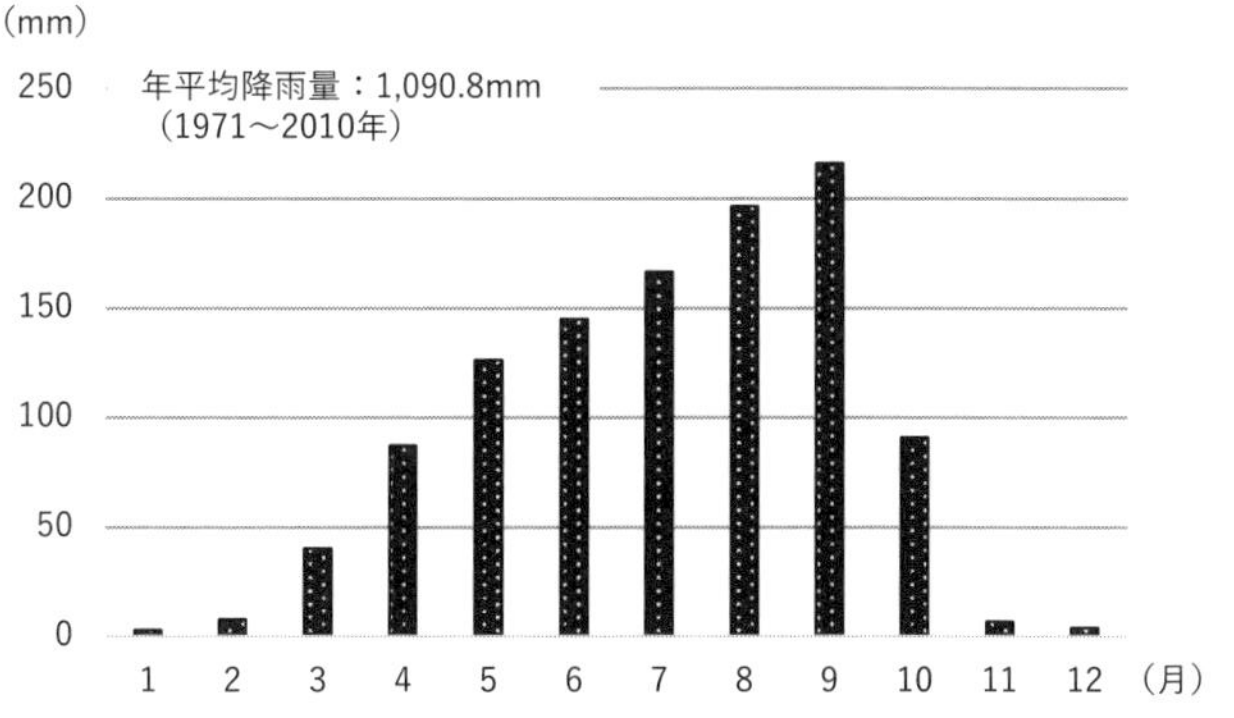

図 1-3　ノーザン州のタマレ空港（在サヴェルグ）の観測所での降雨量の月別平均値（1971 ～ 2010 年）。年間の最小値は 695.3mm（1992 年）、最大値は 1579.8mm（1991 年）。12 ～ 1 月に雨が降るのは数年に一度程度である。ガーナ気象局より提供のデータをもとに作成。

耕作技術と主食用の食料不足

西アフリカのサバンナ地域といっても、農業の営み方をひとくちに語ることはできない。北は降雨量が年間三〇〇ミリメートル程度しかない耕作の限界地点のサヘル地域から、南は降雨量が一八〇〇ミリメートルにも達するサザン・ギニア・サバンナ気候帯までである。ダゴンバ地域は、ノーザン・ギニア・サバンナ気候帯に位置している。この地の年間降雨量は一〇〇〇ミリメートルほどある（図1-3）。現在、調査地の西ダゴンバ地域では、トウモロコシ、ソルガム、トウジンビエ、ヤムイモ、キャッサバなど主食にする作物のほか、落花生、豆類、オクラや唐辛子などのさまざまな作物がつくられている（図1-4、表1-1）。

ダゴンバ地域の雨量が西アフリカのサバンナ気候帯のなかでも多いことには、明らかな利点がある。第一に、雨量が少ない地域に比べて主食にする作物の栽培の失敗による「飢饉」とよびうる事態の発生頻度[9]が低いことである。第二に、作物の品種を三ヵ月以内の早生種ではなく、よ

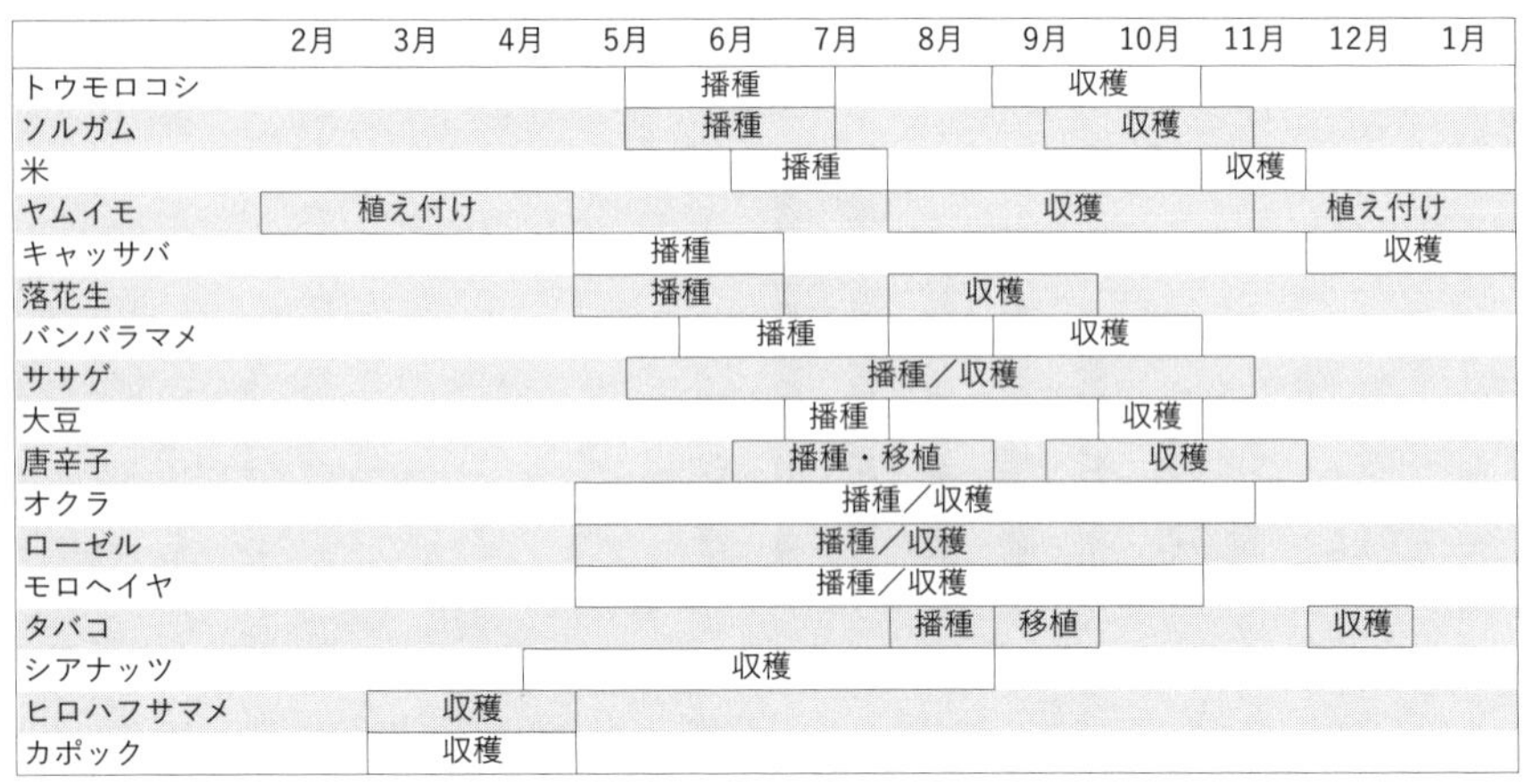

図 1-4　フィヒニの周辺で一般的な作物づくりの年間スケジュール。食料農業省の耕作カレンダー[Ghana 2006: 32]とはかならずしも一致していない。種子は前年度の収穫分を利用したり知人から分け与えてもらう場合が多いが、購入することもある。ヤムイモの植え付けは耕作期の終わりの 11 ～ 12 月ごろ（*gban' ʒiɛɣu-puna*）が一般的だったというが、今では耕作期の直前の 3 ～ 4 月ごろ（*salaŋ' puna*）のほうが大半である。落花生以外の豆類は、落花生の植え付けが終わったあとに種まきされる傾向がある。ササゲは 2 種類あり、トュヤ（*tuya*）はソルガムに間作することが多い。サンジ（*sanʒi*）の早生種は 5 月の半ばに植えると 7 月には収穫できるため、収穫前の食料不足の時期の自家消費用として重要になっている。「女たちは何人？」（*paɣ' ba-ala*）という通称の在来種は「たくさんの妻を食べさせられること」を意味しており、収量がよいうえ 50 日で成熟する。

り収量の見込める四ヵ月以上の晩生種にすることも、状況次第では可能である[10]。第三に、ノーザン・ギニア・サバンナ気候帯の降雨量は、より多くの主食作物の生産を可能にする。穀物にしても、トウモロコシだけではなく、雨が多すぎる場所では育ちにくいトウジンビエやソルガムも、その南の限界地点ではあるが[11]生産できる。そして、穀物だけではなく、一定の雨量を必要とするヤムイモも、生産の北の限界地点にほど近いとはいえ[Allan 1965: 237]、努力次第では大きく育てることができるのである。

このように、よいこと尽くしに聞こえるのだが、主食にするこれらの作物を十分に生産することはさほど簡単ではない。的確な技術と十分な手入れが必要である。また、天候の不良による不作も起きてきた。さらに、近年の西ダゴンバ地域における土地の不足と地力の低下は、一毛作しか可能ではないこの地で穀物不足の恒常化をもたらしてきた。

植民地時代、ダゴンバ地域で耕作を担ってきた男性たちの技術は、高い評価を受けていた。一九三九年、ノーザンテリトリーズのダゴンバ郡の農業監督だった

表 1-1 2010年の耕作期においてフィヒニの人びとがフィヒニの周辺と開拓地にてつくった作物

名称[ダゴンバ語]	種類など
トウモロコシ[*kawana*] *Zea mays*	改良種(白色、3〜4ヵ月)と在来種(黄色、3ヵ月)があり、在来種は土壌が肥えた集落内で肥料を使わずにつくられている。
落花生[*sima*] *Arachis hypogaea*	改良種のチャナ(*china*, 90日)とマニピンター(*mani-pintar*, 別名*abain*, 120日、鍬で掘り出して収穫する必要あり)が二大品種。在来種のブグラ(*buɣla*)は土壌が肥沃な開拓地ではつくられている。
ヤムイモ(ヤム)[*nyuli*] *Dioscorea* spp.	*laabako, kpuno, chenchitɔ, nyu' wɔɣu*(ウォーターヤム、白色や黄色)など多数の品種がつくられている。
米(稲)[*siŋkaafa*] *Oryza* spp.	複数の在来種と改良種がつくられている(3〜4ヵ月)。
オクラ[*mana*] *Abelmoschus esculentus*	雨季用(*sheenmana*)と日干し利用する乾季用(*wuunmana*)の複数の品種がつくられている。
ソルガム[色で異なる] *Sorghum bicolor*	複数の在来種と改良種がつくられている(3〜4ヵ月)。一般的に赤色は*kaʒiɛɣu*, 白色は *kapielli* とよばれるが、品種ごとに通称がある。
キャッサバ[*banchi*] *Manihot* spp.	複数の品種があり、よくつくられているのは*buyadoo*や*nanbaɣɔdoo*(6ヵ月)など。
唐辛子[*nanzua*] *Capsicum* spp.	在来種(大きい*nanzu' tɔɣu*, 小さく辛い*nanzu' chirŋa*)がつくられている。新鮮なまま利用する丸形の外来種(*nanzu' bua*, ヤギのような臭いがするため「ヤギの唐辛子」の意)は収穫直後に市場で売る必要があるため、2010年のフィヒニで作付けした者は4人のみ。
バンバラマメ[*sinkpula*] *Vigna subterranea*	複数の在来種(3〜4ヵ月)がつくられている。
ササゲ[*tuya, sanʒi*] *Vigna* spp. (*Vigna unguiculata*など)	ササゲのうちトュヤ(*tuya*)は在来種(大豆より白い4ヵ月の*Dagbɔŋ-tuya*)、サンジ(*sanʒi*)は複数の在来種と改良種(50〜90日、赤色、黒色、または白色で芽の部分が茶色や黒色)がつくられているが、美味しさではトュヤや大豆のほうが好まれている。
大豆[*soya*] *Glycine max*	複数の改良種(3〜4ヵ月)がつくられている。
タバコ[*taba*] *Nicotiana tabacum*	家の庭先(土壌が肥沃)の一画でつくられている。
ローゼル[*bra*] *Hibiscus* spp.	多品種(*H. sabdariffa*など)が播種と自生で繁殖。葉や花の萼を食べるが、繊維で縄をつくるケナフ(*mihi, H. cannabinus*)は食用には好まれていない。
モロヘイヤ[*salinvɔɣu*] *Corchorus* spp.	多品種があり、播種と自生にて繁殖している。
トマト[*kamantoonsi*] *Lycospersicum esculentum*	フィヒニで作付けした者は2人のみ(2010年)。
綿花(ワタ)[*gumdi*] *Gossypium* spp.	フィヒニでは2人が綿花企業と契約生産(2010年)。在来種(*Dagbɔŋ-gumdi*)は開拓地周辺で自生。
トウジンビエ[*zaa*] *Pennisetum* spp.	土壌の肥沃度が低下した人口密集地(トロンやフィヒニ一帯)での作付けはまれ。開拓地でつくられている。改良種は普及していない。
サツマイモ[*wuljo*] *Ipomoea batatas*	土壌の肥沃度が低下した人口密集地(トロンやフィヒニ一帯)での作付けはまれ。開拓地でつくられている。
キマメ[*adua*] *Cajanus cajan*	土壌の肥沃度が低下した人口密集地(トロンやフィヒニ一帯)での作付けはまれ。開拓地でつくられている。

学名はダゴンバ語の名称をもとに先行研究［Ghana 2006; Runge-Metzger & Diehl 1993: 201］を参照したが、さまざまな品種があるため調査が必要である。

マイケル・エイケンヘッド[12]は、「ダゴンバは、西アフリカ全土における最高の農耕民の一つとして分類できることを、地方行政官だけではなく著名な訪問者たちが頻繁に述べている」と、ダゴンバ郡で実施した在来農法に関する実態調査の報告書で記している。[13]ここで賞賛の対象となっていたのは、ヤムイモづくりに多大な時間と労力をかけていることと、そして輪作と間作に相当な注意を払っていることだった。この報告書において、エイケンヘッドはその具体的な内容の詳細を作物ごとに全一九頁にわたって説明し、五種類の表を補遺として掲載している。

実際に明らかなのは、この地で男性たちが磨いてきた耕作技術は、ノーザン・ギニア・サバンナ気候帯の生態条件とおおいに関係していることである。まず、ヤムイモづくりにしても、雨も少なく土壌も固いこの地では、ただ植え付け育てるのでは、雨が多い南の地域のイモの大きさにはとうてい及ばない。この点において、一九六〇年代初頭にダゴンバ地域を訪問したイギリスの植民地の元農業行政官で農学者のウィリアム・アランは、ダゴンバ地域の男性たちは開墾した一年目の畑に一つひとつ約七六センチメートル（二・五フィート）の高さの盛り土をつくり、乾季の一月ごろにヤムイモを植え付け、湿気と温度を保つために草や葉で覆い（マルチ）をすると記している。そして、六〜七月にトウジンビエを間作したその畑のヤムイモの収量は、一エーカーあたり二〜三トンの食料に相当すると推定している［Allan 1965: 236-237］。こうして、「耕作技術のレベルはかなり高い。一年目の畑は、技術と労力をかけた園芸の素晴らしい例である」［*ibid*: 237］と評価しているのである。現在においても、男性たちは、掘り返した土を五〇センチメートルほどの高さまで丹念に盛り上げて種芋を植え付け、ツルがよく伸びるように支柱を立て、イモを大きくする努力をしている。[14]

また、穀物を最も重要な日々の主食としてきたこの地において、男性たちは、気候的により適しているトウモロコシではなく、雨が多いために育ちが悪いトウジンビエやソルガムを好んでつくっていた（表1-2）。よって、十分な量の主食用の食料を得るために、土地を新たに開墾してから二〜三年の間、土壌の肥沃度に合わせてトウジンビエとソルガムを優先させても、やはりトウモロコシもつくり、できるかぎり多くの量の穀物を得るための技術を積んでいた。[15]輪作の一年目として休閑期明けの畑にはヤムイモを、そしてこれまで耕作に利用されてきたことのないよ

表1-2　ダゴンバ地域で実践されていた移動耕作での輪作と間作のパターン（角括弧内は間作物）

<table>
<tr><th></th><th>1年目</th><th>2年目</th><th>3年目</th><th>4年目〜</th></tr>
<tr><td rowspan="3">Coull
［1929: 209-210］</td><td>ヤムイモ［豆類、オクラ、
綿花、ニリ、ピアハが
個別、または一緒に］</td><td>トウモロコシとソルガム
［落花生、ササゲ、
バンバラマメ、またはニリ］</td><td colspan="2" rowspan="3">4〜6年の休閑</td></tr>
<tr><td>トウジンビエ</td><td>トウモロコシとソルガム
［落花生］</td></tr>
<tr><td>ニセゴマ</td><td>トウジンビエ、または
ソルガムとトウモロコシ
［落花生、またはニリ］</td></tr>
<tr><td rowspan="3">『ダゴンバ郡で
実施した調査の
仮報告書
（1938〜39年）』</td><td>ヤムイモ［トウジンビエ、
またはトウモロコシ、米、
バンバラマメ、オクラ、綿花］</td><td rowspan="3">トウジンビエ、
またはソルガム
［トウモロコシ、豆類］</td><td rowspan="3">トウジンビエ
［落花生や
ほかの豆類］、
バンバラマメ
など</td><td rowspan="3">休閑</td></tr>
<tr><td>トウジンビエ、ときにソルガム
［ササゲ、オクラ、
バンバラマメ、唐辛子など］</td></tr>
<tr><td>ゴマ、ニセゴマ</td></tr>
<tr><td rowspan="2">Allan
［1965: 237-238］</td><td>ヤムイモ
［トウジンビエを主に、オクラ、
ローゼル、ヒョウタン、
まれにゴマ、綿花、周囲に
キャッサバやキマメなど］</td><td rowspan="2">ソルガム
［トウモロコシ、落花生、
バンバラマメ、
ササゲなど豆類］</td><td rowspan="2">ソルガム、
地力が低下
している場合は
トウジンビエ
［落花生や
ほかの野菜］、
地力がより低下
していれば休閑</td><td rowspan="2">6〜10年の
休閑
※Andropogon
が肥沃度が
回復の印</td></tr>
<tr><td>豆類、唐辛子、オクラ、ゴマ
※一年目の畑のうち、
わずかな面積のみ作付け</td></tr>
</table>

ノーザンテリトリーズの農業行政官のジョージ・クール[17]による文献では、輪作の方式は「粗放的な場合」と「集約的な場合」に二分類されているが、表中のものは前者である（その前文で、町の周辺では耕作に利用可能な土地が不足していると記されていることから、「集約的な場合」はタマレなど町化した地域で実践されていたパターンだと推測）［Coull 1929: 209-210］。次の出典の『ダゴンバ郡で実施した調査の仮報告書（1938〜1939年）』は、ダゴンバ郡で初めて調査された在来農法に関する報告書として説明書きがある[18]。これらの文献には、西ダゴンバ地域でつくられなくなったゴマ、ニリ、ニセゴマ（*bungu,* 学名は *Ceratotheca sesamoides,* 日本語の名称は八塚［2011］を参照）をはじめとする作物についても記されている[19]。

うな土地では主食として重要なトウジンビエやソルガムをつくっていたのである。また、元農業普及員のアスマー氏も、土地が不足しておらず、移動耕作によって地力を回復させることができていた一九七〇年代の前までは、開墾して一年目の土地の一部を、肥沃な土壌を必要とするゴマ（*zinzam,* 学名は *Sesamum indicum*）や、同じく肥沃な土壌を必要とするウリ科のニリ（*nili,* 学名は *Citrullus vulgaris,*[16] 英語では通称 melon seeds）など種を食用とする油糧作物に割り当ててきたと話す。そして、表1-2からも明らかなように、主食の穀物やヤムイモと同時にさまざまな食料を手に入れるため、これらの畑に豆類などを間作してきたのである。

　ただし、概して手入れが丁寧とはいえ、その労力のかけ方はそこからはね返ってくる喜びと収量に応じていた。エイケンヘッドやアランが記しているところによると、男性たちは一年目のヤムイモの栽培では盛り土をつくり、二年目の穀物畑ではその盛り土を崩して畝を立てるが、土壌の肥沃度が低く、翌年に休閑するような三年目の畑では畝をつくらない［Akenhead 1957: 125; Allan 1965: 237］。男性たちによる労力のかけ方の違いは、人口の増加によって移動耕作ができなくなり、輪作もままならなくなった今日の西ダゴンバ地域でも確認できる。ヤムイモと唐辛子においては、一つひとつ盛り土をつくって植え付け、草一つ生やさないくらいに手をかけて育てている。とりわけヤムイモの場合は、歳を重ねた男性たちは、できるかぎりあらゆる品種を集めて植え付け、その畑に日々足を運び、趣味のように世話に勤しんでいる。一方で、今日の西ダゴンバ地域のように地力が低下した土地でも一定の収量が得られるために盛んにつくられるようになった落花生の畑、またとくにオクラの畑においては、収穫時に草が生い茂っている光景が多々見られるのである。

しかし、不安定な降雨パターンは、耕作の技術を磨き、労力をかけてきた男性たちを、やはり翻弄してきた[20]。懸案事項は、まず、種をまく時期である。五月、雨の降り方が穏やかになったと思ってまいたばかりの種が、再来した大粒の激しい雨で流されてしまうことがよくある。次の懸念は、七～八月のいつかにやってくる日照り（サンザリ）である。七月の初めに穀物の種をまいたあと、七月の半ばに日照りがやって来るならば、その小さな芽を乾かしてしまうかもしれない。たとえ八月でも、日照りが三週間以上にわたれば作物が枯れてしまう。そして、最大の心配とは、雨が降り止む時期である。資金のやりくりに窮して作付けが少し遅れたその年、運悪く雨が早期に終わるならば、穀物の実は大きくならない。悪天候だけでなく、天候の読み間違いによる作物への被害は、それが単に不運なのか精霊や人の仕業なのか、誰かに毎年もたらされる災いである。そして、年に一度きりしか耕作の機会が与えられていないのに、主食作物の収穫ができなければ、これはその年の「空腹」（*kum*）を意味する。

実際、「飢饉」とよびうる事態も起こってきた。老齢世代は、ダゴンバ地域の最高君主（ヤーナー）のマハマ二世（補遺1のno. 33）の時代、ちょうど第二次世界大戦から帰還兵が戻ってきた年（すなわち一九四六～四七年[21]）におこった「飢饉（クム）[22]」の経験を鮮明に覚えている。人びとはこのとき、地域一帯に自生するニセヤムイモ（*tapkoro*, 学名は *Icacina oliviformis*）

を食べてしのいだ。塊茎を小さく切って水に浸し、毒を抜いたあと、乾かし粉にして料理したのである。帰還兵たちが食べる物もなく、いっそう大変だったと話す。

この飢饉は、不規則な降雨が原因だった。この一九四七年に植民地行政によって記されたダゴンバ郡の年次報告書を確認すると、降雨の量とパターン、そして日照りと多雨の組み合わせによる主食の作物の不作ぶりの詳細が記されている。[23] それによると、まず、耕作期の中旬までの六〜八月は雨が少なく、しかも安定的に降らなかった。このため、ヤムイモが枯れてしまった。穀物においても、種をまき直し続けなければならず、早く作付けしたトウモロコシは結実しなかった。そして九月になると、今度はあまりに激しい雨が降り続ける。これはトウジンビエとソルガムの開花時に重なり、結実が悪くなってしまった。救われたのは、（おそらくあとでまき直した）トウモロコシと米だけだった。このため、この年は穀物やヤムイモの価格が高騰し、南のコロニーやアシャンティから運ばれた多くの食料が市場に出回った。[24] ここからも明らかなように、この地域の「飢饉」は、雨量が圧倒的に少ないことによってというよりは、むしろ雨が降るべき時に適切に降らないことによって起こるのである。

ところが、興味深いのは、これ以外にもあったはずの不作の年の経験については、人びとの記憶をまともにたどることができない点である。それは、比較的近年に起こった、西アフリカのサバンナ地域一帯を襲ったはずの一九七〇年代と一九八〇年代の前半の大干ばつ期においてもあてはまる。タマレ空港で計測されたこれらの年代の降雨データによると、とくに一九八三年は、穀物の成長と結実に重要な八月と一〇月の雨がそれぞれ八一・三ミリメートル、四・六ミリメートルと著しく少ない［ガーナ気象局］。また、悪天候による不作の事実については、西ダゴンバ地域での農業の調査報告書に記されている［Donhauser *et al.* 1994: 61］。しかし、私の滞在先の家の元農業普及員のアスマー氏でさえ、被害については覚えていない。というよりむしろ、ガーナからブルキナファソへと穀物が送られていたことを思い出して話すくらいである。

なぜ、老齢世代は、一九八三年の穀物の不作の経験について記憶が乏しいのか。この理由として第一に考えられるのは、ガーナ北部の農村部の暮らしは、同じ国の南部の経済とは切り離せないことである。雨が多いガーナ南部の大半の地域では、二〜一二月の期間でトウモロコシの生産が二回も可能である。ガーナ北部の人びとは、七月の時点で収穫がなされるガーナ南部から恩恵を受けることができるのである。そして、人びとは、すでにこの頃にはすっかり定着していた北部から南部への若い男性たちの出稼ぎと、移住した近親者からの支援を受けることで不作をやり過ごせるようになっていたのである。

また、人びとが一九八三年の不作の経験を特段に思い出すことができないのは、ちょうどこの頃より「恒常的」な穀物の生産の不足を経験するようになっていたからでもある。西ダゴンバ地域で実施された農業の調査報告書によると、不作が続いた一九八二年と一九八三年の翌年の一九八四年は、天候に恵まれて収量がよかったにもかかわらず、調査対象となった一〇世帯（家が単位）のうち六世帯で主食の穀物が不足していた［Donhauser *et al.* 1994: 61］。また、一九九二年に出版された別の報告書でも、ほとんどの世帯が多かれ少なかれ主食用の食料の不足を経験していると記されている［Abu 1992: 46］。この状況は、今日いっそう顕著であり、多くの家々では足りない穀物の替わりに日常的にキャッサバを食事に利用していて、ヤムイモも頻繁に食べることができなくなってしまったのである。すなわち、主食用の食料の不足は、もはや悪天候の年や、天候を見誤った誰かに起こる不運でもない。大きな飢饉（クム）が久しく起こっていなくても、人びとは、土地が不足し、地力が低下した西ダゴンバ地域において、日々の食事における穏やかな空腹（クム）を静かに経験しているのである。

人びとは、主食にする食料の自給が困難な状況に直面し、対応してきた。それは、のちに詳しく述べるように主食作物を変えることである。そして、穀物を一定の面積で作付けしつつも、換金を主目的として、より生産性が高い別の作物を作付けし、その収益によって、不足する主食用の食料をはじめとする諸々の消費のための支出を賄うことである。また、家畜も、主食用の食料不足への対策としても飼育されてきた。とりわけ四〜八月の空腹の季節は、耕作資金のため、そして穀物を買うためにより多くの家畜が売られて安くなる。

近代技術によって、天水では一毛作しかできないこの地の耕作の環境を乗り越える試みもなされてきた。灌漑施設の建設である。トロン・クンブング郡内でも、一九七〇年代に二つの灌漑が整備された。一つは、トロンから北西のヴォグ周辺にあるブンタンガ、もう一つは、ニャンパラの南東のゴリンガの灌漑である。ここでは、乾季の間も稲をはじめ、葉物野菜など多様な作物の栽培がおこなわれている。しかし、そこから収益を得るためには、土地の一画を入手し、施設の利用代を払い、近くに住んでいようがいまいが、作物の世話のために定期的に足を運ぶことが必要である。よって、郡内の大半の人びとが灌漑施設の恩恵を受けるのは、そこで乾季につくられ、定期市やトロンなどのバス停付近で売られている葉物野菜をたまに買い、乾燥させずに新鮮なまま調理して食べるときくらいである。

農地に残される樹木

農業とは、大地を耕すことや家畜を飼育することだけではない。西アフリカの内陸部のサバンナ地域の人びとは、樹木を植えることもあるが、むしろ、土地に自生してきた有用な樹木を選択的に取り除かずに残すことで利用してきた（写真1－2、写真1－3）。ジャック・ハーランが一九七五年に出版した『作物と人間』にて、これらの樹木を野生と栽培化の中間段階の状態として表現したように［Harlan 1975: 64-65］、「半栽培」してきたといえる。この地の人びとは、樹木の実や葉などさまざまな部位を、食料として、住居や道具づくりのために、そして換金して利用することで、日々の暮らしを継続させ、急な生活状況の悪化に対応していることが知られてきた［Pouliot & Treue 2013: 191］。

耕作する土地に自生した有用な樹木のみを伐らずに残す土地利用は、畑のいたるところに特定の種類の樹木が点在する独特の景観をつくりだす。この景観は、マンゴ・パークやルネ・カイエなど、一八世紀の後半から一九世紀の前半に西アフリカのサバンナ地域を横断した探検家たちが記すことで広く知られることになった[25]。その後、この景観には「農地化されたパークランド」（farmed parkland）［Pullan 1974］、また農林業・造林学的な観点から、その形態と目的が多様な土地利用システムとして「アグロフォレストリー・パークランド」（agroforestry parkland）［Boffa 1999: 3］、あるいは、樹木のほうにより目を向けた「農地林」［平井 2014:415；藤岡 2016］など、さまざまな名称でよばれてきた。その優占樹種は、たとえば、西アフリカのサバンナ地域では、ヒロハフサマメの木、シアナッツの木、シロアカシアの木（*Faidherbia albida*）、バオバブ（*Adansonia digitata*）などであることが知られている［Pullan 1974: 123］。とくにヒロハフサマメの木とシアナッツの木の二種は連れ合って優占する場合が多い［Boffa 1999: 15］。

ガーナ北部の西ダゴンバ地域の農村部でも、人びとは、ヒロハフサマメの木とシアナッツの木をはじめ、さまざまな樹木を伐り残し、また樹種によっては時には植えることで育て、利用してきた（表1－3）。そこで、具体的にフィヒニの集落の一帯の樹木景観をみてみたい（図1－5、図1－6）。まず、家々が寄り集まる集落内の庭先では、フィキュス（*Ficus* spp.）など飼葉や木陰に利用できる（「屋敷林」用の）樹種が植えられている。ここには、木材としてさまざま

写真 1-2　樹木が耕作地に点在する景観。写真の樹木の大半はシアナッツの木で比較的に若木が多い。フィヒニにて 2010 年 7 月 5 日撮影。

写真 1-3　耕作地で存在感を放つヒロハフサマメの大木。フィヒニにて 2011 年 2 月 24 日撮影。

表 1-3　フィヒニの周辺の代表的な樹木とその用途

名称 ［ダゴンバ語（複数形）］	用途	自・換
ヒロハフサマメの木 （ヒロハフサマメノキ） ［*doo*（*dohi*）］ *Parkia biglobosa*	種子（*zuna*）から発酵調味料（*kpaliɣu*）をつくる。さや（*dɔri*）のなかのパルプ質の甘い粉（豆果）はそのまま、または水粥に入れて食べる。さやの殻（*dasandi/do' pɔɣari*）は水に浸して壁などの防水塗料（*ŋam*）として利用。樹皮や根は腹痛薬の材料。花（*dokulʒiɛm*）は子どもの遊び道具。	自・換
シアナッツの木 （シアバターノキ） ［*taanga*（*taansi*）］ *Vitellaria paradoxa*	シアナッツ（*kpihiŋa*, 2〜3 個は *kpihinsi*, たくさんの場合は *kpihi*）から抽出したシアバター（*kpakahili*）は食用油や保湿剤として利用。果肉（*tama*）はそのまま食べる。葉は飼料としても利用可能。皮や根は腹痛薬の材料。数年に一度、4月の開花後にあまり結実せず、6〜7月に花を咲かせずに多くの実をつける現象（*taan' nyara*,「シアナッツの木の再生産」の意）が起こる。この場合、8月まで収穫が続く。	自・換
バオバブ ［*tua*（*tuhi*）］ *Adansonia digitata*	葉（*tukari*）はスープの具となる（料理用の乾燥葉の粉は *kuuka*）。個体はフィヒニの集落周辺では2本しかない。	自
カポック ［*guŋa*（*gunsi*）］ *Ceiba pentandra*	蒴果の綿毛（*gumdi*）を綿として利用したり、種子（*gumbɔɣu*）で発酵調味料（*kantɔŋ*）をつくる。	自・換
フィキュス ［複数あり］ *Ficus* spp.	飼葉用として庭先に植えられている。日陰をつくる緑陰樹としての役割もある。種類は *kiŋkaŋa, gampirga, galinʒiɛɣu* など。	
シルクコットンツリー ［*vabga*（*vabsi*）］ *Bombax* sp.	朱色がかったピンク色の花を咲かせる。花の萼（*va' pun*）は買い付けに集落を回っているグルンシ地域からの商人（グルンシ地域で料理に使用）へ売られている。個体はフィヒニ周辺では 2 本のみ。蒴果の綿毛は収穫されていない。	換
ジャッカルベリー ［*gaa*（*gahi*）］ *Diospyros mespiliformis*	果実（*gaya*）をそのまま食べる。	自
アフリカンブラックプラム ［*ŋariŋa*（*ŋarinsi*）］ *Vitex doniana*	果実（*ŋariŋa*）をそのまま食べる。	自
インドセンダン ［*nimsa*（*nimsibsi*）］ *Azadirachta indica*	農具や建材に多用。薪燃料としても利用。	自
マンゴー ［*mangu*］ *Mangifera indica*	トロンで販売する者もいるが、実の多くは自家消費されるとともに、子どもたちに許可なしに収穫され、食べられている。	自・換
カシュー ［*chashew*］ *Anacardium occidentale*	開発プロジェクトによって苗木が配られたが、果肉を自家消費するのみで、種子（カシューナッツ）は食用も販売もされていない。	自

フィヒニの人びとが自家消費しているものは「自」、換金利用しているものを「換」と記している（すべての作物には換金価値はある）。

図1-5　フィヒニの集落とその周辺の景観。2010年1月10日付のGoogle Earthの航空写真をもとに加工。中心にあるのはフィヒニの集落で、手前の道の左手の建物は小学校。樹木が耕作地に点在しているのがわかる。樹木が一画に集まって生えているところは、開発プロジェクトを通じてチークや果樹の苗木が与えられ植林された場所、もしくは樹木の伐採が禁じられてきた社の周辺の土地。左の社は「フィヒニ池」(*Fihini-biɛŋni*)、右の社は「小高い場所の泉」(*Zoo-biliga*)とよばれているが、どちらも水源は涸れている。

な用途に使いやすく、成長が早いインドセンダン(*Azadirachta indica*)の木も多い。図1-5で集落の中心から五〇〇メートルほどの間には樹木が少ないのは、男性たちは、目が届きやすい家から近い土地をより集約的に耕作してきたために、耕作物の収量を低下させる樹木を取り除いてきたからである。そして、集落からもう少し離れると、主にヒロハフサマメの木とシアナッツの木が広がるようになる。図1-6の調査結果のなかでも、とくに集落の中心地点より五〇〇～一五〇〇メートルにおいては、ヒロハフサマメの木とシアナッツの木の両方を合わせた出現頻度は全体の七二%、胸高断面積は九〇%にのぼっていた。

ヒロハフサマメの木とシアナッツの木が、西アフリカのサバンナ地域、そしてダゴンバ地域で長い間にわたって優占してきたのは、第一に、どちらも日常生活において欠かせない食料、そして現金収

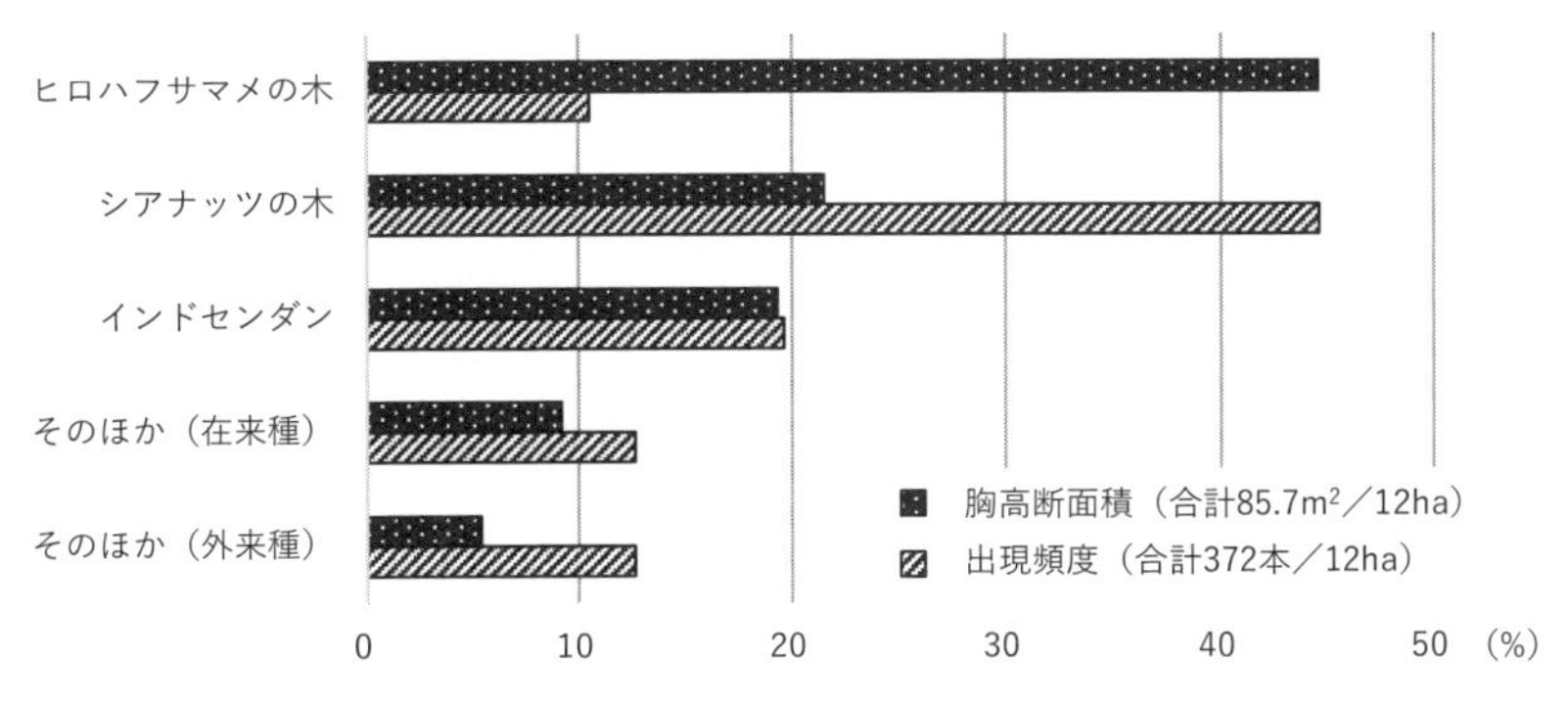

図1-6　フィヒニの集落とその周辺の樹木植生の割合（2011年1月）。トランセクトライン方法を採用。フィヒニの集落の中心部から放射線上に東西南北の8方向へ10m幅で1,500m進み、合計12haにわたる直径4cm以上の樹種と直径を記録した。

入源となってきたからである。

ヒロハフサマメの木は、西のセネガルから東のウガンダまでのサハラ砂漠の南側のサバンナ地域を、帯状に横断して分布するアフリカ大陸の在来種である［Hall *et al.* 1997: 22］。ヒロハフサマメは、三〜四月にかけて成熟する。さやの中にある種子をゆで、外皮を取り除いたあとに乾かすと、納豆のような強い香りがする発酵調味料（ハウサ語では *dawadawa*, デュラ語では *soumbala*, ダゴンバ語では *kpaliyu*）ができあがる。西アフリカのサバンナ地域の農村部では、女性たちはこの調味料を家でこしらえ、日々の料理に「味噌」、すなわち万能調味料として利用している。

シアナッツの木も、西アフリカのセネガルからスーダンとエチオピアの国境あたりまでのサバンナ地域を帯状に横断するアフリカ大陸の在来種である［Hall *et al.* 1996: 1］。図1-4でもみたように、シアナッツは四〜八月（耕作期の初期から中期）にかけて成熟する。女性たちは、シアナッツを拾う仕事を担い、「シアバター」という名称で今日の日本でも広く知られている油脂を種子から抽出し、食用油として利用してきた。また、シアバターは、肌の保湿、傷や吹き出物、骨折の治療にも使われている。そして、一九八〇年代より、シアバターは製菓産業や化粧品産業における原料として利用が拡大した。シアナッツとシアバターは輸出商品として、ガーナ北部やブルキナファソ、ベナン、マリなど西アフリカのサバンナ地域各地の女性たちの重要な収入源になっているのである[26]。

これらの経済価値にもかかわらず、ヒロハフサマメの木もシアナッツの木も、植えられることはめったにない。サバンナの樹木は一般的に成長が遅く、また、人間の思いどおりに栽培種化するうえで制約が大きいことが知られてきた。[27] これまでの西アフリカのサバンナ地域各地からの研究でも強調されてきたように、これらの樹木は、人びとが土地に自生した若木を取り除かずに育てることで、これまで繁殖してきたのである［Elias & Carney 2007: 46; Gijsbers *et al.* 1994: 10; Hall *et al.* 1996: 2; Lovett & Haq 2000: 274; Teklehaimanot 2004: 208］。ただし、詳しくは第四章で述べるが、農業の生産資源や生産物としての価値があるからだけではなく、地域の歴史をとおして社会的な価値が付与されることで樹木の繁殖が促されてきたことは重要な点である[28]［Tomomatsu 2014］。

とはいえ、西ダゴンバ地域で長年にわたってともに連れ添ってきたこの二つの樹木は、近年の土地の不足にともない別々の道を進み始めている。写真1－2と写真1－3からもわかるように、一目しても明白なのは、この地域では若いシアナッツの木が立ち並んでいること、一方で、ヒロハフサマメの木は大木ばかりで、「どん」と存在感は放ってはいるものの、図1－6で示したとおり個体数が少ないことである。どちらの木も、自家消費できるだけではなく、ちょうど穀物が最も不足する時期に都合よく順に実をつけてくれるため、換金して利用する価値も高い。しかし、詳しくは後述するように、土地が不足している今日、限られた土地の利用をめぐり、男性たちはヒロハフサマメの古株が次々に枯死していくのを目のあたりにしても、より経済的な価値が高まったシアナッツの木を増やすことを選択してきたのである。

第三節　料理と美味しさのバリエーション

家では、女性たちが前節でみたようなさまざまな農作物を使って日々の食事を用意する（表1－4）。大きな家では複数の女性たちが当番制で料理をしている。これは、どこの家もなぜか決まって二日交替である。

食事は、朝、昼、夜の三食が基本である。朝は「水粥」（*koko*）、昼と夜は「練粥」（*saym*）を用意することが通常で

表1-4　典型的な食事の内容と食材（角括弧内は購入しなければ入手できないもの）

	料理	主要食材	調味料のための食材
朝食	水粥	トウモロコシ、ソルガム	唐辛子
昼食・夕食	練粥	トウモロコシ、キャッサバ	―
	スープ	オクラ、ローゼル、モロヘイヤ［バオバブの乾燥葉］	唐辛子、落花生、シアバター ヒロハフサマメの発酵調味料、カポックの発酵調味料［塩、乾燥小魚、マギーブイヨン タマネギの発酵乾燥葉］
午前の間食	多様	ヤムイモ、米、落花生以外の豆類、トウモロコシ、キャッサバなど	

ラマダンの期間に断食を実践する場合、夜明け前と夜は練粥、日没後に水粥が用意されている。

ある。練粥（サグム）の正式な名称は「温かい料理」（*say'tuliga*）であり、ガーナ南部ではハウサ語の「温かい料理」（*tuo-zaafi*）が語源のティゼット（TZ）という通称で知られている。穀物が底をつき、購入さえもままならないときは、まずは、朝の水粥を用意しない。次に用意しなくなるのは夜の練粥だというが、これは調査中に観察したことはなかった。

間食は、ときおり朝食と昼食の間の午前、加えて昼食と夕食の間の午後にとる場合がある。午前の間食は、その前にすでに水粥を飲んでいても、その日の最初の食事を意味する「ナンバンスーリー」（*nangbaŋ-suli,*「渇いた口を濡らすこと」の意）とよばれている。「水粥は耕すために十分な力をもたらさないから」だという。間食に用意するのは、たいていは練粥ではない特別な料理、あるいは練粥であっても、添えるスープは特別なものである。一方、午後の間食においては、たいてい家では用意しない。用意するとすれば、雨季の終わりの夜の食事の準備中にもぎたてのトウモロコシをかまどにくべて、焼きトウモロコシをつくるくらいである。通常は、各自がトロンや定期市に行ったとき、あるいは乾季に集落内で販売されている、水粥をはじめとするさまざまなおやつをそれぞれの財布の事情に応じて購入するのである。

水粥と練粥は、それ自体が基本的なメニューとして同じでも、食材によって変化に富んでいる。そして、女性たちがつくる料理の「美味しさ」にも差がある。これは、もちろん、それぞれの女性の「料理の腕前」にもよる。しかし、それ以前にやはり重要なのが、女性たちをとりまく経済的な事情である。料理は食材の不足に応じて質が低下する。買わずに済む、また買っても安い、より利用可能な食材によって「正式な」（*maŋli*）材料を代替し、料理を水で嵩増しして、ほかの調味料を減らすために塩を多く投入するからである。「町」のトロンと「村」のフィヒニの家庭で用意される食事を比べた場合、フィヒニの水粥は水っぽく、練粥のキャッサバの含有率がトウモロコシより高く、練粥のスープは塩味が濃く、具材が少ない、といったところである。しかし、この違いが生じているのは、トロンとフィヒニ、あるいはタマレとトロンのように「町」と「村」の間だけではない。同じ集落内の家々の間、また同じ家で料理を担当する女性たちの間でもみられる。不慣れな人にはわからないかもしれないが、料理の質がまったく異なることは、見た目はもちろん味見すれば明白である。

朝の水粥の多様さ

水粥（ココ）とは、穀物でつくる料理であり、いくら穀物がなかろうと、イモ類でつくることはできないという。今日、西ダゴンバ地域の農村部で水粥に使うのは、トウモロコシとソルガムである。トウモロコシより、風味がよいソルガムのほうが好まれてはいる。しかし、ソルガムはトウモロコシに比べて収量が低く、買うにしてもより値が高い。よって、「ソルガムの水粥」をつくるときは、トウモロコシを混ぜ入れるものである。

水粥には、それぞれ、調理方法と材料で異なる名称がついている。家庭で最も頻繁につくる水粥は、「クコアグリ」（*kukɔyli*）とよばれる種類である。前日の夜、製粉した粉に夕食の残りの練粥と水を加えてよく練りこみ、一晩発酵させる。翌朝、これを水で溶いて、沸かした熱湯に加え、手早く混ぜたらできあがりである。この水粥は、穀物の外皮などの繊維（ふすま）を濾していないため、ざらざらしている（*zimbli*）ことを意味する「ジンブリ」という名前でよばれている。

この「ジンブリ」に加え、家庭でときおりつくるのが、「カンワ」（*kanwa*）入りの水粥と、粒入りトウモロコシの水粥である。カンワとは、カリウムの一種（英語ではbitter salt）であり、穀物の粉を発酵させずに水粥をつくり、これにカンワを加えると、まろやかな甘味のある水粥（通称「カンワ」）ができる（写真1－4）。粒入りトウモロコシの水粥は、練粥の残りを加えて発酵させた粉でつくる水粥に、木臼で少しついたトウモロコシの粒をゆで入れるものである。トウモロコシの粒が歯のように見えるため、「歯の水粥」（*kukɔy' nyina*）とよばれており、トウモロコシの収穫の時期に、採ったトウモロコシの粒が乾燥しないうちにつくって食べる季節ものである。

もうひと手間がかかるのが「ココタリ」(*koko-talli*)である。練粥の残りは加えずに、前日の昼間から穀物を水で浸し、発酵させてから製粉したあと、繊維を布で濾して熱湯で溶く。「タリ」とは糊状を意味する。この水粥は、別名では「ココサリ」(*koko-salli*)ともよばれており、「サリ」はなめらかな状態を意味する。販売されている水粥はすべてこの調理法のものであり、夜に食べた練粥の残りを加えないため、「クコアグリ」とはよばれない。忙しい女性たちは、冠婚葬祭や共同労働など特別な行事がある日のほかは、手間がかかるこの水粥をつくることはめったにない。こう教えてくれた女性のそばにいた彼女の夫は、「女が怠けてるだけだ!」と冗談めかした(次の日にこの家に行くと、彼女は朝の水粥にトウモロコシのココタリをつくっていた)。「ココタリ」は人気だが、トウモロコシではなく、ソルガムで水粥(より正確にはソルガムだけではなくトウモロコシを混ぜ入れている)をつくることができるなら、より風味を楽しめる「ジンブリ」が一番美味しいという男性も女性も多い。私もソルガムの「ジンブリ」が一番好きである。

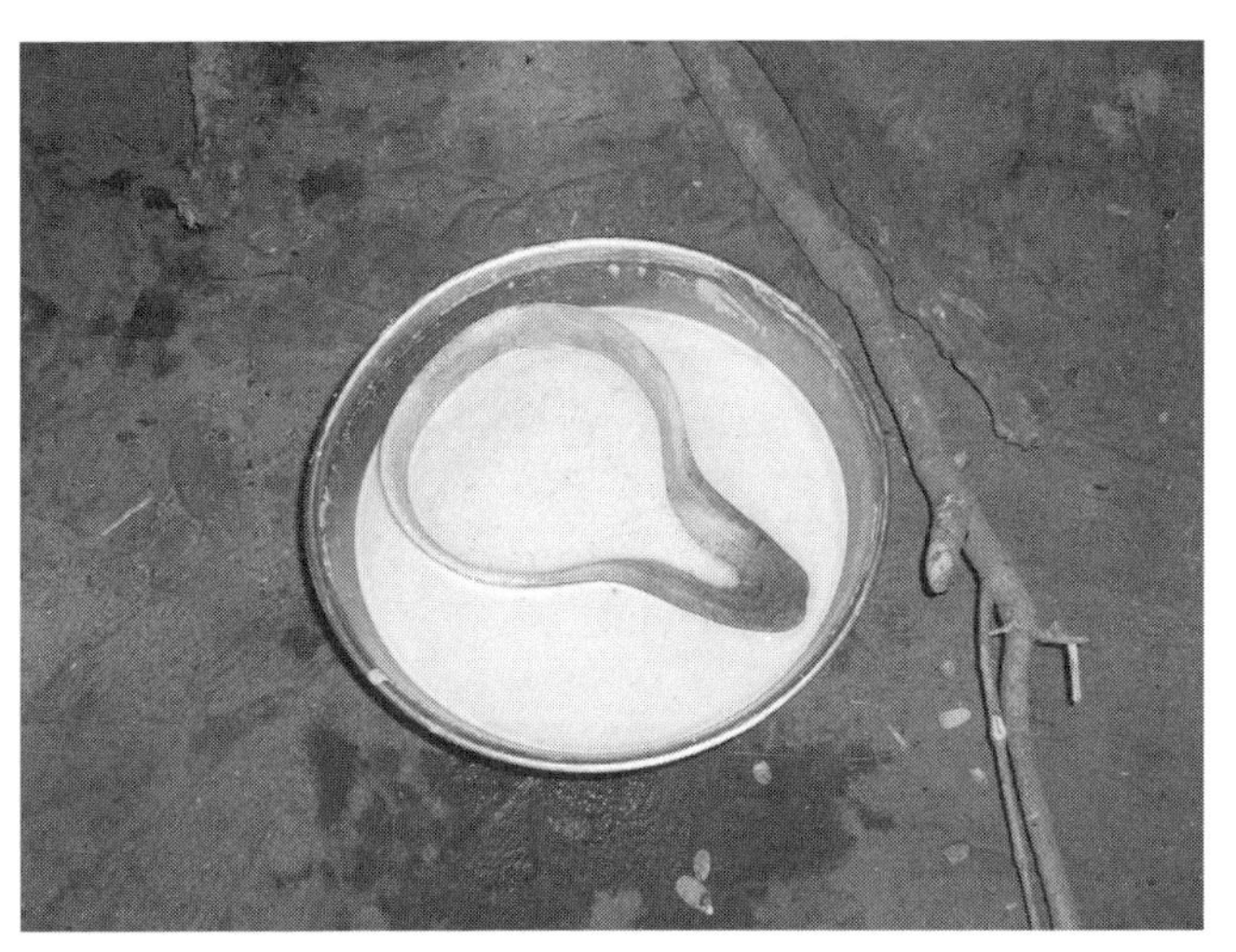

写真 1-4 トウモロコシにカリウムを加えた「カンワ」の水粥は、成分の一部が結晶してオレンジ色の粒ができる。著者の滞在先の家での朝食。トロンにて 2009 年 2 月 7 日に撮影。

販売されている水粥には、スパイスとして唐辛子だけではなく、ショウガやクローヴ、シナモンなどが使われていて香りも味もよいが、フィヒニの家庭ではそうはいかない。なお、かつては、香り高く美味しいトウジンビエの水粥も家庭でつくっていた。しかし、今ではトウジンビエを使って日常の水粥を用意することは見かけない。トウジンビエの水粥は、外で販売されているのを購入して食べる、特別なものになっている。

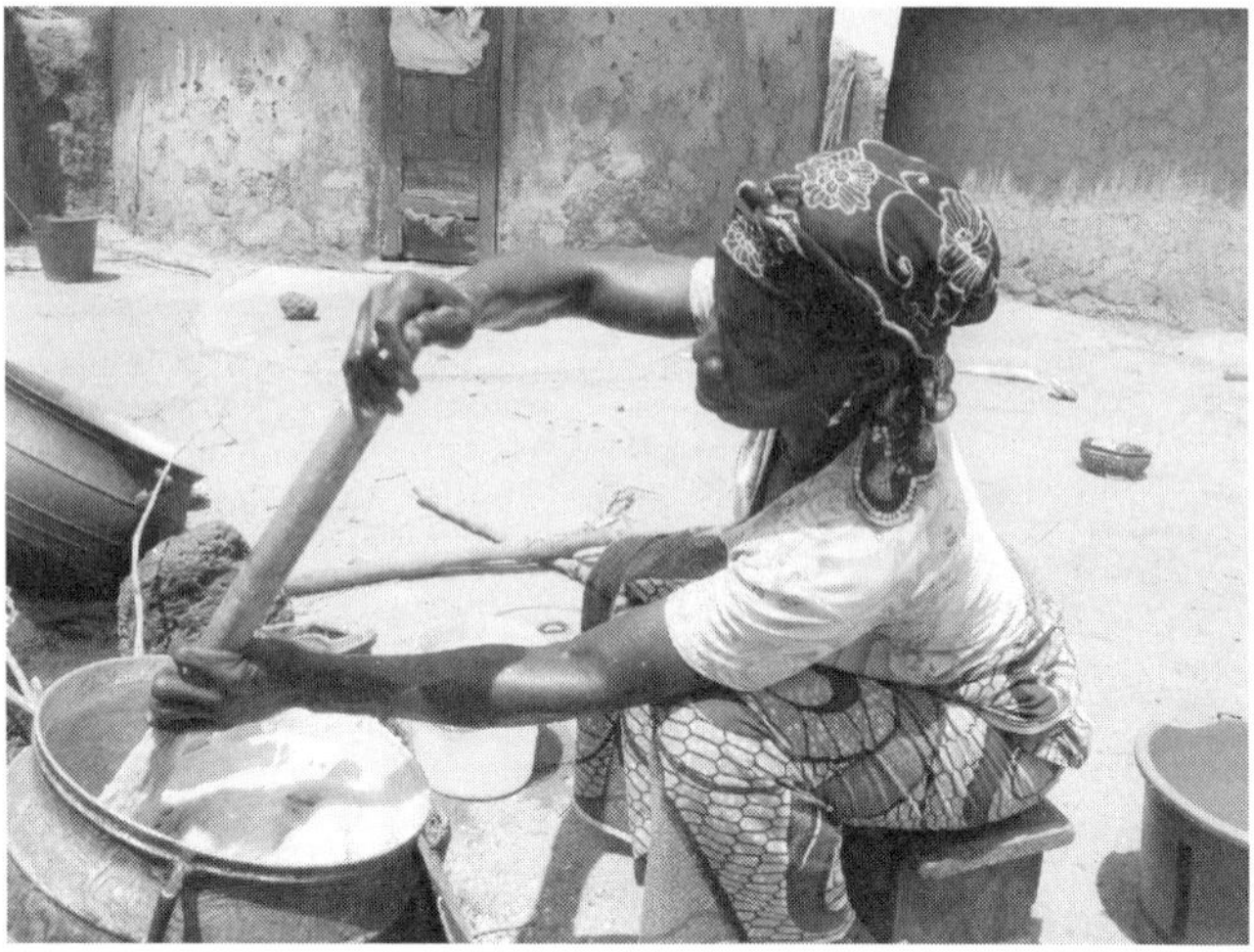

写真 1-5　昼の練粥をつくっている様子。フィヒニにて 2011 年 3 月 14 日撮影。

昼と夜の練粥の質

練粥（サグム）とは、「穀物」の粉を沸かしたお湯に入れ、炊きながら練りあげたものである（写真1－5）。熱いうちはとろとろしているが、冷え始めると徐々にゼリー状に固まる。しかし、現在、練粥には穀物（トウモロコシの粉）だけではなく、キャッサバの粉が使われている。キャッサバだけでつくる場合さえある。

かつて練粥は、美味しいトウジンビエやソルガムでつくっていたという。しかし、二〇世紀後半ごろより、次第にトウモロコシでつくるようになった。ただし、トウモロコシでは、トウジンビエやソルガムの場合と比べて練粥が固くなり「のどごし」が悪い。小川［2004: 42-49］がアフリカでみられる食文化の一つとしてまとめているように、この地域の練粥も噛まずにつるっとのみ込んで食べるものである。そこで、トウモロコシの練粥に、少しだけキャッサバの粉を入れるとやわらかくなるため、キャッサバを混ぜるようになったという（写真1－6）。ところが、その後、土地不足と地力の低下でトウモロコシが不足するにつれ、キャッサバの含有量が増えていった。現在、乾季の終わりにはキャッサバのみで練粥がつくられている家も多い。キャッサバの練粥は味がまずいうえに、温かいうちはとてもやわらかくても、冷えると反対に団子のように固くなり、食感も悪い。また、男性たちにおいては、キャッサバでは耕作のための力が出ないと、キャッサバの練粥が嫌いな理由を付け加えて説明する。

定期市やタマレの町なかで販売されている練粥は、トウモロコシを発酵させてつくっている場合が多い。発酵させれば、やわらかくなり、酸味が出て美味しくなる。冷めても美味しいため、滞在先のアスマー氏の家では、ラマダン中に、夜、翌日の夜明け前に食べるために、この練粥をつくっている。しかし、通常、家庭では練粥用には穀物を発酵させない。水に浸し、乾かして製粉し、また水を加えて発酵させ、乾かして製粉するという数日にわたる作業を日々の食事のためにおこなうことは、あまりにも手間がかかるからである。ただ、穀物の供給の責任がある男性の側にも、発酵させたくない理由があるようである。「なぜ発酵させないのか」という質問に対し、元農業普及員のアスマー氏が教えてくれたのは以下の寓話である。

写真 1-6　練粥で利用する二種類の粉の割合。左がキャッサバの粉で右がトウモロコシの粉。この写真のように、「1 対 5」が最も美味しいとされる混合比率。トロンにて 2009 年 2 月 11 日撮影。

ある男がいた。友人宅を訪問したときのことである。そこでは、発酵させたトウモロコシでつくった練粥が出された。その練粥はとても美味しくて、男は全部、平らげてしまった。男は家に帰ると、妻をよびつけて、毎日、トウモロコシを水に浸してから練粥にするように命じた。そうして、家では発酵させたトウモロコシでつくった美味しい練粥を食べるようになった。ところが、朝になると子どもたちが彼の部屋にやってくる。「お腹が空いた（ので食べ物を買うためのお金が欲しい）」と言うのである。男は、練粥が美味しいと、家の者たちがたくさん食べてしまい、翌日の朝にお腹が空いた子どもたちが食べる練粥の残りがなくなってしまうことに気がついた。男は妻を呼びつけて、練粥のために二度とトウモロコシを水に浸してはならないと命じた。

練粥のスープと嗜好

料理をする女性が練粥に添えるスープのメニューを何にするのかは、その料理を食べる同居家族たちが気になることである。具材は、オクラ、バオバブの葉、ローゼルの葉、モロヘイヤの四種類が基本である。これらの異なる具材は、混ぜては使わない。よって、スープには「オクラ（のスープ）」といったように、まずは具材によって、そして次に詳しくみるように、調理方法の違いによって名前がつけられている。酸味のあるローゼルの新鮮な葉を使ったスープは、とくに若い世代に一番人気である。

雨季は、採れたてを日干し乾燥させずにスープに用いることが多くなる。ローゼル、モロヘイヤ、オクラが主である。新鮮なオクラを使ったスープには、ゆでたオクラをすり潰してピーナッツバターで味つけした「マンマヒリ」（*man'mahili*,「新鮮なオクラ」の意）、小さく切ったオクラとオクラの葉が入った「ボレボレ」（*bolebole*）の二つのメニューがある。バオバブの葉も、乾燥していないものをときおりスープに利用する。ただし、フィヒニではバオバブの木をもっている家は二軒しかない。よって、料理に使うときは、定期市やトロンで購入しなければならない。ローゼルの花が咲く時期は、その萼（がく）（*bra-nimdi*）を料理に使ったりする。また、オクラの葉だけのスープもたまにつくる。オクラの葉を摘み取っている女性を初めて見かけたときに美味しいのか聞くと、「（しかたなく）オクラの葉のスープの練粥を食べたあとにホロホロチョウのスープの練粥が出され、（もうお腹がいっぱいで食べることができなくて）がっかり」ということわざで、さほどは好まれてはいない具だと教えてくれた。料理を担当する妻が複数人もいるような大きな家で、その日の当番がこのスープをつくるようなことがあるとすれば、夫やほかの女性たち、その子どもたちなど誰かへのなんらかの「あてつけ」と思われるくらいである。ガーナ南部で人気の食材のキャッサバの葉（*bankanashiba*）においては、キャッサバを自家消費用につくっている家では、少し摘み取って食べることもある。ただし、同居家族の人数が多い家では、十分な量を摘み取ることができないため料理に使うことは難しい。開拓地では、そこでよくつくられているサツマイモの葉も食べると聞く。

乾季は、日干しした葉物野菜のスープが主になる（図1－7）。具材の中心は乾燥オクラとバオバブの乾燥葉（*kuuka*）

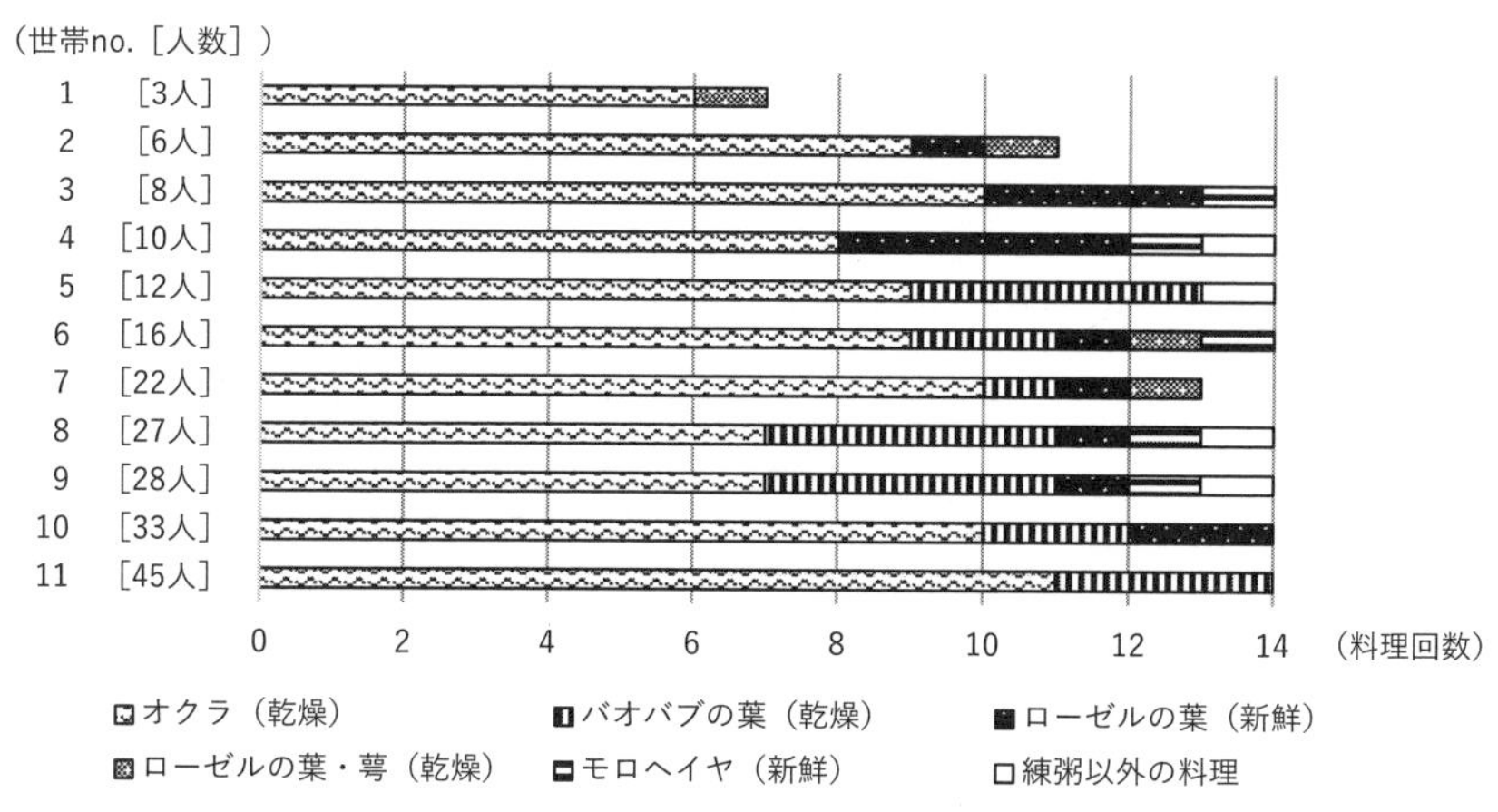

図1-7　乾季の昼と夜に用意された練粥のスープのメニュー（N=38世帯／35軒、n=11世帯／10軒、2011年3月20から26日の7日間）。「世帯」は食事（この表においては昼と夜）の消費とそのための食材の生産と調達、料理の共同単位（序章の第四節を参照）。no. 1は昼に夜の分までスープをつくり、昼の残りを夜に食べる習慣があるため料理回数が7回しかない。no. 2では、料理を担当する妻が豆ごはんの販売をしており、その残り物を昼食に代替した場合が3回あるため料理回数は11回になっている。no. 7では1回の昼食を隣の家の結婚祝いの食事で代替したために料理回数が13回である。「練粥以外の料理」のメニューは豆とヤムイモ料理（合計4回）。

である。乾燥オクラを使ったスープには、ピーナッツバターで味付けした「マンクーニ」（*man'kuuni*）とピーナッツバターなど落花生は使っていない「マンカヒリ」（*man'kahili*）の二つのメニューがある。雨季に収穫して日干ししたローゼルの乾燥葉（*brakuma*）、ローゼルの花の萼（がく）を乾燥させたもの（写真1-7）、まれにモロヘイヤの乾燥葉もスープに使う。ただ、女性たちは、たいてい数回ほどの利用分くらいしか雨季の間に用意していない。

バオバブの乾燥葉（粉状）は、女性にとって、一年を通じて料理のための支出を調整するための重要な食材である。購入しないと手に入らないが、安いからである。このため、乾季の間、オクラに飽きないようにするためという理由もあるが、自らが収穫した手もちの乾燥オクラを節約し、買い足さないでいいように使用する。同様の理由から、雨季にもよく使う。ただし、少々苦味があり、若者世代には徐々に好まれなくなっている食材である(29)。

スープの美味しさが決まる調味料

スープには、具材だけではなく調味料が重要である。女性たちは、塩と唐辛子はもちろんのこと、味と風味を

写真 1-7　乾燥させたローゼルの花の萼（がく）（右）をスープにした乾季に食べる練粥（左）。食べかけのもの。フィヒニにて 2011 年 3 月 26 日撮影。

よくするために、さまざまな調味料をなんとか手に入れようと努力する。

第一に、ヒロハフサマメの発酵調味料（パリグ）である。練粥に添えるすべてのスープの風味づけに用いることができる。また、米と一緒に炊いても美味しい。しかし、年間の消費分をつくるために十分な量の実を手に入れることは難しい。よって、より手に入りやすい落花生を混ぜ入れてつくっている[30]（写真1－8）。同じ理由から、女性たちは「カポックの実の発酵調味料」（*kantɔŋ*）をこしらえて練粥のスープに利用している（写真1－9）。低質の代用品として考えられているために、これを使用した練粥のスープは客人に堂々と振る舞えるようなものではなく、「カポックの実の発酵調味料のスープですが（よろしければどうぞ）」と、出すときにお断りをしたりしている。カポックの実の発酵調味料（カントン）は、ヒロハフサマメの発酵調味料（パリグ）とまったく味が異なり、もはや別物である。少し酸味があり、バオバブの乾燥葉とは相性が合わないとしてこのスープをつくるときは使うことはできない。

すでに明らかなように、落花生は、これら発酵調味料とともに重要な調味料である。炒った落花生をペースト状にしたピーナッツバター（*simmoli*）を入れたスープ（*sin'ʒeri*）は、毎日でも飽きないくらい若者世代に好まれていて、すでに記したとおり、ローゼルの葉とオクラの葉のスープに用いる。また、落花生の収穫期、新鮮な生の落花生を砕き入れたローゼルの葉のスープは大人気であり、私も最も好きである。落花生から油を搾り取ったあとの残りでつくる調味粉（*kulkuli-zim*）も重要な調味料である。ただし、落花生の味はバオバブの葉とモロヘイヤの葉とは相性が合わないとして、これらのスープには使わない。

　トロン一帯の西ダゴンバ地域の農村部でピーナッツバターがスープの調味料として定着したのは、ここ三〇年ほどのことである。もちろん、落花生が調味料として使用されてきた歴史は長く、一九二〇年代の文献にも記されている[Coull 1929: 210]。しかし、落花生を簡単にペースト状にできる粉砕機が導入されていなかったこの時代、すり潰したり砕いたものがスープに利用されていたくらいだと考える。その証拠に、トロンとフィヒニなど、農村部では未だ

写真 1-8　ヒロハフサマメの発酵調味料。左がすべてヒロハフサマメでつくった特別なタイプ（*kpal' nyina,*「歯のヒロハフサマメの発酵調味料」の意）。木臼でつかずにそのまま発酵させるため、できあがりに白カビが生えて歯のように見える。家庭では薬膳用として特別につくられるが、定期市でも売られている。右が西ダゴンバ地域の農村部でつくられている、落花生を混ぜた基本タイプ。フィヒニにて 2009 年 3 月 6 日撮影。

写真 1-9　カポックの実の発酵調味料（左手前）と落花生を混ぜたヒロハフサマメの発酵調味料（右奥）。フィヒニにて 2010 年 3 月 26 日撮影。

にピーナッツバターをたっぷり入れたスープが嫌いな高齢の男性たちは多い。男の精力が弱くなるからだという。

高齢の世代が慣れ親しんでいたのが、表1－2でも栽培が確認できるように、かつてスープの調味料として利用していた油糧作物のウリ科のニリ、ゴマ、そしてニセゴマの種だった[31]。今日の五〇代以上の世代は、これらの作物をつくった経験がある。ニセゴマにおいては、繁殖力が高いために、畑周辺に自生していたものも利用していたらしいが、今は雑草として除草されている。現三〇代から下の世代はニセゴマが食べられていたことも知らない。これらの若い世代は、ニリやゴマさえも、「あんなまずい味のスープは食べられない」というほどである。そこで私も味見がしたいと思い、定期市で買って家で試しにつくってもらったところ、味に物足りなさを感じる。

女性たちが「スープの美味しさが決まる」と考えているのが、「出汁の素」として木臼でついて粉末にして利用する乾燥小魚である。乾燥小魚にはいろいろな種類があるが、女性たちは輸入物のニシン目の小魚（*amani*）[32]が最も美味しいと、好んで買っている。また、ガーナ北部の特定の地域でタマネギづくりが活発になった過去半世紀、プラスアルファとしてタマネギの青い葉を叩いて発酵と乾燥をさせて粉にしたスパイス（*gabo-zim*）[33]をスープに利用するようになった。さらに、マギーブイヨンも、スープの味をよくするとして欠かせない調味料になっていて、乾燥小魚の代替としても認識されていてる。乾燥小魚の価格は高く、その変動も大きいため、手が出せないときは、安いマギーブイヨンと塩で済ませる女性たちもいるのである。またスープにタマネギが小さく切り入れられているとすれば、それは料理をする女性がその時期に余裕があるか、そうでなくてもなんらかの理由でスープをより美味しいものにしようと努力をして、わざわざ購入していることを意味している。

日常の食事での動物性のタンパク源は、練粥のスープに入れる粉末の乾燥小魚くらいである。高齢世代によると、半世紀前までは、時には近隣の小川や池で捕った魚をそのままスープに入れることもあった。また、貯水池の近辺や低地では食用できるカエル（*gbuluyu*）や貝類が捕れていたが、見かけなくなった。貯水池では、乾季に小魚が捕れる年もあるが、女性が油で揚げて販売するくらいで日常の食材にはなっていない。郡の北西側にある白ヴォルタ川の流域でも水量が低下する乾季に漁がされているが、漁獲量は低く、魚の値段が高いことが知られている。

大きな家では、その日に料理を担当する女性と同居家族たちは練粥のスープをとおして会話をする。料理をする女性たちは、その味で競い合う。また、老い、本来であれば料理を手伝うべき息子の妻もいない女性は、マギーブイヨンと塩だけでスープをつくり続け、もう料理をする力がないことを知らせる。また、子どもたちが幼く、彼女を支援すべき夫と不仲な女性も、なんとかして稼ぎを手に入れ、多くの乾燥小魚を使って美味しいスープをつくることで、家のほかの女性たちに自分の努力と強さを証明する。子の数に恵まれず、（夫から特段の支援を受けつつも）不公平な思いで、ほかの妻が産んだ大勢の子どもたちを食べさせなければならない女性もいる。より頻繁にバオバブの乾燥葉のスープをつくり、また乾燥小魚も少量しか使わず、さらには「私は子どもがいないから美味しいスープはつくらないのよ」と口に出したりもするのは、こうしてほかの者たちにあてつけなければ、日々、その家で過ごすことさえやりきれないからである。

いつも食べることはできない特別な午前の間食

午前の間食には、たいていヤムイモ、豆や米料理、団子など、基本食では食べない料理を用意する。

ヤムイモは、ゆでたり焼いたりして、タレにつけて食べる。最も美味しいのは、ヤムイモを木臼でついて餅状にして、「カラカラ」とよばれる酸味があるスープにつけて食べる「サコロ」（*sakɔro*, 西アフリカ一帯の通称は *fufu*）である。しかし、ヤムイモがあまりできなくなった現在では、タマレやイェンディなどからやってきた客人から大量のヤムイモをお土産でもらうことがある私のトロンの滞在先はともかくとして、フィヒニでは「サコロ」をつくっているのを見かけたことがないくらいである。米料理としては、炊いた米に調味油をかけたものや、米にササゲや大豆など豆を入れて炊いた「ワーチェ」（*waache*）、まれに、ヒロハフサマメの発酵調味料を入れた炊き込みごはんをつくることがある。ササゲや大豆などの豆類の煮物、またそれにトウモロコシの粒を加えた「ナビチンギ」（*nabichinji*）もある。団子のような料理として、バンバラマメの粉（近年はキャッサバの粉を加える）でつくる「ガブレ」（*gablee*）や「トゥバーニ」（*tubaani*）、またトウモロコシの粉（近年はキャッサバの粉を加える）にヒロハフサマメの発酵調味料など調味料を混ぜた「ヤーンプラ」(*yaan'kpula*)、これを団子状にせずにお湯で練った「ヤマ」(*yama*)などがよく用意されている。米料理やタレの調味油として用いるのがシアバターである。シアバターには独特の臭いがあるが、少量の水と一緒に高温で熱すると臭いは飛んで和らぐ。しかし、タマレなどの都市では、料理に使うことは好まれていない。

これらは、本当であれば毎日食べたい。けれども、その主な食材となる穀物やイモ類、豆類が足りないから「特別」な食事になっている。とりわけ各家々を率いる男性にとって、ヤムイモは特別な食材である。乾季の間に少しずつ、収穫したヤムイモをその日に料理を担当する妻に渡し、同居家族の皆のために調理させる。朝の間食の時間にやってくる重要な来客をもてなすときにもヤムイモを渡して料理をつくらせる。また、たとえ各家々、あるいは世帯を率いる男性によって、これらの間食の食材が提供されなくても、女性たちはそれぞれの近親者の間で材料を調達して各自で食べたりもする。

冠婚葬祭にともなう特別な食事

冠婚葬祭の最大の楽しみとは、日常の食事では口にしない美味しい特別料理と肉を食べることである。命名式、結婚式、葬式、称号を獲得した者の就任式、「呪術」の継承の儀式、そして農作業や屋根の葺き替えのための共同労働では、主催する家は大量に料理を用意する。これらの料理は、ほかの集落からやってきた親族や客人、共同労働の参加者に振る舞われる。また、料理を入れた器や料理に使う生肉の一部は、集落の各家々や関係者に配られたりする。

行事によって、メニューも食材も変わる。命名式や結婚式などでは、練粥だけではなく、小さなヒョウタンのおたまで丸いおにぎりのような形状にした米飯(*sinkafa-kpula*)を用意し、ピーナッツバターや唐辛子をいつもより多く入れて赤く色づけしたスープ(*ʒie-ʒeri*)と一緒に客人に振る舞うことが多い。

人びとは、ダゴンバの「伝統」的な行事では、正式な食事を、本当の材料を使って用意しなければならないと考えている。それは、練粥にトウジンビエを使い[34]、練粥のスープの調味料としてニリとゴマを使用することである。このような説明を受けたのは、フィヒニで開催された呪術の継承の儀式のときだった。女性たちは、練粥のスープの調味料として落花生のみではなく、かつて使っていたニリとゴマも購入してペースト状にして入れたのである。ただし、トウジンビエを買うには高すぎるため、練粥にはいつもどおり、トウモロコシとキャッサバだけを利用していた。

また、ソルガムの地酒（*dam*）も、正式な行事には必要である。たとえば、フィヒニで開催された呪術の継承の儀式、そしてガウァグの君主の謁見室の屋根葺きのための共同労働では、女性たちがつくった地酒が振る舞われた。かつては、一般の人びとが要請する共同労働でも提供されていたようである［Allan 1965: 237］。しかし、ソルガムの作付けはめっきり減り、またイスラム教が浸透して、より多くの人びとが禁酒を実践するようになってきていることからか、各集落の君主の共同労働のときでさえ、出されないことが多い。

これらの行事では、ニワトリ、ホロホロチョウなどの家禽類、ヤギ、ヒツジ、ウシなどを殺して料理に利用する。殺す家畜の種類や量は、行事の内容や行事の主役の社会的な地位に応じるものである。たとえば、各集落の君主をはじめとする位の高い称号をもつ年配男性の葬式であれば、ウシを殺さなければまっとうな弔いができないと考えられている。だから、これらの年配男性は自分の葬式のためにもウシをもっていなくてはならない。つまり、家禽類や家畜は、日常生活において食べるために飼っているのではなく、これらの行事のために繁殖させることが重要なのである。ただし、ホロホロチョウの卵などは、特別な客人にお土産としてもたせることはある。

食べ物を購入するとき

定期市や集落内では、調理済みの食べ物が売られている。たとえばフィヒニでは、朝、豆ごはん（ワーチェ）を販売している女性がいる。乾季には、油で揚げたヤムイモ、ヤムイモの皮をクスクスのような小さなパスタ状にした料理（*wasawasa*）、トウジンビエの水粥を販売する女性もいる。また、定期市で卸売業者から調達して販売したパンの売れ残りが、定期市の翌日に集落内で売られていることもある。落花生から油を搾り取ったあとの残りでつくった揚げ菓子（*kulkuli*）を販売する女性もたまに見かける。

定期市やトロンの集落では、多様な調理済みの食べ物が売られている。ゆでたまご、揚げ魚、ヤギやヒツジの肉の串焼き（焼き鳥程度のサイズ）などである。また、バンバラマメの粉と穀物の粉を使った揚げ物（*koshee*）はゆでたササゲの葉（*gora*）と一緒に食べると美味しい。これらを買うことは皆の楽しみになっているが、それは稼ぎの具合による。

トロンの集落では、水粥やパンなどが常時売られている。これは、四〇〇〇人を超える人口をもつために市場の規模が大きいこと、そして、集落が巨大化したこの「町」では土地がいっそう限られていて、男性たちは、朝食分までの穀物を自給することは難しいからである。このため、家では朝食の水粥を用意せず、それぞれ個人や近親者と購入する場合が多い。

第四節　人口の増加と土地利用の変化

前節までみたように、西ダゴンバ地域の農村部の農業と主食をはじめとする食材は、過去から少なからず変化してきた。この背景の一つとして重要なのが人口の増加である。

ガーナ北部には、人口密度が高く、樹木の被覆が残っていないような「ホットスポット」が点在している［Codjoe 2004: 64, 123］。なかでも、本書が調査地にしているトロン地域の一帯（トロン・クンブング郡の南部）は、タマレ近郊やアッパー・イースト州のボク近郊の農村部に並び、土地不足が最も深刻な地帯である。

「自然林」の消失と移動耕作の終焉

二〇〇〇年の国勢調査によると、トロン・クンブング郡の人口密度は一平方キロメートルあたり五五人である［Ghana 2005d: 9］。しかし、図1－2からもわかるように、トロン・クンブング郡では、集落のほとんどが南部の約九〇〇平方キロメートルに位置している。集落が数えるほどしかない北側を含めた郡全体の土地面積（二四一〇平方キロメートル）で算出しているこの数値は、集落が寄り集まっているトロン一帯の郡の南部の人口密度の実態をまっ

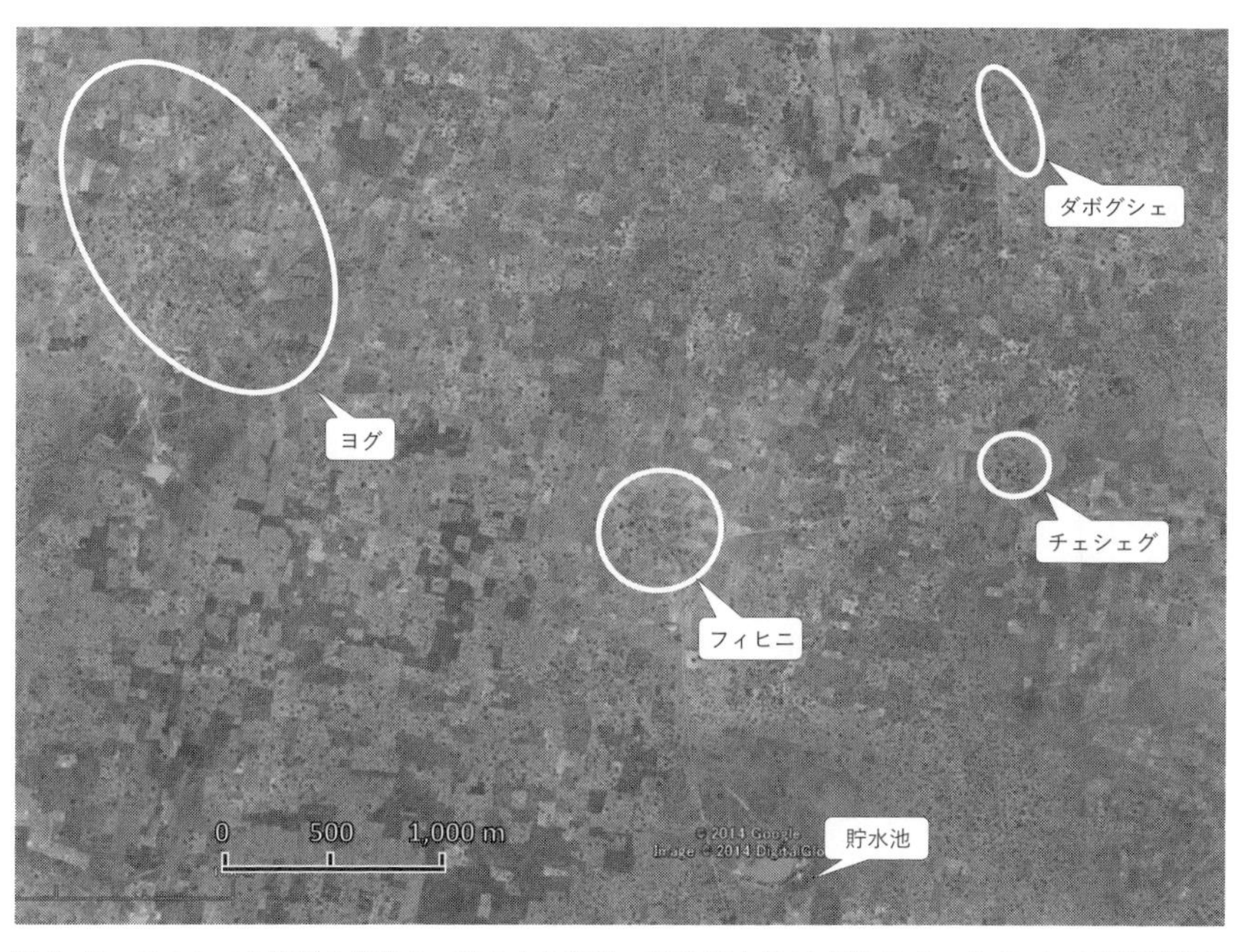

図1-8　フィヒニと近隣の集落の一帯の土地利用。2010年1月10日付のGoogle Earthの航空写真をもとに加工。貯水池はフィヒニの人びとが利用しているもの。

たく見当違いに伝えている。郡の南部は現在、見渡すかぎり農地化されている（図1－8）。

トロンやフィヒニで暮らす現在の老齢世代によると、この一帯は、彼らが幼い頃は緑が豊かだった。たとえば、図1－8のフィヒニの隣の集落の名称である「ヨグ」（*Yoγu*）とは、ダゴンバ語で「草木が生い茂る場所」を意味しており、口頭伝承からたどると、集落ができたのはほんの一九世紀末ごろである[35]。今日の七〇代の老齢世代が青年だったガーナの独立期の頃も、畑ではサルやリスによる食害に悩まされていたと話す。これらの小動物は、耕作されてこなかった場所、また耕作されなくなって一〇数年たち、植生がかなり回復したような古い休閑地など、草木が生い茂る地域に生息するものである。

トロン・クンブング郡の南部一帯で、樹木の被覆の消失が起こったのは、ここ半世紀の人口の増加が原因だった。一九七〇～二〇〇〇年の三〇年間、ノーザン州、ならびにフィヒニの人口は、どちらも二・五倍以上の成長をみせている（表1－5）。二〇一〇年の国勢調査では、全人口における一五歳以下の割合は、郡ならびに州全体においても四割以

表1-5　ガーナと調査地の人口の推移（1931～2010年、単位：人）

	ガーナ	ノーザン州	トロン・クンブング郡	トロン［住居軒数］	フィヒニ［住居軒数］
1931年	—	—	—	728 ［—］	76 ［—］
1948年	4,118,450	—	—	1,696 ［201］	191 ［34］
1960年	6,726,815	531,573	—	2,142 ［216］	221 ［24］
1970年	8,559,313	727,618	—	2,564 ［—］	246 ［23］
1984年	12,296,081	1,164,583	—	3,320 ［330］	352 ［27］
2000年	18,912,079	1,820,806	132,833	3,882 ［428］	673 ［32］
2010年	24,658,823	2,479,461	112,331	—	—

1931～2010年の国勢調査［Gold Coast 1950; Ghana 1962, 1971, 1989b, 1989c, 2005b, 2005c, 2005e, 2012, 2013］による。国勢調査における「ローカリティー」（本書の「集落」、序論の第四節を参照）の単位は、1960年、1970年、1984年、2000年、2010年ともに変化していない。ガーナでは地方分権化が進み、1982年にグレーター・アクラ州がイースタン州の一部から、アッパー・ウェスト州とアッパー・イースト州がアッパー州を二分することから誕生した（これによって合計8州から10州へと増加）。ただ、1984年の国勢調査における「地方自治体」の数と境界は1970年と一致している（1970年はLocal Authorities, 1984年はLocal Councilの名称で合計140）［Ghana 1989b: xiv］。一方、2000年の国勢調査では1984年と州の境界は一致するが、州を構成する各地方自治体（2000年はDistrict,「郡」の名称）の数と境界は一致しないため［Ghana 2005c: xxii］、地方自治体レベルでの人口の比較はできない。なお、2010年10月におこなわれた国勢調査では、郡の人口は2000年比で20,502人も減少している。これは、移住や出稼ぎ人口が増加したことも考えられるが、国勢調査の不備の可能性もある。郡の西側に広がっている開拓地には多くの集落が誕生しているが、かならずしも行政は場所を把握していない。国勢調査がおこなわれた10月は雨季の終盤であり、開拓地周辺は季節河川ができていた。郡局で調査員の派遣地を決定する際にも誰もが開拓地を担当したがらず問題になっていたため、この地へ耕作に出向いていた多くの若者を計上することが困難を極めていたと考えられる。同様に過去の統計の数値も問題をはらんでいることは推測できるが、ここでは人口動態の大まかな変遷をとらえるために参照している。

上にのぼっている［Ghana 2013: 29］。これは、麻疹をはじめとする伝染病のワクチン接種の普及による乳幼児の死亡率の大幅な減少による。かつては「病気が集落の子どもたちをまとめて連れ去っていた」という。

私がおこなったフィヒニでの人口調査も、同じ傾向を示している。二〇一〇年八月の全人口の五五〇人のうち、一五歳未満の人口は五〇％も占める（図1-9）。また、私が記録をつけた二〇一〇年四月～二〇一一年三月の一二ヵ月間、住民の死者数はたったの三人[36]（三八歳の男性、六五歳の男性、一五歳の少女）だったのに対し、二四人もの女性が二八人の子どもを出産した[37]（二四人中二人の女性が双子を出産）。つまり、出生数から死者数を差し引いた場合、一年間で二五人もの人口が増えたことになる（そのほかの流入、流出人口を除く）。もちろん、出稼ぎと開拓地での耕作、そしてその延長としての移住によって人口も流出してきた。一五歳から二九歳までの働き盛りの青年層の人口が相対的に少ないのは、このためである。

人口の増加は、集落が離ればなれの地域では、土地が豊富なために問題はない。しかし、集落が寄り集まっている地域では、話は別である。一九八〇年代におこなわれた西ダゴンバ地域のフィヒニの近隣の集落を対象にした調査においても、土地はすでに半恒常的に耕作されており、移動耕作は、もはや、されていないことが記されている［Runge-Metzger 1993: 64］。聞き取りによると、人びとは、現在、およそ一九八〇年代の初頭あたりに耕した場所を定位置として利用しており、その土地の細分化も進んでいる。

イギリスの植民地の元農業行政官で農学者のウィリアム・アランは、ダゴンバ地域において、たとえ休閑期間が短くとも移動耕作ができる臨界人口密度は、一平方キロメートルあたり二〇～二三人（一平方マイルあたり五〇～六〇人）だと調査から算出している［Allan 1965: 239］。そこで、二〇〇〇年の国勢調査をもとに、集落が寄り集まる郡の南部の約九〇〇平方キロメートルで人口密度を推定してみると、一平方キロメートルあたり一四七・六人になる[38]。また、より厳密に、フィヒニの人口密度をフィヒニの全三五軒で暮らす五九四人（二〇一一年二月の乾季人口）がもつ耕作地の合計面積である二八一・一ヘクタールから算出すると、その値は一平方キロメートルあたり二一一・三人にのぼる。アランによる臨界人口密度の推定値をはるかに超えるこの数値は、この地域の土地利用の方法が大きく変わってきたことを意味している。

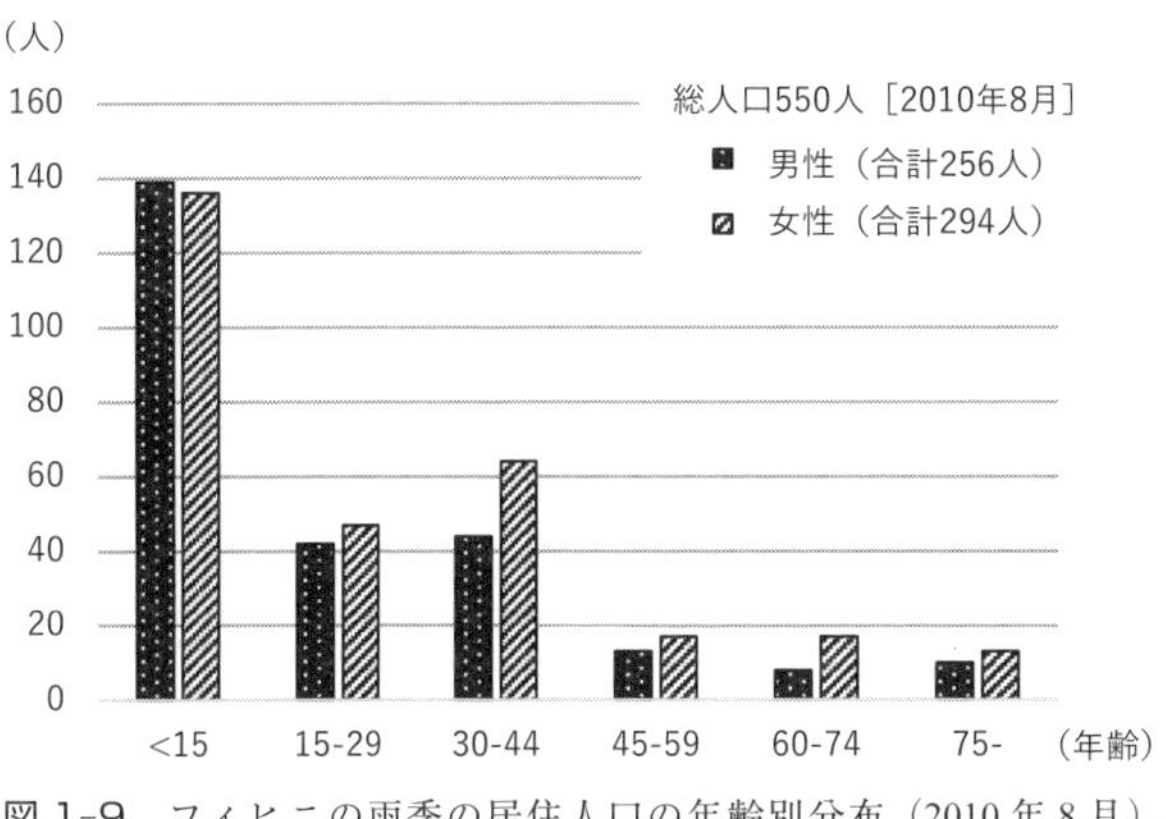

図1-9　フィヒニの雨季の居住人口の年齢別分布（2010年8月）。訪問者は含んでいない。雨季には耕作のために開拓地へと人口が流出するが、そのうちフィヒニでも自分の畑をもち、耕作した者、フィヒニを生活の拠点として行き来した者はフィヒニの居住人口に計上した。また、家畜の売買のために1ヵ月程度の長期でクマシに滞在し、帰ってきてしばらくしてまた行く男性（1人）は、フィヒニに生活の主軸があり、またフィヒニでも畑をもって耕作しているため、居住者として計上している。

土地利用の集約化

ダゴンバ地域の農村部では、家々を隣接して建てる「集村型」の集落の形成が一般的である。人びとは、耕す土地を「集

表1-6　西ダゴンバ地域の人口密集地で土地を休閑させる場合の輪作のパターン（角括弧内は間作物）

	1年目	2年目	3年目	4年目	5年目～
1988年の調査（ワントゥグなど）［Donhauser *et al*. 1994: 23, 36］	ヤムイモ［トウジンビエ、トウモロコシ、またはオクラ、ローゼル、ササゲ、バンバラマメ、ヒョウタンなど］	トウモロコシ、落花生、ソルガムの混作［そのほかの作物］		落花生、トウジンビエ	休閑前にキャッサバをつくる場合が多い
2010年現在	トウモロコシ［ソルガムなど］	落花生［ソルガム、オクラ、そのほかの作物］	2年目と同じ ※土地不足のため、休閑は困難な場合が多い		
	ヤムイモ［そのほかの作物］	トウモロコシ、またはヤムイモ［そのほかの作物］	落花生［ソルガム、オクラなど］	3年目と同じ ※土地不足のため、休閑は困難な場合が多い	

落の外に位置する畑」（*puuni*, 英語ではbush farm）と「集落内の家の周囲に位置する畑」（*sanban' kobu*,「耕された庭」の意、英語ではcompound farm）で二区分している。図1－5や図1－8の航空写真からは、このどちらもがほぼ隈なく耕作されているのがわかるが、これは人口増加による土地の不足と地力の低下[39]の影響である。

かつて集落の外の土地は、表1－2でまとめたように、通常二～三年の輪作と、時には一〇年以上にわたる休閑のサイクルで耕作されていた。しかし、人口が増加し、土地が不足するにつれ、耕作を継続させる年数が長くなり、休閑させる年数が短くなってきた（表1－6）。こうして、現在かろうじて移動耕作をおこなっていた時代の輪作の名残がみられるのは、少なからず休閑期間を設けないとまともに育たないと考えられているヤムイモを植え付けるときである。ただし、一年目にヤムイモを植え付けても、二年目にも続けてヤムイモを植え付けることがある。三年目は、落花生を主作としてソルガムなどを間作するといった、かつての主作物と間作物が逆になった現象がみられる。さらに休閑しないかぎり、四年目はまた落花生を主作としてつくったりする。すなわち、休閑期間を設けないと地力は低下するわけで、その痩せた土地で落花生を半ば恒常的につくり続けている区画が多いのである。ただし、ヤムイモの作付面積はもはや限られており、西ダゴンバ地域の人口密集地の今日の輪作とは、トウモロコシと落花生の間でなされている、という説明のほうがむしろ適切なのかもしれない。

集落の外の土地が不足して地力が低下したため、集落内の土地を耕作に利用する重要性が高まった。ここは、人と家畜の生活の中心であるため、残渣や排泄物によって、何もしなくてもある程度は自然に肥える場所である。とはいえ、かつて、集落の外の畑で十分に休閑期間をおいて移動耕作ができるかぎりは、集落内の庭先の土地はタバコをわずかばかり一画に作付けする以外は利用してこなかった。ノーザンテリトリーズの農業行政官のクールによる一九二九年の文献では、この土地を積極的に利用するのは土地が不足している町（タウン）の特徴として記されている[40]［Coull 1929: 209］。ところが、一九六二年のアランの文献では、町ではなく西ダゴンバ地域の農村部に位置しているいくらかの集落（ヴィレッジ）でも、集落内の土地でトウモロコシを作付けしていることが記されている［Allan 1965: 238-239］。そして一九六〇年代～一九七〇年の調査をもとにした地理学者のジョージ・ベネによる土地の利用形態の分類では、人口圧による集落の外の耕作地の不足のために集落内の土地が耕されている場所として、トロン地域を含む西ダゴンバ地域一帯が含まれている［Benneh 1973: 136-137, 142-143］。そして、この四〇年後の二〇一〇年現在、タマレからトロンの一帯の各集落では、家の入口の正面と家畜をつなぐ場所と小道を除き、数メートル単位で土地が分割され、耕作に利用されつくしているのである。さらに、この場所を肥やすために、人びとは積極的に堆肥づくりまでしている。それは、部屋を建てるために土を掘りだした庭の穴に、家畜小屋から取り出した排泄物、作物の加工や料理などで出たあらゆる残渣を「意図的に」溜め、時期がきたら家の周囲の耕作する場所へとばらまくのである。

ただ、集落内の畑の面積は限られている。ゆえに、ここに作付けするのは最も優先順位の高い自家消費用のトウモロコシ（その一画に、あるいは後作としてタバコ）や、作付面積が狭くても、化学肥料を少しでも購入することができれば収益があがる唐辛子である。

ただし、トウモロコシにおいては、集落内の土地でつくっても足りるわけではない。男性たちは集落の外の土地に作付けする品種改良のトウモロコシのために化学肥料の購入を試みてきた。ところが、ガーナが国際通貨基金（ＩＭＦ）による構造調整政策の経済回復プログラム（ＥＲＰ）を受け入れた一九八三年より、徐々に肥料への補助金がカットされて価格が高騰していく[41]。このため、たとえば一九九四～九五年にダゴンバ地域（サヴェルグ・ナントン郡、グシェグ・カラガ郡）とサラガでおこなった調査をもとにした論文では、大半の人びとがほぼすべての作物に肥料を使えていなかったと記されている[42]［Warner *et al.* 1999: 92］。なお、ガーナ政府は一九九一年に肥料セクターを自由化して以来、ほとんど大規模な介入をしていなかった。しかし、二〇〇八年に肥料への補助金プログラムとして、農業普及員を通じた肥料の購入のための割引クーポンの配布を開始した［Banful 2011: 1169］。ただし、二〇一〇年の調査時、フィヒニの人びとによるクーポンの利用は確認できなかった(43)。

肥料が買えない現状では、ウシをもっているかどうかでトウモロコシの収量が決まる。ウシを、次の耕作期にトウモロコシをつくる場所に連れて行き、休ませ、排泄をさせることで土壌の肥沃度を高めるのである。二〇一〇年に調査したところによると、フィヒニでは、およそ四割以上の家（全三五軒中一三軒）がウシをもっており（補遺3の「ウシの頭数」を参照）、土壌改良にウシを用いていた。

このように、ウシを農業の生産体制に取り入れ、耕起に利用するだけではなく、その排泄物で土壌改良を試みる集約的な土地利用は、移動耕作に代わる「混合農法」（Mixed Farming）という名称で植民地時代から導入が試みられていた。トロンやタリをはじめ、本調査地が位置する西ダゴンバ地域においても、「原住民行政」（Native Administration）の圃場での実演(44)をとおした普及の試みは、一九三七年にはすでに開始されている(45)。

ただし、植民地期での普及は難しかった。第一に、ダゴンバ地域の人びとの間では、ウシの飼育は一般的ではなかった。高齢世代によると、農村部においてウシをもっていたのは、各地の君主たちをはじめとするほんの少数の男性に限られていた(46)。ダゴンバ地域を調査したウィリアム・アランも同様に、人びとはヤギやヒツジ、ホロホロチョウやニワトリは飼っていても、ウシをもつ者は「比較的まれ」だったと述べている［Allan 1965: 239］。第二に、たとえウシをもっていても、ウシを使って土地を肥やすのは効果に対して労力がかかりすぎると、混合農法の導入の現場では当初から指摘されていた(47)。導入から一〇数年が経過した一九四七年、ダゴンバ郡の農業行政官は、混合農法が実践されない理由として「集村型」の集落が形成されているこの地域において、集落内に一定の面積の土地をもっているような君主たち（おそらく、トロンなど有力な君主）であれば、囲い（クラール）をつくってウシを休ませて土地を肥やすことで便益が得られても、一般の人びとが耕す集落内の家の周囲の土地の面積はあまりに小さく、またウシの排泄物で堆肥をつくって、集落から離れた場所にある畑まで持ち運ぶことは現実的ではないと述べている(48)。

ところが、ウシによる土壌改良の費用対効果が認められる日がやってくる。まず、独立後以降、君主たち以外の一般の人びとも徐々にウシを手に入れ始めるようになった。ただし、飼い慣れないために世話が問題だった。そこで、別の集落でウシをもち、息子に世話をさせている血族や友人がいる場合は預けたり、そうでなければ、その頃までに南下してくるようになった、放牧を営むフラニの男性に、自由に搾乳させることと引き換えに世話をお願いしていた。しかし、預けていたウシがいなくなってしまった、あるいは肉の塊を差し出され、ウシが死んでしまったという報告を受けることがあり、フラニは預かったウシをこっそりとクマシの市場に連れて行って、売っているという噂が立つ。そして、地力の低下が深刻な問題になるなか、ダゴンバの人びとは、フラニが人びとから預かっているウシをフラニ自身の畑につなぎ、トウモロコシをたくさん収穫しているのを目のあたりにする。こうして、今日、フィヒニでウシをもつ一五軒中、フラニにウシを預けているのは一軒のみであるように、ウシをもつほとんどの男性たちは、それぞれの家で、あるいは同じ集落の別の家で暮らす兄弟など親しい血族の男性の間でウシを合わせて、彼らの男児の一〜二人を牧童として訓練し、放牧と世話をさせるようになっていった。そして、彼らがもつ集落内の畑の面積が狭くても、また集落の外の畑にも連れて行き、その場所にウシを休ませて排泄させることで、少しでも多くの穀物を得ようと努力するようになったのである。

開拓地との二重居住生活

人口の増加は、土地利用の集約化をもたらしただけではない。新たな土地の開拓にもつながった。トロン・クンブング郡の西には、開拓地が広がっている。図1－2のタリ、ワントゥグ、ルンブンガの西側から郡の境界を越え白ヴォルタ川流域まで広がる、集落がまだらな一帯である。

この地の開拓は、すでに一九六〇年代には始まっていた。当初、耕していたのは、トロンの君主をはじめ、トロンの君主に属する各集落を率いる君主たちが多かった。そして、これらの君主と血族の関係にある同じ集落の人びとも行き、耕し始めた。そういうわけで、開拓地の各地には「バリの君主の開拓地」(*Gbari Naa-kuraa*)、「ヨブジェリの開

表1-7　雨季と乾季のフィヒニの人口の動態

	合計	男性	女性
2010年8月人口（雨季）	550	256	294
2011年2月人口（乾季）	594	284	310
（差）	(+44)	(+28)	(+16)
6ヵ月間の流出・死亡人口	65	17	48
（アクラ、クマシへ移動）	(13)	(1)	(12)
（タマレへ移動）	(4)	(3)	(1)
（そのほかの場所へ移動）	(45)	(11)	(34)
（死亡）	(3)	(2)	(1)
6ヵ月間の流入・出生人口	109	49	60
（開拓地の別宅から移動）	(64)	(37)	(27)
（そのほかの場所から移動）	(35)	(10)	(25)
（出生）	(10)	(2)	(8)

戸口調査の時期として8月と2月を選んだのは、8月は開拓地へ人口が最も流出する雨季の真最中、2月は開拓地へ流出した人口が戻ってきている乾季の真最中であり、人の移動による差が明確なため。乾季に開拓地から戻ってくる人口のうち、東ダゴンバ地域のイェンディ付近で耕作していてフィヒニでの滞在が1ヵ月未満だった者（4人）は「移住」したとみなして計上していない。流出、流入人口の「そのほかの場所へ移動」とは、まだ料理を担当していない若妻が実家と嫁ぎ先の間を移動したり、養育者の変更に際して子どもが移動した場合が大半を占める。

拓地」（*Yobgieri-kuraa*）など、トロン地域の君主や集落にちなんだ名称でよばれているところもある。なお、本書で「開拓地」と訳している現地語の「クラー」（*kuraa*）は、厳密には雨季に耕作しに行き、乾季には居ないような場所を指す。つまり、開拓地での耕作者は、雨季だけ開拓地の別宅で過ごし、乾季に実家がある集落に戻る生活の形態をとるのが一般的だった。ところが、乾季にも人が住み続ける集落も次々に生まれている。

開拓地に行く大半は、働き盛りの若い男性とその妻子である。フィヒニの二〇一一年二月（乾季）の全人口の五九四人のうち、二〇一〇年の雨季に開拓地の別宅に移り生活していた者は六四人だった（表1‐7における「六ヵ月間の流入・出生人口」の内訳の一項目「開拓地の別宅から移動」）。土地の不足が著しい家の息子たち、ウシをもたず、トウモロコシのための肥料を買うことができない男性、あるいはその老いた父親の代わりに穀物やキャッサバをつくらなければならない家を受け継ぐ候補の息子は、開拓地で耕作する以外には耕作で生計を立てる道はない。男性たちには、息子や弟たち、従弟たち、そして料理や水汲みのために一番若い妻がついて行くことが多い。血族の男性同士で家を建てて一緒に住むこともある。血族や姻族ではなく、友人を頼り、居候させてもらう場合もある。高齢の男性たちが開拓地へ耕作に向かうことはありえない。老いた彼らには、耕作のための労働力がないからというより、彼らのような社会的に重要な存在は、たやすく集落を離れるものではないからである。

男性たちの大半は自転車で開拓地へ通っている。私は、フィヒニから直線にしても二一キロメートル離れているバンジョグラ近くのパラニという地まで、フィヒニの男性たちと一緒に自転車で行ったことがある。ルンブンガを越えたあたりで湿地帯になり、途中はひざ上まで水に浸かる季節河川を越える。朝の七時二五分に出てから約二時間半後にようやく到達する具合である。女性はというと、トロン経由で乗り合いバスに乗り、途中のピェンドュアやワヤンバ、ルンブンガなどの大きな集落まで行く。そこから、奥地への残りの道のりは歩きである。

フィヒニの人びとにとって、開拓地の生活はとても大変らしい。まず、やたら蚊が多いことであり、フィヒニではわざわざ取り付けたりしない蚊帳を、開拓地では部屋の入口に取り付けている。また、水場が遠いというのは、日々の水汲みをする女性たちが強調する不便さである。雨季の真っただなかは、家の近くに掘った浅井戸に溜まった水を汲めても、そうでない時期は拠点的な集落の近くにある貯水池まで行かなければならないのである。

行ったり来たりの生活は、移動に労力と時間を必要とするため大変である。とくに家を率いる男性や、家を受け継ぐ候補の息子たちは、雨季に開拓地で耕作しても、フィヒニを長く留守にはできない。耕作の合間を縫って、畑の管理を息子や弟などに任せては、ちょくちょくフィヒニに帰ったり、むしろフィヒニを拠点にして開拓地へと通ったりする者もいる。しかし、彼らが開拓地で耕作してフィヒニに主食にする食料を持ち帰ることは、フィヒニに残る同居家族や近親者の暮らしを継続させるために重要になっている。また、開拓地では、すべての作物において、フィヒニでつくるよりも多くの収量が得られる。ただし、早期に開拓が進んだ場所ではすでに土地が痩せてきており、ある程度のトウモロコシを確保したければ肥料が必要だという。

生活の拠点を開拓地に据えており、乾季に一ヵ月程度、あるいは冠婚葬祭のときだけしか戻ってこない者もいる。しかし、フィヒニの実家には彼の部屋は残されたままで、彼らにとって「移住」は「完了」できるものではないようである。フィヒニの実家に親や兄弟が居続けるかぎり、主食用の穀物やキャッサバを持ち帰る義務は（それをきちんと果たすかどうかは別にして）ずっと継続する。冠婚葬祭では、出席するだけでなく、支出の役割を果たさなければならない。また妻の出産は夫の実家に戻っておこない、命名式も実家で執りおこなわれるべきだと考えられている。

なお、開拓地は、人口密度が低いイェンディ付近の東ダゴンバ地域一帯にも広がっている。フィヒニからも若者たちが行っているが、この場所はフィヒニから一〇〇キロメートル以上離れている。若者たちは、妻子とともに、乾季に数週間から一ヵ月程度だけフィヒニに帰ってくる。しかし、なかには、この遠い地から車を手配して大量の穀物とキャッサバをフィヒニの実家に運び帰っている息子たちもいる。彼らの家を率いる父親はフィヒニでもかなり規律的な人物として評判である。

第五節　消えた正式な食べ物

前節では、人口の増加にともなう土地利用の変遷を追った。次に本節では、主食とする作物の移り変わりについて、その背景とともに詳しくみていきたい。

トウジンビエは、今日の西ダゴンバ地域においても、人びとが正式な食べ物として挙げる作物である。表1－2でもみたように、かつて移動耕作をしていた時代、トウジンビエはヤムイモと並び、男性たちが休閑期明けの畑でつくる最優先の主食用の作物だった。一九三八～三九年の報告書においても作付面積は最も多くなっている（図1－10）。ところが、今日のトロン地域では、トウジンビエはほとんどつくられていない。人口の増加は土地利用のあり方を変えただけではなく、人びとが飢饉の発生や緑の革命、構造調整の影響を受けつつ主食としてつくる作物を変えることを後押ししてきた。

トウジンビエからトウモロコシへ

老齢世代によると、かつて、主食用の穀物としての重要性は、一番目にトウジンビエ、二番目にソルガム、そして三番目にトウモロコシだった。それは、水粥にするにしても、練粥にするにしても、トウジンビエとソルガムのほうがトウモロコシに比べて美味しいからだという。トウジンビエの水粥は香り高く、ソルガムの水粥も風味豊かである。水粥にトウモロコシを使うときといえば、もっぱら粒をゆで入れたつぶつぶの食感を楽しむ水粥を用意するときくらいだった。また、トウモロコシを練粥にするにしても、すでに述べたように、練粥とは、噛んで食べるものではなく、のみ込んで食べるものであり、トウジンビエやソルガムと比べて固く、のどごしが悪いために好まれていなかった。トウモロコシは、とれたてを焼いて食べて楽しむ間食用の食べ物だったというのである。図1－10にもとづけば、トウモロコシの作付けは一九三〇年代も一定の規模はあったものと思われる。しかし、少なくとも、男性たちは、気候的に適しているために収量が高いトウモロコシではなく、雨が多すぎるために相対的には収量が低いトウジンビエとソルガムのほうを、その美味しさゆえに優先的につくっていたといえる。ただし、過去、トウジンビエやソルガムを優先して、この二つの作物により広い土地を割くことができたのは、一定の収穫が見込めていたからである。「なぜトウジンビエやソルガムをつくらないのかって？　土地が痩せてしまって、もうできないからだよ！」と、本章の冒頭でも発言を引用した老婆が私に話したように、その年の天候にかかわらず土地の不足と地力の低下によって一年分の穀物を収穫できないのが毎年のことになれば話は別である。男性たちは、できるかぎり多くの穀物をつくらなければならない状況において、とくに収量が悪いトウジンビエをつくるのを止めた。一方、トウモロコシをより広く作付けし、なんとか肥料を手に入れて収量を上げることを試み

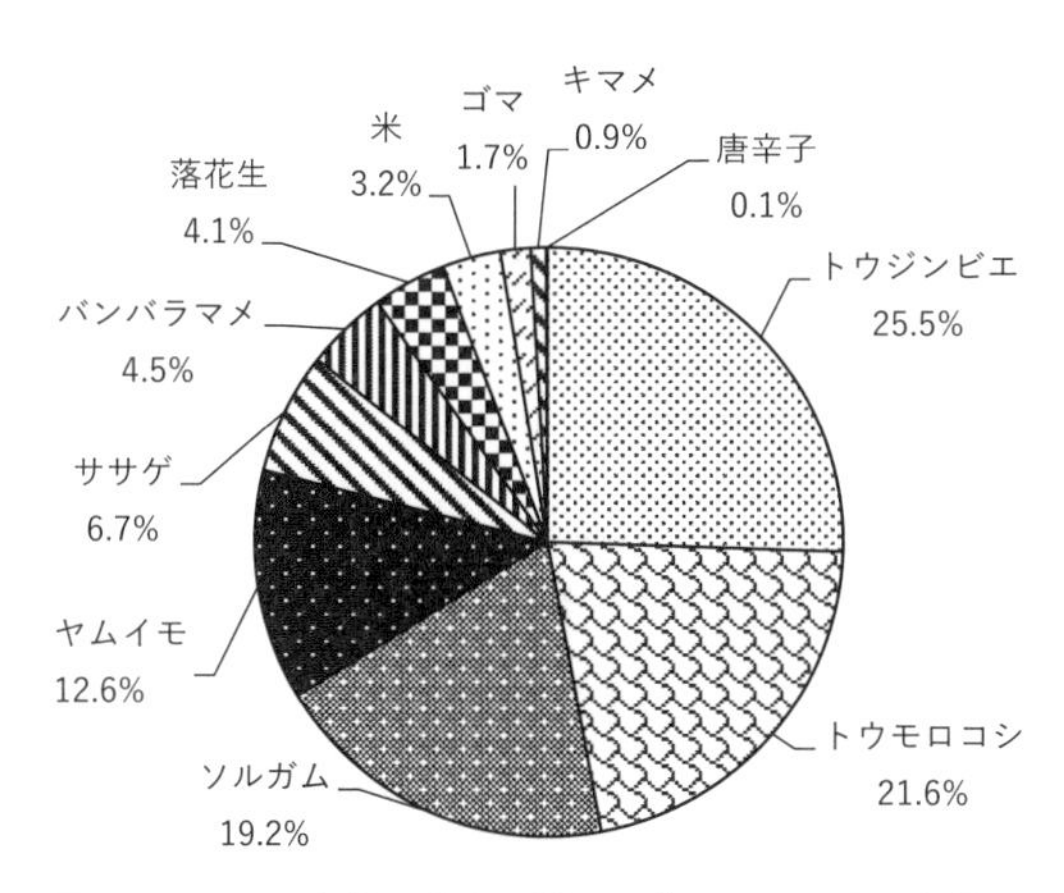

図 1-10　1930年代の作付面積比。『ダゴンバ郡で実施した調査の仮報告書（1938 ～ 39年）』の表Ⅰにおける合計14の「家族」(family)を対象にした作付面積（合計90.4エーカー）の内訳をもとに作成[49]。トウモロコシ、トウジンビエ、米、キマメ、唐辛子、ゴマが単作された合計8.17エーカーを除いて、残りの土地では複数の作物が混作されている。グラフでは、主作、間作にかかわらず作付けした作物数で割ることで作物別の面積比を算出したため、主作物（ヤムイモ、トウモロコシ、トウジンビエ、ソルガム）と間作物（トウジンビエ、ソルガム、ササゲ、落花生、バンバラマメ、米）の作付量の濃淡の差は反映されていない。

表1-8　フィヒニの男性たちが認識するフィヒニの集落の外の土地における1エーカー（約0.4ha）あたりの穀物別の収量比（単位：カカオ豆用の100kgの麻袋、肥料を使わない場合）

	過去 ※「土地がさほど痩せていなかったとき」の想定	2010年現在
トウモロコシ（白色）	6	2～3
ソルガム	4	1～2
トウジンビエ	3	0.5～1.5

2009年2月に実施した聞き取りによる。トウモロコシの収量においては、肥料を十分に使うことができるならば、土地がさほど痩せていなかった「過去」と同じように6袋ほど得られると考えられている。ここでのトウモロコシ（白色）は人びとが種子を買わずにつくっている、多品種間で交配が進んだ改良種である。男性たちは前年度の収穫したトウモロコシの種子を保存して翌年に播いている。種子が足りない場合、また、交配を通じて黄色い在来種の粒が混ざるようになった場合などに、収量のよい種子をもつ親族や友人の収穫時に畑を訪問し、実つきのよいトウモロコシを分別して種子を分けてもらっている。

てきた。そして、たとえ肥料が買えなくてもトウモロコシをつくっているのは、トウモロコシは、肥料を施すことができなくても、トウジンビエ、そしてソルガムより多い量の穀物を捻出すると認識しているからである（表1－8）。

トウモロコシの作付けは、一九五〇年代より改良品種と化学肥料の普及とともに徐々に拡大していった。元農業普及員のアスマー氏によると、人びとは圃場において、肥料とセットでつくる改良品種の白いトウモロコシ（当時の通称は *kanchaylanchu*）[50]の収量に大変驚いていたという。一九二三年からの貿易報告書の統計を調べたところ、ゴールドコーストへの「化学肥料」という項目での輸入は一九二四年には確認できるが、その量が一気に増加したのは一九四八年である[51]。そして、独立後の一九六〇年代には、ガーナ北部の農村部でもお金さえあれば肥料を購入できるようになっていたようである。一九六二年の雨季が始まったばかりの四月、ノーザン州の農業省は各郡の長官に宛てた書簡において、その年は硫酸アンモニアとリン酸を農業普及員が定期市で販売することが決定したため、化学肥料の利用と販売について宣伝するようお願いしている[52]。こうして、男性たちは、トウジンビエやソルガム、またそれまでつくっていた在来種の黄色のトウモロコシの作付けを徐々に減らし、肥料とセットで白いトウモロコシをつくるようになったのである。

この傾向は、人口の増加にともなう地力の低下が顕著になった一九七〇年代以降、ますます進んでいった。一九八四～八八年にフィヒニ近くの集落（チェシェグ）を対象にした調査では、トウモロコシ、ソルガム、トウジンビエの作付比率は五対三対二だった［Runge-Metzger 1993: 69-71］。さらに、その後、約二五年が経過した私の調査時には、開拓地でないかぎりトウジンビエをつくる者はほとんどいなくなった。二〇一〇年、フィヒニではトウジンビエを誰も作付けしなかった。トウジンビエを見かけたのは、隣の集落のヨグの男性がつくっていた一画だけである。またソルガムの作付面積も圧倒的に減少している。もっぱら、落花生やトウモロコシ畑の一部に間作される程度であり、主作として作付けしたのはフィヒニではたった二人の男性だけだったのである。今でもよくつくられている「ヤギを売らない」（*ku-kɔhi-bua*）という名の在来種（一〇〇日で成熟）はその名称のとおり穀物の不足に陥り大切な家畜を売るような事態にはならずに済むくらい収量がよいはずだった。しかし、この品種を含め、もはやソルガムを主作として作付けすることは、まるで贅沢な土地の利用法になってしまったのである。

トウモロコシからキャッサバへ

主食の作物の変化は、穀物だけではなかった。それは、練粥のために、足りないトウモロコシを穀物ではない「貧者の食べ物」のキャッサバで埋め合わせることである。「俺が小さい頃、キャッサバの練粥を食べていた家の子どもは「おまえは（夜に）腹を空かせたまま寝ている！」って、冷やかされていたくらいだよ。今ではどこも食べているけどね」と話したのは、私の調査を手伝ってくれたジブリール（三六歳）である。

キャッサバは、一九二〇年代には、南部よりすでにダゴンバ地域にもたらされていた。農業行政官のクールが一九二九年に発表した論文では、ダゴンバ地域の練粥の材料としてキャッサバが含まれている［Coull 1929: 204］。ただ、実際にどの程度キャッサバが使われていたかは不明である。ダゴンバ郡の農業行政官のエイケンヘッドは、一九三九年に記した報告書で、「キャッサバは日照りには強いが、ダゴンバ人はキャッサバを食べることはほとんどない」と述べている。[53] これは、元農業普及員のアスマー氏の見解とも一致する。それによると、かつてのキャッサバの品種（*banchi-gbarigu,*「体が不自由な者のキャッサバ」の意）は毒をもっており、当時まだ西ダゴンバ地域に多く生息していたサルやリスから（毒をもらせて）畑の作物を守るためにキャッサバを畑の周囲に植えていたのだという。

アスマー氏によると、人びとがキャッサバを食べ始めたのは一九四六～四七年の飢饉（クム）からだった。先述したニセヤムイモだけではなく、キャッサバも同様に小さく切って水に浸し、毒抜きをして粉にし、練粥にして食べたというのである。この状況を目の当たりにしたからなのか、この翌年の一九四八年、ダゴンバ郡の農業行政官は、生産の増加に向けた補助金の対象としてモザイク病に弱い在来種から強い品種改良種のキャッサバの導入を提案し、比較調査の必要性を主張している[54]。そして、人びとがいよいよキャッサバを「日常的」に食べるようになったのは、一九五〇年代よりトウモロコシが練粥に使用され始めてからだという。というのも、前述のとおり、トウモロコシの練粥はトウジンビエとソルガムの練粥と比べて固くなり、のどごしが悪かった。そこでキャッサバが役立ったのは、キャッサバの粉を少し加えると、トウモロコシの練粥がやわらかくなったからだとアスマー氏は説明した[55]。

ところが、当初ではトウモロコシの練粥の食感の悪さをよくするためだったキャッサバは、ついにはトウモロコシを代替するようになっていく。およそ一九七〇年代より、人口の増加によって移動耕作ができなくなり、地力が低下した。それにもかかわらず、一九八三年から始まった構造調整による肥料価格の高騰によってトウモロコシの収量が低迷し、自家消費のために十分な穀物を生産することができなくなってきたからである。そして、現在、多くの家々では乾季の半ばの二月にはトウモロコシが少しだけ入れられるか、入れられないかの「キャッサバの練粥」がつくられているのである。

ただし、今日、フィヒニでは、どの家でもキャッサバを作付けしているわけではない。西ダゴンバ地域の一九八八年の調査をもとにした研究では、キャッサバは地力が低下した土地でも一定の収量をもたらす「最終的な作物」として重要になっていること、そしてトウモロコシとササゲとともに混作されていることが記されている［Donhauser *et al.* 1994: 37］。しかし、二〇一〇年、フィヒニで耕作した全三六世帯（全三八世帯／三五軒のうち、二世帯／二軒は開拓地のみで耕作）のうち、キャッサバにその限られた土地を割いたのは半数以下（一二世帯）だった[56]。

それは、第一に、土地はフィヒニだけではないからである。フィヒニで少しでもキャッサバを作付けしていた二世帯を含め、まったくつくっていなかった二四世帯のうち一〇世帯が開拓地でキャッサバをつくっていた。また、開拓地に移住している息子や兄弟など血族の男性から提供してもらっていた場合も三世帯、そして開拓地で再従兄がつくっているキャッサバの収穫と皮むき作業を手伝いに行き、分け与えてもらうことで手に入れていた場合も一世帯だが確認できた。

第二に、フィヒニでキャッサバを作付けしないことが多いのは、キャッサバは買っても安く、トウモロコシと比べれば同じ値段でおよそ二倍の量が購入できるからである。たとえば二〇一一年三月、フィヒニの男性は開拓地に出向き、皮を剝いて乾燥させたキャッサバを詰めた大袋（重さを量ると合計七一キログラム）を一五セディで購入してきた。その時期の同じ重量のトウモロコシは二七セディである。[57] これは、極度に土地が不足している状況において、また「穀物」を練粥にしてきたダゴンバ地域の人びとは、[58] キャッサバよりは、やはりトウモロコシをつくり食べたいこと、そして次からみるように、地力が低下した土地において、より生産性が高い落花生などのためにその限られた土地を割くことを優先していることを示している。

第六節　落花生とシアナッツ経済の台頭

収穫した作物は、天日干し後に保管して、支出の必要性が生じるたびに現金に換える。支出の内容は、衣服、嗜好品、冠婚葬祭費、交通費、自給できない調味料、そして不足する穀物やキャッサバを買うことである。主食の穀物の収量が低迷するにつれ、より収益が見込めたり空腹期に収穫できる作物をつくり、販売して得た収益を主食の穀物やキャッサバの購入ために利用することは、ますます重要になってきた。この状況下で栽培が活発になってきたのが、落花生とシアナッツである。

作物市場の拡大化

植民地時代の初期、西ダゴンバ地域の農村部において、人びとがつくった耕作物を販売することはかなり限定的だった。農業監督として一九三〇年代後半にダゴンバ郡を担当していたマイケル・エイケンヘッドによると、ノーザンテリトリーズで作物の市場が拡大したのは、第一次世界大戦後にドイツ領トーゴランドの一部になっていた東ダゴンバ地域がイギリス領の実質的な統治下に入ったあとである。この背景として、ノーザンテリトリーズの中央行政局がおかれたタマレの人口が増えて、食料の需要が高まったこと、そして農村部の定期市で売られたヤムイモや穀物が仲買人によって北マンプルシ地域や南部のアシャンティ地域の市場へと運ばれるようになったことを述べている[Akenhead 1957: 123]。ただし、ヤムイモの作付けは、ノーザンテリトリーズの地方行政によって主食用の食料の自給の面でも推進されていたようである。一九四六〜四七年の食料不足の経験もあったからだろうか、一九五一〜五二年に現アッパー・ウェスト州で調査をおこなったジャック・グディによると、「郡の行政長官たちは、穀物の生産の失敗に備え、より広い面積を耕し、ヤムイモをつくることで作物を多様化するよう耕作者(ファーマーズ)たちを説得するために相当な努力を払っていた」[Goody 1956: 27]と記している。

今日のダゴンバ地域においては、東ダゴンバ地域では、ヤムイモは自家消費のためだけではなく販売を主目的として積極的につくられている。ところが、西ダゴンバ地域のタマレからフィヒニを含むトロン周辺では、ヤムイモの作付面積は、広くても一エーカーに満たない。ヤムイモは、かつてより休閑期明けにつくられてきたように、肥沃な土地を必要とする。農業の調査報告書によると、ヤムイモは、地力の低下が顕著になった西ダゴンバ地域では、一九八〇年代にはすでに作付面積がめっきりと減少していた[Runge-Metzger 1993: 71; Warner *et al.* 1999: 101-103; Abu 1992: 74]。現在、ヤムイモは間食にはよく利用されているものの、販売することは、その間食分を削ってわずかながらにあるくらいなのである。

綿花生産の低迷

また、西アフリカのサバンナ地域の「換金作物」として一般的に知られているのが綿花である。しかし、ガーナ北部での生産は長年にわたって芳しくない。

綿花は、植民地時代から輸出作物としての生産の拡大が試みられてはいた。しかし、アスマー氏によると、彼が幼少期の一九四〇年代からガーナの独立期まで、男性たちは在来種（*Dagbɔŋ-gumdi*）を細々と作り続けていた。表1－2においても、綿花は穀物畑の「間作」用の作物になっている。輸出用の綿花の栽培が拡大しなかったのは、植民地期、クマシまで通っていた鉄道がその三〇〇キロメートル以上北のタマレまで延ばされなかったことが大きいと思われる。一九二三年からガーナが独立する一九五七年までの貿易報告書によると、綿花は、ほぼ毎年、英国や周辺のフランス領トーゴランドやコートジボワール、またイギリス領ナイジェリアから輸入されていたくらいである。[59]アスマー氏によると、綿花の作付けがようやく拡大したのは独立後の一九六〇年代に、在来種よりはるかに収量が多いと認められる改良種が肥料とともに導入されてからだった。ガーナ政府によって設立されたガーナ綿花開発ボード（CDB: Cotton Development Board, 現「ガーナ・コットンカンパニー」）は、トラクター耕起、種子、肥料、農薬の配布をセットに生産の契約者を増やしていった。

ところが、西ダゴンバ地域では、はやくも一九七〇年代をピークに生産が伸び悩む。アスマー氏は、契約者たちが生産のために配布される肥料を綿花畑ではなく、自家消費のためのトウモロコシ畑に使うようになったというのである。肥料の流用については、一九九〇年代の後半の文献でも綿花の生産の衰退をめぐる大きな問題として指摘されている［Poulton 1998: 75, 105］。しかし、その一〇数年後の調査時も、同じ問題は継続していた。二〇一〇年、フィヒニでは一エーカーで綿花を契約生産した男性が二人いた。しかし、どちらも、収穫後に綿花の回収にやってきたスタッフから赤字を示す精算書の紙を渡されている。二人に聞き取りをおこなったところ、生産の契約を通じて与えられた三袋の肥料の約半分を、例外なく自家消費用のトウモロコシ畑に施しただけではなく、農薬も、唐辛子や豆類へ散布していたのである。しかし、綿花企業が契約者に赤字分の支払いを求めることは現実的に難しい。

現役時代、契約どおりに綿花を生産するよう説得に苦労してきたというアスマー氏は、「耕作者たちは自分で自分を騙しているんだよ」と私に言った。与えられた肥料を綿花に使用すれば利益が出るにもかかわらず、そうしないから、である。肥料の流用は、人口の増加と地力の低下が問題になっている西ダゴンバ地域だけの話ではないらしい。土地が豊富で肥沃な東ダゴンバ地域でも、現在までにすっかり普及した改良種のトウモロコシは肥料を与えたほうが収量がよいため、契約者は綿花の栽培のために配る肥料を同様に流用していて、生産が成り立たなくなったという。すなわち、綿花の契約生産がトウモロコシ畑への肥料の流用によって低迷していることは、この地域の人びとが一九五〇年代以降より肥料に反応する改良種のトウモロコシをつくるようになったこと、そして一九八〇年代からの構造調整によって肥料価格が高騰して男性たちが買えないためにトウモロコシの収量が低迷していることとおおいに関係しているのである。

落花生――品種改良種と粉砕機の導入、地力の低下

ヤムイモや綿花にかわり、人びとが今日の西ダゴンバ地域で現金を得ることを主目的に作付けしているのが、唐辛子と米、そしてなんといっても「落花生」である。一九八八年にフィヒニとも近いワントゥグとチェシェグにて実施された調査によると、落花生は、穀物に間作される作物の代表であるだけでなく、二〇一〇年現在と同様に、単体でもトウモロコシに続いて最も作付面積が広いことが確認できる［Runge-Metzger 1993: 71; Donhauser *et al.* 1994: 25-27］。

しかし、落花生の作付けは、以前はずっと小規模だった。表1－2の一九二〇年代の文献によると、落花生は、輪作の二年目にトウジンビエ、トウモロコシ、ソルガムなど主食にする穀物の畑に「間作」されていた。また、図1－10の一九三〇年代後半の調査でも、その作付面積は全体の四%に満たない。植民地政府は、植民地期の後期にいたるまで、落花生の輸出のための生産の拡大を試みてはきた。しかし、一九二三年からガーナが独立した一九五七年までの貿易報告書によると、一〇〇トンを超えた輸出が記録されているのは二年間だけで、輸出実績の記録がない年さえある[60]。農作物販売委員会による一九五四年の年次報告書によると、国内で生産されている落花生のほとんどは国内で消費されており、輸出できるような余剰はないことが記されている［Gold Coast 1955: 1］。

ガーナ北部で落花生の作付けが拡大するきっかけとなったのは、ガーナの独立後に、収量がよいだけでなく油分の含有率が高い改良品種が導入されたことである。元農業普及員のアスマー氏によると、現在、人びとが生産している

表1－1で記した落花生の通称「チャナ」と「マニピンター」は一九六〇年代には普及が始まった[61]。この二つの改良品種は、炒って食べるには美味しいが油分が少ない大粒の在来種の「ブグラ」を代替していく。油分の多いこれらの改良品種の落花生の栽培の拡大に寄与したのが、その頃に農村部に普及していった粉砕機だった。落花生を粉砕所に運んで行って代金さえ払えば、高品質のなめらかなピーナッツバターがいとも簡単に得られるようになったのである。これに水を加え、手でこね混ぜて搾る落花生油は市場でよく売れる。さらに、その残りかすでつくる調味料や揚げ物のお菓子も販売できる。こうして、女性たちも、落花生の加工品をつくり販売することで、落花生の作付けを後押ししたのである。

表1-9　フィヒニの男性たちによる1エーカー（約0.4 ha）あたりの落花生とトウモロコシの収量の比較とその市場価値（集落の外の土地に作付け、良作の場合の想定）

	最小～最大（100 kgの麻袋）	最大値の換算		市場価値（セディ）
		ボウル（杯）	重量（kg）	
落花生 ※肥料なし	3～8 ［殻付］	112 ［種子］	302.4 ［種子］	257.6［2009.10］ ～448.0［2010.7］
トウモロコシ（白色） ※肥料なし～あり	2～6	240	576.0	192.0［2009.10］ ～288.0［2010.6］

2009年2月に実施した聞き取りによる。単位は地域で計量に使われている麻袋とボウル（*kuriga*, 詳細は後述の第二章の表2-2を参照）。調査地では落花生の栽培に肥料を使うことはないため、肥料を使わない場合として質問。トウモロコシには多かれ少なかれ肥料を使う場合が多く、そうでなければ収量が上がらないと認識されているため、最大値はできるかぎりの肥料を使い、最もうまく生産できた場合の想定で質問した。殻付き落花生の1袋の脱穀済みの種子量はボウル14杯で換算。市場価値は各作物の2009年の収穫後から2010年の収穫の前までの市場価格の最低値と最高値で換算（後述の第二章の図2-2と2-3を参照）。

そして、落花生の作付けの拡大の要因として一番重要なのは、地力が低い土地でも、肥料なしで一定の収量を得ることができる点である。とりわけ、西ダゴンバ地域において落花生の作付けが広がっていったのは、地力の低下しているこの地に作付けするのに最も妥当な作物だからだった。人びとは、地力の低下した土地では、トウモロコシより落花生をつくったほうが、よほど収益があがると認識している（表1－9）。そういうわけで、自家消費用の穀物をつくる責任がある男性たちは、不足し、地力が低下した土地にトウモロコシを完全に自給できるレベルまで広く作付けするより、落花生に一定の割合を割き、販売して現金を得ることを選択してきたのである。

また、女性たちは、練粥のスープに、風味づけの調味油としてニリやゴマをすり入れる替わりにピーナッツバターを使うようになったが、これも単に落花生の味のほうが好まれたからだけではないようである。というのも、ニリやゴマは、表1－2でも確認できるようにかつては盛んにつくられてはいたが、肥沃な土地を必要とする。地力が低下した西ダゴンバ地域においては収量があまりに悪いのである。

落花生は、女性がつくる作物の代表でもある。すでに述べたように、地力が低下した土地で肥料を使わずに「それなり」の収益を得られることに加え、栽培が比較的簡単だからである。収量が多い晩生種（四ヵ月）のマニピンターにおいては、成熟後、鍬を使って土から引きあげる必要があるなど、技術と手間がかかるために作付けしているのは一部の男性たちにとどまっている。しかし、鍬を使って掘り起こさないでよい早生種（三ヵ月）のチャナは、手入れに時間をかけられない女性（と耕作を学ぶために畑の一画を与えられた小さな男児）が例外なく作付けに選ぶ作物である。こうして、フィヒニにおいて、二〇一〇年に耕作した女性六四人の「全員」がチャナを主作としてつくり、自家消費はもちろん現金を得るために販売しているのである。

増えたシアナッツの木、減少するヒロハフサマメの木

落花生と同様に、人びとがより積極的に農地を構成する樹木作物として選択するようになったのが、シアナッツである。男性たちは、限られた面積でトウモロコシや落花生などを耕作し、できるだけ多くの収量を得なくてはならない。しかし、一九八〇年代から拡大したシアナッツの輸出にともない、同じ土地につくる耕作物と収量の面で競合関係にあるシアナッツの木を減らすどころか増やしてきた。その代わり、数がめっきり減ってきたのがヒロハフサマメの木である。

シアナッツの油脂のシアバターは、長い交易の歴史をもつ。第二節で述べたとおり、シアバターはこの木が自生する西アフリカの内陸部のサバンナ地域で食用油、保湿剤、治療薬として利用されてきた。また、植民地化の影響を受ける前も、シアナッツの木が育たない現ガーナ南部へ少なからず流通していた。サラガでの記録によると、シアバターは一八八一年の一一月、サラガからアクラへと運ばれる最も重要な商品になっており、人びとによって肌の手入れのために利用されていた(62)。

よって、植民地時代、シアナッツはノーザンテリトリーズの経済発展の可能性を秘めた作物として注目されていた。一九二二年、ゴードン・グッギスバーグ総督は、シアナッツの木の生態の調査報告書のまえがきで、「〔調査を担当した森林保全官の〕マクレオド氏によるノーザンテリトリーズのシアバター地域の報告書は、土壌学的にみるかぎり、シアバターが貿易品として潜在的価値をもっているという私の印象を裏付けている」と記している［Gold Coast 1922: 3］。また、その六年後、総督に就任したランスフォード・スレイターも、ゴールドコーストの植民地政府がノーザンテリトリーズにおける鉄道の整備の妥当性を検討するうえで、シアバター産業の発展の可能性を最も重要な判断材料にしていた(63)。

しかし、シアナッツとシアバター生産をノーザンテリトリーズの一大産業に育てる試みはなかなかうまくいかなかった。一九二三〜五七年の貿易報告書によると、むしろ輸出実績がない年のほうが多い(64)。同時に、国内市場に向けて食用油として産業化することも試みられてきたわけだが、これも難しかった。一九三二年にゴールドコーストの農業局長がタマレのノーザンテリトリーズの長官へ宛てた書簡では、タマレで機械を使って抽出したシアバターを首都のアクラに送ったところ、食用油として利用するには特有の匂いが敬遠されているために、保湿剤としてしか市場はなく、通常の食用油よりも安い価格しかつかないため、機械による抽出、缶、出荷手続き、運送にかかる費用を含めると割に合わないと述べている(65)。

その後、シアナッツとシアバターの需要が国際市場で成長し始めたのは、ガーナが独立したあとだった。一九六〇年代に入ると、製菓産業でカカオバターの代替として認められ、市場が急激に拡大していく［Chalfin 2004: 134］。そして、一九七〇年代を経て一九八〇年代に入ると、ガーナ北部ではシアナッツによる経済発展への期待が高まっていく。一九八二年、当時、クーデターによって政権をとって人びとから熱狂的な支持を得ていた空軍大佐のジェリー・ローリングスは、ボルガタンガでおこなった演説において、ガーナ北部の人びとは、シアナッツの木の「プランテーション」をつくって生産性を上げ、シアナッツを南部のカカオのように産業化することでガーナの経済発展に貢献できると呼びかけている［Rawlings 1982: 67-70］。ガーナの主要新聞のピープルズ・デイリー・グラフィック

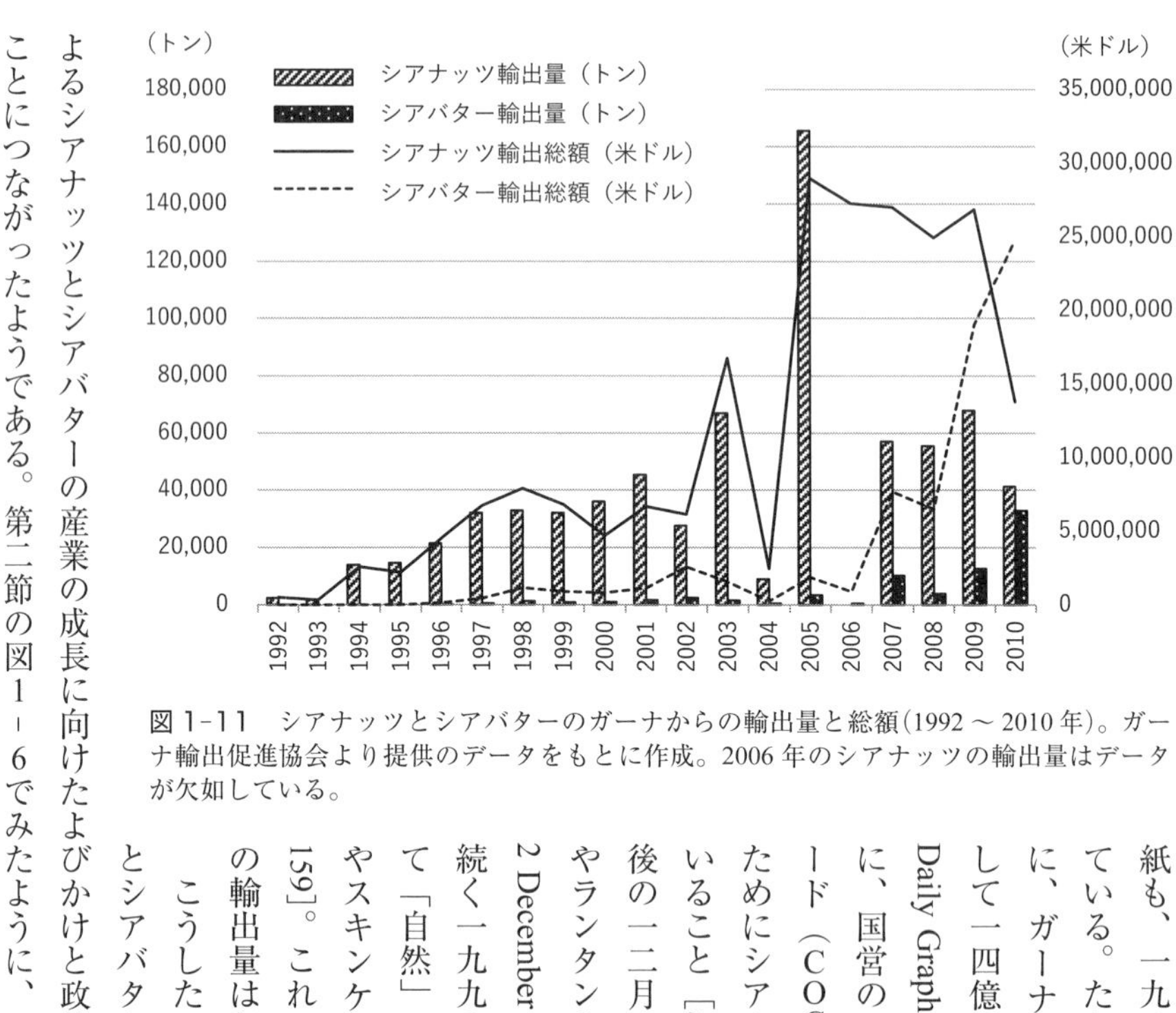

図1-11　シアナッツとシアバターのガーナからの輸出量と総額（1992〜2010年）。ガーナ輸出促進協会より提供のデータをもとに作成。2006年のシアナッツの輸出量はデータが欠如している。

紙も、一九八〇年代にシアナッツに関する記事を盛んに掲載している。たとえば、一九八六年の場合、収穫期の開始前の三月に、ガーナが前年度に三万四〇〇〇トンのシアナッツを輸出して一四億セディ（旧セディ）もの外貨を稼いだこと［People's Daily Graphic, 19 March 1986: 1］[66]、収穫が始まってすぐの五月に、国営のシアナッツの買い取り機関だったガーナ・ココアボード（COCOBOD）が、シアナッツの生産を最大化させるためにシアナッツの木を伐り倒さないよう人びとに呼びかけていること［*ibid.*, 14 May 1986: 1］[67]、さらに収穫が終わって五ヵ月後の一二月に、ガーナ・ココアボードがワックスプリントの布やランタンをシアナッツの収穫者たちに配り始めたこと［*ibid.*, 2 December 1986: 8］[68]をとりあげている。そしてシアバターは、続く一九九〇年代〜二〇〇〇年代にかけて、化粧品業界において「自然」で保湿効果が高いと宣伝されるようになり、化粧品やスキンケア商品への利用も拡大していく［Chalfin 2004: 157-159］。これにともない、ガーナからのシアナッツとシアバターの輸出量はどんどん伸びていく（図1-11）。

　こうしたシアバターの国際市場の拡大にともなうシアナッツとシアバターの輸出の増加、そしてローリングスや国営企業によるシアナッツとシアバターの産業の成長に向けたよびかけと政策は、実際に人びとがシアナッツの木を畑に増やすことにつながったようである。第二節の図1-6でみたように、シアナッツの木はヒロハフサマメの木に比べると胸高直径面積では劣るものの、出現頻度では大きく超えており、これは、シアナッツの木には若木が多いことを示している。老齢世代によると、かつて本数が多かったのはヒロハフサマメの木のほうだった。その理由を尋ねると、シアナッツの木が畑に多いと耕作物の収量が悪くなるからだという。しかし、男性たちは、シアナッツへの経済的な期待が高まった一九八〇年代ごろより、自分の畑でシアナッツの木の本数を増やしていくようになった。一方で、その限られた耕作地では、料理の発酵調味料として欠かせないヒロハフサマメの木においては、人口の増加で需要量が増えてきたにもかかわらず、さほど積極的に成長を促さないようになってしまったのである。(69)

この一九八〇年代〜一九九〇年代のシアナッツへの熱狂的な期待の名残として、今日も、調査地の人びとはシアナッツを「我われのカカオ」(*ti-coco*)と表現することがある。しかし、シアナッツは、カカオが雨の多いガーナ南部の農村部に果たしたような経済発展を、北部のサバンナ地域の農村部にもたらすような農作物ではなかった。ガーナでは二〇一〇年、シアナッツとシアバターの輸出額の合計は約三八五五万ドルにのぼっている[ガーナ輸出促進協会]。しかし、その輸出総額は、カカオのわずか四％程度である[Ghana 2010: 61(二〇〇七年比)(70)]。シアバターは、世界の製菓産業でカカオバターの代替品として最も利用されている。このため、市場では、シアバターの価格は、カカオバターの価格とおおむね連動する傾向があり、その三〇〜四〇％低い価格で取引されてきたのである[CBI 2015: 5 にて引用]。

カカオと比べるならば、シアナッツとシアバターは価格だけでなく、収穫と加工の労働生産性も低い。よって本調査地のフィヒニなど、トロン一帯の農村部の各集落のように、女性とその娘たちがシアナッツを一日中拾い、せっせとシアバターをつくって生計を立てているのであれば、その農村部の経済状況は概して厳しい、ということは知っておかなければならない。たとえば、私の予備調査を手伝ってくれたジブリールが暮らすチャンナイリは農村部の小さな集落ではあるが、タマレから一二キロメートルしか離れていない。この集落では、女性たちはシアナッツを拾ってはいても、シアバターづくりをしているのはあまり見かけない。ジブリールは、この状況の比較から、「トロン地域の女たちは大変だ。フィヒニよりチャンナイリで嫁ぐほうが女たちはずっと楽だろ?」と、私に同意を求めてくる。というのも、シアナッツの木は耕作地や草が生い茂る休閑地に点在する。シアナッツの収穫とは、これらの木の一本

写真 1-10　母親のためにシアナッツを拾った少女たち。フィヒニにて 2010 年 7 月 3 日撮影。

一本に近づいて、熟して木から地面に落ちたシアナッツを手で一つひとつ拾い上げることである（写真1－10）。女性が娘たちとともに集めたシアナッツは、半ゆでして日干しし、殻を割って核種を取り出すことではじめて商品になる。市場価格の変動をみてそのまま売るときもあれば、シアバターから利益が見込めるときはすぐに加工することもある。しかし、シアバターづくりも、少なくとも三日はかかる重労働であり、NGOの支援などによって買い取り価格が保障されていないかぎり、定期市の販売では利益が出るとはかぎらない。シアナッツ拾いとシアバターづくりが女性たちの生活を「楽」にする生計手段ではないことは、ブルキナファソやベナンを対象とした多くの先行研究でも指摘されているように［Pouliot 2012: 245-246; Schreckenberg 2004: 99］、ガーナ北部の本書の調査地にかぎった話ではない。

つまり、シアナッツの経済価値が「高い」のは、穀物をはじめとする食料の不足が顕著であり、そのほかの収益を得る手段もかぎられた地域の話である。ほかに芳しい生計手段がなく、経済状況が厳しいフィヒニのような西ダゴンバ地域の農村部では、五～七月という一年のうちで最も穀物が不足する雨季の初めから半ばに結実のピークを迎えるシアナッツは、この空腹の時期を乗り切るうえで大きな役割を果たす。一九八〇年代から二〇一〇年現在までの約三〇年間、シアナッツとシアバターをめぐる開発／国際協力プロジェクトの実施、そして諸々の研究のブームを経てようやく明らかになったのは、シアナッツは経済的な富をもたらすのではなく、このサバンナ地域の内陸部で暮らす人びとの最低限の暮らしを継続させることを可能にする作物だった、ということなのである。

第七節　小括――「換金作物」をつくるとき

調査地が位置するガーナ北部の西ダゴンバの地域の農業は、一見すれば過去より何も変わっていないかのように思える。今日にいたるまで、ガーナ南部のカカオのような輸出作物の単一栽培がおこなわれるようになったわけでもなく、人びとは食料の多くを自らで自給することで手に入れているからである。しかし、本章では、植民地化されて以降、この地域の農法と食の内容は静かながらも大きく変容してきたことが明らかになった。

かつてより、男性たちは、ノーザン・ギニア・サバンナ気候帯の自然環境に抗するように耕作の技術を磨いてきた。それは、年に一回しかない耕作の機会に十分な穀物を確保することができるよう、固い土壌を掘り返し、風の吹き方や雨の降り方など天候を読んで適時に種をまき、鍬で草を取り除くことだけではない。土を盛り上げ、支柱を立て、草を生やさないように多大な労力と時間を割くことで、雨が少ないこの地でヤムイモを大きく育てることを可能にしてきた。そして、美味しいトウジンビエやソルガムをつくるには雨量が多いこの地でも、一定量の収穫を達成し、同時にさまざまな食料を確保するための輪作と混作、間作の方法を編みだしてきたのである。

ところが、緑の革命とともに肥料とセットでトウモロコシの改良品種が登場して以来、従来のトウジンビエやソルガムを中心とした生産の体系が徐々に変化していく。そして一九七〇年ごろより、男性たちは、彼らが磨いてきた耕作能力をめっきり発揮できなくなってしまった。集落が寄り集まっていた西ダゴンバ地域では、人口の増加によって土地が不足し、移動耕作のもとで成り立っていた輪作はもはや不可能になった。十分な休閑期間がおかれず、半恒常的に耕される土地では地力が低下して、トウジンビエやソルガム、ヤムイモの収量が下がっていった。さらに、一九八〇年代より構造調整政策が始まり、肥料価格が高騰すると、トウモロコシさえも十分な量の生産ができなくなった。人びとは、比較的に肥えている集落内の土地を耕し、開拓地へと向かい、同時に堆肥を施したり、ウシを飼って休ませたりして、化学肥料だけに頼らない土壌改良を試みてきた。しかし、集落の外に位置している耕作地は、耕作の恒常化にともなう地力の低下の最終段階としての「低レベルにおける均衡」［Ruthenberg 1971: 124］状態に陥っているといえる。

これまでも、人口の増加による土地の不足と地力の低下の問題は、同じく人口密度が高いガーナ北部のクサシ地域からも報告されてきた［Blench 1999; Webber 1996］。ウェバーは、クサシ地域においても、本書の調査地と同様に、土地利用の集約化が起こるとともに、十分な生産をおこなえないために人口が流出し、開拓地との二重居住生活が営まれていることを記している［Webber 1996: 446-447］。ウェバーが指摘するように、肥料の投入などによって人口が増加した農村部の土地の生産性を維持し、向上させること［Tiffen *et al.* 1994］ができるかは、地域をとりまくマクロ環境の状況に大きく依拠しているのである［Webber 1996: 449］。

開拓地へと人口が流出する一方で、西ダゴンバ地域では作物の転換による対応がなされてきた。それは、収量の低いトウジンビエをつくるのを止め、ソルガムの作付面積を減らし、より収量が見込めるトウモロコシをつくり、キャッサバを新たに食べるようになったことだけではない。穀物の完全なる自給はもはやあきらめ、肥沃度の低い土地でも一定の収益が得られる落花生をつくり、その収益の一部を用いて足りないトウモロコシやキャッサバなど主食にする食料を購入することである。また、人びとは、ガーナ北部の輸出作物になったシアナッツの木を、この地域で最も優占してきたヒロハフサマメの木に替えて、より積極的に増やすようになった。穀物が底をつく時期に結実するシアナッツは、女性たちによって収穫され、不足する穀物の購入に充てられているのである。

なぜ、男性たち、そして女性たちもが、家で食べる穀物が足りないのにもかかわらず、落花生をはじめとする「換金作物」をつくっているのか。本章のはじめに提示した問いの答えとは、地力が低下した土地において、人びとは、自家消費に必要であっても生産性が上がらない穀物だけではなく、生産性が相対的に高い落花生、そして空腹期に収穫できるシアナッツなど、換金を主目的とした作物へと土地を割くことで生計手段を調整してきたということである。

土地の量や肥沃度に応じて、自家消費と販売する作物を組みあわせてつくることは、男性たちが家で穀物が不足しているにもかかわらず、その生産をないがしろにしていることを意味しない。日々の食事のための穀物が不足している状況下において、穀物の自給を目指さないという一見矛盾するかのような対応は、必要な収益をもたらす作物をつくって販売し、足りない分の穀物とキャッサバを「購入」という手段で手に入れるという、ほかに選択肢はなさそうな措置だったのである。

第二章　仕事の変革

前章では、女性たちが新たに自らで耕作するようになった一九八〇年代頃からの農業の性別分業の変化の背景を探るうえで、まず、農法と食に焦点をあてて過去一世紀の変容を検討した。そこでは、人口の増加や構造調整などの影響を受け、男性が主体となっておこなってきた農業が低迷したこと、そして、人びとは、土地の利用の集約化と新たな土地の開拓だけではなく、作物の種類を変えることを通じて、この状況に対応してきたことを明らかにした。続く本章では、女性たちが自らで畑をもち、耕作を開始するまでの過程と、現在、耕作が女性たちの重要な生計手段として定着している背景をより詳細に検討したい。

ここで第一に着目するのは、サバンナの生態的な環境と農村部の暮らしをとりまく技術的、物質的な面の変化である。出生率が高いこの地では、女性が耕作をしてこなかった理由として、まず出産と育児による時間の制約を挙げることができる。これに加えて、先行研究では、サバンナの環境の特性が、この地域の女性たちが自分で畑を耕すことを阻んでいると主張されてきた。その一つは、女性が担っている家事仕事の圧倒的な非効率性である。現ガーナ北部を調査地にしたジャック・グディは、サバンナ地域では水場が遠く、木々も少ないこと、さらにこの地の主食は穀物であることを指摘して、水汲み、薪の採集、料理のための手作業での粉挽きに長い時間がかかる点を強調している [Goody 1973: 185-186]。また、ヘルマン・バウマンは、一九二八年に『アフリカ』誌にて発表したアフリカの各地の農業の性別分業について記した古典的な研究で、サバンナ地域では土壌が固く耕起が容易ではないことをとりあげ、男性がその作業をおこなっていることと関連づけて、耕起における女性の身体的な制約について示唆している [Baumann 1928: 292]。しかし、二〇世紀を通して農村部にもたらされた新たな技術や物は、これらの家事の非効率性や固いサバンナの大地を耕すうえでの女性の身体的な制約、あるいは人びとによる制約への認識をどのように変えていったのだろうか。

第二に着目するのは、市場での経済活動や出稼ぎである。耕作とは、生計手段の一つにすぎない。たとえば、西アフリカのサバンナ地域では、男性よりむしろ、女性が市場での販売業で活躍してきたことが知られている。この点に関し、セネガルのウォロフの人びとが暮らす農村部を対象にした先行研究では、一九八〇年代からの経済の自由化とともに女性の販売業が活発化し、女性たちが装飾品や子どもの玩具の購入も含む消費生活を充実させてきたことが記されている［Perry 2005: 219］。また、過去一世紀を通じた政治、経済的な環境の大きな変化にともない、雇用や出稼ぎによって収益を得る機会もかなり増えてきた。ガーナ北部の西ダゴンバ地域の農村部で暮らしてきた男性、そして女性たちは、これらの多様な現金収入活動を生活にどのようにとり入れてきたのだろうか。

これらの問いをもとに、本章では、家事や耕作にかかわる技術的、物質的な面での生活環境の変化、ならびに市場での販売業や雇用、出稼ぎのなされ方について、男性と女性の違いを検討しつつ明らかにする。これを通じて、女性が自らで畑をもち、耕作することの意味を当事者たちの視点から考察する。

第一節　家事仕事の効率化

過去一世紀にわたり、農村部の暮らしの向上に寄与しうる新たな技術は、西ダゴンバ地域にも次々に導入されてきた。それぞれの技術が暮らしにもたらした変化についての人びとの評価は、両義的、あるいは、むしろ否定的な場合もある。ただし、誰によってもその貢献が認められている項目がある。それは、水場の整備と、穀物の製粉ができる粉砕機（*manika*）の導入である。これらの恩恵を直接的に受けてきたのは、耕作を仕事としてきた男性ではなく、水汲みと料理という日々の重要な仕事を与えられ、多大な労力と時間を割いてきた女性たちである。

西ダゴンバ地域の水汲みと水不足

水場まで足を運び、容器に水を汲みとり、重たくなったその容器を頭の上にのせ、水をこぼさないように早足で家まで運び帰る。日々の水汲みは、サバンナの農村部の女性にとって、最も時間と労力がかかる仕事である。しかし、各集落の近辺に「貯水池」（英語では通称 *dam*, ダゴンバ語では *mɔyli*）――雨季の間、より多くの水が溜まるように大きな穴を掘り、取り出した土を周囲に盛り上げて壁にした水場――が整備されたことで、水汲みを担当してきた女性の労働時間が圧倒的に短縮された。西ダゴンバ地域の農村部においても、乾季に干上がることのない貯水池が小さな集落をも対象にして次々につくられていったのは、ほんの一九八〇年代のことである。

女性たちが向かう水場のうち、最も近いのは、集落内の家の近くに掘った浅井戸である。浅井戸には二種類あり、農村部では、費用をかけずに人びと自身でつくることができる、五メートルほど掘り下げて水が溜まるように中を刳り貫いて広げた「ログ」（*lɔγu*）が一般的である[1]。浅井戸は、集落が低地に位置していたり、利用する人口が少ない場合は一年を通じて涸れないこともある。しかし、通常は、畑の準備をする四月から一定量の雨が降り始めても、雨季の半ばの八月頃にならないと汲み取れるだけの十分な水が地中から浸み上がってこない。そして一〇月に雨が降り止むと、一二月には干上がるといった具合である。

かつて、浅井戸を利用できない大半の時期に女性たちが足を運んでいたのが、集落から離れた場所にある水場（*kuliga*）、より具体的には泉（*bilga*）、小川（*kulbɔŋ*）、「自然の池」（*biɛŋ*）だった。五〇代前半の女性たちによると、彼女たちは、まだ子どもだった一九七〇年代頃、水を求めてずいぶん長い距離を歩いていた。彼女たちがかよったヴォグやワントゥグ近辺の泉は、彼女たちがそれぞれ育った郡南部の集落から五～一五キロメートル近く離れている[2]。

サヴェルグ地域（*Saveluγu*）は、西ダゴンバ地域でもとくに水不足が深刻なことで有名だった。私の滞在先の元農業普及員のアスマー氏（一九四〇年生まれ）はクンブング育ちだが、彼が幼少期の頃、彼の父が庭先に掘った浅井戸へ一五キロメートル以上も離れたサヴェルグ地域から、人びとが水汲みに来ていたことを記憶している。水不足がいっそう深刻な乾季の半ばから終わりにかけては、男性たちもやってきて、ロバで水を運び帰っていたという。

サヴェルグ地域は、なぜそんなにも水不足だったのか。アスマー氏によると、その理由は、「白人」（*silimiya*, 複数形は *siliminsi*, 肌の色が黒くない人びとの総称）を回避する策としておこなった自らのまじないによって水が消え、自らが苦しんでしまうという次の寓話で知られている。

サヴェルグ地域の人びとは、白人たちをひどく嫌っていた。人びとは、白人たちがサヴェルグに住み着かないようにするため、呪術師（*baya*）に土地から水を涸らすためのまじないをかけるようにお願いした。こうして、白人たちは水がないサヴェルグ地域を通過し、ナレリグ（マンプルシ地域の最高君主が暮らす場所）に住むようになった。そこで、サヴェルグ地域の人びとは水を取り戻すことにした。ところが、まじないをかけた呪術師はすでに死んでおり、水を涸らす薬がどこに埋められたのかわからなくなってしまった。

興味深いことに、現在この話は、白人への恨みというよりは、人に悪いことをすると自分に戻ってくる「因果応報」の教訓として語られている。しかし、結局のところ、白人たちはサヴェルグ地域にも住み着くことになった。しかも、サヴェルグ地域の水不足に大きく加担したようである。それは、ツェツェバエの駆除によるものだった。

ツェツェバエの駆除と水場の浸食

ツェツェバエは、家畜や人を刺して血液を吸い、寄生虫のトリパノソーマを媒介する。トリパノソーマにウシが感染して発病するのがナガナ病である。また、人が感染して発病するのがアフリカトリパノソーマ症（睡眠病）であり、睡眠障害と精神疾患をきたして最後は死にいたる。とくに、一九三〇～三九年はトリパノソーマ症が大流行し、ゴールドコーストの植民地行政は、このために各地で人口が減少しているなど、地域の開発の大きな阻害になっていると認識していた［Grischow 2006: 125-126］。アスマー氏は、このツェツェバエの撲滅政策として実施された、ハエの生息地になっている水辺の植生の刈り取りが、土壌を浸食させて水不足を引き起こしたと主張している。

そこで行政の記録をみてみると、ノーザンテリトリーズ行政は、すでに一九二〇年代後半にはツェツェバエの駆除を開始している。一九二八年の一二月、ボクの郡長官の補佐官のJ・A・アームストロングは、駆除を実施する地域の策定をおこなうために、現アッパー・イースト州における、フランス領からのウシの交易ルートになっているボク、プシガ、ガル、スグリを回る視察出張をおこなっている。(3)

西ダゴンバ地域で最も水不足が深刻だったというサヴェルグ地域であるが、そのサヴェルグ地域内のポンタマレには、ノーザンテリトリーズの動物衛生部局(Animal Health Department)がおかれた。そして、このサヴェルグ地域より、一九三〇年代に次々に大規模な駆除が開始されていったのだった。一九三一年、動物衛生部局のJ・L・スチュワートがタマレのノーザンテリトリーズのサザン県の長官に宛てた書簡によると、当時、ポンタマレから二キロメートル北にある、ナボグ(*Nabɔγu*, 原文では*Naboggo*)付近を横切る白ヴォルタ川の支流が、ツェツェバエの繁殖拠点として認識されていた。スチュワートは、駆除によって便益を受けるのはその地を治めるサヴェルグの君主(*Yo-Naa*)だとして、この書簡において、サヴェルグの君主に作業のための労働者を動員させるべきだと、サザン県の長官に依頼をしている。ここで特記すべきは、スチュワートが提案した植生の刈り取り方式である。それは、まさに、植生を「一掃」するものだった。書簡には、雨が降り止んで乾季が始まると、できるだけ早く刈り取りをおこない、十分に乾燥させてから土地を焼き払うという念入りな手順が記されている。(4)もちろん、この手法による環境への副作用に対する懸念は、早くから示されていた。一九三四年、アクラの医学研究所(Medical Research Institute)の上級病理学者のG・ロビンソンが「ノーザンテリトリーズにおける森林破壊——ツェツェバエ駆除方策」という件名でアクラの医療衛生局へ宛てた書簡によると、まだ成長していない樹木や腐った木の切り株を除去するだけでもツェツェバエの駆除には効果があり、大木を倒す必要がないとの見解を述べていた。(5)

その後、一九四〇年代〜一九五〇年代にかけて、植生を刈り取る地域は徐々に広がっていった。この甲斐あってか、駆除は睡眠病の発生率を大幅に減少させたようである。たとえば、『ゴールドコーストの経済社会発展のための一〇ヵ年計画の改正草案（一九五〇～六〇年）』によると、現アッパー・ウェスト州のラウラ郡で一九四〇～四五年に一〇〇〇平方マイル（約二六〇〇平方キロメートル）を対象に実施した植生の刈り取りによって、一九四八年の睡眠病の発生率がその実施前と比べて九三％も激減したという。[6]ツェツェバエ管理局による報告書でも、続く一九五〇年代においても、植生の除去が実施されていない場所を対象に精力的に継続されていることが確認できる［Gold Coast 1956b: 3-5］。

この一九四〇年代～一九五〇年代の植生の刈り取りが、自然環境への影響に懸念が示されていた一九三〇年代初めの「一掃方式」に比べて、どのくらい慎重なものに変わっていたのかは定かではない。『経済社会発展のための一〇ヵ年計画の改正草案（一九五〇～六〇年）』には、刈り取りはツェツェバエが多く見られる樹種や低木を対象に、選択的な手法を採用していると明記されている。[7]しかし、これはアスマー氏の記憶と大きくくい違っている。アスマー氏は、自身がちょうど二〇歳前後だった独立期に西ダゴンバ地域で実施された駆除では、集落近辺の小さな池や小川さえもが植生の刈り取りの対象になったこと、そして実際にその政策を実施する担い手となった地域の人びと自身の手によって水辺の草本類が「非選択的に」刈り取られたと回想する。この結果、岸辺の土壌が流れ込み、水深が浅くなって水量が激減したのだと、ツェツェバエの駆除がもたらした負の側面を微妙な面持ちで私に語ったのだった。

貯水池ができるまで

一方、ノーザンテリトリーズの植民地行政は、人びとが苦しむ水不足に無関心だったわけではない。水場の維持と新たな水場の整備をおこなってはきた。

たとえば、一九三七～三八年のダゴンバ郡の報告書には、水供給部局（Water Supply Department）が、サヴェルグ、クンブング、トロンをはじめとする西ダゴンバ地域の拠点的な集落で、より多くの水が汲みとれるように池や泉の土壌を取り除く作業を推進し、井戸や貯水池の建設をおこなっていることが記されている。[8]また、各地で「原住民行政」を率いていた首長（チーフ）／君主たちも、水不足を解消するための努力をしていた。たとえば、一九四六年の雨季の不規則な降雨によって「飢饉」がおこった一九四七年（第一章を参照）の乾季のことである。この年の西ダゴンバ地域の年次報告書によると、サヴェルグ、クンブング、ナントンにある大きな貯水池には水が十分に溜まらず、乾季の始まりから四ヵ月目にあたる三月の初めには水が干上がってしまうなど、多くの地域では、人びとは水を求めて一〇マイル（一六キロメートル）もの距離を歩いていた。また、報告書が記された四月二一日（雨季が始まるころ）の時点において、すでに各地の「原住民行政」が一二の井戸の建設を完了しており、さらに複数の浅井戸をつくり始めていること、そしてニャンパラの君主（*Nyankpalalana*）が自らで貯水池をつくることに成功し、タマレ地域の最も有力な首長の一人であるダッピェマ[9]（*Dakpema*）も同じようにしていると記されている。[10]

そして一九五〇年代に入ると、地方水開発局（Rural Water Development）[11]が小さな町や農村部の水不足の改善を図るようになった。現在トロンには、西のタリへ向かう道路の両脇に二つの貯水池があるが、南側に位置する古い貯水池はこの時期に建設されたという。[12]また、一九六八年、トロン一帯ではギニア虫症が大流行しているとの理由で、トロン近辺の各集落に新たな貯水池や井戸を建設する要請がトロン地方自治体（Local Council）を管轄するタマレ郡からノーザン州行政へとなされていた。[13]なお、ギニア虫は現在もトロン地域の浅井戸などに生息しており、水を飲んだ人の体に寄生して、成長すると下肢の皮膚から外へ出てこようとする。そうなると、あまりにひどい痛みのために、耕作ができなくなってしまうほどだという。

しかし、この水場の整備はまったく十分なものではなかったようである。タマレの農業省を拠点に一九七四年〜一九九〇年代前半に活動をおこなってきたガーナ・ドイツ農業開発プロジェクト（ＧＧＡＤＰ）は、一九七九年に「貯水池建設プログラム」を開始している。一九八四年に記されたプロジェクトの評価報告書によると、一〇キロメートルもの距離を歩いて水汲みに行かなければならない集落が多くあり、人びとは耕作のために十分な時間を割くことができず、この問題を解決するために一九八四年までに一二の貯水池を建設したと記されている。[14]

西ダゴンバ地域一帯で貯水池の建設ラッシュが起きたのは、まさにこの一九八〇年代である。一九八〇〜八六年、農業省のワントゥグ駐在所に赴任していたアスマー氏によると、一九八一〜八二年ごろ、ワントゥグで貯水池が建設されたことをきっかけに、その噂を聞きつけた周辺の集落を率いる君主たちが次々に建設の要請をしてきたという。こうしてアスマー氏は、トロン、フィヒニ、アドゥンビリイリ、ルンブン・グンダー、カスイリ・タマリグ、ザグア、ヨグ、ワヤンバ、クンクルン、ジャクパヒ・ククオ、ジャクパヒ・トンジンにおける貯水池の建設のために、各集落と援助機関、そして掘削機をもつ建設の請負業者をつなぐ仕事をすることになったと話す。

これらの貯水池は、どれだけ地域の人びとから求められていたのか。それは、人びとが建設作業の手伝いだけではなく、金銭的な負担をすることで貯水池が整備されたことからも明白である。この時期の貯水池は、各家々から建設費用のために一定の資金が集められることで実行に移されていた。トロンの西側にある貯水池のうち、新しいほうも、古い貯水池が乾季の終わりに干上がるため、一九八四年に道路を挟んだ北側に建設されたとアスマー氏は記憶している。それによると、この貯水池は、当時、クンブングの北にあるダルンを拠点にしていたガーナ・デンマークコミュニティープログラム（GDCP: Ghanaian Danish Community Programme）の支援を通じて整備された。この資金の調達のために、まず、トロンの各家から二〇〇〇セディ（旧セディ）が集められたという。しかし、それだけでは足りない。よって、トロンの各家から再び四〇〇〇セディを集め、さらには、トロンの集落だけではなく、トロンの君主に属する周辺の集落の家々からも四〇〇〇セディが徴収されることになった。こうして、ようやく十分な資金が確保でき、やっと貯水池が完成した。ところが、すぐに壁が崩れてしまい、溢れた水が道路を挟んで南側にあった古い貯水池にまで到達して、その壁まで崩してしまう。そこで、ガーナ・デンマークコミュニティープログラムをとおしてデンマーク大使館に支援を要請したところ、助成を受けることができて壁が再建されたとアスマー氏は当時を回想する。[15]

本書が主調査をおこなったフィヒニでは、集落から南へ一キロメートル先の貯水池が、一年の大半の時期の女性たちの水汲み場となっている。貯水池は二つあり、古いほうは一九八五年ごろに建設されている。しかし、この貯水池の水は乾季の終わりまでもたなくなったため、フィヒニのアリドゥ君主（一九九二〜九八年に在位）の時代の終わり、すなわち一九九〇年代の後半に二つ目の建設を要請したという。フィヒニでの聞き取りによると、どちらの貯水池も、各家々から現金が集められて請負業者に支払うことで建設されており、人びと自身も作業を手伝い、工事の関係者へと食事の提供もおこなった。

また、独立の前より深井戸（*vilo*, あるいは「車輪」を意味する *wanawana*）の建設も進められてきた。たとえば一九五四〜五五年の地方水開発局の報告書によると、その年にノーザンテリトリーズの二八ヵ所で深井戸を掘っている［Gold Coast 1956a: 5］。現在、トロン地域には、トロンやパリグンに深井戸があるが、これは、開発援助を通じて、地域の人びとによる金銭的な負担なしで建設されたものである。

さらに、徐々に水道も普及してきている。実は、タマレからの水道が、地域行政の拠点になってきたトロンに初めて到達したのは、はやくも一九七三年のことだった。(16) しかし、一九九〇年代に入るまでには、水道管に問題が生じて利用できなくなっていたのである。トロンの私の滞在先のアスマー氏の息子の一人（一九八八年生まれ）は、幼少期に使われなくなって栓が開けられたままの蛇口からぽたぽたと落ちる水を飲んで遊んでいたと語る。その後、新たな水道管がトロンまで再び延びてきたのは、ちょうど私が調査をしていた二〇〇八年一一月のことだった。翌月の一二月七日に大統領選挙を控え、政権を握っていた新愛国党（NPP: New Patriotic Party）は、公約として掲げていたトロンまでの水道の再整備を急いで実施し、完了させたのである。

ただし、水は無料ではない。蛇口が設置されたトロンの共同の水場では、汲み取った水量に応じて、そこで待機している代金の徴収者へ支払いがおこなわれている。よって、水道から頻繁に水を買うのはさほどお金に苦労していない者たちである。大半は無料で水が手に入る場所、すなわち、灰色の水が汲める貯水池、雨季の間にしか利用できない家の近所にあるカフェオレ色の水が汲める浅井戸、そしてしばらく並ばなくてはならないものの透明な水が手に入る深井戸である。

なお、二〇一〇年一二月、フィヒニへも水道管が割り当てられた。フィヒニの若い男性たちは大喜びして、トロンの北東側のサビェグまで延びている水道管をフィヒニまで繋げるため、三・五キロメートルにわたる溝掘りの工事をたったの一週間で終わらせた。翌年の二〇一一年四月、私が調査を終えるまでに蛇口も一つ配布され、放水量を測るメーターが取り付けられた共同の水場が誕生したのである。女性たちも喜んだが、問題は水代だった。ひとたび料金が徴収されるようなことがあれば、女性たちは貯水池に水汲みに行くと話していた。女性が水汲みの当番なわけで、男性が水のための代金を支払うとはかぎらない。先に水道が設置されているトロンでも、女性たちがさまざまな収入をやりくりして、その代金を払っているのである。

粉砕機の導入

女性の家事仕事を効率化させたもう一つの技術的な変化は、穀物を一瞬にして粉にすることができる粉砕機の導入である。第一章でみたように、サバンナ気候帯では穀物が主食となってきた。よって、これは、料理をする女性たちが、朝の水粥と昼と夜の練粥のために、日々、穀物を製粉しなければならないことを意味している。西ダゴンバ地域の農村部の女性たちが日々の食事の穀物を製粉するために粉砕所に通うようになったのは、一九八〇年代ごろである。

機械を使用していなかった当時、手作業での製粉は女性にとって、とても長ったらしい仕事だった。サハラ以南のほかの地域と同様に回転式の石臼が用いられてこなかった［川田 2001(1976): 290-291］この地域では、穀物を木臼でついたあと、平たい石皿の板（*neli*）の上に置き、すり石（*nekɛŋa*）を重ね、前後に動かして挽いていたという（写真２－１）。幸い、現在このすり石を使うのは、スープの具材や薬のための植物を調合してすり潰すときくらいである。

写真 2-1　手作業で製粉するときに使っていた石臼。写真は老婆がその方法をみせてくれた様子。フィヒニにて 2009 年 2 月 27 日撮影。

ノーザンテリトリーズにおける農作物の粉砕所の初の開業は、一九三〇年代半ばのことだった。一九三六年、イェンディにて開催されたダゴンバ郡の農業委員会の議事録には、テテ・ブランクソンという人物（名前からガーナ南部の出身の男性）がタマレにおいて粉砕機による製粉業を営んだこと、しかし、「安い労働力」（すなわち女性）があるために、その「冒険的事業は成功しなかった」と記されている[17]。

ところが、それから一〇数年後の一九五〇年代、タマレだけではなく、西ダゴンバ地域の農村部の人口が多い拠点的な集落では、その地の君主をはじめ、政治的なネットワークを通じて経済力をもつ人びとのなかから自宅の庭先で製粉業を営む者が現れていた。クンブングで生まれ育ったアスマー氏によると、一九五〇年代後半、クンブングのモスクの一つを率いていた彼の亡き父はディーゼル粉砕機を購入し、自宅で製粉サービスを提供して収益を得ていたという。

とはいえ、一九七〇年ごろになっても、日々の食事の用意のために穀物を粉砕所で粉にする女性たちはまだ少なかった。トロンで生まれ育った五〇代前半の女性たちによると、彼女たちが幼いころも粉砕所はあったが、彼女たちの母親は手作業で製粉していたと話す。

しかし、一九八〇年ごろになると、徐々により多くの女性たちが粉砕所に通い始める。そして、居住している集落内に粉砕所がなければ、わざわざ遠く離れた、粉砕所がある集落まで穀物を運んで行くようにまでなっていく。たとえば、トロンにある粉砕所には、五キロメートル離れたフィヒニからも、またその先の八キロメートル離れたザグアからも女性たちがやってきていたという。さらに、トロンの粉砕機が壊れたとき、トロンから東の二キロメートル先にあるウォリボグ・ディンゴニにまでも、ザグアやフィヒニの女性たちは製粉に行くほど、機械なしでは製粉しない女性たちが増加していったのである。

そして一九九〇年代になると、フィヒニやザグアなどのより奥地の小さな集落にも、その地の君主など、粉砕機を入手し、製粉業を営む者が出現していく。ただ、一九八六年生まれの男性によると、彼が幼少期だった九〇年代初頭も、水粥用の少量の穀物であれば、集落内で粉砕機が利用できても母親たちは手作業で済ませることがあったという。

調査をおこなった二〇一〇年は、フィヒニには製粉業を営む者はいなくなっていた。しかし、女性たちは、三・五キロメートル離れたヨグへ製粉に通っている。ここではトロン同様に電気が通っているため、電動の粉砕機によってサービスが提供されている。ただし、ディーゼルの粉砕機も消えてはおらず、フィヒニの北東側の隣のダボグシェの集落でも稼働中である（写真２－２）。水粥用であろうとなんであろうと、手作業で製粉している女性はもはや「皆無」なのである。

こうして、貯水池の整備や粉砕機の導入は、家事仕事で忙しかった女性たちに時間を生みだしてきた。そして、次からみていくように、ほぼ同時期に浸透していったトラクター（より厳密には、トラクターによる耕起サービスの提供）は、人びとが女性の耕作の制約要因の一つとして認識していた、サバンナの固い土壌を耕起するうえでの身体的なハードルを解消することになる。

第二節　トラクターと女性たち

「アサンテ人たち（*Kambɔnsi*）のところでは女が耕すんだよ。あそこは土地がやわらかくて、ヤムイモだって土を盛らなくても大きくなるから女だってつくれる。今でも朝から畑に行っているのは女さ。ようやく最近になってからだよ、男が耕し始めたのは。アサンテ人たちって言っても、エジュラ（アシャンティ

写真 2-2　ディーゼルの粉砕機。ダボグシェにて 2009 年 2 月 6 日撮影。

州の最北端）で暮らしているのは本当のアサンテ人じゃないから、男も以前から耕していたけどね」

これは、私の滞在先の元農業普及員のアスマー氏を訪ねていた、トロン出身の六二歳の男性の発言である。「ダゴンバ地域の女性はなぜ耕作を始めたのか」という私の質問に、男性はまず、ダゴンバ地域で女性が耕作してこなかった理由として、ダゴンバ地域の土壌の固さと女性の身体能力を関連づけて説明した。そしてこの際、男性が対照的にもちだしたのが、ここに引用したガーナ南部のアサンテの人びとが暮らす地域の話である。ダゴンバの男性たちは、このアサンテ地域で半世紀以上も前から雇われの耕作者として出稼ぎをおこない、また移住もしてきた。その地に初めて行くダゴンバの男性たちがまず驚くのは、土がやわらかいため、彼らが大好きなヤムイモが大きく育つということだけではない。なんと、耕作の主役を担っているのは、男性たちではなく女性たちだということである。

大変興味深いのは、生態環境が異なるガーナの北部と南部で対照的な性別での耕作仕事へのかかわり方を、地域で暮らす人びと自身が比較分析によって説明する点である。というのも、これは、植民地期にアフリカ各地で耕作仕事を担う性別について、ヘルマン・バウマンが論じた内容と酷似しているからである。すでに本章のはじめに述べたとおり、バウマンは西アフリカの南側の多雨林が成立する森林地域と内陸の北側のサバンナ地域との比較を通じて、森林地域で女性が耕作できた理由として「…湿気がある土壌に適した根菜作物をつくるアフリカの原生林では、これらの作物とともにかなり昔から、女性は当然ながらはるかに楽に耕作し続けることができているのである」[Baumann 1928: 294] と土壌の特性の違いに着目して述べているのである。

ところが、今日、土地が固いサバンナ地域に位置するガーナ北部でも、女性による耕作はいたって普通の光景になっている。この変化について、フィヒニで暮らす八一歳の老婆は、「うちの娘が鍬で仕事をしているのを見たら、男かと間違ってしまうほどだよ！」と、驚きを強調して私に話した。ただし重要なのは、女性たちが鍬を使うのは、作付けや除草をするときくらいなことである。アスマー氏が、「女は鍬で除草ができたって、土が固いから耕起する者はめったにいない」と言うように、私自身も調査の期間中、鍬で耕起する女性の姿を一度も見かけなかった。女性たちは、区画面積に応じて代金を支払う、トラクターの耕起サービス（以下「トラクター賃耕」）を利用しているのである。この点に関して、アスマー氏は、トラクターの導入とともに女性が自分で畑を耕し始めたこと、そして同じことはダゴンバ地域だけではなくガーナ北部全体でいえると主張した。

安い鍬の輸入と牛耕の普及

過去一世紀、サバンナの固い土壌を耕起する作業は、新たな道具の到来で徐々に楽になった。それは、ヨーロッパ製の安い鍬が大量に輸入されるようになったことから始まっている。

二〇世紀に入るまで、鍬はたやすく買えるような代物ではなかった。一九五一～五二年に現アッパー・ウェスト州で調査したジャック・グディは、以前に地元で精錬されていた鍬用の鉄の刃の価格はウシ一頭の価格に相当するタカラガイ五〇〇〇個であり、貧しい男性たちは、それぞれの息子たちに買い与えてやることができなかったと記している［Goody 1956: 28］。この地を調査してきた歴史学者のホーキンスによると、これは、植民地統治が始まったばかりの一九世紀末のことのようである［Hawkins 2002: 215］。なお、鍬がゴールドコーストの貿易報告書で単一の項目として記録され始めていたのは一九四五年である。その年だけでも、イギリスから合計一一万本以上も輸入されている[18]。

また、鋤の導入も、植民地時代の初期に始まっている。それは牛耕からだった。ただし、ノーザンテリトリーズでは、一九一七～一九年に牛疫（リンダーペスト）が大流行し、動物衛生部局がようやく一九三二～三四年ごろに事態を収束させるまで、普及は停滞した［Akenhead 1957:122］。そして、この一九三〇年代の半ばより、ウシを耕起と土壌改良に利用する「混合農法」（第一章を参照）の一環として、牛耕の普及が本格的に再開される[19]。

しかし、一九五〇年代前半になっても、そもそもウシをもつような者は一握りだった。当時、農業局による「ダゴンバ郡農業融資計画」を通じてウシの普及が試みられていたが、実際のところ、ウシを手に入れた「耕作者（ファーマー）」のリストに名を連ねていたのは、ダゴンバ地域の最高君主（ヤーナー）をはじめ各地を治める有力な君主たち、また「アルハジ」の敬称をもつメッカへの巡礼経験者など経済状況が芳しい人びとである[20]。そして、その後、独立期から牛耕の普及は再び停

図2-1　牛耕がシンボルマークになっているタマレの農業省のガーナ・ドイツ農業開発プロジェクト（GGADP）が発行していた農業公報誌［Ghana 1980］。アスマー・マハマ氏所蔵。公報誌名の右下の中のイラストは、上から右回りに牛耕用の機械、ウシ、トウモロコシである。

滞する。

　元農業普及員のアスマー氏によると、牛耕の普及が再開したのは一九七〇年代だった。そこで、行政史料を確認すると、ノーザン州計画委員会（Regional Plannuing Committee）は、「牛耕計画」として一九七一年よりニャンパラに訓練施設を設置する助成を提供し、予備計画的に人びとへと貸し付けるためのウシを購入している。(21) アスマー氏も、この政策が始まった六年後の一九七七年にニャンパラ牛耕ステーション（Nyankpala Animal Traction Station）に配属になった［Mahama n.d.(2003): 3］。そして、牛耕をプロジェクト活動の中心として位置づけていた、一九七四～九〇年代初頭まで続いたガーナ・ドイツ農業開発プロジェクトによって、より広く一般の人びとへ普及が精力的に試みられたと話す（図2－1）。一九八四年に記されたプロジェクトの評価報告書によると、一九八二年までに一二〇〇組（二頭のペア）もの牛耕用のウシがプロジェクトを通して訓練されている。(22)

　現在、フィヒニにも、牛耕用のウシを一組ずつもつ男性が二人いる。ところが、彼らのウシは耕起に大活躍しているとは言い難い。これらの男性の家では、息子のうち数名が牛耕係りを命じられて訓練してきたが、その技術はあまり高くない。つまり、習得にさほどの労力と時間を投入していないわけだが、それは、耕起するうえで、より効率的な手段が利用可能だからである。たとえば、二〇一〇年の耕作期、牛耕用のウシをもつ一軒では、自家消費用の穀物畑はウシを使って耕起した。しかし、牛耕の担当の二人の息子たちは、自身の畑の耕起に、彼らのウシではなくトラクター賃耕を利用していたのである。(23)

トラクターの導入と賃耕サービスの定着

農業用のトラクターは、一九四〇年代にはゴールドコーストに輸入され始めていた。貿易報告書で単一の項目として記録され始めた一九四六年、六台がアメリカ合衆国から輸入されている[24]。その後、台数は徐々に伸びていく。一九五五～五八年は、毎年二〇〇台以上が輸入されており、一九六五年には一三九七台を記録している[25]。

トラクターが到着する沿岸部からは遠く離れたノーザンテリトリーズにおいても、トラクターの使用は一九四〇年代には始まっている。落花生の輸出のために機械化による大規模生産を試みた「ダモンゴ落花生計画」(Damongo Groundnut Scheme)、別名「ゴンジャ開発計画」(Gonja Development Scheme) である[26]。一九四八年より開始されたこのプロジェクトは、労働の担い手の不足とともに、機械化による生産費用がかさばり、プロジェクトを運営していたゴンジャ開発公社が一九五七年に資産をクワメ・ンクルマ政府に清算して終焉したことが知られている [Grischow 2006: 218-224]。しかし、このプロジェクトで導入された播種機を含むさまざまな農業用機械のうち、トラクターだけはそのあとも現ガーナ北部の農村部の一般の人びとによって「トラクター賃耕」をとおして広く利用されることになっていく。

「トラクター賃耕」というトラクターによる耕起のサービスは、すでに独立前の一九五〇年代前半、農業局によって一般の人びとへ提供されていた。当時、ノーザンテリトリーズでは換金作物の生産による「コミュニティー開発」政策として、「米づくり計画」(Rice Growing Scheme) が実施されていた。一九五三年にタマレの社会福祉部局がノーザンテリトリーズの中央行政に宛てた書簡によると、「トラクター耕起への支払いは現金でなされるべきである」こと、「村人たちには、その設備〔トラクター〕を稲畑だけではなく、トウモロコシやトウジンビエの畑にも利用すべきことを伝える必要がある」こと、そして「すでに農業局がトラクターによる耕起を「雇用と購入システム」として売ることに成功しており、人びとにサービスへの支払いをさせることには困難は生じない」ことが、「米づくり計画」の円滑な実施に向けた各地の集落での「大衆教育」で強調すべき点として挙げられている[27]。

その後、トロンなど西ダゴンバ地域の農村部にも、トラクターの購入者が徐々に現れ、地域の人びとへ耕起サービスを提供するようになっていく。彼らは、やはり、各地の有力な君主たちをはじめとする、政治的なネットワークで補助金を得ることでトラクターを入手した者たちである。一九六四年にサヴェルグで開催されたタマレ郡の農業委員会の議事録には、サヴェルグ、タマレ、ニャンパラの三区にそれぞれ一〇台のトラクターを割り当てることが決定し、トラクターの運転手の訓練計画が議題としてとりあげられている。[28] アスマー氏によると、トラクターが、ガーナ北部の各地まで急速に普及していったのは、一九六九年からのコフィ・ブジア政権期以降だった。その頃のトラクターは寿命が長く、ガーナから技術者がユーゴスラビアへ派遣され、修理方法などの習得がおこなわれていたと回想する。また、行政文書によると、タマレの機械販売業者は、北部一帯でトラクターをはじめとする多くの農業機械を個人、請負業者、そして政府機関に販売しているため、国際連合開発計画（ＵＮＤＰ）と国際連合食糧農業機関（ＦＡＯ）は一九七二年よりタマレから遠い地域の農業機械の所有者にも修理サービスを提供できるように、各地に工場を設ける「農業機械訓練プロジェクト」を実施している。[29]

しかし、現在、フィヒニを含むトロン一帯の農村部でトラクター賃耕のサービスを提供しているのは、「よそ者」たちである。ガーナが構造調整政策を受け入れた一九八三年以降、補助金が撤廃されていくと、トラクターは新たな入手も、修理も困難になった。こうして、農村部からは、トラクターをもつ者たちが徐々に消えていったのである。よって、耕作期に入ると、トラクターは、タマレ、また二〇〇キロメートル以上離れたキンタンポ、ときにはもっと南の地域からトロン一帯にまでやってくる。雇われのトラクター運転手は、それぞれ各集落に寄り、サービスを希望する人びとの畑を耕起して回っていくのである。二〇一〇年の耕作期、料金は一エーカーあたり二〇セディ（約一二ドル）だった。面積は、歩幅によって計測されている（このため、男性であればエーカー単位での面積の感覚をもつ）。

とはいえ、男性たちは、もちろん鍬でも耕起をおこなってはいる。お金を節約したかったら自分でやるしかない。また、どこの集落にもかならずいる「無計画で怠け者の耕作者」（*kpayuma*）たちは、ようやくトラクター代を支払う現金を準備したとき、トラクターがすでにフィヒニを去ったあとという問題に直面しがちである。しかし、男性たちには「耕作しない」選択肢がないため、作物を一つくらい諦め、また耕作面積を縮小させても鍬で土を掘り返すのである。

ところが、女性の場合はというと、「耕作しない」選択をしても「鍬で耕起する」選択はしないようである。二〇一〇年の耕作期、フィヒニで自分の畑をもち、作物をつくった全六四人の女性の「全員」が耕起にトラクター賃耕を利用していた。そして、労力もまだそこそこあるように見える五〇歳になったばかりの女性は、現金を用意したときにはすでにトラクターが去ったあとだったため、残念ながら耕作を諦めざるをえなかったと私に話した。つまり、アスマー氏が分析したように、女性自身も自ら鍬で固い土壌を耕起することに身体的な能力の限界を認識しており、実際に無理をしないようなのである。つまり、トラクターは、女性が新たな生産活動に従事する強力な助っ人になっているのである。

第三節　市場で活躍するための技術

家事仕事の効率化とトラクター賃耕の定着にともない、農村部の女性たちには、自らで生産主体として耕作する条件がそろった。とはいえ、女性たちは、それまでも、家事仕事のほか、自らが主役となる経済活動をしてこなかったわけではない。それは、作物をはじめとする品物の取引である。

農村部では、人びとは現金が必要になるたびに、また、足りない物を買うときも、価格の変動をみきわめながら保管している作物を必要な現金の分だけ売る。このような少量での作物の売買、そして農作物の加工品などの小規模の販売と購入で利益をあげ、また騙されないためには、量と価格の変動をめぐる研ぎ澄まされた計量技術、知識、感覚が必要になる。

このような取引の現場で長い間活躍してきたのは、女性たちである。女性たちは、自分が手に入れた作物や自ら加工した食品はもちろん、夫や息子など生計を緊密にする家族の男性がつくった作物を彼らの代わりに売ってきた。そうして得た現金をもとに、不足した食材や調味料を購入することで、家で料理をして家族を食べさせるという、非常に困難かつ重要な役目を果たしてきたのである。

定期市と常設市

ダゴンバ地域では、毎日どこかで六日毎に順繰りに定期市（*daa*）が開催されている（表2-1）。トロン地域の定期市は、図1-2のトロンから西へ七キロメートル、主調査をおこなったフィヒニからはヨグ経由で道沿いを歩いて五・五キロメートルほどの場所にある、タリの集落の北側で開催される。「遠くの市」（*Katiŋ'daa*）とよばれているが、なるほど、タマレの人からすれば、ここは「奥地の市」には違いない。とはいえ、トロン地域の定期市（カティンダー）は西ダゴンバ地域で開催されている最も大きな定期市として知られている。第一章でみたとおり、この一帯は集落が寄り集まっているうえ、人口がどんどん増えてきた。また、この地域は、常設市があるタマレから三〇キロメートル以上離れていて、作物が高く売れても、やすやすとは行ける距離にないからである。トロン地域の定期市には、西の白ヴォルタ川の対岸にあるダボヤの町からもゴンジャの人びとが作物の販売にやってくる。また、タマレ、クンブング、サヴェルグなどからも、商売人たちがやってくる。彼らはトロン地域の定期市へと外から商品を運んできて売ったり、作物を買い付けてタマレで販売したり、仲買人としてガーナ南部の市場へと商品を流したりして稼ぐのである。

表2-1　ダゴンバ地域とその周辺における6日毎の定期市の周期

no.	西ダゴンバ地域		東ダゴンバ地域 とその周辺 ※カラガを含む
1	トロン（カティンダー）		アディボ
2	サヴェルグ （キンカンダー）	ウォリボグ	サボバ
3	タンピオン （パーダー）	ヴォグ	イエンディ （ナヤダー）
4	ニャンパラ	カスイリ	グシェグ
5	クンブング		サング
6	タマレ	ブルン	カラガ

西ダゴンバ地域の右側は、左側と同日開催の規模が小さい定期市である。トロン、サヴェルグ、タンピオンの定期市の通称は地域名と異なるため括弧内に記載。タマレには大きな常設市もある。

表2-2　量りとして使用される容器／単位

種類	詳細
ボウル（*kuriga*）	最も多くの作物・食料品の計量に用いるボウルの形状をした琺瑯の食器（中国製）。計量用として使うのは、約2.3リットル（底面の直径11.7cm, 上部の直径20.3cm, 高さ14.6cm）の型。大きめのサイズの水粥用のボウル（*koko-kuriga*）もあるが、計量には用いない。
クンコン（*kunkɔŋ*）	輸入されたトマトペーストの缶詰の空き缶。異なる容量の缶が取引量に応じて計量に使われているが、一般的に「クンコン」とよばれるのは水瓶から水を汲むときに使われている2.2kgの容量の缶。粉状にした食材（バオバブの乾燥葉や唐辛子の粉）が少量で販売されるときに利用。
麻袋（*bɔto-maŋli*, 「本物の袋」の意）	カカオ用の麻袋で、100kgが入るとされる（横61cm, 縦105cm）。「GHANA COCOA BOARD」「PRODUCE OF GHANA」の印字がある。単に「袋」（*kpalaŋa*）と参照するときもこの麻袋をさす。主要な作物の容量は、トウモロコシや籾米はボウル40杯、落花生の殻を取り除いた種子はボウル38杯。1袋の殻付き落花生は、殻を取り除いた種子量としてはおよそ14～18杯。古い袋ほど伸びて容量が大きいため、入れる前にかならずボウルで計量しなくてはならない。
タライ（*tahili*）	側面が丸みを帯びた琺瑯のタライ（中国製）。多様なサイズと形があるが、計量に使われるのは26.4リットル（底面の直径28.5cm, 上部の直径54.0cm, 高さ19.1cm）の型。ダゴンバ地域でよく使われている草本製のカゴ（*piɛɣu*）のうち、計量に使われる型と同じ量が入るため、その代用と認識されている。
大袋（*jɛrigu-kuma*, 「馬鹿の腹は底なし」の意）	ビニール製の150kg用の袋（横71cm, 縦148cm）。流通している一番大きなサイズの袋であり、一つ買えばたくさん入るため保管用に好んで利用されている。

体積を量る多様な方式と微量感

ダゴンバ地域の定期市では、秤、すなわち重量計は見かけない。取引する作物の量の計量は、容器と目視でなされる。葉物野菜だけではなく、穀物、豆類、シアナッツ、シアバター、乾燥魚や塩などの調味料を含むすべての食料は、体積に価格がつけられて売買されているのである。「市場での取引はすべて騙しあい」といわれるが、この「体積」を量ることでの取引の方式が、その不可欠な要素である。

計量には、さまざまなサイズ、形の容器が用いられている（表2－2）。これらの容器は、商品の形状や量に応じて使い分けがされている。このうち、最も重要な容器として種子の形状のほとんどの作物の取引に用いるのが、中国製の琺瑯（ほうろう）加工が施された「ボウル」（*kuriga*）のうち計量用として定着している大きさのものである。「麻袋」（*bɔto maŋli*）や「タライ」（*tahili*）も計量に使うことがあるが、利益を決定する微量分が曖昧になる。そこで、売買では互いに騙されないように、かならずこの計量用のボウル（クリガ）を使って量を確認する。

注意すべきは、この「ボウル一杯（クリガ）」には三つの計量法があり、量が違うことである。最も量が多いボウル一杯とは、「保護式」(*taybu*)とよばれる計量法による。ボウルに山盛りに盛ったあと、さらに左の手と腕でボウルの側面の上部を囲い、そこにより多くの量をのせ上げた量である(写真2－3の上)。計量者の手と腕の大きさによって量に差が出そうだが、それぞれの感覚で調整されるため、手慣れた女性たちがやればほぼ同じ量になる。二番目のボウル一杯は「減量式」(*gbulgi-booi*)とよばれる計量法による。字義としては「傾けて」(*gbulgi*)「減らすこと」(*booi*)を意味するが、実際には傾けて減らすのではなく、「保護式」より量が少ない、ボウルの山盛り一杯にひとつかみのおまけつきの量である。そして、三番目の最も少ないボウル一杯は、「きっかり式」(*jun*)とよばれる計量法による山盛り一杯きっかりのおまけなしの量である(写真2－3の下)。なお、トウモロコシの「保護式」での重量を一〇〇%とした場合、「減量式」では八四%、「きっかり式」では七二%だった。

写真2-3　ボウル1杯の計量法の違い。上は左手と腕に盛られている分も合わせた「保護式」で盛られたシアナッツ。下は「きっかり式」で盛られたヒロハフサマメ。ニャンパラの定期市にて2007年7月9日撮影。

この三つの方式の「ボウル一杯」のうち、どれがあてはめられるかは「作物の供給量」で決まる。つまり、これは、「ボウル一杯」とは、その価格も量も、地域、作物、時期で異なることを意味している。たとえば、作物の生産地であるトロン地域など農村部の定期市では、ほとんどの作物が、収穫後にまずは「保護式」で量られている。しかし、その後、徐々に品薄になると、価格が上がるだけではなく、同時にボウル一杯あたりの量が減らされて販売されたりもする。すなわち、「ボウル一杯」の量り方は、時期が進むと「保護式」から「減量式」、さらには「きっかり式」に変化したりすることがあるのである。具体的には、トロン地域の定期市で豊富に市場に出回っている落花生、トウモロコシ、米、シアナッツは一年を通じて「保護式」で量られていた。しかし、供給量が少ないトウジンビエやソルガムの計量は、収穫後の供給量が多い時期は「保護式」であっても、次第に供給量が少なくなると「減量式」、そして最終的に「きっかり式」に変化していくものである。また、カポックの種子など常に供給量が少なく、外からもたらされがちな作物においては、収穫後でも「減量式」でしか量らないこともある。塩も「減量式」で取引される。女性たちによると、たとえばカポックの種子の場合は、「保護式」のボウル一杯に一セディ払ったほうが、「減量式」のボウル一杯に〇・九セディ払うよりお得だということである。なお「ボウル切り」(*kuriga-woo*)という「きっかり式」の約半分、そして「ボウルに満たない式」(*kuriga-zay'soyu*)という、「きっかり式」と「ボウル切り」の中間の容量での売買もある。

タマレの定期市と常設市での通常の「ボウル一杯」は、「減量式」か「きっかり式」のどちらかである。よって「保護式」は、タマレの人びとによって「原野の計量法」(*moyni-zahimbu*)とよばれている。タマレの商売人の女性たちは、彼女たちがトロン地域など農村部の定期市にやってきて「保護式」で買い付ける作物量と、それをタマレの定期市で「減量式」や「きっかり式」で売る量の差で稼ぎ、そこからトラックの運搬費用を差し引いて利益を得ている、ということである。

ただし、農村部の定期市では、同じ市場内でも誰と取引するかで「ボウル一杯」の価格や量が異なったりもすることは重要である。農村部の女性たちは、可能なかぎり、同じく農村部の各地から集まった女性たち同士の間で作物の売買を試みる。タマレやクンブング、サヴェルグなどからやってくる商人の女性たちは、悪い価格でしか買い取らず、また販売もしてくれないからである。それだけではない。彼女たち商売人は、明らかな騙しの手口で取引を強行する。彼女たちが作物を買うときに使う「買取用ボウル」(*binymeri-kuriga*)は、側面と底面が内側から外側に叩かれ広げられていて、ボウル一杯より「微量に」多く入るようになっている。対して、彼女たちが販売する際の「販売用ボウル」(*binkohiri-kuriga*)は、側面と底面が外側から内側へ叩き凹まされていて、「微量に」少なく入るようになっている。このように説明されて「見てごらん」と言われたので、商売人の女性たちの前に置かれている使い古されたボウルを観察してみると、たしかに少しいびつな形をしている気がする。

作物の価格が最も安くなるのは、それぞれの収穫のあとである(図2-2、図2-3)。人びとは、足りない食料を購入するため、冠婚葬祭の資金のため、そして新たな衣服を買うために収穫した作物をすぐに換金しがちだからである。価格は、その後、徐々に上昇していき、収穫の直前に一番高くなることが一般的である。ただし、トウモロコシの場合、収穫が一〇月にもかかわらず、七月ごろには価格が下がる。これは二月ごろより耕作が始まるガーナ南部から、収穫したトウモロコシが北部の市場に流れてくるためである。また、作物の価格に影響を与える要因として、雨季と乾季が明確に分かれたサバンナ地域特有の説明もある。それは、収穫後、雨季から乾季の初めまでは、種子の乾燥が進んでおらず、体積が大きいため、計量容器の単位あたりの価格は低いが、その後の乾季の間の厳しい乾燥で種子が徐々に縮んでいくと、価格は上昇するというものである。

西ダゴンバ地域内の市場では、作物の単位あたりの価格の違いはないとされる。具体的には、定期市やタマレの常設市での朝一番の価格は、前日に西ダゴンバ地域の別の場所で開催された定期市での最終価格と基本的には同一になるという。ただし、価格は同日中に変動するため、作物の生産地で開催されている定期市とタマレの常設市との価格にずれが生じる場合もあるという。

しかし、西ダゴンバ地域とイェンディに近い東ダゴンバ地域の間では、作物の価格は異なる。土地が豊富な東ダゴンバ地域では、作物の価格は西ダゴンバ地域より安い傾向にあるという。たとえば、二〇〇九年一月末、滞在先のア

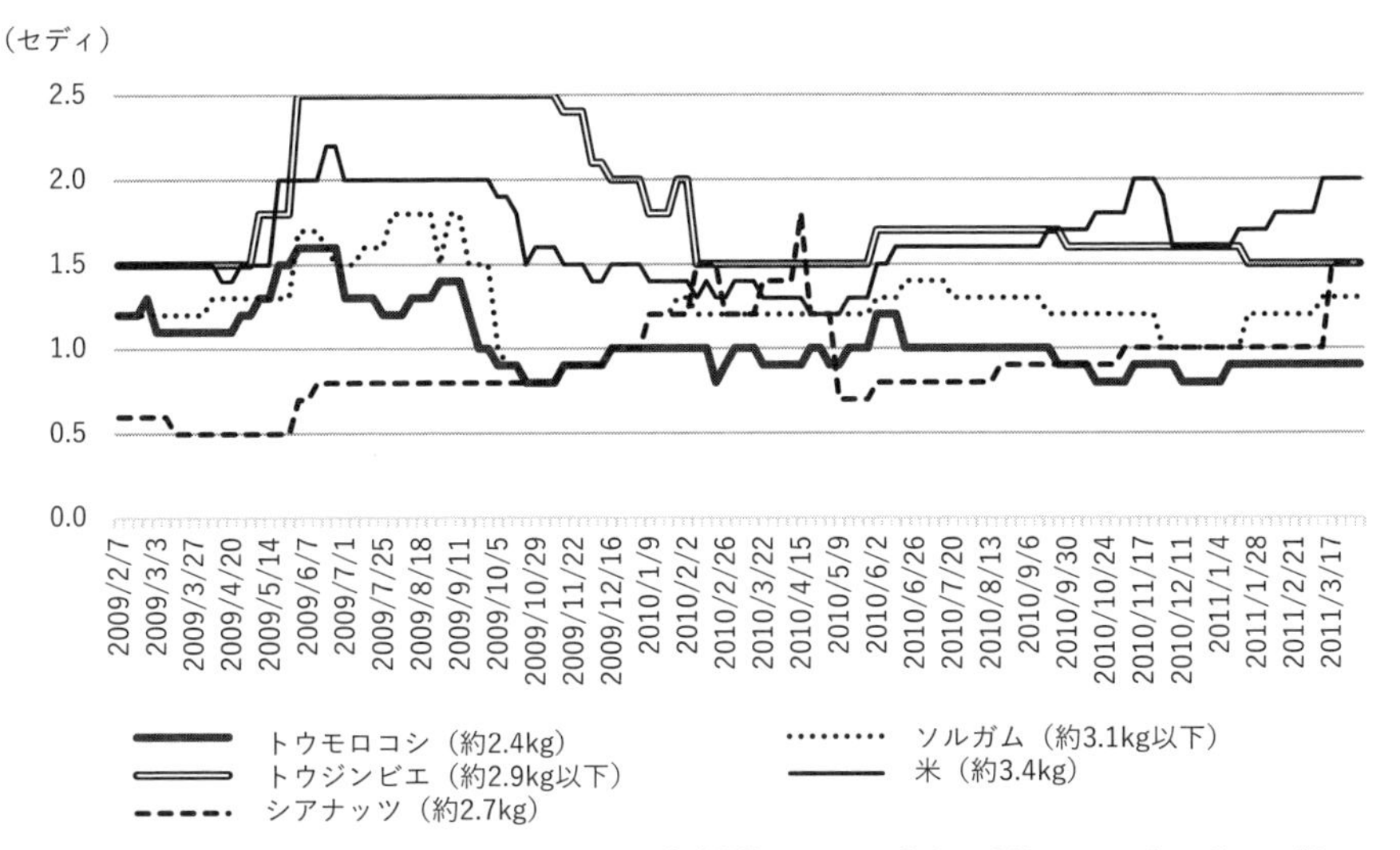

図2-2 トロン地域の定期市での作物価格の変動①（単位：ボウル1杯）。重量は2009年2月7日調べ。調査期間中のボウル1杯の計量の方式は、トウモロコシ、米、シアナッツは「保護式」、ソルガムとトウジンビエは「保護式」から「減量式」、「きっかり式」の間で変動。定期市日に食料品を調達してトロンで小売りをしている女性からの聞き取りをもとに作成。

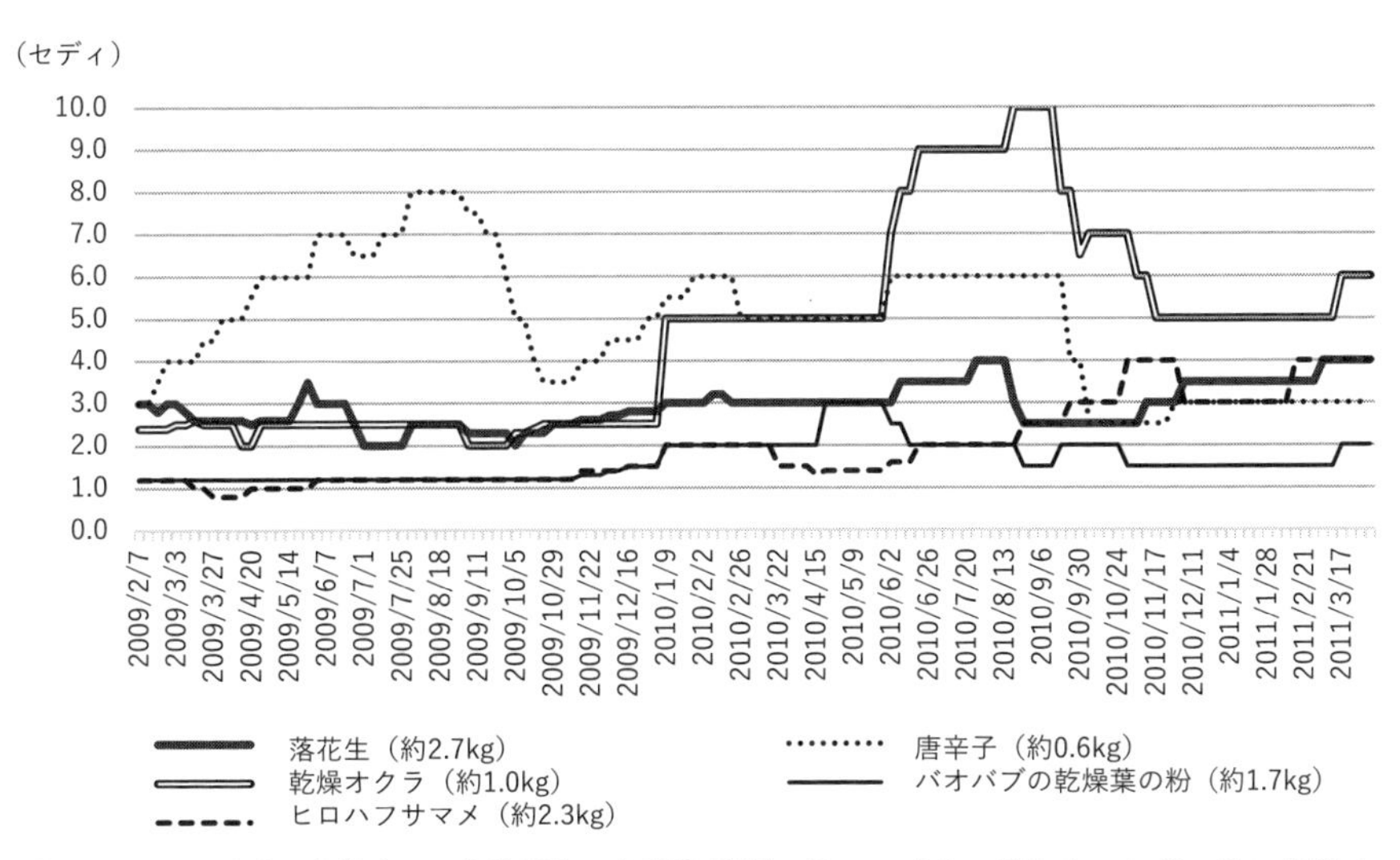

図2-3 トロン地域の定期市での作物価格の変動②（単位：ボウル1杯）。重量は2009年2月7日調べ。調査期間中のボウル1杯の計量の方式は、落花生、乾燥オクラ（小さくてやわらかい乾季用の *wuunmana*）、ヒロハフサマメは「保護式」、バオバブの乾燥葉の粉は「きっかり式」。定期市日に食料品を調達してトロンで小売りをしている女性からの聞き取りをもとに作成。

スマー氏は、イェンディからやってきた友人の男性に「東ダゴンバ地域」のトウモロコシの一袋の値段を尋ねたところ三五セディ（約二一ドル）だった。同じ日の同じ量のトウモロコシは西ダゴンバ地域では四〇セディ（二四ドル）であり、五セディも違うのである。よって、タマレでの販売業者や南部へと穀物を流す仲買人は、西ダゴンバ地域より、東ダゴンバ地域で買い付けをおこなう。また土地が豊富な東ダゴンバ地域ではヤムイモづくりが活発であり、その買い付けも優先されているということである。

タマレの常設市より、トロン地域の定期市など、作物の生産地で開催される定期市のほうが、さらには、定期市より畑でそのまま買い付けるほうが、作物をお得に購入できる。しかし、外から各地の定期市に持ち込まれる乾燥小魚、塩、タマネギの発酵乾燥葉などの調味料は、運送料などがかかるためにタマレよりトロン地域の定期市のほうが割高である。とはいえ、乾燥小魚においては、夕刻になるとタマレで買うのと変わらないくらいにお得になることがあるらしい。これらの商品を各地の定期市に運び込んで販売している女性の商人たちは、商品を入れた大きな袋とともに運搬業者のトラックに乗ってやってきて、定期市が終わるとまた袋とともに戻っていく。商品の運搬代は、重さではなく体積、つまり袋が単位である。乾燥小魚の場合は、売れ残っても商品価値を保つために押し潰して入れることができない。よって、トラックによる運搬代をかさばらせないために、乾燥小魚の販売人たちは定期市が終わりに近づく夕刻時になると、少々安くしてより多くを売ろうとしたりするのだという。

男性が売買できない作物／できる作物

女性は、作物を的確に売買できてこそ一人前として評価される。女性たちは、「保護式」から「減量式」、そして「きっかり式」といったボウル一杯の計量技術に加え、量や価格の微細な変動をめぐる割高、割安の知識と実感覚を磨いてきた。女性たちは、こうして男性を作物の売買の場に寄せつけてこなかったのである。

男性たちは、自分の作物を売りたくても、女性たちに騙されてしまう。だから、自分で自分の作物を売りに行けない。また、自分の作物の価値を知りたいときも、女性の手を実際に借りなければ的確に量を量ることさえできないのである。

女性たちは、まれに男性が買い物にやって来ると最初から騙す気満々でかかる。一握りという微量の積み重ねが、彼女たちの稼ぎを増やすからである。たとえば、乾季、男性がブンタンガなど灌漑地の近くやタマレへ用事で出向き、ローゼルの新鮮な葉が売られているのを見て買って帰るときである（トロンやトロン地域の定期市でも売られてはいるが割高である）。乾燥していないローゼルの葉でつくったスープは、昼も夜も毎日、乾燥したオクラ、もしくはバオバブの乾燥葉のスープで練粥を食べる乾季のご馳走である。しかし、男性が葉を「的確に」購入することは難しい。あらかじめ山盛りに並べられているが、それに販売人の女性が加えるおまけの量が問題になる。ところが、男性は、微量な差がわからないだけではなく、穀物でもあるまいし、その夜の練粥のスープ一回分だけのこの葉の量が多いか少ないか、うまく買えたかどうかにはさほど気を留めない。こうして、手に入れたローゼルを家に持ち帰り、料理をする妻に渡すが、妻は葉を袋から取り出して量を検査する前から夫がぼられたと決めつけている。我慢できずに、「いくらだったの?」と聞いてみて、若妻であれば夫が答えた支払額に対して何も言わずにそのまま終わらせても、夫との関係が年季入りしている妻であれば、「少ないわ」と言わずにはいられない。せっかく好意で買って帰った夫は嫌な気持ちになる。「女（妻）は「今度買いたいときは（自分で買いに行くから）私にお金をちょうだい」なんて言うくらいだよ」と、男性たちは女性の性格の悪さを説明するのである。

ただし、男性が自分でつくった作物の販売を一手に担う作物もある。ヤムイモやキャッサバなどのイモ類、タバコなど、ボウル（クリガ）を用いて手で計量する必要がない作物である。また、フィヒニでは作付けした者は限られているが、収穫後、新鮮なうちにすぐに売りに行かなければならないトマトや丸い形状の唐辛子（ナンズーブア）、ショウガ、マンゴーなどの販売も、男性たちが自らでおこなっている。これらはボウルを用いて手で計量する必要がなく「アロンカ」（*alonka*）とよばれるバケツ（「保護式」でボウル約五杯が入る）が計量に使われる。さらに、トウモロコシや米などの穀物を少量ではなく袋単位で一度に販売するときも、女性ではなく男性自身が市場へと持って行ったりする。この際の販売の相手は、穀物をガーナ南部の市場に流すための仲買業を営む男性たちである。しかし、仲買人の男性たちが用意している計量用の麻袋は、糸を外側に縫い直して実際より多くの量が入るように細工しているという。よって、先述のとおり、市場に売りに行く前に、かならず家の女性の誰かに頼み、ボウルで量ってもらい、その量を知っておかなければいけないのである。

女性による販売業の拡大

かつて、西ダゴンバ地域の農村部の女性たちは、薪を採集したり、木炭をつくったり、シアバターをつくったり、老齢世代であれば綿花の糸紡ぎ（*gumdi-mibu*）をしたり、ゴマやニリを炒ったり、そのほかのおやつ用の食べ物をつくって売り、現金を得ていた。また、トロン地域では、バンジョンやサビェグなど、土器に適した粘土がとれる土地にある集落の女性たちは土器づくりもしてきた。女性たちがつくり、売る商品の種類は変化もしてきた（表2－3）。ただ、皆が声をそろえて言うのは、販売業は全体として徐々に拡大を続けてきたことである。とはいえ、よく稼げるわけではない。

トロン地域の定期市の食品・作物売り場では、集落ごとに女性たちの陣地が決まっている。フィヒニから来た女性たちも、決まった場所に集まって座り、自分や夫、息子などの作物や、自らが調理した食べ物、シアバターや落花生油、調味料など農作物の加工品を売る。ここを拠点に、自分で、あるいは商品の一部を知り合いの女児に託し、定期市内を歩き回って販売もする。

女性たちが売る食べ物の近年の変化といえば、ガーナ南部の料理が多くなったことである。ボーフロート（*bofuroto*）とよばれるドーナツや、唐辛子ソースにつけて食べるドックヌ（*dokunu*, ガーナ南部では *kenkey*）というトウモロコシを強く発酵させて練った料理も見かける。クマシやアクラなど、ガーナ南部の都市部への出稼ぎの経験をもつ若い女性たちが販売するこれらの食べ物は人気である。

しかし、より多くの女性たちが勤しんでいるのは、シアバターづくりである。一九八〇年代ごろよりシアバターの国際市場での取引が拡大する前も、定期市でシアバターを販売する女性たちはいた。しかし、より多くの女性たちが毎度の定期市で販売できるよう、六日毎のペースでシアバターをつくるようになったのは、ほんの一九九〇年代ごろからのことである（写真2－4）。女性たちは、雨季に収穫したシアナッツを使ってシアバターをつくる。この販売で得た現金で、六日後の定期市まで家で料理するために必要な分の少量の調味料や、そのほかの必要な支出をおこない、残りのお金で次の定期市に販売するシアバターをつくるためのシアナッツを購入するのである。乾季の間、出費を続けていくにつれ、シアバターづくりに使うシアナッツの量は徐々に減っていく。そして、翌年の四～五月に、耕起のためのトラクター代金を支払う頃、シアバターづくりのためにシアナッツを購入するのを止める。ちょうどこの時期

表2-3　フィヒニの女性の現金収入活動

内容		詳細	実数(人)［のべ］
自営①:主に定期市	農産物の加工販売（食品の調理販売）	シアバター	[16]
		落花生の油・調味粉・揚げ菓子	[9]
		ワーチェ(豆ごはん)ほか	[1]
		ワサワサ(ヤムイモ料理)	[1]
		ボーフロート(ドーナツ)	[3]
	小売	パン	[4]
自営②:フィヒニのみ	農産物の加工販売（食品の調理販売）	糸紡ぎ	[1]
		手づくり石鹸	[1]
		炒り落花生	[4]
		トウジンビエの水粥	[1]
		トゥバーニ(バンバラマメの団子)	[1]
		ヤムイモの揚げもの	[1]
		マハ(揚げ菓子)	[1]
		ワーチェ(豆ごはん)	[1]
	小売	パン	[1]
		ビスケット、砂糖など嗜好品	[4]
		スープの材料	[4]
		米、バンバラマメ	[2]
		工業石鹸、保湿剤など	[5]
		薬(西洋)	[2]
		(自営の小計)	55 [63]
日雇い:定期市での売り子		バナナ(7人)、落花生の揚げ菓子(3人)、ショウガ(3人)、ワサワサ(2人)、パン(2人)、葉物野菜(2人)、塩(1人)、マギーブイヨン(1人)、タマネギの発酵乾燥葉とマギーブイヨン(1人)、タマネギ(1人)、大豆(1人)、コーラナッツ(1人)、タマリンドジュース(1人)、ほうき(1人)	27 ※9～16歳
見習い:トロンの仕立て屋			1
		合計	83

2011年3月17日の定期市日を調査日として、フィヒニの女性（全310人､2011年2月調べの乾季人口）を対象に実施した観察と聞き取りより。作物の生産と販売は除く。「自営」の実数とのべ数が異なるのは、女性たちはさまざまな商品を組み合わせて販売しているためである。定期市での売れ残りは集落内でも販売される。産婆の女性（2人）は含んでいない。

写真 2-4　定期市で売るためにシアバターをつくっている様子。同じ家や近所の女性たちは、互いのシアバターづくりのために手伝い合って販売に間に合わせている。フィヒニにて 2011 年 4 月 2 日撮影。

に都合よくシアナッツが結実するため、新たに収穫して、またシアバターづくりを開始するのである。

ただし、シアバターづくりはさほど収益がいいわけではない。それどころか、儲けが約束されない仕事である。女性たちは、家でつくってヒョウタンの容器に盛ったシアバター（写真2－5）を、定期市でタマレからやってくる仲買人の女性に売る。仲買人の女性は、さまざまなサイズのヒョウタンに盛られたシアバターの容量を目測で判断し、価格を決定する。このため、シアバターの販売は、その不確実性を好む、好まざるにかかわらず、なんとも「博打」的である。たとえば、二〇一一年三月一七日にトロン地域の定期市でシアバターを販売した五人のフィヒニの女性を対象にした調査によると、同じ日に売ったのにもかかわらず、赤字から黒字まで利益に大きな差が生じていた（表2－4）。女性たちによると、

写真 2-5　販売用にヒョウタンに盛られたシアバター。フィヒニにて 2011 年 4 月 2 日撮影。

表2-4　2011年3月17日にシアバターを販売した5人の女性の加工費用と売上額、利益

no.	シアナッツの加工量(kg)［ボウル:杯］	材料・販売費(セディ)					売上額(セディ)	利益(セディ)
		シアナッツ	ヒョウタン	粉砕料	市場利用料	合計		
1	81.0［30］	45.0	3.0	3.0	0.2	51.2	56	4.8
2	45.9［17］	25.5	2.0	2.0	0.2	29.7	30	0.3
3	45.9［17］	25.5	2.0	2.0	0.2	29.7	30	0.3
4	45.9［17］	25.5	1.5	2.0	0.2	29.2	28	-1.2
5	35.1［13］	19.5	1.0	1.5	0.2	22.2	22	-0.2

no. 1は、ボウル30杯分のシアナッツから抽出したシアバターを2つのヒョウタンに分けて盛って販売。女性たちは加工したシアバターを自家消費に回すことなく、すべてヒョウタンに盛ったと答えた。シアナッツにおいては、その前の定期市日にボウル1杯（2.7kg）あたり1.5セディ（0.9ドル）で購入していた。

売り手としては、どのくらいの量（ボウル何杯など）のシアナッツを加工したかをタマレの仲買人に自己申告することはありえない。高値で取引が成立する可能性があるにもかかわらず、正直に話せば逆手にとられ、安い値段しかつけてもらえないというのである。女性たちによると、シアバターがよく売れる時期であれば、ボウル一五杯以上のシアナッツの加工から二一〜五セディ（一・二〜三・〇ドル）程度の利益が得られるという。しかし、乾季は供給過多になりがちであり、無言のままで売り手と仲買人のどちらかが折れるまでねばり合いの交渉が続き、夕刻時になっても平行線のことがある。こうして利益が出ない日は、シアバターを売らず、次の定期市日まで市場で預けておくこともある。しかし、手持ちの現金がなく練粥のスープの材料を買って帰らなければいけない女性たちは、赤字になるにもかかわらず安値で売ってしまうのである。

シアバターづくりのほかに、より多くの女性たちがおこなっているのが、落花生の加工販売である。第一章でも述べたように、収穫した落花生から搾り取った油を販売するとともに、その搾りかすでつくる揚げ菓子や調味粉を販売するのである。ただし、シアバターの加工販売のように、毎回の定期市日に販売し、また新たに加工するために落花生を買い付けるほど回転はよくない。収穫して手に入れた落花生を少しずつ加工することで、利益を少し上乗せする試みである(30)。

少女たちも小遣い稼ぎに忙しい。日頃は母親の手伝いをしていても、定期市日はむしろ、知り合いやタマレなどからの商人の女性のもとで、売り子として彼女たちの商品を販売する。こうすれば、自分でお金が稼げるのである。商品

を並べたうつわを頭にのせ、「バナナ、バナナ（*kodu kodu*）！」などと、喧噪のなかでもよく通る、売り子に独特の声を発して売り歩いている少女たちは、フィヒニで会う時とは別人に思える。表2－3の二〇一一年三月一七日に開催されたトロン地域の定期市で売り子として働いた二七人の少女のうち、一五人が得た報酬を調査したところによると、昼前から日暮れまでの販売で、出来高に応じておよそ〇・五～一・二セディ（〇・三ドル～〇・七ドル）を与えてもらっていた。少女たちは、得た現金を自分で管理する。母親に渡して預かってもらうこともあるが、いずれにせよ自分で好きなものを買ってよいことになっている。このため、少女たちはこの小遣い稼ぎに真剣なのだが、定期市の日、母親が課した仕事もないのに、働かずにゆっくり休んでいる子たちもいる。「お金が欲しくないのよ！」と、働いている少女たちはこれらの少女たちがなぜ売り子をしないのか説明する。この表現は、売り子をしない少女たちが「怠け者」（*vunyaaylilana*）で向上心がないことを意味している。少女たちの間でも、努力して働き、稼ぎを得ることはあるべき姿として考えられているのである。

市場で買い付けや卸売をやって繁盛している女性の商人たちへは、嫉妬の目が向けられている。「あの女はまじないの薬を使っているのよ。その方法はよくない」などと噂されている。ここからもわかるように、資金を得て、大量の商品を扱い、商売を成立させている女性とは、ほんのひと握りの成功者たちなのである。

タマレから遠い小さな集落内の販売業

女性たちは、定期市だけではなく、集落内でも販売業に勤しんでいる。しかし、定期市やトロンなど「町」ならまだしも、人口が六〇〇人足らずのフィヒニのような集落で小売業を成り立たせるのは難しい。赤字になってしまい、売るための商品や材料を買うことができずに経営が続けられなくなるのである。

赤字経営になりにくい商売の大原則は、「売れ残り」が「売れ残り」にならない、つまり自家消費にも利用できる商品を売ることである。よって、最も堅実なのが、塩などの調味料の販売や、自分で収穫した落花生を炒って小分けにし、おぼんにのせて、娘たちに家々を回らせて売りさばくことである。しかし、これは、結局のところ、利益が少ない商売である。また、フィヒニには一年を通じて毎日、豆ごはん（ワーチェ）の販売を継続できている女性がいるが、赤字にならないのはやはり、その手腕だけではない。彼女の家は、彼女と夫と子どもたちだけしかいないために、売れ残りが出れば家の食事に回してその日の練粥をつくらないことができるという特別な状況が彼女の商売の成功の秘密なのである。もちろん、同様の家族構成をもつ女性もいる。しかし、この商売に参入しにくいのは、一人が米飯を売れば十分な経済規模のこの小さな集落で、ほかの女性が同じ商売を始めることは、敵意を丸出しで戦いを挑むことであり、また客の分散によって共倒れしてしまうからである。

このように、フィヒニなどの農村部の集落において赤字にならない商売の条件は非常に限られている。しかし、若い女性たちはあきらめきれないようで、いろいろな商品の販売を試みる。

写真 2-6　トウジンビエの水粥を売る女性。フィヒニにて 2009 年 2 月 17 日撮影。

二〇〇九年の乾季の間、午後にトウジンビエの水粥を売っていた女性（写真2-6）はなかなか利益を出すことができなかった。よって、二〇一〇年二月、初めてコッペパンの販売を試みた。しかし、パンの買い付けのためには、フィヒニから一五キロメートルも離れたニャンパラのパン工房まで、赤土のでこぼこ道を土埃にまみれながら自転車で往復しなければならない。夫がこの役目を担当することで、二人は二ヵ月間ほど販売を試みたが、あまりに労力がかかる。こうして、耕作期も始まった四月にパンの販売を止めたきり、翌年の二〇一一年の乾季になってもパンの販売を再開しなかった。

石鹸や保湿剤の販売は、まだ家で料理を担当していない浮わついた若い女性たちに人気である。彼女たちは、買い付けたさまざまな商品を売り歩くためのタライに並べ入れて、眺めては手に取り、その香りを嗅ぐだけでも楽しい。「（利益で買い足して）商品を増やすのよ」と夢見がちに話してくれる。しかし、この手の商売が成功することは難しく、堅実な年配の女性は資金があっても手を出さない。第一に、買い付けのためにはトロンから乗り合いバスでタマレまで行かなければならず、往復二セディ（一・二ドル）もかかる。第二に、単価が高いため、友人や同じ家の女性たちにあとで払うからと言われて取られてお金を回収できなかったり、自分でも使ってしまえば、一気に赤字になってしまう。よって、人口が多く一定の経済規模があるトロンでさえも、この商売を成り立たせることは難しく、商品は徐々に少なくなり、買い足すどころではなくなる。しかし、この販売をしている若い女性たちが多くいるのは、好きな女性や若妻のお願いごとを聞いてやりがちな男性がいて、彼らは支援をせがまれてお金を渡すのである。商品を買い足しては減らしてしまい、またお金をもらって商品を増やしても、また減らす。これをしばらく懲りずに繰り返すのである。

西ダゴンバ地域でマイクロクレジットのプロジェクトを実施してきたタマレのＮＧＯ（Baobab Financial Services）のスタッフによると、過去の経験から、トロン地域の中小規模の集落では、資金の回収が見込めないため貸し付けが難しいという。トロンやフィヒニの男性たちからは「女はいっそのこと何もしないほうがまだましだ」という発言を聞くことがある。しかし「女は何もせずにはいられない」とも付け加える。このような男性の観察は、実際にそのとおりである。どの女性も何とかあくせく努力しているのに、自分だけ部屋で休んでいれば、ほかの女性たちから「彼女は何もしない」、あるいは面と向かって「ずいぶんゆっくりしているのね」と、怠け者、鈍い者として見下されるのである。

女性の生計状況は、小さな集落であっても、タマレから近い場合はかなりよいようである。私の調査を途中まで手伝ってくれたジブリールが暮らすチャンナイリ（タマレから一二キロメートル）では、女性たちは石鹸や保湿剤の販売からも利益を生むことができており、週に二回もタマレに商品を買い足しに行っている者までいるという。たしかに、女性たちの部屋を見てもそれは歴然である。買い集めた石鹸や保湿剤が、棚に並べて飾られていたりするのである。

さらに、東ダゴンバ地域のイェンディ付近には、商売で大金を稼いでいる女性たちがいるらしい。彼女たちは、イェンディから東にわずか三〇キロメートルのところで国境を接しているトーゴ経由で海外からの輸入品をガーナへ運び込み、売りさばいているという。これらの女性のなかには、東ダゴンバ地域から遠く離れた西ダゴンバ地域の開拓地で、まるでガーナ南部のアサンテ地域の女性たちのように男性にお金を払ってヤムイモやトウモロコシをつくらせ、収穫した作物を夫に取られないように、ほかの人の家で隠している者がいる。こう私に教えた男性たちは、非常に好ましくない顔つきで「女が稼ぐと、ソンヤ（*sonya*）が増える」と話をまとめた。「ソンヤ」とは、「妖術」（*soyu*）によって人を殺す女のことである。男性たちは、稼ぐ女性たちを自らを脅かす存在とみなしているといえる。

第四節　限られた男らしい商売

女性たちがあくせくと販売業に勤しむなか、男性たちも現金を得るための努力をしていないわけではない。しかし、農村部において、「男性の商売」の領域が収容できる人数は「女性の商売」の領域が収容できる人数より少ない。農村部の男性たちの収益を得るための商売の機会は女性たちより限られている（表2-5）。

男らしい商売とその営み方

男であるならば、いくら稼ぎたいからといって、女のような商売をするわけにはいかない。商売には、「男らしい」営み方がある。

第一に、扱う商品の種類である。女性たちが、農作物やシアバターなどの加工品、女性が使うこまごました生活雑貨、スープの調味料、調理した食べ物を扱うならば、男性たちは、家畜（と肉）、タバコの葉、自転車の部品、鍬、大工製品、薬、

表2-5　フィヒニの男性の現金収入活動

内容		詳細	実数(人)
自営①:主に定期市	小売	自転車部品、日用品(屋根付の店)	5
		コーラナッツ(行商)	2
		タオル(行商)	1
		タバコ(行商)	1
	製造販売	腹痛薬(行商)	1
		木製の椅子(行商)	1
	サービス	理容師(露店)	2
		屠畜	1
	仲買	家畜	6
		タバコの葉	1
自営②:フィヒニのみ	小売	宝くじ	1
		牛乳	1
	サービス	二輪車修理	4
		運搬(ロバ)	2
		ト占、薬・呪物づくり、祈り	2
		カメラマン	1
		石工	1
雇用:行政		小学校の警備(フィヒニ)	1
		小学校の教師(近隣集落・任期付)	1
		定期市の清掃	1
		合計	36

2010年3月17日の定期市日を調査日として、フィヒニの男性(全284人、2011年2月調べの乾季人口)を対象に実施した観察と聞き取りより。

そのほかの男性が使う日用品を扱う。フィヒニの男性にも、実際にこれらの商品の取引に従事している者たちがいる。たとえば、家畜の場合、家畜を買いたい、売りたい人の代わりに取引をおこなう。彼ら仲介人たちは、家畜の価値を見極める能力と取引のネットワークをもっている。たいていはヤギとヒツジが対象である。また、フィヒニにおいても、クマシの市場と行き来して、ウシの仲買人として生計を立てている男性が一人いる。タバコの葉の取引は、一般的に年配男性の仕事として知られている。安い時期にタバコの葉の塊を買い取り、あとで高値で売って稼ぐ。この商売で利益を上げるには、まずはタバコの葉を買う資金をもたなくてはならない。しかし、もっと重要なのは、葉の質を見極める高い能力である。タバコの葉の値段は、タバコの葉の塊の大きさではなく、質で決まるからである。さらに、穀物やシアナッツを大量に買い付け、エジュラやテチマンなどガーナ南部の市場に運んで売る仲買業を営むことも好ましい。しかし、フィヒニにこの仕事をする男性はいない。

第二に、男なら、女や子どものようにわずかばかりの商品を売り歩いたりするべきではない。定期市で自分が商売をする店をもつべきである。こうして屋根付きの店を構える男性は、フィヒニに五人いる。その一人の鍵や工具などの日用品を販売する四一歳の男性は、幼い頃から定期市に通い、親しくなった「マスター」のもと、見習いとして日用品の販売や修理業務を手伝ってきた。たまにお小遣いをもらいつつ、商売を学び、技術を習得し、ネットワークを築くことでようやく独立を果たしたのだという。長い間このような努力を積まないかぎり、簡単には店の場所を手に入れ、経営を成り立たせることなどできないのである。もちろん、表2－5にもあるように、定期市内を歩き回ってコーラナッツやタオル、タバコ、薬を売っている男性もいる。しかし、それは男としての格下げの行為であり、とくに歳を重ねた男性はすべきではない。

よって、多くの男性たちは、トロン地域の定期市に通っていても、何も売るものがない。また、何か商品をもっていても、さほど真剣に売るわけではない。たとえば、三五歳の男性は「売れるなら幸運」ということで、木でつくった簡易の腰掛椅子を定期市に持っていき、友人が理容業を営んでいる場所の前に置いてみる。あとはその友人とおしゃべりしたり、ほかの男性の稼ぎぶりをうかがうために市場内をうろうろしたりするのである。

男性が現金を得る機会が限られているのは、定期市だけではなく、集落内でも同じである。よって、フィヒニで最も現金を得ていると思われるのが、占いをしたり、願いや問題の解決に効力をもつ薬や呪物、祈りを提供できる呪術師（バガ）とイスラム教の知識人（アファ）の二人である（表2－5の「自営②」）。人びとは頻繁に彼らのもとを訪れていて、私がときおり挨拶をするために謁見室の中に入ってみたら先客がいたことが、どちらも何度かあるくらいである。もちろん、これらの仕事はお金のためではなく、現金の受け渡しも感謝の気持ち[31]としてなされるものであり、何も渡さなくても問題はない、とまで説明される。しかし、何も渡さないことは実際のところありえず、れっきとした現金収入源になっている。

なかなか就けない「白人の仕事」

男性たちには、新たな稼ぎの機会も開かれてはきた。行政などからの継続的な雇用の機会をとおして給料をもらうことである。これは、フィヒニのようなガーナ北部の小さな農村部の親たちが子どもを学校に行かせる動機となってきた。将来、子どもが識字を必要とする「白人の仕事」（*silimiŋ tuma*）を手に入れ、一年を通じて安定的に高額の収入を得ることを願ってきたのである。しかし、たとえ高校まで行っても、それは非常に難しいようで、これまでのフィヒニの歴史で一人たりともそのような仕事に就いたフィヒニの出身者はいないと男性たちは強調する（ただ、近隣の集落においては、少なからず一人はいるようではある）。なお、現在、高校を卒業したフィヒニの男性の一人が小学校で教師をしているが、これも任期付きである。

表2-6　フィヒニの就学の経験者数

			男性	女性	合計	割合
全人口（2011年2月）			284	310	594	—
	30歳以上の人口		93	122	215	—
		（就学未経験者）	(87)	(122)	(209)	97%
		（就学経験者）	(6)	(0)	(6)	3%
	6歳以上の人口		220	233	453	—
		（就学未経験者）	(144)	(180)	(324)	72%
		（就学経験者）	(76)	(53)	(129)	28%
就学経験者（全129人）	初等教育	継続中	41	37	78	—
		修了・未進学	2	1	3	—
		中退	15	5	20	—
	中等教育	継続中	5	6	11	—
		修了・未進学	2	4	6	—
		中退	4	0	4	—
	高等教育	継続中	1	0	1	—
		修了・未進学	5	0	5	—
		中退	0	0	0	—
	職業訓練学校	修了	1	0	1	—

植民地期より、ダゴンバ地域の人びとは西洋教育に対して保守的だったことが知られている。間接統治が本格的に始まった一九三〇年代より、統治を円滑に進めるために教育政策の重要性が認められ、植民地行政は、とりわけ君主たちに息子を学校に行かせることを求めていた［Staniland 1975: 98-99］。ところが、ガーナの独立を一〇年後にひかえた一九四八年の国勢調査においても、「ダゴンバ原住民行政区」では「スタンダードIII」（現初等教育の修了程度）以上の教育を受けた者は七六一人しかおらず［Gold Coast 1950: 292］、そのほとんど（五七八人）がノーザンテリトリーズの中央行政局がおかれたタマレの住民だった［*ibid*: 296］。現トロン・クンブング郡の中心的な集落のトロン、クンブング、ニャンパラさえも、それぞれ四人、一人、二人しかいない［*ibid*: 300, 305, 309］。一九五一年、ダゴンバ郡の上官は、年次報告書で人材の不足によって郡の行政が深刻な状況にあると綴っている(32)。

その後、四〇年を経た一九八〇年代になっても、トロン地域の農村部の小さな集落で公立学校に送られたのは、子孫の繁栄に成功した男性の家の男児のうち一人くらいだった。たとえば、現在、フィヒニで暮らす三〇歳以上（全二一五人）の人口のうち、就学経験者はたったの六人である（表2－6）。その全員は、高校まで卒業しており、うち一人は職業訓練学校まで進学している。ところが、この六人も「白人の仕事」を得ることができなかった。うち、三人は少なからず自治体から雇用の機会を得ているが、二人は学校の警備員と六日毎の定期市の清掃員である。残りの一人が先述した小学校教員なのだが、任期付きなのは、国家青年雇用プログラム（NYEP: National Youth Employment Program）の一環として、短期間の限定で特別に雇用されたものだからである（表2－5の「雇用」）。

西洋式の学校教育を受けた子どもは「白人の仕事」に就けないどころか、親にとって悪いことに、耕作の能力や意欲が低くなる傾向にある。高校まで卒業しているフィヒニの六人の男性のうち二人（三七歳と二四歳）は学校に行きつつも耕作を続けた。しかし、ほかの四人はそうではなく、うまく作物をつくることができない。このうち一人は彼の父が亡きあとに家を継いでいるのだが、同居している彼の甥が代わりに自家消費用の穀物をつくっているのである。また、二年前に高校を卒業した別の一人は求職中だが、耕作することはかたくなに拒んでいる。

このため、フィヒニに小学校が建設されていても、息子が多い親でなければ息子を学校に送ることができない。耕作以外の生計手段が限られている農村部の暮らしにおいて、西洋式の学校教育が息子自身、ならびに親にとって、どれだけの利点があるのか不明な現状ではそうするしかないのである。こうして、表2－6でも明らかなように、父親たちは男児を当初は学校に送っても中退させたりする。そして、近年に顕著なのは、初等と中等教育を継続中の子どもたちの間では、男女差がなくなっていること、つまり親たちは娘たちを積極的に学校へ送る選択をするようになっていることなのである。ただ、西ダゴンバ地域において女児たちを学校に送る支援をおこなってきたカムフェド（Camfed: Campaign for Female Education）のスタッフによると、水汲みや料理など母親の手伝いに日々忙しい女児たちの成績は、男児たちより悪い傾向にあるという。

農作業で現金を受け取ること

男性はまた、農作業への労働力の提供を介して現金を得ることもある。それが日払いであればより具体的に「バイデー」（英語のby dayが語源）とよばれる。しかし、やりとりの相手が赤の他人ではないかぎり、労働力の提供と現金の受け渡しを「賃金労働」と表現することには留保が必要である。

耕起がトラクターでおこなわれる今日、最も大変な農作業とは除草である。次に、稲刈りや鍬で掘り起こす品種の落花生（マニピンター）の収穫も大変である。男性の畑の場合は息子や弟たち、そして女性の畑の場合は娘や息子（ときおり夫）が手伝いをしたりする。しかし、近親者の労働力が限られている場合は、男性も女性も、知り合いの男性にお願いするしかない。このうち、除草においては、現金の受け渡しを前提に他者に作業をお願いすることがある。

かつて、労働力が必要な場合は、「パリバ」（*kpariba*, 字義どおりでは「耕作者たち」）、すなわち「共同労働」で済ませていた。この「パリバ」の形態は二種類ある。一つは自分の畑を手伝う息子がいないような年齢の若い男性たち（一〇代〜三〇代）が同じくらいの労働力をもつ血族や友人たちとグループをつくり、年長者の畑から順繰りに互いの畑で作業するものである。自分の畑の番のときは、自分ではなく父親の畑の作業をしてもらうこともある。二〇一〇年の耕作期にも、フィヒニでは定期市日を除く夕刻どき（*zaawuni*）に共同で作業をするグループが四つ稼働していた。[33]

もう一つは、共同での耕作のグループには所属しない年齢の「一人前」の男性が集落内の家を単位に声をかけて作業のための手伝いを要請するものである。これには、労働力を調達し、作業を済ませることだけではなく、地位、また関係性の維持とその確認をする行事のような社会的な意味がある。たとえば、二〇一〇年の耕作期、フィヒニの君主はフィヒニの家々に「君主のパリバ」（*naa-kpariba*）、フィヒニの三四歳と四三歳の男性は自分が夜にコーランを教えている子どもたちに「学童のパリバ」（*karinbihi-kpariba*）をそれぞれ畑の除草のために要請した。また、ウォリボグ（フィヒニから六・五キロメートル）の男性は、フィヒニの娘婿の男性に「姻族のパリバ」（*diɛn-kpariba*）を要請した。この娘婿は、呼びかけて集まってくれたフィヒニの家々の男性たち二五人とともにウォリボグまで除草作業に行っている。[34] さらに特筆すべきは、まだ四五歳にして四人の妻をもつ元ガウァグの君主の長男が、フィヒニから二一キロメートルも離れた開拓地でつくっている落花生を掘り出す作業のために「パリバ」を要請したことである。遠いこの場所へ、フィヒニからなんと一四人もが自転車で駆けつけたのである。[35]

とはいえ、畑仕事のために家々に手伝いを要請することは、今日はめっきり減ってきたらしい。朝から昼にかけて一大行事として盛大におこなうことができなければ人は集まらないが、提供する食べ物には少なからずの費用がかかる。たとえば、先述したフィヒニの君主や義理の父親が要請した除草の作業では、水粥はもちろん、練粥のスープのために一頭のヤギを殺して、その肉を添えている（加えてフィヒニの君主はコーラナッツを提供）。よって、特段の敬意を払われる身でもない若い男性が単に労働力を必要としているからといって午後から夕刻の作業のために家々に声をかけても、もはや人が集まらない。たとえば、フィヒニの三一歳の男性は、一一月三日のこの時間に、稲の刈り取りのためにフィヒニ中の家々に声をかけたのにもかかわらず、たったの六人（彼の同世代の血族の男性のみ）しか来てくれなかったのである。

一方、男性たちの間で主流となりつつある不足した労働力の調達方法は、仲のよい友人や別の家で暮らす年下の血族の男性にお願いして現金を渡すことである。二〇一〇年の耕作期に自分の畑をもち、耕作した男性はフィヒニに一三八人いたが、他者に作業をお願いし、現金を渡すことで除草をした畑は一六区画あった。金額は一人あたり一日（六時間程度）で一・〇セディ（〇・六ドル）が相場である。ところが、男性たちはこのような現金の受け渡しを労働に対する支払いとしてではなく、「友情」（*simli*）や「助け合い」（*sɔŋsim*）として説明する。少し余裕があり、また息子の人数が限られている男性が、お金に余裕のない親しい友人や自らを慕う血族の弟分たちに除草をお願いするからだというのである。

ただ、「男」なら、女性の畑を手伝うことで女性からお金を受け取るのはあるべき姿ではない。二〇一〇年の耕作期に自分の畑をもち、耕作した女性はフィヒニに六四人いたが、うち六人が除草を男性に依頼しており、相場として一エーカーあたり一〇セディを渡していた。しかし、ここでの男性とは全員、二〇代前半くらいまでの未婚の「少年」である。「俺は前に親切心から女の畑の除草をやってあげたんだ。そしたら、その女は俺にカネを渡すときにこう言ったよ。「女のカネをもらうなんて、あんたの貧しさはとうとうここまで達したのかい？」ってね。それ以来、俺はどんなに女が困っていても、女の畑は手伝わないって決めたね」。このように、私に自らの苦い経験を語ってくれたのは、フィヒニで暮らす四〇歳の男性である。

第五節　稼ぐための出稼ぎ、逃亡としての出稼ぎ

フィヒニで必要なだけの食料や現金を手に入れることができず、ほかの場所でその機会があるのなら、若者たちはそこへ出かけていく。ガーナ南部への出稼ぎは、長年、男性たちが主役だった。しかし、一九九〇年代頃より、女性たちの間でも大流行してきた。

短期集中型の雇われ耕作

少年や働き盛りの若い男性は、耕作期の前や耕作の合間を縫って、耕作の賃金労働者としての出稼ぎに行く。この仕事は、複数の人びとが力を合わせておこなう仕事を意味する「パァ」(*paa*, アカン語)、または「パァコブ」(*paa-kobu*, *kobu* はダゴンバ語で「耕作」の意)とよばれている。あるいは「サァファ」(*saafa*)に行く」という表現は、この出稼ぎに行くことを意味している。「サァファ」は英語の「サウス」が語源だが、このダゴンバ語の意味としては、ガーナ南部のうち、とくにガーナ北部の若い男性たちによる雇われ耕作人としての出稼ぎ先の中心地となってきた、キンタンポ、テチマン、エジュラの近郊など、ブロン・アハフォ州やアシャンティ州の北部を指している。

ダゴンバ地域の若い男性がこれら南部の地で耕作労働者として賃金を得るために出稼ぎに行く現象は、ガーナの独立までにはすっかり定着していた。一九五〇年代前半、ゴールドコーストの社会福祉局のコミュニティー開発の担当官は、ノーザンテリトリーズで稲作プロジェクトを開始するにあたり「ノーザンテリトリーズの若い男たちは南に行き、他者の畑で働くのではなく、地元で自分たちの換金作物をつくるべきである」という内容を、大衆教育の補佐官が各地で強調する主要な点として挙げているほどである[36]。しかし、現在にいたるまで、耕作労働者としての出稼ぎは、

北部の男性たちにとって極めて重要な収入源になり続けている。

携帯電話が流通した今日、男性たちは到着してすぐに仕事にありつけるよう、すでにその地に住み着いて長いダゴンバ地域出身の人びととのネットワークで仕事の情報を得て向かう。男性たちの話によると、彼らがより頻繁に働くのは男性ではなく女性の畑である。「女のなかには、男より広く耕している者がいる」らしい。

フィヒニの男性たちによると、賃金は大変よい。男性たちは、たいてい数人単位で一つの畑で働くが、一人あたり一週間で一〇〇セディ（六〇ドル）ほどもらえるらしい。賃金とは別に、住む部屋、食べ物、水も提供される。しかし、重労働であり、集中的に働くため、二週間以上続けることは体力的にできないという。少年であれば、フィヒニでの暮らしに大きな責任をもっていないため、しばらく居残る者もいる。しかし、妻子持ちの男性たちは、出発して数週間後にはお金を手にしてフィヒニに戻っていることが通常である。

最近は、南部だけではなくノーザン州のビンビラ周辺やイェンディ側の東ダゴンバ地域も、西ダゴンバ地域からの耕作労働の出稼ぎ地となっている。土地が豊富でヤムイモの栽培が盛んであり、植え付ける盛り土づくりが主な仕事だという。

多くの男性が耕作労働の出稼ぎに行くのは、収穫後の乾季に冠婚葬祭が一段落したあと（南部の耕作の開始期の二月）である。この出稼ぎからの収入は、新たな妻をめとる婚資（花嫁代償、*pay'bɔri-liyiri*）のため、出産後に里帰りしていた妻を自分の家に戻し、後まわしにしていた結婚式を挙げるためなどに使われる。そして、穀物が底をつく乾季の終わりに行く男性がとくに多いのは、フィヒニでの暮らしを継続させるため――家で消費する足りない穀物を買い、次の耕作の資金を手に入れる――だからである。この時期にあたる二〇一一年三月一七日、合計八人のフィヒニの男性が耕作労働の出稼ぎに行っている最中だった。うち二人は未婚の一〇代の少年、残りの六人は既婚で同居家族を食べさせる役目を担う、家を受け継ぐ候補者である。なお、家で重要な役割をもたない少年たちのなかには、耕作期の合間や収穫が終わるとすぐに出かける者もいる。開拓地で耕作する男性が行くことはほとんどない。この出稼ぎへ行く男性の大半は、フィヒニで耕作をしているが、その狭く痩せた土地では十分な収入が得られなかった者である。

フィヒニで暮らすかぎり、また家での役割を果たそうとするかぎり、耕作労働の出稼ぎに行くことは必然である。しかし、妻をもつような「男」としては、自分の畑ではなく、ほかの者の畑を耕してお金をもらうことは威張って話せる内容ではない。若い男性たちが集まっている場所で「今年は何回行ったの？」などと聞いたりすると、「こいつはもう二回も行ったんだぞ！」と冷やかしがおこなわれたりする。行かずに暮らせるのであれば行きたくないのである。また、フィヒニのような農村部の集落からトロンの高校に通う男児のなかにも、長期の休みの間にこの出稼ぎをして学業を継続する費用を賄うものもいる。しかし、そのことを口にするのはやはりためらわれるのである。

機械処理工の男性、荷物の運搬人の女性

対して、首都のアクラや第二都市のクマシなど、ガーナ南部の大都市への出稼ぎにおいては、今日の若い男女たちは、一度は経験したいと考えるものである。ガーナ北部の農村部とはまったく異なる生活を送ることができるからである。表1－7で確認できるように、二〇一〇年、収穫が終わる頃、フィヒニからは合計一三人が大都市へと出稼ぎに出発した。アクラでは、アクラの中心部にほど近いアグボブルシーが、ダゴンバ地域をはじめとするガーナ北部からの出稼ぎと移住者たちの拠点である。そこでは、同郷の出身者たちが寄り集まって部屋を借りて暮らしている。

男性たちは廃棄された機械類を集め、その解体処理や修理などで生計を立てている。この仕事は稼ぎがよいことで知られている。ただし、働き者でなければつとまらない。部品を集めて仕分けすることは地道な作業であり、修理の技術を習得するには時間がかかるうえ、機械を扱うために身体的な危険がともなう。次々にさまざまな廃棄物が運ばれてくる荒々しい現場、異様な臭い、そして一日中バラックで黙々と作業を続けている男性たちを見て、すぐに無理だと悟り、帰ってくる若者たちは多い。いくら稼げるとはいえ、そこはのどかな農村部とはまったく異なる世界である。フィヒニで耕し、ときに雇われ耕作人として南部で出稼ぎをし、あるいは開拓地を耕すことで生活を続けるほうが向いていると考えるのである。なお、二〇一〇年八月～二〇一一年二月、アクラへ出発した男性は一人しかいなかった。それは、ダゴンバ地域の出身の男性たちが、ダゴンバ地域の最高君主（ヤーナー）の位の継承問題（アブドゥ家とアンダニ家の争い）

とかかわるガーナの二大政党の新愛国党と国民民主会議（NDC: National Democratic Congress）の支持をめぐって二分しており、アグボブルシーでは死者が出るほど闘争と縄張り争いが激しさを増していたためである。

一方、女性たちの大都市での仕事は、荷物の運搬である。彼女たちは、アグボブルシーの近くのコンコンバ市場やマコラ市場に出かけ、買い物客や商売人を相手に、彼ら自身が運ぶことができない重くて大量の商品をタライに入れ、頭の上にのせて、指定された場所まで運ぶ。稼ぎは、ガーナ北部の農村部と比べれば非常によいと話す。距離にもよるが、一度の運搬につき最低一セディ（〇・六ドル）、また二セディ（一・二ドル）も受け取ることがある。仕事には困らないらしく、一日五セディ（三ドル）ほども得られると言うので驚きである。六日毎の定期市はともかく、フィヒニでは物売りをしても一日一セディ稼ぐことさえ難しいからである。そして、女性たちはこの仕事をそんなに大変なこととしては語らない。彼女たちは、小さい頃から毎日水汲みをおこなうことで、重い荷物を運ぶ身体力をつけ、技術を積んできたからである。こうして、アクラでの北部からの出稼ぎ女性たちは、ハウサ語とガ語の造語で「重い荷物を運ぶ女性」を意味する「カヤヨ」(*kayayo*)[37]とよばれており、ダゴンバ語で「カヤヨに行く」という表現は、アクラやクマシへの出稼ぎに行くことを意味するようになった。また、二〇一〇年ごろに「カヤヨ」を社会問題として題材にした映像作品が流通してからは、「カヤヨ」はガーナ全域の共通語になっている。

この出稼ぎの女性の主役は、第一に、子持ちの若妻たちである。嫁いだばかりの若い女性たちは、一人目と二人目を出産後それぞれ二～三年、里帰りをして子育てに専念することになっている。しかし、この習わしは、若妻たちに、子育てに専念する替わりに出稼ぎへ行く自由な時間を与えることになってしまったのである。彼女たちは出稼ぎに出発するとき、実家の母親や嫁ぎ先の義理の母親に子どもを預けることもあれば、一緒に連れて行くこともある。以前であれば、女性が一人目と二人目の出産後の二度にわたって出稼ぎに行ったり、三年以上もの長期にわたって戻らなかったりすると、彼女の実家から、兄弟の男性たちが夫方へ謝りに来ていたものだという。しかし、今日では、それは当たり前になっていて、謝りもされなくなった。若妻たちが「料理をするようになったらおしまいよ！」というように、出稼ぎとは人生最後の自由な時間である。二～三人の子を育て、一人前とみなされて嫁ぎ先で夫の母親の代わりに料理を任されるようになってしまえば、日々、食材のやりくりに追われる。小売り業だけでは不足する穀物や食材を購入することは難しい。このため、土地の一画を与えてもらい、耕作する選択肢しかない。こうして、座る間もなく、くたびれる生活を老いるまでおくり続けることになるのである。

また近年の変化といえば、少女たちまでもが一〇代の半ばにさしかかると「家出」して行くようになったことである。たとえば、フィヒニにおいても、二〇一〇年の収穫の直後にフィヒニからアクラへ出発した一二人の女性のうち五人は一五歳以下である。彼女たちが出発をするのは、定期市の日の夜である。市場からタマレに戻る商人たちの乗り合いトラックに便乗すれば、タマレまでの交通費が節約できるのである。母親に勘づかれることなくタマレからアクラまでの交通費を手に入れる巧妙な手段とは、彼女たちがトロンの定期市で売り子として手伝ってきた女性の商人に事情を話してお金を借りることである。この女性の商人は、後日、少女たちの母親に交通費を肩代わりしたことを説明し、母親に少女たちが収穫した落花生を売らせて、貸したお金を回収するのである。そして、こうして娘が出て行ったことに母親はさぞかし立腹しているかと思えばそうでもない。娘から家出をされたばかりの女性に「アミナはカヤヨに行ったね」と話しかけてみた。すると、「行っちゃったよ！　ここにカネはないからね。一体どうしろっていうんだい？」と言う。フィヒニでの暮らしの状況をみれば、出稼ぎは否定できないということである。

実際、まだ一〇代の少女たちにとって、アクラは、母親の手伝いに明け暮れる生活から解放され、それまで買えなかったたくさんの衣服を初めて買える夢のような暮らしができる場所である。出稼ぎから戻った少女たちは、アクラで撮った写真をアルバムにして、宝物にしている。皆で異なる洋服を着合ってファッションショーのようなポーズで写っている数々の写真からは、少女たちの「青春の一ページ」を垣間見ることができる。

年配の男性たちは、若者世代のアクラやクマシへの出稼ぎをさほど快く思うことができない。かつて、男性が外の世界に出てさまざまな知識を習得し、経験を積むことは素晴らしいことだと考えられていた(38)。しかし、今日では、むしろ南部の世界を知ることは毒であると高齢世代は考えるようになっている。南部で長く暮らした男性たちは、不作法で不敬な、いかがわしい振る舞いをするようになる。もちろん大勢の息子に恵まれた男性であれば、そのうち何人かが出稼ぎに行くことなど気にしない。しかし、自分の跡継ぎ息子には禁じたりしているのは、戻ってきて妙なことになったり、ましてや戻ってこなかったりすれば大問題だからである。

年配の男性たちにとって、とくに嘆かわしいのは、若い娘たちの出稼ぎである。トロンのバスの停留所に、出稼ぎから戻った若い女性たちを乗せた乗り合いバスが到着する。彼女たちは、都会風の洋服やアクラで買った布で新調した服を着て、きれいにつけ毛をした髪をスカーフもせずに見せびらかし、きゃあきゃあと黄色い声をあげてはしゃいでいる。「出稼ぎで若い女は腐る（*pɔŋ*）」と言うように、男性たちは、出稼ぎを経験した女性とそうでない女性とでは明らかに品行が異なると説明する。また、ある高齢の男性は「部屋がなくて、夜、通りで寝ている女たちさえいるらしい。そんなときに男が上に飛び乗ってきたらどうするんだ？」と私に言う。そうでなくても、出稼ぎ先には「女好きの悪い男」（*dagorili*）がおり、妊娠させられるというのが男親たちの懸念事項である。実際に、親たちの間で婚資（花嫁代償）の受け渡しが交されずに出稼ぎ先で出産し、戻ってもこないような娘たちがいる。生まれた子の父が誰なのかもわからずじまいであっても、戻ってきて別の男性に嫁いでくれるならまだよい。しかし、アクラから戻ってきても、しばらくしてまた行ったりする。彼女たちにとって、都会での生活は、たとえ問題も多いとはいえ、別の楽しみのほうが大きいのである。

もちろん、若者たちの都市部への出稼ぎは、フィヒニで暮らす親世代の生活の糧にはなっている。出稼ぎに行けば、フィヒニでは買ってあげられない布を母親に買うことができる、と若い女性たちは言う。また、出稼ぎから戻る男性たちは、父親と母親にいくらかの現金を渡すことができなければ、恥ずかしくて帰れないくらいである。また出稼ぎは、移住にもつながってきた。図１－９でみたようにフィヒニで一五～二九歳の人口が少ないのは、このためである。出稼ぎ先に住み続け、自らの生活を確立させている者たちには、フィヒニなど農村部で暮らし続ける父親や兄弟など血族が自家消費用のトウモロコシをつくるための肥料代、不足する穀物の購入費、冠婚葬祭費、そして母親が小売りをする商品の調達のための資金への支援が求められている。しかし、求められる支援に対する本人の能力や資質、思いの程度は異なり、親たち近親者の不満は尽きない。

第六節　小括――しかたない耕作

女性たちは、およそ一九八〇年代より、夫や息子たちが休ませている畑の一画を分け与えてもらい、自らで耕作をするようになった。本章では、なぜ女性たちが日々の生計において耕作という手段を選んだのか、その背景を検討するために、家事や耕起にかかわる技術的な変化、そして出稼ぎを含む市場での経済活動のあり方とその変容を検討した。ここから明らかになったのは、耕作とは、女性たちにとっては不足を補うための「しかたない」手段だったということである。

一九七〇年代、ジャック・グディは西アフリカのサバンナ地域で女性が耕作をしてこなかった背景として、水汲みや料理など家事仕事に時間がかかることをサバンナ地域の生態環境に着目して指摘した。ところが、現在、これらの二つの家事仕事にかかる労働の負担は軽減されている。水汲みにしても、一九八〇年代までに集落から一キロ程度先に十分な水を確保できる貯水池が整備されたため、女性たちは長い距離を歩く必要がなくなった。そして、タマレだけではなく、農村部の奥地の拠点的な集落にも粉砕所を営む者が現れ、女性たちが機械にその仕事をゆだねるようになり、手作業で穀物を挽くことはなくなった。このような生活環境の変化によって時間が生まれて初めて、女性たちはそれまでおこなってきた男性の畑の種まきや収穫、農産物の加工や販売に加えて、耕作という仕事に新たに取り組む可能性を現実的に検討できるようになったといえる。

加えて、女性たちの耕作を後押ししたのは、トラクターの導入と賃耕サービスの普及だった。植民地化されてより、ヨーロッパ製の安い鍬の刃が輸入され、鍬が買い求めやすくなった。しかし、女性たちは自ら鍬で固い土壌を耕起することには躊躇していた。ところが、女性たちもトラクター賃耕の支払いのためにお金さえ用意ができれば、自ら（間接的に）耕起して畑を用意することが簡単になったのである。

女性の耕作は女性たち自身にとって何を意味するのか。一九八〇年代初頭に、ブルキナファソの南西部のバレでボボの人びとを対象に調査をしたシャウルは、女性たちは、空腹のためというより、自らの消費生活をよくするためにバンバラマメや落花生を耕していると記している(39)［Saul 1989: 178-180］。また、本章では、南部のアサンテ地域の女性や北部の東ダゴンバ地域の女性の商人たちが男性を雇って耕作し、稼いでいることも述べた。しかし、西ダゴンバ地域の農村部で女性が耕作する意味は、これらの場合とはかなり異なる。というのも、第一章でみたように、一九八〇年代ごろより農業が低迷しているこの地では、女性たちにとって、耕作とはほかに割の合う生計手段がかぎられた状況下で暮らしを継続させるための「やむを得ない」選択だからである。

夫や息子など男性たちによる耕作だけでは足りない穀物を十分に買うことができず、また、拡大し続けてきた消費生活が成り立たない状況において、女性も男性も耕作以外の手段で現金を得るための努力をしてきた。たとえば、女性たちは自らが専門にしてきた販売業に勤しんできた。しかし、フィヒニのような都市部から離れた農村部では、定期市での販売業による収入も限られているし、小さな集落では小売業を健全に営むことは難しい。一方、販売からの収入を得る機会が限られている男性たちは、ガーナ南部で耕作労働者として出稼ぎをして、この北部の農村部の暮らしを継続する足しにしてきた。しかし、これだけでは立ち行かない状況で、料理をする役目にある女性たちは、夫など男性たちに彼らの痩せて限られた土地を要求し、その一画を分けてもらい耕すことで、できるだけ多くの作物を自らのもとに確保することを試みてきたのである。

西ダゴンバ地域の地力が低下した農村部で、女性が夫など家族男性とは別に自らの労力で畑を耕すという事態は、女性の生活苦のあらわれである。だからこそ、彼女たちの未婚の娘、ならびに、しばらくすれば、料理を担当することで穀物さえ足りないにもかかわらず、自らと子どもたち、そして男性たちになんとか食事を用意するという大きな負担を背負わなければならない若妻たちは、たとえ一時でもフィヒニを離れて楽に暮らそうと南部の都市へと「逃亡」しているのである。

第二部

土地、樹木、労働力

——資源をもつことの意味

第一部では、ガーナ北部の女性たちが夫や息子など、同じ家で暮らす男性とは別に畑をもち、自らで耕作をするようになった一九七〇年代頃からの現象に着目した。そして、過去一世紀の生活環境の変化をもとにその背景を検討することで、「アフリカの農村女性」を支援する前提となってきた「女性の周縁化」論を再考した。続く第二部では、同じく女性を支援する政策において、女性が自らで収益を得る機会を阻むものとして是正の対象となってきた「資源配分の男女格差」という問題の設定について、資源が配分される過程をみていくことで暮らしの内側から問い直す。

第二部でとりあげる「資源」とは、具体的には土地、樹木、労働力である。土地や自生した樹木は農業の重要な生産要素である。また、労働力は、収益を生む活動だけではなく、日々の家事仕事にも必要である。問題は、土地、樹木、労働力は有限であり、それぞれ個人は自らの活動に必要な分を十分に手に入れることができるとはかぎらない点である。土地と樹木は、とりわけ人口密度の高い地域では不足している。労働力は、サバンナ地域の農村部の暮らしではいくらあっても足りないくらいである。とくに人口の増加と農村経済の低迷を経験しているガーナ北部の西ダゴンバ地域では、限りある資源を人びとの間でどのように振り分けるかについて、それぞれ個人の関心はいっそう大きいといえる。

しかし、重要なのは、資源をもつことが、人びとが「個人」としての経済的な富を蓄えることに直結するとはかぎらないことである。内堀［2014 (2007): 18-28］は、「資源」という概念が物質的な経済の枠組みで捉えられがちなことを指摘したうえで、資源が生活の基盤を提供し、また象徴的な意味を付与することに着目し、資源の多様な意味とその利用をめぐる人びとの間の社会関係を動的に捉える意義を人類学的な観点から強調している。本書では、とくに、本書の分析の要となるジェンダー規範に注視して、人びとが互いに日々の暮らしを継続させ、社会関係を維持し、再編するうえで資源を利用するそのあり方を具体的に明らかにしたい。

土地、樹木、労働力の配分にかかわる農村部の営みをみていくために、第三章では人びとの生活の中心の場としての「家」における同居家族の営みのあり方、第四章では、男性たちによる称号の獲得をめぐる政治的な実践に焦点をあてる。なお、以下の本書の記述には、「所有する」という語を用いている。これは、分析概念でも西洋由来の法律用語としてでもなく、「ス」(*su*)(1)というダゴンバ語の和訳である。この動詞には、物や人の帰属と利用のあり方をめぐり、単に「もつ」(*mali*)ことより強い意味合い——たとえば、土地、樹木、人などが特定の者に属していて、その者が資源を排他的に利用できる——がこめられている(所有格は「主」を意味する*naa, dana, lana*)。人びとが「所有する」という語を使うあり方をその曖昧性や可変性に着目しつつ精査することで、調査地の暮らしと人びとの社会関係の理解の一助としたい。この作業を通じて、資源の配分の男女間での差異を社会における女性の抑圧によるものとして是正を求める議論とは異なる見解を導き出したい。

第三章　「家」の営まれ方

女性は、男性より狭い土地しか耕作していない。また、女性は、自分の畑だけではなく夫など家族の男性の畑を手伝っている。本書の序論では、土地や労働力など生産資源の配分の男女格差に着目し、女性自身の収益は男性より少ないと結論づけることで、ジェンダー平等を推進する開発政策に大きな影響を与えた経済学研究が西アフリカのサバンナ地域の農村部から生みだされてきたことを述べた［Udry 1996; Jones 1983, 1986］。本章では、このような資源配分の「男女格差」を問題視する議論を問いなおすうえで、同居家族の共同生活の場としての「家」の営まれ方を検討する。この中身を具体的にみていく前に、重要な論点を整理しておきたい。それは、この地域において資源配分の「男女格差」に着目する一連の研究は、西アフリカのサバンナ地域で広くみられる婚姻、家族制度に着目した「女性の搾取」論と、女性の経済的な自律性（オートノミー）の高さを指摘してきた西アフリカ研究の延長線上にあることである。

「女性の搾取」論は、一九七〇年代、男性が複数の女性を同時にめとる「一夫多妻制」と、女性が嫁ぎ先で暮らす「夫方居住制」に着目し、その実践の理由を男性側の経済的な利点に求めることで展開された。たとえば、男性がより多くの妻をめとるのは、女性の労働力を利用すること［Clignet 1970: 22-23］、女性が産む子どもたちの労働力を利用すること［Goody 1973: 188; Meillassoux 1977 (1975): 119］、より多くの妻子をもつことで血族の男性たちがともに利用してきた土地を自分のものとしてより広く支配すること［Boserup 1970: 37-38］につながるとする見解である[1]。本書の調査地でも「男はどうして多くの妻が欲しいの？」という私の質問に対し、「農村部で多くの妻をめとるのは耕作のためさ。女と子どもたちが手伝うことができるからね。タマレでは耕さないから、もっと妻は少ないよ」と、男性が妻や、妻が産む子どもたちを生産資源として捉えているかのような答えが男性から返ってきたことがある。しかし、男性がより多くの妻をめとるのは男性自らの経済的な欲求のため、とする見解には大きな矛盾がある。それは、より多くの妻をめとることは同居家族の構成を複雑化させ、規模を拡大化させるが、これは男性に楽な暮らしを約束するどころか、彼が妻子や同居家族を一つにまとめる「運営費」なるものを増大させ、主食にする作物を十分に生産し、調達することさえままならない状況に陥りがちだからである。よって、本章では「女性の搾取」論を踏まえつつも、ひとまず横におき、むしろ一夫多妻を実践する別の重要な動機——男性が多くの妻をめとり、子孫を繁栄させ、家を拡大させることは、男性の社会的な地位を向上させる——に目を向けたい。

他方、女性の経済的な「自律性」の高さ、すなわち女性が夫とは別に経済活動を営んで収益を管理するなど、主体的に生計を立てている点に着目した研究においては、一九七〇年代~一九九〇年代にかけて多く生みだされてきた。夫がいるにもかかわらず、妻が自らの畑をもち、作物をつくっていることは、ガンビア、ナイジェリア北部、ブルキナファソなど西アフリカのサバンナ地域各地の農村部から報告されている［Dey 1981: 112; Hill 1975: 123; Saul 1981, 1989; Whitehead 1984 (1981)］[2]。この潮流において、フェミニスト人類学者のホワイトヘッドがガーナ北部のクサシの事例から指摘したのが、主食用の穀物の生産は夫や義父など、女性の嫁ぎ先の家を率いる男性の責任[3]であるにもかかわらず、その量が十分ではないために、女性たち自身が子どもたちを食べさせる必要があり、夫とは別に畑を耕しているということだった［Whitehead 1984 (1981): 105］。そして、この背景としてホワイトヘッドがのちに指摘したのが、世帯構造を複雑化させる一夫多妻の実践である［Whitehead 1990: 439］。しかし、一人の男性が複数の妻をもつために妻子それぞれを養うことができないことを強調するこの議論は、女性が夫以外にも成長した自身の子どもをはじめとするさまざまな同居家族たちと日々の生活において関係を築いていることには目を向けていない。

本章では、同じ住居で暮らす人びとが配偶者や親子など近親者、ならびにそのほかの同居家族たちとどのような生計関係を築いているのかを検討する。このために、同居家族の寄り集まり方、家における共同生活にかかわる規範と役割分担、そして日々の経済活動に必要な土地や樹木、労働力の振り分け方を決定する論理と交渉、調整のあり方を掘り下げてみていく。これを通じて、「女性の搾取」論や女性の経済的な自律性の高さをもとに資源配分の男女間の差異を「格差」の問題としてとりあげてきた議論を再検討する。

第一節　家と「家の主」

ダゴンバ語の「インガ」(*yiŋa*)とは、「住居」(建物)そのもの、そして同居家族がともに暮らす「生活空間」としての「家」を意味している。家は、複数の部屋(*dun*)の集合体である。部屋はそれぞれ独立して建てられていて、中庭を囲むように壁でつながれている。

二〇一〇年、フィヒニには、規模が異なる三五軒の家が立ち並んでいた。これらの家は、新たに誕生するだけではなく、消え失せたりしてきた。これには、家を率いる「家の主」(*vidana*, また「夫」も意味する)の能力によるところが大きい。

本節ではまず、この「家」と家を率いる「家の主」に焦点をあて、西ダゴンバ地域の集落の構成をみていく。以下、フィヒニの三五軒の家々に「Y1」から「Y35」までの記号をあてて参照する。また、本章で扱う家々の基本情報と親族関係を表すダゴンバ語の語彙をそれぞれ補遺3、補遺4としてまとめている。

家々の「親族」関係

農村部の小さな集落では、すべての家々が一つの家から始まった血族の関係にあたる、ということがよくある。また、それぞれの家を率いる家の主は、過去にその集落を治めた君主の子孫にあたる場合が多い。ただ、フィヒニの場合はこれより少し複雑である。

フィヒニの家々は、冠婚葬祭をともに執りおこなう最も大きな血族の単位として六つに分けることができる(図3-1)。フィヒニで暮らす人びとは、これらの家々の関係性をまずは南側と北側で二分して説明する。

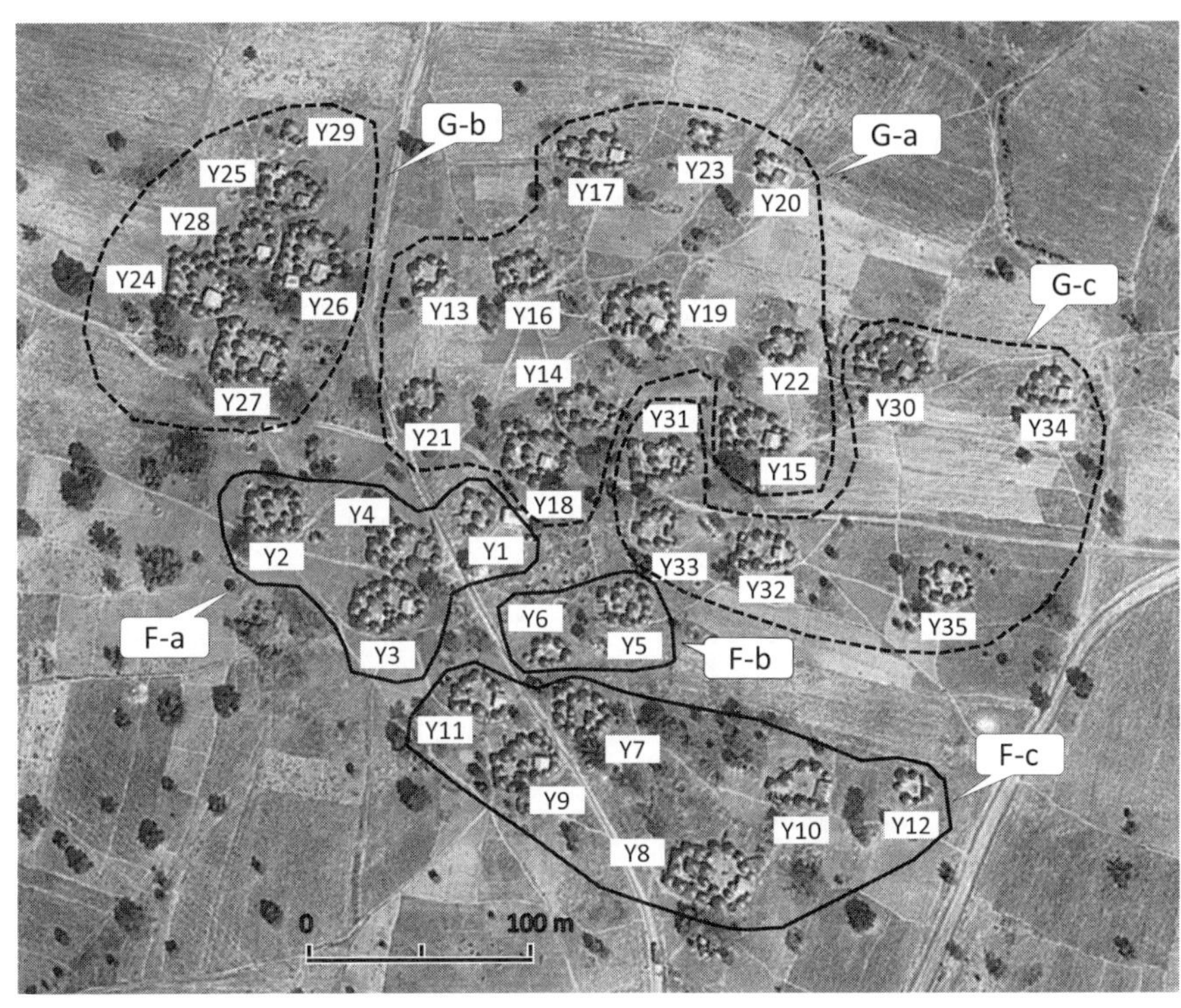

図3-1　フィヒニで血族の関係にある家々のまとまり。2010年1月10日付のGoogle Earthの航空写真をもとに加工。実線で囲っているのはフィヒニの君主の家系の家々（F-a, F-b, F-c）。点線で囲っているのはガウァグの君主の家系の家々（G-a, G-b, G-c）。「a〜c」は家系が形成された先行順を示す。

それによると、集落の南側に位置する一二軒の家々は、過去にフィヒニを治めたフィヒニの君主の家系である。おおまかに三つの血族の関係にある家々のまとまりが形成されていて、それぞれがフィヒニの君主となった別の人物を祖先にもつ（図3-1のF-a、F-b、F-c）。

他方、北側を占める二三軒の家々は、「ガウァグ」の君主の家系である。ガウァグとは、かつて、現フィヒニの集落の中心から〇・七キロメートル北に存在した集落だが、そこは今では耕されている。しかし、このガウァグの君主の位は、ガウァグの集落が消えたあとも、ガウァグから多くの人びとが移り住んだフィヒニの集落を拠点に発展し続けている三つのガウァグの君主の家系の年長者によって継承され続けている（図3-1のG-a、G-b、G-c）。

この血族の関係にある家々のまとまりを参照するときに人びとが使うのが、一

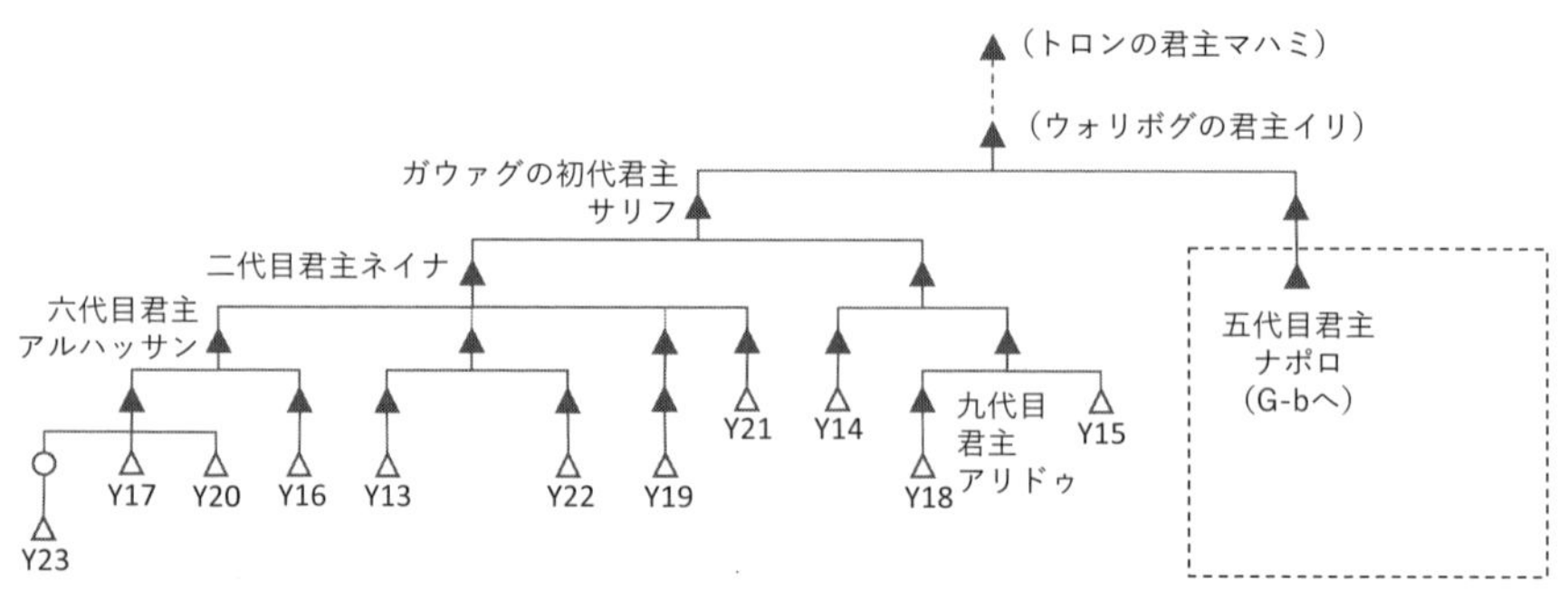

図 3-2 ガウァグの君主の家系(G-a)における家の主たちの血族の関係の系譜図。△は男性で現在の家の主。Y23 では寡婦として出戻ってきた女性○が 20 代前半の若い未婚の息子△と暮らしており、この息子は家の主の候補者といえる。▲はすでに死去した男性。

般的にダゴンバ語で「親族」を意味する「ダン」(*daŋ*)である。親族は、先述した「君主」の家系にかかわらず、共通の祖先から出自をたどることができる各家々を率いる家の主とその子孫や弟、従弟、姉妹などから成る血族(*dɔyim*, 複数形は *dɔyiriba*)と、外から嫁いできた配偶者である妻(*paɣa*, 同時に「女」を意味する)とその妻方から連れてこられた養女などの姻族(*diɛmba*,複数形は *diɛnnima*)が加わった親族関係にある人びとの集合体である。他方で、このように自分が属する「家」をもとにした親族(家々のまとまり)の外にも、個人としての血や婚姻的なつながりから、フィヒニに親族にあたる個人がいる場合もある。

フィヒニとガウァグの歴史は第四章で詳しく述べるが、どちらの集落も一九世紀後半に誕生したようである。フィヒニで最も古くから続く家はF-aのY1だという。ただ、Y1の家の主がどのようにF-aのほかの家々(Y2、Y3、Y4)の主と関係しているのか、現在の家の主の三世代以前のそのつながりを明らかにすることはできなかった。他方、ガウァグの三つの君主の家系はどれも系譜図を描くことができた。うち、最も多い一一軒の家が属し人口が繁栄しているのがG-aである(図3-2)。なお、G-aとG-bは、もとをたどれば初代のガウァグの君主(サリフ)を祖先にもつが、五代目のガウァグの君主(ナポロ)が傍系の血族として君主の位を継承してから、人びとの間では別の家系として分岐している。この二つの家系の三〇代の若い男性たちは、自分たちがガウァグの初代の君主(サリフ)を始祖とすることを教えられている。しかし、互いが同じ血族の関係にあることについては、私が老齢世代におこなった聞き取りをきっかけに知ったくらいだった。

フィヒニの六つの親族(ダン)の男性たちの間には少なからずのライバル意識があり、用があるときのほか、交流は限定的である。これは、家の庭先に集まっている若い男性たちの構成を見ればよくわかる。彼らはそこで作業をしたり、暇つぶしをして過ごすが、異なる親族(ダン)の男性が交ざっているのを見かけることは例外的である。また、嫁いできた女性たちも、物売りのために集落を歩き回るときのほか、日常の活動の範囲は同じ親族(ダン)の家々が立ち並ぶ範囲を超えない場合がほとんどである。フィヒニ内の別の親族(ダン)に嫁いだ女性もいるのだが、その後は嫁ぎ先を拠点にそこの女性たちとともに過ごすことが夫方での規範として求められている。

「父系」的社会

集落では、人びとは「父系」的社会を築いている。フィヒニの場合、計三五人の家の主のうち二九人が、父方（*ba-polo*）で土地や住居を受け継いでいる（補遺3の「家の主の住まい」を参照）。すなわち、父方だけではなく母方（*ma-polo*）での継承もあり、民族学の分類上では父系でも母系でもなく「双系」ないしは「双方的」[4]（bilateral）である。しかし、そうであっても父方で暮らす男性が権力をもつ「べき」とされていることは重要である。

たとえば、母方へ移り住み土地を分け与えてもらった男性は「威張って（*fuhira*）はいけない」といわれていることである。外から移り住んできた男性が彼の母方で経済的にも成功したり、集落の君主の位に就くこともあり、これはそこを父方として生まれ育ち暮らしてきた多数派の男性たちにとって、おもしろくないからである。

また、これは幼児の喧嘩にも確認することができる。「おまえの父親の家に帰れ！」とは、父方の家で暮らしている多数派の男児が、諸事情から彼らと同じ家で暮らしている、父の姉妹の息子に浴びせる罵り言葉であり[5]、その男児が暮らすべき場所は彼の母方のその家ではないことを主張するものである。母方に居るのであれば、おとなしくすべきという規範は、父方での継承が優勢な地域で父方で暮らす子孫たちの保身策となっているのである。

家の地位——インガとイリの違い

これまで、住居の単位とそこでの生活空間としての「インガ」に「家」という和訳をあててきた。しかし、家と訳すことができるダゴンバ語は「インガ」だけではない。ここでは、一つの家（住居）で暮らす同居家族の単位の社会的な違いを説明するために、社会集団としての「家族」や「家系」に相当する「イリ」（*yili*）という「家」概念を説明したい。

ケンブリッジ学派の社会人類学者のオポンは、「イリ」（*yili*）を「社会組織の基本単位」として位置づけ、一つの住居で暮らす同居家族の単位と一致させた［Oppong 1973: 29］。しかし、イリは住居での同居家族の単位と自動的にイコールにはならない。イリとは、その構成員やイリを率いる人物の地位や身分に応じて相対的に認識される「家」概念であり、同居家族の単位としての「家」として成立することもあれば、住居の単位を超えた血族の関係にある「複数の家々の人びと」、そして、同じ人物を祖先にもつ「世代を超えた血族とその姻族から成る家系の人びと」、さらにはこれらの家々や家系が構成する「集落」の単位として成立する場合もある。

同居家族が「イリ」として参照されるのは、第一に、別の家の親族（血族・姻族）との関係から意味づけされるときである。たとえば、女性が妻として暮らす「夫の家（夫方）」（*do'yili*, 字義では「男の家」の意）、子にとっての「父の家」（*ba-yili*）と「母の家」（*ma-yili*）、また父や伯叔父、長兄が率いる本家にとっての「分家」（*nachimba-yili*, 字義では「若者男性たちの家」の意）などである。

第二に、その家を率いる人物の社会的な自律性の高さが認められる場合である。たとえば、家の主が称号（*nam*）をもつとき、彼と彼の同居家族が「イリ」として参照される。これは、集落で人びとがそれぞれの家に与えている屋号で顕著になっている（補遺3の「屋号」を参照）[6]。家の主が称号をもたない場合、その家の誰かの「個人名」に「インガ」（「住居」としての家）をつけたものが屋号になる（フィヒニでは合計一〇軒）。しかし、その家の主が称号をもてば、屋号は格上げされて「称号」に「イリ」をつけたもの（以下「屋敷」と訳す）にとって替わる（合計一八軒）。そして、この家の主が死去したのち、新たな家の主が称号を獲得するまで、あるいはこの亡き家の主を知る同じ世代が死に絶えるまで、家は亡き家の主の「称号」に「ダボグニ」（*daboγuni*, 主がいなくなった住処、以下「旧家」と訳す）をつけた屋号で呼ばれ続けている（合計七軒）。なお、年長だったり、君主に嫁いだ女性が寡婦として出戻ってきて息子とともに暮らしている家などは、この女性に敬意を払う意味で「女頭の屋敷」（*pay'kpema-yili*）とよばれることもある。

しかし、家の主がたとえ称号をもっていたとしても、自らを「イリイダナ」（*yili-yidana*, 以下「家族の主」と訳す）と参照すべきではない状況が多々ある。たとえば、近くに長兄や伯叔父が暮らしている場合は、「私はまだ子どもです（*bii na nyama*）」という決まり文句で彼らの方を家族の主として説明するものである。つまり、家の主は住居を構成する「家族の主の部屋」（*yili-yidan'duu*）という名称の部屋を占拠することになっていても、その行為自体が彼を家族の主にするわけでは決してないのである。また、家の主の死後、新たにその地位を受け継いだ息子が家族の主の部屋にすぐに移り住むことは感心されない。新たな家の主は、亡き父親の家族の主の部屋を、まだ部屋をもたない少年たちの共同部屋として利用し、時が十分に熟したら新たに家族の主の部屋を建て直して移り住むのが、彼が偉ぶっていると周りから批判を浴びずに済む最も適切な方法である。

血族の関係にある家の主の間のこのような年功序列は、挨拶、会話の作法、ならびに結婚式や命名式、葬式（*kuli*）などの冠婚葬祭（*daŋ-maligu*）の座席の位置でもあらわされている。冠婚葬祭は、その主役が暮らす（暮らしていた）家が会場になる。しかし、その最終責任者は、たいてい家々を率いる血族の年長者[7]（*dayiri-kpema*）にあり、彼が開催日にその家の謁見室（*zoŋ*）の最も奥（上座）に座るのである[8]。とはいえ、G-a のように一一軒もある親族の家々の間では、誕生した子の命名式など、さほど重要ではない冠婚葬祭は、わざわざ血族の年長者が謁見室の上座に座りに来るわけでもなく、よりつながりが近い家の主のうち年長者が執りしきったりもする。

年功序列の重要性が語られるのは、能力や競争心がある若輩者が、この規範を破ったりするからである。たとえば、四〇代前半の若さにして四人の妻をもつ、ある家の主である。近くには叔父たちが暮らしており、彼の家で執りおこなうすべての冠婚葬祭の指示を仰がなくてはならない。ところが、彼の父である前の家の主の死後は、結婚式や命名式で伺いを立てずに一部の手続きを自分だけで済ませ、その事実をあとで叔父たちに報告するだけだという。「父と叔父は俺の兄貴（*bieli*）の非礼に忍耐（*suylo*）をもって我慢している」と、その男性の再従弟は不満を漏らす。

　忍耐強さは、男性の美徳になっている。男性たちは諸問題が起こったとき忍耐を説くことわざをもちだしては当事者をなだめ、やり過ごすよう助言をする。忍耐をキーワードとすることわざは多く［Lange 2006］、どれも忍耐強くあることは難しいものの、継続させれば豊かになれること、また目的が達成できることを説いている。

女性の家の主が存在しない理由

　家の主は、理論的に「男性」である。その説明としてもちだされる「女は蛇の頭を切らない（*paya bi ymaari wah'zuyu*）」という言い回しは、女性は男仕事ができないという意味である。

　女性は婚資（花嫁代償）を取り交わしたあとは、出産後の里帰りを除いて夫方で暮らす（夫方居住）。女性は、夫に先立たれて寡婦（*pakoli*）になっても、自分が産んだ息子が夫の死後に住居を「受け継ぐ」（*fali*）のならば夫の家に残って暮らすことができる。しかし、この場合、寡婦が夫方の家の年長者だからといって家の主（イダナ）とみなされることは「決して」ない。たとえ亡き父親の家を受け継いだ息子が二〇代そこそこで未婚であり、寡婦が息子にいろいろと指示していたとしても、よそから嫁いできた彼女は永遠に夫方では「よそ者」（*sana*）だからである（補遺3のY4、Y16、Y18、Y21、Y22、Y27には、寡婦が家を受け継いだ息子と亡き夫の家で暮らしている）。

　女性が嫁ぎ先で暮らすこの地域の一夫多妻制は多くの出戻り女性をつくる。どの女性も夫の葬式が済んだその日のうちに、ひとまず実家に戻ることになっている。その後、家を受け継ぐ息子は、自分の母親（たいていは生物学上の母、あるいは継母）だけを呼び戻すことが一般的である[9]。彼は、彼の母親のライバル（*nyintaa*,「競争相手」の意）にあたる、亡き父親のほかの妻たちとさほど仲がよくないことがほとんどだからである。だから、自分の息子が家を継がない場合、女性は夫の死後の自分の居場所（兄弟、従兄弟、伯叔父の家など）をどこにするか常に考えている。そして、家の主がいよいよ老いていくと、妻とその子たちは「死んだときは」という話をひそかにするようになる。

　よって、もし家を継いだ息子が父親の死後に自分の母親以外の父親の妻を呼び戻しているのならば、それは同居家族の仲がよかった証拠である。この際、自分の異母弟に集落内にある土地を与え、異母弟がその母と住む別の家を建てさせることになっている。

たとえ、寡婦となった女性が夫方に残れなくても、実家の集落に出戻り、独立した新たな家をもつこともある。それは、耕作（扶養）能力がある息子が寡婦とともに彼女の実家に戻り、さらに寡婦の兄弟など実家の血族の男性が、寡婦とその息子に家を建てるための土地を与えてくれる場合である（男性が寡婦となった姉妹に土地を与えるのは、彼女が同じ家に住むと自分の妻たちと問題をおこすから、という理由もある）。こうして、寡婦とともにその息子が母方の集落に移り住み、そこで土地を与えてもらうことで生まれるのが母方で暮らす家の主である[10]（補遺3の「家の主の住まい」を参照）。ただし、うち二軒（Y12、Y23）の家の主はどちらも若く未婚であり、出戻ってきた寡婦は健在でまだ五〇代である。よって、「家の主は誰？」と聞けば、「私よ！」と寡婦が答えるように、息子は家の主としては道半ばである。

しかし、実家に戻った女性が、独り暮らしになってしまう状況もまれに起こる。フィヒニのY1の女性（推定七〇歳）は離縁後に同母兄がいるその家に出戻った（離縁の場合、女性に息子がいたとしても息子が彼女と一緒に戻り、家を建てる土地を与えられることは聞かない）。その後、女性は兄と暮らしていたが、この兄が二〇一〇年一二月に死去したために独りになってしまったのである。彼女には離縁した男性との間に息子が一人いるが、ガーナ南部のクマシに住んでいるという。娘と養女もいたが、よそに嫁いでいたり、クマシに移り住んでいる。このため、彼女と血族としての関係が近いほかの家々の男性たちは、彼女にトウモロコシを与えるなどして、彼女の暮らしを継続させている。このように、実際には女性の家の主がいるといえそうなのだが、女性の家の主はいないことになっているのである。

一代限りの繁栄

「同居家族は家の主のために家に集まっている」といわれる。すなわち、男性がどんなに多くの子孫を増やして家を大きくしても、家の繁栄は一代限りの話である。家の主が死ぬと、新たな家の主との関係性をもとに同居家族が再編成されるからである。

大きな家では、家の主の死去とともにそれまで同居していた家族の多くが出ていく。すでに述べたように、息子が家を受け継ぐ場合であれば、彼の母親以外の父親の妻たちは去ることになる。また、異母弟たちのなかにも去っていく者がいるのは、兄から耕作地を奪われて出て行くことを余儀なくされたりするからである。彼らの行先は母方だったり、ひとまず開拓地の別宅だったり、タマレやアクラなどへ移住している血族のもとだったりする。

弟が亡き兄の家を受け継ぐ場合、亡き兄の寡婦たちがその弟が率いるようになった家に住み続けることは通常ではない。亡き兄の息子たちにおいては、成長していれば、自らの意思で父方に残ることを決めたりする。しかし、自らで人生を決められない年齢の男児は父方が「所有する（ス）」ため、叔父が継いだその家に残ったり、ほかの家で暮らす父方の別の伯叔父に引き取られたりする。なお、家に亡き家の主の弟と長男の両方が暮らしていた場合、弟は、甥に優先して家を継ぐとはかぎらない。家の主だった兄の死をきっかけに、その弟が出ていき、新たに家を建てる場合もある。

新たな家の主の同世代の弟や従弟、甥は、いずれ分家することが一般的である。弟が兄の家で暮らし続けることは兄への従順さと兄弟の団結のあらわれともいわれるが、同時に男性は、「男」として自分の家をもつことが社会的に求められているからである。また、兄弟同士の妻たちの不仲が一つの大きな理由となり、弟がその妻から懇願されて分家にいたることも多いとされる。そして、家の主の死後すぐに家を受け継ぐ者の異母弟や従弟、甥が分家をするのは、やはり彼らの折り合いがよくないからである[11]。

同居家族の再編後、新たな家の主に求められるのは、妻と子孫を増やすことである。同居家族の人数が増えていくにつれ、新たな部屋を建てるとき、少し外側に位置させることで外縁を拡張させる。こうして、家が徐々に大きくなる。

ところが、同居家族が一向に増えず、さらには当初は家に残っていた家の主の弟や姉妹でさえ、次々に出ていくことがある。たとえば二〇〇六年に家の主が死去後、七つもの部屋が空いてしまった家である。このような事態が起こるのは、新たな家の主に妻をめとり維持する能力や、同居家族を食べさせる能力が欠如しているときなどである。そして、たとえ亡き家の主から多くの家畜を受け継いでも[12]、この転換期にうまく管理できず、また穀物を十分に生産できないために、足りない穀物を買うのに家畜を次々と売ってしまい、数年後にはいなくなっていることもよくある。

部屋に誰も住まなくなると、数年後には部屋は倒れ、住居全体の規模は縮小する。部屋は、大きな団子状の泥を圧して積み重ねてつくられていて、適切に管理すれば数十年以上もつ。しかし、草本で葺いている屋根は五年ほどで朽ちていくため、葺き替えられずに上から雨に打たれるようになれば、一気に壁が崩れてしまうのである。こうしてほとんどすべての部屋が倒れていた一軒とは、二〇〇五年ごろに前の家の主の死後、少し知的な障がいを抱えている長男が継いだ家だった。彼はかろうじて残っていた一部屋を利用していたが、食事は近くの叔父の家で与えてもらっていた。しかし、私が調査を終える二〇一一年三月、クマシで出稼ぎをしていた彼の弟とその妻が資金を手に帰ってきて家が再建された。

暮らしが立ちいかなくなれば、妻子とともに血族の男性が率いる家に移り住むこともある。Y5の家の主（推定五五歳）は、かつて道を挟んだ反対側に位置していた家の主だった。ところが、二〇〇二年ごろ、彼の足が突然動かなくなってしまったという。長男はアクラに出稼ぎに行っており、次男はまだ一〇代前半だった当時、彼と妻子は食料の確保も困難になった。この混乱のさなか、部屋が修繕できず次々に倒れてしまい、建て直すこともままならない。そこで、部屋に空きがある、従妹の息子が主となっていた家（Y5）に一家全員で移り住み、彼が年長者として家族（イリイダンドゥー）の主の部屋に住むことになったのである。[13] Y5の家の主は今も歩くことができないが、二人の妻、一七歳になった次男と一三歳の三男、そして娘たちとなんとか暮らしている。

このように、人が増え、部屋数も増えていく家もある一方で、人が減り、ついには部屋がすべて大地に返ってしまうこともある。こうしてただ土が盛り上がっているだけになったその跡地を目のあたりにすると、私もその家になんらかの災いごとがもたらされたと思わずにはいられない。そして、大きな家を築き、維持している家の主の能力に感心してしまうのである。

しかし、繁栄した家も、家の主が老い、体調がいよいよ悪化するとともに崩壊が始まる。まず、家を継がない息子がこの時期に分家をしがちなのは、たとえ彼が家を継ぐことになっている異母兄と不仲でも、父の生前であれば父の許可さえあれば家を建てるための土地が確保できるからである。[14] また、この時期、仮に誰かが事故に遭ったり病気になれば、ほかの誰かが超自然的な力で危害を加えたとする「妖術」（邪術）の疑惑も湧きがちである。二〇一一年二月二日、フィヒニのある家の主の息子（三五歳）が急病にかかったことをめぐり、トロンの君主の宮廷（*na'yili*,「君主の家」の意）では疑惑がかけられたフィヒニのその家の女性（病気の男性の母親ではない、彼の父である家の主のほかの妻）に対する公開聴取（*sɔy' gbaabu*,「妖術を捕まえること」の意、あるいは *sonya-dihibu*,「妖術使いの女の告発」の意）がおこなわれた。誰かの突然の死や病気、事故をめぐる妖術の疑惑の発生はめずらしくない。しかし、家の主が元気であれば、家内でもみ消すなどして事態を収拾させるものである。よって、トロンの君主の宮廷に、その親族の者たちが妖術沙汰をもちこみ、公開聴取までおこなわれるのは数年に一度程度で頻繁ではないという[15]。しかし、私が調査をしていた二〇一一年においては、その年の初めにトロンの宮廷で立て続けに二件も開催されたのだった[16]。

第二節　多くの妻、多くの子孫、大きな家

「家が大きいですね」「妻が三人もいるのですか?」「子がたくさんいますね」。これらはすべて男性への褒め言葉である。このように話しかけると、男性は「うちの家では二週間でトウモロコシ一袋がなくなってしまうよ」と言い返したりする。しかし、これは「トウモロコシが足りない」ことを悲しむ愚痴（*fabila*）ではない。自慢（*fuhibu*）である。「多くの妻をもつ男は、一人の妻しかもたない男より明らかに尊敬される」と私に初めて教えてくれたのは、私のトロンの滞在先で三人の妻をもつアスマー氏である。男性は、より多くの妻をめとると子孫を増やすことができる。そして彼がこれらの妻たち、子孫たちを統括して彼のもとに引き留め、維持することができるなら、彼の家（住居）は拡大していくことになる。この家の大きさこそ、彼が築いた社会的な地位の証である。また、彼の大きな家の庭先には、彼の大勢の息子たちが座っている（写真3－1）。「大勢の若い男たちが庭先にいる家は攻撃できない」といわれたりするが、門番になる息子たちの数も家の主としての男性の強さの象徴でもある。

写真 3-1 家の庭先に座る大勢の息子たち。兄弟の 1 人が近日に売る落花生の殻を割って中の種子を取り出しながら時間を過ごしている。この家では、同居する息子の数は 6 人だが、別の場所で暮らしている息子も 8 人いる。フィヒニにて 2010 年 3 月 30 日撮影。

過去半世紀の人口の増加は、農村部の「家の軒数」だけではなく、「同居家族の人数」を一気に膨れ上がらせてきた。たとえば、表1－5の一九七〇年の国勢調査によると、フィヒニの全二三軒の平均人数は一一人だった。ところが、二〇一一年二月現在、フィヒニの全三五軒の平均人数は一七人にもなっている。とはいえ、フィヒニでも同居家族の規模は幅広い（図3－3）。たった一人が暮らす家（Y1）から四五人もいる家（Y24）まである。

地位、性別、近親者の単位をあらわす部屋

住居を構成する各部屋のかたちと大きさ、配置の場所と順番は、その部屋の主（あるじ）の性別と家のなかでの地位をあらわしている[17]。ここではフィヒニで最も多い、総勢四五人が暮らす、推定八二歳の家の主が率いるY24を例にみてみることにする（図3－4）。

（1）「家族の主の部屋」「若者頭の部屋」「若者の部屋」

家（住居）は、その入口を南に向けて建てる。乾季の一二～二月まで北のサハラ砂漠からの貿易風（ハルマッタン）が家の中に吹き込むのを避けるためである。

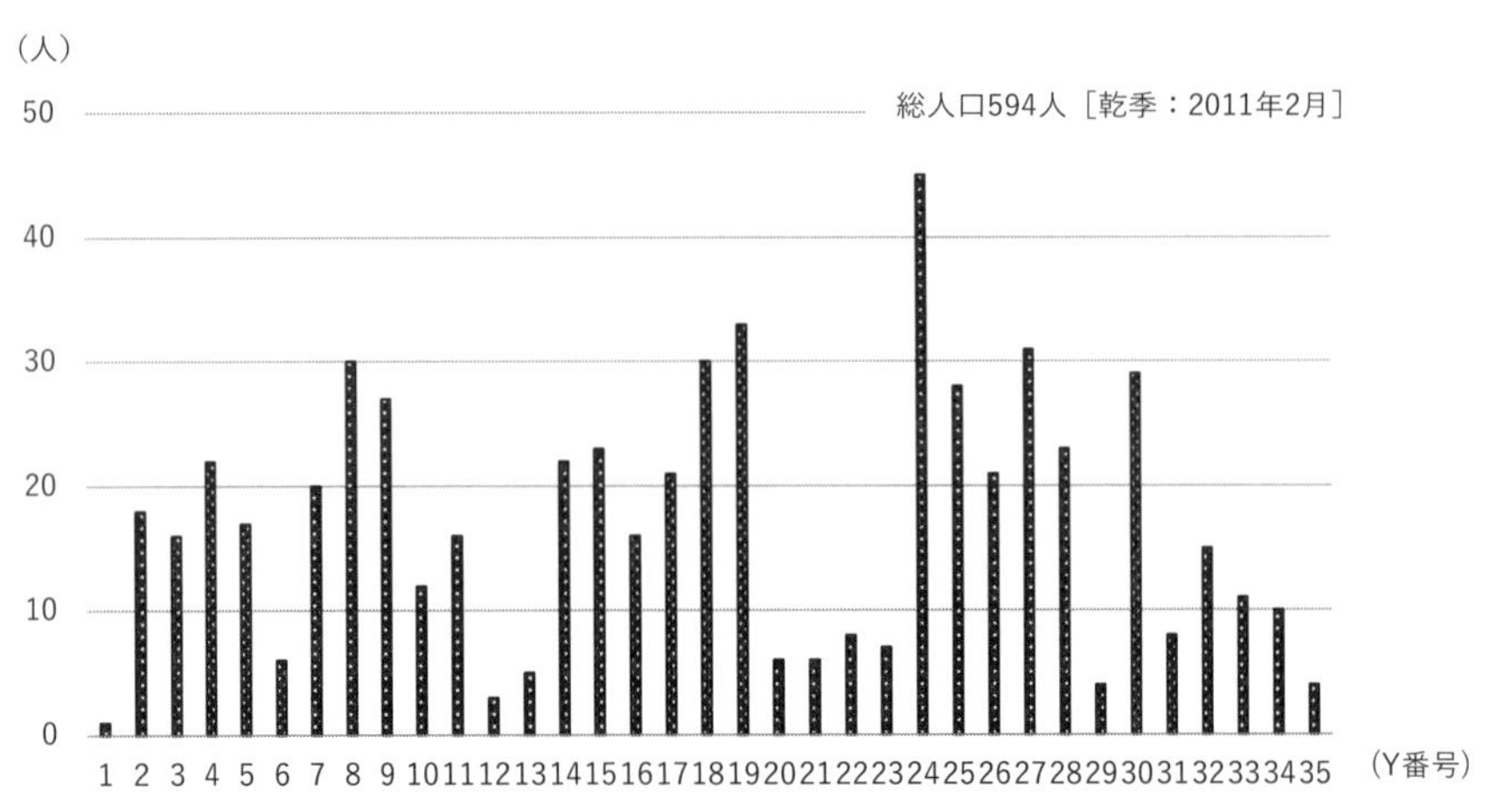

図3-3　フィヒニの家々の規模（2011年2月調べ、全35軒）

入口の横には、謁見室（*zɔŋ*）がある。ここが家を率いる家の主と客人の応接場所である。昼中、家の主はこの部屋で、さまざまな仕事をしたり、休んだりして過ごす。

成長した男性の個人の部屋はすべて四角い形状をしている。家の主が占拠することになっている家族の主の部屋（イリイダンドュー）は、謁見室の右手に位置している。そのほかの男性たちの部屋（*nachin'duu*,「若者の部屋」の意）は家の左側に並んでいる。入口のすぐ左手は「若者頭の部屋」（*nachin'kpem'duu*）とよばれていて、通常は家の主に次ぐ地位の男性、つまり家の主の弟や長男が占拠することになっている。Y24でも、この部屋の主は、第一妻の長男（四六歳）である。

男児は、幼児期までは母親の部屋で暮らす。その後の少年期は、家の同じ年齢の男児たちと一つの部屋を一緒に使うことが、子どもが多い家では一般的である。Y24では、奥から二番目の男性の部屋の右側の円形状の部屋が男児たちの共同部屋になっていて、家の主の第一妻の長男の第二妻の長男（一五歳）、家の主の第三妻の長男（一四歳）、家の主が養子にして第三妻に息子として与えた甥（一一歳）が一緒に使っている。

男性は、一人で生計を立てられるくらいの年頃になると、自分だけの部屋をもつようになる。Y24の家で、家の主の第一妻の長男のほかに自分だけの部屋をもつ男性は、家の主の第一妻の次男（三七歳）と三男（三四歳）、家の主の第一妻の長男の第一妻の長男（一五歳）、家

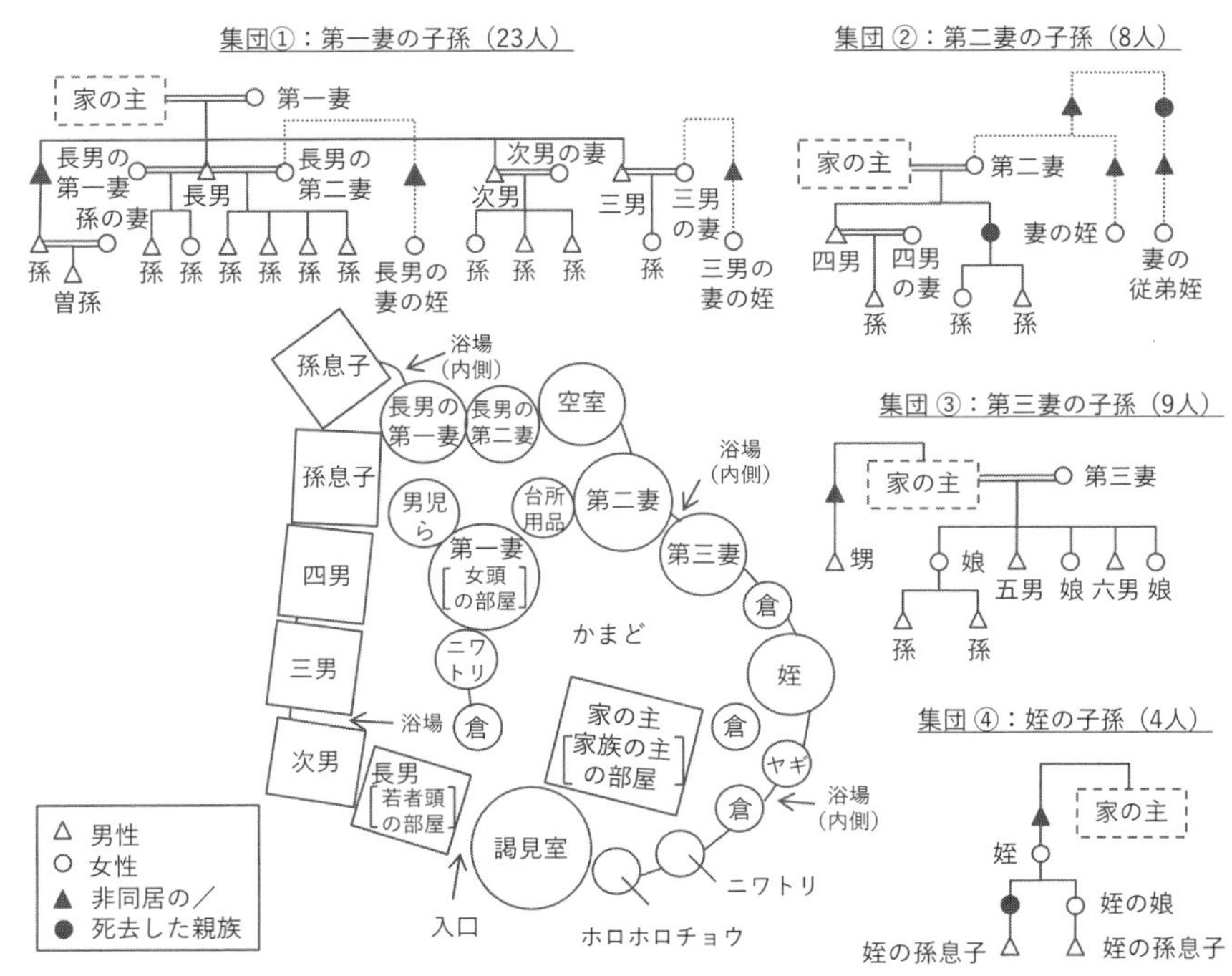

図 3-4　Y24 の同居家族の構成（2011 年 2 月の乾季人口）

の主の第二妻の長男（三二歳）、そして家の主の第一妻の孫息子（三二歳、父は死亡）である。

（2）「女頭の部屋」「女の部屋」、かまど

女性の部屋（*pay'duu*）は、円形になっていて、ここは家内の「派閥」の単位をあらわしている。そこには、部屋の主である女性と一緒に、幼児期までの息子、未婚や里帰り中の娘、まだ料理をしていない息子の新妻たちが住んでいる。息子の妻が自分の部屋をもてるのは、二〜三人の子を幼児期まで育てあげ、家で昼と夜の料理を担当するようになってからである。

入口から最も近く、最も大きい女性の部屋は「女頭の部屋」（*pay'kpem'duu*）とよばれている。ここを占拠するのは、家の年長の女性である。家族構成によって、家の主の母親、姉妹、あるいは第一妻だったりする。

Y24でこの女頭の部屋を占拠しているのは、家の主の第一妻（推定七六歳）である。家の主の妻のうち、この第一妻の子孫が最も数多く繁栄している。彼女の三人の息子がそれぞれ妻子をもち同

居していることもあり、彼女を含む四世代全員の人数は総勢一三人にのぼる（図3-4の集団①）。この第一妻の部屋には、彼女のほかに、彼女の次男の妻（三一歳）とその子（八歳、四歳、一歳）、三男の妻（二九歳）とその子（九歳、ほかにいた子ども二人は死亡）、そして彼女の養女（八歳）の計八人が同居している。次に、家の主のこの第一妻の長男の第一妻（四〇歳）の部屋には、彼女の子（九歳）、家の主が彼女に義母役を与えた、彼女の夫の亡き兄の息子（家の主と彼の第一妻の孫）の妻（一八歳）とその子（五歳）の四人が同居している。家の主の長男の第二妻（三六歳）も自分の部屋をもっており、彼女の子（一一歳、八歳、三歳）と彼女の実家からの養女（六歳）の五人が同居している。第二妻にはほかに二人の娘がいるが、それぞれ彼女の夫の従妹、そして彼女自身の姉のもとで養女として暮らしている。

家の主の第二妻（推定六八歳）が率いる集団②は総勢八人である。第二妻は家の主の従妹にあたる。この第二妻の部屋には、孫（長女の前の夫との子で五歳と三歳）、第二妻の養女（一〇歳、四歳）、そして息子の妻（二七歳）とその子（二歳）の七人が同居している。家の主の第二妻にはほかに三人の子がいたが死亡した。

家の主の第三妻（推定四五歳）が率いる集団③は、総勢九人である。彼女の部屋には、出産後に里帰り中の娘（二一歳）、その子（六歳、三歳）、そしてほかの第三妻の三人の子（一一歳、六歳、家の主が七〇代後半のときに誕生した末っ子の三歳）の六人が同居している。

最後は寡婦となって出戻ってきた家の主の姪（推定六〇歳）が率いる総勢四人の集団④である。彼女は家の主の腹違いの兄（Y27の前の家の主）の娘である。寡婦になったあとフィヒニに戻ってきたが、彼女の父がすでに死去していたことなどがあり、叔父のY24の家の主に世話になることになった。この家の主の姪の部屋には、出産後に里帰り中の彼女の娘（二三歳）とその息子（二歳）、そして別の娘の息子（八歳）が住んでいる。

かまどは、中庭の中央に一つ、そして各女性の部屋の奥にある。料理当番の女性が同居家族全員の分の料理をするときは、大きな鍋で大量の食事を用意できる中庭の中央のかまどを利用する。女性がそれぞれの部屋の中のかまどを利用するのは、自分の子どもたちなどの近親者との間で食材を調達し合って自分たちだけのための食事を用意するときである。それは、家の主が同居家族全員のための朝の水粥や間食の料理のために穀物やヤムイモなどを提供できないものの、自分たちだけでも食べたいときである。とはいえ、女性はつくった料理を家の主の部屋には届けるものである。また、間食であれば、良好な関係にある夫の別の妻や彼女たちが産んだ息子にもおすそ分けする場合がある。

婚姻関係と里帰りの実践の変化

Y24の家の主のように、家を大きくする第一ステップとは、妻をめとることである。フィヒニでは、妻をもつ男性のうち約四割が二人以上の妻をもっている（表3－1）。この表からもわかるように、男性は妻を徐々に加えていくため、妻の数は男性の年齢とともに増える傾向にある。しかし、老いてくると、妻に先立たれたりするので、新たに妻を加えなければ妻の数は少なくもなる。ただ、めとった妻の累計数が増え、息子たちも妻をめとれば、子孫はどんどん増えていく。

男性が同時にめとっている妻の数は、フィヒニでは四人が最多になっている。五人の妻をもつ男性の話も聞いたりはするが、現在は多くてだいたいこれくらいである。フィヒニでは、まだ四五歳の若さにして四人の妻をもつ男性もおり、彼はすでに一人と離縁済みのため、めとった女性の累計数は五人である。私の調査を手伝ってくれたジブリールによると、彼が暮らしているタマレに近い集落（チャンナイリ）では、一人の男性がめとる妻の数はフィヒニより少ないという。たしかに、家の平均的な大きさも、タマレに近づくにつれて小さくなる傾向にある。(18)

表3-1 男性の婚姻状況（2011年2月のフィヒニ在住の全284人を対象、単位：人）

	合計	35歳未満	35〜59歳	60歳以上
20歳以上の男性	120	56	46	18
妻をもつ男性	88	33	40	15
（1人の妻）	(54)	(31)	(20)	(3)
（2人の妻）	(22)	(2)	(16)	(4)
（3人の妻）	(9)	(0)	(3)	(6)
（4人の妻）	(3)	(0)	(1)	(2)
妻をもたない男性	32	23	6	3
（婚姻は未経験）	(29)	(23)	(5)	(1)
（最後の妻と死別）	(2)	(0)	(0)	(2)
（最後の妻と離縁）	(1)	(0)	(1)	(0)

20歳以下の男性で妻をもつ者はいなかった。なお、妻の数をもとにした夫婦の数は137組であり、これは、一妻（54組）、二妻（44組）、三妻（27組）、四妻（12組）の総計である。しかし、このうち24人の妻（24組の夫婦）が別居中である。22人の妻が出産後の子育て、2人の妻が病気療養のために里帰りしているが、前者には出稼ぎに行っている者もいる。本表には、男性が女性の親に婚資（花嫁代償）を渡していない2件を「事実婚」として計上している。相手の女性はどちらもフィヒニ出身で、すでに男性の子を産んでいる。一人はフィヒニの実家で子育て中であり、男性側が支払いを拒んでいるものの、男性の家の冠婚葬祭にも手伝いに行っている。もう一人は女性の叔父（父親役）が承諾しないため、男性の母方の実家（別の集落）に身を寄せている。

ジブリールは、フィヒニなどトロン地域の農村部では、男性たちがより多くの妻をめとることにいっそうのプライド（*fuhibu*）をもって取り組んでいると感じるらしい。なお、トロン地域で女性をめとるための婚資（花嫁代償）の額は、彼の集落があるタマレに近い地域より高いことで知られている[19]。

以前は、もっとたくさんの妻をもっていた男性が多かったという。たとえば滞在先のアスマー氏の長男の第一妻の父は、一〇人もの妻がいたとしてトロンでは有名である。多くの妻をもつと、子どもたちが増えて、彼自身も老いるために、孫だけではなくあとから生まれてきた自分の子の名前でさえ混乱して覚えられなくなる。「だから、近くにいる子どもに用を言いつけたいときは、名前ではなくて、「おい、来い！」とただ大きな声をあげて呼びつけるんだよ」というのが、大勢の妻子もちの老いた男性をからかう笑い話になっている。

男性の初婚年齢は以前よりずっと早くなっているという。男性はしっかりと生計を立てることができるようになってから妻をめとるべきだと考えられていた。よって、表3－1のように、二〇～三四歳で妻がいないフィヒニの男性は五六人中二三人にのぼる。ところが、近ごろは二〇歳過ぎで妻をめとる場合もみられるようになった。このような若い男性をみて、年上の三〇代後半の男性たちが「あんな若造（*nachin-bila*）が女をめとっている」とあきれて発言していたりする。

一方で、女性の初婚年齢は以前より遅くなったという。フィヒニの場合は二〇歳前後である。二〇一一年二月にフィヒニで実施した調査によると、二〇～三四歳の全女性五六人のうち夫がいないのは二人だけで、どちらもまだ二〇歳を過ぎたばかりの若い女の子だった（表3－2）。

婚姻関係が結ばれたと周囲が判断するのは、親同士の間で婚資（花嫁代償）の受け渡しが交わされたときである。これは、女性の妊娠がきっかけとなることがある。

現在の中高年の世代までは、父方の伯叔母の息子や母方の伯叔父の息子である従兄に嫁ぐ女性（*dɔyiri-paya*）は多かった。現在、フィヒニの男性に嫁いでいる一三七人の女性（別居中の女性も含む）のうち、七人が夫の従妹にあたる。男性によると、従妹とはとても仲のよい兄と妹のような夫婦になれることもある。あるいは、男性にとっては忍耐強さ（スグロ）との戦いの夫婦生活になったりもするのは、血族である従妹は男性に敬意を示してくれないからだという。なお、寡婦が夫の兄弟に嫁ぐようなことはなされていない[20]。

集落内で婚姻関係が結ばれる場合も多い。フィヒニの男性に嫁いでいる一三七人の女性のうち、二四％（三三人）がそうである。また、同じ集落の同じ親族（ダン）（血族の関係による家々のまとまり）内でも婚姻関係が結ばれている。二〇一〇年、図3－2のG－aに属するY18の家の主の息子（二二歳）は、同じくG－aのY22の家の主の妹（二一歳）をもらっている。ただ、集落内では同じ家（イリ）（あるいは、その家が属する親族（ダン）内のほかの家）に自分たちの親族（ダン）に属する血族の娘を続けて与えることを嫌うことがみられる。フィヒニのF－1に属するY2の家の主は、彼の姪をめとりたい男性の家（G－aに属するY18）から婚資を受け取らず、すでに妊娠していたこの姪はしかたなくY18の相手の男性の母方の集落に身を寄せて出産するという事件がおこった。姪を与えない理由としてY2の家の主がおおやけに主張しているのが、近年にも、すでに彼の親族（ダン）に属するY3から一人の女性をY18の家の主の別の弟に与えていることである。

表3-2　女性の婚姻状況（2011年2月のフィヒニ在住の全310人を対象、単位：人）

	合計	35歳未満	35～59歳	60歳以上
20歳以上の女性	148	56	59	33
夫をもつ女性	124	54	53	17
（里帰り中）	(13)	(12)	(0)	(0)
夫をもたない女性	24	2	6	16
（婚姻は未経験）	(2)	(2)	(0)	(0)
（死別後に夫方滞在）	(10)	(0)	(2)	(8)
（死別後に出戻り）	(10)	(0)	(3)	(7)
（離縁後に出戻り）	(2)	(0)	(1)	(1)

表3-1に記したように、本表には男性から女性の親に婚資（花嫁代償）が渡されていない場合（1件）も、女性がすでに男性の子を産み男性の家の冠婚葬祭にも手伝い行っていることから「事実婚」として計上している。

少なくともフィヒニでは、重度の知的な障がいを抱えていたり、精神的な病を患っていないかぎり、人びとは婚姻生活を送っている。たとえばある家の主の妻（三四歳）は、簡単な仕事はできても料理を自分だけでつくることが難しい程度の知的な障がいをもつ。このような女性をめとるのは、彼女の夫である家の主のようなコーランを学んだ男性であり、彼らは人を見下さないからだ、とある三〇代後半の男性は私に話した。この家では、毎日の料理をしているのは家の主の弟の妻である。また少なくとも老齢世代においては、生まれながらに目の見えない男性も妻をもっていたようである。たとえばY5で暮らす老婆（死去した前の家の主の寡婦）は「かわいそうに、私の友達」という表現の通称でよばれている。それは彼女の血族たちが、彼女の母の叔父である目の見えない血族の男性（亡き夫）に彼女を嫁がせたからである。

近年のガーナ南部への出稼ぎの増加は、婚姻関係の結ばれ方に変化をもたらしている。若者世代の初婚相手との出会い先は、アクラやクマシが多くなってきたのである。ただ、女性が夫のもとを去ったり、死別したりして再び別の男性に嫁ぐ場合においては、父親や兄たちが相手を探すことは今でも多い。

出稼ぎは、女性が夫方で出産したあとの実家への里帰り（*doy'kana*,「産んで来ること」の意）のあり方にも大きな影響を及ぼしている。

女性は、一～三人目の子まで、それぞれ出産したあとの二～三年は実家に里帰りできることになっている。この時期の乳幼児はいろいろな病気にかかり、死の危険性が最も高い。よって、里帰りは「女性を子育てに専念させるため」というのは非常に理にかなった説明である。こうして、子どもの誕生の一週間後におこなう命名式（スーナ）の日、その子を出産した女性の実家から女性の兄などが里帰りの承諾を求めにお願いにやってくる。現在、フィヒニの男性に嫁いでいる一三七人の妻のうち二四人が里帰りしているが、病気のために実家で療養中[21]の二人を除く二二人がこのようにして出産後に里帰りしているのである。

ところが、女性たちは、子が乳離れをする二歳ごろになるとすぐにアクラやクマシへ出稼ぎに行くようになった。そして、なかなか戻ってこないと思ったら、なんと別の男性の子をはらんでいた。こうして「出稼ぎで男も女も相手を失ってしまう」ことは社会問題になっている。このため、夫方は最初の子の出産後は里帰りをさせても、二人目の子の出産後は許さなかったりするようになってきているという。さらには、女性が最初の子どもの出産後の里帰りから戻ってきたらすぐに家で彼女に料理を担当させる家もでてきている。こうして、男性は、ガーナ南部に雇われ耕作の出稼ぎに行ってお金を手にすることで、妻がはやく料理道具一式をそろえることができるよう里帰りから戻す際に支援金（*kupzoo*）を渡し[22]、また、彼女が戻ってくる日に合わせて先送りしていた結婚式を開催する（写真3-2）。

しかし、女性からすれば、里帰り中に出稼ぎに行くことを責められる筋合いはない。ほとんどの女性が里帰りを望むのは、姑や小姑がいる夫方は子育てが不慣れな彼女にとって大変居心地が悪いからである。さらに、夫方にとどまり、少なくとも三年の期間を空けずに次の子を妊娠してしまえば、今度は「女が我慢できなかった」と非難される。女性が子どもをしっかりと育てあげる前に自分の欲求を満たした、大変恥ずかしい行為として考えられているのである。よって、妻は里帰りをするわけだが、それは女性にとっても決して心休まる期間にはならない。男性は、妻が里帰り中に別の妻をめとることが多々ある。三〜四年後に妻がようやく実家から夫の家に戻る頃には、夫が新たに加えた妻はすでに妊娠し、出産していることがある。そして女性が夫方でまた妊娠し、出産して実家に戻れば、またその間にもう一人の妻が夫の家に戻り妊娠する。だから、里帰り中の妻は、ちょくちょく夫に会いに行ったり、雨季に夫が開拓地に行って耕作する場合、ついて行ったりもしている。しかし、こうして夫と一緒に過ごす時間を増やして妊娠すれば、里帰り中に我慢できなかったとまた非難の対象になる。だから、むしろ出稼ぎに行くのだと、二人目の子を産んだ二九歳の女性は私に話した。

写真 3-2　女性（Y24 の家の主の第一妻の孫息子の妻）が第一子の出産後の里帰りから戻り結婚式がおこなわれた当日、その日までに彼女がそろえた料理道具の一式が彼女の義理の母親の部屋に並べられた。フィヒニにて 2010 年 4 月 10 日撮影。

妻が加えられていく経緯

その男には一人の妻しかいなかった。彼女は大変やさしく、毎年、夫の畑を手伝ってくれるため、男は広い土地を耕作することができた。男は妻のおかげでたくさん収穫をし、とうとうある年、作物を売ったお金を婚資にして、もう一人の女（妻）を加えることができた。そして、その翌年の耕作期のことである。男は、毎年のように彼の妻（第一妻）が手伝ってくれると思って広い土地を耕した。しかし、彼女は畑に来てくれる様子もない。そこでなぜか尋ねてみた。すると彼女はこう言った。「私はあなたの畑にシアナッツを拾いに行くときでさえも、あなたの作物の芽をいちいち踏みつけるように心がけているくらいよ」

これは、三〇代の男性が、男が妻を加えたときの女性（ここでは第一妻）の変化を私に説明するためにもちだした寓話である。彼が強調したのは、話に登場する男が女心に無知だったことではなく、「女の豹変ぶり」についてだった。妻は一人だけでいいという男性たちもよくいる。とくに、結婚したての若い男性たちはそう話す。また、フィヒニで妻が一人だけの中年の男性（Y6とY18の家の主）もそれぞれ、妻が多いと問題が多くなって大変だから二人も要らない旨を私に話した。

しかし、なかなかそうもいかないようである。男性の友人たちは次々に妻を加えていく。そして、彼らは、妻が一人だけの男性をそっとしておかない。「一人しか女（妻）がいないなんて、まるでおまえは独身男（*dakɔli*）みたいじゃないか」と、妻は一人でいいと考えている彼をからかい、挑発する。この「独身男」という表現には精力が弱いという意味も込められている。こうして、男性は妻を加えていくことになる、と話したのは三〇代に入ったばかりの若い妻である。

「男が妻を加えるのは、妻が一人では毎日の家事仕事が大変だから」という説明も、男性と女性のどちらからも聞くことができる。これを初めて耳にしたのは、チャンナイリで暮らすジブリール（三六歳）からだった。「俺の女（彼の唯一の妻）は「もう一人の女を加えて」って俺に頼んでくるほどだよ。彼女はとても大変だ。毎日料理して実家にも戻れないんだから」と話した。実際、女性が嫁ぎ先で料理を任されるようになり、もし、稼ぎ先で料理を担当している妻が彼女一人だけならば、彼女はなかなか実家に帰れない。たとえ親に会いに行きたくても、料理の任務を怠ることは夫方での非難の対象になる。しかし、家に彼女のほかに妻がいれば、自分が料理の当番ではない日に、彼女は親に会いに実家に戻ることができるのである。また、ジブリールによると、彼の妻は、集落のほかの女性たちがタマレで雑貨を買い付けて集落や定期市で売って稼いでいるのに、彼女は家事仕事に追われてそんな時間がないと不満を言うらしい。だから、ジブリールは「妻のために」二人目を探しているとのことである。

とはいえ、夫が妻を加えることを憎む声を女性たちからさんざん聞いていた私は、ジブリールの妻の真意がわからず困惑した。よって、トロンの滞在先に戻り、中庭にいた妹たちにこの話をしていた。すると、中庭で夜の練粥のスープを料理していたアスマー氏の六〇歳を超える第一妻は、じれったかったのか私の声をさえぎってこう言った。「ユカ、ダゴンバ（ダグバンパガ）地域の女は誰だってね、男が女を（自分のあとに）加えるときは心（*suhi*）が戦うんだよ（*zabrimi*）」と言った。

女性は、夫が自分のあとに妻を加えるとき、もはや夫と一番近い関係でいられなくなることを知る。第一妻であれば第二妻が加えられるとき、第二妻であれば第三妻が加えられるときである。この新たにやってきた妻は、彼女が妊娠するまで夫の部屋に自分の荷物を置いて暮らす。よって今まで夫と最も近い関係にあった妻は、この新たな後輩妻に大きな嫉妬心（*nyuli*）を抱く。しかも、先輩妻には、まだ夫との関係を「楽しんでいない」この後輩妻に夫を譲り、忍耐強く振る舞わなければならないという規範が課されている。こうして、先輩妻になった女性は、実家に戻って新たな女が夫の家にやって来たことを母親に話し、母親の部屋の中で涙を流したりしているのである。

夫が別の女性を妻として加えることを伝えると、反対の意を表明する妻もいる。男性たちは、このような女性を自分のことしか考えていない「悪い女」（*paɣa' biɛɣu*）という。まだ子を産める年齢にもかかわらず、寡婦になったり、離縁したりして実家に戻っている女性をめとってやることこそ「男」である。そして、反論を止めない妻をぶったりする男性もいる。だからか「友達が増えて、自分の子どもが増えるからいいわ」などと、規範的に語ってみせる若い妻もいる。妻同士が友達のように仲がよく、別の妻の子も自分の子であり、自分の子も別の妻の子であれば家内は安泰である。しかし、だいたいそうはいかない。とはいえ、妻たちはどんなに不仲であろうとも、客人の前、そして冠婚葬祭で親族や近所の家を訪問するときは、まるで姉妹のように並んで仲よく振る舞うことができている。そして、家の中でも、ときに中庭をステージ空間に激しく言い争いをしたり、不満や嫌味、怒りを特定の相手や不特定多数に向けて発しつつも、冗談の言い合いや他愛のない会話を互いに積極的におこなうことで、困難な共同生活を日々継続させているのである。

今日、とくに初婚においては、親ではなく、女性自身がその相手を最終的に決めていることはすでに述べた。この際、女性が第二妻や第三妻として嫁ぐことを選択する場合も多く、その理由もいろいろある。たとえば、トロンのある女性（二三歳）は、自らの意思で五〇代近くの男性に彼の三番目の妻として嫁いだ。同世代の姉妹たちは「二人目ならまだしも、あんな歳をとった男（*nin'kurugu*）の三人目になるなんて」と彼女を挑発する。すると、彼女は、夫となる男性が彼女に与えた腕時計（女性たちの間で流行中であり、時間を確認するのではなく正装時の装飾用）を自慢して、経済的にほかの男性より秀でていることを主張した。また、新たな妻として迎えられる女性は、先輩妻たちに対して夫から一番かわいがってもらえる特権的な地位をもつことをよく知っている。そのとき、将来、夫が彼女のあとに別の妻を加える可能性を心配してもしかたない。加えて、たとえ若い男性の初婚の相手になったとしても、女性が「幸せ」になるとはかぎらない。「若い男は忍耐強くないため、すぐに女（妻）をぶつ」というのが、よく聞く若い夫たちへの評価である。

複数の男性に嫁ぐ女性たち

婚姻関係の解消は頻繁に起きている。それは、女性が夫の家を去ること、そしてその後に別の相手のもとに嫁ぐことで決定的になる。

女性たちは、自ら夫の家から出て行くことが多々ある。たとえば、夫が「不当にも」自分の喧嘩相手の別の妻をかばうときや、自らを敬うべき夫の甥など「子ども」にあたる夫方の年下の男性から侮辱されたときである。また、忍耐強くない男（夫）が、言うことを聞かず生意気な口をたたく彼女に腹を立ててぶつときである。こうして、出ていった女性が夫の家に自発的に戻らなかったり、しばらく経っても夫方の男性たちが彼女の父親に謝罪しに来ず、彼女の父親が夫を呼びつけても夫がやって来なければ、徐々に離縁したとみなされるようになる。二〇一〇年七月、フィヒニのある家の娘が彼女の嫁ぎ先の隣の集落から夫にぶたれたという理由で帰ってきた。これが初めてではないらしく、彼女の異母兄は、夫側が謝りに来ないかぎり戻らないように彼女に言った。ところが、数日後には彼女は自分で夫の家へと戻ってしまった。彼女の異母兄は、彼女の夫である「若造（ナチンピラ）」がいかに忍耐も礼儀もないかを私に説明した。

　女性にとって、夫方を去るのは決して楽な選択肢ではない。出戻っても肩身の狭い思いをするからである。近所、血族から後ろ指をさされ、家ではもともと折り合いが悪い、自分の母ではない父の別の妻や異母兄弟から面と向かって嫌味を言われる。彼女の父親や兄弟たちは、居場所がない「彼女のため」に、再び彼女が嫁ぐ相手を探す。だから、男性のほうも出戻っている女性を第二妻、第三妻としてめとり、子を産ませてやることを「人助け」として語ったりするのである。この際、前の夫側が婚資（花嫁代償）の払い戻しを求めるようなことは通常はない。額がさほど高くないこともあると考えられるが、男性たちによると、前の夫は女性との関係を楽しんだわけだし、女性がすでに男性の子を産んでいたら、その子どもは夫方のものである。また、そんなことをすれば互いの家の関係性が悪くなるという。こうして、女性が別の男性に嫁いだときに、前の夫との離縁はようやく「完了した」とみなされるようになる(23)。

　ただ、出産の能力を失った女性は、夫の家を去る選択肢をとることがかなり難しい。寡婦になったのではないにもかかわらず、夫方を去り、実家に出戻って暮らしている女性に対する世間の目は厳しいなか、出産能力のなくなった彼女を新たにめとってくれる男性はめったにいないからである。だから、中年期に入った女性は、たとえ不満をもっていても、夫が死ぬまで夫方で辛抱強く努めることを選択しがちである。

　一方で、女性は寡婦となって出戻っても、まだ出産できる年齢にある場合は、自分が望まなくても再び嫁ぐことになりがちである。彼女の父親や兄などが新たな相手を探すのである。「私はもう嫁ぎたくないって言ったのに、父親がここに嫁がせたのよ。結局は子どももできなかった」と話すのは、フィヒニのある男性の第一妻である。彼女は、夫も離縁していたために夫の第一妻になったのだが、もう子を産むことができなかった。そして、彼女のあとに加えられた第二妻が息子一人と娘二人を授かった。このため、彼女は第一妻なのにもかかわらず、夫の家での居心地が悪い。

若い女性は、数年たっても夫との間に子が生まれないとき、彼のもとを去って別の男に嫁ぎに行く。原因が女性の側にあると思われる場合でも、出産できる年齢であるかぎり、離縁し、別の男性との妊娠を試みることを繰り返すのである。二〇〇九年の二月、フィヒニのある家には、子に恵まれず、三人目の夫の家を去り、実家に出戻っていた女性がいた。すでに四〇代半ばに入っていた彼女は、その年の一二月に近隣の集落を治める老いた君主の妻になった。「彼女もほっとしただろう」と人びとが話すのは、この君主が彼女が抱える問題とともに彼女を引き取り、彼女に居場所を与えてくれたからである。これで彼女の婚姻歴は最後になり、彼女は夫が死んだときに堂々と寡婦としてフィヒニに戻ることができるのである。

生殖能力が乏しい男性は、嫁いできた妻を自分のもとに引き留めることができない。フィヒニには、妻を迎える適齢期をはるかに過ぎても妻をもたない男性がいる。うち重度の知的な障がいを抱えている男性と精神的な病を患っている男性を除いた残りの男性らは「独身男」（*dakoli*）の部類に入れられている。親や兄などから強要されて一度は女性をめとったりすることもある。しかし、嫁いできた女性たちはすぐに「逃げだす」。こうして、彼の問題が周りに知れ渡ってしまう。また、多く子を産みたい女性は、男性の精力が弱くなったときにも去っていく。このような男性の親や兄弟たちは、彼にさまざまな薬を試させて彼の問題を解決しようとする。

男性に妻子がいるかいないかは、家（住居）を受け継ぐべき長兄として、また血族の年長者としての彼の地位に影響を与えるべきではない。むしろ、彼が恥をかいて自らを殺めてしまわないように近親者は注意を払うものだといわれている。しかし、小さな子どもたちは残酷な言葉（*yol'kpiuŋ-lana,*「死んだ男性器のもち主」の意）を彼に投げかけてからかう。そして、彼は、何を言っても許される仲として認められている関係（*dachehili,*「冗談関係」の意）にあたるこれらの年下の従弟妹、または兄弟姉妹の孫たちに腹を立ててはいけないことになっている。「独身男の死は、タバコの葉摘みのようなもの（*Dakoli yi kpi tabili ŋahigi*）」とは、妻子をもたない生涯独身の男性の集落における肩身の狭さを私に教えるために、滞在先のアスマー氏がもちだしたことわざである。これは、タバコの葉は食べ物でもないからうまく摘んでも摘めなくても差し障りはない、つまり、独身の男性が死んでも誰（いるべき妻子）の人生にも影響はない、だから葬式も手間がかからないという意味である。

こうして、生殖能力が乏しい男性に与えられてきた選択肢とは、極めて生き辛いこの状況にひたすら耐え続けることか、生まれ故郷を離れてガーナ南部へと出ていくことである。子を欲する女性たちこそが、女性に子を産ませることができない男性たちの居場所を失くし、一方で、子を多く産ませることができる男性たちの地位を上げてきたのである。

女性が子を増やしたい理由

すでに明らかなように、男性たちだけではなく、女性たちも多くの子をつくることに意欲的である。複数の女性をめとった男性たちは、妻がそれぞれ求めてくるから大変だと話す。また七〇代の男性でさえも、子が欲しいと懇願する、まだ若く出産能力がある妻のためにさまざまな薬（インド製の「バイアグラ」を含む）を試したりしている。農村部の女性たちがより多くの子を欲しがるのには次のような理由がある。

第一に、子は成長すれば女性の日々の生計を助けてくれる。娘は母親の日々の家事仕事を手伝う。そして、息子は母親のために作物をつくってくれる。

第二に、子の存在は女性の将来の身の保障につながる。息子が夫の死後に家を受け継げば、夫の家にとどまることができる。そうでなくても、息子と一緒に実家に戻ることができれば、土地を兄弟からもらって自分と息子で家をもつことが可能になるかもしれない。そして、たとえ一緒に暮らすことができなくても、また娘、息子にかかわらず、子は彼女を経済的に支援する存在である。一人の子のできが悪くても、別の子のできがよければよい。多くの子を産むに越したことはないのである。

第三に、乳幼児死亡率が低下したとはいっても、子どもの死はまだ日常的な出来事である。フィヒニでも、すでに二～三人の子を乳幼児のときに失くしている三〇代の女性がいる。産んだ子の大半が死んでしまった老齢の世代の女性もまだそばにいる。そして、子を失った女性は、彼女自身が超自然的な力で自らの子の「肉を食べた（殺めた）」のだと周囲から言われることさえある。[24] このなか、現在の出産・子育て世代の女性の我が子の死への恐れは継続中なのである。

第四に、女性がより多くの子を欲しがるのは、出産すると夫が喜び、また、子を介して夫とより近い関係を築くことにつながるからである。

第五に、家のなかの女性の地位は、夫の長男を産んだかどうかだけではなく、子の数でも決定する。子が多いほど、彼女の派閥が大きくなり、彼女の力が増大するからである。

第六に、料理の負担をめぐり、子の数が少ない女性は、日々、不当な思いをする。複数の妻たちが料理当番になっている大きな家では、料理の担当は二日交替と平等である。しかし、自分の子の数がほかの妻の子の数より圧倒的に少なければ、料理をすることは、自らの労力と手に入れた作物や現金で実質的に別の妻の子を食べさせることを意味するからである。あとから嫁いできた妻は子どもが少ない傾向にある。夫はこうして「子どもが少ないのに」と不満を述べる彼女を経済的により支援することになるのである。

同じ男性に嫁いでいる複数の妻たちは、互いにどちらが夫の子をより多く出産できるかで競争している。妻は料理を担当する日の夜、夫の部屋で寝る「特権」をもつ。先述のとおり、料理当番はどこの家も二日交替で順繰りに回すことになっている。しかし、問題になるのは、妻たちがまだ料理を担当していないとき、また同じ家で彼女たちの夫でない別の男性に嫁いでいる妻も料理当番をしているために、同じ夫をもつどの妻も料理をしない日が生じるなど、自分も夫の別の妻も夫の部屋で夜を過ごす特権をもたないときである。この場合、どの妻が夫の部屋で夜を過ごすのかをめぐり妻同士の間で争いが発生する。日毎ではなく、夜中に交代するという合意がなされる場合も、先に夫の部屋に行った女性が夜中のいつどきに別の妻に譲るのかでトラブルが起こる。

妻同士の関係性がとくに悪化するのは、先輩妻より後輩妻のほうが先に男児を産んだとき、またより多くの子を産んだときである。「さんざん（父の第一妻から）邪魔をされたにもかかわらず私の母（第二妻）のほうがより多くの子を産むことができたのよ」と、後から嫁いだのにもかかわらず先輩妻より多くの子に恵まれたある女性の娘は彼女の母を称えた。ただし、子に恵まれた後輩妻の長男は、自分の母ではない父の別の妻たちとも仲よくしたほうが身のためである。よく部屋に行って挨拶をしたり、冗談を言い合ったりすることは、彼が嫌われることを防ぎ、彼を死にいたらしめるような災いを回避することにつながる。彼が自分の母ではない父の別の妻たちからも、彼女たちが時折つくる間食を分け与えられているのならば、それは彼がうまく立ち回っていることを示しているのである。

男性と女性が他者の子を得ること

農村部の男性と女性にとって、生物学上の子（*bi'doyro*,「産みの子」の意）だけではなく、他者の子を得ることも労働力の確保と地位の向上のために重要である（表3‐3のno. 2とno. 3）。子どもは、性別にかかわらず基本的に夫方のものである。よって、子を産んだ女性や彼女の実家の意思にかかわらず、夫と夫方は子を彼らの血族などに与えることができる。

男児の養子は「もぎ取られた子」（*bi'tohiyirili*）と表現される。男児の労働力を必要とする男性が、兄弟からその息子の一人を与えてもらうのである。また、男児は、その父の死をきっかけに、父の兄弟（父方の伯叔父）などによって引き取られることが多い。男児の母は、その子がまだ乳飲み子の場合は彼女の実家に連れて帰ることを一時的に許される。しかし、幼児に成長する頃に、亡き夫の血族の男性が取り戻しに来るのである。しかし、その頃には、男児の母は男児を実家に残し、別の男性に嫁いでいるものである。なお、Y24を含め、フィヒニの各家でウシの世話をしている全一五人の男児のうち五人は養子である。「養子はよいよ。子どもが多いと家が大きくなるからね」とY24の家の主が説明したように、男児の養子は息子と同様に家の主の地位の向上につながる。[25]

母方の養子になる男児（*mayili-bia*,「母の家の子」の意）もまれではない。図3‐4のY24において、家の主の姪（六〇歳）の部屋で暮らしている彼女の孫息子（八歳）は、彼女の娘が「私（家の主の姪）が夜寝るときに寂しくないように」と彼女のためにおくってくれた男児（マイリビア）なのだという。この娘による計らいは、子の父である娘の夫と夫方の許可を得

表3-3　生物学上の子ではない子の養育・獲得状況

no.	子を養育中、また獲得した家の成員	子との親族関係	子の数（人）		
			男	女	合計
1.	ほかの家の子を一時的に養育	（小計）	5	11	16
	家の主とその母、また姉妹	血族の子	3	2	5
	家の主／傍系血族の男性とその妻	孫・曽孫	2	7	9
	家の主／血族の男性の妻	妻方の女児／家の主の姻族	0	2	2
2.	ほかの家の子を自分の子として獲得	（小計）	31	61	92
	家の主／傍系血族の男性	血族の男児	20	0	20
	家の主の姪	孫息子	1	0	1
	家の主／傍系血族の男性と母	血族の女児	6	11	17
	家の主／傍系血族の男性と妻	孫・曽孫	4	1	5
	家の主の異母	妻方（亡き父）の女児／家の主の姻族	0	2	49
	家の主／血族の男性の妻	妻方の女児／家の主の姻族	0	47	
3.	同じ家の子をその母以外の女性が自分の子として獲得	（小計）	21	4	25
	家の主の母	息子の妻の子（息子や妻が死亡）	6	1	7
	家の主の母	息子の離縁した妻の子	3	0	3
	家の主の母	息子の妻（同居中）の子	0	1	1
	家の主の妻	家の主と死別した別の妻の子	3	2	5
	家の主の妻	家の主と離縁した別の妻の子	8	0	8
	家の主の妻	家の主の別の妻（同居中）の子	1	0	1
		合計	57	76	133

2011年2月の人口をもとに作成。ここでの「養育」とは、親が出稼ぎなどで今現在養育できないために、その子どもを一時的に預かって育てることを指す。これは、子どもが「今だけ居る」のか否かの質問と、預かりの状況の聞き取りをもとに判断した。

てなされる。夫方にとっても、男児が少なくないかぎり、姻族へ男児を与えることは良好な関係づくりのためによいことだとされる。また、妻方が技能の継承を確実にする必要がある楽師（*baansi*）の家系の場合にも、夫方は妻方へと頻繁に男児を与えることが知られてきた［Oppong 1973: 48］。この実践は現在もみられる。二〇一一年二月、フィヒニのY8の家の主は孫息子を家の主の亡き妻（男児の祖母）の実家であるトロンの歴史の語り部（*lunsi*）の家へ与えた。

ただし、なんといっても、養子になる女児（養女）の数は、男児と比べて圧倒的に多い。養女とは、ほとんどの場合[26]、嫁いできた妻が実家から連れてくる（表3-3の「子との親族関係」の「妻方の女児／家の主の姻族」）。妻にとっては、養女はたいてい兄弟や従兄弟（父方）の娘、すなわち姪（*pringa*）にあたり、これは、養女にとって、養母が父方の伯叔母（*priba*）にあたることを意味している。たとえば図3-4のY24でも、家の主の第一妻の長男の第二妻が一人、三男の妻が一人、家の主の第二妻が二人の養女を妻方から連れてきて一緒に暮らしている。養女は、妻が実家に戻って嫁ぎ先に連れ帰ることから「ジンクナ」（ʒin'kuna,「（頭上で）運び帰ること」の意）とよばれている。

女性は実家から姪たちを得る一方で、自分が産む娘においては夫の姉妹や従姉妹などに与えなくてはならない。女性は初産で産んだ娘[27]をたいていは手放すことになる。あとから産んだ娘たちでさえも、娘を多く産めば、また夫方の女児の需要に応じて取られてしまうことがある。たとえ女性が夫の家を去るとき（離縁）も、夫との間の子を夫方に残さなくてはならないし、ましてや既に夫の姉妹から取られた娘を取り返すことなどできない。一方、「養女（プリンガ）だけは妻の荷物を彼女の頭にのせ運んで妻のあとをついてくる」のであり、養女は「女性が唯一自分のものとして所有（ス）する子どもだ」と説明される。

より多くの養女を実家から連れてきている妻は、別の妻とその息子たちから家の食い扶持を増やしているとして非難を受ける。しかし、自分の産みの子だけではなく、養女の数が多いほど、家で彼女の味方も多いことになる。そして、女性にとって養女を獲得することは実用的な意味でやはり重要である。女性が姪を引き取るのは四～五歳ごろであり、これは「父方の伯叔母（ブリバ）を手伝うことができるくらい成長したから」だという。養女は、父方の伯叔母の労働を助けるために彼女のもとに来ているのであり、生物学上の娘が同居している場合も養女のほうが真っ先に彼女の母親となった女性の日々の家事や小売りの仕事を手伝うことになっている。こうして、フィヒニやトロンで母親の使いとして商品を並べたおぼんを頭にのせて家々を回っている少女はたいてい養女なのである。父方の伯叔母のもとで厳しく育てられた養女は、何でもできるようになり、嫁ぎ先でも苦労しない。これは、養女自身が、養女にならずに産みの母のもとで甘やかされて育っている従姉妹たちを横目に恨めしく思いながら自らについて語るプライドである。

養女（プリンガ）は彼女の父と彼女を育てた父方の伯叔母の関係を長期に渡って結ぶといわれる。この養女が嫁いで子を産み、里帰りするときも、産みの母のもとではなく自分を育てた父方の伯叔母のもとに帰らなければいけないことになっている。しかし、娘を姉妹に与えたくないと考える男性たちがタマレやタマレ近郊では増えているらしい。タマレ近郊のチャンナイリで暮らすジブリールは「女はかつては養女（プリンガ）を最も愛していたけど、今はそうではない。女は養女には休む間もなく働かせ、自分が産んだ娘だけ学校に送ったりする。だから俺は姉妹には自分の娘を与えないと決めている」と話す。実際、ジブリールが指摘するような傾向はみられる。しかし、フィヒニやトロン、またタマレでも、養女として父方の伯叔母に引き取られた女児が小学校に通っている場合もある。伯叔母の側としてもできるかぎり姪に学校教育を受けさせたほうがよいと判断することもあるからである。

なお、子は、別の家で暮らす女性ではなく、生まれたその父の家で、産みの母ではない別の女性の帰属に変更されることもある（表3-3のno.3）。これは、子と一緒に暮らしていた母が死んだり、離縁や子の父の死によって子の母が実家に出戻ることで、子の父や祖父など家の主が家の別の女性にその子を与えるのである。また、子の産みの母が同居しているのにもかかわらず、子の父や祖父などが同居家族の「団結」（*nangbanyini*）のためだとして、同じ家の別の女性へその子を与えることもある（フィヒニでは二軒で確認）。

たとえば、Y18の家の主の母の部屋で暮らしている女児（六歳）である。彼女は家の主の第一妻の娘だが、家の主はこの娘を同じ家で暮らしている彼の母に与えた。これが意味するのは、この女児に用事をいいつけることができるのは家の主の母であり、同じ家で暮らすこの女児を産んだ家の主の第一妻ではないということである。

また、子が、父の別の妻やその娘（異母姉）など、その子の産みの母や子自身とライバル関係にある者に与えられることもあり、これはもはや単純には「団結」とは表現できない非常に複雑な人間関係を家内に生みだしている。たとえば、フィヒニのある家の三〇代の男性である。彼は幼少期のある日、父（家の主）に産みの母の第一妻ではなく彼の父の第二妻の部屋に移り住むよう告げられた。家の主は、多くの息子を授かった第一妻の次男であるこの男性を、息子を授からなかった第二妻へ与えたのである。以降、お腹が空いたときに食事を与えてくれるのも、産みの親（父の第一妻）ではなく第二妻になった。この息子は成長して一人部屋で暮らすようになったが、現在にいたっても彼が経済的に支援すべきは産みの母（父の第一妻）より、育ての母（父の第二妻）になっていて、彼は二人の母親の間で板挟み状態にある。

さらに、この家の主は、第三妻の娘を第一妻の娘（異母姉）に与えている。私は雨季のある日、第三妻の部屋に見慣れない女の子がいることに気がついた。誰かと尋ねると、彼女自身が産んだ娘であり、第一妻の娘（ほかの集落に嫁いでいる）に取られたが、少しだけ帰ってきているのだという。「布切れがあるからこの子に服をつくってあげたいけどね、できないんだよ。そんなことしたら、子を取り返す気なのかいって言われるからね」と、ドアの隙間から第一妻の部屋を見ながら不満を漏らした。女性たちによると、このように家の主が彼の妻同士の間で子どもの帰属を変更することは、家の主／夫の死後に子の属性をめぐって問題が発生するために不評である。これもあるのか、家の主によるこの手の団結の行使はかつて活発だったが、現在はあまりみられなくなっているという。

「小さな家は大きな家よりよい（*Yili din pora gari yili titali*）」ということわざは、一夫多妻の大きな家には互いに利害関係にある女性と子どもたちが寄り集まっていて、問題ごとだらけのなかで複雑な関係を築くことで共同生活を営んでいることを説明している。そして、それにもかかわらず、大きな家はやはり小さな家より素晴らしいと考えられていることを逆説的に言いあらわしているのである。

第三節　「家計」規範と仕事の分担

前節では、男性には、より多くの妻をめとり、子孫を増やし、家の主として家を大きくする「男」としての規範が課されていることを述べた。しかし、男性に課されているのはこれだけではない。男性一般にとっては妻子や母親などの近親者、そして家の主にとっては彼の家に寄り集まる人びとの全員が、彼の「扶養家族」（*malibu*, ここでの *mali* は「維持すること」の意）だと表現される。すなわち、男性は生殖能力だけではなく、近親者や同居家族を食べさせることが求められていて、彼らはその能力でも評価されている。

家の主が同居家族を食べさせることとは、同居家族の構成の複雑さや規模の大きさにかかわらず、同居家族を日々の食事における一つの共同の単位として成立させることを意味している。この説明として人びとがもちだすのが、先述した「団結」を意味する「ナンバンイニ」(*nangbanyini*) という語であり、狭義には文字どおり「一つ」(*yini*) の「口(くち)」(*nangban*)、「共食」を意味している。この「共食」とは、「私たちは一つの鍋で料理をしている (*Ti duyri la duyu yini*)」という言い回しでも説明されるように、同じ家の複数の女性たちがそれぞれ手に入れた食材を使って個別に用意した料理を持ち寄り分け合って食べることではない。家の主のもと、同居家族の全員が「一つの単位」として食料の生産と調達を協力し合い、日々の食事で料理当番の者が全員のために調理をして、できあがった料理を同居家族全員に分けて配ることを指している[28]。

　食料の生産と調達は冠婚葬祭を実施するためにも必要であり、これが日々の食事のための食料不足をもたらしている。家でその年に冠婚葬祭を開催することは、客人に振る舞い、集落のほかの親族や近所の家々に配る料理を用意することになり、生産した食料が大量に使用され、一気になくなってしまうからである。かつて、冠婚葬祭とは葬式が主だった。これに加えて、「呪術」を継承してきた家系では継承のための儀式[29] (*baysi-wobu*,「呪術師の踊り」の意、写真3-3) が加わる程度だった。ところが、第一章で述べたように、農村部でも三〇年前ごろより徐々にイスラム教の実践として新生児の命名式(スーナ)と結婚式(アンミリヤ)を開催するようになった (写真3-4)。とくに命名式は、子どもの誕生が頻繁なうえに「かならず」実施される行事として定着していて、料理のために使用する食材の量と費用は軽視することができない。たとえば、二〇一〇年七月一九日にフィヒニのY14で開催された家の主の孫息子の命名式では、ニワトリ (五羽)、トウモロコシ (四〇・八キログラム)、落花生 (一八・九キログラム)、日干しした乾燥オクラ (一キログラム)、唐辛子 (〇・二キログラム)、ヒロハフサマメ (四・六キログラム) に加え、キャッサバと塩、マギーブイヨンを、水粥 (命名式の朝の食事用) と練粥とそのスープ (命名式の前夜と命名式の昼の食事用) のために使用した。トウモロコシと落花生の粉砕代 (三セディ) もかかっている。これに加えて、最近では米料理を用意することも多い。冠婚葬祭は、同居家族の人数が多ければ多いほど頻繁に開催することになる。葬式では、ほかの家の近親者や嫁ぎ先の娘とその夫も、負担を担うことになっている[30]。命名式や結婚式では、ほかの家の親族や友人からのお祝い金も足しになる[31]。しかし、これらの勘定と調整をして必要な穀物、家畜、そのほかの食材を集めるのは、家の主をはじめとする同居家族たちである。

家の主は、同居家族を日々の食事において一つの単位として成立させ、冠婚葬祭を実施するために、食料の生産と調達を指揮し、食事の用意をめぐる同居家族の間での役割分担の調整をおこなわなければならない。とりわけ、食料のうち最も重要な主食用の作物（穀物とイモ類）を確保することは、家の主としての最も重要な任務である。この主食作物の生産と調達がうまくいかなければ、第一節で述べたとおり、彼のもとから同居家族が次々に離散していくことになるのである。どれだけ多くの主食作物を生産できるかは、トラクター賃耕や肥料代を支払うための家の主自身

写真 3-3　「呪術」の継承の儀式。ヒョウタンを頭にのせ、さまざまな道具が入った革の鞄（*baɣ'koligu,*「呪術師の鞄」の意）を肩に担いでいる。鞄は各地から集まってきた呪術師たちが持ってきたもので、各自の知識を継承者に与える意味がある。フィヒニにて 2010 年 3 月 30 日撮影。

写真 3-4　結婚式が開催される家で親族や近所の若い女性たちが大鍋で練粥を練る力比べをしている様子。うしろでは順番の列をつくっている。フィヒニにて 2010 年 11 月 21 日撮影。

の経済力だけでなく、弟や息子たちを統率する能力にかかっている。その方法とは、家の主が自分の畑で弟や息子たちに農作業をさせることである。弟など同世代の傍系の血族の男性との複合家族で構成されている家では、それぞれ別にトウモロコシをつくって、収穫後に同居家族の全員のための穀物として合わせることもある（補遺3のY16の家の主とその弟）。また、開拓地で耕作している息子たちに、穀物とキャッサバをつくらせて、持ち帰らせるのである。そして、家の主だけではなく男性たち全員に求められていることは、耕作などで収益を得ることでそれぞれの妻子、母、祖母、姉妹、また同じ家のそのほかの血族の女性たちを食べさせ、また彼女たちが必要な支出ができるように「できるだけ」経済的に支援することなのである。

家畜を飼育し、繁殖させることも重要である。葬式では死者の身分に合わせて相応のニワトリ、ホロホロチョウ、ヤギ、ヒツジ、あるいはウシを殺さなければならない。これらは、命名式や結婚式、妻方の葬式、そして、諸問題を解決するための祖霊の弔い（*bay'yuli-malibu*）にも必要である。また、自分や息子たちが婚資などを支払えるように、いつでも換金して利用できるようにしたい。さらには、地力がすっかり低迷している現在、ウシは土地を肥やすために有用性が高い。こうして、家の主は家畜を購入し、また息子や弟たちも自らで買ったりして共同で管理することで増殖を試みている。

料理にともなう「やりくり」の負担

すでに明らかなように、家で任務を与えられているのは男性たちだけではない。水汲みと料理は、出産と子育てに加えて女性たちに任された日々の重要な仕事である。自分の部屋をもつ一人前の女性は自分の水瓶をもっていて、それぞれが娘や息子の嫁たちと水汲みをおこなっている。男性たちは、自分の妻や母親の水瓶にかぎらず、誰の水瓶の水でも使ってよいことになっている。しかし、女性同士であればそうはいかない。まれに、女性たちが水汲みの作業そのものは個別におこなっていても、それぞれの不足時に互いの水を使い合っている家もある。これが家内での女性たちの実態としての仲のよさ、すなわち同居家族の「団結」のあらわれとして説明されるのは、重い水を入れた容器を頭上にのせて運び、複数回にわたって家と水場を往復することで水瓶を満たす水汲みの仕事が日々の大変な重労働だからである。しかし、女性にとって、この水汲みよりもっと困難な仕事が料理である。

料理を担当することとは、単に調理のための労力を投じることではない。食材の調達の「やりくり」という非常に困難な責務を負うことである。主食の穀物やイモ類は、家の主が提供することになっている。しかし、練粥のスープのための具材を確保することに加え、塩、乾燥小魚、マギーブイヨンなどの調味料を購入し、製粉代を支払うことは、夫や息子などによる協力があるとはいえ、結局のところは、最終的に料理を担当する女性の責任である。さらには、家の主が十分に生産、調達できなかった分の穀物やキャッサバも、料理を担当する女性がなんとかやりくりして手に入れているのである。

すなわち、ここでの女性たちが大仕事として語る「料理の当番」(*moni*)とは、昼と夜の練粥づくりのことである。稼いだばかりの若妻たちは、二〜三人の子を産むまでは夫方で朝食の水粥を担当する。水粥はすぐに調理できるし、彼女が用意すべき材料は唐辛子だけである。しかし、子育てを二度ほど経験すると、「一人前」(*o-banya*)とみなされ、「料理する資格を得る」(*say'ya*)ことになる。こうして、女性は嫁ぎ先で老齢になった夫の母を、長年にわたって務めてきた昼と夜の練粥づくりの任務から解放するのである。

各家/世帯の料理の担当者の人数は、同居家族の規模に応じている(補遺3の「昼夜の料理の担当者」を参照)。たとえば、図3‐4の総勢四五人のY24には五人もいる(家の主の第二妻、第三妻、そして家の主の第一妻の長男の第一妻、第二妻、次男の第一妻)。先述したように、料理を担当する妻が複数いる家では、たいてい二日交替で順繰りに当番を回すことになっている。なお、妻の身分の者が一人もいない家もフィヒニには四軒あり、うち女性がいない一軒の家では家の主自身が料理をしている。

料理を担当することは、もちろん、労働量が増えることを意味している。当番の前日は練粥のためのキャッサバを木臼でついて砕き、トウモロコシとともに隣の集落の粉砕所まで運んで粉にする。料理に使う燃料も集めなくてはならない。少なくとも二〇キロメートル以上先に行かなければ木が生い茂っているような場所が残っていないこの地域一帯では、小枝やウシの糞、畑に残っている干からびたトウモロコシの茎を集めて利用するしかない。そして、料理をする当日は、中庭と庭先を掃くことになっている。こうして、朝から庭を掃き、料理と食器洗いのためにいつもより多い回数の水汲みをおこない、子どもを水浴びさせ、ときに間食を用意し、すぐに昼の練粥をつくる。そのあと食器を洗い、昼下がりにようやく自分の水浴びをする。この時間に女性に話しかければ、「朝から一回も座ってないのよ。今ようやく座ったのよ」という声が返ってくる。そして少し休憩できたら、すぐに再び中庭を掃き、夜の練粥の用意にとりかからなければならない。食後は食器を洗い、子どもを水浴びさせ、夫の水浴びのために水を汲み、夫の部屋で寝る。乳飲み子がいればもっと大変になる。また、雨季であればシアナッツを拾う仕事がある。もし自分でも畑を耕しているのなら、さらに大変である。

このように、女性が夫の家で料理をすることは、経済的な負担を負って家の者たちを「食べさせる」大きな責任を果たすことであり、家内での彼女の地位を向上させる。料理を担当していなければ、同居家族たちに敬意を払ってもらえず、年下なのに口うるさい生意気な夫の血族の男性や女性たち、別の妻の子どもたちに何か不快なことを言われても「あんたは料理をするの？」と料理妻の決め台詞を使って黙らせることができない。このために、家の主や夫の母親にせかされなくても、時が来れば自ら「私はスープの材料を買ってきました」という表現をもって、その責務を負う決意をしたことを伝えるのである。そして、料理を始めた彼女は、夫の母親や先輩妻の部屋ではなく、ついに自分自身の部屋をもつことになるのである。

男性と女性の間の支援関係

これまで、耕作の主体を担ってきた男性は妻子や母親をはじめとする近親者やそのほかの同居家族の女性たちを経済的に支援することになっていると述べてきた。その方法として、女性たちが「必要なとき」に作物や現金を与えることはもちろんある。しかし、むしろその方法はまず、男性がつくる作物の収穫や管理、販売を女性たちが「手伝ったすぐあと」（表3－4）に、作物や売上金を彼女たちに分け与えたり、実質的に自由に使わせることである。

表3-4　男性の畑でみられる性別・年齢別の作業者のパターン

	耕起	種まき・植え付け	除草	収穫	脱穀・脱皮	管理	販売
トウモロコシ	男	男・女	男	男・女	女・男（脱皮） 男（脱穀）	男	男
落花生	男	男・女	男	男（掘り起こし・引きあげ） 女・子ども（もぎ取り）	男・女（脱穀）	男	女
ソルガム	男	男・女	男	男（刈り取り）	女（脱穀）	男	—
米	男	男	男	男（刈り取り）	女・男（脱穀）	男	女・男
豆類（落花生以外）	男	男・女	男	男・女	男・女（脱穀）	男	女
唐辛子	男	男	男	女	なし	女	女
オクラ	男	男・女	男	女	なし	女	女
ヤムイモ・キャッサバ	男	男	男	男	男（皮むき）	男	男

第一に、男性は妻や母親などを畑の収穫の手伝いに呼び、作業の終了後にそれぞれに取り分を与えている。このように、作物の脱穀や皮むき（脱皮）を含めた収穫以降の作業を手伝った者に収穫物の一部を分け与える行為はダゴンバ語で「サヒブ」（*sahibu*）とよばれている。女性たちは、こうして手に入れた作物を食材として利用し、換金して足りない具材と調味料を買い、また、自身と子どもたちのためのそのほかの支出を可能にしている。男性たちは、家で料理を担当する妻が複数人いたり、料理をしていなくても母親、出戻っている父方の伯叔母、姉妹などがいる場合、責任や関係の近さなどに応じて彼女たちそれぞれに分け与える機会と量を検討し、できるかぎり公平に与えなければならない。誰かの不満が募れば、彼に問題がふりかかる可能性があると考えるからである。

第二に、男性は、自らの作物の販売を妻や母親など生計をともにしている女性に任せることで分け前を与えてきた。この際、女性は作物を売った後に許可なしに「いくらか」いただく。そして帰宅後に、夫や息子に「売上げ金」を渡すが、ボウル一杯がいくらで、それはどのような計量法だったなどと事細かく報告しないものである。男性もあえて追及しないのは、すでに母親や妻がいくらか使ったことは半ば暗黙の了解のようになっているからである。たとえ、母親や妻がそのいくらかをおやつの購入に使ったとしても、彼女たちはやりくりに苦労してスープの材料を家族のために買っているのであり、仮にいくらとったのか聞くことほど筋違いなことはないのである。

そしてこのあとに、夫や息子が、労力をはたいて自分の作物を売りに行ってくれた妻や母親に与えるのが「正式」な「分け前」（*tarli*）である。このとき、女性は、必要なのに足りず買わなければならないものを説明し、上乗せの交渉をおこなうものである。妻によっては「スープの材料がないの。(料理できなかったら)私は一体どうしたらいいの?」という具合に、夫に与えない選択肢を残さないいくらい要求的だったりする。[32]夫は妻に料理してもらわなければ困るし、たとえ妻がすでに売り上げからいくらかをとっていたとしても追及できない。こうして、男性たちは「女(妻)からはいつも騙されているんだ」と話すのだが、妻に忍耐強く努めることが男としての規範なのである。これが息子と母親の関係であれば、息子は母親にお金を上乗せするしかない。母親が息子の作物を売れば(表3-5のno. 6を参照)、その収益の一部は彼女が自由に使うべきものである。なによりも、料理のために日々疲れ果てている老いた母親をより支援することが彼の務めなのである。

第三に、男性は、家で料理を担当する母親や妻たちが副食となる野菜を十分に手に入れることができるように手伝いをしてきた。彼女たちは、夫や息子が耕した畑の周囲やその一画にスープの具材のオクラやローゼル、モロヘイヤの種をまくことで、自らで耕起と除草をせずに、その作業を夫や息子に任せてこれらの食材を収穫している。また、彼女たちは、男性が畑に自生してきたローゼルやモロヘイヤを雑草として取り除かないことでも料理に使用できている。さらに男性は、自分のため、そして妻や母親などの要望もあって、オクラを自らの落花生畑に間作したり、単作したり、また、移植や畝立て、施肥など栽培に手間暇がかかる唐辛子をつくり、彼女たちに収穫させている。たとえば、二〇一〇年の耕作期、フィヒニの各家で料理を担当する合計七四人の六一%(四五人)が、自分が収穫できる唐辛子を夫や息子、あるいは夫の弟や従兄弟など夫方の親族の男性につくってもらっていた。[33]さらに家の主のなかには、彼の家で料理を担当するすべての妻がオクラを不具合なく手に入れることができるように、妻と妻を手伝うことができる息子の組(ペア)の調整をする者までいる。たとえば、Y26の家の主は、息子がまだ幼い第三妻が収穫するために、第一妻と第二妻の二人の息子にそれぞれ別の畑でオクラを単作させているのである。

第四に、男性がつくる唐辛子とオクラにおいては、男性が生計を最も緊密にしている妻や母親に収穫を「一任する」ことでも分け前を与えてきた。そのほかの作物の収穫であれば、男性は自分で収穫を指揮することで、その量などに応じて女性や子どもたちに手伝わせ、自らで分け前の量を決定して彼女たちに直接与える。しかし、この二種類の作

表 3-5　料理を担当する女性の売買活動（Y14 の家の主の第一妻、推定年齢 66 歳）

no.	日	買ったもの（支出）	額（セディ）	売ったもの（収入）	額（セディ）
1	2010/10/6（定期市）	塩	0.5	乾燥オクラ（ボウル1杯）※本来は新鮮なまま料理に用いる「雨季用のオクラ」の日干しのため安価	1.5
		乾燥小魚（調味料用）	0.5		
		オレンジ	0.6		
		キマメ	0.2		
		バンバラマメの揚げ菓子	0.2		
		コーラナッツ	0.5		
		パン	0.5		
			3.0		1.5
2	2010/10/18（定期市）	乾燥小魚（調味料用）	0.5	乾燥オクラ（ボウル1杯）※本来は新鮮なまま料理に用いる「雨季用のオクラ」の日干しのため安価	3.0
		マギーブイヨン	0.5		
		塩	0.5		
		オレンジ	0.5		
		砂糖	0.5		
		落花生の揚げ菓子	0.3		
			2.8		3.0
3	2010/10/24（定期市）	塩	0.5	落花生（ボウル1杯）	2.8
		乾燥小魚（調味料用）	0.5		
		コーラナッツ	0.5		
			1.5		2.8
4	2010/10/30（定期市）	乾燥小魚（調味料用）	0.5	唐辛子（ボウル3杯）	9.0
		マギーブイヨン	0.5		
		塩	0.5		
		セメント（部屋の修繕用）	3.0		
			4.5		9.0
5	2010/11/3	カンワ（水粥用）	0.1	なし	
6	2010/11/4（定期市）	乾燥小魚（調味料用）	0.5	落花生（ボウル6杯）※息子の作物	10.8
		マギーブイヨン	1.0		
		コーラナッツ	0.5		
			2.0		10.8
7	2010/11/10（定期市）	乾燥小魚（調味料用）	0.5	唐辛子（ボウル1杯）	3.0
		マギーブイヨン	0.5		
		オレンジ	0.5		
		土器	0.5		
		ほうき	0.5		
			2.5		3.0
8	2010/11/16（定期市）	乾燥小魚（調味料用）	0.5	唐辛子（ボウル1杯）	3.0
		マギーブイヨン	0.5	乾燥オクラ（ボウル1杯）※本来は新鮮なまま料理に用いる「雨季用のオクラ」の日干しのため安価	2.0
		塩	0.5		
		落花生の揚げ菓子	0.2		
		砂糖	0.5		
			2.2		5.0

10 月 1 日から 11 月 16 日まで実施した聞き取りによる。Y14 の家の主の第一妻は、タマネギの発酵乾燥葉を練粥のスープの調味料として利用してないが、乾燥小魚、塩やマギーブイヨンに加えてこの調味料を買っている女性も多い。

物は料理に最も重要な食材だからなのか例外的である。唐辛子とオクラの収穫を任せられた妻や母親は、自分で必要に応じて摘み取り（収穫）したり、量に応じて、ほかの女性を収穫に招待している。そして、摘み取りだけではなく、収穫後に日干しして、そのあとも定期的に袋から取り出して天日にあて、カビが生えないように管理する。この過程で、必要に応じて料理に利用したり、夫や息子にかならずしも許可をとることなしに少しばかりでも販売しているのである。

支援の組の変遷――夫から息子へ

夫婦の生計関係は、近親者の構成が変わるにつれ変化する。夫は、妻が一人のときはその妻をかなり支援することができる。たとえば、二〇一〇年の耕作期、Y6の家の主は、めとって二〇年以上もたつ彼の唯一の妻の落花生畑の除草を手伝っていた。また、Y26の家の主の第二妻の息子は、めとって五年目の唯一の妻の落花生畑のトラクター代を出してあげるために、彼が前年につくった落花生を売ったと話した。しかし、夫が妻を加え、子どもたちが増えていくと、彼がそれぞれの妻子を支援する程度は低下せざるを得ない[34]。妻方での冠婚葬祭への出費も増えていく。しかし、男性の第一妻の息子が成長すると、この息子が代わりに母親である彼の第一妻を支援できるようになる。このように、夫が第一妻ではなく、あとから嫁いできた第二妻、あるいは第三妻とより緊密な生計関係を築いているのは、あとに加えた若い妻のほうが「お気に入り」だから、という単純な話ではないのである。

夫が最もあとに加えた妻は、夫の世話をすることで、夫と最も緊密な生計関係を築く特権をもつ。彼女が「水の主」（*komlana*）とよばれているように、この妻は夫に飲み水を持っていくこと、そして彼の衣類を洗濯し、部屋の掃除をすることを任されている。これは、夫や先輩妻が後輩妻をこき使っているのでは決してない。後輩妻がこの仕事を通して先輩妻より頻繁に夫の部屋を出入りし、より長い時間、夫と接することは、夫の先輩妻より経済的な支援を受けることができる機会が与えられていることを意味しているのである。だから、最後の妻より一つ先に嫁いだ妻は、「水の主」の地位を明け渡そうとしなかったりする。最後の妻が怠けているとして、彼女がいない間に溜まった夫の服の洗濯をしたり部屋の掃除をすることで、妻同士の間で争いごとが起こることもある。

しかし、先輩妻にも夫を独占する機会はある。妻は料理をした日の夜に夫の部屋で寝る権利をもつ。このときに子どもたちについて話をしたり、スープの具材を買うお金がないこと、息子が支援してくれないことを話したりして、なんとかして夫からより多くの支援を引き出そうとする。これが、女性が出産能力がなくなっても料理を担当するその夜に夫の部屋で過ごし続ける別の理由の一つである。夫のほうも、こうして妻が部屋に来ることによって、たとえ彼女が彼の最もお気に入りの妻ではなかったとしても、彼女からないがしろにされていないと感じることができる。また、「枕に聞いてみるよ」という言い回しは、夫が夜に部屋で妻と寝るときに物事の相談をすることの意味である。そして、とくに家の統括にかかわる重要なことであれば、夫が頼りにするのは、たいていは先輩妻のほうなのである。

子と年下に課された役目

男性は、家の主として父親として、死ぬその日まで、彼自身が労働力をまったく投入しなくても自らの畑を耕して作物をつくることができる。息子たちが、彼の代わりに「彼の畑」として作物をつくってくれるからである。息子たちは、早朝（*danyibu*, 夜明け〜およそ七時ごろ）と夕刻時（*zaawuni*, およそ四時ごろ〜日の入り）は自由に自分の畑で働いてもよいが、朝（*asuba*, およそ八〜一〇時）と真昼（*wuntanni*, およそ一一〜三時ごろ）は家の主、あるいは父親の畑で働くことが優先である。

弟は、自分の畑をもちつつも、兄の要請があれば兄の畑を手伝わなければならない。しかし、兄が弟にそれ相応の見返りを与えるとはかぎらない。先述したが、とくに異母兄弟の間ではこのような問題が引き金になって、分家がおこったり、弟が母方へと移住したりするのである。

娘たちは母親のほうを手伝ってきた。朝は水汲みをして食器を洗う。料理の燃料用の枝や牛糞を集めに行き、小さな弟や妹を背負ってあやす。昼食後は食器を洗い、家々を回って母親の商品を売り、夕方になって足りない水をまた汲みに行き、夜の食事のあとの食器を洗う。雨季は、夜明けとともにシアナッツを拾いに出かけ、結実のピーク期は日中もシアナッツを拾い、また母親の畑の仕事を手伝う。落花生の収穫が始まれば、午前中は落花生の収穫に行き、午後は畑に残り物を集めに行く。成長すると料理の手伝いを始める。練粥づくりは簡単ではなく、筋力も技術もいる。女児は、水を入れた鉄製の容器（*garawa*）を自分で頭から地面に下ろせるようになって、そして粉のだまをつくらずに練粥がつくれるようになって一人前の女性として認められる。ところが、学校教育の浸透は母と娘の生計関係に支障をきたしている。トロンなどでは、学校へ行かせている娘に母親の家事仕事を手伝わせないような教育熱心な父親も出現している。この結果、娘は大きな鍋では練粥をうまくつくることができなくなる。そして、なにより、母親にほかの娘や養女がいなければ、母親の仕事の負担は軽減されないのである。

親たちは、親が子と縁を絶つ選択肢をもっていても、子が親と縁を絶つという選択肢はないと断言する。そして、子のほうも、親を助けることに規範以上の説明を加える。それは、死に際に親を助けなかったと親から恨み言を言われてしまえば、その最後の言葉は死者の呪い（バグユリ）となり、のちにその子に災いをもたらすことである。兄が受け継いだ本家には父親の墓があり、弟の家には分家とともに弟の家に移り住んだ母親の墓があるように、兄は父親、弟は母親の面倒をみることが習わしである。そして、娘は、嫁いだあとも母を助け続けることになっている。父方の伯叔母などのもとで養女として育てられた娘は、育ての母にも産みの母にもその二重の役目を果たすことが求められている。

子どもと老婆の自立の精神

子どもと老婆は、働き世代の近親者と暮らしてさえいれば、少なくとも昼と夜の二度の練粥にはありつける。しかし、衣服や嗜好品の購入、医療や教育のための資金は自分でなんとかしようと努力しなければ、与えてもらえるとはかぎらない。

このため、子どもたちは五歳にもなれば定期市で自ら現金を得ようとする。女児たちは、売り子として働かせてくれる商売人の女性をみつける。男児たちのなかにも商売の技術を教わりながら働かせてくれる「マスター」を探す者もいる。母親の方も、子どもたちが幼い頃から自らで働いて稼ぐことを教えていく。母親たちは、ほんの二、三歳の乳幼児を落花生の収穫に連れて行き、自分の容器をもたせ、遊びの一環としてもぎ取りの作業をさせる。これによって、母親は自分と子どものために少しでも多くの落花生を手に入れることができるだけではなく、子どもたちも自らで働き、自らの分を稼がなくてはならないことを自覚していく。そして、子どもは、運よく学校に行かせてもらえたとしても、それがいつまで許されるかはわからない。だから、子どもたちは制服のための布と仕立て代をはじめとする諸費用を自分で稼ごうと努力する。少年のなかには、休みの期間中にガーナ南部へと耕作労働者として出稼ぎに行く者もいる。そして、少女は、定期市での売り子として現金収入活動に励むだけでなく、金銭的に支援をしてくれる相手を探すこともある。

老婆も、自分で自分のことを決定するために、できるかぎり自分で稼ぎたい。自分で食べたい物があれば、自分で料理したい。こう説明したY18の家の主の母（推定八〇代）は、「私はね、ヒロハフサマメの発酵調味料だって、誰にも頼まずに一人でつくるんだよ」と言って、ちょうどそのときに中庭の木臼でついていたヒロハフサマメを私に見せた。何か必要になって息子や息子の嫁にお願いし、ただ部屋に座って与えてもらうのを待っていても、らちがあかない。自分の思い通りに生きることはできないのである。

老婆が自らで自立的に暮らしを営む手段の一つが、子どもを手に入れることである。「老いた女が子どもたちをもらうのは、その子どもたちが手伝いをすることで暮らしていけるからだよ」とこの老婆は話を続けた。彼女は姪の娘を一人（六歳）、従弟の娘を二人（四歳と三歳）、そして同じ家で暮らす孫娘一人（四歳）を自分の子どもとして与えてもらっている。また、亡き夫の甥（一四歳）も彼女の子どもになっている。そして、老婆にとって、子どもたちは労働力となるだけではない。子どもの存在そのものが、子を彼女に与えた血族から継続的に経済的な支援を受けることにもつながるのである。

加えて、老婆は、経済的な自立性を高めるために、ほかの家の男性から作物や現金を与えてもらう状況をつくる。収穫後に同じ世代の男性たちからトウモロコシが贈られる老婆とは、彼女の性格に加え、人に慕われるような努力をしてきた女性である。また、そうではなくても、自分にお金を与えてくれそうな男性たちに挨拶まわりをすることである。収穫の時期、何かをもらうためにわざわざ別の集落から歩いてやってきた親族や知り合いの老婆を、男性は手ぶらで帰すことなどできない。さらに、火の祭、君主の祭、ラマダン明けの祭、犠牲祭の年に四回の祭事（補遺2）も挨拶まわりの機会である。訪問を受けた男性は、老婆からの彼への敬意に応えて何かお土産をもたせて帰さなければならない。「これがあなたのコーラナッツですよ」と、何かの作物か、一セディ（〇・六ドル）でも渡す。実際にコーラナッツを渡してもよいのだが、老婆がより近い親族の場合やより遠くから足を運んできた場合は、それでは足りず、老婆もその場を立ち去らないものである。このようにして、老婆たちはたとえ知り合いではなくても、彼女たちに何かを与えてくれそうな男性の家を祭事に訪問してみるのである。(35)

第四節　食事の共同単位が分裂するとき

前節では、家の主には、同居家族を日々の食事において一つの単位として成立させる規範が課されていること、このために、同居家族の間では食料の生産と調達、そして料理の役割が分担されていることを説明した。しかし、実際のところ、一年をとおして恒常的に食の単位が二分裂している家もある。また、恒常的ではなくても、一日のうちの三度の食事と間食において、食の単位が複数に分裂したり、再び統合したりすることは、大きな家では一般的である。昼と夜の練粥においては一つに成立できていても、朝の水粥、また間食はそうはいかないのである。

同居家族が食の単位として成立しているか否かを知るには、その食事の用意の時間帯に家を訪問するのがよい。「一人」の女性が「一つの鍋で（ドゥグインニ）」料理をしているのか、それとも複数の女性がそれぞれ別の鍋で料理をしているのか、観察すれば一目瞭然である。ただし、本件を直接的に尋ねるのは控えたほうがよい。それは、「一つの鍋で料理をしていない」こととは、家の主が同居家族を食事の単位としてまとめることができていないこと、つまり彼の経済的、社会的な力不足を意味するからである。

食事の単位が二分裂した家――同居家族と「世帯」の不一致

食料の生産と調達、料理と消費の単位が、一年をとおして同居家族の間で完全に二分裂している家は、フィヒニには三軒（Y２、Y３、Y５）ある。序章でも説明したように、これら三軒では、食事の単位としての「世帯」が家内で二つに分かれていることを前提に、以下より、それぞれY２-１、Y２-２、Y３-１とY３-２、Y５-１とY５-２として参照することにする。この三軒は、同居家族の構造に一つの共通点をもつ。それは、家の主とその妻子、ならびに家の主と同年代の傍系の血族の男性とその妻子からなる複合家族の構成である。ただし、このような複合家族の構成が食事の単位の二分裂の一つの要因となっていることはたしかでも、恒常的な分裂にいたるケースはむしろ少数である。たとえば、フィヒニにこれらのほかにも八軒ある類似した家族構成の家では、食事の単位は恒常的に二分裂していない（補遺3の「家の主と同世代の傍系の血族の男性が妻子と同居」を参照）。

食事の単位の分裂を望むのは、家の主とその傍系の血族の男性たちではなく、料理をする妻、より明確にはその複数の妻のうち（ほかの妻より）多くの子に恵まれなかった妻である。すでに述べてきたように、食事の用意の負担が平等に二日交替であるために、子どもの数が少ない妻は「ほかの女の子どもを食べさせる」ことに大きな不公平感を抱くのである。食事の単位が分裂した経緯について一軒でおこなった聞き取りによると、それは家の主が妻のファティ（家の主の唯一の妻）をめとって数年後に起こった。ファティがやってきた当初は、ファティ、そして家の主の従弟の二人の妻の合計三人が二日交替で料理当番を回していた。しかし、妊娠することが難しい年齢でこの家の主に嫁ぎなおしたファティは、結局、子を産めなかった。そうして、自分に子どもがいないのにもかかわらず、夫の従弟の二人の妻の子どもたちを食べさせるためにスープの材料を買うことができないと言い始め、別に食事を用意することを強行した。このため、家の主とその従弟も穀物の生産を別におこなうようになったという。なお、扶養する子どもの数の違いは、穀物の生産を担う男性側にとってはさほど問題にならない。なぜなら、近親の関係にある二人の男性が、それぞれの能力と責任、妻子の人数に応じて生産のために資金や労働量、また提供し合う穀物量を調整し合うことは年に一度だけのことだからである。しかし、妻にとっては、料理に使う食材をそろえるためのやりくりは一年中、毎日続く問題である。

ところで、料理の負担をめぐる不公平さは、同じ夫に嫁いでいる複数の妻の間にも生じる。後輩妻は、先に嫁いだ妻より子どもが少ないのが一般的である。しかし、一人の夫をもつ複数の女性たちが昼と夜の練粥まで別に用意する事態は、フィヒニはもちろん、トロンにおいても目にしたことはない。これは、子どもが少ないために不満を抱えている後輩妻を、夫だけでなく、先輩妻の息子も作物を分け与えることなどで経済的に支援し、また夫や夫の父親である家の主が養子にした血族の男児を息子の少ない妻に与えたりするなど、不満を軽減するための対応を積極的にしているからである。そして、子どもの数が少ない妻も、夫方にとどまるかぎり、自らの宿命として我慢し続けているのである。

また、第一節では、一つであるべき日々の食事の単位が恒常的に二分裂しているＹ５の同居家族の構成として、現在の家の主とその妻子は別の家に住んでいたこと、しかし、この家の主は、彼が歩けなくなったことをきっかけに経済難に陥り、住居を補修することもできなかったため、妻子とともに彼の従妹の息子の家（Ｙ５）へと同居してきたことを説明した。家の主同士が近い血族の関係にあっても、別に暮らしていた二つの家族は、ただでさえ困難な日々の食事をめぐる食材の生産と調達、料理と消費の単位の統合をあえて試みなかったようである。

しかし、このように、フィヒニでは食事の単位が同居家族の間で完全に二分裂している家が三五軒のうち三軒あるとはいえ、合計三八の集団が食事において一つの単位としての「世帯」の成立を試みていることは「ただならぬ」現象である。それは、この三八世帯が、世帯主との関係からみてみると、彼との直近の親族だけではなく、最大で七親等も離れた血族や血のつながりさえない妻方の姻族（養女）で構成されているからである（表３‐６）。このような「拡大家族」が日々の食事において一つの単位として成立することは、家の主／世帯主の組織力と求心性が低ければ極めて難しい。これは、次からみていくように、十分に穀物を生産することが難しい状況ではとくにそうである。

表 3-6　フィヒニの 38 人の世帯主とそのほかの世帯員との親族関係（単位：人）

世帯主					38
直系①	母	9	配偶者(妻)		60
直系②	祖母	1	血族の配偶者	父①の妻(異母)	1
直系①子	息子	108		叔父③の妻	1
	娘	51		息子①の妻	32
直系②孫	息子の息子	39		孫息子②の妻	2
	息子の娘	31		兄弟②の妻	8
	娘の息子	10		異母兄弟②の妻	3
	娘の娘	11		甥③の妻	6
直系③曽孫	孫息子の息子	2	配偶者の血族	妻の養女	25
	孫息子の娘	2		息子②の妻の養女	9
	孫娘の娘	1		兄弟②の妻の養女	8
傍系③伯叔父母	父の異母姉	1		異母兄弟②の妻の養女	2
	父の妹	1		甥③の妻の養女	3
	父の異母弟	1		異母の養女	2
傍系⑤従伯叔父母	父の従妹	1		妻の養女の子	3
傍系②兄弟姉妹	兄弟	13		異母の養女の子	2
	姉妹	5		妻の連れ子	1
	異母兄弟	8		(配偶者・姻族の小計	168)
	異母姉妹	2			
傍系④従兄弟姉妹	従兄弟	4			
	従姉妹	8			
傍系⑥再従兄弟姉妹	再従姉妹	2			
傍系③甥姪	兄弟の息子	20			
	兄弟の娘	3			
	姉妹の息子	9			
	姉妹の娘	3			
	異母兄弟の息子	8			
	異母兄弟の娘	1			
	異母姉妹の息子	1			
	異母姉妹の娘	1			
傍系④甥姪の子	甥の息子	7			
	甥の娘	5			
	姪の息子	5			
	姪の娘	1			
傍系⑤甥姪の孫	甥の孫息子	1			
	姪の孫息子	2			
傍系⑤従兄弟姉妹の子	従兄弟の息子	2			
	従兄弟の娘	1			
	従姉妹の息子	3			
	従姉妹の娘	1			
傍系⑦再従兄弟姉妹の子	再従姉妹の息子	2			
	再従姉妹の娘	1			
	(血族の小計	388)	世帯主・血族・配偶者・姻族の合計		594

2011 年 2 月の乾季人口をもとに作成。①〜⑦は親等数を指す。Y30 では家の主（推定 86 歳）が養子として引き取った叔父（家の主の父の異母弟、41 歳）とその妻子が同居している。

主食用の食料の不足と食事の単位の変化

料理を担当する妻が複数人いるような大きな家では、穀物をはじめとする主食用の食料の不足は、食事の単位としての家／世帯をたとえ恒常的に分裂させなくても、一時的には分裂させている。これは、家の主／世帯主が、家／世帯の全体のために穀物（主にトウモロコシ）を提供できないことで起こる。収穫後に徐々にトウモロコシが不足するにつれ、また、長年をかけて家／世帯の規模が膨らむにつれて生じやすくなる現象である。

間食では、家／世帯は、一年をとおして一つの単位として成立したり、しなかったりすることを繰り返す。家の主／世帯主がその日の料理の担当者にヤムイモや米、豆類を渡し、全員のためとして午前の間食の用意を指示するのであれば、全員が一つの単位として間食をとることができる。しかし、家の主／世帯主が、間食用の食材を全員のために提供しない日、個人として、あるいはそれぞれが近親者とだけでも間食をとりたいと考えて、もっている食材をもとに料理をしたり、購入して食べるならば、それによって食事の単位が家内／世帯内で複数の単位に分裂するのである。

さらに、朝食の単位においては、複数に分裂している家／世帯はとても多い（表3-7）。家の主／世帯主は、穀物が不足すると、まずは、朝の水粥に使う穀物を提供することを止める。しかし、間食であれば我慢しても、朝食はとりたいものである。このため、料理を担当する妻が複数人いる大きな家／世帯の場合、それぞれの妻たちが近親者とともに水粥のための穀物を用意し、分かれてつくり、飲むのである。

すなわち、本来であれば水粥を担当することになっている若妻、あるいはその日に料理を担当する妻は、家／世帯の全員のために水粥用の穀物を調達して一つの鍋で用意することなどしない。すでに述べたように、女性たちの間の子どもの人数が異なり、負担に不公平が生じるからである。この最も顕著な例がＹ８である。Ｙ８では、家の主の第一妻とその子孫の集団は二五人（うち料理を担当しているのは息子の第一妻）もいる。一方、第二妻が率いる集団は六人、さらに第三妻の集団は彼女と一人息子のたったの二人である（二〇一〇年八月）。すなわち、息子と二人だけのこの第三妻に、ほかの三三人分の朝食用の穀物の調達を求めることはあまりに無理な話で、それぞれ分かれて朝食を用意することを選ぶのである。また、分裂が女性にとって好ましいのは、それぞれの都合や能力に応じて朝食を用意

表 3-7　フィヒニの家／世帯における朝食の消費の単位（2011 年 2 月の乾季）

	料理の担当者（人）	統合	分裂
世帯数（全34軒／37世帯）	—	20	17
平均人数	—	7.5 (1-23)	23 (11-45)
耕作地あたりの人口密度（人/km²）	—	177 (44-316)	261 (145-425)
家／世帯番号	1	Y1, Y2-1, Y3-1, Y3-2, Y5-2, Y6, Y12, Y13, Y23, Y20, Y21, Y22, Y31, Y33, Y35	なし
	2	Y17, Y26, Y34	Y2-2, Y4, Y5-1, Y11, Y16, Y32
	3	Y7（2010年8月の料理の担当者は2人）, Y28	Y8, Y9, Y10, Y14, Y15, Y18, Y19, Y27
	4	なし	Y25, Y30
	5	なし	Y24

合計 38 世帯（全 35 軒）ではなく 37 世帯（全 34 軒）としたのは、調査をおこなったこの時期、Y29 は家を建てなおし中であり、Y29 の構成員の全員が叔父である Y26 の家の主の家で食べさせてもらっていたため除外したからである。Y2, Y3, Y5 は食事の単位が恒常的に二分裂していたため、Y2-1, Y2-2, Y3-1, Y3-2, Y5-1, Y5-2 として別に計上している。

できるからである。前日の夜に料理を担当したならば、その特権として妻は子どもたちと夜の残り物の練粥を食べる場合もある。あるいは、水粥の水分量を多くして穀物を節約することも、ほかの女性たちに気兼ねなくできるのである。

家の主／世帯主は、穀物を提供できていなくても水粥を飲むことができる。「俺の女は俺を負かした（*N paya ni nyapma*）！」というのは、男性が妻子を扶養する能力不足についての彼ら自身による冗談めいた苦笑い的な言い回しである。これは、男性がつくった穀物がなくなり、買うお金もないとき、妻が自分で穀物を調達して水粥をつくり、部屋で子どもたちとこっそり飲んでいることを意味している。しかし、この言い回しを真に受けてはならない。妻は、たとえ夫の手を直接的に借りずに穀物を手に入れたとしても、つくった水粥を入れた器を夫の部屋に持って行くものである。そして、妻が複数いる場合、妻たちの間で誰が夫の水粥をつくるかで争いまで生じている。先輩妻には夫の水粥をつくる「特権」を後輩妻（コムラナ）に譲る規範が課されている。ところが、夫が最も後に加えた妻だけでなく、一つ上の先輩妻が夫にも水粥をつくる場合や、先輩妻だけがつくっている場合もみられる。朝食の水粥で夫と共同の単位を築くことは、ほかの妻たちを差し置いて夫と緊密な関係を築くことと同じだからである。[36]

家／世帯全体のために主食作物を自給することは、構成員が多い大きな家／世帯ほど組織的に難しい。また、家の主／世帯主が年老いてくると、求心力が低下する。彼のために代わりとなって生産を統括できる息子を育てていなければ、一つの単位として確保できる主食作物の量は低下する。加えて本調査地では、土地の不足と地力の低下が深刻である。表3－7においても明らかなように、朝食の消費の単位が分かれている家／世帯とは、家の主がもつ土地量に対する同居家族／世帯の人口が多い傾向にある。

家の主／世帯主が、恒常的に朝食の水粥の穀物を提供できなくなると、家／世帯内での穀物の生産と調達の体制も変化する。家の主／世帯主を除く同居家族たちは、分かれて朝食の水粥を用意しているそれぞれの近親者との間で穀物生産を強化するようになる。本来であれば、息子たちは父親がより多くの穀物を生産し、調達できるよう穀物の生産と調達能力を増強することに協力すべきところを、自分でより多くの穀物をつくり、水粥を用意する彼の母親のほうに渡したり、母親に足りない穀物を買うための資金を提供するのである。

みなが不足を抱える大きな家では、トウモロコシの盗みが起こる。このため、鍵をかけた部屋に穀物を保管している家は少なくない（Y7、Y8、Y9、Y11、Y19、Y20、Y25、Y26、Y27）[37]。家の主／世帯主、また代わりに穀物の生産と調達の実質的な役目を担っている息子は、料理当番を迎える女性に貴重なトウモロコシを直接に取らせず、彼ら自身で「適量」を渡すのである[38]。そしてトウモロコシだけではとうてい足りないため、キャッサバも渡す。すでに第一章で述べたように、人口が多い大半の家／世帯ではすでに乾季の半ばの二月になればトウモロコシがちょっとだけ、あるいはまったく入っていない練粥がつくられている。

それでは、もし、昼と夜の練粥の分のトウモロコシもキャッサバも底をつき、家の主／世帯主が購入できなければどうなるのだろうか。乾季も終わりかける三月頃、定期市では乾燥したキャッサバをボウルに入れておぼんにのせて歩き回っている売り子が増える。これは、本来であればその責務を担う家の主／世帯主に代わり、料理を担当している妻たちが昼と夜の練粥をつくるために、定期市ごとに少量のキャッサバを購入するからである。そして、女性たちは、朝食の水粥においてはそれぞれの近親者の単位に分裂して用意していても、昼と夜の練粥においては家／世帯の全員のために用意している。私が調査した二〇一〇年一月～二〇一一年四月の間、昼と夜の食事で分裂した経験をもつ家／世帯はまったく確認できなかった。すなわち、昼と夜の食事まで分裂することは非常に好ましくないことだとみなされているのである。もちろん、これによって子どもの数が少ない女性は不公平な思いをしている。しかし、すでに述べたように、夫が日頃から不満をもつ妻をほかの妻より支援していたり、第五章でもみていくように、子どもの多い妻の息子がたとえ心の中では母のライバルである父の別の妻を好ましく思っていなくても、子どもの少ないその妻に自らの作物を収穫させたりしている。決して不満は尽きないが、間接的に埋め合わせが試みられていることもあり、子どもが少ない妻も我慢することができているといえるのである。

第五節　足りない土地の分け方

耕作は、農村部の人びとが自らと近親者との暮らしのため、そして同居家族／世帯を食事の共同の単位として成立させるための重要な生計手段である。しかし、土地が不足して地力が低下している西ダゴンバ地域の農村部では、誰もが十分な土地を耕作できなくなっている。

そこで本節では、二〇一〇年の雨季（耕作期）にフィヒニで暮らしていた五五〇人の耕作の状況を詳しくみていきたい（図3－5）。まず男性の場合、一五歳以上で自分の畑をもっていなかった者はたったの四人である。その内訳は、学校の教師、牧童、重度の知的な障がいを抱える者、もう一人は郡の議員で定期市の清掃の仕事をもつ者である。なお、男性の最年少の「耕作者」は三歳児である。この男児の父が初めて与えたというほんの一画の実質的な作業は男児の母がしたのだが、その三歳児の畑だというので計上している。また、フィヒニでは六四人の女性が自らの畑をもち耕していた。その面積は約〇・二～一・二ヘクタールであり、主作として落花生、間作として練粥のスープ用のオクラと朝食の水粥用のソルガムを組み合わせてつくることが定番である。これに加え、ササゲやバンバラマメ、そして日々の料理に使う唐辛子をわずかばかりつくった女性たちもいた。以下、これらの男性と女性たちが土地をどのよう

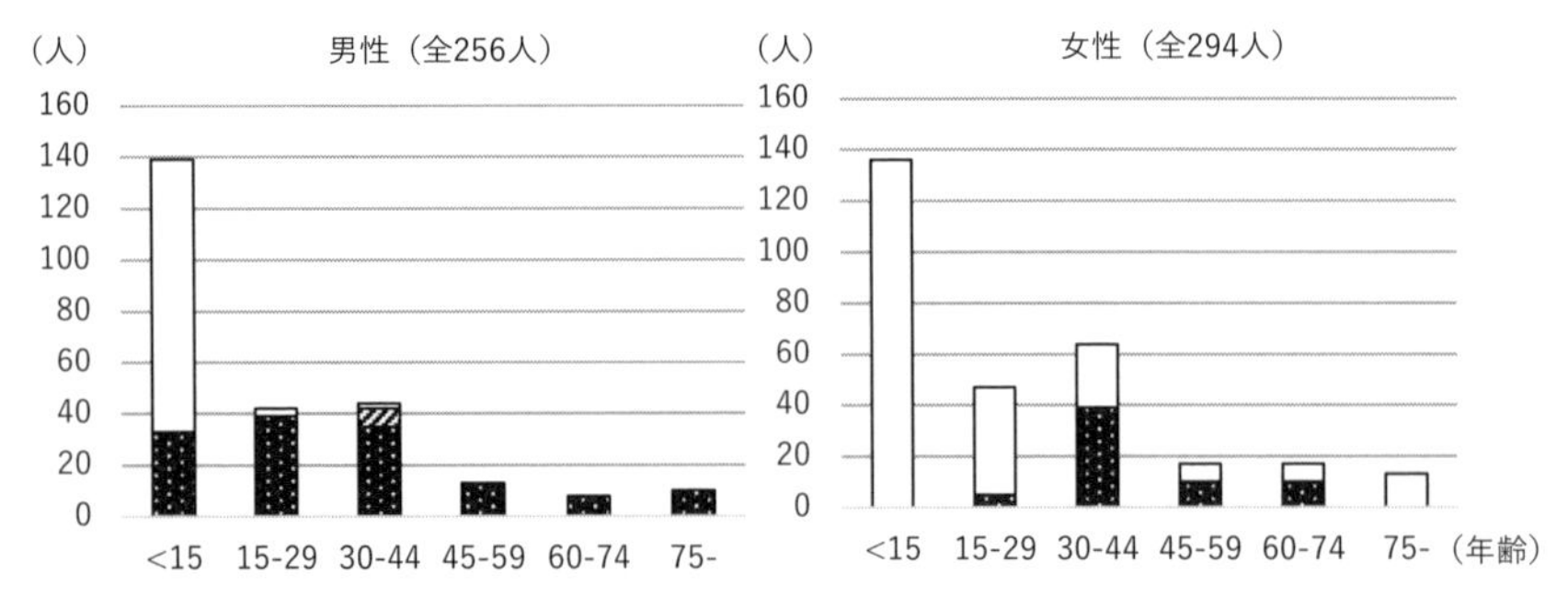

□自分の畑をもたなかった者（111人）
▨自分の畑を耕作した者：開拓地のみ（7人）
■自分の畑を耕作した者：フィヒニ周辺（138人）

□自分の畑をもたなかった者（230人）
■自分の畑を耕作した者（64人）

図3-5 2010年の耕作期のフィヒニの全人口550人（2010年8月調べ）の性別での耕作状況。2010年11月～2011年2月に実施した聞き取りによる。自分だけの畑をもたずに2人1組で耕作した15歳以上の男性4人（兄弟による1組、そのほかの血族同士による1組）はそれぞれが畑をもつものとして計上。15歳未満の男児のうち、母と共同で一区画を耕作した1例も母と息子のどちらもが土地を与えられたとみなして計上したが、15歳未満の男児が兄や父親の畑を手伝っていた場合は土地を与えられていなかったものとして計上していない。なお、フィヒニ周辺の土地を耕作した138人の男性のうち、同時に開拓地で耕作していた者は4人いた。

に手に入れ、また、振り分け合ってきたのか、その変化も含めて検討する。

土地をめぐる血族関係

聞き取りによると、かつて移動耕作ができていた一九七〇年代まで、耕作の主体となってきた男性たちは、同じ家や別の家の兄弟など、近い関係にある血族の男性たちと「一緒に」土地を使っていた。具体的には、祖先が使っていた特定の場所を共同で開墾し、その場所を分けて各自が息子や弟たちと耕作する。野焼きを効率的におこない、また家畜による被害を防ぐうえで血族の複数の男性たちが共同で一帯を耕す方式は、畑を管理するうえで利便性が高かったという。

しかし、土地が不足するにつれ、耕作に適さない場所を除いて、土地の帰属が明確化してきた（図3-6）。移動耕作ができなくなった一九八〇年代までには畑の場所は固定化し、その後、個人によって分割されて他者に与えられ（*tari*）、死後に近親者が受け継（ファリ）いできた。こうして、土地は近い血族の関係にある複数の家々の男性たちが「一緒に」使うものというよりは、特定の家の主のものとして、さらには家内の地位にかかわらず、個人のものとしても認識されるよう変化してきている。

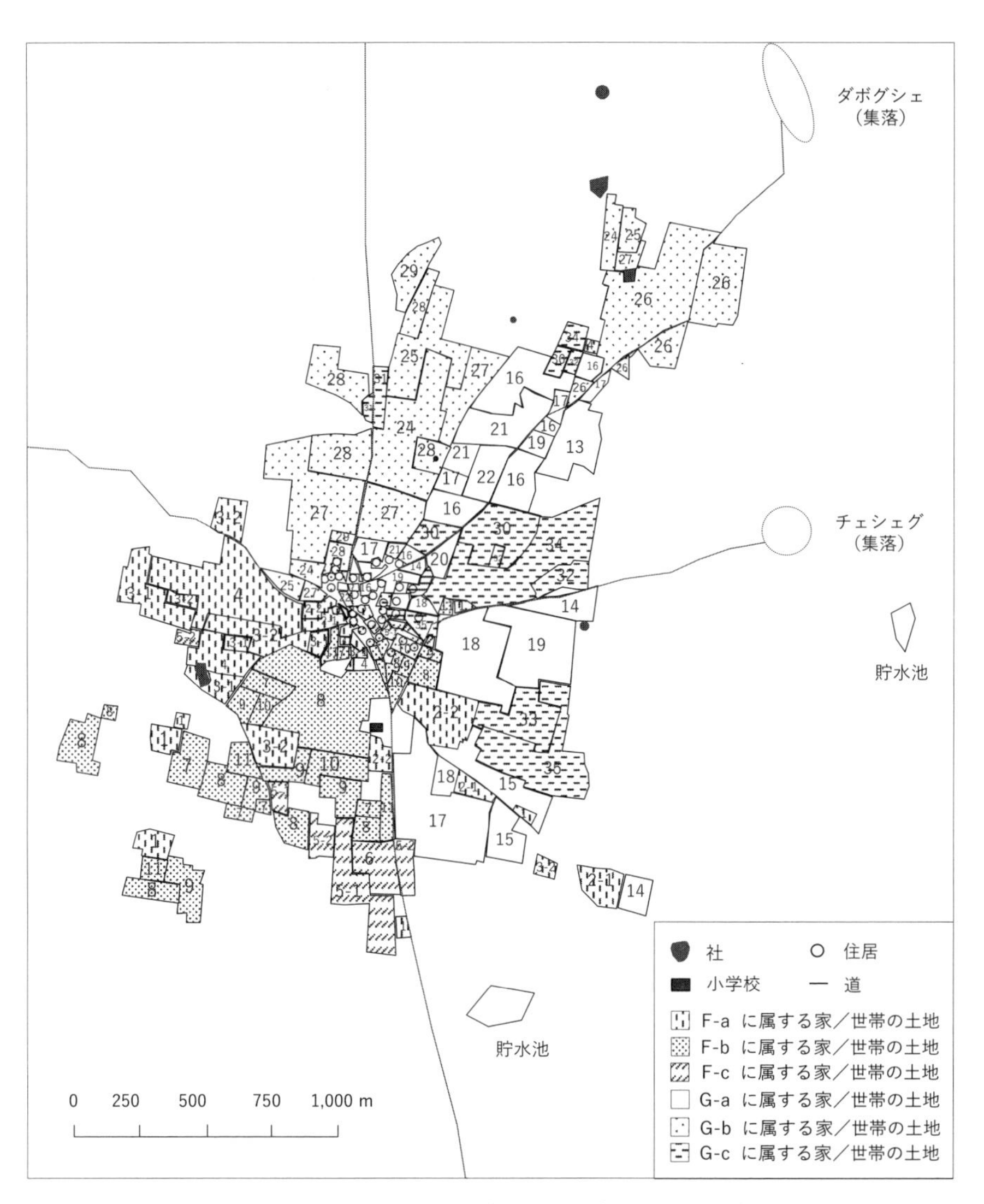

図 3-6　フィヒニの 35 軒／38 世帯別の土地の帰属。2010 年 5 月～ 2011 年 2 月に GPS と Google Earth を用いて調査した（補遺 3 の「土地面積の合計」を参照）。空白の部分は周辺の集落の居住者（フィヒニからの転出者も含む）の土地や岩石が多い耕作不適合地のため特定の個人によって使用されてこなかった場所である。

ただし、土地の帰属は、血族の男性の間の権力関係と状況によって変更されてしまう。たとえば、家（住居）を受け継いだ息子は、亡き父親が同居家族のために穀物やヤムイモをつくり、また家族全員のためだけではなく個人として利用していた土地を受け継ぐものだとされる。しかし、別の家で暮らす伯叔父（亡き家の主の兄弟）がこれらの一部を自分のものとして「押収する」（*fa*）こともある。また、亡き家の主は生前、家を継いだ長男のほか複数の傍系や直系の血族の男性たち（家を継いだ長男の弟、異母弟、従弟、息子、甥など）に耕作のための土地をそれぞれ与えているものである。しかし、これらの男性たちが新たな家の主のもとで暮らし続ける場合、たとえ彼らがその土地を継続して耕作していても、新たな家の主から突然に押収されることがある。男性が、異母弟など年下の血族の男性に十分な土地を与えないのは、土地が不足した現在、あまりによくある話である。このような長兄の暴君的な振る舞いが周囲から表立って非難されるのは、男性が異母弟や従弟ではなく、父も母も同じにする弟にもそうするときに限っているのである。また、ある年に出稼ぎに行って耕作期に戻らなければ、その間に同じ家や別の家の血族の男性によって自分の土地が利用されることになる。翌年に戻ってきても、すべての土地を再び取り返せるとはかぎらない。

女性でも、寡婦となって息子とともに実家に出戻り、実家の兄弟から彼女の息子が耕作するための土地を分け与えてもらっていることはすでに述べた。しかし、彼女の兄弟が生きているうちは、その土地は彼女と息子のものともいえないのは、彼女たちは兄弟の「扶養家族」にあたるからである。寡婦の兄弟は、彼ら自身の息子にもそうするように、寡婦の息子である甥に与えた土地をなんらかの理由で回収し、別の土地を与えなおしたりもするのである。

「懇願区画」――男性と女性の場合の違い

男性も女性も、親族や友人関係を通じて別の家の男性に土地を与えてもらえるようお願い（*suhi*）することがある。以下、こうして与えられた土地をダゴンバ語での字義どおり、「懇願区画」（*poli-suhirili*, 単数形は *polo-suhirili*）と参照する。

土地を懇願するのは、自らの同居家族／世帯員に十分な土地を与えることができない家の主／世帯主だけではない。

もちろん、家の主／世帯主が自らでほかの男性にお願いして土地を手に入れ、息子や妻に与える場合もある。しかし、息子や弟、妻たちがほかの家の男性と直接に交渉をして土地を与えてもらう場合もある。二〇一〇年の耕作期、フィヒニで耕作をした全男性の一三八人のうち二六人が、フィヒニや近隣の集落の別の家で暮らす親族や友人の男性に土地を懇願し、与えてもらって耕作していた（表3-8）。フィヒニで二〇一〇年の耕作期に耕作した全女性の六四人のうち二八人も同様に、別の家の男性に懇願し、土地を与えてもらっていた（表3-9）。

トロンやフィヒニの一帯では、親族や友人の間で土地を与えたり、与えられたりする場合、直接的な「お礼の受け渡し」は発生していない。開拓地や稲作が盛んな低地が広がる地域とは異なり[39]、現金のやりとりはもちろんのこと、収穫物の一部を渡すこともおこなわれていない。

土地が不足している者は、親族や友人が休ませている土地の量をみて、彼らに頼みにいく。「休ませている」のは地力を回復させるためとはわかっていても、今現在に耕作していない土地が一定量あることは、土地を十分にもつことだと考えるのである。

しかし、男性に土地を与えるときは、心構えが必要である。与えるとき「完全に与える」「一時的に与える」など「契約」の話は通常しない。与える側は、関係性を新たにつくったり、維持するために与えるわけで、細かく、寛大ではない話をすることは適当ではない。ただし、何かあればいつでも取り返すことができると考えたい。一方で、与えられた側はその土地がずっと自分のものになることを切に願っている。足りないからお願いしたのであり、時がたつとますます家族が増えていき、もっと

表3-8　懇願による男性の耕作地の獲得：懇願区画を耕したフィヒニの全男性26人（2010年の耕作期）

土地を分け与えてくれた相手との関係	区画数
フィヒニの血族の男性（図3-1の家々のまとまり内）	19
フィヒニの血族の男性（図3-1の家々のまとまり外）	5
フィヒニの非親族の男性	4
近隣の集落の血族の男性	5
近隣の集落の姻族の男性	2
近隣の集落の非親族の男性	3
警備員として雇用されている小学校（その敷地）	1
合計	39

表3-9　懇願による女性の耕作地の獲得：懇願区画を耕したフィヒニの全女性28人（2010年の耕作期）

土地を分け与えてくれた相手との関係	区画数
フィヒニの夫の血族の男性	10
フィヒニの自分の血族の男性	5
フィヒニの非親族の男性	6
近隣の集落の夫の血族の男性	1
近隣の集落の自分の血族の男性	3
近隣の集落の非親族の男性	3
合計	28

必要なくらいである。よって、相手が友人の場合、土地を与えた者は、その土地を取り返そうとすればせっかく築いた良好な関係が逆に悪くなるというジレンマに直面する。こうして、相手と親しければ親しいほど、男性が土地を取り返すのに成功するのは彼が土地を与えた友人が死んだときである。また、土地を与えた本人が死んだときに、彼の弟や息子が、彼が土地を与えた友人のもとへ土地を取り返しに行くのである。

血族の男性に土地を与える場合はもっと厄介で、もはや完全に与える覚悟のほうがよい。相手が同じ集落の近親者（ここでは、だいたい四親等以内）であれば、同じ祖先が耕した土地をともに分け受け継いで耕していると実感されている。土地が足りない者は、養うべき妻子が少ないのにより広い土地をもつ血族の男性が彼に土地を与えるのを当然のように考えがちである。こうして、男性が土地を与えてもらう相手は、表3－8にあるように、フィヒニの同じ血族の男性である場合が約半数を占める。そして、土地を与えられた者は、その土地がすでに自分のものになったと彼のなかで仮定するのである。たとえば、ある家の主と一緒に、彼の土地の境界をプロットするために歩いていたときのことである。途中で彼は一つの区画を指して、「アマドゥ（別の家の従弟）はこの土地を自分のものとして言ったか」と私に質問した。私がすでにアマドゥと一緒に彼の土地の境界を確認していたことを知っての質問である。私が「はい」と答えると、その区画はアマドゥに与えた「彼の」土地であり、もはや「アマドゥの土地」として認めてやるが、このように自分の土地が「他者」のものになってしまうので、金輪際、誰にも土地を与えないと決めていると話した。しかし、息子が少ない彼が死去すれば、残された彼の息子は、彼の父から受け継ぐ土地を年上の伯叔父たちから死守することは難しい。

男性が女性に土地を与えるときは、ただ一時的に使わせるだけであり、女性たちもそれを承知している。女性たちは耕作して家族を食べさせる役目を「本来は」担っていないし、嫁いできた妻は夫の土地を夫の死後に受け継ぐこともない。理論的には、女性は父の土地であれば受け継ぐことはできるといわれたりもするものの、例外[40]を除いてそれは彼女が寡婦となり、息子と一緒に実家に戻ったときに彼女の息子が耕すために与えられるのである。また、たとえ耕作していない区画があっても、やすやすと家の女性たちに使わせることはできない。男性たちはその土地を休ませて地力を回復させたいからである。

女性は、彼女が暮らしている嫁ぎ先の家の主や夫が土地を与えてくれないとき、また、夫に別の家の男性にお願いするよう頼んだものの、何もしてくれないとき、「夫を介さずに」自分で別の家の男性に直接にお願いすることで土地を手に入れている。お願いする相手とは、まずは、自分の血族の男性である。表3-9で別の家の男性から土地を与えてもらっていた二八人の女性のうち、八人はフィヒニや近隣の集落で暮らす自分の血族の男性にお願いして区画を得ていた。さらに、フィヒニで夫の血族の男性から土地を得た一〇人のうちの七人と、親族関係にはないフィヒニの男性から土地を得た六人のうちの三人も、夫を通さずに自分で「直接に」男性たちにお願いすることで土地を獲得していた。女性は、日頃より彼らを見かけた際に挨拶をするなど敬意を示して良好な関係をつくることで、土地を与えてもらう素地をつくっているのである。また、近隣の集落に住む直接的な親族関係にない男性から土地を与えてもらった女性は三人いた。このうち二人は夫経由だったが、一人は同じ夫に嫁いでいる別の妻を介してその兄から与えてもらっていた。

もちろん、夫は、彼を通さずして別の家の男性に土地を懇願する妻を決して好ましく思えない。「私が女（妻）に土地を与えなければ、女はほかの男のところに行く。だから土地がなくても与えるしかない」と、フィヒニのある家の主は私に愚痴をこぼした。自分の妻が別の家の男に何かをお願いすることは、男性が男として妻を養う能力不足のあらわれのようであり、面子を失うと感じる。しかし、妻としても、少しでも自分で耕作できれば自分自身が手にすることができる作物の量が増えるため、夫の気持ちに構っていられないのである。

女性が土地を耕すことの意味

家で練粥を担当している女性は、たいてい土地の入手に成功することができる。夫など同じ家の男性が女性に土地を与えるのは、本来であれば彼らが充足させるべき穀物まで女性たちが購入していることに男としての負い目を感じているからである。また、別の家の女性であっても、男性は、自らがいかに苦労をしているのか説明する彼女たちに同情するからでもある。加えて、いつでも土地を取り返すことができる女性に土地を使わせておけば、ほかの男性から「使っていない」ことを理由に自分の土地を要求される困った状況を回避できるから、という理由もある。

女性に土地を与える場合、もともと土壌の質がさほどいいわけではない区画や地力が低下した区画を選択するものである。そして、自分が使っていた区画の地力が女性に与えた区画より低下したとみれば、双方を交換して女性に与えなおす。しかし、結局のところ、男性は、本来であれば地力の回復のために休ませたい土地をわずかばかりでも女性に与えることで、自らの穀物の生産と調達の能力の低下に追いうちをかけ、自分で自分の首を絞めているといえる。

ただし、女性に耕作をさせない方針を徹底させていて、女性たちが従っている家もある。Y24で料理を担当している五人の妻たち全員、そしてY27の三人の妻たち全員は畑を耕していない。彼女たちは、耕したいのに耕してはいけないと家の主や夫たちに命じられている、と不満気に話す。家の土地は地力の回復のために休ませているから与えることはできない、そして、ほかの家の男性たちに土地を与えてもらえるよう懇願に行ってはならないと言われているらしい。しかし、従うことができているのは、裏を返せば、彼女たちは家の主や夫の意思に背いてまで自らで畑を獲得する状況におかれていないことのあらわれでもある。Y24もY27も、ほかの家々に比べた場合、家の主による同居家族の「教育」がしっかりして、同居家族たちが団結していることがみてとれる。また、Y27の家の主は、家畜の仲買で一定の収益を得ているという。Y24においては、家の主の代わりに食料の生産と調達の実質的な主体となっている長男が非常に働き者であり、朝食のための穀物の供給はできていないとはいえ、弟たちを統括してその四五人にもなる大家族をなんとか食べさせていることが知られているのである。

これに対して、フィヒニで広い土地を耕作している女性とは、扶養能力がない男性の妻であり、彼女たちは同情の対象になっている。それは、まだ五五歳の若さにして歩けなくなったY5の家の主の妻たちである。この二人の妻は、耕せない夫に代わり「夫の畑」として、自家消費用のトウモロコシ(約〇・六ヘクタール)を、そして彼女たちが料理に使い、夫が現金を得るための唐辛子(約〇・〇八ヘクタール)を実質的に子どもたちとともにつくった。また第一妻は、彼女自身の畑(〇・六ヘクタールの土地で落花生、オクラ、ソルガム、バンバラマメ、ササゲ)を耕し、加えて彼女の一七歳の息子の畑（〇・八ヘクタールで落花生を主作にソルガムを間作、オクラを単作）の世話をした。この息子は、耕作だけでは食べていけないために、トウモロコシの作付けを七月に終えたあとすぐにガーナ南部に耕作労働の出稼ぎに向かい、動けない彼の父と彼自身の畑の除草と収穫を彼の母と一三歳の弟（弟自身も、〇・四ヘクタールの土地で落花生を耕作）に任せたのである。そしてＹ5の家の主の第二妻においては、自らの負担を軽減してくれる息子をもたない。このため、彼女がフィヒニの女性のなかで一・二ヘクタールという最も広い畑（落花生、オクラ、バンバラマメ、ササゲ、唐辛子）を耕作した女性である。通常であれば、夫は息子がいない彼女のような後輩妻のために作物をつくり、金銭的にも支援する。ところが、病気であるためにそれができず、この第二妻は男手なしでなんとか作物を確保しなければならない、つらい状況におかれているのである。

土地が最も不足した家の土地の利用法

土地が圧倒的に不足している家では、同居家族たちはどのように土地を振り分け、また手に入れているのだろうか。Ｙ14はフィヒニで最も土地不足が顕著な家である。Ｙ14では二三人もの同居家族が暮らしているにもかかわらず、家の主は三・八ヘクタールの土地しかもっていない（この土地量での人口密度は五七六・九人／平方キロメートル）。表3-10は、二〇一〇年の耕作期に家の主と彼の同居家族が家の主の土地をどう分割し、ほかのどこで土地を得て利用していたのかを整理したものである。

ここから明らかなのは、やはり、家の主は自らがもつ最もよい土地を自家消費用のトウモロコシにあてていることである。それは、家の庭先と家からほど近い集落内の肥えた土地、そして集落の外に位置する土地のうち、管理の目が届きやすい近くの区画である（表3-10のno. 1）。家の主は、また、集落の外に位置する近い区画でヤムイモをはじめとするそのほかの作物をつくっている。

家の主がもつ残りの土地を優先的に利用すべきは、耕作して妻子や母親を養うことが求められている息子たちである。しかし、息子の全員に十分に与える面積は残っていない。こうして、家の主がもつ土地を耕したのは第一妻の次

表3-10　Y14の構成員の耕作地の利用状況（2010年の耕作期、「懇願区画」を含めて合計8.7ha）

no.	成員 ※開拓地で耕作した場合も含む	推定年齢	耕作地		作物
			面積(ha)	帰属：家からの距離	
1	家の主	72	0.37	家の主：0.02km	トウモロコシ
			0.02	家の主：庭先	タバコ
			1.04	家の主：0.6km	トウモロコシ、ソルガム、ササゲ
			0.32	家の主：0.7km	ヤムイモ、バンバラマメ
2	第一妻	66	0	—	—
3	第一妻の長男	37	2.79	「懇願区画」（開拓地）	トウモロコシ、キャッサバ、落花生、トウジンビエ、ソルガム、唐辛子、オクラ、ヤムイモ、サツマイモ
4	第一妻の長男の妻	32	0.40	「懇願区画」（開拓地）	落花生、オクラ
5	第一妻の長男の息子	4	0	—	—
6	第一妻の長男の息子	1	0	—	—
7	第一妻の次男	35	0.57	家の主：0.8km	落花生、ヤムイモ
			0.12	「懇願区画」（Y13）	オクラ
8	第一妻の次男の妻	31	0	—	—
9	第一妻の次男の息子	3	0	—	—
10	第一妻の次男の息子	0	0	—	—
11	第一妻の三女	19	0	—	—
12	第一妻の養女	14	0	—	—
13	第二妻	52	(0.02)	no. 1のタバコの前作	オクラ
			0.66	「懇願区画」（Y5-2）	落花生、オクラ、ソルガム
14	第二妻の三男	21	0.03	「懇願区画」（Y5-2）	唐辛子
			0.40	「懇願区画」（開拓地）	落花生
15	第二妻の四男	17	0.55	家の主：0.7km	落花生
			0.52	「懇願区画」（Y6）	落花生
			0.10	「懇願区画」（Y5-1）	ヤムイモ
16	第二妻の六男	11	0	—	—
17	第二妻の養女	9	0	—	—
18	第三妻	40	0.82	家の主：1.1km	オクラ、ローゼル、落花生
19	第三妻の長男	13	（母の第三妻と一緒に耕作）		
20	第三妻の次男	9	0	—	—
21	第三妻の三男	6	0	—	—
22	第三妻の長女	3	0	—	—
23	第三妻の養女	7	0	—	—
※	Y32の家の主の息子に与えた「懇願区画」	—	0.06	家の主：0.7km	

Y14の成員による耕作面積は、家の主の土地（3.8ha）からY32の男性に与えている「懇願区画」（0.06ha）を差し引き、家の主の第二妻の血族（Y5-1, Y5-2, Y6）から与えてもらった「懇願区画」（1.4ha）と開拓地の「懇願区画」（3.6ha）を加えた合計8.7haである。開拓地以外の畑の面積はGPSによる実測。耕作期に開拓地に移動していた5人（no. 3, no. 4, no. 5, no. 6, no. 14）のうち、2010年の8月でのフィヒニの人口（表1-7, 図1-9）として計上しているのは開拓地と行き来した第二妻の三男（no. 14）だけである。

男（表3－10のno. 7）、第二妻の四男（no. 15）、そして第三妻とその長男（no. 18、no. 19）だけである（この年に休ませた土地とは、トウモロコシの種子が足りずにたまたま残されたわずかな一画のみ）。

よって、同居家族の七人が「懇願区画」で耕作している。開拓地がフィヒニの人びとの耕作の場になってきたように（補遺3の「人口密度」と「開拓地との二重居住人口」を参照）、Y14では、二人の息子と一人の妻（no. 3、no. 14、no. 4）が開拓地（フィヒニの家からの距離は二三キロメートル）で耕作している。このうち、家の主の跡継ぎ息子の第一妻の長男は、彼と近親者のためだけではなく、家の主に渡すためのトウモロコシとキャッサバをつくっている。また、四人がフィヒニの血族に与えてもらった土地で耕作している（合計一・四ヘクタール）。第一妻の次男（no. 7）は父方の血族、そして第二妻（no. 13）、彼女の三男（no. 14）と四男（no. 15）は、フィヒニ出身の第二妻の実家の血族から土地を分け与えてもらうことで耕作できているのである。

興味深いのは、土地が最も不足しているY14の家の主でさえも、ほかの家の者に土地を与えていることである（表3－10の※）。その相手はY32の家の主の第二妻の息子であり、彼の母が料理に使うための唐辛子をつくりたいとしてその〇・〇六ヘクタールの土地を使いたいとお願いしてきたのである。このように、自らの家／世帯に、別の家／世帯の者から土地を与えてもらっている者がいるのにもかかわらず、自らの家の土地を別の家／世帯の誰かに与える事態は、よく発生している（補遺3のY3－1、Y5－1、Y5－2、Y10、Y11、Y14、Y16、Y19、Y26、Y28、Y30）。多くの人びとが寄り集まる家では、家の主／世帯主が、彼の家／世帯の「全員」が納得できるような土地の利用をめぐる調整をすることは不可能だからである。加えて、土地を肥やすために家の者には与えていなかった休閑地を別の家の親しい者に懇願されて与える状況に追い込まれたりもする。また、ほかの男性たちも、自分が使ってきた土地をかならずしも家の主／世帯主に相談なしに自らの意思でほかの家の者に与えることがある。家／世帯主を率いていない男性たちにとっては、関係性が薄い、あるいは日頃より好ましくも思っていない同居家族の誰かより、別の家で暮らす近親者や友人のほうを助けたい。また、土地を与える別の家の相手が女性であればいつでも取り返せるわけで、家の主／世帯主にとくに相談することもないのである。

第六節　シアナッツをめぐる調整と交渉

土地だけではなくシアナッツの木も、収益を生みだす資源として人びとの間で分け合う対象になっている。第一章でも述べたように、シアナッツが結実するのは人びとが手もちの作物を売り払う、穀物をはじめ食料が最も不足する耕作期の初旬から中旬（四〜八月）である。とくに一九八〇年代よりシアバターの国際市場での取引が拡大してからは、シアナッツを拾うことは農村部での重要な生計手段になっている。このため、シアナッツの木が自生しているといっても、誰がどこの区画をいつ収穫できるのか、収穫の権利は極めて明確になっていて、土地を耕作地として利用する権利とは別に決定されている。

シアナッツを拾うことは基本的に女性の仕事とみなされている。収穫は、毎日おこなわれていて、夜明けとともに始まる。二〇一〇年のシアナッツの収穫期、フィヒニでは合計八三人（人口は五五〇人）が自分のものとして収穫できるシアナッツの木を一本以上もっていた。一人を除き、全員が女性である。シアナッツを拾った唯一の男性はある家の主であり、それは彼の家には妻を含めて女性が誰も住んでいなかったからだった。私がシアナッツの収穫についての調査をしていたとき「わかってるだろ？　シアナッツ拾いは女の仕事だ。（この家の主に）聞くときは、辱めないように人がいるところで話をしてはだめだぞ」と別の男性から注意を受けた。そこで、彼が庭先で一人で作業をしているときをみつけ、「あなたの土地のシアナッツは誰が拾ったのですか？」と聞いてみた。すると、彼は私に「シアナッツはカネだ。俺はシアナッツを拾ってトウモロコシの肥料を買ったんだ」と言った。ところで、この男性はフィヒニで自分のものとして収穫できるシアナッツの木を最も多くもっていた人物である。彼の土地には二七九本ものシアナッツの木があるが、彼一人しか収穫者がいないからである。つまり、フィヒニで八三人が自分のものとして収穫できるシアナッツの木をもっていたといっても、それぞれの本数は大きく異なる（図3－7）。

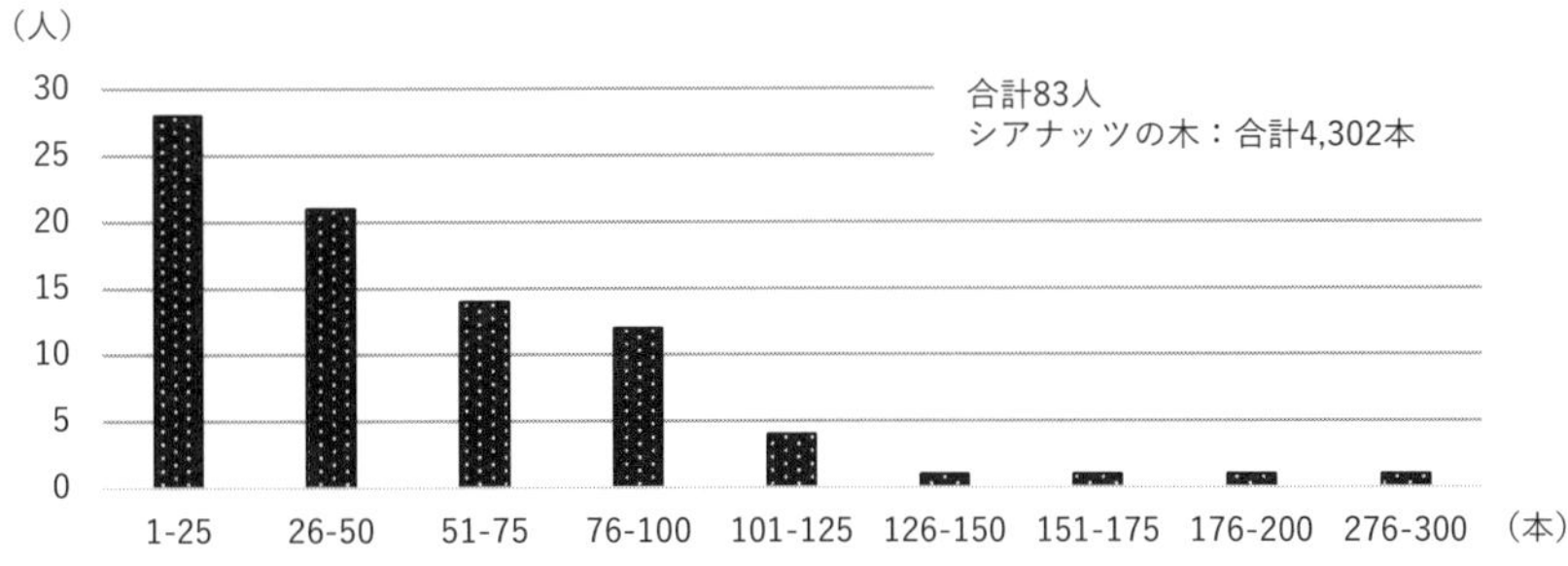

図3-7　2010年の収穫期にシアナッツを収穫する区画／木をもっていたフィヒニの全83人のシアナッツの木の本数（合計4,302本）。木の数は、2010年12月〜2011年2月に区画ごとに木を目視で数えあげて調査。複数人で同じ区画を収穫した場合、その人数と収穫の方式（内容は後述）に応じて一人あたりの本数を算出した。

基本的に、各人が収穫できるシアナッツの木／区画は、日々の食事において一つの単位を築く家／世帯（三五軒／三八世帯）で、その帰属を通じて振り分けられている。このため、誰がどれだけのシアナッツの木を獲得できるかは、まず、家の主／世帯主の土地、あるいは彼を含む構成員が自分の畑として耕作している土地（別の家の誰かに与えてもらった懇願区画は除く）にどれだけのシアナッツの木が残されているか、そしてその家／世帯でシアナッツを収穫する「資格」をもつ女性たちが何人いるかで決定する。加えて、なかには、家／世帯を越えた個人的な交渉と親族関係をもとに、別の家／世帯のシアナッツの木を得ていた女性もいる（区画／木をもつ八三人のうち五人）。しかし、家／世帯では、このように女性がよそで個人的に得たシアナッツの木の量も合算的に考慮の対象に含めて、家の主／世帯主を巻き込みながら収穫する資格をもつ女性たちの間で木を分け合う交渉と調整がおこなわれている。

家／世帯で分けるシアナッツの木

フィヒニのそれぞれの家／世帯の土地（図3-6の合計二八一・一ヘクタール、補遺3の「土地面積の合計」を参照）のシアナッツの木の本数には大きな差がある。それぞれ数えて集計したところ、全く木がない場合（Y20）から、三七五本もある場合（Y26）がある（補遺3の「シアナッツの木」の「家／世帯の土地の本数」を参照）。土地が狭ければシアナッツの木の本数も少ない。この最も極端な例として、Y20の家の主の土地にシアナッツの木がないのは、数年前にY17から分家した際に、Y17の家の主である異母兄から家の周りの土地のほかは与えてもらっていないからである。今のところ、Y20の家の主は耕作期に同居家族の全員で開拓地に移り住んでいる。しかし仮にフィヒニで耕すとなればY17の異母兄は自分に土地を分け与えると、彼は私に主張している。また、たとえ土地の面積が一定規模あったとしても、図1-5でみたように、長年にわたって集約的に耕されてきた集落の周囲に位置する土地には、シアナッツの木がほとんど残されていない。たとえば、Y30の家の主が亡き父から受け継いだ土地はすべて集落の中心部から約五〇〇メートル圏内に位置しているために、その土地には木が五本しかないのである。

家の主／世帯主は、自分の土地にあるシアナッツの木の収穫を別の家／世帯の者たちに好意で許可することがある（補遺3の「シアナッツの木」の「家／世帯の土地の本数」の五％にあたる「うち、別の家／世帯の成員へ与えた本数」）。許可を与える相手は、彼の土地を使いたいと懇願してきたために、その一画を与えた友人や血族の男性の妻たちの場合が多い。しかし、男性は、与えた土地（懇願区画）で彼が育ててきたシアナッツの木の収穫を「常に」あるいは「自動的に」許可したりはしない。彼の家／世帯でシアナッツを収穫してきた女性たちに文句を言われるからである。これは、土地を受け継ぐ資格をもつと考えられている寡婦となって父方の実家に出戻ってきた女性とその息子に与えた土地にもあてはまる。たとえば、Y10の家の主は、二〇〇二年に寡婦として出戻ってきたY12の妹のために、彼女の息子が耕作できるよう、自分のもっていた土地のうち〇・八ヘクタールの区画を与えた。しかし、そこにある一八本のシアナッツの木の収穫をY12の妹に許可したのは、その八年後の二〇一〇年だった。これは、残されたY10の二・八ヘクタールの土地にはシアナッツの木がたったの一四本しかなく、彼の妻たちに反対されていたからである。

この場合のほか、他者に与えた土地でシアナッツの木の収穫まで許すことがあるのは、彼の家／世帯でシアナッツを収穫する資格をもつ女性が、その土地まで収穫に行くのが困難で収穫できないと判断したときである。たとえば、兄弟二人暮らしのY1でシアナッツを収穫するのはこの家の主の妹（推定七〇歳）だけであり、彼女には手伝ってくれる養女もいない。そこで、この家の主の妹は、彼女自身が耕す土地と、その近くに位置する四二本の木がある

Y7の家の主の孫息子に与えた土地（墾願区画）には収穫に行く。しかし、彼女がこれらの土地の収穫を終え、そこから二・二キロメートル離れたY15の家の主の息子へ与えた土地（一五本の木がある墾願区画）に到達する頃までには、そこのシアナッツはほかの誰かに先に許可なしに収穫されてしまっている。このため、Y15の妻たちに収穫を許しているのだと話す。

また、たとえ自分で耕作している土地であっても、別の家／世帯の女性に収穫を許可することがある。家の主／世帯主同士が近親関係にあり、相手の家／世帯の土地にシアナッツの木が少なく、その妻たちによって交渉されたとき、また自らの家／世帯の妻が収穫を断念したときである。たとえば、Y2-2の世帯主の土地には六本のシアナッツの木しかない。このため、Y2-2の世帯主の二人の妻は、夫の従兄であるY2-1の世帯主にお願いし、シアナッツの木が二六本ある畑での収穫の許可をしてもらっている。さらにこのY2-2の世帯主の第二妻は、トロン在住の夫の血族の男性（フィヒニから移住）にお願いし、彼がフィヒニで耕している区画のシアナッツの木（合計八五本）の収穫を許可してもらうことに成功した。これは、この夫の血族の男性の妻たちが、毎朝の収穫のためにトロンからの四・五キロメートルの道のりを通うことが大変であり、遅く着けばすでにほかの誰かに拾われてしまっているからである。

なお、家／世帯の誰もがフィヒニから出払っている場合も、その土地のシアナッツを収穫する権利は、別の家／世帯の女性によってもれなく獲得されることになる。二〇一〇年の収穫期、Y29の家の構成員の全員が、それぞれ開拓地での耕作やクマシでの出稼ぎのためフィヒニに不在だった。毎朝、この家の土地のシアナッツを収穫していたのは、隣の家（Y26）で暮らすY29の家の主の叔母である。そこで、話を聞いたところ、彼女は自分で直接、甥であるこの家の主にお願いし、収穫の許可を受けたということである。

家／世帯内でシアナッツを収穫する資格をもつ者

それぞれの家／世帯では、誰もが家／世帯の成員の土地にあるシアナッツの木の収穫をする資格をもつわけではない。「シアナッツの収穫をするのは料理をする者だけ」といわれるのは、シアナッツの収穫は経済的な負担の代償として考えられているからである。すでに述べたとおり、料理の担当者は、調理、そのための水汲みと燃料集めだけではなく、具材や調味料の調達の最終的な責任を担ってきた。さらに、彼女たちは今日、本来ならば男性たちの役目である主食の穀物とキャッサバの不足まで恒常的に補う事態に陥っているのである。よって、シアナッツを収穫するのは、「妻」の身分の者が不在の五軒（Y1、Y12、Y14、Y23、Y35）を除き、嫁ぎ先で料理の役目を与えられた妻たちである。料理をしていないのにもかかわらず収穫を認められていた者はたったの二人だけにとどまっていたのである。[41]

複数の妻が家／世帯の成員の土地にあるシアナッツの木の収穫の権利を分け合った場合は合計二二ある。そこでは、収穫する区画の「公平な」分割をめぐり、交渉と調整が実施されてきたことが確認できる。まず、朝の水粥を担当することになっている若妻にもシアナッツの収穫が認められている家／世帯では、例外なく、昼と夜の練粥の当番をしている先輩妻が木の多い区画を、若妻が木の少ない区画を得ていた（Y8、Y26、Y34）。次に同等の負担（昼と夜の練粥）を担う妻たちの間では、それぞれが順繰りに収穫する日を回す方式で収穫の機会を「平等」にしている場合が多数を占めた（Y4、Y7、Y9、Y11、Y16、Y17、Y19、Y24、Y25、Y26、Y27）。ただし、このように順繰りに収穫する日を回す「平等」な分割が「公平」とはかぎらない。養わなければならない小さな子どもがより多い妻、また、経済的に支援してくれる成長した息子がより少ない妻は、日々の生活を継続させるうえでシアナッツへの依存が高いともいえる。一方で、子どもの数がより少ない妻も、料理の負担が平等であることに不満を抱いているため、より多くのシアナッツが収穫できることを望んでいる。多くの女性たちが「平等」な分割の方式が一番好ましいと話すのは、このようにそれぞれの女性の経済状況が異なるために「公平」な振り分けを調整することが非常に難しい状況において、この方式が「より公平」だといえるからである。

しかし、家内の女性同士の力関係によって、収穫量に差が生まれる方式が実行されている場合もある。その決定において、後輩妻を支持する夫が関与していたり、先輩妻が年上の権力を行使することがあるからである。まず、後輩妻が先輩妻より多くの木がある区画を得ていた場合があり（Y2-2、Y14、Y15、Y32）、これは後輩妻に小さな子どもが多いことや、彼女がまだ成長した息子をもたないことから正当化されたりするのだが、先輩妻のほうが納得しているとはかぎらない。たとえば、ある家の主の第一妻はシアナッツの木の本数が少ない区画を収穫していたが、その区画の割り当ては彼女が家にいないときに決定され、帰宅後に夫から告げられたと、私に不満げに話した。反対に、先輩妻がより多くの木を得ていた場合もある（Y８、Y29）。たとえば、Y８では、畑を四区分し、そのうち三区画においては昼と夜の練粥当番の三人の妻がそれぞれの区画を毎日順繰りに回して収穫するものの、残りの一区画はこの三人の妻のうち最年長の妻が彼女の息子が耕している土地だからとして、毎日、単独で収穫していた。また、妻たちが一緒に収穫する方式の採用（Y５－１、Y18、Y34）も、家内の権力関係のあらわれである。というのも、これらの家／世帯の後輩妻には彼女を手伝う娘の数が少ないため、彼女が収穫できる量はより少ないのである。

なお、Y30ではとくにルールが設けられていなかった。それは、この家の土地にはシアナッツの木が五本しかなく、毎年よく結実するわけでもないため、あえて分けるに値しないからだという。

家／世帯の枠組みを超えた女性の間の調整と交渉

シアナッツを収穫する資格をもつ女性たちはまた、さまざまな事情から、家／世帯の枠組みを超えて、ほかの女性と収穫をめぐる再調整や取引をおこなっていた。まず、家の主／世帯主同士が近親関係にある家／世帯の土地の間で木の本数があまりにも異なる場合である。たとえばY31とY34の二軒の四人の妻たちは、互いの家の土地を合算させてシアナッツの木を分割している。二〇〇二年にY31から分家したY34の家の主の土地には一〇四本の木がある一方、本家のY31の家の主の土地には一九本しかないからである。

また、日頃より親しくしている女性の家の土地のシアナッツの木が少ない場合である。家の土地に一三一本のシアナッツの木があるY19の妻たち三人は、家の土地にシアナッツの木がたったの三本しかない隣の家（Y22）の女性の娘が毎朝の彼女たちの収穫についてくることを許可している。さらに、自分で収穫に行くことができない場合、近親関係にある女性に収穫を許可する場合があった。Y２－２の世帯主の第一妻は、第二妻と一緒に収穫している二六本のシアナッツの木がある区画に、毎朝、二人の養女だけでなく、足を悪くしている自分の代わりとしてY14に嫁いでいる娘（まだ料理を担当していない）にも行かせ、この娘に拾った分を持ち帰ることを許している。また、収穫期の半ばで出産したために収穫ができなくなったY25の家の主の息子の妻は、自分の代わりに里帰り中の夫の妹に収穫に行かせ、この義理の妹の取り分として、彼女が収穫したシアナッツの三分の一を渡していた。

以上までみてきたように、女性たちはシアナッツの木の収穫の権利をめぐり調整と交渉を繰り広げてきた。ところが、さらに興味深いのが、女性たちは、朝一番の収穫は自分の区画／木を自分のものとして収穫し、そのあとの日中は区画にかかわらず、「オープンアクセス」のルールもどきを生みだし、実践していることである。その日に収穫できる区画をもつ女性は、夜明けとともに家を出て収穫する。しかし、そのあとは「誰でもどこでも収穫してよい」と女性たちが説明するように、実際、およそ一〇時ごろから日暮れまでの日中、多くの女性と少女たちが畑の境界なしにシアナッツを拾い歩いているのである。朝一番の収穫は、前日の日暮れから朝まで木から落ちたシアナッツを一度に拾うことができるため効率的である。しかし、朝一の収穫が終わったあとでも、収穫のピーク期や木が多い区画では、効率的にたくさんのシアナッツを拾い集めることができる。

このように、一日のうちで、曖昧に二区分された収穫のセッションが誕生し、定着した背景にあるのは、すでに述べたように、料理を担当する女性たちの間で収穫できる本数に大きな差があることや、彼女たちの経済状況が異なるからだけではない。料理を担当していない女性たちも、生活で必要な支出をおこなうために、そしてとくに朝の水粥に穀物が供給されていない家／世帯では、自分でトウモロコシやソルガムを購入するためにシアナッツを拾いたいからである。そして、もう一つの重要な点とは、女性たちが分け合いの精神をもちあわせていることもあるのだが、同時にその反対でもあり、奪われてしまうからである。聞き取りで明らかになったのは、シアナッツの経済価値が高まるにつれ、誰かが植えたわけではない自生したシアナッツは「神の贈り物」（*wunpini*）であるとして、より多くの女性たちが許可なしに他者のシアナッツを拾うようになったことである。しかし、土地のいたるところで自生し、点在しているシアナッツの木々に一日中張りついて、拾いにくる他者を追い払うことなどできない。よって、その日に収穫する区画をもつ女性が夜明けとともに急いで朝一番の収穫に向かうようになったのは、最も効率的にシアナッツを拾うことができる朝一番の収穫時だけでも、ほかの女性とその娘たちに奪われる前に自分のシアナッツを拾いたいからなのである。

第七節　町の家計問題

「町」とは、家計をめぐり、夫婦が互いに不信感を募らせる世界である。これまでみてきたように、農村部では、暮らしをとりまく環境の変化を通じて、妻たちがより生産活動に従事し、食料の購入をはじめとする支出を負担するようになってきた。このような役割分担の変化は、都市化したタマレはもちろん、町化しつつあるトロンやタマレ近郊の農村部でより顕著である。そして、それは、夫婦間の不満の種になっている。

穀物を買い、電気代を払うトロンの女性たち

トロンでは、各家を率いる男性の経済力が彼の妻たちより低い場合がある。男性が耕作によって稼ごうにも、土地がいっそう限られているトロンでは開拓地に出向かなければならない。商売や雇用など農業外の収入の機会は、フィヒニより多いとはいえ、タマレや大学・研究機関があるニャンパラ周辺の集落と比べてはるかに限られている。一方で、一定の経済規模があるトロンでは、女性が小売りをして収益を得ることができている。また、トロンでは、高等教育を受けたのちタマレをはじめとする各地で雇用の機会を得ている子どもをもつ親が多い。しかし、娘たちはもとより、多くの息子たちがより支援しがちなのは、複数の妻をもち同居家族の全員を養わなければならない父親より、自分の母親のほうである。トロンの女性たちは、小売りと子どもたちからの金銭的な支援をもとに、夫が供給すべき穀物の不足をフィヒニの女性たちよりも補っているのである。

さらに、一九九七年より電線が引かれたトロンでは、家の主たちは彼宛に請求される電気代が払えずに借金まで抱

えている。これらの家の主たちが不満を述べるのは、電気を最も多く消費している妻たちについてである。タマレやガーナ南部に移り住んだ娘や息子が買ってくれた冷蔵庫を部屋に設置して、飲料水や手づくりジュースをつくって販売に勤しんでいるのである。「女（妻）は電気代も払わないのに、親族（妻方）の葬式に行くからってカネを要求してくる。女は男からもらうのが当たり前だと思っている。私は女の横行に忍耐強くいる」と話す男性もいる。この男性はわずかばかりであっても収入があり、また、彼に同情する子どもたちの支援で少しずつ電気代の支払いをすることができている。しかし、多くの家では、収入がある妻たちが家の主の代わりに電気代を払うことで、電気が止められるのを回避している。

同情しない女

男性たちは、彼らに比べて女性が相対的に経済力を高め、家計の支出の役割を担うようになった変化について、楽ができると喜んでいない。むしろ、強い不満を溜め込んでいる。私は二〇一〇年の二月、滞在先のアスマー氏の部屋で、五〇代～六〇代の男性たちの声を聞く機会をもった。

「女（妻）は、自分にカネがあって夫になくても、夫へのあわれみ（*nambyu*）がない。女は、男が作物をたくさんつくることができなかったとき、男が怠け者だって思うんだよ。女が男に敬意を払うなら男が作物をつくるのに失敗したときはカネを与えるべきだね。男も女に敬意を払っているのなら、男だってあとでカネを返すよ。ところが、それどころか女ときたらカネを要求してくる。娘のサンダル（一セディ、〇・六ドル）を買うから出せってね。俺たち男は乾季に売る物が何もない。そんな時、女はいろいろな物を売ってる。娘は父親じゃなくて母親のほうを手伝ってるんだ」

このように話したのは、トロン・クンブング郡とタマレ・メトロポリス郡の境界に位置している集落で暮らす男性

（六四歳）である。彼は、前年（二〇〇九年）の耕作期、トウモロコシの収量が悪かったという。彼の地域も、トロン一帯と同様に土地の不足と地力の低下が顕著である。しかし、タマレに近いため、女性の小売業がトロン地域の農村部より活発であり、彼の妻は年中稼ぐことができているという。

もう一人の男性（トロン在住の五八歳）は、女性が耕作をすることへの不満を語った。「女は耕作しても、もちろん料理は続けるさ。でもね、畑に行くために朝に昼の練粥をつくって、夫に冷えたものを食べさせる女までいるんだよ。夫が美味しくないって不満を言うと、こう言ったらしいよ。「あなた食べたくないんだったら残せば?」ってね」。

ちょうどそのとき、アスマー氏の部屋のテレビでは、ガーナ南部のアサンテ地域の農村部を舞台にしたドラマが放送されていた。この地域のドラマによくあるように、妻は夫に指を突きつけて怒鳴り、夫はへこへこしながら家から逃げ出した。アスマー氏は、ダゴンバの女性が夫に指を突きつけるアサンテの女性のようになってしまったらおしまいだと言った。また、このトロンの男性は「アサンテの男は耕作もままならない怠け者だから、女が食べさせてるんだよ。女ってのは自分にカネがなくて男にあるときに男を尊敬するものさ」と私に説明した。そして、アスマー氏は話を次のように締めくくった。「タマレでは、礼拝所のイスラム教の導師の教えに従って、女を外に出さないで（小売りなどの仕事をさせないで）いいほどお金を稼いで、女の代わりに）市場で買い物までしている男がいる。そんな男はこの辺ではいない。男は貧しいから、女に物売りを許してやらなければならない。男は、耕しても、作物がよくできない。女は少しずつ稼いだお金で男の代わりに穀物を買っている。女が男より稼ぐのはよくないと思う男もいる。女が稼いだら力をもってしまうからね。だけど前のようにはいかない。男が合わせていかないといけない」。

「失業」中の「パラサイト」男子

アスマー氏は、トロンの若い男性たちの経済状況は、フィヒニなど農村部で収量の低迷に悩む男性よりいっそう嘆かわしいと考えている。その例として挙げるのが、トロンの中心部のバス停付近でベンチに座り、人の行き来を眺めることを日課にしている、アスマー氏が「パラサイト」(*buhimbu*)[42]しているとして不満を述べる青年たちである。彼らの多くは、高校を卒業したがそれ以上は進学できず、また、給料をもらえる「白人の仕事」もないが、西洋式の教育で新たな価値観を身に付けたために耕作することをかたくなに拒否している。しかも「手が空っぽ」(*nu-kuma*,「お金がない」こと)にもかかわらず、妻をめとりたがる。そして、家を率いている彼らの父親や兄は、稼ぎがないこれらの息子や弟だけではなく、その妻方でおこなわれる冠婚葬祭にも支出をしなければならなくなる。

ただし、この問題はフィヒニでも皆無ではない。「俺は絶対に耕作しないね!」と明るく公言しているのは、二〇〇九年に高校を卒業した三一歳の男性である。同じ家で暮らす彼の再従弟の妻が「フィヒニで耕さなかった怠け者はあんた一人だけよ!」とからかって挑発すると、「ムチ打ちするぞ」(*ni fieba*)[43]と言って、その辺にあるほうきなどを手に取って彼女を追いかけ回すやり取りが、この家では定番になっている。同世代の男性たちが妻をめとるなか、彼にはまだ妻はいない。

夫の稼ぎと行動が見えない場

夫の収益も生活も見えないのが「町」である。

農業が生活の基盤となっているフィヒニなどの農村部では、妻は夫の「稼ぎ」をめぐり、同じ家で暮らす夫の別の妻とのライバル関係はあってもさほど不信感を募らせない。妻は夫の作物の収穫を手伝うことで作物の一部を分け与えてもらってきた。また、妻は、夫の作物を夫の代わりに販売してきた。そして、夫がどれだけの「お金」をもっているのかは、彼の残りの作物が入った袋を見れば一目瞭然である。さらに、ガーナ南部へ耕作労働の出稼ぎに向かう時期や回数から、夫の稼ぎの使い道が家で足りない穀物のためなのか、次の耕作のためなのか、あるいは新たな妻を加える婚資の支払いや結婚式を開催するためなのかを知ることができる。だから、女性たちは、自らであくせく耕し、家計の負担を担っていることに関しても「夫がもっていれば与えてくれるけど、もっていないのよ」と話したりするのである。

しかし、都市化したタマレはもちろん、夫が農業外の仕事に就いていることが多いタマレ近郊の農村部では、日々の活動を通した夫婦の間の共同関係は失われている。夫がいくら稼いでいるのかわからなくなると、女性は夫がお金をもっているにもかかわらず、自分に十分に与えてくれないと疑心暗鬼に陥る。タマレに嫁いだ女性たちが、自らがあくせく働かなければならないことへの説明として挙げるのは、「男はいくら稼いだのかを自分にも母親にも教えない」「男はたとえ女を加えなくても（新たにもう一人の妻をめとらなくても）、稼いだお金を外で女を追いかけるために使っている」「家の料理や子どもの食べ物のために毎日いくらかでもお金を与えてくれるのであればよいほう」など、夫に対する不満ばかりである。「夫を頼りにできない」女性たちは稼ぎを得ることに必死である。そして、働くためにたくさんの子どもを産み続けたくない女性たちも出現しているのだが、そんなことを言うものならば「家を大きくしないような女は夫方（ドイリ）にいる必要はない」と夫方で非難されると話すのである。

また、町の女性たちは一緒に住んでいない別の女性たちと戦っている。男性のなかには、一緒に暮らす妻のほか別の女性を事実上の妻として別の家に住まわしている者がいる。だから、タマレには、美味しい料理で夫の気持ちを自分に引き寄せるために、自分で稼いだお金で肉まで買ってスープに入れ、夫に食べさせる女性までいる。この話で盛り上がっていたフィヒニの若い妻たちは、夫のために肉なんて絶対に買わないと断言した。トロン一帯の農村部では、女性が料理のために肉を買いに行くことなどない。肉を料理に入れるのは、冠婚葬祭で男性が殺した家畜の肉を家の主が料理当番の女性に渡したときだけなのである。

第八節　小括――家を大きくして維持する「偉業」

本章では、農村生活の中心の場としての「家」に焦点をあて、同居家族の営みの具体的な中身を検討した。ここから明らかになったのは、多くの家には互いに血のつながりの濃淡をもつ、また血のつながりもなく、さらにライバル関係にもある人びとが、家を率いる男性との直接的、間接的な関係をもとに寄り集まっていることである。家の主を含め、同居家族はそれぞれ、個人としての生活や近親者との生活を継続させるためだけではなく、同居家族を日々の食事において一つの単位として成立させるうえで、それぞれの地位と関係に応じて与えられた役割を果たすために、日々、家事、耕作、そしてそのほかの現金収入を得るための活動をおこなっている。そして、それぞれの成員は、家で分担している役割とその経済的な負担の大きさに応じて、また、交渉を通じて土地、樹木、労働力を手に入れ、利用している。この調整役を担っているのは、同居家族を率いている家の主（あるいは食事の単位が二分している家もあることから、世帯主）としての男性である。

男性には、より多くの妻をもち、子孫を増やし、一家の主となり、その家を拡大させることだけではなく、彼が率いる同居家族を日々の食の単位として成立させることが社会的に期待されていて、彼の男としての能力は人びとによる評価の対象になっている。こうして、家を率いる男性は、最もよい土地を主食の穀物の生産にあてがい、息子や弟たちを動員して耕作させ、女性たちに種まきと収穫を手伝わせる。次に、残りの土地を、彼自身を含む家の男性たちに優先的に配分することになっているのは、男性たちが個人として稼ぎ、使うためだけではない。男性に「扶養」の責任がある妻子のために、そして家で料理をする妻たちが必要な食材を手に入れることができるように、彼らに作物をつくらせるためである。また、家を率いる男性は、自家消費のためだけではなく現金を得るために重要なシアナッツを、料理を担当する女性が不足した食材を買うことができるよう、彼女たちに収穫させるのである。

しかし、大勢が暮らす大きな家では、家の主が、誰もが満足できるようにこれらの資源の配分を実現することは難しい。また、家の主は、異母弟など特定の年下の血族の男性にあえて土地を与えず、自発的な転出を促すこともある。しかし、そうではないかぎり、家の主は自分のもとに集まった同居家族を食事において一つの単位として成立させ、維持したい。このために、それぞれ異なる成員が個別に手に入れた土地やシアナッツの木の量も鑑みて、彼らが家での役割を果たすことができるようにできるだけ公平な配分の調整に努めるのである。よって、たとえ妻たちが「土地をもたない」「夫が土地を少ししか分けてくれない」と不満をもらしていても、彼女たちは家の主や夫の限られた土地をより広く与えてもらい耕すことで、自分の「家計」の役割の負担をいっそう重くするような事態をまさか望んでいないことは、本書の主題からすれば非常に重要である。妻が広く、肥沃度が高い土地を耕作できるとしたら、それは彼女たちが家事仕事やシアナッツ拾いに加えて、男性の代わりに同居家族のための穀物をはじめとする作物の生産を担うときである。フィヒニで最も広い土地を耕している女性とは、夫が病気で働くことができないために、実際に穀物の生産までもしなくてはならない大変な労働状況にある妻たちなのである。

ここで、「女性の搾取」論を見直すと、次のような矛盾を指摘することができる。第一に、男性にとって、彼の妻が産む息子たちによる耕作が男性の個人としての経済的な利益につながるような現象はさほど確認できなかったことである。もちろん、グディやメイヤスーが指摘したように、より多くの妻をもつことは子孫を増やすことにつながり、家の全体としての労働力を増大させている［Goody 1973: 188; Meillassoux 1977（1975）: 119］。また、ボズラップが指摘したように、より多くの妻子をもつことで、妻子が少ない血族の男性から土地を手に入れることができる場合も確認できた［Boserup 1970: 37-38］。しかし、同居家族の人数が増加するにつれ、家を率いる男性は同居家族の日々の食事に必要な穀物をはじめとする食料を生産し、調達するために、息子たちをとりまとめることは困難になる。穀物が足りない状況において、息子たちは本来ならば自らの穀物を家の主に提供したり、より多くの労働を投入して生産力を増強させるべきことになっている。ところが、息子たちは同居家族の全員ではなく、むしろ自らの母親と妻子のための穀物の生産と調達により重点をおくようになるのである。一夫多妻で拡大した家を率いる男性は、実際には同居家族の労働力や土地の利用のあり方を「支配」できているとはいい難いのである。

また、女性が主体的に生計活動に勤しみ、経済的な困難にも直面しているのは、一夫多妻制とどれだけ関連しているのだろうか。たしかに、一夫多妻の実践によって同居家族の構成が複雑化し、その規模が拡大することは、ホワイトヘッドが指摘したとおり、夫婦や同居家族が一つの経済単位として成り立つことを困難にさせている［Whitehead 1990: 439］。妻が一人だけのときは、夫婦の間の生計関係はより緊密である。ところが、妻子が増えると、夫の扶養能力が低下するため、夫は複数の妻子それぞれが必要な支出を支援することが難しくなる。このため、それぞれの妻は稼働能力があるかぎり自主的に生産活動をおこない、積極的に収益を得ることで、不足する食料、衣服、交通費等々の消費活動のための支出を自分でおこなっている。しかしここで重要なのは、女性が生計をともにするのは夫だけではないことである。女性たちは、息子、娘、孫たちと緊密な生計関係を築いて暮らしている。これは、先行研究が示唆してきた、女性の経済的な自律性の高さや経済的な困難を一夫多妻制の実践と結びつけることの限界を示している。

かわりに、西アフリカの内陸部のサバンナ地域の暮らしにおける環境的な制約は、女性が同居している夫や息子に生産活動と収益の管理をすっかり任せてしまうのではなく、むしろ、できるかぎり主体的に生計を立てなければならない背景として重要である。降雨パターンが不安定なこの地では、「耕作」を通じて十分な食料を生産し、調達することは、そして、拡大してきた消費生活を充足させることは、土地不足の程度にかかわらず、そして同居家族の構成の複雑さや規模にかかわらず、多かれ少なかれ困難である。だからこそ、女性にも結局のところは自分で不足の状況をなんとかしていくことが求められているのである。

なお、本章の第三節では、家事仕事を担い、耕作の担い手ではなかった女性が、主体的に生計を立てる方法として重要になっている家計／家族的な実践が明らかになった。それは、女性がシアナッツを拾って売ったり、夫や息子などから必要な時に金銭的な支援を受けたり、彼らの代わりに市場で作物を売ってそのお駄賃を得ることだけではない。女性が夫や息子などの畑の収穫を手伝う際に、収穫物の一部を直接に分け与えてもらうことである。第五章では、この男性と女性の間の収穫物をめぐる家計／家族的な実践が、人口の増加と農業の低迷に際してどのように展開してきたのか詳しくみていくことにする。

第四章　侵略の歴史と領地の称号

第三章では、日常生活の中心の場としての家において、人びとが個人として、そして近親者、同居家族と共同での生活を営むうえで、どのように土地や樹木、労働力を配分し合い、それぞれの日々の活動に利用しているのかを明らかにした。続く本章では、農村部の男性たちによる政治的な実践に焦点をあて、男性たちが「称号」を獲得することがどのようにこれらの資源の配分とかかわっているのかを探っていく。この際、とくに着目するのが、サバンナ地域の農村部の景観で存在感を放ってきたヒロハフサマメの木である。

第一章でみたように、ヒロハフサマメの木は日々の料理に利用される「パリグ」という発酵調味料の材料になる実（ヒロハフサマメ）をつける。ダゴンバ地域を対象にした先行研究では、この木が首長（チーフ）に帰属し、収穫が管理されていることが指摘されてきた［Mahama 2004: 64; Poudyal 2011］。また、これはダゴンバ地域に限った話ではなく、現ガーナ北部のマンプルシ地域［Cardinall 1920: 61］、ナヌンバ地域［Norton n.d. (1988): 36-37］、そしてブルキナファソのモシ地域［Boutillier 1964: 88; Şaul 1988: 272; Timmer *et al.* 1996: 90-91］からも類似した報告がされている。しかし、この詳細や事例は記されておらず、その具体的な内容はわからないままになってきた。

これまで、これらの地域の人類学／民族学、政治学研究がヒロハフサマメの木と政治的な実践との関連について題材としてとりあげてこなかったのは、第一に、政治の中枢を担ってこなかった農村部への関心が低かったからだと思われる。植民地期から一九七〇年代まで、各地の政治組織の構造や歴史を解明する研究は活発になされ、多くの知見が蓄積されてきた。しかし、首長のものとしてのヒロハフサマメの木の帰属と利用のあり方については、手短に言及されるのみにとどまってきた。スタニランドがダゴンバ地域の政治研究の代表作『ダゴンバ地域のライオンたち』において、ダゴンバ地域の各地方の政治のしくみは最高君主（ヤーナー）が暮らす「都」のイェンディの「縮小版」[Staniland 1975: 24] として仮定しているように、政治組織の周縁部には光があてられてこなかったのである。

第二に、一九九〇年代より首長（チーフ）と資源管理を主題にする研究が活発になったが、その関心は紛争問題に集中してきた。ガーナでは、首長院(1)が設立されてきただけではなく、首長、あるいは慣習的な権威者（customary authority）による土地への権利が憲法において曖昧さを残しつつも保障されている(2)。そして、首長たちは、とくに経済価値の高まった都市部の土地の利権争いや訴訟問題に深くかかわってきた。このため、諸研究は、ガーナの国家・地方行政と首長という二つの政治的な主体との間で生じている土地の利用や収益をめぐる管理の問題の複雑性を主題としてとりあげ [Ray 1996]、同時に問題を解決するための方策を模索してきた [Blocher 2006; Kasanga & Kotey 2001; Kasanga 1996]。また、文化人類学者のレンツは、ガーナ北部を対象に、植民地期の民族誌的な研究や政策の実施、経済的な環境の変化を通じて、首長／慣習的な権威者が新たに誕生したり、既存の政治的主体が土地や人びとを支配する資格や権力を強めた過程 [Lentz 1999, 2006]、そして、土地の帰属をめぐる人びとの間の争いの歴史的過程を明らかにしてきた [Lentz 2013]。同様の視点から、マックガフィーはガーナ北部の中心都市であり、土地の価格が最も高いダゴンバ地域のタマレを対象に人類学研究をおこなっている [MacGaffey 2013]。しかし、土地に価格がついておらず紛争もおこってこなかったような農村部を対象に、日常生活において人びとが利用してきた樹木に焦点をあて、その利用をめぐる権利がどのように配分されているのか、また、この木が、首長、あるいは各地の「君主」に帰属するという特殊な制度がつくられた歴史の経緯を検討することには関心が寄せられてこなかったのである(3)。

そこで、本章では西ダゴンバ地域のトロン一帯の農村部を対象に土地とヒロハフサマメの木の帰属と配分のあり方をみていく。具体的には、まず、ダゴンバ地域の侵略の歴史を通じた人と土地の「支配」がどのようにヒロハフサマメの木とかかわっているのかを分析する。次に、男性たちによる称号の獲得を通じて土地とヒロハフサマメの木が彼らに配分されていることを明らかにしたうえで、男性にとって称号を手に入れることの意味を検討する。これらの作業をとおして、なぜ、ヒロハフサマメの木が特定の称号の保持者に帰属する制度がつくられ、今日にいたるまで維持され、実践されているのかを考察する。

第一節　「支配者」と「被支配者」

ダゴンバ地域では、ヒロハフサマメの木は各地の「君主」（*naa*）の「称号」（*nam*）の保持者のものである。この中身をみていく前に、まず、ダゴンバ地域の君主（ナー）とはいったい誰であり、またヒロハフサマメの木が君主たちに帰属する特殊な決まりごとがどのように生みだされてきたのかを探りたい。このてがかりとなるのは、ヒロハフサマメの木の帰属について、類似した報告がされてきたガーナ北部のダゴンバ、マンプルシ、ナヌンバ地域、そしてブルキナファソのモシ地域が政治的な共通点をもつこと――君主たちの共通の祖先の伝説と侵略の歴史、そして中央集権的な政治組織の展開――である。そこで、第一節では、ダゴンバ地域で伝承されている政治史の検討から始めてみたい。

トハジェ――ダゴンバ、マンプルシ、ナヌンバ、モシ地域の君主たちの祖先の伝説

ダゴンバ地域（*Dagbɔŋ*）の歴史（*kurumbuna-yɛtɔya*,「古い時代の話」の意）は、各地の歴史の語り部（*luŋsi*）によって語り継がれてきた。イエンディで暮らすダゴンバ地域の最高君主（ヤーナー）だけではなく、トロンの君主（トロンナー）を含む各地の有力な君主（ナー）たちは、それぞれ「おかかえ」の歴史の語り部をもっている。歴史の語り部は、年に二回、ラマダン明けの祭（ユニュルチュグ）と犠牲祭（チムシ）（補遺2）の日の夜、宮廷の庭で、夜通しで開催される歴史の吟唱（*samban' luŋa*,「庭先の吟唱」の意）の舞台で主役となっている。私がトロンの君主の宮廷で二〇〇九年のラマダン明けの祭日に鑑賞した吟唱では、ダゴンバ地域の最高君主だけではなく、トロンの君主に焦点をあて、歴代の君主たちの系譜とともに主要な出来事が語られていた。

これまで、この歴史は、主にダゴンバ地域の最高君主が暮らすイェンディでの伝承をもとに、植民地期より複数の植民地行政官などによって記述されてきた。それによると、伝承は「トハジェ」（*Tohaʒie*）という名の男性の伝説的

な話から始まっている。「トハジェ」は、ダゴンバ地域だけでなく、マンプルシ、ナヌンバ、モシ地域のそれぞれの君主たちの共通の祖先として伝承されている人物である。

　ダゴンバ地域での伝承の記録では、トハジェがチャド湖付近のハウサ地域の出身だとして、出身地とそこからのトハジェとその一党の移動の経緯がかなり詳しく言及されている[4]［Tamakloe 1931: 3; Duncan-Johnstone & Blair 1932: 5］。この内容は、のちの歴史学者たちによっても参照されてきたが[5]［Fage 1961 (1959): 22; Wilks 1976 (1971): 417］、その細部が植民地期に生みだされたのかどうかは定かではない。ただ、少なくとも「トハジェ」という名前そのものは、トハジェが現在ダゴンバ地域で暮らしている人びととは明らかに肌の色が異なっていたこと、より具体的には西アフリカのサハラ砂漠の南縁部の出身者だとして、ダゴンバだけではなく、マンプルシ、ナヌンバ、モシ地域でも語り継がれてきたことを明示している。具体的には、「狩人」を意味する「トハ」を形容する「ジェ」とは褐色の色彩をあらわす語である。「ジェ」を人の形容に使用する場合、濃い黒肌ではなく褐色がかった明るい黒肌の色を意味する。すなわち、伝承は、トハジェがフルベなどサハラ砂漠の南縁部で暮らしている人びとに多い肌の色をしていたことを伝えているのである。

　その後の物語をタマクロエによる文献をもとに要約すると、トハジェはハウサの地から四日ほどかかる場所にある「マレ」（*Malle*）[6]に到着する。そして、マレの君主（原文では王（キング））から彼の近隣の部族（トライブ）を撃退したお礼に娘をもらう。トハジェは、マレの君主の娘との間にポゴヌンボ（*Kpogonumbo*）という名の息子をもった。ポゴヌンボは、成長すると南へ移動し、グルマンチェ地域のビウン（*Biun*）に到着する。そこで「土地の主」（*tindana*）——私が現在のトロン地域で知る彼らの役割に従えば、神々や精霊との交信を通じて卜占を実施し、雨乞いや弔いのための儀礼を司る者——の娘をもらうが、のちにポゴヌンボは土地の主（ティンダナ）を殺して自らがその座に就く。そして、ポゴヌンボの末の息子のグベワ（*Gbewa*, トハジェの孫息子）が土地の主としてポゴヌンボの地位を継承するが、その後、プシガ（*Pusiga*, 原文では*Pusuga*, 現ガーナ北部のアッパー・イースト州）に移り住む［Tamakloe 1931: 3-9］。このタマクロエによる内容は、川田［1977: 333-335］も記しているとおり、ダゴンバ地域だけではなく、マンプルシやモシ地域などで伝承されてきたものとだいたいの部分で一致する。

初代のダゴンバ地域の最高君主（ヤーナー）のニャグシ（*Nyagsi,* 原文では *Nyagse,* 補遺1）とは、このグベワの息子であるシトブの息子、すなわちトハジェの玄孫[7]［Tamakloe 1931: 9-15］である。現ガーナ北部のマンプルシ地域、ナヌンバ地域、そしてブルキナファソのモシ地域の君主たちの歴史の分岐点となっているのは、ニャグシと同様、このグベワの別の息子と娘たちである［川田 1977: 333-334］。歴史学者や人類学／民族学者は、この年代をおよそ一五世紀後半と推定[8]している［Fage 1964: 177-179; 川田 1977: 332; Wilks 1976 (1971): 413-417］。

ニャグシの遠征、ティスア一世とトロン

ニャグシが初代のダゴンバ地域の最高君主として認められているのは、ニャグシが現在もダゴンバ地域（ダグバン）にある多くの集落を制圧したという伝承が根拠になっているようである。この伝承の内容は複数の文献で要約、また再整理されている［e.g. Ferguson 1972: 22-28; Cardinall 1920: 3-9; 川田 1977: 336; Rattray 1932: 563］。最も詳しく記述しているタマクロエを参照すると、私の調査地の西ダゴンバ地域はまさにニャグシの遠征地の中心だった。ニャグシは父のシトブをバガレ（*Bagale,* 現ノーザン州）に残して南下すると、まずピグを襲う。さらに、ニンブング、ディドジ、ゾサリと続き、その南方のディイェリ、グシエ、サヴェルグ、そして西の方向に進みダパリ、ナンボグ、シンガ、ダルン、クンブング、ザンバロン、ブルン、ヴォグ、ティンブングを制圧してルンブンガまで到達したのち、行先を東方へと変えてタマレへ行く。そして、ナントンまで北上後、東へ向かいタンピオン、トゥジョ、トゥグ、ガリウェ、サング（現在の東ダゴンバ地域のイェンディ近く）、ザコリまで行ったのち、再び北上してクンコン、ンガニ、ナクパリを制圧する。こうして、ニャグシとその一党はこれらの集落を治めていた土地の主（ティンダナ）たちを少なくとも二八人殺し、ニャグシは替わりに自分の息子、兄弟、おじたちをその地の君主（原文では首長（チーフ））にした［Tamakloe 1931: 16-18］。

しかし、ニャグシは君主の血統である彼の血族の者（*nabihi,* 過去の「君主の子孫」の意）だけではなく、遠征で大きな貢献をした部下で「君主の血統ではない一般の者」（*tarimba*）にも、位と治める場所を与えたとされる。私が調査

地のトロンにおいて、トロンの君主の歴史の語り部の現役世代として最前線で活躍しているタクラディ・ルンナー（*Takuradi-Lun'naa*）[9]から聞き取ったところによると、それは、第一に、初代のトロンの君主として伝えられているティスア一世（*Tisua-kpema*）（表４－１のno.１）である。トロンの君主は、ダゴンバ地域の政治組織について記した複数の先行研究においても、最高君主の側近、また騎馬隊の長として位置づけられてきた[10]［Tait 1955: 202-203; 1961: 7-8; Rattray 1932: 567; Wilks 1976 (1971): 450］。次に詳しくみる、トロン地域でのタクラディ・ルンナーによる伝承は、トロンの君主の位の高さの歴史的な背景を説明しているように思われる。

それによると、初代のトロンの君主のティスア一世は、星がよく見える真っ暗な「ティスア」の夜、すなわち新月の真夜中（*yuŋ-tisua*）[11]に生まれた。ティスアの父は、ニャグシに仕えていたザンドゥーナー（*Zandu Naa*）の称号をもつスグビ（*Suγbi*）である。ザンドゥーナーは、当時まだ青年（*nachim'bila*, およそ一〇代半ばから三〇歳ごろ）だったティスアに戦法の秘密を伝授し、主君のニャグシを戦地で導き助けるよう命じた。トロン（*Tolon*）という地名の語源は「用事を伝えること」を意味する「タルン」（*Taluŋ*）であり、これはスグビが息子のティスアへ任務を伝達したことからきているのだという。戦が終わると、ティスアはほかの者たちと同様に、ニャグシが住処にしたディイェリ近くの「ヤニ・ダボグニ」（*Yani-Daboγni*,「最高君主の住処の跡地」の意、タマレの北方の約四四キロメートル先の白ヴォルタ川沿いにあり、当時の名称は「ヨグ」）でニャグシを守るために暮らした。ニャグシは、まだ青年だったティスアのために、自分の息子のウンビンをティスアの世話役につけた。ニャグシはティスアを大変かわいがり、常に自らの傍らにおいていたため、誰もティスアに挑戦できなかったという。

タクラディ・ルンナーによると、トロンは、ニャグシがティスアに与えた場所である。ここでのトロンとは、現在トロンの集落がある場所ではなく、そこから北に六キロメートル先（フィヒニの北東）に位置していた。この旧トロンの集落は、現在、ダボグシェ（*Daboγshie*, *daboγu* は「主がいなくなった住処」、*shie* は「場所」の意）とよばれている集落である。当時、この場所には誰も住んでいなかったが、のちにティスアの親族が移り住んだという。ティスアが死去したのち、表４－１のトロンの君主の位を継承した君主たち自身もトロン（現ダボグシェ）に暮らすようになり、

表 4-1　歴代のトロンの君主

no.	名前 / 通称	出自・重要な出来事	就任期
1	ティスア一世 *Tisua-kpɛma*	父は初代のダゴンバ地域の最高君主のニャグシ[補遺1の no. 1]に仕えたザンドゥーナー(*Zanduu Naa*)の称号をもつスグビ(*Suɣbi*)。	c. 15世紀末
2	ティスア二世 *Tisua-bila*	父はティスア一世[no. 1]	
3	スグビ *Suɣbi*	父はティスア二世[no. 2]	
4	ダリ *Dari*	父はスグビ[no. 3]	
5	ティマミ *Timani*	父はダリ[no. 4]	
6	アリ *Ali*	父はティマミ[no. 5]	
7	アダマ *Adama*	父はアリ[no. 6]	
8	マハミ一世 *Mahami-kpɛma*	父はアダマ[no. 7]	
9	マハミ二世 *Mahami-bila*	父はアダマ[no. 7]	
10	ドーゾー *Doozoo*	父はマハミ二世[no. 9]。ドーゾーは長男。	
11	イリ一世／ドックルグ *Yiri-kpɛma/Dokurugu*	父はウォリボグの君主(*Wɔribɔyulana*)のアリ。ティマミ[no. 5]の子孫。マハミ一世[no. 8]とマハミ二世[no. 9]はアリの母方のおじ。	
12	スレマニ一世 *Sulemani-kpɛma*	父はイリ一世[no. 11]。スレマニ一世はトロンを現在ダボグシェの集落がある場所から現在のトロンの集落の場所へと遷都。	
13	スレマニ二世 *Sulemani-bila*	父はディンヨグ・パリグラナ(*Dinyoɣ' Kpaliɣulana*)の称号をもつカリム(*Karim*)。マハミ一世[no. 8]はカリムの祖父。カリムの父はラングラナ(*Laŋ' lana*)の称号をもつビンビェグ(*Binbiɛɣu*)。	
14	イリ二世 *Yiri-bila*	父はゾーナー(*Zoo Naa*)の称号をもつスマニ(*Sumani*)。イリ一世[no. 11]はスマニの父で、イリ一世の祖父。	
15	アブドゥライジェグ *Abdullai-ʒiɛɣu*	父はドーゾー[no. 10]	
16	アルハッサニ *Alhassani*	祖父はウォリボグの君主のドックルグ。父はアブドゥライ(*Abdullai-kpɛma*, no. 15 とは別の者)。ドーゾー[no. 10]はドックルグの父、アブドゥライの祖父、アルハッサニの曽祖父。	c. 1930年代
17	アブドゥライ二世 *Abdullai-bila*	父はイリ二世[no. 14]	
18	ヤクブ *Yakubu*	父はタリの君主(*Tali Naa*)の称号をもつアルハッサニ（no. 16とは別の者)。スレマニ一世[no. 12]はアルハッサニの父、ヤクブの祖父。	19?? ～ 1986 年
19	スレマニ三世 *Sulemani*	父はno. 18と同じくアルハッサニ(no. 16とは別の者)。スレマニ一世[no. 12]の子孫。	198? ～ 1998 年
	アブバカリ *Abubakari* ※摂政	トロンの君主位はスレマニ三世[no. 19]が死去した 1998年より現在まで空席。アブバカリはスレマニ三世の長男で摂政として統治中。	2001 ～ 現在

トロンのタクラディ・ルンナーへの聞き取りによる。ダゴンバ地域の初代の最高君主のニャグシと同じ時期に初代のトロンの君主のティスア一世が生きていたにもかかわらず、歴代の人数が圧倒的に少ない（補遺 1 と比較)。これについて、タクラディ・ルンナーはトロンの君主が不在だった期間が長いこと、またそれぞれの君主の就任期間が長く、長生きしたことを挙げた。

人口が増えていった。そして、ここから現在のトロンの集落の位置へとトロンの「都」（君主の住処）が移されたのは、スレマニ一世（表4－1のno.12）の時代である。旧トロンの集落（現ダボグシェ）はブルンの君主（*Gbuluŋ Naa*）が暮らすブルンの集落と隣接していたこと（ブルンまで西に五キロメートルほど）、そして双方の君主の折り合いが悪かったために、トロンの君主が南へ六キロメートル離れた現在のトロンの集落の位置に遷都することになったという。

ガーナの独立期より、トロンの君主は国政にも進出していった。そのうち、ガーナで最も有名なのが、独立期にノーザン・ピープルズ・パーティー（政党）の創立者の一人となり、ユーゴスラビアやシエラレオーネの大使を務めた君主のヤクブ[12]（表4－1のno.18、国政での通称はヤクブ・タリ）である。また、現在トロンを治めているのは、一九九八年に死去したスレマニ三世の息子のアブバカリ摂政（摂政位の称号は*Gbɔŋlana*,「動物の皮の主」の意[13]）であり、ガーナではスレマナ少佐（父のスレマニ三世の名が苗字）として知られる元軍人である。アブバカリ摂政は、ガーナの元大統領のジェリー・ローリングスの政敵として、ローリングスのクーデター後にリベリアに亡命していたとされる。ローリングスが率いる国民民主会議の政権が倒れた二〇〇一年にリベリアから男児たち数名を連れて戻ってきたのち（私の調査時にもリベリアの紛争の孤児だという一〇代～二〇代前半の青年がトロンの宮廷で暮らしていた）、新愛国党の政権では少佐として要職に就いていたのである。

アブバカリ摂政がトロンの君主ではなく摂政の位にいるのは、トロンの君主の位はイェンディを都とするダゴンバ地域の最高君主（ヤーナー）（あるいはその摂政位）によって任命されることになっていて、トロンの君主位に就くことが難しい状況が続いているからである。ダゴンバ地域では、最高君主の位の継承をめぐる争いが、新愛国党が支持するアブドゥ家系（イリ）と国民民主会議が支持するアンダニ家系（イリ）との間で継続してきた[14][Staniland 1975; Tonah 2012]。トロンの君主のスレマニ三世が死去した時期にダゴンバ地域の最高君主の座に就いていたのはアブバカリ摂政とは敵対関係にあったアンダニ家のヤクブ二世（補遺1、no.38）だった。その後、ヤクブ二世は二〇〇二年にイェンディで三〇人以上の臣下たちと一緒に暗殺されたが、その首謀者としてアブバカリ摂政が噂されてきたのである[15]。二〇〇二年より、ダゴンバ地域の最高君主の位も不在となってきたが、実質的に主権を握っているのは、その後に長兄として摂政位に就いているアンダニ家のヤクブ二世の息子（アブドゥライ・ヤクブ・アンダニ）である。トロンでは、故スレマニ三世の葬式すら一〇年以上も先延ばしされている状況が続いているのは、亡き君主の葬式の最後の儀礼が執りおこなわれると新たな君主が任命される習わしがあり（埋葬は通常、逝去日に実施）、そうなればアブバカリ摂政ではない、彼とは敵対関係にあるアンダニ家を支持するトロンの君主の子孫の誰かが君主に就任することになるからである。

ダゴンバ人とは誰か

ところで、ダゴンバ地域における「ダゴンバ人」（ダゴンバ語では *Dagbamba*, 単数形は *Dagbana*, 英語では *Dagomba* ［e.g. Rattray 1932: 562; Mahama 2004］）とは誰を指すのだろうか。伝承は、ダゴンバとは、現在の西ダゴンバ地域のどこかの制圧地の「先住民」（*tiŋ'bihi*,「土地の子たち」の意）を起源にもつことを伝えている。初代の最高君主のニャグシは、現在の西ダゴンバ地域でダゴンバ人(ダグバンバ)［Tamakloe 1931: 16］、あるいはトハジェの肌の色の明るさと相対化させて「ダゴンバ地域の〔肌の色が〕黒い人びと」（*Dagbɔŋ-sablinsi*, 原文では *Dagbɔŋ sablese*）［Rattray 1932: 563］と戦ったとされているのである[16]。

かつての先住民(ティンビヒ)の一部が実際にダゴンバ人(ダグバンバ)とよばれていたのかを明らかにすることは難しい。しかし、西ダゴンバ地域では、ニャグシらによる征圧後、現在にいたるまで、彼ら北方からの少数の侵略者と圧倒的大多数の先住民との間では婚姻的な関係を通じた融合によって社会的にも政治的にも「ダゴンバ」としての一体化が進んでいった。制圧から五世紀のときを経た現在、多様な地域出身の人びとが暮らすタマレ、またゴンジャなど周辺の民族が多く暮らす集落、また近年によその地域からやってきた移住者は別にして、西ダゴンバ地域の中心に位置する農村部では「皆」がダゴンバ人(ダグバナ)を自称しているのである。

これには、現在、民族としての先住民(ティンビヒ)と侵略者の子孫の区分だけではなく、「被支配者」と「支配者」の間の区分が実質的に不可能になっていることが大きい。たとえば、トロン地域にも、フィヒニの北隣に位置するパリグンをはじめ、先住民の末裔として知られている土地の主(ティンダナ)の称号を継承する家系から成る集落が複数ある。ところが、これらの集落の人びととの間でも、制圧されたときの彼らの民族が何だったのかは伝承の対象となっておらず、尋ねても「わからない」という答えが返ってくる。さらに、詳しくは後述するが、「被支配者」側であるはずの土地の主（ティンダナ）の子孫とされる男性たちは、その土地の主の位を継承するだけではなく、ほかの集落の男性一般と同様に「支配者」側である各地の各種の称号を獲得してきたのである。

ただ、西ダゴンバ地域における先住民と侵略者、あるいは「支配者」と「被支配者」の一体化の状況は、東ダゴンバ地域ではかなり異なる。現在、東ダゴンバ地域とよばれる一帯には、先述したように、一五世紀にニャグシが制圧したサングを含む集落が位置している。その後、現ダゴンバ地域の君主たちによる東ダゴンバ地域の広域での支配が強まったのは、おそらく一七世紀の初め［Fage 1964: 179-180］、最高君主が暮らす都が西ダゴンバ地域の現ヤニ・ダボグニから東ダゴンバ地域のイェンディ（直線にしても一〇〇キロメートル以上も離れている）へと移されてからだと思われる[17]。しかし、そのあと四世紀を経ても、東ダゴンバ地域では「侵略者」で「支配者」としてのダゴンバの人びとと、「先住民」で「被支配者」の代表として知られるコンコンバの人びとを含む複数の民族間で、土地の帰属や市場の取引をめぐる争いが続いてきた［Tait 1955: 206］（近年ではナヌンバの人びとも加わった一九九四年の「ホロホロチョウ戦争」など［阿久津 2006: 98-100］）。もちろん、東ダゴンバ地域でダゴンバの男性がコンコンバの女性をめとる話はよく聞く（その逆は聞かない）。フィヒニにも、東ダゴンバ地域でフィヒニ出身の男性と出会い、嫁いできたコンコンバの女性がいる。しかし、彼女の前でコンコンバという言葉を口にすることは彼女への罵りに値するほど、ダゴンバの人びととコンコンバの人びととの間には緊張関係が確認できるのである。

第二節　集落と領地の展開

前節では、ダゴンバ地域は侵略の歴史をもつこと、そして現在の西ダゴンバ地域では「侵略者」と「先住民」の子孫だけではなく、「支配者」と「被支配者」の政治、社会的な区分もつかなくなるまでにいたっていることを述べた。本節では、この一体化の過程と具体的な中身を明らかにするために、トロン地域の事例からダゴンバ地域で展開されてきた「人」だけではなく「土地」を対象にした「支配」のしくみをみていく。この理解において重要になるのが、「称号」の制度である。ダゴンバ地域の各地において人（集落）や土地を「支配」するには、そのための君主の「称号」（*nam*）を「勝ちとる」（*di*）ことが必要になる。

集落と領地と君主

ダゴンバ語の「ティンガ」（*tiŋa*）とは、人びとが暮らす場所としての「集落」を意味する概念である。他方、「ティンバン」（*tiŋbɔŋ*）は「領地」と訳すことができる、支配の対象としての地理的な領域性をもつ概念である。ダゴンバ地域の君主は、「集落」で人びとを統治するだけではなく「領地」をもっていることがある。そして、領地をもつのに集落をもたない君主もいる。

前節での伝承によれば、西ダゴンバ地域のダルン、クンブング、ザンバロン、ブルン、ヴォグは、ダゴンバ地域の初代の最高君主のニャグシの一党が一五世紀の後半に制圧した集落であり、現在のトロン地域の近くに位置している。当時、もっと多くの集落がこの地域一帯に存在していたかどうかは不明である。ただ、そのあと現在にいたるまで、トロンだけではなく、フィヒニやガウァグも含めて数多くの新たな集落が連なって誕生し続けてきている。

これらの集落の「統治者」が誰か知りたいときは、集落の名前を述べて「ここには誰が座って（*zini*）いるのですか」あるいは「ここは誰が統治している（*di*）のですか」という表現で尋ねる。「座る」ことは「支配／統治する」ことの比喩表現である。この答えは、トロンの君主（トロンナー）、フィヒニの君主（フィヒンダナ）、あるいはガウァグの君主（カウァグナー）というように「称号名」で返ってくる。次に、集落だけではなく集落が位置する周辺の土地に対しても誰かの「領地」として認識されているのかどうかを確認するときは、集落に「座っている」称号の保持者が領地（ティンバン）をもっているのかどうか、あるいは「ここは誰の領地（ティンバン）ですか」と尋ねるとよい。

集落と領地の誕生は、集落が先のことも領地が先のこともある。たとえば、ある場所に新たに人が住み始めることで集落は誕生する。そして、その地域一帯の有力な君主が、その集落を自らに属するものとして、その集落内外の特定の人物にその集落の新たな君主として称号を与えることで、その集落の君主が誕生する。その際、またその後、その集落だけではなく周辺の土地が彼の領地（ティンバン）として認められるようになることもある。ただし、このように君主位の称号が制定されても、その集落がすでに消滅し、領地だけ残っている場合もある。他方、特定の人物が、その地域一帯の有力な君主に属する新たな君主として称号とその称号に付帯するものとして領地を与えられ、その場所に移り住むことで新たな集落をつくる場合もある。これらの「領地」としての土地の境界は、集落の数が隣り合わせに増えていき、領地が細分化されることを通じて、それぞれの地を治める君主たちの間ではっきりしていった。次節で詳しくみるのだが、境界がかなり明確に確認できるのは、一～三キロメートル先には別の集落に行き当たるくらい集落が密集している西ダゴンバ地域の農村部に特有の現象である。

次より、トロン地域の歴史の語り部のタクラディ・ルンナー、そしてトロンの君主（トロンナー）の家臣（*nayili-kpambaliba*）の第一位のウラナ・ウンベイ（*Wulana Wunbei*）と第二位のパナラナ・アルハッサン（*Kpanalana Alhassan*）を対象にした聞き取りをもとに、トロンの例からより詳しく説明したい。

トロンの領地と集落

トロンの君主が治めるトロン地域（トロン）とは、およそ二〇〇平方キロメートルの範囲に位置する集落と領地によって構成されている（図4-1、表4-2）。合計で三八ある集落は、トロンの君主が暮らす「都」としてのトロンの集落と、トロンの君主に属する君主らが率いる三七の下位集落で構成されていて、全人口は二万一四九三人にものぼる（二〇〇〇年の国勢調査をもとに算出）。そして、この三八の集落が位置する地理的な範囲は、単に複数の集落の集合体ではない。その一帯の土地が階層的に分割され、それぞれ特定の称号に付帯するものとしてその獲得者に与えられてきた、トロンの君主に属する「領地」の集合体でもある。

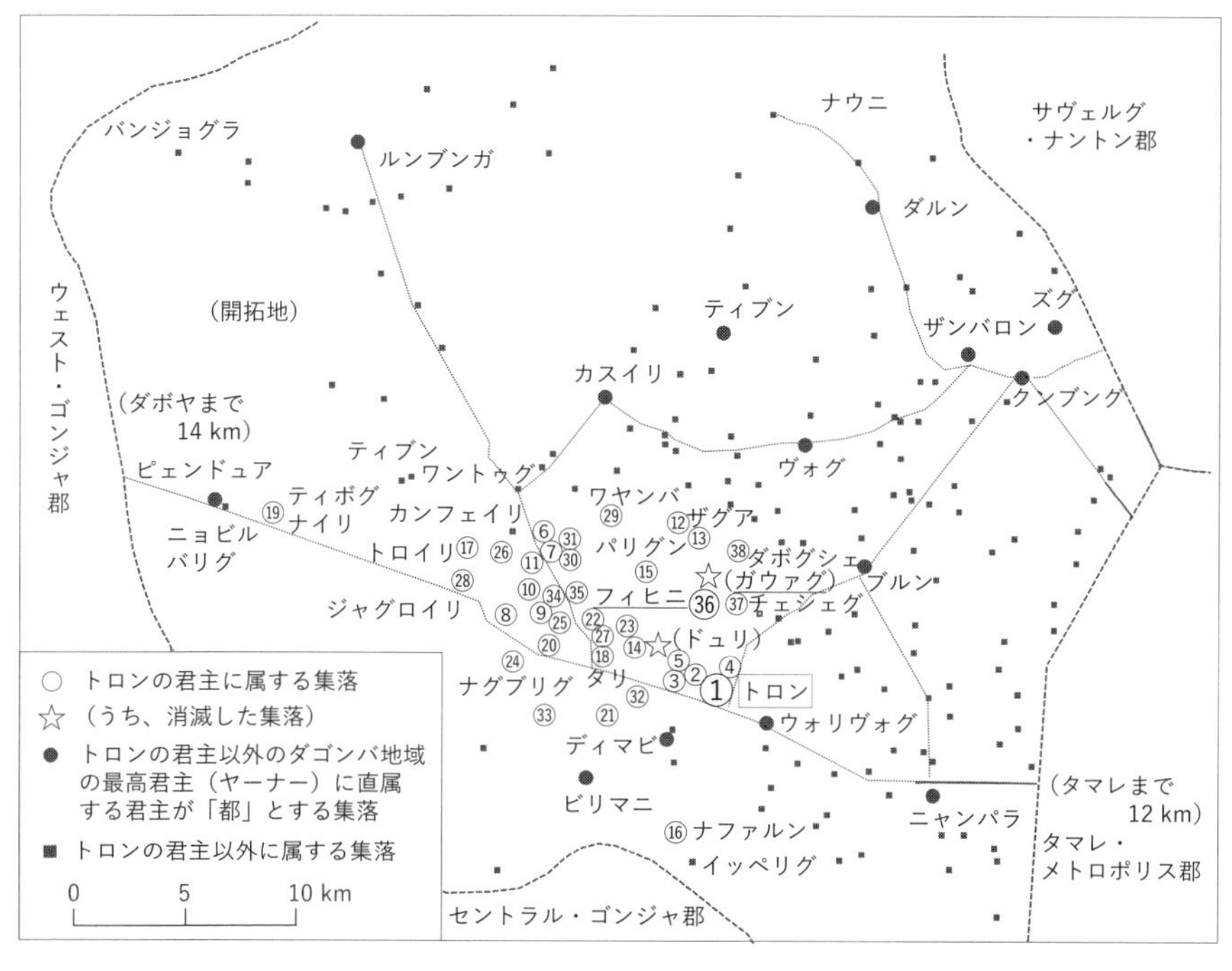

図4-1 トロン領とその周辺の集落の分布。ガーナ政府発行の地図［Ghana 1967, n.d.］をもとにトロンに属する集落を同定して作成。新たに誕生した集落「ンラライリ」（③）を付け加え、1967年の地図では記されていたものの消滅した集落「*Kapali*」（㉘と㉖の間に位置、通称 *Bakojiayili*）を取り除いた。

（1）属領、再属領、再々属領——集落の形成と消滅

トロンの君主（トロンナー）は、自らに直属する君主の称号を制定し、その獲得者に自らの領地（ティンバン）の区画を分け与えている(18)。これらの「属領主」は、また、トロンの君主と同様に自らに直属する君主の称号を制定し、その獲得者に自らの領地の区画を分け与えている。これらの「再属領主」は、さらにまた、トロンの君主や属領主と同様に自らに直属する君主の称号を制定し、その獲得者に自らの領地の区画を分け与えている。領域性をもつ土地が付帯する称号の種類は「領地の称号」（*tiŋgbɔŋ-nam*）と表現される。この領地の称号は、次にみる継承の「資格」によって二分類されていて、それぞれの階層で制定が早い順に序列がついている。

一つは、これまでの君主が、君主の家系（ナビヒ）ではない「部下としての一般の者（タリンバ）」のために制定し、継承させてきた称号である。たとえば、トロンの君主に直属するものは一〇ある（表4－2の「領地の称号」のT）。フィヒニの集

番号は図 4-1 と一致）

補足 （集落が位置する領地の称号の保持者とは別に集落の君主／実質的な統治者が存在する場合など）
かつては領地をもっていたが、すべてT2以下の序列の君主たちに与えつくした。
2011年の調査時は集落の君主位は未制定（その後2016年に新たに制定され、新君主が誕生）
集落の統治は戦士称号「ヨボアグ」(*Yoboaɣ*)の保持者がおこなう。
集落の統治は戦士称号「バントロ」(*Bantoro*)の保持者がおこなう。旧カラヒイリ(*Kalahiyili*)。
君主は不在。集落の年長者が率いる。集落はジャグボの土地の主の家系の家々で構成。
集落の統治は戦士称号「チリフォ」(*Chirifo*)の保持者がおこなう。
集落の君主は土地の主「パリグンナー」(*Kpaliguŋ Naa*)。
集落の統治は戦士称号「トロラナ」(*Torolana*)の保持者がおこなう。
タリの君主の長男が獲得する称号として認識されている。
集落の統治はトロンの戦士長の称号(*Kamo Naa*)の保持者がおこなう。
集落の統治はタリの戦士長の称号(*Tali-Kamo Naa*)の保持者がおこなう。
ウォリジェナーはトロンの遷都後にダボグシェでトロンの君主（表4-1のno. 11まで）の墓守の役目を担う。

(⑩)の人口と家の軒数は少なすぎる可能性がある。また、郡内には類似した名称の集落が複数あり、現の前からも集落は形成されていた。バントロイリ（⑨）は2000年までの国勢調査では「カラヒイリ」(*tarimba*)、「N」はトロンの君主の血統である過去の君主の子孫(*nabihi*)のために制定された称号を示す。

表4-2　トロン領における集落の名称と集落が位置する領地の称号の名称（全38集落、21,493人、

no.	集落の名称	2000年人口（軒）	領地の称号（集落が位置する領地）		
			種類・序列	属領	再属領
①	トロン *Tolon*	3,882 (428)			
☆	旧ドュリ ※消滅	記録なし	T1	*Duli Naa*	
②	ヴォワグリ *Vowaɣri*	148 (12)	T2	*Vowaɣri Naa*	
③	ンラライリ *Nlalayili*	記録なし			
④	サビェグ *Sabiɛɣu*	446 (25)	T3	*Sabiɛ' Naa*	
⑤	ヨブジェリ *Yobʒiɛri*	168 (10)	T4	*Yobʒiɛri Naa*	
⑥	バリナイリ *Gbarinayili*	65 (6)	T5	*Gbari Naa*	
⑦	ニョヒンダンイリ *Nyohindanyili*	504 (49)			*Nyohindana*
⑧	アプレイリ *Apleyili*	164 (16)			
⑨	バントロイリ *Bantoroyili*	40 (4)			
⑩	ティンダン *Tindaŋ*	20 (2)			
⑪	チリフォイリ *Chirifoyili*	1,725 (148)			
⑫	ザグア *Zagua*	616 (42)	T6	*Zagu' Naa*	
⑬	パリグン *Kpaliguŋ*	962 (82)			
⑭	バンジョン *Gbanjon*	968 (80)	T7	*Gbanjon Naa*	
☆	旧ガウァグ *Gawaɣu*　※消滅	-	T8	*Gawaɣ' Naa*	
⑮	ヨグ *Yɔɣu*	2,155 (186)	T9	*Yɔɣu Naa*	
⑯	ナファルン *Nafaruŋ*	117 (7)	T10	*Nafaruŋ Naa*	
⑰	トロイリ *Toroyili*	46 (6)	なし（未設定）		
⑱	タリ *Tali*	2,395 (236)	N1	*Tali Naa*	
⑲	ティボグナイリ *Tiboɣunayili*	684 (54)			(N1) *Tiboɣ' Naa*
⑳	ボティングリ *Botiŋli*	328 (30)			*Botiŋ' Naa*
㉑	クリグヴヒヤイリ *Kuriɣuvuhiyayili*	209 (22)			*Blipel' Naa*
㉒	バンバヤ *Gbambaya*	334 (30)			*Warivi Naa*
㉓	クグログ *Kuɣloɣu*	406 (36)			*Kuɣloɣulana*
㉔	ダリンビヒ *Dalinbihi*	61 (6)			*Dalinbihi-lana*
㉕	コブリマヒグ *Koblimahiɣu*	279 (19)			*Koblimahi Naa*
㉖	カパリナイリ *Kapalinayili*	168 (16)			*KapaliNaa*
㉗	タリ・ゾーランイリ *Zoolanyili*	461 (39)			*Dohin Naa*
㉘	ジャグロイリ *Jaɣroyili*	362 (39)			(*Cheshe' Naa*)
㉙	ワヤンバ *Wayamba*	382 (45)	N2	*Wayamba Naa*	
㉚	ワヤンバ・ゾーナイリ *Zoonayili*	79 (6)			*Zoo Naa*
㉛	ニョルン *Nyoruŋ*	236 (15)			*Nyoruŋlana*
㉜	カーンシェグ *Kaansheɣu*	57 (4)	N3	*Kaanshe' Naa*	
㉝	ナグブリグ *Naɣbliɣu*	1006 (79)	N4	*Naɣbliɣulana*	
㉞	トゥジェナイリ *Tuʒiɛnayili*	171 (16)	N5	*Tuʒiɛ Naa*	
㉟	パニイリ *Kpaniyili*	660 (54)			
㊱	フィヒニ *Fihini*	673 (32)	N6	*Fihindana*	
㊲	チェシェグ *Cheshеɣu*	161 (21)	N7	*Cheshe' Naa*	
㊳	ダボグシェ *Daboɣshiɛ*	355 (38)	N	*Woriʒiɛ Naa*	

人口は2000年の国勢調査の地名索引［Ghana 2005a, 2005c, 2005e］を参照。ヨブジェリ（⑤）とティンダン
地調査をもとにデータを選択した（⑯㉗㉛）。ンラライリ③は2000年の国勢調査では未登録だったが、そ
いう名称で掲載されている。領地の称号の種類のうち「T」はトロンの君主の血統ではない一般の者

落㊱で暮らすガウァグの君主の位の称号（*Gaway'Naa*）は、この第八位（T8）である。第一位（T1）のドュリの君主（*Duli Naa*）はかつて広い領地をもっていた。しかし、トロンの君主は、後続の称号を制定するたびに、ドュリの君主に与えていた土地を分割してこれらの新たな称号に付帯するものとして与え続けてきた。このために、ドュリの君主の土地はすべて失くなってしまったとされている。(19)

もう一つは、これまでの君主が、自分の弟や息子をはじめとする、自らと同じ君主の家系の者である「君主の子孫」のために制定し、継承させてきた称号である。このため、これらの称号は「領地の称号」と同時に「君主の子孫の称号」（*nabihi-nam*）とも表現される。たとえば、トロンの君主に直属する称号は八あり、トロンの君主の子孫たちによって継承されてきた（表4-2の「領地の称号」のN）。うち、第一位のタリの君主（*Tali Naa*）の位の称号は、トロンの君主の位へ、第二位のワヤンバの君主（*Wayamba Naa*）の位の称号はタリの君主の位への昇進の前段階として獲得するものとして認識されている。実際、一九九八年に死去したスレマニ三世（表4-1のno.19）は、トロンの君主になる前はタリの君主だった。また、現在のタリの君主とワヤンバの君主はどちらも故スレマニ三世の弟である。なお、タリの君主（トロンの君主に属する）に属する領主（再属領主）の第一位の称号（*Tiboy'Naa*）は、タリの君主の子孫が継承することになっている。

属領には、例外なく集落が形成されてきた。すでに述べたとおり、その地の称号の制定時にすでにその地に誰かが住んでいたか、新たな君主やその子孫が移り住むことで集落が誕生した。ところが、集落が無人になり、住居の跡地が農地と化しているのがドュリとガウァグである（図4-1と表4-2の☆）。ドュリの集落（図4-1の⑤と⑭の間）の最後の住人（モハメッド）がニョヒンダンイリ（⑦）に転居したのは近年であり、彼の住居の跡だけは土が少し盛り上がっているので確認できる。現在のドュリの君主は隣のヨグ（⑮）の住人である。また、フィヒニで暮らすガウァグの君主の集落は、フィヒニの集落の一キロ北側にあった（図4-1の⑬と㊱の間）。しかし、おそらく一九三〇年代~一九四〇年代、疫病の発生をきっかけとして集落が放棄された。それ以降にガウァグの君主位を継承した者は、全員フィヒニの集落の住人である。これはその際に大半の人びとがガウァグからフィヒニに移り住んだからである。

　再属領においては、その場所に集落が存在する場合は少数である。領地が広く、また、とくに上位の君主が治める属領に属する場合であり、トロン地域では、たとえば、バリの君主、タリの君主、ワヤンバの君主に属する再属領には集落が形成されている（表4-2の⑦⑲⑳㉑㉒㉓㉔㉕㉖㉗㉘）。再々属領の場合、少なくともトロン領内では集落は形成されていない。

（2）領地をもたない「戦士の称号」の保持者が率いる集落

　属領や再属領に形成されている集落を率いているのは、大半の場合は領地の称号の保持者である。しかし、領地をもたない者が率いる集落もある。それは、まず、「戦士」（*sapasinima*）の称号の保持者が率いる集落である。

　戦士の称号の獲得者が率いている集落は、トロン地域の周縁部に多い。トロンの君主に直属する「ヨボアグ」が治めるアプレイイリ（⑧）、「バントロ」が治めるバントロイイリ（⑨）、「チリフォ」が治めるチリフォイイリ（⑪）、「トロラナ」が治めるトロイイリ（⑰）、そして戦士の君主である「カモナー」（*Kamo Naa* は *Kambɔn' Naa* の訛り）が治めるジャグロイイリ（㉘）、さらにはトロンの君主ではなくタリの君主（属領主）に直属する戦士の君主の「カモナー」が治める「パニイリ」（㉟）であり、彼らの称号には領地は付帯していない。戦士の称号の獲得者が率いる集落は、ほかの誰かが獲得した称号に付帯する領地上に位置しているのである。それぞれの地において、戦士たちが暮らし始めた以前より集落が形成されていたのかは不明である。ただ、これらの集落は現在、それぞれの戦士の称号を継承してきた家系の家々で構成されている。また、ジャグロイイリにおいては、この地を率いるトロンの戦士の君主の称号を継承する家系は、トロンとジャグロイイリの二つの集落で展開されている。人びとは、トロンの戦士の君主の称号の保持者が死去するたびにこの二つの家系の人びとの間で称号の継承者を順繰りに回す決めごとをつくり[20]、実践してきた。

　トロンの君主の家臣のウラナによると、トロン地域の周縁部に戦士たちが率いる集落があるのは、かつてのトロンの君主が防衛のために戦士をその地に配置し、住まわせたからだという。防衛の相手とは、第一にゴンジャの人びとであり、歴史の伝承は戦士たちの重要性を物語っている。たとえば、図4－1でトロン地域の南に位置するビリマニや図1－2で白ヴォルタ川の対岸に位置する塩の生産地だったダボヤは、一六世紀末から一七世紀の初頭ごろ［Fage 1964: 180］、ダゴンバ地域の最高君主のダリジェグ（補遺1のno. 11）の時代にゴンジャの君主のスメイラ・ンデウラ・ジャッパ（*Sumaila Ndewura Jakpa*）によって奪われているのである[21]［Tamakloe 1931: 21-24］。

なお、ここで挙げた戦士の称号は、アカン語を語源にもつ。また、戦士を意味する「サパシニマ」は、ダゴンバ語で「アサンテ人」や「鉄砲隊」を意味する「カンボンシ」（*kambɔnsi*）ともよばれる。これは、一八世紀、ダゴンバ地域の最高君主のガリバ（補遺1のno. 20）が、アサンテの君主のオセイ・トゥトゥ（*Osei Tutu*）が率いる軍によって捕えられたことにより、ダゴンバ地域がアサンテの影響下に入ったために、ダゴンバ地域の戦士の組織がアサンテ化（あるいはアカン化）した証として知られている[22]［e.g. Rattray 1932: 565-566; Wilks 1976 (1971): 454］。ガリバは息子たちの交渉によって解放されたものの、その代償としてアサンテの君主に毎年二〇〇〇人もの奴隷をウシ、ヒツジ、布とともに貢ぐ取り決めが交わされた［Tamakloe 1931: 32-33］。この結果、戦士たちは奴隷の捕獲に励むことになる。スタニランドによると、ダゴンバ地域からの奴隷の献上は、アサンテの君主の力が弱体化した一八七四年まで不定期に続いていたという［Staniland 1975: 6］。

（3）領地をもたない「土地の主」が率いる集落

ダゴンバ地域の先住民として歴史的に「被支配者」の側にあたる土地の主（ティンダナ）においても、たとえ彼が集落を率いていても領地を与えられてこなかった。ただし、土地の主の子孫たちは同時に、支配者側の称号も獲得してきたことは重要な点である。

トロン地域には、二人の土地の主が存在する。うち、一人はパリグンの君主（*Kpaliguŋ Naa*）であり、フィヒニの北隣のパリグンとよばれる集落を率いている（図4－1と表4－2の⑬）。パリグンの集落は、その西に一キロほど離れた場所にあるザグアの集落（⑫）を率いるザグアの君主（*Zagu'Naa*）の領地上に位置している。パリグンは土地の主の子孫の家系（一つの家系が二つの家系に分岐）に属する家々のみで構成されている。よって、よそから嫁いできた女性とその養女たち以外のパリグンで暮らす全員は、先住民の末裔である土地の主の子孫にあたるという。とはいえ、彼らは土地の主の称号だけではなく、ガウァグやフィヒニなどの近隣の君主に属する称号も手に入れてきた。このため、パリグンの集落では、土地の主だけではなく、これらの「支配者」階級の子孫の家系も同時に形成されているのである。

もう一人の土地の主とは、トロン領で最大の泉の社があり、その一帯の約二〇ヘクタールに自然林が残されている「ジャグボ」の土地の主（*Jaybo-Tindana*, 女性の場合は *Jaybo-Tindan' paya*）である。ジャグボの土地の主の位を継承する家系は四あり、道沿いの社の門番となっているジャグロイリ（㉘）、その奥のティンダン（⑩）、チリフォイリ（⑪）、そしてヨグ（⑮）の四つの集落で形成されている。ジャグボの土地の主が死去すると、その位はこれらのどれかの家系の誰か（年長者とは限らない）によって継承されることになっている。ある日、部屋の戸口に馬の尻尾の毛が置かれていることを発見することで、自らがその地位の継承者として選出されたことを知るのだという。すでに述べたように、ジャグロイリ、チリフォイリ、ヨグの三つの集落にその統治者として「座って」いるのは、トロンの君主が制定し、継承させてきた戦士や領地の称号の保持者である。他方、ティンダンの集落においては、トロンの君主は集落の統治者としての称号を制定してこなかった。「ジャグボの土地の主」がこの集落の家系の者ではない二〇一〇年現在、ティンダンに誰が「座っている」のかを尋ねたところ、中央集権的な政治組織が形成されてこなかったガーナ北部のほかの地域のように「親族（ダン）（厳密には血族）の年長者だ（ピエマ）」と説明された。

ところで、ジャグボの土地の主の家系とトロンの君主に直属する戦士（カモナー）の君主の家系のどちらもが展開されているジャグロイリでは、この二つの異なる称号を継承する二つの家系を区別することができなくなっている。戦士の君主の家系の男性によると、「ジャグロイリでトロンの戦士の君主の称号を受け継ぐ親族（血族）とジャグボの土地の主（ティンダナ）の位を受け継ぐ親族（血族）はいつの間にか同じになっていた」というのである。これは、トロンの戦士の君主の称号の保持者が新たにジャグロイリで暮らすようになり、ジャグボの土地の主の家系の人びとと婚姻関係を結んできて、その子孫がまた戦士の君主の称号を獲得してきたからである。

（4）君主がいない新たな集落

トロンの領内には、近年に新たに誕生した集落「ンラライイリ」（③）があり、私の調査時（二〇一〇～一一年）ではまだ君主の位が制定されていなかった。二〇〇〇年の国勢調査の報告書では、ンラライイリの名称は確認できない。しかし、集落はそれより前に形成されていて、隣のヴォワグリ（②）で暮らしていた男性が妻子たちと移り住んでから徐々に家と人口が増え続けてきたのだという。この男性がつけた「ンラライイリ」という集落名の「イリ」（*yili*, 住処）を形容する「ンララ」（*n-lala*）は、「私はあなたが何を言っているのかよく聞こえないよ」という意味である。つまり、問題ごとは聞きたくないという彼の意思をヴォワグリにいる彼の血族と周囲の人びとに向けて広く表明しているのだという。なお、二〇一六年の収穫期のあと、トロンの摂政が初代のンラライイリの君主を任命したと聞いている。彼には領地は与えられていない。

（5）失われた集落と領地

トロンの君主に属する集落／領地は、増えてきただけではなく、失われてもきた。それは、第一に、トロンの君主が、自らに属する集落／領地を、トロンの君主と同じように最高君主（ヤーナー）に直属するほかの君主に好意で与えてきたからである。たとえば、図4－1のカンフェイリとイッペリグはトロンの君主に属する集落／領地だった。しかし、過去のトロンの君主が、当時、それぞれトロンの君主の孫だったというカスイリの君主（*Kasul'lana*）とサグナリグ（在タマレ・メトロポリス郡）の君主（*Saynari'Naa*）に「孫への祭事の贈り物」（*chuyu-bia*）として与えた。ダゴンバ地域の人びとの間では、祭事に孫に何かを与える習わしがある。君主の家系の場合、集落／領地が贈り物の対象となってきたのである。

第二に、トロンの君主に属する集落／領地の称号が、トロンの君主ではなく、イェンディで暮らすダゴンバ地域の最高君主から直接に与えられるように変わった場合である。具体的には、図4－1のディマビやピェンドュアの集落／領地の称号である。これは、たとえば、近年に起きたピェンドュアの事例のように、その称号を欲する者が、与える側であるトロンの君主（あるいはその代わりとしての摂政）と不仲であり与えてもらえない一方で、最高君主と仲がよい場合に生じる。現ピェンドュアの君主（*Kpendu'Naa*）は国民民主会議／アンダニ家を支持しており、新愛国党の党員でアブドゥ家を支持しているトロンのアブバカリ摂政ではなく、最高君主のヤクブ二世（補遺1のno.38）が二〇〇二年に暗殺されたあと摂政位に就いているその息子によって直接に任命の儀式（コーラナッツの受け渡し）を受けたのである。さらに、このピェンドュアの君主は、同様にトロンの君主に属していたニョビルバルガ（ピェンドュアの東側に隣接）の君主（*Nyohindana*）位の称号までも、トロンの君主ではなくピェンドゥアの君主に属するものとして、任命までするようになっている。

ただ、これらの地域はトロンの君主の支配から「完全」に離れたとは考えられてはいない。トロンの君主の家臣のウラナは、これらの集落／領地を所有するのはトロンの君主であり、ディマビの君主とピェンドュアの君主の位の称号を獲得する者たちは、トロンの君主に挨拶に行き、トロンの君主の家臣の引率によってイェンディの最高君主の宮廷を訪問する必要があると主張する。よって、実際、ディマビの歴代の君主はこの手続きを踏んできたというが、ピェンドュアの君主においては、もちろん、そうしていないのである。

フィヒニとガウァグ――領地と集落の歴史

伝承[23]によると、フィヒニの歴史は植民地化が進んでいた一九世紀後半に始まっている。

初代のフィヒニの君主のディワリギミは、トロンの君主のティマミ（表4－1のno.5）の子孫にあたる。非常に遠い末裔といえるが、ディワリギミは、親しくしていたトロンの君主のスレマニ一世（表4－1のno.12）から称号だけではなく領地をもらうことに成功したのである。この際、トロンの君主のスレマニ一世は、ディワリギミに称号だけではなく領地を与えるために、当時、現在のフィヒニの一帯の土地を領地としてもっていたヴォワグリ（図4－1の②）、サビェグ（④）、ヨブジェリ（⑤）、そしてガウァグ（☆）の君主から彼らに与えていた土地の一部を回収し、ディワリギミに与えなおしたのだという。こうして初代のフィヒニの君主になったディワリギミだったが、彼は当時住んでいたダボグシェ（旧トロンの集落）で暮らし続け、代わりに弟をフィヒニに移り住ませた。フィヒニ領にフィヒニという集落（㊱）が誕生したのはこのときからである。

以降、二〇一一年現在まで、フィヒニは一一人の君主によって治められてきた（表4－3）。しかし、フィヒニの君主位の称号は過去のフィヒニの君主の子孫でもない、別の集落で暮らす者が獲得する場合も多い（表4－3のno.3、no.5、no.8、no.9）。そして、なかには、称号を獲得した後も、フィヒニに移り住んでいない君主もいる（表4－3のno.3、no.5）。これは、フィヒニの称号が、将来、より高い位の称号の獲得をもくろむトロンの君主の子孫が出世の初段階として（一時的に）手に入れるトロンの「君主の子孫」のための称号（表4－2のN）として位置づけられてきたからだとされる。

ところで、図3－1でわかるように、現在、フィヒニの集落は、フィヒニの君主の家系の家々だけではなく、ガウァグの君主の家系の人びとが率いる家々で構成されていて、後者のほうがむしろ多数である。すでに述べたように、ガウァグの君主の家系の人びとの先祖は、フィヒニ領の北側で境界を接するガウァグ領にかつて存在した旧ガウァグ集落（通称 *Gaway' kuruyu*,「古いガウァグ」の意、今日のフィヒニの集落の中心から北へ〇・七キロメートル）で暮らしていた。このガウァグの歴史が始まったのは、フィヒニより少しだけ前のようである。初代のガウァグの君主のサリフは、トロンの君主のイリ一世（表4－2のno.11）から称号と領地を与えてもらった。このとき、旧ガウァグの集落の場所には家が一軒あり、ラハリという名の女性が子と一緒に住んでいた（ラハリの子孫は現在パリグンに在住）。ここに、初代の君主のサリフも移り住んだのだという。

その後、人びとが旧ガウァグの集落を棄てた（*che*）のは、ガウァグの君主のンタビリバ（表4－4のno.3）の時代だった。人びとが次々に皮膚の腫物を発症して死んでいったため、当時のガウァグの君主のンタビリバは、人びとの大半を引き連れてフィヒニの集落へ移り住んだのである。また、このとき、フィヒニではなくヨグ（図4－1の⑮）、ザグア（⑫）、パリグン（⑬）に転居した人びともいた。この出来事が起きたのは、一九三一〜四八年の間である。表1－5でみたように、この二つの年に国勢調査が実施されており、フィヒニの人口が二・四倍（七六人から一九一人）に増えているからである。なお、ンタビリバの前にガウァグの君主だったネイナ（表4－4のno.2）は、図3－2で現在の高齢の家の主たちの三世代前にあたることからも、この推測は妥当だと思われる。現在、旧ガウァグの集落の跡地はすっかり耕されている。その一画にあたるガウァグの君主の家系のパリグンの男性の畑には、初代の君主のサリフの墓がある。ここには、目印として一本のインドセンダンの木が植えられ、石が積み上げられていて、社（ブグリ）だと説明される。

ガウァグからフィヒニに移り住んだ君主の名である「ンタビリバ」（*Ntabiliba*）とは、「私は彼らに加わる」という意味である。「彼ら」とはフィヒニの人びとであり、フィヒニへの移住という歴史的な出来事をもって、彼の名前が「ンタビリバ」という通称で伝承されているのである。ところで、ちょうど、ンタビリバがフィヒニに移ったその頃、フィヒニを治めていたフィヒニの君主のダジェは、兄であるヴォワグリ（ヴォワグリナー）の君主とともにトロンの君主のスレマニ一世への謀反罪で駆逐されていた。このため、ンタビリバはガウァグの君主の称号を棄て、フィヒニの君主（表4－3のno.4）となることに成功したという。

集落の有無やその規模は、たとえ制定順とされている称号（君主）の序列に影響を及ぼさなくても、その地位のみかけを左右すると考えられている。伝承によれば、ガウァグの人びとがフィヒニへ移り住んだ当時、フィヒニには、初代のフィヒニの君主の家系（表4－3のF－a）の家（住居）が五軒ほどあっただけだった。しかし、一九四八年の統計によると住居数は三四軒にもなっているのである。以降、ガウァグの君主の家系の人口は増え続け、フィヒニの集落を大きくすることに貢献し、フィヒニの君主の地位を上げてきた。これについて、ガウァグの君主の家系の男性たちが少なからず不満を漏らすのは、ガウァグの君主の位は、フィヒニの君主の位のように単にトロンの君主の子孫に与えるためだけにつくった称号ではないにもかかわらず、ガウァグの君主は集落をもたないためにフィヒニの君主より地位が低くみえることである。なお、一九九一年に死去したフィヒニの君主のイリは、トロンの君主の子孫が獲

表4-3　歴代のフィヒニの君主

no.	家系	名前 / 通称	出自・重要な出来事	就任期	任命者
1	F-a	ディワリギミ *Diwaligimi*	トロンの君主のティマミ［表 4-1 の no. 5］の子孫。父も祖父もトロンの君主位を得られなかった。	19世紀後半	スレマニ一世［表4-1 の no. 12］
2	F-a	ダサナ *Dasana*	ディワリギミ［no. 1］の血族。母はトロンの君主のイリ一世［表4-1 の no. 11］の娘。ダボグシェからフィヒニに移住。ダサナの子孫はダボグシェにいる。		
3	—	ダジェ *Daʒiɛ* ／ブカリ *Bukari*	ヴォワグリの君主（*Vowaɣri Naa*）のジャブニ（*Jabuni*）の弟。一緒にトロンの君主のスレマニ一世［表 4-1 の no. 12］に反逆を起こし失敗、君主の座を追われた。ディワリギミ［no. 1］、ダサナ［no. 2］とは非血族。		
4	F-a	ンタビリバ *Ntabiliba*	父はクンブングの君主（*Kumbun' Naa*）のシンビラ（*Sin'bila*）。フィヒニの君主のディワリギミ［no. 1］とダサナ［no. 2］の血族。ガウァグの君主の称号を手に入れ、ダボグシェからフィヒニに移り住み、フィヒニの君主位を手に入れた。トロンやウォリボグの君主の位を狙っていたが、実現しなかった。ンタビリバの息子のアダムピリガ（*Adam Piriga*）の血族はザグアに健在。		
5	—	イディファ *Iddifa*	トロンの君主のイリ二世［no. 14］の弟。		イリ二世［表4-1 の no. 14］
6	F-b	リギリボリ *Liɣiribɔri*	ンタビリバ［no. 4］の妹の息子。ンモドュア（*Ŋmodua/Nwodua*）からフィヒニへ転居してきた。		アルハッサニ［表4-1 の no. 16］
7	F-c	ティア *Tia* ／アブドゥ *Abudu*	父のネイナ（*Neina*）、ネイナの父のハルナ（*Haruna*）、ハルナの父のスレマニの全員がウォリボグ・ナンボグの君主（*Wɔribɔɣu-Nambɔɣu Naa*）の称号を継承。ティアはフィヒニの君主位をめぐりリギリボリ［no. 6］の弟（もしくは従弟）と争ったが、トロンの君主のヤクブと親しかったため君主位を得る。妻はトロンの君主のスレマニ二世［表 4-1 の no. 13］の娘（もしくは孫娘）。フィヒニに移り住んだ際、F-a から土地を分けてもらった。		ヤクブ［表4-1 の no. 18］
8	—	イリ *Yiri*	トロンの君主のヤクブ［表 4-1 の no. 18］の兄。カーンシェグの君主としてトロンで暮らしていたが、フィヒニの君主になり、フィヒニに転居。フィヒニの君主のティア［no. 7］がもっていた土地を分け与えてもらう。イリの死後、残されたイリの家族はトロンへと戻った。	〜1991 年	
9	—	アリドゥ *Alidu*	トロンの君主のヤクブ［表 4-1 の no. 18］は父方の叔父。タリで暮らしていたがフィヒニの君主としてフィヒニへ転居。イリ［no. 8］のかつての家に移り住む。リギリボリ、ティア、イリ［no. 6, no. 7, no. 8］とは血のつながりはない。死後、残された家族はトロンなどへ移住。	1991 〜 1998 年	スレマニ三世［表4-1 の no. 19］
10	F-a	フセイニ *Fuseini*	父はネインドウ（*Neindow*）。フセイニは WWII の帰還兵であり、ソルジャ（soldier が語源）の通称をもつ。	1998 〜 2002 年	
11	F-c	アルハッサン *Alhassan*	ティア［no. 7］の息子。トロンの君主のスレマニ三世［表 4-1 の no. 19］の母方の従弟。	2002 年〜現在	アブバカリ（摂政）

トロンのタクラディ・ルンナーとフィヒニの君主の家系の老齢世代への聞き取りによる。

表4-4　歴代のガウァグの君主

no.	家系	名前 / 通称	出自・重要な出来事	就任期	任命者
1	G-a	サリフ *Salifu*	ウォリボグの君主(*Wɔribɔɣu Naa*)のイリ(*Yiri*)、またの名としてはブグリ(*Buɣli*)の息子。トロンの君主のマハミ(一世・二世)[表4-1のno. 8, no. 9]の子孫。	19世紀後半	イリー世 [表4-1の no. 11]
2	G-a	ネイナ *Neina*	サリフ[no. 1]の息子		スレマニ二世 [表4-1の no. 13]
3	(F-a)	ンタビリバ *Ntabiliba*	ガウァグで病気が発生したことから、ガウァグの集落を放棄し、フィヒニに移り住む。そこでフィヒニの君主[表4-3のno. 4]になる。		
4	G-c	イッサ *Issa*	父の名はブサグリ(*Busaɣri*)。母はトロンの君主のスレマニ一世[表4-1のno. 12]の娘で、イッサはトロンの宮廷に住んでいた。ガウァグの君主になりフィヒニへ移住。イッサの母方とサリフ[no. 1]の父方は親族関係にある。		
5	G-b	ナポロ *Naporo*	父の名はパラ(*Kpala*)でサリフ[no. 1]の甥。ブグリラナ(*Buɣlilana*)の称号をもつ。ウォリボグの君主になろうとして、ザンバロンの君主のところへ行き支援を求めたが失敗。		アルハッサニ [表4-1の no. 16]
6	G-a	アルハッサン *Alhassan*	ネイナ[no. 2]の息子	～ 1982年	
7	G-c	イブラヒム *Ibrahim*	イッサの息子[no. 4]		ヤクブ [表4-1の no. 18]
8	G-b	アブドゥライ *Abudulai*	ナポロの[no. 5]息子	～ c.2001年	スレマニ三世 [表4-1の no. 19]
9	G-a	アリドゥ *Alidu*	父はナパリという名でガウァグのグンダーナー(*Gundaa Naa*)の称号をもつ。サリフ[no. 1]は曽祖父。	2002～ 2009年	アブバカリ (摂政)
10	G-c	アダム *Adam*	父はアブドゥライという名でガウァグのククオナー(*Kukuo Naa*)の称号をもつ。イッサ[no.4]は曽祖父。	2009～ 2011年	アブバカリ (摂政)

トロンのタクラディ・ルンナーとフィヒニで暮らすガウァグの君主の家系の老齢世代への聞き取りによる。

得することになっている第三位のカーンシェグの君主（*Kaanshe'Naa*）の称号（表4－2のN3）を棄て、第六位のフィヒニの君主の位（表4－2のN6）を得た。自ら「降格」の道を選んで世間を驚かせたというこの出来事は、「私は土地（ティンバン）ではなく人を治めたいのだ」というイリの名言によって語り継がれている。当時、カーンシェグにはたったの三軒の家しかなかったのだという。カーンシェグの集落は、ドュリと同様になかなか人口が増えずに繁栄してこなかったことで知られてきたが、消滅の寸前で息が長い状態が続いている。

ガウァグの君主の家系の人びとがフィヒニに移住後、歴代のフィヒニの君主とガウァグの君主の間には良好な関係が継続しているという。二〇〇九年に新たに就任したガウァグの君主のアダムは、私の調査時だった翌年の二〇一〇年の収穫のあとにお礼としてトロンの君主へトウモロコシを献上した。この際、ガウァグの君主は、自分の臣下たちだけではなく、フィヒニの君主の協力のもとフィヒニで暮らすフィヒニの君主の臣下たちからもトウモロコシを集めていた。一定量を献上しなければならず、協力が得られれば、集めるのに苦労しないのである。また、二〇一〇年一一月、フィヒニとガウァグの二人の君主は、それぞれに属する称号を新たに獲得した（彼らが称号を与えた）者たちの就任式を同じ日に調整して開催するなど、政治的な行事を共同で執りおこなっていた。

第三節　領地の境界のしるべ

前節では、ダゴンバ地域では統治や支配の対象としての集落（の人びと）とは別に、「領地」の概念が確認できることを指摘した。そして、領地は、トロンの君主からトロンの君主に直属する領地の称号の保持者（属領主）、属領主に直属する領地の称号の保持者（再属領主）、そして再属領主に直属する領地の称号の保持者（再々属領主）へと段階的に分け与えられていることを述べた。この下位層で自分の領地をもつ者の特典とは、その領地内に自生しているすべてのヒロハフサマメの木が彼のものになることである。本節では、ヒロハフサマメの木に着目して領地の領域性について検討するとともに、その土地を「支配する」ことが何を指すのかをみていく。

領地の境界とヒロハフサマメの木

二〇一〇年、穀物の収穫が終わり乾季に入った一二月、私はフィヒニ領とガウァグ領の領地の分割の地図をつくる作業を始めた。各領地の称号の保持者に領地の境界（*tariga*）を歩いてもらい、うしろをついていってGPSでプロットするのである。驚いたのは、かぎられた場所を除いて、境界が明確な整合性のとれた地図ができたことである（図4－2）。このカギとなっているのが、ヒロハフサマメの木の存在である。

領地は、ガウァグ領では一一分割、フィヒニ領では一四分割されている（表4－5）。まず、フィヒニの君主の領地は、集落の南側の一画を除いて九の称号に付帯するものとして、それぞれの保持者（再属領主）に分け与えられている。うち、三の称号に付帯する領地はさらに分割され、その称号に直属する称号に付帯するものとして、その保持者（再々属領主）に与えられている（F1－1、F2－1とF2－2、F3－1）。他方、ガウァグの君主の領地は、余すところなく八の称号に付帯するものとして、それぞれの保持者（再属領主）に分け与えられている。うち、二の称号に付帯する領地はさらに分割され、その称号に直属する称号に付帯するものとして、その保持者（再々属領主）に与えられている（G2－1とG2－2、G5－1）。境界の目印には、さまざまな自然物／人工物が利用されている。「この溝を進んで…」「この小さな丘で曲がって…」と説明を受けたように、道、土壌が浸食してできた溝、岩、小さな丘、大木、水辺などである。そして、「あっちのヒロハフサマメの木からこっちのヒロハフサマメの木まで」と説明されたように、最も重要な目印とは、領主たちがそれぞれ自分のものとして収穫できるヒロハフサマメの木である。

領主たちは称号を獲得すると、前に称号を保持していた者の息子や境界をよく知る年配者から境界を教えてもらう。しかし、最初の数年は混乱が生じるようである。私が、二〇一〇年にガウァグの再属領（G1）の称号を獲得したばかりの領主の息子とその境界を歩いていたときのことである。そこにたまたま居合わせた隣のヨグの集落（図4－1の⑮）の女性は、この領主の息子が識別して数えたヒロハフサマメの木がヨグ領の称号の保持者である彼女の夫のも

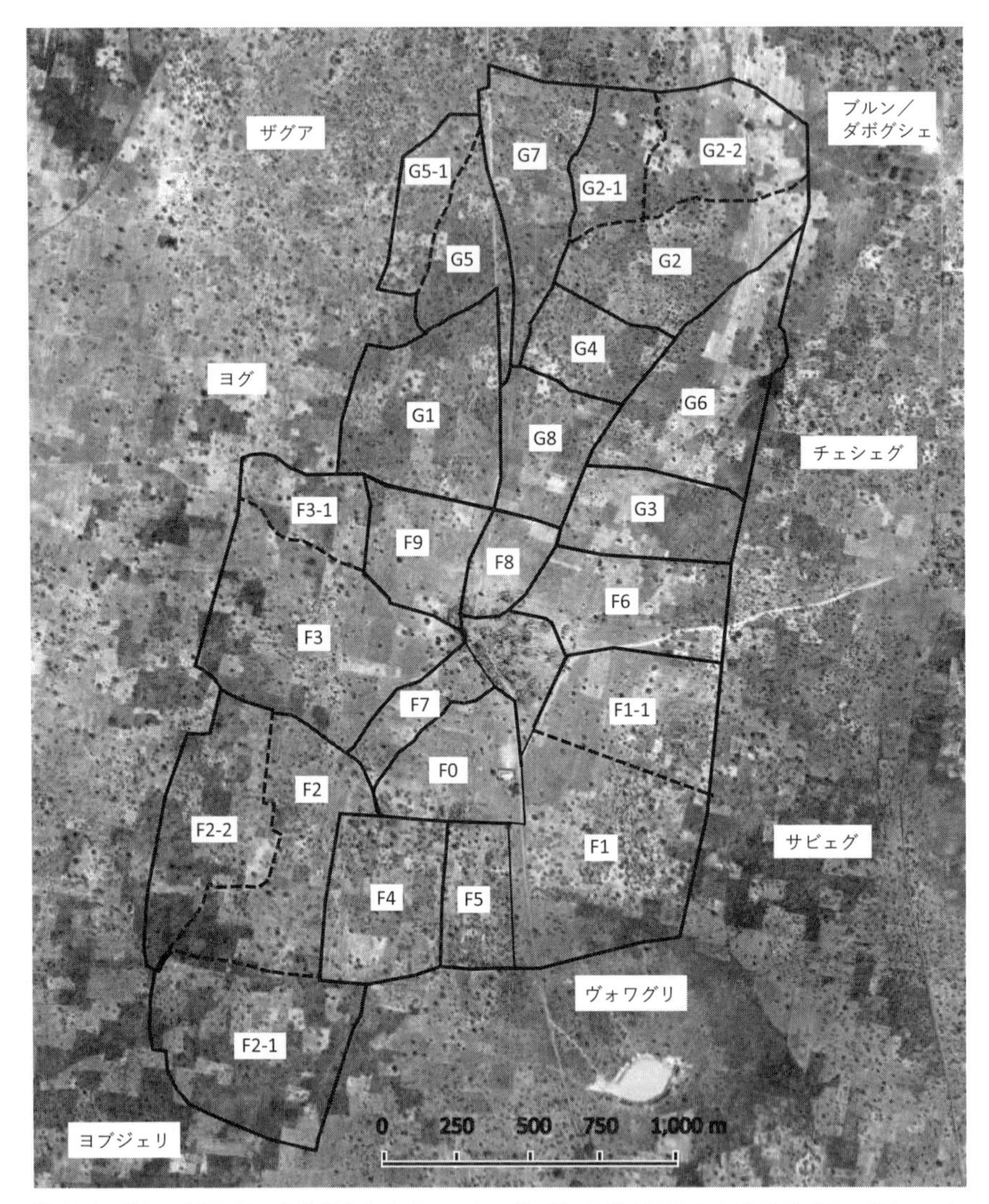

図 4-2 ガウァグ領（G：合計 205.8ha）とフィヒニ領（F：合計 321.2ha）におけるガウァグとフィヒニの君主がそれぞれ再領主と再々領主へ分割した区画を示す図。2010 年 1 月 10 日付の Google Earth の航空写真をもとに加工。点線は再領主の領地内で領地を分与された再々領主との境界を示す。旧ガウァグ集落の場所は G1 の区画内にある。

表4-5　ガウァグとフィヒニの領内の領主の区画の面積とヒロハフサマメの木の本数、歴代の称号の保持者の累積数、称号の制定年代

属領	領地記号	面積(ha)	本数	称号	歴代の称号保持者	称号の制定年代
ガウァグ	G1	29.6	58	タマルナー *Tamal' Naa*	4人以上	
	G2	25.4	79	ククオナー *Kukuo Naa*（旧ゾーナー）	4人以上	
	G2-1	10.4	31	(ククオ領)タマルナー *Tamal' Naa*	2人以上	
	G2-2	19.9	21	(ククオ領)ボティンナー *Botiŋ' Naa*	2人以上	1980年代〜2000年
	G3	15.0	75	グンダーナー *Gundaa Naa*	4人以上	
	G4	12.6	39	ボティンナー *Botiŋ' Naa*	5人以上	
	G5	12.7	79	ドヒナー *Dohi Naa*	4人以上	
	G5-1	7.8	72	(ドヒ領)ボマヒナー *Bomahi Naa*	2人	1980年代〜2000年
	G6	31.1	126	イッペルナー *Yipel' Naa*	5人	1970年代初頭
	G7	24.7	94	シリンボマナー *Silimboma Naa*（旧ククオナー）	2人	1970年代初頭〜1982年
	G8	16.6	12	ヤパルシナー *Yapalsi Naa*	2人	1970年代〜1983年
	合計	205.8	686			
フィヒニ	F0	16.8	17	フィヒンダナ(フィヒニの君主)	10人	19世紀後半
		8.9	0	※集落の中心部の境界が不明な土地		
	F1	42.1	50	ククオナー	5人以上	
	F1-1	20.5	52	(ククオ領)ヤパルシナー	1人	1974年〜1990年代
	F2	25.9	63	タマルナー	5人以上	
	F2-1	36.4	199	(タマリグ領)ククオナー	3人	
	F2-2	26.1	52	(タマリグ領)シリンボマナー	1人	1974年〜1990年代
	F3	41.2	81	ボティンナー	4人以上	
	F3-1	11.5	29	(ボティング領)イッペルナー	2人	
	F4	23.3	61	ヤパルシナー	8人以上	
	F5	12.3	78	ドヒナー	3人以上	
	F6	23.5	108	イッペルナー	4人	1974年以前
	F7	8.6	10	ボマヒナー	4人	1974年以前
	F8	8.0	3	イルパンダナ *Yilkpandana*	3人	1974年以前
	F9	16.1	4	シリンボマナー	3人	1998〜2002年
	合計	321.2	807			

記号は図4-2と一致。木の個体数は称号の保持者（もしくは代わりに収穫した者）と一緒に目視で数えた（2010年12月〜2011年2月）。ガウァグとフィヒニの再領主と再々領主の称号には同じ名称が使われている場合が多く、各称号が属する主君の称号を先につけ加えることで区別されている。G2とF1のククオナーはそれぞれガウァグ・ククオナー（*Gawaɣ' Kukuo Naa*）とフィヒン・ククオナー（*Fihin' Kukuo Naa*）であり、和訳としてガウァグ領のククオナーとフィヒニ領のククオナーとした。称号は、称号の継承者の希望（好み）で、領地の区画、役職、地位、序列はそのままに名称だけが変更される場合がある。ガウァグ領のククオナーがもつ領地のその称号はかつてはゾーナー、シリンボマナーがもつ領地のその称号はかつてはククオナーだった。

のだとして、「(G1の領主のものは)このヒロハフサマメの木からあのヒロハフサマメの木までよ」と正した。数年ほどヒロハフサマメの収穫を経験すると、このようにして境界を接する領地をもつほかの称号の保持者(とその親族)と区画の境界と個体(木)の帰属を再確認する機会を得るため、徐々に間違えなくなるという。

もちろん、境界が曖昧な場所もあったのだが、それは、まさにヒロハフサマメの木が存在しない一帯だった。まず、フィヒニの家々が集まる集落内(図4-2の中心部でラベルがない区画)である。この集落内の土地は、かつてフィヒニの君主が分割して再属領主に与えていたという。しかし、集落内の家々の周囲に自生していたヒロハフサマメの木は古株になり、徐々に枯死していった。同時に、近年の土地の不足にともない、集落内の家々の周囲の土地は毎年耕作されるようになったため、ヒロハフサマメの木の更新も促されず、木がすっかり失くなってしまった。領地の称号の保持者にとって、ヒロハフサマメの木は境界を明らかにする目印となっているだけではなく、その目的そのもの――どのヒロハフサマメの木が自分に帰属するのかを確かめるのは、収穫をするため――である。よって、ヒロハフサマメの木がなければ、どこに領地の境界があるのかをはっきりさせる意味はなく、もはや人びとは、この集落内の一帯の土地を指して「あそこはフィヒニの君主に返された(*labira*)のだ」と説明するのである。

次に、低地も、ヒロハフサマメの木が生育しにくいために境界が曖昧である。ガウァグ領の北東側には低地が広がっていて、そこにはヒロハフサマメの木が少ない。とくにG2-2の北東の角にはヒロハフサマメの木がないことに加え、目印になる小道や溝、岩、水辺もなかった。図4-2におけるこの場所の境界線は、領主が私に具体的な目印を説明することなく歩き進むことで引かれたのである。ただし、この辺りの土地は、ヒロハフサマメの木の有無にかかわらず、境界を明確にすべきではない場所ともいえる。ダボグシェの集落(図4-1の㊳)にほど近い、稲作に適した(利用価値が相対的に高い)この低地の一帯では、トロンがダボグシェから現在の場所に遷都して以来、ブルンの君主の存在感が増してきたようである。トロンの君主の家臣のウラナは、この場所でガウァグの君主の領地と境界を接するのは同じくトロンの君主に属するダボグシェの君主(*Worizie Naa*)の領地だと主張していた。しかし、この区画の案内人だったガウァグ領のククオナーは、境界を接しているのはブルンの君主の領地であり、ダボグシェの君主は領地をもってはいないというのである。しかし、私がこの件を追究できなかったのは、私はこの作業を通じて何度も「ダゴンバ人は境界（*tariga*）について話をするのが嫌いだ」という決まり文句を言われてきたからである。これは、境界を曖昧なままにしておくことで争いを回避すべし、という意味である。

ヒロハフサマメの木がない場所を除いて境界が明確なのは、人口密度が高い西ダゴンバ地域の農村部に特徴的な現象である。集落と集落が離れている地域では、土地とそこに自生しているヒロハフサマメの木の帰属を主張する別の領主が近くにいないため、境界などわかりようがない。たとえば、隣の集落が一〇キロメートル近く離れているようなジャグロイリ（図4-1の㉘）、トロイリ（⑰）、ダリンビヒ（㉔）、ナグブリグ（㉝）の南西側、またティボグナイリ（⑲）の北側に広がるダゴンバやゴンジャの人びとが耕している開拓地（クラー）である。もちろん、これらの集落の近辺の土地も、特定の称号の保持者、あるいは彼らの主君であるトロンの君主の領地として説明される。しかし、ひとたび集落から離れた休閑地が広がる場所では、トロンの君主の家臣のウラナやパナラナはトロンの君主の領地だと言っても、一般の人びとは「領地」の概念を適用しない。そこでヒロハフサマメを収穫しているのは、称号の保持者ではなくその土地を耕作地として利用してきた男性たちだからである。

領地の帰属をめぐる地位と権力関係

ダゴンバ地域では、土地とヒロハフサマメの木は、上の階層の領地の称号の保持者から、下の階層の領地の称号の保持者（領主から属領主、属領主から再属領など）へと同じ方式で与えられている。そして、西ダゴンバ地域の集落が寄り集まっている農村部一帯では、それぞれの領地の境界線をかなり明確に引くことができる。それにもかかわらず、称号の地位の高さに関する認識の違いや権力関係に応じて、その土地の区画を「領地」と呼ぶことや、その土地を「所有する（ス）」と発言することに矛盾と問題が発生する。

トロンの君主の家臣のウラナとパナラナにとって、領地をもつ称号の保持者の範囲はかなり狭い。彼らがどこそこはだれそれ（領地の称号の名称）の領地（ティンバン）だと表現するのは、「トロンの君主に直属する」属領主や集落をもつ再属領主たちの場合に限っている。集落をもたない再属領主においては、二人が「領地をもっているわけがない」と主張するのは、彼らにとって、再属領主の地位はあまりに低いからである。たとえば、タリの君主に属し、ジャグロイリの集落の近辺の土地を与えられているタリ領のチェシェナーの称号（表4－2の㉘）は、タリ領のほかの再属領主の称号とは異なり、集落の君主位ではない。このため、「タリのチェシェナーは領地をもっていない。あるとき（かつての）チェシェナーがタリの君主のところへ行ってヒロハフサマメを収穫する区画が欲しいとお願いしたから、タリの君主がジャグロイリ付近の一画を与えただけだ」と説明するのである。対して、ウラナは、トロンの君主が一般の者に与える称号のうち、最も序列が高いドュリの君主においては、トロンの君主はドュリの君主位の称号に後続する称号を制定するたびにドュリの君主の土地を分け与えたため、ドュリの君主の土地はすべて失くなってしまったと説明した[24]にもかかわらず、最も序列が高いドュリの君主は後続の称号の保持者がもつどの領地に行っても「座る」ことができる、すなわち「彼の領地」だと説明するのである。

そして、詰まるところ、トロン地域では「トロンの君主のほか誰一人として領地をもっておらず、ヒロハフサマメを収穫することが許されているだけ」、そして「トロン地域のすべての土地を所有するのはトロンの君主だけ」ということが、トロンの君主の家臣のウラナとパナラナの結論だった。このような発言で話を締めくくるのは、土地の商品化が関係していることはいうまでもない。

最高君主に直属し、各地を治める有力な君主たちは、ガーナの制定法とは別に、現地レベルでの実践[25]として土地の取引で収益を得るようになった。都市化したタマレだけではなく、トロン・クンブング郡でも研究機関があるニャンパラ、また人口が一万人を超えるクンブングの町中でも、土地に価格がついた場所が拡大してきている。そして、ときに、君主たちは人びとが耕作のために使っていた土地を押収し、その土地を君主に現金を支払う事業体や個人に与えることもある。この変化は、徐々に町化しつつあるトロンの集落内にも訪れている。この土地の取引において、ダゴンバ地域の最高君主に直属するこれらの君主たちは、最高君主に伺いを立てることなしに取引の主体として収入を得ることができている[26]。一方で、その土地が属領主、再属領主、そして再々属領主に階層的に分け与えられていても、属領主が収益のおこぼれを少しもらえればよいくらいだとされる。仮に、属領主、再属領主、再々属領主たちが、トロンの君主や家臣たちに対して、どこそこは彼の「領地」だと表現することがあるのであれば、それはまるで彼の主君ではなく彼自身がその土地を「所有する」と主張すること、つまり主君に対する挑戦を意味してしまうというのである。ここから明らかなように、現地語で土地を「所有する」という表現は、金銭的な収益を得ることの意味を強く帯びるよう変化してきたのである。

ヒロハフサマメの木を「所有する」こと

それでは、土地はともかくヒロハフサマメの木においては、人びとは、属領主、再属領主、再々属領主たちが所有すると考えているのだろうか。フィヒニの男性たちによると、属領主、再属領主、再々属領主たちは、土地を「所有する」と主張できなくても、ヒロハフサマメの木を「所有する」と主張することには問題がないという。農村部のこれらの領主たちは、土地の取引による収益を得ることはできなくても、ヒロハフサマメの木であれば自分のものとして利用できることがその理由である。

利用するとは、第一に、ヒロハフサマメの収穫である。領主たちはヒロハフサマメを収穫し、家で料理をする妻たちや近所の女性たちに与え、販売もしてきた。ただ、詳しくは第六章で述べるが、称号をもたない人びと――以前は若い男性たち、そして近年においては女性たち――も、植えられたのではなく自生したこの木の実を、その繁殖の形態を暗黙の言い分けにして、許可なしに収穫してきた。「採っているのを見つけたら、捕まえてムチ打ちするのさ」とフィヒニの第二位の領地の称号の保持者であるタマルナーは私に言ったが、それは口ばかりである。ほかの男性たちに話を聞くと、たとえ追い払っても、互いが直接的、間接的な知り合いである農村部において、そんなことは、実際にはおこなわれてはこなかったというのである。

第二に、ヒロハフサマメの木の枝の利用である。領主たちは、料理のために大量の薪が必要になる冠婚葬祭のとき、ヒロハフサマメの木を切ることがある。とはいえ、木が枯れる原因になるようなやり方ではなく、実のつきが悪い木を選び、枝を若返らせる「剪定」の方法で切るものである。なお、ヒロハフサマメの木ではなく自分が耕す畑にたくさんあるシアナッツの木のほうを切らないのは、剪定は、特段に成長の遅いシアナッツの木の結実にはむしろ悪影響を与えるからである。また、領主が死去したとき、彼らの墓穴の支柱や葬式の料理の用意の薪のために、領主の象徴であるヒロハフサマメの木を利用する。しかし、この際に枝を切っても、次にその領地の称号を継承した者が収穫を始める数年後にはすでに枝が再生し、むしろ多くの実をつけるものだという。

ただし、領主たちのなかには、ヒロハフサマメの木を「所有する（ス）」と主張することに抵抗をもつ者もいた。「ヒロハフサマメの木は私のものではない。なぜなら、私の後にこの称号を手に入れた者にその木が与えられるからだ」と話したのは、フィヒニ領のククオナーである。このように、ヒロハフサマメの木の帰属が一時的なことは、実際に称号の保持者が木を大切に利用することにつながっているように思える。代々、称号の獲得者によって受け継がれ、維持されてきたからこそ、ヒロハフサマメの木がこの地の優占樹種として景観を形成してきたからである。

今あるヒロハフサマメの木を良好に維持するうえでの問題は、むしろ、薪を集める女性と娘たちが許可なしに枝を切ったりすることである。社の周囲のほかは自然林がほとんど残っておらず、燃料を集めるのに苦労する現状では、彼女たちの行為は黙認されている。ただし、適切な切り方を知らないために枝を枯らせてしまうことがあるらしく、切られた木の部位を指さして「あれも女がやった！」と私に説明する領主もいた。また、女性は、男性たちが育てていた稚樹を伐ったりもするようである。地上から一メートルほどのところを手で示しながら「女は木がこのくらいになったときにいつも伐るのだ！」と憤慨して話したのは、Y2の家の主である。彼は、彼の血族のザグア在住のフィヒニ領のボティンナーの領地（F3）に自分の畑をもっていて、そこでせっかく育てていたヒロハフサマメの木の稚樹を二度も伐られたという。称号は、前に称号を獲得した人物の血族の男性に世襲されやすい。Y2の家の主が積極的にヒロハフサマメの木を育てようとしているのは、将来その領地と一緒にヒロハフサマメの木を継承する可能性を見据えているからでもある。

また、土地を耕作する男性も、まれではあるものの木を伐るようで、領主たちはこの行為を彼に対する「不敬」として捉えている。耕作者にとって、たとえその土地が彼の耕作地だとしても、そこに自生しているヒロハフサマメの木は彼のものではない。耕作者には、この木を害することなく維持管理することだけが求められている。しかし、写真1-3でみたとおり、傘のように大きく広がるヒロハフサマメの木の樹冠は日照を妨げ、その下で育つ作物の成長に支障をきたす。これは、とくに土地が不足している今日、耕作者にとって好ましくない。私が領主たちと一緒に各領地で数えあげた合計一四九三本のうち、たった一本だけだったのだが、ちょうど幹が枝に分岐したあたりの二メートルほどの高さですべての枝が刈り込まれていた木を発見した（写真4-1）。この際、その区画の領主として私と一緒に木を数えていたガウァグ領のククオナーは、すぐさま木のそばに寄って枝の残骸を確認し「あいつは俺に言わなかった（許可を取らなかった）」と二度も言い放って不快感を示した。隣の集落のパリグンの男性の耕作地だという。農村部では、領主は自らの領地を耕作する男性の全員を把握しているし、彼らは個人的に直接的、間接的なつながりをもつ知り合いでもある。よってヒロハフサマメの木を伐ることは、領主、あるいは敬意を払われるべき八〇歳近くになる「年配の男性」（ククオナー）を軽んじた振る舞いなのである。

写真4-1　許可なしに伐られていたガウァグ領のククオナー（G2）の領地のヒロハフサマメの木。フィヒニにて2011年2月19日撮影。

なお、ヒロハフサマメの木が領主に帰属していても、木に負担をかけない程度であれば、誰でも許可なしに木を利用してよいとされている。たとえば、薬になる樹皮や根を少しばかり採集することである。しかし、木の枯死につながるような行為も発見した。ヒロハフサマメの木は古株の大木が多いため、食用する大型のネズミ（*dayugu*）が木の根元に穴を掘って住み込んでいたりする。このネズミを捕るために根を切るのである。また、焦げた木も一本あった。木の上にハチの巣を見つけた者が、蜂蜜を採るためにハチを煙でいぶそうとして、火をつけたのである。しかし、領主は、収穫の時期を除けば領地をうろつくこともなく、誰の仕業かを明らかにすることは難しい。

第四節　大衆化された政治文化

政治は、ダゴンバ地域の人びとにとって重要な関心ごとになり続けてきた。一七世紀のゴンジャとの戦い、一八世紀のアサンテとの戦い、一九世紀末の白人たちとの戦い、二〇世紀の植民地期の間接統治、独立期からのダゴンバ地域の君主たちの国政への進出[27]、ダゴンバ地域の最高君主の位の継承をめぐるアブドゥ家とアンダニ家の争い、そしてこの争いに深くかかわるガーナの二大政党の新愛国党と国民民主会議の支持者の間の対立と、この対立が激化する選挙である。

これらの政治的な出来事がおおいに影響しているのだろう。ダゴンバ地域の農村部の日常生活で、男性たち、より具体的には年齢を重ねた男性たちが多大な関心を寄せ、精力を傾けてきたのは、「称号の獲得」である。この結果、中小規模の集落では、一定の年齢を超えた男性たちの「ほとんど」が、称号の保持者として理論的に「支配者」階級に属する状況が生まれているのである。

称号をもたずに老いること

「私には、称号を手に入れることができていない友人がいてね、長い間、彼の弟たちと一緒に称号を探し回っていたんだ。ようやく友人が彼の母方から称号を手に入れたとき、私たちは本当にうれしかった。ついに彼のことを名前ではなく、称号で呼ぶことができたからね」。

二〇一一年に七一歳になった私の滞在先のアスマー氏は、友人が称号を獲得したときのことをこのように回想した。そして「いい歳（*ninkurugu,*「老いた顔」の意）して名前で呼ばれるなんて、まるで（用事を言いつけるために名前で呼ばれる）子どもと同じだよ」と私に説明した。

人びと、とくに男性は、歳を重ねるにつれ、他者から敬意を示されることを強く求めるようになる。この敬意とは、なによりも呼び方であらわされる。人びとは、称号を獲得した男性を、たとえば「アブドゥライ」などの個人名に替わり称号名で呼ぶようになる。さらに、彼の家の屋号を格上げする。第三章でも述べたように、称号の保持者の家の屋号は、単なる「住居（イリ）」を意味する「家（インガ）」に替わり、地位が高い人物が率いる家としての「屋敷（イリ）」、そして彼が死去したあとも地位が高い人物が暮らしていた家としての「旧家（ダボグニ）」になるのである。

農村部では、老齢で称号をもたない男性は少数である。たとえば、人口が六〇〇人程度のフィヒニでは、六〇歳以上の全男性一九人のうち、称号をもっていないのはたったの二人だけである。屋号をみてもそれは顕著である。フィヒニの三五軒のうち、「屋敷（イリ）」や「旧家（ダボグニ）」の屋号で呼ばれている家の数はそれぞれ一八軒と七軒であり、「家（インガ）」より圧倒的に多い（補遺3の「屋号」を参照）。なお、称号をもたない二人の男性も、それぞれ個人名ではなく「あだ名」としての称号と職業名で呼ばれている。彼らが特定の称号の保持者から、その称号に従属するものとして与えられる正式な称号をもっていなかったとしても、女性や年下の男性、子どもたちは無礼にあたらないよう、そして彼らの同年代の男性たちも具合が悪いため、個人名ではなくあだ名としての「敬称」で呼ぶのである。

称号の数は、過去半世紀の間で増えてきた。たとえば、表4-5で一九世紀の後半に誕生したガウァグ領の合計一一の再属領、再々属領の称号のうち、約半分の五つの称号は一九七〇年代に入ってからつくられている。ウラナやパナラナなど君主の家臣の位や、土地の主（ティンダナ）の位を除く称号の保持者は、主君として自らに属する称号を新たにつくって（制定して）、彼に属する称号を欲する他者に与えることができる。

このように、称号の保持者たちが新たな称号を積極的につくっていったのは、第一に、「誰もが誰かの主君になりたいから」だという。自分に属する称号の数が増えることは、地位の向上を意味するために好ましい。しかし、それだけではない。称号の保持者は、周囲で称号をもたない友人や年下の血族の男性が多くなってきたために、新たに称号をつくり、与える必要があったからだという。フィヒニでは、生まれながらに目の見えない男性でさえも称号を獲得できているが、これは称号をもつ彼の父方の従叔父が彼に与えたからである。重度の知的な障がいや精神的な病を抱えていないかぎり、目の見えない血族の男性にも称号をもたせて死なせてあげなければならない。彼がないがしろにされた恨みを抱えて死ねば、死者の呪い(バグユリ)をもたらすかもしれないから、というのである。

称号をもたない男性たちは、歳を重ねるごとに気が気ではなくなる。フィヒニでは、老齢の男性は称号をもって死ぬことができているが、トロン、あるいはザグアなど、フィヒニより少し大きな規模の集落ではそうはいかない。称号の数は増やされてきたとはいえ、さすがに、すべての老齢の男性にいきわたるくらい多くは制定されてはこなかったのである。また、先住民の末裔としての土地の主は、自らに属する称号をつくることができないことになっている。つまり、土地の主が率いるパリグンには、土地の主の称号の一つしかない。このため、パリグンの男性たちは、ほかの集落で称号を与えてくれる人物を、父方や母方の血のつながりをたどり、友人をつくることで探さなければならないから大変だという。ちなみに、滞在先のアスマー氏は、イスラム教の知識人として「アファ」(*Afa*)の敬称で呼ばれてきた。また、メッカの巡礼を果たしてからは「アルハジ」(*Alhaji*)の敬称に格上げされた。コーランを学べば、称号を与えてくれる人物が見つからなくても気を揉む必要はない。

称号の種類、階層、階級の差異

すでに明らかなように、ダゴンバ地域、そしてトロン地域では、称号は長い年月をかけて多様化され、序列がつけられ、階層化が進んできた(図4-3)。その数は、トロンの君主に直属する称号だけでも、歴代のトロンの君主が新たに称号を制定し続けてきたため、表に収まらないほど多い(表4-6)。称号を求める男性たちにとって、これらの称号の種類と階位は、獲得の資格や地位、価値も異なり、多大な関心を寄せるところになっている。そこで、これまで説明した内容も含めて整理してみることにする。

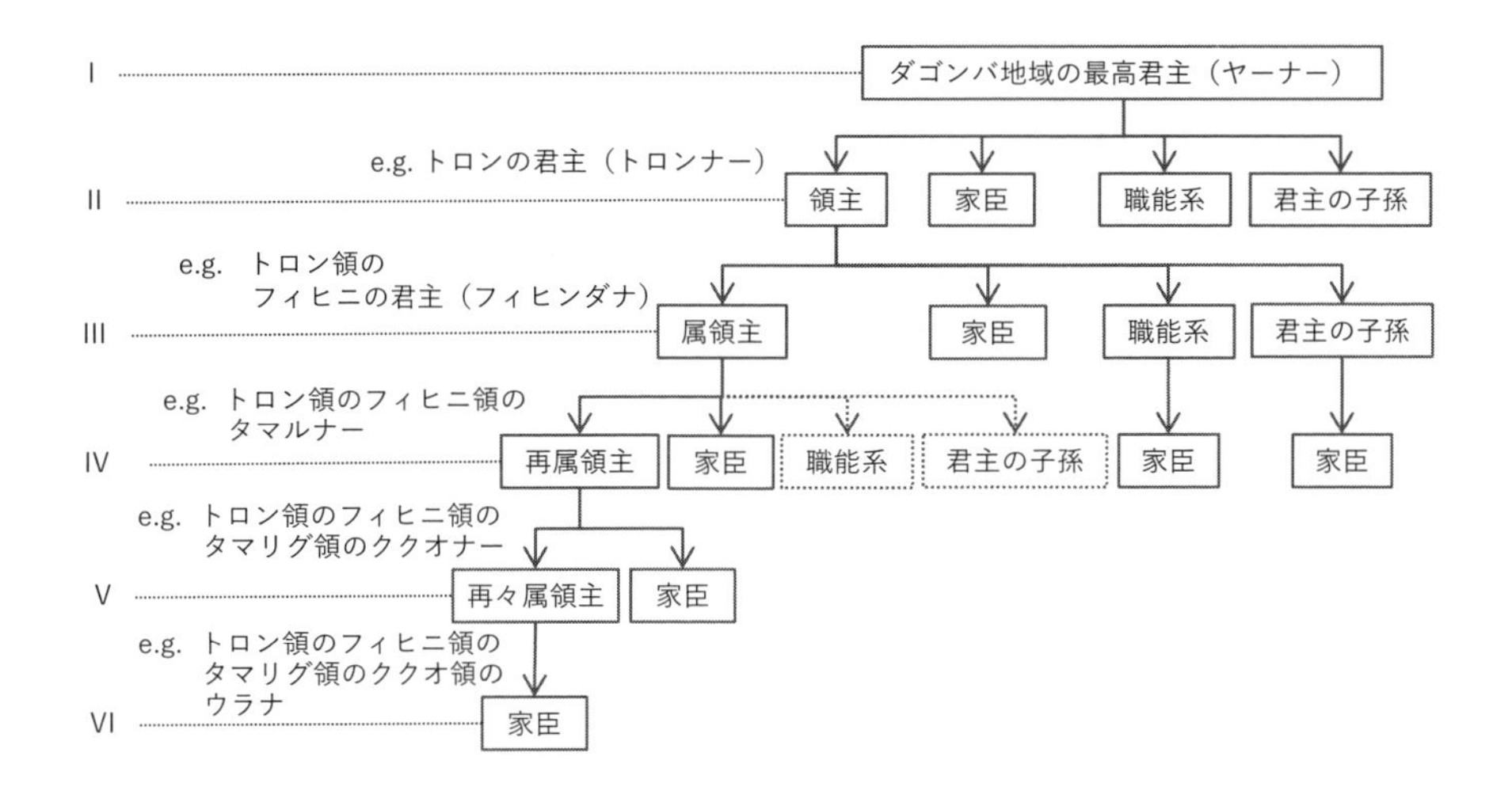

図4-3　ダゴンバ地域の政治組織で制定されてきた称号の種類と階層。頂点の階層Iにいるダゴンバ地域の最高君主は階層IIの称号（トロンの君主位など）を与え、階層IIの称号の保持者（トロンの君主など）は階層IIIの称号（フィヒニの君主位など）を与える。同様の任命方式は最下位の階層まで続く。植民地期の行政と民族学的研究では、最高君主はParamount Chiefとして、最高君主に直属する階層IIのトロンの君主を含む各地の君主はdivisional chiefsとして、階層III以下のフィヒニなどの君主はsubordinate chiefsとして分類されてきた［e.g. Duncan-Johnstone & Blair 1932: 25］。また、階層IIで各地を率いる君主の位は「君主の子孫」（*nabihi*）系と「パンバ」（*kpamba,* あるいはelder）系で二分類されている［Duncan-Johnstone & Blair 1932: 25; Rattray 1932: 575-576; Staniland 1975: 25にて引用］。ここでこの分類を採用しなかったのは「パンバ」には「臣下の階級」として主君のために何らかの仕事を担う意味があり、その適用範囲が曖昧だからである（*kpambaliba*は複数形で「臣下」の意）。トロンの君主の家臣のウラナとパナラナの見解に従えば、階層IIに位置する家臣や職能系ではない各地の有力な君主たち（トロンの君主を含む）は、少なくとも現在において最高君主に仕えるような仕事を与えられていたり、おこなっているわけではなく「臣下」にあてはまらない。同様のことは階層IIIにもあてはまる。たとえばトロン地域の場合、トロンの君主に直属して集落を治める称号の保持者のうち、トロンの「君主の子孫」系はもちろんのこと、「領地の称号」の保持者をトロンの君主の「パンバ」（臣下）として表現するのが適当ではないのは、彼らが実際に主君（トロンの君主）に仕える仕事をしているわけではないからだとする。「家臣」（*nayili-kpambaliba*）とは、主君に仕える役目を与えられた臣下（*kpambaliba*）のうち、トロンの「宮廷」（*nayili*）に日常的に出入りをしているウラナやパナラナなどの称号の保持者を指すとされる。なお、称号は、称号を与えた君主が死去するなどして新たに別の者が君主になっても、そのまま新たな君主に属するものとして保持されている。また複数の称号を同時に保持することはできない。称号の保持者が別の称号を新たに獲得した場合（昇進の実践による）、それまで保持していた称号は別の者による継承の対象になる。

表 4-6　トロンの君主に直属する称号

■ 領主
- T1 ドュリの君主 *Duli Naa*
- T2 ヴォワグリの君主 *Vowaɣri Naa*
- T3 サビェグの君主 *Sabiɛ' Naa*
- T4 ヨブジェリの君主 *Yobʒiɛri Naa*
- T5 バリの君主 *Gbari Naa*
- T6 ザグアの君主 *Zagu' Naa*
- T7 バンジョンの君主 *Gbanjon Naa*
- T8 ガウァグの君主 *Gawaɣ' Naa*
- T9 ヨグの君主 *Yɔɣu Naa*
- T10 ナファルンの君主 *Nafaruŋ Naa*
- N1 タリの君主 *Tali Naa*
- N2 ワヤンバの君主 *Wayamba Naa*
- N3 カーンシェグの君主 *Kaanshe' Naa*
- N4 ナグブリグの君主 *Naɣbliɣulana*
- N5 トゥジェナイリの君主 *Tuʒiɛ Naa*
- N6 フィヒニの君主 *Fihindana*
- N7 チェシェグの君主 *Cheshe' Naa*
- N ダボグシェの君主 *Woriʒiɛ Naa*

■家臣
1. ウラナ *Wulana*
2. パナラナ *Kpanalana*
3. グシェナー *Gushiɛ Naa*
4. ピヒグナー *Kpihiɣu Naa*
5. グンダーナー *Gundaa Naa*
6. ビリシナー *Bilisi Naa*
7. イマヒナー *Yimahi Naa*
8. トゥヤナー *Tuya Naa*
9. タマルナー *Tamal' Naa*
10. サブナー *Sab' Naa*
11. ボマヒナー *Bomahi Naa*
12. ザグユリナー *Zaɣyuri Naa*
13. クコログ *Kukoloɣu*
14. トゥナー *Tu' Naa*
15. イルパンダナ *Yilkpandana*　ほか（旧君主の子孫の称号）

■楽師
歴史の語り部／太鼓奏者（*Lunsi*）
1. ルンナー *Lun' Naa*
2. サンパヒナー *Sampahi Naa*
3. タハナー *Taha Naa*
4. イウァグナー *Yiwaɣ' Naa*
5. ドヴィヒナー *Dovihi Naa*
6. シリングラナ *Shiliŋlana*　ほか

- ほか大太鼓奏者（*Akarima*）
- 笛奏者（*Kikaa*）
- 弦楽器奏者（*Goonje*）

■屠畜師
1. ナコハナー *Nakɔh' Naa*
2. ババ *Baba*
3. タリバブ *Taribabu*

■理容師
- グヌ *Gunu*

■鍛冶屋
- ソナー *So Naa*

■戦士
1. カモナー *Kamo Naa*（戦士の君主）
2. アチリ *Achiri*
3. ダース *Daasu*
4. モンタナ *Montana*

- アドゥ *Adu*
- アニム *Anim*
- チリフォ *Chirifo*
- モンクワー *Mɔnkwaa*
- コモア *Komoa*
- ソンパ *Sompa*
- ダマンクン *Damankuŋ*
- ジャヒンフォ *Jahinfo*
- アサーフォ *Asaafo*
- バントロ *Bantoro*
- アシェイル *Asheiru*
- ブアル *Buaru*
- タコロー *Takoroo*
- チント *Chinto*
- チョムフォ *Chomfo*
- パーチ *Kpaachi*
- カークン *Kaakuŋ*
- ブアチ *Buachi*
- カラヒ *Kalahi*
- ヨボアグ *Yoboaɣ*　ほか

■イスラム教の礼拝師
1. リマム *Limam*
2. ナイミ *Nayimi*
3. イェリナー *Yeri Naa*

■土地の主
- パリグンナー *Kpaliguŋ Naa*
- ジャグボ・ティンダナ *Jaɣbo Tindana/Tindan' paɣa*

■ 君主の子孫（領地をもたない）
- グムビナー *Gumbi Naa*
- ピェグラナ *Kpiɛɣulana*
- ティボグナー *Tiboɣ' Naa*
- ゾーナー *Zoo Naa*
- シリンボマナー *Silimboma Naa*
- ヤパルシナー *Yapalsi Naa*
- ガリジェナー *Gariʒiɛ' Naa*
- ブラヒナー *Gbulahi' Naa*
- バンゾグナー *Gbanzɔɣu Naa*
- ターンシェナー *Taanshe' Naa*
- ザグバンナー *Zaɣbaŋ Naa*
- ディンゴンナー *Dingon' Naa*
- ボティンナー *Botiŋ' Naa*
- ドヒナー *Dohin Naa*
- ナソンナー *Nason Naa*
- ニョルンラナ *Nyorunlana*
- ティグナー *Tiɣ' Naa*
- ビルペルナー *Bilpel' Naa*　ほか

■ ほか
ンラライリの君主 *Nlaayili Naa*

トロンの君主の家臣のウラナとパナラナへの聞き取りによる。

（1）領地の称号

一つ目の種類は、すでに述べてきた「一領の主」となれる「領地の称号」である。これには、トロンの君主、そしてトロンの君主に直属するフィヒニやガウァグの君主の称号、またタリやワヤンバの君主の称号などトロンの君主の子孫（ナビヒ）が継承すべき「君主の子孫の称号」も含まれている。その領内の再属領主、再々属領主の称号もある。

これらのうち、とくに階層が上の君主たちは、かつての財源——植民地化の前においては交易、そして間接統治下では給与の支払い——を失っている。タマレをはじめとする都市化、町化が進んだ地域の君主たちは、土地からの収益という大きな財源を新たに確保しているが、農村部ではそうはいかない。とはいえ、集落の君主の位も兼ねていれば、その地位の証としての特典を得られる。たとえば、耕作や屋敷（宮廷・住居）の補修のために人びとから労働力の提供を受ける催し物を開催すること（写真4－2、写真4－3、写真4－4、写真4－5）、訪問客からの挨拶時に敬意としてコーラナッツ（*guli*）や現金（比喩的にこれもコーラナッツと表現）を受け取ること[28]、彼に帰属する称号を欲する人びとから敬意の証に現金を受け取ることである[29]。また、この称号を得ることは、再属領主、再々属領主など、たとえ階層が低くてもヒロハフサマメの木を手に入れることを可能にする。

貢物の受け取りも確認できる。たとえば、二〇一〇年の収穫後の場合、フィヒニの君主は、彼に直属する第一位の属領主のククオナー（Y15の家の主）、そして故フィヒニの君主（表4－3のno.10）の孫息子（Y4の家の主の甥）から、それぞれカゴ（ビエグ）一杯のトウモロコシ（カゴは表2－2の「タライ」とほぼ同量入り、約一七キログラムの種子量に相当）を受け取っていた。また、ガウァグの君主も、この年に彼が任命した第一位の属領主のタマルナー（Y24の家の主）から、同じくカゴ一杯のトウモロコシを受け取っていた[30]。そして、ガウァグの君主本人も、すでに述べたように、二〇〇九年にトロンの摂政からその君主位の称号を与えられた。このお礼として、二〇一〇年の収穫後の一〇月二九日、ガウァグの君主がフィヒニの君主の協力も得て、彼らに属する称号の保持者から集めたカゴ一〇杯（約一七〇キログラムの種子量に相当）のトウモロコシをトロンの宮廷に献上する現場に私は居合わせたのである[31]。

しかし、こうしてフィヒニやガウァグの君主、そしてトロンの君主が労働力や貢物を得ても、それは蓄えになるというより、むしろその地位を維持するために用いることで精一杯である。とりわけトロンの君主においては、次から説明するように、彼のために実際に仕事をおこなっている家臣たちに収益を分け与えることで、彼らが役目を継続して実施するよう努めなければならないからである。

写真 4-2　フィヒニの君主（Y8 の家の主）のトウモロコシ畑の除草のための共同労働（パリバ）。作業は朝 8 時ごろに始まり、途中で休憩をはさんで 13 時 20 分過ぎに終了した。フィヒニにて 2010 年 7 月 15 日撮影。

写真 4-3　トロンの宮廷にて故スレマニ三世（表 4-1 の no. 19）の第三妻（写真の中央）の部屋を建て直しているサビェグの若い男性たち。木材などの必要な資材はアブバカリ摂政が提供。作業は 2011 年 4 月 1 ～ 3 日におこなわれた。宮廷内の妻たちの部屋（合計 8 室）の修繕や建設の役目は、トロンの君主に直属する特定の領地の称号に付帯している（故スレマニ三世の第一妻が占拠している部屋はドュリ、第二妻の部屋はヴォワグリ、第三妻の部屋はサビェグ、第四妻の部屋はヨブジェリ、第五妻の部屋はバリ、第六妻の部屋はザグア、アブバカリ摂政の第一妻の部屋はバンジョン、第二妻の部屋はナグブリグの君主位の称号の保持者）。故スレマニ三世の寡婦たちが宮廷に残っているのは、スレマニ三世の葬儀が未だに完了できず、実家に戻りたくても戻ることができないため。トロンにて 2011 年 4 月 1 日撮影。

（2）家臣の称号

称号の二つ目の種類は、主君のためにあらゆる仕事を執りおこなう家臣（*nayili-kpambaliba*「宮廷の臣下」の意）の位である。家臣は、主君の「相談役」（*saawaradana*）、「使い走り」（*tumo*）、あるいは「主君のあとをついていく者たち」（*na' doliba*）ともよばれる。

家臣たちの日々の重要な仕事とは、君主の訪問者への対応である。君主に謁見したい者は、直接に宮廷（屋敷）を

写真 4-4　ガウァグの君主（Y30 の家の主）の謁見室の屋根の葺き替えの作業が終了したところ。屋根の上に立っているのは Y18 の家の主。フィヒニの青年層のリーダー格（45 歳）で、故ガウァグ君主のアリドゥ（表 4-4 の no. 9）の長男。彼は作業の終了後、私に「君主の謁見室は大きなものでなくてはならない」と説明した。フィヒニにて 2011 年 2 月 28 日撮影。

写真 4-5　ガウァグの君主（Y30 の家の主）の屋根の葺き替えの日、作業をする青年層の男性たちとガウァグの君主の屋敷に集まった臣下たちに出すための練粥と乾燥オクラのスープを中庭で用意するガウァグの君主の屋敷の女性たち（ソルガムの地酒とトウモロコシの水粥はすでにつくって提供済）。フィヒニにて 2011 年 2 月 28 日撮影。

訪問するのではなく、まずは知り合いを通してウラナやパナラナの屋敷に足を運び、彼らに挨拶とお願いをして、宮廷に連れて行ってもらうことが手続きになっている。とくに、トロンの君主（現在は摂政による統治）においては、実際にそうしないと会うことが許されない。謁見日は、毎週月曜日と金曜日の朝と決まっているのだが、そうでない日も訪問者がやってくる。トロンの宮廷への訪問者は多く、彼らの目的は、トロン地域（領内）で発生した盗みや「妖術」沙汰[32]の解決の依頼、行政や開発援助の関係者による各集落でおこなうプロジェクト[33]についての連絡、そのほか個人としてアブバカリ摂政と親しくなりたい者たちによる挨拶などさまざまである。さらに、君主たるものは、相手によっては直接に会話をすることがふさわしくないとして、家臣が間に入って話をすることになっている。このため、実際、トロンの君主の家臣の第二位のパナラナなど、現在、アブバカリ摂政の世話をしている家臣は、宮廷と自らの屋敷を日々行き来していて、実に忙しい生活を送っているのである。

君主の側近たちが仕事を積極的に継続できるのは、おこぼれがあるからである。パナラナ自身が私に笑いながら説明したように、君主の側近たちは「主君の前に座ることで、主君より早く食べたい者たち」とも表現されている。彼ら側近たちは、訪問者が君主へ渡す贈り物や現金を受け取り、主君に渡す前に一部を取ることを許されている。残りの現金を主君に渡す際は「ポケットに穴が開いていました（取り分をいただきました）」という決まり文句をもって、その額がいくらだったのか伝える必要もない。よって、下位の家臣の称号をもつ者たちも、できるだけパナラナやウラナの屋敷の謁見室で待機し、実際に仕事をおこなっているならば、いくらかでも収益を得る機会に恵まれることになる。このように、アブバカリ摂政が多少なりとも収入が得られているからこそ、彼ら家臣たちの位と役目は形骸化していない。一方で、フィヒニなど属領の君主であればそうはいかず、彼らの家臣の称号は男性たちにとって魅力に欠けるものになっているのである。

（3）職能系の称号

三つ目の種類とは、専門性の高い知識と技能を継承してきた人びとのための「職能」系の称号である。ここでの「職能」とは、歴史の語り部（ルンシ）を含む太鼓、弦楽器、笛で音を奏でる「楽師」（*baansi*）、「屠畜師」（*nakɔhinima*）、「理容師」（*wonzamnima*）、「戦士（サパシニマ）」「イスラム教の礼拝師」（*limamanima*）、そして「鍛冶屋」（*machelinima*）を指す。トロンの集落には、鍛冶屋を除き、各職能の家系に属する家々があつまる「居住区」（*fɔŋ*）が形成されている。称号は、それぞれの知識と技能を継承してきた人びとのなかから特定の人物に与えられている。

楽師たちは、トロンの宮廷での行事や各地の冠婚葬祭の場において、トロンの君主やそのほかの称号の保持者たちそれぞれを囃し立てることで投げ銭を得る。とくに、歴史の語り部は、それぞれの家系について彼らが知り得たすべての情報を駆使し、その素晴らしさを謳い上げる。彼らにとって、称号を獲得することでとくに経済的な特典があるわけではないが、歴史の語り部の上位の称号の争いは競争が激しいことで知られている。

戦士たちも同様に、称号をもつことで経済的な特典が得られるわけではないとはいえ、上位の称号を獲得する争いは激しい。これには、現在もトロン地域において、戦士たちの役割が完全に消失したわけではないことが少なからず関係しているように思われる。ダゴンバ地域は、もはやゴンジャやアサンテ、白人たちから攻められていない。また、西ダゴンバ地域では、東ダゴンバ地域のようにコンコンバなどのダゴンバではない人びととの争いも起きていない。戦士たちが、耕作以外で日常的にやっている仕事といえば、葬式や祭事で使用する鉄砲用の爆竹（*malifa-tim*,「鉄砲の薬」の意）づくりとその発砲である。とはいえ、トロン地域を現在率いるのは、ダゴンバ地域の最高君主の位の継承問題に深くかかわっているとされる新愛国党の党員でアブドゥ家を支持するアブバカリ摂政である。私の調査中の二〇〇八年一二月二八日にガーナの大統領選の決選投票で国民民主会議のアタ・ミルズが勝利後、タマレの国民民主会議／アンダニ家の支持者が摂政を殺すためにトロンの宮廷を襲撃に来るという噂が流れていた。このとき、トロンの宮廷には、摂政（すなわち新愛国党）の支持者や戦士の家系に属する男性たちがトロンやほかの集落から集結し、約一〇日もの間、夜通しで警備をおこなっていたのである。

屠畜師の君主の称号の保持者は、トロンの君主や一般の人びとが冠婚葬祭や定期市で家畜を屠畜する際に代行する仕事をしている。彼らはその仕事に対し、少なからず手数料（*nakɔha-tarli*）を受け取る特権をもつ。ヒツジ、ヤギは一頭につき頭と足、ウシは一頭あたり足、またはそれと同等の現金である。

鍛冶屋の家系の人びとの多くはヨグで暮らしているのだが、彼らの存在感はすっかり薄れてしまっている。もはや彼らはトロンの君主のために何も製造しておらず、金属製の道具や部品を売る商人に転身しているからである。

(4) 君主の子孫の称号

四つ目の種類は、君主の息子たちに与えられる「君主の子孫」の称号である。ここの分類上では、すでに述べたように、君主の子孫に与えられるタリやワヤンバ、フィヒニなどの領地の称号ではなく、領地も集落も付帯しない君主の子孫の称号を指す。君主の息子だからとして称号を与えられるのは、亡き君主への敬意としても説明される。

(5) そのほかの称号

トロン地域では、土地の主の位もまた、トロンの君主が与える称号として説明される。土地の主であるパリグンの君主もジャグボの土地の主も、たとえ家系の成員のなかから超自然的な力で選出されたとしても、トロンの君主によって正式に任命の儀式を受けることになっているのである。

最後に、白人(シルミンシ)を含むよそ者にも友好の印に称号が与えられることもある。しかし、その称号を獲得しても、人びとはこのよそ者に必ずしも敬意を示すわけでもない。すなわち、これは特別枠の称号である。


男性たちが称号の種類や階位を気にするのは、その地位が諸々の行事で「見える」からである。たとえば、トロンの宮廷での行事の場合、列席の場所をもつのはトロンの君主に直属する、図4-3で示した階層Ⅲの称号の保持者だけである。そして、それぞれの称号の保持者の間では、その位置と体勢、座る場合に用いる物も異なる。家臣の称号の保持者たちは君主の目の前に座り、イスラム教の礼拝師の称号の保持者は彼らの前で敷物の上に座り、屠畜師、理容師、笛奏者、弦楽器奏者の称号の保持者は君主の横と後ろに立ち、戦士の君主の称号の保持者においてはトロンの君主から少し離れたところで椅子の上に座る。トロンの君主に直属する領地の称号の保持者たちも、君主の近くに座ることができる。この一方で、君主位を狙っているとされる君主の子孫の称号の保持者たちは、君主の位置から最も離れた場所に座る。彼らの称号が「庭先の称号」(*samban'nam*)と表現されるのは、君主のいる謁見室から庭が離れているからである。

写真4-6　トロンの宮廷の謁見室に入るトロンの君主に直属する称号をもつ者たち（通常の金曜の謁見日)。入室の順序は序列順。歴史の語り部たちが囃し立てている。フィヒニにて2008年12月26日撮影。

同じ階層の同じ種類の称号では、その序列は制定の先行順になっている。人びとは、この序列を、入場順（写真4-6)、座席順、君主からコーラナッツや現金を回す順番で再確認する。そして仕事の遂行においても、原則として上位から順繰りに下位の称号をもつ者に用事を言いつけることができる。ところが、残念なことに、このうち階位が低い称号は、二流的な称号として一緒くたに括られがちである。これは、階層Ⅳ以下ではいっそう顕著である。たとえば、フィヒニの君主が与える称号のうち、領地の称号以外の称号は、種類が異なっても、その違いは意識されていない。また、領地の称号でも、人びとが日頃より序列を意識するのは第二位くらいまでである。このため、階位が低い称号の保持者の間では、行事において年下が年上に順番を譲り、主君のための仕事の遂行では年上が年下を使うという年功序列のルールのほうが勝ってしまう。これもあり、上位の称号を手に入れることは、向上心のある男性にとって、とても重要になっているのである。

もって死ぬための称号、棄てる称号

男性たちは、称号の獲得によって日々の生活と諸々の行事へ参加することで自身の地位を確認できるからこそ、称号を欲する。つまり、男性たちが欲しいのは、ほかでもなく自分が居住する地の称号であり、より階位が高い称号である。ただ、その獲得は保証されていないため、ひとまずは、よその地の称号も含め、また階位の低い称号の獲得から始めるものである。

トロン地域で階位の高い称号とは、トロンの君主に直属する階層Ⅲの称号である。それは、第一に、属領／集落の君主の位だが、欲しくても手に入れることができるわけではない。たとえば、フィヒニで暮らす男性がフィヒニの君主位を得たくても、それはトロンの君主の子孫が継承すべき称号になっている。実際に、これまでのトロンの君主は、フィヒニの君主位をフィヒニの集落で展開されている過去のフィヒニの君主の家系の者だけではなく、フィヒニの君主の子孫ではない、ほかの集落で暮らすトロンの君主の子孫の者にも与えてきたのである。また、ガウァグの君主の位においても、運がなければ得られない。三つあるガウァグの君主の家系（G-a、G-b、G-c）に属する男性たちは、ガウァグの君主が死去するたびに、その位の継承者として順繰りにそれぞれの年長者を選出する決まりを生みだした。表4-4の五代目（no.5）より、その人物をトロンの君主に承認してもらうやり方で、君主位を継承してきたのである。よって、たとえガウァグの君主位を得たくても、その地位が空いたときに自分が年長者であり、さらにちょうど自分の家系に順番が回ってこなければならないのである。

もちろん、自分が住む集落／属領の君主の位ではなくても、トロンの君主に直属するほかの称号を手に入れることができれば好ましい。まず、トロンの宮廷に出入りできるような家臣の称号である。たとえば、二〇〇七年に亡くなったY35の家の主は、表4-6のトロンの君主の家臣の第一五位のイルパンダナだった。フィヒニで葬式や祝いごとが開催される際、トロンの歴史の語り部たちはフィヒニの君主とガウァグの君主の屋敷だけではなく、トロンの君主の家臣のイルパンダナの屋敷に行き、囃し立てをしていたという。しかし、フィヒニなど属領に住む男性は、このようにトロンの君主の家臣の称号を手に入れることはめったにない。トロンの君主の家臣の称号を継承する血統的な資格をもつことも、また、トロンの君主と親しい関係を築く機会もほとんどないからである。同様に職能系の称号も、その血筋と能力に加え、トロンの君主と親しい関係を築くことができなければ与えてもらえない。

よって、トロンの集落で暮らしていないような農村部の男性たちにとって最も現実的なのは、図4－3の階層Ⅳ以下の称号を狙うことである。ただし、同じ階層の称号でも、その価値はまったく違う。このことを教えてくれたのは、母方での血のつながりを利用することで、トロンの君主に仕える屠畜師の君主（表4－6のナコハナー）の第一位の家臣の称号（ウラナ）を得ることに成功し、フィヒニの君主の第二位の家臣の称号（パナラナ、表4－7のⅣの「家臣ほか」）を「棄てることができた」と話したY2－2の世帯主（家の主の従弟）である。この二つの称号の価値はどう違うのか。詳しく話を聞くと、それは、トロンの君主に仕える屠畜師の君主の家臣の称号がトロンの宮廷の称号であり、フィヒニという属領レベルで制定された称号とは格式が違うことだけではない。

第一に、「パナラナは、もって死ぬための称号ではない」というように、男性たちは、自らの属領／集落の君主の家臣となって人生を終えることを嫌う。それは、君主の位を継承する候補者としての彼の「成り下がり」を意味するからである。これまで述べてきたように、フィヒニをはじめ農村部の小さな集落は、その地を過去に統治した君主の子孫の男性たちが率いる家々によって構成されている場合がほとんどである。これは、その集落で生まれ育った男性全員が、濃淡の差はあれ、その集落の「君主の子孫（ナビヒ）」であり、君主の位を世襲する資格をもっていることを意味している。このために、君主の「相談役（サーワララナ）」はともかく、「使い走り（トゥモ）」とまでいわれるような家臣の位に就いて満足することは、自分で自分を降格させることに等しいのである(34)。

第二に、属領／集落の君主の家臣の称号の人気が高くないのは、「骨折り損のくたびれ儲け」になるからである。先述のとおり、家臣は主君のあらゆる世話をすることになっていて、フィヒニの君主など属領の家臣であっても、そして仮に称号を獲得した男性がまだ若いのであれば、実際に主君から冠婚葬祭をはじめ、さまざまな仕事を頼まれてしまう。仮に主君がトロンの君主ほど有力であれば、現在も貢物、訪問者からの挨拶や土地の取引をとおして多少の収入があり、そのおこぼれにあずかることができる。しかし、農村部の属領／集落の君主たちには、君主としての収入がほぼないに等しいため、家臣はただ働きをすることになる。一方、トロンの宮廷の屠畜師の君主の家臣であれば、主君の代わりにトロンの君主や一般の人びとの冠婚葬祭のために屠畜を代行する仕事をする際、割がよいわけではないものの、少なくとも手数料（ターリ）だけは受け取ることができるというのである。

しかし、むしろ、フィヒニのような農村部の集落で暮らしている男性たちが狙いを定めているのは、属領の君主が与えるヒロハフサマメの木が手に入る領地の称号（再属領主）である。とくに、第一位や第二位など、序列が意識されるような高位の称号が好ましい。

男性たちは、最初から領地の称号、またその上位を狙うわけではない。それは将来の目標にして、若いうちは序列の低い称号を獲得するのが安全策である。こうして、地位の低い称号からの昇進の経緯をもつのは、フィヒニでは現フィヒニの君主、フィヒニの君主に直属する第一位と第二位の領地の称号の保持者の計三人、そしてガウァグでは現ガウァグの君主、ガウァグの君主に直属する第一～六位までの領地の称号の保持者全員の合計七人にのぼる（表4－7と表4－8の「昇進履歴」）。男性のなかには、三〇代で最初の称号を獲得する者もいる。たとえば、フィヒニの君主の第三位の家臣の称号の保持者であるヨブジェリの三九歳の男性である（グシェナー、表4－7のⅣの「家臣ほか」）。まだ若い彼は、同じくフィヒニの君主に仕えるフィヒニで暮らす第一位の家臣（ウラナ）とパリグンで暮らす第二位の家臣（パナラナ）の使いとして、フィヒニの君主が開催する冠婚葬祭や就任式など諸々の行事にまつわる大半の仕事を実質的にほとんどすべて行っている。彼自身はとても意欲的に取り組んでいて、フィヒニで行事が開催される度に、その調整のために何度も四キロメートル離れているヨブジェリからフィヒニまで歩いてきていたのである。

称号のなかには、称号の保持者の死や昇進で空席になっても、結局のところ継承されないものも多い。たとえば、表4－7と表4－8の属領の家臣の称号のうち第三位より低いものや、またそれ以外の称号である。新たに称号を獲得したい者は、これらの称号の継承に名乗り出るのではなく、自らが好む別の名称の称号を新たに与えてもらえるよう主君にお願いしがちである。これらの称号は、さほど地位の証となってこなかったからである。人びとからも重要視されず、生みだされては消えてきたために継承歴さえたどれない。しかし、称号を手に入れた男性にとっては、やはり、人が彼を個人名で呼ぶことを阻むほどの社会的な地位を与えてくれた、ありがたい称号なのである。

称号をめぐる争い

人気の高い称号であれば、その称号の保持者が死去したその日のうちに、称号を獲得したい男性が名乗りをあげるといわれる。その称号が従属する称号の保持者である「主君」に挨拶に行き、自らの意思を伝え、彼が与えてもらえるようにお願いするのである。称号の継承は、トロンの君主の子孫が継承することになっている表4－2の属領の称号（N）を除けば、過去の称号の保持者の子孫が世襲での資格をもつと考えられている。[35] しかし、実際には、そのほかの者たちも立候補するために競争がおこる。誰に与えるのか決定権をもつ「主君」の判断には、卜占での判定だけではなく、むしろその前段階として、候補者同士の交渉、金銭的なやりとり、そして主君自身の思惑が絡んでいる。

称号を与える主君の立場にある男性たちは、できるだけ円満に称号を与える者を決定したい。これは、フィヒニやガウァグの君主など、小さな集落で暮らしていて、同じ集落から立候補者が出てくるような状況であればなおさらである。よって、その称号が特定の家系によって継承されてきた傾向にある場合、まず、その「称号を所有する者」（表現はそのまま）、つまりその称号を世襲してきた家系の年長者のところへお願いに行くよう勧めるとされる。死去した称号の保持者とその血族たちは、彼の生前より、身内から称号を世襲させる候補者を検討しているからである。称号をもつべき年齢になった血族の者に獲得させたいのである。[36]

このため、フィヒニのような小さな集落では、その称号を世襲してきた家系ではない者が継承に向けて名乗り出る場合は、その手続きに礼儀を欠かないよう注意しなくてはならない。そうでなければ、挑戦として受け取られて対立関係に発展することがある。こう教えてくれたのは、Y2の家の主である。それによると、彼の家系は、フィヒニの君主に直属する第一位の領地の称号（ククオナー、表4－7のⅣの「再属領主」）を継承してきた。それにもかかわらず、その称号を彼らの家系の者ではないY15の家の主に「与えた」という。その理由を伺ったところ、身内での継承の候補者だったタマレに移住した彼の長兄が辞退したこと、そしてY15の家の主がこの称号を欲しいと丁寧に懇

表 4-7　フィヒニ領の称号と称号の現保持者の経歴（フィヒニの君主の位も含め、計 23 称号、2011 年 2 月時点）

階層	地位	序列	称号の名称	現保持者の年齢	出身：居住地・家・身分	出身：関係性	昇進履歴（新しい順）	任命者（主君）
III	属領主	—	フィヒンダナ（フィヒニの君主）	82	Y8の家の主		1.（フィヒニ領）イッペルナー　※再属領主	トロンの君主
IV	家臣ほか	1	ウラナ	69	Y2の家の主		なし	フィヒニの君主
		2	パナラナ	58	パリグン		なし	
		3	グシェナー *Gushiɛ Naa*	39	ヨブジェリ		なし	
		・	ジャヒンフォ	空席	—		—	
		・	トゥナー	55	Y5の家の主		なし	
		・	トゥジェナー	57	Y18の家の主	ガウァグの君主系	なし	
		・	カモナー	60	Y32の家の主	ガウァグの君主系	なし	
	君主の子孫	—	ボンザルナー *Bonzal' Naa*	44	Y4の家の主		なし	
	再属領主	1	ククオナー	70	Y15の家の主		1.（フィヒニ領）ヤパルシナー　※再属領主 2.（チェシェグ領のイッペリグ領のドヒ領）ウラナ　※再々属領主の家臣	
		2	タマルナー	84	Y7の家の主		1.（フィヒニ領）ボマヒナー　※再属領主	
		3	ボティンナー	69	ザグア	フィヒニの君主系	なし	
		4	ヤパルシナー	68	ルンブン・グンダー	ガウァグの君主系	なし	
		5	ドヒナー	60	Y11の家の主		なし	
		6	イッペルナー	72	トロン	フィヒニの君主系	なし	
		7	ボマヒナー	67	アペシカ（ブロン・アハフォ州）	フィヒニの君主系	なし	
		8	イルパンダナ	73	Y26の家の主		なし	
		9	シリンボマナー	空席	—		—	
V	再々属領主	1-1	（ククオ領）ヤパルシナー	67	Y10の家の主		なし	フィヒニの君主の再属領主
		2-1	（タマリグ領）ククオナー	69	ヨブジェリ		なし	
		2-2	（タマリグ領）シリンボマナー	75	Y9の家の主		なし	
		3-1	（ボティング領）イッペルナー	71	ヨグ		なし	
VI	家臣	2-1-1	（タマリグ領ククオナー）ウラナ	不明	現ククオナー（2-1）の娘婿		なし	再々属領主

フィヒニの君主、ならびに称号をもつ男性たちとその血族へ実施した聞き取りによる。

表4-8　ガウァグ領の称号と称号の現保持者の経歴（ガウァグの君主の位も含め、計19称号、2011年2月時点）

階層	地位	序列	称号の名称	現保持者の年齢	出身：居住地・家・身分	出身：関係性	昇進履歴（新しい順）	任命者（主君）
III	属領主	—	ガウァグナー（ガウァグの君主）	86	Y30の家の主		1.（ガウァグ領）タマルナー　※再属領主 2.（ガウァグ領）ヤパルシナー　※再属領主 3.（ザグア領のボティング領）ククオナー　※再々属領主	トロンの君主
IV	家臣ほか	1	ウラナ	57	パリグン	ガウァグの君主系	なし	ガウァグの君主
		2	グシェナー	66	ダボグシェ		なし	
		・	イルパンダナ	69	パリグン	ガウァグの君主系	なし	
		・	イジェナー *Yiʒiɛ Naa*	空席	—		—	
		・	ジャヒンフォ	57	パリグン		なし	
	再属領主	1	タマルナー	82	Y24の家の主		1.（フィヒニ領）ヤパルシナー　※再属領主 2.（チェシェグ領）ヤパルシナー　※再属領主 3.（チェシェグ領のイッペリグ領）ドヒナー　※再々属領主	
		2	ククオナー	78	Y25の家の主		1.（チェシェグ領）イジェナー　※再属領主	
		3	グンダーナー	61	Y16の家の主		1.（フィヒニ領）パナラナ　※家臣	
		4	ボティンナー	70	パリグン	ガウァグの君主系	1.（ザグア領）グシェナー　※家臣	
		5	ドヒナー	78	パリグン	ガウァグの君主系	1.（ザグア領のイッペリグ領）ウラナ　※家臣 2.（ガウァグ領のドヒ領）ボマヒナー　※再々属領主	
		6	イッペルナー	72	Y14の家の主		1.（ガウァグ領）グシェナー　※家臣	
		7	シリンボマナー	55	サグナリグ領ククオ	ガウァグの君主系	なし	
		8	ヤパルシナー	62	Y31の家の主		なし	
V	家臣	—	（ドヒ領）ウラナ	65	パリグン	ガウァグの君主系	なし	ガウァグの君主の再属領主
		—	（イッペリグ領）ウラナ	78	Y13の家の主		なし	
	再々属領主	2-1	（ククオ領）ボティンナー	53	パリグン	ガウァグの君主系	なし	
		2-2	（ククオ領）タマルナー	80	パリグン	ガウァグの君主系	なし	
		5-1	（ドヒ領）ボマヒナー	空席	—		なし	

ガウァグの君主、ならびに称号をもつ男性たちとその血族へ実施した聞き取りによる。称号の名称は、役職、地位、序列はそのままにその称号を継承した者の好みで変更される場合があり、現ククオナーはゾーナー、現シリンボマナーはククオナー、現グシェナーはイジェナーだった。

願しに来たからだという。なお、Y2の家の主本人は、五〇代後半だが、まだ称号をもたない。しかし、長兄の代わりに彼がこの称号の獲得へ名乗りをあげることができなかったのは、フィヒニの第一位の領地の称号は若輩者の彼がもつにはあまりに地位が高すぎるからである。

それにしても、タマレで暮らすＹ２の家の主の兄はなぜ称号を欲しがらなかったのか。フィヒニから遠く離れた地域へ移住していても、フィヒニの称号をもつ者はいる。たとえば、フィヒニの君主に直属する第七位の領地の称号（ボマヒナー、表４－７のⅣの「再属領主」）は、ガーナのブロン・アハフォ州のアペシカで暮らすフィヒニ出身の男性が獲得している。また、ガウァグの君主に直属する第八位の領地の称号（ヤパルシナー、表４－８のⅣの「再属領主」）の保持者のＹ31の家の主は、第一妻とその息子たちをフィヒニに住ませ、第二妻とその子どもたちとブロン・アハフォ州のテチマンに一〇数年以上も暮らしていた。二〇一〇年の収穫期後に、ようやくフィヒニに腰を据えるために帰ってきたばかりである。そこで私は、Ｙ２の家の主の兄が葬式のためにフィヒニに帰ってきていたとき、辞退の理由を尋ねてみた。すると「私はもうフィヒニには戻らないからね。タマレでは称号をもっていても、もっていなくても関係がないのだよ」と言った。しかし、タマレ地域でも、地元の男性たちの間では称号をめぐる争いが熾烈である。つまり、Ｙ２の家の主の兄がフィヒニの称号を欲しがらなかったのは、タマレで暮らすかぎり、フィヒニというタマレから遠く離れた農村部の小さな集落／属領の名前はタマレでは知られていないため、フィヒニの称号をもっていようがいまいが誰も気に留めないからだといえる。

ただ、誰に称号を与えるか、最終的な判断はその称号が属する主君にある。よって、たとえその称号を世襲してきた家系に属していて、候補者同士の間で話し合いがおこなわれても、称号を欲しい者はその「主君」への敬意として「コーラナッツ」（現金）を渡すものである。この敬意は、将来を見据えて、称号の空きが出ないうちから、礼儀正しい挨拶はもちろん、貢物などのかたちで少しずつ払い始めておいたほうがよい。しかし、たとえ努力を積んでいたとしても願いが叶うわけでもない。たとえば、フィヒニの君主に直属する第九位の領地の称号（シリンボマナー、表４－７のⅣの「再属領主」）は、二〇一一年の四月時点で二年以上も空席だった。領地を手にすることができるこの称号は、序列が第九位と低くても、男性たちが求める称号である。このため、フィヒニの君主は別の集落で暮らす年下の血族の者にこの称号を与えたいが、フィヒニ内に欲しがる者がいるために、しばらく空席のままにしておいて頃合いを見計らっているのだといわれていた。

なお、ガウァグの君主位のように、集落で形成されている過去の君主の家系の者たちがその称号を長年にわたって継承し続けてきたのであれば、別の者にその称号を与えることは大事件につながる恐れがある。たとえば、タマレに近いサグナリグの君主に直属するガリジェグの君主位をめぐる争いである。この君主位は、ガリジェグの集落で形成されている過去のガリジェグの君主の子孫の家系によって世襲されてきた。しかし、サグナリグの君主（摂政）は、過去の君主の家系ではない外部の男性に、ガリジェグの君主位の称号を与えたのだという。これに反発したガリジェグの男性たちは、二〇一〇年三月二二日、新しい君主がタマレからニャンパラへの道をバイクで通行中、彼を襲って殺した。この報復として、殺された君主の血族の男性たちは、ガリジェグの集落の家々に放火した。フィヒニの一軒の家にも、ガリジェグからフィヒニの血族のもとに身を寄せにきた女性と子どもたちがしばらく居候していた。男性たちにとって、称号とはこれだけの惨事につながるほど大きな意味があるものなのである。

盛大な就任式、定期市の行進、格式の高い葬儀

男性たちは、彼の人生で達成しうる最も地位の高い称号を手に入れたと考えるとき、その称号を与えてくれた主君にお願いして就任式を開催する。「パリグヤブ」（*kpariyu-yabu*）とよばれる儀式をおこなうのだが、これは、男性のイスラム教徒の正装の衣服の型として現地で知られている衣装（*kpariyu*）の白色のものを「かぶること」（*yabu*）である。

二〇一一年二月七日、トロンの宮廷にて開催されたトロンの君主の第二位の家臣のパナラナの就任式（写真4－7）には、一〇〇〇人を大幅に超える人びとが集まっていた。しかし、属領の君主に直属する、階層Ⅳの領地の称号の獲得者たちの就任式も盛大である。フィヒニでは、二〇一〇年一一月二四日、ガウァグの再属領主の第一位のタマルナーとフィヒニの再属領主の第二位のヤパルシナーの就任式が、双方の君主たちの調整で順に開催された。まず、ガウァ

グの君主の屋敷の謁見室でガウァグ領のタマルナーの就任式がおこなわれ（写真4－8）、続いてフィヒニの君主の屋敷の謁見室でフィヒニ領のヤパルシナーの就任式がおこなわれた。その後、双方はそれぞれの屋敷まで（の短い距離を）馬に乗って移動した（写真4－9）。ダゴンバ語で君主の代名詞(37)ともなっている馬は、君主の象徴として就任式には欠かせない。写真の二頭の馬はどちらも、馬を育てるのが上手なことで知られているフィヒニの隣のヨグの集落で暮らすヨグ領のグンダーナーのものである。

写真4-7　トロンの宮廷で開催されたトロンの君主の家臣のパナラナの就任式。奥の高い場所で椅子に座っているのがアブバカリ摂政。一番前の中央に座っているのがパナラナ。トロンにて2011年2月7日撮影。

写真4-8　ガウァグの君主の屋敷の謁見室で開催されたガウァグ領のタマルナー（左側の白い衣装をまとっている男性）の就任式で、歴史の語り部がお囃子に入場しているところ（先頭はタクラディ・ルンナー）。フィヒニにて2010年11月24日撮影。

就任式後、ガウァグ領のタマルナーとフィヒニ領のヤパルシナーの双方の屋敷には、大勢の人びとがお祝いのために集まった。フィヒニ、そして各地からやってくる血族と姻族、友人の男性たちは手ぶらでは来ない。ガウァグ領のタマルナーへのお祝いには、二四五人が合計にして三七五セディ（二二五ドル）の現金、ニワトリ（三七羽）、ホロホロチョウ（一〇羽）、そしてヤムイモ、トウモロコシ、米を贈り物として持参してきた（表4－9）。現金の額だけでも料理のための食材費をまかなうことができるほどである。祝いや香典として現金や家畜をもらっても大幅の赤字になる結

写真4-9　就任式後に馬に乗ってそれぞれの屋敷に戻るフィヒニ領のヤパルシナー（左の手前）とガウァグ領のタマルナー（右奥）。ルンブン・グンダーに在住のフィヒニ領のヤパルシナーにおいては兄であるガウァグの君主の屋敷で祝いが開催された。フィヒニにて2010年11月24日撮影。

表4-9　ガウァグ領のタマルナーの就任式の日に合計245人が持参した祝いの金品の内訳（2010年11月24日開催）

お祝いの金品	持参者（のべ数）	金額・数	
		最低～最高	合計
現金	209人	1～5セディ	375セディ
ヤムイモ	46人	—	—
トウモロコシ	41人	—	—
米	1人	—	—
ニワトリ	30人	1～3羽	37羽
ホロホロチョウ	10人	1羽	10羽

タマルナーの甥（タマレ在住）が当日に記録した台帳をもとに作成。祝いを持参した合計245人（実数）のうち女性は私1人だけだった（現金5セディを贈った）。

婚式、命名式、葬式と大違いなのは、男性にとって地位の高い称号を手に入れることが、盛大に祝うべき、祝ってもらうべき本当にめでたいことだからである。妻、そして娘や姉妹など血族の女性たちは、着飾り、たくさんの美味しい料理をつくって客人たちに配る。称号の獲得者は、遠方から足を運んでくれた親族や友人に、お祝いにもらったヤムイモをたっぷりとお土産に持たせるなど、このうえない大盤振る舞いである。この日はまさに、男として、人生で最高の一日なのである。

行事は就任式のあとも続く。まずは、お礼の挨拶回りである。称号の獲得者は、各地からお祝いに足を運んでくれた友人や親族の男性に感謝の意を伝えるため、息子たちに手分けをさせて一人ひとりを訪ねて回らせる。次に、地位の高い称号を獲得したことを広く知らしめるために、息子や弟たちを引き連れ、歴史の語り部のお囃しとともにトロン地域の定期市（カティンダー）を三周も練り歩くのである。こうして、定期市では、収穫期のあとの一一月から乾季半ばの二月くらいまで、就任を知らせる行進をよく見かけることができる。これは、多くの集落が寄り集まり、人の数が増えて（「繁栄して」）きたために、毎年各地で新たに称号の獲得者が誕生するトロン地域ならではの光景である。

称号の保持者にとって、就任後の最大で最後の行事といえば、本人の葬式である。その格式は、彼の地位に応じたものでなければならない。領地の称号の保持者の場合、その遺体を埋める墓穴には、彼の地位の象徴としてのヒロハフサマメの木の支柱を挿入しなくてはならない。そして、葬式の料理の用意のために、ヒロハフサマメの木を切って薪として利用する。さらには、香典である。称号の保持者の葬式では、香典を持ってきた者の名前、その家畜の種類と数、現金の額をアナウンスする「富の知らしめ」(*buni-wuhubu*)が実施される。ここでの香典の量が死者の地位の高さに応じていなければ、死者の名誉を棄損することになる。十分に供養することができず、その結果、死者によって災いがもたらされることがあってはならない。よって、死去した称号の保持者の家臣や息子は、故人の娘婿などに特定の家畜を指示して持参させるのである。

称号の保持者の葬式には、歴史の語り部たちが大勢でやってきて、小鼓を叩きながら故人を囃し立てて盛り上げてくれる。男性は、称号をもたなければ、生前も死後も歴史の語り部から見向きもされない。歴史の語り部が数名でも

「無名」の男性の葬式に来るとすれば、それはその小さな葬式の参列に加わっている称号の保持者からわずかばかりでも稼ぐためである。老いて称号をもたずに死ぬことは、その男性本人だけではなく、残された息子たち、そして妻たちにとっても肩身の狭い寂しいことなのである。

歴史の語り部たちは、女性を対象には囃し立てをおこなわないものである。ただし、白人の女性（シルミンパガ）や都市から来た金持ちそうな現地の女性は別らしい。私もコインを投げなければならない状況に迫られたことがある。私について、いったい何を囃し立ててくれるのだろうと思ったが、その内容はブルンの君主のイスラム教の礼拝師の第一位（リマム）の称号をもち、クンブングのザミグ地区のモスクを率いていた、私のトロンの滞在先のアスマー氏の父（故マハマ・イラブヒム氏）についてだった。

第五節　小括――政治的主権から男性の地位の象徴へ

本章では、農村部の男性たちによる称号の獲得の実践について、ダゴンバ地域における土地とヒロハフサマメの木の帰属と配分との関連をみていくことで検討した。ここから明らかになったのは、男性たちは領地の称号の獲得とともにヒロハフサマメの木を手に入れていることである。そして、この特殊な制度とその実践は、ダゴンバ地域の侵略の歴史と関係していること、また、ヒロハフサマメの木を自らのものにすることの意味は、支配者側の政治的な主権の象徴から、歳を重ねた男性の社会的な地位の象徴へと大きく変わってきたことである。

まず、一つの仮説を提示したい。それは、ヒロハフサマメの木を君主位の称号の保持者のものとして定める制度は、一五世紀の後半とされるダゴンバ地域への侵略の歴史を通して生みだされたことである。この特殊な決めごとは、ダゴンバ地域だけではなく、ガーナ北部のマンプルシ、ナヌンバ、そしてブルキナファソのモシ地域において報告されてきた。これらの四つの地域は、トハジェという名の男性を共通の祖先とする子孫による制圧の歴史をもち、類似した中央集権的な政治組織を発展させてきた共通項をもつ。ダゴンバ地域での伝承によると、侵略を受ける前に地域を治めていたのは土地の主だった。しかし、その地を制圧した侵略者たちは、土地の主に替わり彼ら自身がそれぞれの集落の先住民たちの君主となった。その後、西ダゴンバ地域では、徐々に、地理的な支配の領域が広がり、人口が増加し、同時に各地を治める新たな君主たちが任命されていった。これにともない、近隣を治める君主たちの互いの領域の地理的な境界が、集落という点と点での場所を越え、地続きで意識されるようになっていった。この過程で考案されたのが、君主たちが彼に直属する君主位の称号の保持者へ階層的に支配する地域を分け与える際に、その土地に自生しているヒロハフサマメの木を彼らのものとして与える制度である(38)。

それにしても、なぜ、君主たちは、ヒロハフサマメの木を君主のものとして定めることにしたのだろうか。ここで提示したいもう一つの仮説とは、ヒロハフサマメの木が、新たな支配者たちが制圧地の先住民に対して政治的な「主権」を知らしめるため、そして各君主が治める領域の境界を明確化させるために有用だったことである。考古学者のアールは、自然の景観はより多くの人びとによって空間的に共有され、日常生活において長期間にわたり経験されるという特徴をもつこと、よって社会関係を構築するうえで効果的な媒体であることを指摘している［Earle 2001: 107］。樹木はサバンナ地域の景観を構成する最も重要な要素の一つであり、目印として利用されてきた。また、西アフリカのサバンナ地域では、土地への支配を主張するためにヒロハフサマメの木を利用していた事例が、近隣のベナン北部からも報告されている［Brottem 2011: 562］。この点において本書でも明らかになったのは、ヒロハフサマメの木の存在こそが、称号の保持者たちが互いの境界を物理的に明確に認識し、線引きできる程度にまで区分するうえで不可欠な要素になっていることである。

ところで、この地に自生する多くの樹種のなかでヒロハフサマメの木を選択したのは、この木に経済的な価値があったからにほかならない。この木は料理に欠かせない発酵調味料（パリグ）となる実をつける。よって、おそらく侵略の前から地域の一帯で自生し耕作地に残されていたために、目印として利用しやすかったはずである。また、政治的な主権の象徴として利用するうえで、経済価値が低い樹種より高い樹種を選択するほうが効果的だからと考えることができる。

現在においても、経済価値のあるヒロハフサマメの木を自分のものとして利用できることそのものが、領地の境界を明確にさせる目的になっている。よって、ヒロハフサマメの木が育たない低地や木が枯死してなくなった集落の中心部などでは、領地の境界は気にもされず、曖昧なまま放置されているのである。

ただし、現在にいたるまで、ヒロハフサマメの木の象徴的な価値は、先住民に対する政治的な主権を示すためという当初の目的からはすっかりと変容している。かつての少数の侵略者と大多数の先住民は、婚姻関係を通じて民族的にも融合してきた。先住民の末裔とされている土地の主の子孫たちも、侵略者の子孫とされるトロンの君主の子孫たちも、自らを同じ「ダゴンバ人」として認識しているのである。また、「支配者」階級の称号を獲得することは、もはや限られた人びとの政治的な特権ではなく、土地の主の子孫を含めた、農村部の各集落の中高年の男性たちの一般的な実践になっている。すなわち、「支配者」とは、集落で各家々を率いる、称号をもつ年配の男性たちなのである。これらの男性たちの間で最も人気なのが、ヒロハフサマメの木を手に入れることができる領地の称号である。ゆえに、この木は、現在、「支配者」階級の政治的な主権ではなく、「年を重ねた男性」の社会的な地位をあらわすものになっているのである。

一方、ダゴンバ地域では、女性たち自身が称号を得るために積極的に活動をする文化は生みだされてはこなかった。女性が獲得する称号は皆無ではないものの限られている。たとえば、ほかの地域では、ダゴンバ地域の最高君主の娘が継承することになっている称号などいくつかあるが［Churchill 2000: Rattray 1932: 576］、トロン地域では、超自然的な力によって女性が選出されることになっているジャグボの土地の主の称号くらいである。ここで本書の主題に立ち返り、あえて、ヒロハフサマメの木を「生産資源」のみとして位置づけ、この配分の過程ではなく、その結果を男女比較すると、領地の称号の保持者の全員が男性であるため「男女格差」は歴然である。しかし、この資源の配分の「男女格差」は、ここから想定されてきたような収益の「男女格差」をもたらすことにつながっているとはかぎらない。この点に関しては、第六章で詳しくみていくことにする。

第三部　とりに行く女たち、与える男たち

――人口の増加と強化されるジェンダー

第二部では、家の営まれ方とダゴンバ地域の政治的な実践をみていくことで、資源配分の男女間の差異を男女格差の問題として捉える見方を再考した。続く第三部では、男性が、収益を生みだす生産資源としての土地や樹木を限定的にしかもたない女性へ、作物を直接的、間接的に与える現場に焦点をあててみていく。この際に着目するのが、農村経済をとりまく環境の変化にともなう、作物をめぐるジェンダー関係の展開である。

ガーナ北部では、植民地化以降、市場経済の急速な成長とともに消費が拡大した。農村部で暮らす人びとも、冠婚葬祭、衣服、移動など、支出の項目とその規模を拡大させてきた。一方で、人びとの生活の基盤となってきた農業は、一九七〇年代ごろからの人口の増加による土地の不足と地力の低下にともない低迷している。さらに、一九八〇年代からの構造調整政策による肥料価格の高騰によって、主食として定着した改良品種のトウモロコシの自給が困難になってきた。この状況は人びと、とりわけ男性と女性の間の生計関係にどのような影響を与えてきたのだろうか。

クリフォード・ギアーツによると、人口が増加し、経済が低迷していた一九五〇年代のジャワ島では、人びとは互いに土地を貸し合うだけではなく、労働をして報酬を受け取る機会を提供し合うなど、社会関係を密に織りなすことでやり過ごしたという［Geertz 1963: 99］。この現象を、ギアーツは「農業のインボリューション」と表現し、もつ者ともたない者、というより、ちょうど十分な量をもつ者とそこまで十分はもたない者の間で生じた「貧困の共有」として論じている［*ibid*.: 97］。そして、政治学者のスコットは、このような「モラルエコノミー」的な現象が起こった背景として、冠婚葬祭や信仰を通じた人びとの間の日常生活でのかかわりあいや政治的な同質性など、集落レベルの社会関係の「凝集性」の高さを指摘した［Scott 1972: 27-28］。第三部では、ジャワ島の事例と類似した現象が過去半世紀を通してガーナ北部でも起こってきたことを指摘する。しかし、本書では、決してユートピア的な相互扶助としては捉えられない不特定多数の人びとの間の作物をめぐるやりとりの両義性を[1]、とくにジェンダーのメカニズムに着目して明らかにしたい。

作物をめぐるジェンダー関係のあり方をみていくうえで、第五章では男性と女性がそれぞれ耕してつくる耕作物、第六章では領地の称号の保持者に分け与えられてきた木になる「料理の実」のヒロハフサマメを対象に分析する。作物の用途や収量の違いに着目し、年齢、地位、身分の異なる男性と女性の間の分け合いをめぐる葛藤と矛盾に注視して、それぞれの作物の収穫の現場を検討する。この作業をとおして、資源配分の「男女格差」が女性の収益の低さにつながるわけではないことだけではなく、むしろ、人口の増加と農業の低迷にともない、男性と女性、そして子どもたちが、同居家族や親族関係の枠組みを越えて生計関係を密に発展させてきたそのあり方を明らかにする。

第五章　耕作物をめぐる男性、女性、子どもたち

第三章では、耕作の主体となってきた男性は、家事仕事を担い、自らで耕作をしてこなかった妻や母親、伯叔母や姉妹など近親関係にある女性とその子どもたちを扶養するうえで、耕作物や現金のかたちで収益を分け与えていることを述べた。本章では、このうち、とくに男性が収穫作業を手伝う女性と子どもたちに収穫物の一部を直接的に分け与える実践に着目し、その具体的な中身と近年の変容を明らかにする。

耕作者が収穫作業の労働の提供者に収穫物の一部を与える行為は、ガーナ北部、マリ、ブルキナファソ、カメルーン北部、ナイジェリア北部など、西アフリカの内陸部のサバンナ地域の各地から報告されてきた。そこでは、収穫物を与えるのは耕作の主役となってきた男性、そして、収穫へ労働を提供し収穫物を受け取るのは耕作の主役とはなってこなかった女性という性別でのパターンが共通している[1]。また、収穫の労働を提供して作物を受け取るのは、耕作者の男性の妻、娘、姉妹 [Abu 1992: 40-43; Barral 1968: 48; Jones 1983, 1986: 110; Goody 1958: 73; Kevane & Gray 1999: 10; Longhurst 1982: 103-104; Whitehead 1990: 444]、また親族関係にかかわらず、ほかの家の女性や [Abu 1992: 43; Longhurst 1982: 103-104; Whitehead 1990: 444]、ほかの集落から来た女性の場合もあるなど [Abu 1992: 43;Toulmin 1986: 65]、近親者や同居家族だけではなく、集落の単位を超えた男性と女性の間でもなされてきたことがわかる。

さまざまな関係にある男性と女性の間で労働の提供と作物の受け渡しがなされる背景については、矛盾する見解が提示されてきた。まず、経済学、開発学研究では、この実践は、資本主義経済、ないしは市場経済の枠組みで捉えられており、男性が女性に分け与える収穫物は女性の労働に対する「賃金」として仮定されている [Longhurst 1982: 103-104; Whitehead 1990: 444]。とくに、カメルーン北部の稲作プロジェクトの現場における質問票調査をもとにした

研究では、男性が女性へ与える「代償」は労働に対して不当に安いと評価されている［Jones 1983; 1986: 110］。しかし、民族誌的手法を主軸とした研究では、男性が女性に分け与える収穫物を単に労働に対する報酬として捉えることができない内容が記されている。たとえば、ブルキナファソでの研究によると、夫が妻たちへ与える穀物は数袋分にものぼり［Kevane & Gray 1999: 10］、また、その量はそれぞれの妻たちの子どもの数に応じて決められている［Barral 1968: 48］。さらに、収穫労働を介した分け与えの実践は、不作の事態に際して不特定多数の男女の間で展開されてもいる。たとえば、マリのバンバラ地域では、干ばつに見舞われた一九八三年、女性たちはトウジンビエを収穫することができた近隣の集落へと出向き、そこの収穫に携わることで収穫物を手にしていた［Toulmin 1986: 65］。しかし、これらの研究における断片的な記述と調査結果からは、実際に分け与えられた収穫物の量と経済価値はもちろんのこと、なぜ労働の提供と作物の受け渡しが近親関係にある男性と女性、あるいは不特定多数の男性と女性の間でなされているのか、その詳細については十分に検討されておらず、わからないままである。

そこで本章では、主にフィヒニでの調査をもとに、同居家族や近親者、そして不特定多数の人びとの間の労働の提供と作物の受け渡しの現場をみていく。耕作されているさまざまな作物を対象に、誰が、どのようにして、どれだけの量の作物を手にしているのか、その過程を詳しく検討する。そして、耕作者と収穫に労働を提供する者の間柄が、近年の人口の増加と農業の低迷を通してどのように変化してきたのかを明らかにする。

第一節　手伝いを通じて手に入れる収穫物

七月に入ってしばらくすると、耕作物が実り始める。オクラがどんどん結実し、早く植えたササゲも成熟する。ヤムイモの最初の収穫も、七月の終わりごろである。そして、八～九月は落花生、一〇～一一月はトウモロコシ、ソルガム、米と、収穫が一斉に続いていく。この合間に、唐辛子も色づき、摘み取られていく。この時期、耕作の主役である男性はもちろん、女性と子どもたちも忙しい。自分の畑だけではなく、ほかの人たちがつくった作物の収穫や脱穀などを手伝うことで、耕作者からできるだけ多くの作物を与えてもらわなければならないからである。第三章で述べたように、このように、耕作者が作物の収穫や脱穀、風撰を手伝う者に収穫物の一部を分け与えることを、ダゴンバ語で「サヒブ」(*sahibu*)という。

女性と子どもたちは、収穫の手伝いを通じて、多くの作物を手に入れている。私はこの事実をより客観的に示すために、二〇一〇年の収穫期、フィヒニの五軒／六世帯の全構成員(五七人)を対象に、落花生の収穫が始まる八月の初めから穀物と唐辛子の収穫が終わる一一月末までの四ヵ月間、誰が誰からどれだけの回数で収穫物を分け与えてもらったのかを調査した(図5-1)。

まず、作物を受け取った人数の多さである。調査の対象となった五軒／六世帯の合計五七人(女性三〇人、男性二七人)のうち、ほかの耕作者から作物を一度でも受け取った経験をもつのは四〇人にのぼった。

次に、性別をみてみると、一人を除いて全員が、女性と子ども(「一〇代の初めごろまでの年齢層の子ども」としての男児と女児)だった。具体的には、全三〇人の女性のうち、乳幼児の三人(二歳と三歳)を除く二七人が収穫物を受け取っていた。一方、全二七人の男性のうち、作物を受け取った経験をもつのは一三人いた。ただし、一度だけトウモロコシの収穫を手伝うことで分け与えられた一人(七二歳のY14の家の主)を除く一二人全員が一三歳以下だった。よって、作物を受け取った経験がまったくなかった一四人の男性の内訳は、一三歳以上の男性(一二人)と二歳の男児(一人)である。

作物の分け与えは、頻繁におこなわれている。合計四〇人による受け取り回数の合計は、のべ七三一回にのぼった。無償で作物を与えてもらうこともあったが、そのほとんど(七二〇回)が、実のもぎ取りや脱皮、脱穀作業を担い、その収穫物の一部を与えてもらう「サヒブ」である。このような収穫の手伝いを介して最も頻繁に分け与えられている作物は、落花生と唐辛子である。たとえば、女児の一人(七歳)は、落花生の収穫が続く八～九月の二ヵ月間、合計にして二八回も、もぎ取りをして分け前を受け取っていた(図5-1のY14の家の主の第三妻の養女)。単純計算すると、この女児は二日に一度の頻度で誰かの落花生畑に行って作業を手伝い、分け与えられていたことになる。トウ

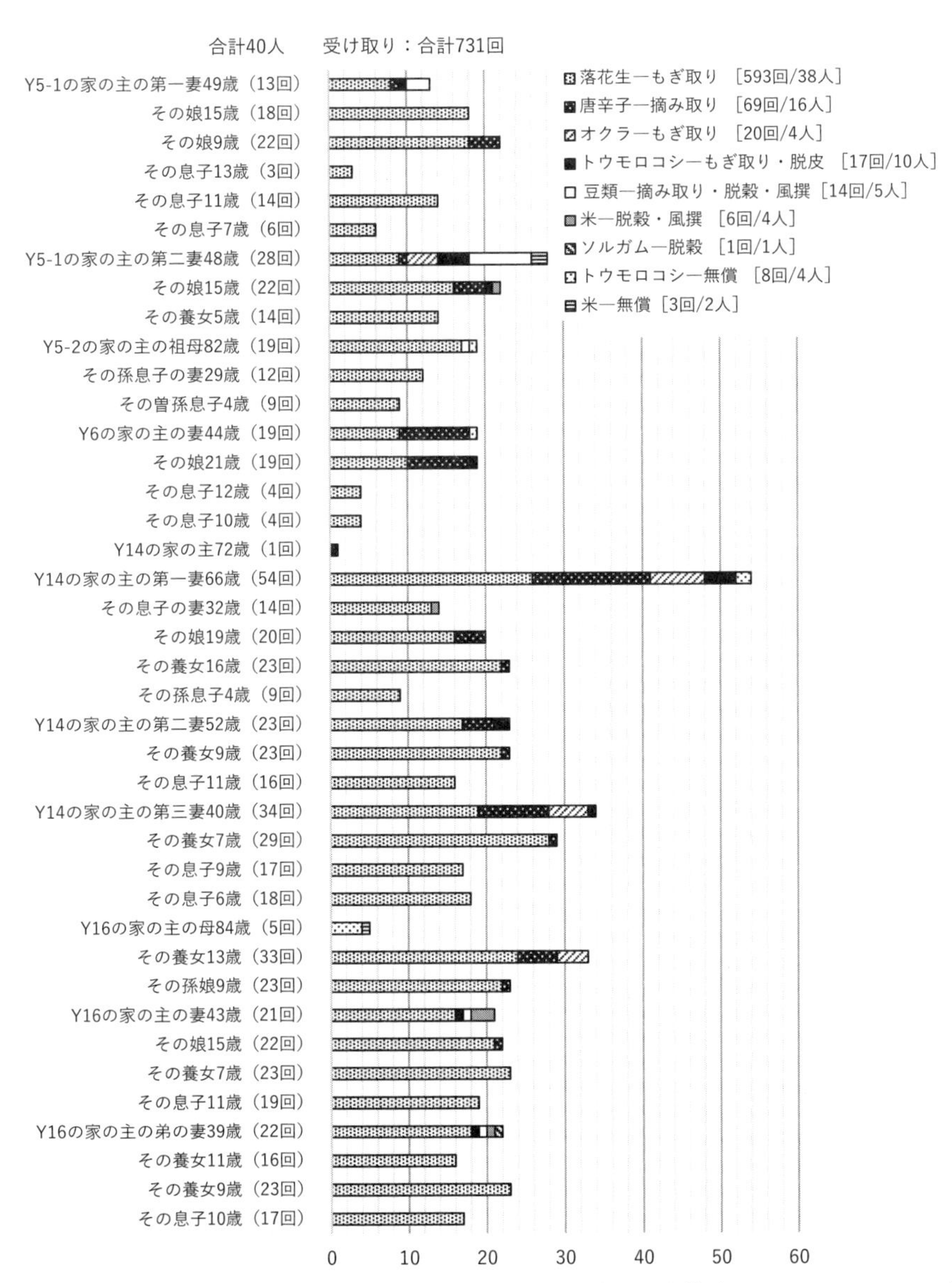

図5-1　2010年8～11月末までの4ヵ月間にフィヒニの5軒／6世帯（Y5-1, Y5-2, Y6, Y14, Y16）に属する全57人のうち、一度でも収穫物を受け取った合計40人の作物別、作業内容別の受け取り回数（合計731回）。女性は息子や夫がつくった唐辛子とオクラを収穫後も管理して、必要な際にその一部を使う場合もあるが、これは含まれていない。定期市日を除く毎日、聞き取りにて調査した。合計40人のうち4人は途中で開拓地での収穫を手伝いに行ったが、そこでの収穫物の受け取り回数は除外している。

表5-1　収穫期の収穫物の受け取りの詳細（2010年8～11月、フィヒニの5軒／6世帯の40人）

	作業内容	回数	(うち、ほかの家／世帯の構成員の畑の作物)	耕作者の性別	収穫への参加形態	受け取り量
トウモロコシ	無償	8	(75%)	男性	—	タライ／カゴ1杯
	もぎ取り・脱皮	17	(88%)	男性	招待・非招待	タライ／カゴ1杯
米	無償	3	(67%)	男性	—	不定
	脱穀・風撰	6	(67%)	男性	招待・非招待	不定
ソルガム	脱穀・風撰	1	(0%)	男性	招待のみ	不定
オクラ	摘み取り	20	(70%)	男性	招待のみ	不定
豆類（落花生以外）	収穫・脱穀・風撰	14	(71%)	男性	招待のみ	不定
落花生	もぎ取り	593	(87%)	男性(486回) 女性（107回)	招待・非招待	作業出来高の1/5～全部
唐辛子	摘み取り	69	(92%)	男性	招待・非招待	作業出来高の1/4～全部
合計		731	—	—	—	—

調査の期間と方法は図5-1, タライ／カゴの大きさは表2-2を参照。

モロコシは、落花生と同様に広く作付けされているにもかかわらずさほど頻繁には分け与えられていない。なお、無償で分け与えられていた作物は、トウモロコシと米に限っていた。合計一一回、その受け取り手は年配の女性たちが主である。

手伝いに行って作物を手に入れているのは、自らの家／世帯の構成員の畑はもちろんだが、むしろ、ほかの家／世帯の構成員の畑が大半である（表５－１）。収穫は、手伝いに「招待されて」行くこともあれば、招待なしに行っている場合もある。また、落花生や唐辛子、トウモロコシの場合、受け取る量や方式が明確になっている。とくに、落花生や唐辛子においては、大量に受け取っていて、少なくとも作業出来高の五分の一、ときには「作業分のすべて」を与えてもらっていることさえある。

これらのサヒブの特徴はどのようにして形成されてきたのだろうか。この疑問を解き明かすために、以下の節では作物別に詳しくみていく。

第二節　最優先の仕事

女性と子どもにとって、落花生のもぎ取りは最優先の仕事である。二〇一〇年、フィヒニでは、八月八日におこなわれた最初の畑のもぎ取りから一〇月七日の最後の畑のもぎ取りまで、次々と落花生の収穫が「開催」されていった。収穫がピークを迎える九月の午前中、どこの家もがらんとしているのは、男性たちが畑仕事で家にいないだけではなく、女性と子どもたちができるだけ多くの落花生を手に入れるために、どこかの畑へともぎ取りの手伝いに行っているからである。

収穫への招待・際限ない受け入れ

落花生は、痩せた土地でも一定量が収穫できるうえに市場でもよく売れる。このため、第一章でも述べたように、人口が急増した一九八〇年代までには、西ダゴンバ地域の人びとが、地力が低下した集落の外の畑（プー）に作付けする作物の代表になっていた。二〇一〇年においても、フィヒニの集落の近隣で耕作した全男性（一三八人）の八二%（一一三人）が、落花生を主作として作付けしていた（畑の規模は小さな男児によるわずかばかりの面積から一・五ヘクタールほど）。また、女性においては、フィヒニの集落の近隣で耕作した全員（六四人）が、落花生を主作として作付けしていた（規模は〇・二〜一ヘクタールほど）。

落花生の収穫は、熟した実を地中から引きあげる作業と、茎から実を引っ張ってもぎ取る（ちぎり取る）作業からなる。引きあげる作業は一度におこなう。第一章で述べたとおり、男性の大半と女性たちの全員が好んで作付けしているのは、油分が多く、また引きあげるときに鍬を使わなくてよい「チャナ」という九〇日の品種である。成熟したらすぐに収穫を始めなければならないのは、とくにこの品種は一〇〇日を過ぎれば発芽が始まるからである。

耕作者は、引きあげ作業が終わる見通しが立つと、翌朝にもぎ取り作業をすることを、同じ家や近所、親族の女性と子どもたちに知らせる。雨が続くこの時期、実をカビで傷めないためには、できるだけ早くもぎ取りを終えるための労働力の確保は重要である。しかし、この手伝いへの「呼びかけ／声かけ」(*puhibu*) は、単に労働力の提供の「要請」ではなく、むしろ「招待」のほうを意味している。このもぎ取り作業でサヒブが実施されるのだが、耕作者は「かなり多く」の作物を分け与えるからである。このために、女性と子どもたちは「しぶしぶ」ではなく、たとえ呼ばれていなくても「我先に」と手伝いに出向く。

ただし、女性と子どもたちは、誰の畑でも、招待なしにもぎ取りの手伝いに行けるわけではない。たとえば、幼い男児の落花生畑では、その収穫をするのは、男児の母親、そして男児と同じ世代の兄弟姉妹たちである。また、少し大きくなった少年の〇・四ヘクタールにも満たないような畑でも、落花生の収穫を手伝うのは、彼の母親と彼が招待した同じ家や関係が近い血族の家の子どもに限っている。少年の畑では、少年の母親のほうが、まるで耕作者本人のように振る舞い、存在感を発揮しているために、呼ばれていない女性や子どもは行きにくいのである。ましてや、女性の落花生畑には、招待されていない女性とその子どもが行くことなど、女性同士の関係上できない。実際に尋ねてみても、「仮に誰かが来るのであれば、私（女）たちは「たくさんない（から、与えることはできない）」と言う（ことで帰ってもらう）」と断言する。すなわち、招待していない女性と子どもをもぎ取り作業に受け入れるのは、「女」でも「子ども」でもない「男」だけである。二〇一〇年の収穫後の聞き取りによると、落花生をつくった全男性（一一三人）のうち、六五％（七四人）の畑のもぎ取り作業には、招待されていなかった女性と子どもが参加していた。しかし、全女性（六四人）の落花生の畑には、非招待者は皆無だったことが再確認できたのである。

「落花生のもぎ取りは女の仕事（*pay’tuma*）だ」と私に説明したのは、図5－1でみたY5－1の一三歳の男児である。これは、彼は、二〇一〇年、同居家族の落花生のもぎ取りは手伝ったが、ほかの家の男性の落花生畑の収穫に与えてもらいに行くのはもう止めた理由としての発言である。このように、男性は、小さいうちは落花生を分け与えてもらいにほかの耕作者の畑にもぎ取りに行くが、耕作者として成長するにつれ、与えられる「子ども」（*bia*）から、「女たち」（*pay’ba*）と「子どもたち」（*bihi*）に与える「男」（*doo*）に転身する。先述のとおり、幼い男児は母親の手を借りて、畑のほんの一角で自分の落花生を育て始め、一〇歳近くなり作付面積が少し増えると、同じ年ごろの兄弟や姉妹に種まきと収穫の手伝いを要請し、収穫後に分け与えるようになる。そして、思春期を迎えた一〇代前半ごろを境に、落花生を手に入れるために他者の畑にもぎ取りに行くのを止め、完全に与える側になる。さらに、作付けが〇・四ヘクタール（一エーカー）ほどになると、同じ家だけではなく親族や近所の家の女性と子ども、また個人的につながりがある女性や子どもたちに、種まきと収穫の手伝いの声かけをする。さらに、招待したか否かにかかわらず、やってきた女性と子どもに分け与えるようになるのである。

ところで、この「男」の落花生畑の収穫のあり方は、かつてから大きく変化した。中高年世代によると、少なくとも一九八〇年代の前までは、もぎ取り作業は、基本的には耕作者の近親者や同居家族で済ませていた。耕作者は、日頃から彼に挨拶をしてくるなど、敬意を示してくれるほかの家の女性がいれば、声をかけることもあった。彼女にも、自分の家の女性と同様に種まきを手伝ってもらい、次に収穫時にもぎ取りを手伝ってもらったあと、収穫物を分け与えていた。もぎ取りは、作業者が少人数だったため、少なくとも数日はかかっていたという。その収穫は、カビの繁殖との戦いだった。雨季の真っただなかに収穫期を迎えるため、一日の終わりに、もぎ取り終わった落花生の葉や草を残りの落花生に覆いかぶせて雨よけにして、翌日に作業を開始するとともに未作業の落花生を日光に当てて乾かすのである。現在も、招待者しか行けないために、数日間にわたってもぎ取り作業が続く女性や男児の落花生畑では、同じことをしている。ところが、「男」たちは、徐々に近親者や同居家族の女性たちだけではなく、近所や血族の家など、家を単位により多くの女性と子どもに手伝いの声をかけるようになった。さらに、招待してもいない女性と子どもが手伝いに来るようになったが、「男」たちは誰彼構わず際限なく受け入れてきたというのである。

「男」の落花生のもぎ取り現場

夜が明けて間もない六時過ぎごろ、「男」の落花生畑では、一番乗りの女性と子どもがすでにもぎ取り作業を開始している。そして、集落中の家々から女性と子どもたちが続々と到着してくる。招待されていない者も、前日に耕作者の男性が落花生を引きあげ終わるのを確認したり、もぎ取りの当日の朝に女性や子どもたちが集落の外へと歩いて行っているのを見かけ、後追いしてくるのである。畑に着くと、女性と子どもたちは耕作者に挨拶なしに、畑中に散らばっている落花生を走り回って集める。少女たちは、きゃあきゃあ黄色い声をあげながら遊び半分で互いが集めた落花生を奪い合ったりしている。耕作者は、招待していない女性と子どもがたくさん来ても追い払うことなどしない（写真5－1）。

写真5-1　落花生のもぎ取り日。耕作者の男性は、わずかに残った落花生を地中から引きあげる作業を継続中。後方では女性が落花生を集めていたり、座って実を茎から引きちぎってもぎ取っている。フィヒニにて2010年8月14日7時42分撮影（後述の表5-2の区画no. 1）。

私が調査した「男」の落花生畑の収穫（合計一〇件）では、もぎ取りの作業者の合計はのべ七二六人である（表5－2）。うち、耕作者が手伝いの要請の声をかけていない非招待者は、平均して全体の五五％にのぼっていた。参加者の実数として同定した二八九人（のべ七二六人）のうち、フィヒニ在住の女性は二〇二人であり（図5－2、二歳～推定八一歳）、これはフィヒニの雨季の女性人口（二〇一〇年八月調べ、二九四人）の七割にあたる。つまり、たった一〇件の収穫で集落の全女性人口の七割を確認できるほど、女性（と女児）たちは稼働能力があるかぎり、招待されずとも行くことができる「男」の落花生畑のもぎ取りを手伝いに行っているのである。これに対し、男性でもぎ取りに参加していたのは、やはり、一三歳以下の男児だけだった。なお、隣の集落のパリグン、チェシェグ、そしてトロンからも収穫を知ってやってきていた女性と子どもたちもいた。また、「アユグバ」（*ayuɣba*, 収穫期に作物の収穫を手伝って分け前を手に入れる目的で、畑が少ない町などから農村部の親族の家に滞在している短期の訪問者）の女性と子どもたちも、タマレやトロン、またクグログ（図4－1の㉒）などタリ周辺の集落からフィヒニに来ていて、もぎ取りに加わっていた。都市のタマレはまだしも、トロンやタリ周辺の集落からもアユグバがフィヒニへやってくるのは、これらの地域では、フィヒニより土地の不足の度合いがいっそう高く、フィヒニに居るほうが落花生をよりたくさん得ることができるからである。また、とくにタリ周辺の集落では、大半の若い世代の男性たちは開拓地で耕作しており、集落に残る女性と子どもは招待されずとも

表5-2　男性の落花生畑の収穫（合計10件）のもぎ取りの作業者（のべ数：合計726人、実数：合計289人）

no.	耕作者		面積（ha）	もぎ取り作業者					作業時間（分）	同日開催の収穫（区画）
	家	年齢		合計	招待者		非招待者			
					合計	種まきの参加者	合計	全体での割合		
1	Y8	33	1.5	77	30	11	47	61%	312	2
2	Y15	23	0.4	60	32	5	28	47%	204	2
3	Y18	22	0.5	66	37	11	29	44%	175	1
4	Y15	38	1.0	62	21	12	41	66%	—	3
5	Y32	26	0.6	49	18	9	31	63%	—	3
6	Y14	35	0.6	41	40	8	1	2%	—	4
7	Y2-1	30	1.5	129	42	10	87	67%	—	2
8	Y14	17	0.6	32	21	0	11	34%	—	2
9	Y5-2	29	1.0	78	38	1	40	51%	—	2
10	Y4	39	0.9	132	45	10	87	66%	159	1
合計	—	—	—	726	324	77	402	55%	—	—

調査は2010年8～9月に調査日をあらかじめ設定し、その前日もしくは当日にもぎ取りの開催の情報を最初に得た畑で実施した（10件の調査で終了）。収穫現場では参加者の名前、帰属（家）、耕作者との関係、収穫後に耕作者が自宅で収穫物を分け与える際の分割率を記録した。その後、耕作者を対象に、それぞれの作業者への招待の有無、作業者による種まきの手伝いの有無について聞き取りをした。

手伝いに行ける落花生畑がかぎられている。よって、住んでいる家で料理当番をしていない老婆や子どもたちは、収穫期に落花生を得る目的で、フィヒニなど相対的にみればまだ落花生をより多く手に入れることができる別の集落の親族のもとに短期で滞在しているのである。

招待された女性と子どもは、招待されていない女性と子ども

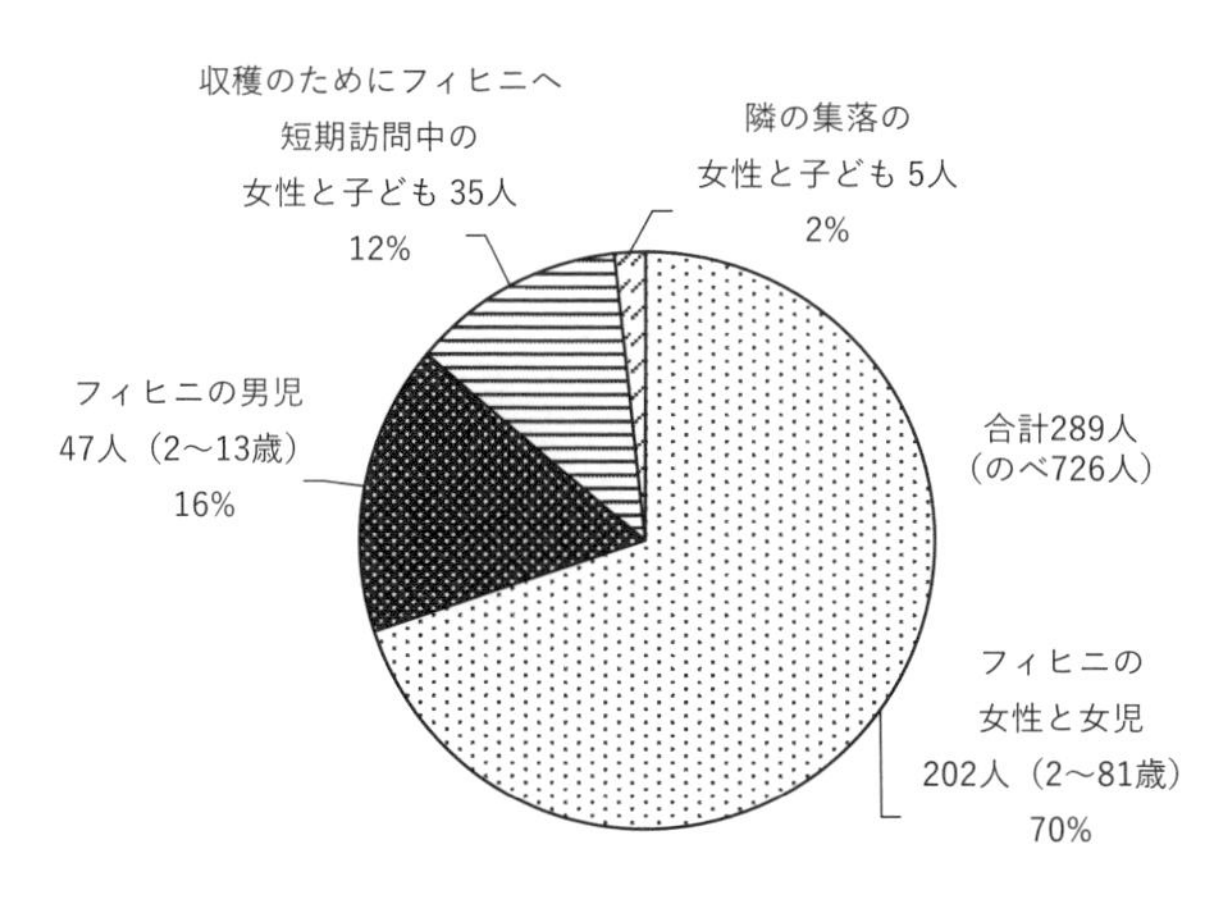

図5-2　男性の落花生畑の収穫（表5-2の合計10件）のもぎ取りの作業者の内訳（実数：合計289人）。調査方法の詳細は表5-2を参照。

に来てほしくない。たとえ招待されていても、少し寝坊してしまえば、畑に着いたとき（七時ごろなど）に作業する落花生が残っていないこともあり、あきらめて帰るしかなくなるのである。このため、少なくとも耕作者の同居家族の女性たちは、対策を講じるようになった。知らせを受けたもぎ取り日の前日のうちに畑に行き、耕作者が引きあげた落花生を集めて山積みにし、その上に自分の作業取り分の印として布を置くのである。また、招待者の間では、もぎ取り作業の開催の情報をほかの人に事前に漏らさないことが暗黙の了解になっていて、私も「人に言ったらだめよ」と注意された。大勢が来ると、一人あたりの作業分が減り、後述するように分け与えられる絶対量も減るからである。

　もぎ取りも戦いである。子どもたちは、一つの山積みをつくって一緒に座り、誰がどれだけ早く（多く）作業できるか、遊びがてら勝負する（写真5－2）。

写真5-2　落花生のもぎ取りをしている子どもたち。右手の後方のタライの落花生は、子どもたちの母親である右手前方の女性がすでに作業を終えた分。フィヒニにて2010年8月18日7時53分撮影（表5-2の区画 no. 4）。

　料理を担当している妻をはじめ女性たちは、それぞれ個別に座り、まさに真剣な表情で手早くもぎ取っている。早く終えなければ、先に終わった者たちが、彼女がせっかく確保した作業分に寄ってきて、取られてしまうかもしれないからである。落花生のもぎ取りの参加者たちの全員が、ほぼ同じ時間に作業を終えるのは、仮にほかの者よりはるかに大量の作業分を確保したとしても、ほかの者たちに冗談もどきで実際に取られてしまうからにほかならない。これは、その落花生畑の耕作者の妻や母親の身にも起こる。たとえば、ある女性（推定六六歳）は、自分の息子の落花生のもぎ取り日、畑の端でゆっくり作業をしていた。すると、彼女の夫の別の妻の息子（一一歳）が、自分の取り分の作業をすでに終え、手持ち無沙汰に彼女のところにやってきて、彼女の作業分の落花生をもぎ取り始めた。「あんたのお母さんのはあっちでしょ。あっちへ行きなさい！」と彼女が追い払う。しかし、この息子（夫の別の妻の子）は笑ってごまかし、しばらく作業してから、ようやく去っていったのである。なお、耕作者の母親が自分の取り分を確保するために、息子に要請し、彼の畑の一画を自分だけに割り当てるよう指示する場合もあるが、私が観察した一〇件中たった一件で確認しただけだった。

写真 5-3　それぞれ容器を傍らに置いて落花生をもぎ取る 2 歳児（左）、3 歳児（右）とその祖母。フィヒニにて 2010 年 8 月 18 日 7 時 39 分撮影（表 5-2 の区画 no. 4）。

ほんの二～三歳の小さな子どもであっても、遊びがてらに作業をしている（写真 5－3）。母親が小さな幼児に容器を与えて個別にもぎ取りをさせるのは、あとでみるように、小さな子どもは作業分のすべてを与えてもらえるからである。母親と子どももそれぞれの作業分を先に合わせてしまうと、すべて母親の分として判断されるため、獲得できる量の総体が減るのである。

「男」の落花生畑のもぎ取りは、半日もあれば終わってしまう。たとえば、一三二人が押し寄せた〇・九ヘクタールの畑（表 5－2 の no. 10）の収穫は、三時間足らずで完了した。この日の「男」の落花生の収穫はこの畑だけだったので、フィヒニ中の女性と子どもたちが複数の畑に分散することなく、この畑に集まってきたのである。

絶対量の減少と大盤振る舞い

もぎ取りの作業が終わると、いよいよ収穫物の分け与えがおこなわれる。この現場は、より多くの落花生を手に入れたい不特定多数の「女たち」と「子どもたち」、そしてその要望に応えざるを得ずに多くを与えてしまう耕作者の「男」の催し物の場と化している。

女性と子どもは、もぎ取り終えた落花生を耕作者の男性の家に運び、次から次へと地面に広げていく。耕作者は、そのもぎ取り量を見て、分け与えるための「分割率」を言い渡す。彼だけでは大勢の女性と子どもに対応できないため、弟など近親者も助っ人役を務める。女性と子どもたちは、落花生を言い渡された率で分割し、そのうちの一つの山を自分の取り分として持ち帰ることになっている（写真５－４）。

写真 5-4　女児（14 歳）が自分でもぎ取った落花生を 4 分の 1 に分割する様子。フィヒニにて 2010 年 9 月 1 日撮影。

このように、耕作者の前で実際に分割することで取り分の量を量る方式は、およそ一九八〇年代に新たに定着したという。以前であれば、耕作者の男性は、目視で「そのくらい」といった具合に、それぞれの作業者の出来高の三～四分の一くらいの量を判断し、畑から持ち帰らせていた。しかし、もぎ取りを手伝う作業者の人数が増えるにつれ、とくに女性たちはそれぞれに与えられる量が微妙に違うことに不満を抱くようになった。こうして、作業者が落花生を耕作者の家に運び、皆の前で、言い渡された分割率で実際にきちんと分割してその一つをもらうようになった、というのである。耕作者の男性も、収量が悪いにもかかわらず、多くを要求する女性たちに余計に与えてしまえば自分に残る分が少なくなるため、現行の方式を好んでいると話す。

しかし、男性たちは明らかに与えすぎている。言い渡す分割率とは、「五分割（*bunu*）」や「四分割（*bunahi*）」なら

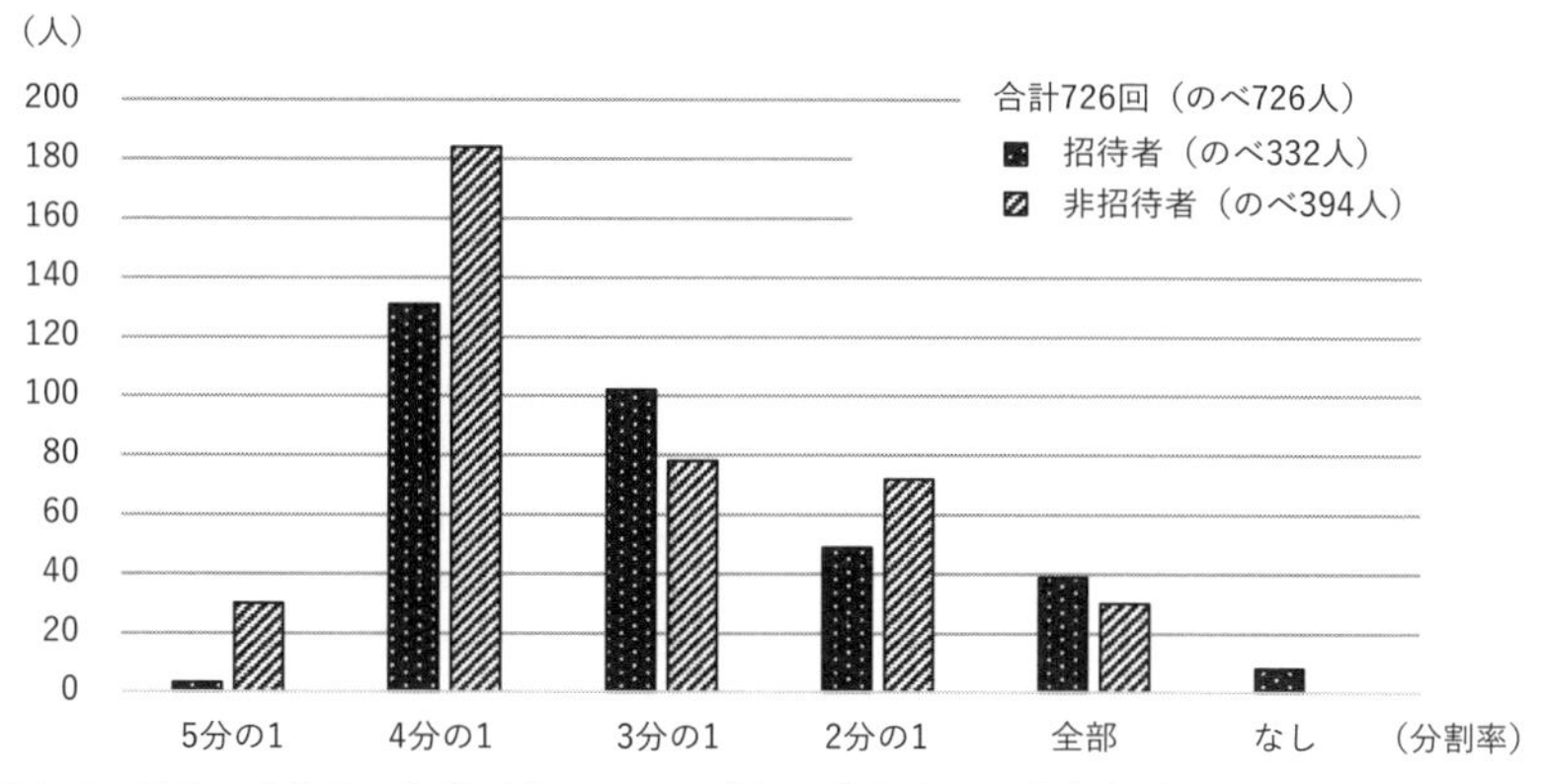

図5-3　男性の落花生の収穫（表5-2の10件）でもぎ取りの作業者（のべ726人）が受け取った落花生の分割率（合計726回）。うち、落花生を受け取らなかった作業者の8人（「なし」）は耕作者の近親者である（母2人、弟4人、母の養女2人）。

まだしも、「三分割（*butaa*）」、「半分（*prigili*）」の場合も多い。さらにはすべてを与える意味で「持って行け（*Zanyma*）！」と言い放つことさえまれではない。私が調査した一〇件の収穫では、耕作者の男性が言い渡した分割率は「三分の一」が二五％（一八〇回）、「二分の一」が一七％（一二二回）、そして「全部」を持ち帰らせた場合が全体の一〇％（六九回）を占めていた（図5－3）。

なぜこのような事態が起こっているのか。それは、次から説明するように、手伝いに来る女性と子どもたちが増えるにつれて、一人あたりのもぎ取りの絶対量が少なくなったこと、そして、分け与える現場に大勢いる女性や子どもたちがその状況を注視しているために、男性は気前よく振る舞わざるを得ない状況に追い込まれていることが大きいようである。

（1）基本比率の切り下げに対する女性たちの抵抗

落花生を分け与える現場には、分割の「基本比率」なるものが認識されている。耕作者にとっての問題とは、この率が作業者にあまりに好意的な設定になってきたことである。ここでの基本比率とは、最も多くの作業者に言い渡される優遇措置なしの最も「悪い」（低い）分割率のことである。ところが、人びとが「落花生のサヒブは四分の一だ」というように、そして、図5－3の私が観察した一〇件の収穫でも四分の一が最も多くなっているように、基本比率は「四分の一」である。

この比率は少なくともここ二〇年ほど同じである。一九九二年に記されたガーナ・ドイツ農業開発プロジェクトによるダゴンバ地域の農業の調査報告書によると、落花生のもぎ取りの作業者にはその出来高の「四分の一」が与えられており、「三分の一」だったのが切り下げられたばかりだという［Abu 1992: 43］。この内容は、フィヒニの中高年世代の話とも一致する。

ただし、男性たちは長い間、四分の一から五分の一へ基本比率を切り下げる試みを続けてはきた。土地が不足し、地力も低下しているために収量が悪く、自分の手元に残る分を増やしたいのである。よって、たとえば、落花生の収穫が始まって間もない八月一四日におこなわれた収穫（表5－2のno. 1）では、耕作者は、七七人のもぎ取り作業者のうち三一人に「五分の一」を言い渡していたのである。

ところが、女性たちの抵抗に遭うために、男性たちは「五分の一」への切り下げを定着させることができないでいる。その現場を目の当たりにしたのが、三日後の八月一七日（表5－2のno. 3の収穫日）だった。耕作者である二二歳の男性は、一番乗りで落花生を運んできた同世代のフィヒニ出身の里帰り中の女性二人に五分の一を言い渡して持ち帰らせることに成功した。ところが、そのあと、女性と子どもが大勢でやってきて、四方八方で一斉に落花生を地面に広げた。そして、そのうちの一人の女性（耕作者の近所の家の主の第一妻で、推定五〇歳）は、耕作者に分割率を言い渡されるより先に四分割し、ひと山を容器に入れ戻し、即座にお礼を述べて去ってしまった。その一瞬の状況のさなか、ほかの女性たちも同じように急いで四分割して持ち帰っていった。その後、この二二歳の耕作者の男性は、もはや、後続して落花生を運んできた女性たちに、五分の一を言い渡さないようになった。あとで、この耕作者の男性に、なぜ一番先に四分の一に分割した女性に分割し直すよう言わなかったのか聞いてみた。すると、「目上の男性の妻にそんなことは言えない」と言う。また、後続の女性たちに五分の一をあてはめなかった理由についても、一回でも四分の一で渡してしまえば、それを見たほかの女性たちにも同じようにしなければ不満をぶつけてくるからだという。すなわち、これらは、女性たちがより多くの取り分を得るために現場で編みだしてきた戦法である。年配の女性は、耕作者が若い男性のとき、そして少しでも知り合いのとき、自分に得な分割で持ち帰ることを強行する。また、女性と子どもが大勢で一斉に押しかけて場を混沌化させ、耕作者に判断する時間を与えずに自分が思うように分割することは、悪い比率を言い渡されることを回避するための手立てなのである。

先発で収穫した男性が女性たちに五分の一を言い渡して持ち帰らせることに失敗し続けると、そのあとにもぎ取りを開催する男性たちは、もはや五分の一を言い渡すことができなくなるようである。たとえば、後続の表5-2のno. 4~10の収穫後の分け与えの場では、五分の一を言い渡された女性は誰もいなかった。また、私は、聞き取りをとおして収穫期間に観察できない「男」の畑のもぎ取り作業の開催の記録もつけたのだが、五分の一を基本比率としてあてはめ続けることに成功したのは収穫の初期のたったの三件だけだったのである。なお、八月一五日の収穫（表5-2のno. 2）では五分の一が一度も言い渡されなかったように、初期に収穫をおこなった男性がかならず引き下げを試みるわけでもないようである。

「四分の一」の基本比率で手にする落花生の量は、市場価値としては非常によい。「四分の一」といっても、その量は作付面積と参加者の人数によって違う。女性たちによると、三回のもぎ取り作業でそれぞれ四分の一を受け取れば、その落花生（脱穀した種子）の量はボウル（クリガ）で一~二杯（二・七キログラム~五・四キログラム）分くらいになると話す。すなわち、一回あたりの平均値として、「四分の一」は〇・九~一・八キログラムにあたる。この量の市場価格は、収穫直後の最も安い時期で〇・九~一・六セディ、また翌年の雨季の初めから収穫前の最も高い時期で一・四~二・六セディに相当する。もぎ取りの作業時間を四時間とすると、この額は、第二章で述べた定期市での売り子や除草作業の報酬で得られる一日（六~七時間）あたりの「雇用労働」の相場（およそ一セディ）とは比べものにならないほどよい。つまり、落花生のもぎ取りは、効率的に稼げる仕事なのである。

ところが、割のよさにかかわらず、女性たちは不満である。というのも、落花生の価値を労働量に対して分け与えられた量ではなく「絶対量」で評価しているからである。女性たちは、「以前は一度のもぎ取りでタライ（タヒリ）一杯（表2-2を参照）はもらえていた」と不服を述べる。それによると、かつて、女性が一日作業するとカゴ（ピエグ）（今日のタライ（タヒリ）相当）四杯分になり、その四分の一（カゴ／タライ一杯）を与えてもらえれば、それは女性にとって十分な量（脱穀済みの種子量換算で約七・八キログラム）で満足していた。ところが、今では、以前に一回で受け取っていた同じ量を得るためには、何度も手伝わなくてはならない（計算すれば約五〜八回）と話すのである。これは、人口が増加して参加者が増えるにつれ、一人あたりの作業分が少なくなったからである。よって、四分の一でも不満な女性たちは、五分の一への切り下げを受け入れることは当然できない。とはいえ、女性たちは男性に感謝していないわけではない。女性は、四分の一の基本比率で受け取ったあと、「神があなたの願いごとを叶えてくれますように」という最も丁寧なお礼の言葉を述べて自宅へと帰っている。

（2）少なさに応じた男性たちの優遇措置

作業者が受け取る量が多いか少ないかを「絶対量」で判断するのは、男性たちも同じである。男性は、手伝いに来た女性と子どもを招待したか否かにかかわらず、それぞれが運んできたもぎ取り量が少ないときに「親切にも」分割率をよくする配慮をしている。つまり、作業出来高の少なさに応じて、順に「三分の一」「二分の一」と切り上げ、あまりに少なければ「持って行け」と全部を与える。目安としては、作業出来高が写真5－4の落花生の二山くらいの量であれば、「三分の一」ないしは「二分の一」、そして、写真5－4の落花生の一山くらいであれば「二分の一」ないしは「全部」を与えている。

男性たちがこのような優遇措置をとるのは、第一に、多くの人びとが見ている前で、少しばかりの落花生が地面に広げられたとき、「四分の一」と基本比率を言い渡すことなど、具合が悪くてとてもできるものではないからである。この点は、その現場を見てきた者として強調したい。たとえば、男性は、少量を持ち運んできた女性が招待者でもなく、また働き盛りの女性であっても、基本比率ではなく「三分の一」や「二分の一」で分け与えていることである。すなわち、働き盛りにもかかわらず多くをもぎ取れなかったのは、彼女が単に収穫現場に遅く到着したためという彼女自身の問題であったとしても、分割率を切り上げているのである。

また、絶対量の少なさに加え、分け与える相手の「風貌」も、耕作者の比率の切り上げに拍車をかけている。すなわち、老いて「疲れている」女性である。もはや体力もない老婆がなんとか畑に到達し、ぽつりぽつりと力をふりしぼって実をもぎ取り、耕作者の家へ運び帰ってきたそのわずかな量に「四分の一」、あるいは「三分の一」を言い渡す無情なことなどできない。彼女と顔見知りかどうか、あるいは敬意を払うべき血族の年上の男性の妻かどうかは別にして、最低でも「二分の一」を与えるものである。

乳児を連れて畑にやってきた女性がよい比率（たとえば「すべて」）を受け取っているのは、途中で子どもが泣いて授乳するために少量しかもぎ取ることができないからだけではない。耕作者の男性がこのような女性にすべてを与えた理由について「彼女は子を産んだからね」と話すように、出産は褒め称えられるべき女性の仕事である。また、もし乳児連れの女性が血族の年上の男性の妻であれば、彼女に特段の優遇措置をとることは「当然」になっている。乳児がいる女性のほうも、落花生を耕作者の家まで持ち運んできても、地面に広げるそぶりさえせず、すべてを分け与えてもらうことが当然のごとく容器の中に入った落花生をちらっと見せるだけの態度をとるので、耕作者は「半分」と言い渡すことさえできず、そのまますべてを持ち去られてしまうのである。

さらに、女性たちは、子や孫など連れて行った乳幼児の作業分においては、耕作者に量を見せもせずに持ち帰っている。たとえば、写真5－3のような二〜三歳児、あるいは四歳になっても畑で遊んでばかりの男児がもぎ取った、ボウル一杯にさえ満たないくらいの量のときである。自分の落花生を分割する際に、その子どもの分を横に置いたままにしたり、あるいは耕作者の家まで持って行かず、先に分割し終えて帰宅する別の娘に渡したりする。こうして、女性たちは、自分の小さな子どもたちが全部を受け取ることを当たり前にさせてきたのである。

耕作者の男性は、少し大きくなったものの、まだ作業能力が低い年少者にもよい比率で与えるが、この年代の子どもは直接交渉してくるために始末が悪い。たとえば、ある現場（表5－2のno.2）では、耕作者から「三分の一」を言い渡された女児（五歳）が、半分を与えられると願っていたのか泣きだしてしまった。このため、耕作者は即座に「半分」と言い直した。すると、近くにいた男児（女児の従兄）が、泣くことで多くを与えてもらったとしてこの女児を罵るだけではなく、耕作者に向かって不満を述べて、これにほかの子どもたちが加わって騒ぎになった。こうして、耕作

写真5-5　もぎ取りを手伝って受け取った落花生を各自が家の中庭で乾かしている様子。小さな子どもであっても、受け取った落花生を乾したあともそれぞれ別の袋で個別に管理をして、各自のものとして売ることが一般的である。撮影のために、中央の2人の男児には自分の落花生の前に立ってもらった。フィヒニにて2010年8月18日撮影。

者は、女児に二分の一を取らせて帰らせ、続いて分割する子どもたちにもよい分割率を言い渡すことで、事態を収拾させた。このように、子どもたちがより多くの落花生を得ようと真剣なのは、収穫後に落花生を売ることで、破れた服、そして、かかとが擦り切れても履き続けているサンダルの替わりに真新しいものを買うことを楽しみにしているからである（写真5－5）。子どもが収穫を手伝い、分け与えてもらうことができるのは、この落花生だけなのである。

また、大人は、働き者の子どもを称え与える。私が観察したもぎ取りの日（表5－2のno.5）、まだ四歳の小さな女児が、彼女の身体の半分ほどもある大きなバケツを落花生でいっぱいにして耕作者の家に持ち運んできて、その場にいた皆を驚かせた。この女児のもぎ取り量は、私の見立てでは三分の一が妥当なほどの多さだった。しかし、その仕事量を称された女児に言い与えられた分割率は、彼女の年齢としては相応の「半分」だった。ただ、これは彼女が耕作者の隣の家に住む血族の子どもだったこともあるかもしれない。このように、公衆の面前で分け与えが実施されることに加え、さまざまな事情、交渉、論理が、耕作者の「男たち」に大盤振る舞いを強要しているのである。

（3）近親者、同居家族、種まきを手伝う者への分割率の変化

このように、耕作者の男性が、招待の有無ではなく絶対量の少なさなどに応じて優遇措置をとることは、配偶者や

表 5-3　男性の落花生畑の収穫（表 5-2 の 10 件）のもぎ取りに参加した耕作者の同居家族 101 人が受け取った落花生の分割率

耕作者との親族関係	人数	分割率				
		1/4	1/3	1/2	全部	なし
母親（生物学上の母、代わりの母親としての継母・祖母）	9	0	0	0	7	2
母親とは別の父の妻	13	7	4	0	2	0
妻	3	0	0	0	3	0
同父母の姉妹、同父母の兄弟の妻、母親の養女（母方の従姉妹など）	10	0	5	1	2	2
ほかの親族の女性（異母姉妹、父方の従姉妹・伯叔母、異母兄弟の妻・娘・養女、従兄弟の妻・娘・養女など）	44	18	13	7	6	0
同父母の弟	2	0	0	0	0	2
そのほかの血族の男性（異母弟、父方の従弟など）	20	3	3	7	7	0
合計	101	28	25	15	27	6

図 5-3 では耕作者の近親者で収穫物の一部を受け取らなかった人数は 8 人になっているが、うち 2 人は耕作者の別の家で暮らしている弟（同母）のため、本表（「なし」）には含まれていない。

母親などの近親者はもちろん、そのほかの同居家族、そして落花生の種まきを手伝った近所や血族の家の女性と子どもに言い渡す分割率にも影響を与えてきた。

第一に、耕作者は、近親者や同居家族にあてはめる分割率も引き上げてよくしてきたことである。耕作者の男性が近親者と同居家族の間でもぎ取り作業を済ませていた時代、耕作者は扶養家族（マリブ）としての妻や母親に対しても「二分の一」、そしてそのほかの同居家族には「二分の一」や「四分の一」で分け与えていたと言う。しかし、男性が養う責任もない、同居家族でも親族でもないほかの家の女性と子どもが手伝いにやって来るようになり、彼女たちにも作業出来高の三分の一や四分の一の量の落花生を与えるようになった。よって、耕作者の近親者や同じ家の女性と子どもは、同じ割合ではなく、よい割合で落花生を分け与えられるべきだと考え、よりよい比率で与えてもらえるよう交渉を試みてきた。その方策とは、ほかの家の女性と子どもの全員が帰るまで、自分の作業分を見せるのを待つこと、すなわち、よい比率で言い渡されるために特別交渉する別枠を創り出し、耕作者にプレッシャーを与えることである。耕作者と同じ家の女性と子どもたちの間では、耕作者と関係が遠い順から落花生を広げて見せる実践が定着している。もちろん、その試みが成功するかどうかは、耕作者の性格や耕作者との関係性によることはいうまでもない。しかし、耕作者の同居家族である女性と子どもたちは平均的にみても、図5-3と比べて、やはり、よりよい比率で受け取っている（表

5－3）。

ただし、相手が妻や母親、弟や妹、母親の養女など、耕作者と生計を緊密にする近親者の場合、分割率の決定にはより複雑な事情が絡んでいる。たとえば、耕作者の男性は、妻や母親には「すべて」を与えることが規範になっている一方で、妻や母親のほうが自分で受け取りを拒否することもある（表5－3の「母親」の「なし」）。また、耕作者の男性は、弟や妹、母親の養女など近親者にまったく与えないこともある（詳細は後述）。

第二の変化は、耕作者の男性は、落花生の種まきの手伝いを要請し、実際に手伝った女性と子どもに、分割率の差別化をしなくなってきたことである。以前であれば、もぎ取りの作業者とは、同じ家や別の家の種まきを手伝った女性と子どもであり、彼女ら「招待者」は作業の出来高の三分の一や四分の一を受け取っていた。ところが、男性がより多くの家々に種まきともぎ取りの手伝いの声かけをするようになり、そしてほかの家々からもぎ取りの手伝いに来る非招待者も多く出現するようになった。この過程で、「種まきを実際に手伝った者の比率は優遇されるべき」との新たな考え方が生まれたようである。しかし、耕作者は、もぎ取りだけにやってくる非招待者が増えていくにつれ、自分の手元に残す落花生を減らさないためにも、種まきを手伝った者に比率を優遇する余裕がなくなったという。

問題は、これが種まきを実際に手伝う女性たちの不満を引き起こしたことである。女性は、耕作者が同じ家の者や敬意を払うべき相手ではないかぎり、種まきに呼ばれても娘を送るだけで自分では行かないようになってきたのである。「今の女たちは男を騙しているのよ。私は種まきを手伝っていない落花生のもぎ取りには（分け与えてもらうために）行かないことに決めたの」と言うのは、Y6の家の主の妻（四四歳）である。実際、図5－1をみると、Y6の家の主の妻が落花生を受け取った回数は少ない。ただし、彼女は一年を通して豆ごはん（ワーチェ）の販売業を継続できているフィヒニで唯一の女性であり、収入源として落花生のもぎ取りに頼る必要がないために、このような発言ができるといえる。

耕作者の男性の手元に残る落花生は、手伝いに来る女性と子どもが増えるにつれて減少した。というのも、男性は、女性と子どもを自分のもぎ取り作業に際限なく受け入れてきたため、作業者一人あたりの出来高の絶対量が減少した。この結果、耕作者が四分の一だけではなく、三分の一、半分、そしてすべてを分け与える作業者の割合は、相対的に増加したからである。表5－2のno.3の耕作者が女性たちに分け与えた後、彼と同世代のほかの家の男性が残りの落花生を見に（耕作能力で競争しているために収量を検査しに）やってきて「利益はないね（*liyiri kani*）」とその量の価値を密かに評価していた。しかし、男性は、大勢の女性と子どもが来れば手元に残る分が少なくなることについて考えてはいないようにみえる。あるいは少なくとも、女性と子どもを追い払うべきとは考えていないようである。耕作者の男性に「扶養家族（マリブ）でもないような女性と子どもにどうして与えるの」と質問をすれば、「富をもつものは与えるものだ（*A mali buni, nin tima*）」という決まり文句で説明が返ってくる。また、「女たちと子どもたちは男を尊敬するときに手伝いに来る」と、女性と子どもが大勢で来ることを好意的に説明した男性もいた。実際、手伝いに来た女性と子どもが一二九人にのぼった耕作者に「今日は女たちと子どもたちが多く来たね！」と投げかけると、彼はやはり、褒め言葉として捉えて顔をほころばせたのである（写真5－6）。

写真5-6　収穫後に落花生の山に座る耕作者（表5-2のno. 7）。合計一.五ヘクタール（部分的にソルガムとトウモロコシを間作）を耕作し、もぎ取り作業後に女性と子どもに分け与えたあとに彼に残った量。フィヒニにて2010年9月4日11時45分撮影。

ズルが嫌いな女性たち――与えないための方策

「女たちはズル（*yarili*）が嫌いだ」とは、女性の落花生畑のもぎ取り作業の方式が男性とは違うことについての、フィヒニの一人の男性による説明である。実際、女性は、男性のように不特定多数の女性と子どもをもぎ取り作業に歓迎したり、与える規範を語ったりなどしない。ただし、女性も落花生の収穫に手伝いが必要である。もぎ取りの労力となる娘や息子（思春期を過ぎた息子は母親の落花生畑の

表5-4　女性の落花生畑（合計10件）のもぎ取り作業の参加者と受け取った落花生の分割率

耕作者		年齢	面積 (ha)	作業日数	分け与えない作業者（実数）		招待者への分割率（のべ数）				
no.	家／世帯				自分の子ども	労働の交換相手	合計	1/4	1/3	1/2	全部
1	Y5-1	57	1.0	4	1	1	17	17	0	0	0
2		58	0.6	3	3		6	2	3	0	1
3	Y6	43	0.8	6	3	0	2	0	0	2	0
4	Y8	39	0.4	2	0	6	4	0	2	0	2
5	Y9	36	0.5	不明	0	3	6	2	1	3	0
6	Y15	62	0.4	不明	2	3	10	3	4	1	2
7	Y14	40	0.8	3	4		4	1	2	1	0
8		52	0.7	2	1		13	1	9	0	3
9	Y21	42	0.4	3	3	1	5	2	0	0	3
10		41	0.7	6	1		12	7	5	0	0
合計	—	—	—	—	—	—	79	35	26	7	11

調査は表5-2の男性の落花生畑の場合と同様の手順で実施。

もぎ取りを手伝わない）が数人いたとしても、自分たちだけでは終わる前にカビの繁殖で実を傷めてしまう。しかも、収穫期の午前中は、自分の畑ではなく、男性の畑の落花生の収穫を手伝いに行くことで、より多くの落花生を手に入れたいというジレンマも抱えている。すなわち、女性たちはすべてのもぎ取りを五日くらいで終えなければならないが、午後だけしか作業時間がない。そして、女性たちは、男性とは異なり、自分の落花生を限定的にしか与えないで済ませたい。

そこで、女性たちが考えついたのは、同じく畑をもつ女性たちと、分け合いなしにもぎ取り作業の労働交換をすることである。二〇一〇年、フィヒニで落花生をつくった女性（六四人）のうち、九割近く（五五人）が互いの畑でもぎ取り作業を手伝い合う相手をもっていた。このもぎ取りの労働交換の組は一八あり、うち一〇組は同じ家、五組は二軒の家々、一組は三軒の家々の女性たち、残りの二組は同じ家の女性たちが二手に分かれることで構成されていた。

女性たちが損得に非常に敏感なことは、交換する労働量が公平になるように互いに調整していることからもわかる。たとえば、自分の作付面積が相手の女性と比べて広い場合、相手の女性の畑のもぎ取りに、自分だけではなく作業能力が高い娘を作業に加えたり、相手の女性のほうが手伝う日数を自発的に減らしたりしている。

すでに述べたとおり、もぎ取り作業を手伝い合う女性同士の間では、収穫物の一部を分け与え合わない（表5－4）。一日の作業が終わったあと、相手が別の家の女性だった場合は、帰り際に「ゆでて食べる用に受け取ってちょうだい（*de ti waai*）」とボウル一杯に満たない程度の落花生を差し出し、相手は「いらないわよ」と言いつつ受け取る具合である。相手が同じ家の妻であれば、家に帰った後に少しばかりゆでた落花生を食器に入れ、彼女の部屋に届けて済ませる。

ただし、女性たちも、分け与える目的で特定の女性と子どもを招待してもいる。招待する相手は、互いにもぎ取り作業を手伝い合っている相手の子ども、同じ家で畑をもたない女性（別の妻や夫の血族）、またほかの家の夫の血族の女性や自分の友人などである。しかし、その人数は、表5－2の男性の畑の収穫と比べれば、作付面積の違いを考慮してもはるかに限られている。また、初めの数日で一定量を確保して利益を確認してから、残りのもぎ取り日に招待する相手と人数を決めると話す女性もいる（表5－4のno. 8の耕作者）。「女はね、男のように与えなくていいのよ。だから、二日後や三日後にだけ招待するの」と、彼女はその理由を私に説明した。

落花生をつくったのにもかかわらず、ほかの女性ともぎ取り作業を手伝い合っていなかった九人（全女性耕作者の六四人中）の女性たちはどうしたのか。たとえば、Y1の女性（推定七〇歳）は子どもをもたないため、隣の家（Y18）の子ども九人に手伝ってもらい、分け与えていた。また、家内で十分な労働力が調達できる場合もある。たとえば、Y6の女性（表5－4のno. 3）は、〇・八ヘクタールも作付けしたにもかかわらず、夫の血族の女性を二日間にわたって招待して日毎に半分を分け与えたほかは、娘一人（二一歳）、息子二人（一三歳と九歳）の合計四人で六日間かけて収穫を終わらせた。女性は、親しくもない女性や子どもに自分の落花生を分け与えたくない。また、男性とは違い、無い袖を振るようなことはしないのである。

第三節　足りなくても与える矛盾

一〇月、雨季の終わりが訪れる。落花生の収穫が終わるこの時期に始まるのが、トウモロコシの収穫である（写真

写真 5-7　トウモロコシのもぎ取りをしている様子。フィヒニにて 2010 年 10 月 27 日撮影。

5－7）。もぎ取りを済ませたあと、そのまま畑でトウモロコシの皮をむく。作付面積にもよるが、たいてい二～三日は続く。この皮むきの主役を女性たちが率先して務めてきたのは、たとえトウモロコシは、家の主／世帯主が同居家族／世帯員の全員が消費するためにつくり、よって家の女性たち自身が食べるものであっても、彼女たちを含め、女性が皮むきを手伝えばその一部を分け与えられてきたことが大きい。しかし、問題は、土地の不足と地力の低下によって、どこの家の主／世帯主も、年間の消費分のトウモロコシの生産ができなくなってきたことである。第三章でみたように、大半の大きな家では、乾季の中旬の二月にもなればトウモロコシは底をつき、昼と夜の練粥は、ほぼキャッサバのみでつくられている。また、とくに大きな家では、一年間をとおして朝食へ穀物の供給が停止されているくらいなのである。

このようにトウモロコシが圧倒的に足りない状況において、家の主／世帯主が、分け与えてもらうために手伝いに来るほかの家／世帯の女性たちを受け入れ、またそのトウモロコシを食べる同じ家／世帯の女性にも、彼女たちの手伝いのあとに分け与え、さらに、手伝いに来ない女性たちにも無償で贈る行為は、トウモロコシの不足度をさらに悪化させる点において矛盾している。ところが、こうして女性に与えている家の主／世帯主の男性たちが少なくない。たとえば、二〇一〇年の収穫期のあと、朝の水粥のためにトウモロコシの供給ができず、家内での朝食の単位の分裂を余儀なくされていた家の主／世帯主は一七人いた。しかし、その半数（九人）が、ほかの家の者を皮むきに受け入れ、作業の

表5-5 家の主／世帯主による自家消費用につくったトウモロコシの分け与えの実施（フィヒニでトウモロコシを作付けした全36人を対象、世帯の朝食の消費の単位別）

作業	与えた相手	朝食	
		統合(19)	分裂(17)
サヒブ：もぎ取り・皮むき	同じ家の女性のみ（別の家からの参加者なし）	Y7	なし
	ほかの家の女性と男性のみ	Y6, Y13, Y22, Y31, Y35	Y11, Y19, Y30
	同じ家の女性・ほかの家の女性と男性	Y8, Y17, Y28, Y34	Y3-1, Y4, Y5-1, Y16, Y18, Y24
	なし（別の家からの参加者なし）	Y1, Y2-1, Y2-2, Y3-2, Y5-2, Y12, Y21, Y23, Y33	Y9, Y10, Y14, Y15, Y25, Y26, Y27, Y32
無償	同じ家の女性のみ	なし	Y15
	ほかの家の女性のみ	Y8, Y17, Y22, Y31, Y34	Y4, Y5-1, Y11, Y19, Y25, Y26
	同じ家とほかの家の女性	なし	Y16, Y18, Y24
	なし	Y1, Y2-1, Y2-2, Y3-2, Y5-2, Y6, Y7, Y12, Y13, Y21, Y23, Y28, Y33, Y35	Y3-1, Y9, Y10, Y14, Y27, Y30, Y32

2010年10～11月に実施した観察と聞き取りをもとに作成。Y20とY29はフィヒニでトウモロコシをつくらなかったため除外。家／世帯内で朝食の消費の単位が分裂しているのは、穀物を十分に生産できていない家の主／世帯主が朝食の水粥に穀物を提供していないため（表3-7を参照）。Y16では家の主とその弟が家の自家消費用のトウモロコシを別々に耕作しており（消費においては1つの単位）、表では双方のデータを統合して掲載。同じ家で食事の単位が二分している3軒／6世帯では、同じ家の別世帯の女性へトウモロコシを分け与えた例はなかった。Y5-2の世帯主の祖母は、病気で歩くことができないY5-1の世帯主（彼女の亡き夫の甥）から彼の妻と息子たちが彼の名でつくったトウモロコシを差し出されたが、受け取りを断っている。

あとにカゴ／タライ一杯のトウモロコシを分け与えていた（表5－5の「サヒブ」の「ほかの家の女性と男性のみ」と「同じ家の女性・ほかの家の女性と男性」）。また、六人の家の主／世帯主が同じ家の女性に、作業のあとにカゴ／タライ一杯のトウモロコシを分け与えていた（表5－5の「サヒブ」の「同じ家の女性・ほかの家の女性と男性」）。さらに、一〇人の家の主／世帯主が、収穫後に無償で、同じ家やほかの家の女性たちにカゴ／タライ一杯のトウモロコシを与えているのである（表5－5の「無償」の「ほかの家の女性のみ」と「同じ家とほかの家の女性」）。

足りていないことを承知で分け与えてもらいに行く女性

女性のなかには、親切にトウモロコシを与えてくれるほかの家の主／世帯主のおかげで、自分の家の主／世帯主が供給できない朝の水粥用の一年分を確保できる者がいる。たとえば、二〇一〇年の収穫期、Y15の家の主の第一妻（推定六三歳）は、ほかの家の主／世帯主の男性のトウモロコシの収

表5-6　Y15の家の主の第一妻によるトウモロコシの入手の方法、その耕作者、質、量、時価

no.	入手方法	耕作者（代理）	質	容器・量	重量（kg）	時価（セディ）
1	もぎ取り・皮むき（招待）	Y8の家の主	普通	タライ1杯	23.6	6.4
			カビ・未熟	スカーフ	41.1	11.2
2	もぎ取り・皮むき（招待）	Y34の家の主	普通	カゴ1杯	17.5	4.8
3	もぎ取り・皮むき（招待）	Y34の家の主	普通	カゴ1杯	17.2	4.8
4	もぎ取り・皮むき（非招待）	Y18の家の主	普通	タライ（小）1杯	12.8	3.2
5	無償	Y23の家の主	普通	タライ1杯	20.8	5.6
6	無償	Y20の家の主（弟）	普通	タライ1杯	18.9	5.2
7	無償	Y31の家の主（息子）	普通	タライ（小）1杯	10.6	2.8
合計		—	—	—	162.5	44.0

表中のno.3は本人ではなく養女が作業を手伝い、受け取った分である。Y15の家の主の第一妻には、事前に、入手したトウモロコシをすべて別に管理するようにお願いした。トウモロコシは私が脱穀し、三日間にわたって天日干し後の2010年11月8日に計量した。時価は、収穫直後のトウモロコシが最も安い時期で算出（ボウル1杯あたり0.8セディ、図2-2を参照）。

穫を養女とともに手伝い、また無償でも分け与えてもらったために、合計にして一六二・五キログラムにのぼる大量のトウモロコシを手に入れていた（表5－6）。

Y15の家の主の第一妻によるトウモロコシの入手元の一つが、Y8の家の主（フィヒニの君主）の畑の収穫である（一〇月一四～一六日までの三日間、二区画で合計二・〇ヘクタール）。皮むきには、Y8からは合計四人（推定七四歳の家の主の第一妻、三八歳と二九歳の息子の妻二人、三一歳の娘）が参加していた。また、ほかの家からも合計四人がきており、その内訳はY15の家の主の第一妻、Y12で暮らすY8の家の主の妹（五七歳）、そして招待していなくても毎年やってくるY10の家の主（Y8の家の主の弟）の第一妻（四九歳）と第三妻（四〇歳）である。なお、Y10の家の主の第二妻は、毎年Y11の家の主（夫の従弟）の畑に行くことにしているという。その理由を尋ねたところ、彼女は、「三人の妻が全員で（夫の兄の）Y8の家の主のところに（与えてもらいに）行くより、一人くらいは別の場所に行ったほうがよい」と話す。

ここからもわかるように、落花生と違ってトウモロコシの収穫の場合は、女性たちは大勢で押しかけて手伝いを強行することを控えている。たとえ、男性がトウモロコシを広く作付けしていても、それは男性の家／世帯のための自給が目的であり、女性たちはどこの家／世帯も不足に苦しんでいることを知っている。また、日頃から親しくもない家のトウモロコシの皮むきに出向くのは、相当の度胸がいる。皆がひと山に積ま

れているトウモロコシを囲み、長時間にわたって作業するその場は親密で閉じられた空間である。部外者が突然やってきて座り込んで手伝えば、たとえ男性が与えてくれても、その家の女性たちから何を言われるかわからない。よって、女性がほかの家／世帯の男性のトウモロコシの収穫を手伝いに行く場合とは、招待を受けたとき、また、招待されていなくても不足の緊迫度が高いとき、日頃の関係性から自分が与えてもらうことができると判断するとき、そして、手伝いに行くことが例年の慣行として受け入れてもらうことに成功しているときである。

（1）低質のトウモロコシの持ち帰り

女性たちは、たとえ同じ畑で同じように皮むきを手伝っても、同じ量のトウモロコシを獲得するわけではない。特権的に多くのトウモロコシの持ち帰りを強行する者がいるからである。耕作者が正式にトウモロコシを分け与えるのは、すべての皮むきが終了した最終日である。しかし、年配の女性たちは、作業中に出くわした低質のトウモロコシを許可なしに自分の横に取り置き、毎日の作業が終わると持ち帰ることを慣行化させてきた。

ここでの低質のトウモロコシとは、まず、カビが生えてきた「汚い見かけのトウモロコシ」（*kawan'bieyu*）である。ただし、少し傷んでいても、食べるには問題はない。また、未熟なトウモロコシもそうである。たとえば、全体的に「小さいトウモロコシ」（*kawan'baliyu*, または *kawan'bihi*）、そして、皆が大好きな季節物の粒入りトウモロコシの水粥（第一章を参照）に使うと美味しい「丸く膨れた粒がまだらについているトウモロコシ」（*kawan'kɔri*）である。このように、作業中に手に取ったトウモロコシを、積極的に低質の部類に振り分けて取り置きすれば、かなりの量になる。

Y8の家の主のトウモロコシの収穫では、三人の年配の女性が低質のトウモロコシを持ち帰った。まず、Y8の家の主の第一妻と、Y12で暮らすY8の家の主の妹であり、三日間毎日、タライ（タヒリ）に山盛りいっぱいの量を取っていった。他方、親族ではないにもかかわらず招待されたY15の家の主の第一妻においては、量を控えめにとどめ、かつ周囲にすぐにはわからないよう、スカーフに包みこんで持ち帰った（写真5－8）。しかし、三日間毎日とくれば、その量はかなりになる。私は、Y15の家の主の第一妻がY8の家の主の畑から持ち帰った低質のトウモロコシを脱穀し、天

写真5-8　皮むきの作業中に横に取り置きした低質のトウモロコシを持ち帰るためにスカーフにくるんだ女性。フィヒニにて2010年10月21日撮影。

日干し後に重さを量った。すると、四一キログラムもあったのである（表5－6のno. 1の「質」の「カビ・未熟」）。

耕作者の男性は、女性たちが持ち帰る低質のトウモロコシが大量なことを知っている。だから、「誰もトウモロコシの一部を途中で抜き取ってはいけない」と、女性たち全員に向かって言っておく男性もいる。たとえば、Y18の家の主である。よって、Y15の家の主（Y18の家の主の叔父）の第一妻は、Y8の家の主の収穫では低質のトウモロコシを抜き取っても、同じく手伝ったY18の家の主の収穫ではできないと私に話した。ところが、このY18の家の主の収穫でも、Y18の家の主の母（推定八二歳）と隣の家のY1の女性（Y18の家の主の父方の祖父の母方の従妹で推定七〇歳）は自分たちを特別扱いの対象にしている。二人は、皮むきがおこなわれた三日間、毎日、大きなタライに低質のトウモロコシを山盛りにして持ち帰った。Y1の女性は、精神的な病を抱えている兄との二人暮らしであり、この兄はフィヒニの従弟（Y26の家の主）の息子の手を借りて家の庭先の一画にわずかばかりトウモロコシをつくっただけだった。つまり仮にこの家のトウモロコシがなくなれば、そのすぐ隣に住んでいる彼女の母方の従兄の孫息子であるY18の家の主が、彼らを食べさせる状況になるのである。

また、若くても、低質のトウモロコシを持ち帰ることができている女性もいる。たとえば、Y19の家の主の第二妻（四〇歳）は、Y22の家の主のトウモロコシの皮むきを手伝い、低質のトウモロコシを持ち帰っていた。私が観察するかぎり、耕作者のY22の家の主は、まだ二三歳と若く、穏やかな性格であり、年上の女性に厳しい態度をとることができない。これに加え、Y19の家の主の第二妻は、彼の母に挨拶をするなど日頃より敬意を表していて、低質のトウモロコシを気兼ねなく持ち帰ることができる素地をつくっているのである。

（2）作業後のトウモロコシの受け取り

耕作者は、すべてのトウモロコシの皮むきが終了すると、女性たちに正式に分け与えることになっている。その対象となるのは、山積みの一番下にあって最後に皮をむいたトウモロコシである。立派に成長したトウモロコシだが、少々、カビが生えていることがある。しかし、食べるのに問題はない。

与える量は、計量用のタライ一杯（表2-2を参照）と決まっている。女性たちは、より多くを得るために、トウモロコシをタライの中に上手に敷き詰め、さらに積み上げる（写真5-9）。このタライ一杯のトウモロコシは、約四〇〇本前後にのぼり、二～三日ほど天日で干して脱穀したその種子の重量は、平均して二二キログラム前後（およそボウル八杯分）である。ただし、耕作者の男性のなかには、女性たちにトウモロコシをタライに詰めさせずに、あとで自分で容器に詰めて渡す者もいる。たとえば、Y34の家の主（写真5-10）がY15の家の主の第一妻に渡したカゴ（ピエグ）一杯（上手く詰めれば山盛りのタライ一杯とほぼ同量が入る）のトウモロコシの種子の乾燥重量は、やはり、女性が自分で詰めたタライ一杯より五キロほど少ない一七キログラムだった（表5-6のno.2、no.3）。

写真5-9　皮むきを手伝ってトウモロコシを持ち帰る女性。フィヒニにて2010年10月21日撮影。

皮むきを毎日手伝っていないのに、毎日手伝った女性と同じ量を持ち帰る女性もいる。たとえば、フィヒニのある家を率いるマハマドゥ氏のトウモロコシの皮むきの二日目の朝、前日に別の家から来ていた女性（マハマドゥ氏の従兄の第一妻）がいなかった。そこで、私は、彼女はどうしているのか別の女性に聞いてみると、家でヒロハフサマメの発酵調味料（パリグ）をつくっているのだという。彼女は、この二日目、すべてのトウモロコシの皮むきの作業が終了する三〇分前の午後二時すぎにやってきて、ほかの女性と同じようにタライにトウモロコシを詰めて帰っていった。一方、Y15の家の主の第一妻は、三日間のうち一日しか行くことができなかったY18のトウモロコシ畑の皮むき作業の最終日、小さいサイズのタライを持ってきていて、それにトウモロコシを詰めて帰った（表5－6のno.4）。彼女にその理由を尋ねてみると「毎日来なかったのに同じ量をもらうのは非難を恐れない女だよ」と言う。ただ、もぎ取りの作業日が、女性の料理当番の日と重なった場合は別である。手伝うことができない時間、自分の代わりに作業できる娘がいなくても、これを理由に自発的に受け取る量を減らす女性はいないということである。

写真5-10　皮むきの完了後、すべてのトウモロコシを家に運ばせ、皮むきを手伝った女性たちに与える分を自ら詰める男性。この写真に写っているカゴとタライにはおよそ同じ量が入る。フィヒニにて2010年10月24日撮影。

収穫を手伝わずに与えられるとき

主食として最も重要なトウモロコシは、耕作者の男性が、敬意や親切心をあらわしたいほかの家の年配や老齢の女性たちへの贈り物として利用する作物である。二〇一〇年、フィヒニでトウモロコシをつくった家の主／世帯主（合計三六人）のうち一五人が、フィヒニのほかの家で暮らす合計一三人（のべ二九回）の女性にトウモロコシを贈っている（表5－5の「無償」の「ほかの家の女性のみ」と「同じ家とほかの家の女性」）。この一三人の女性のうち、一一人は六五歳以上である。最も多くの男性からトウモロコシを贈られた女性は、Y13で暮らしている目が見えなくなった老婆（この家の主の従妹でフィヒニ出身、推定八〇代）であり、同世代や年下の男性の合計八人（うち、親族関係にない男性は七人）からそれぞれカゴ／タライ一杯を得ている。この女性が多くのトウモロコシを受け取ったのは慕われていたからであり、単に目が見えないからではない。フィヒニには、この女性のほかにも目が見えなくなった老婆が二人いるが、それぞれ一人と二人からトウモロコシを贈られるにとどまっているのである。ただし、男性が無償でトウモロコシを贈った二九件のうち、トウモロコシの種まきを手伝ったものの、皮むきに来ることができなかった女性にトウモロコシをタライに軽く一杯詰めて与えた場合が二件、また妻の母親に送った場合も一件あった。

耕作者の男性は、同じ家の女性にも、収穫後に無償でトウモロコシを与えることがある。たとえば、Y16の家の主と弟はそれぞれ老いた母に、そしてY18の家の主とY24の家の主は、それぞれ出産したばかりの妻にトウモロコシを与えている。すなわち、この三人の女性は老いていたり、また出産したために、皮むきの手伝いに来ることができなかった女性たちである。しかし、だからといって、家の主／世帯主はかならずしも分け与えるわけではない。ほとんどの家の主／世帯主は、つくったトウモロコシを食事に提供しても、扶養家族それぞれに直接にトウモロコシを分け与える余裕をもち合わせていないのである。

男性が分け与えるトウモロコシの量は、収量の全体のどれくらいを占めるのだろうか。タマレから移動型の脱穀機（ダッピェマが所有者）がフィヒニまで来た二〇一〇年一一月一日、私はこれを知る機会に恵まれた。先述したY34の家の主はフィヒニでトウモロコシの脱穀サービスを受けた四人のうち一人であり、彼の手元に残っていたトウモロコシの種子量は一〇八〇キログラムだった[2]（作付面積は集落内の土地に約一・〇ヘクタール）。Y34の家の主は、すでに合計一九二・五キログラムのトウモロコシをのべ一一人の女性に与えていた（それぞれカゴ一杯で、約一七・五キログラム相当）。よって、これらをもとに算出すると、Y34の家の主が合計一一人の女性たちに与えた量は、全収量の一五％にも及んでいたのである。

男性が男性に分け与えるとき

主食のトウモロコシとキャッサバは、男性同士の間でサヒブの対象になることがある、かぎられた二つの作物である。もちろん、男性たちは、ヤムイモの種芋やトウモロコシの種子が欲しいとき、よい種や変わった種をもつ男性の収穫や皮むきを少しばかり手伝いに行き、分け与えてもらってきた。しかし、これを「サヒブ」とは呼ばない。大人の男性が収穫を手伝い、耕作者の男性から収穫物を分け与えられることはめったになく、フィヒニの全男性を対象とした調査で確認したのは、トウモロコシとキャッサバの収穫における以下の四件のみである。

まず、トウモロコシの場合、フィヒニでは三人の男性が、それぞれ一人の男性へ、皮むきを手伝ってもらったあとに分け与えていた（表5-5「サヒブ」の「ほかの家の女性と男性のみ」と「同じ家の女性・ほかの家の女性と男性」）。その内訳は、Y16の家の主（六一歳）が年上の血族のY14の家の主（七二歳）へ、Y16の家の主の弟（四九歳）が年下の血族のY13の家の主の長男（三五歳）へ、そしてY22の家の主（二二歳）が親族ではない近所の年上の男性（Y30の家の主の長男で五一歳）へ、それぞれカゴ一杯である。男性たちは、トウモロコシの生産を失敗したとき、分け与えてもらうことを目的に、ほかの男性の収穫の作業を手伝いに行くこともあるという。しかし、これらの三件においては、男性は友人として作業の「助け」（*sɔysim*）に行き、その「友情」（*simli*）へのお返しとしてトウモロコシが分け与えられたのだとして、ほかの男性たちは私に解説した。たしかに、これらの三人の男性がトウモロコシを受け取ったのは、それぞれ一回きりである。二〇一〇年の彼らの家のトウモロコシの収量は特段に悪かったわけでもない。また、男性たちが、多かれ少なかれトウモロコシを必要としているといっても、大勢の同居家族や妻子を抱える彼らにとっては、カゴ一杯（およそ一七〜二〇キログラムの種子量相当）を受け取ったくらいでは、どうにもならないといえる。

家を率いる男性としては、朝の水粥用はもちろん、練粥用のトウモロコシさえ圧倒的に足りなければ、トウモロコシより、その低質の代替であるキャッサバを確保することのほうが、より重要である。たとえば、Y10の家の主の長男は、二〇一〇年、キャッサバを調達するために再従兄（Y9の家の主の長男）が耕している開拓地に出向いた。キャッサバの皮むきを手伝わせてもらうことで、毎年キャッサバを分け与えてもらっているということである。

ただ、農村部の小さな集落では、男性が血族や近所の家の主／世帯主に主食の作物を分け与えるのは、このようにまったく頻繁ではないうえ、あってもこの収穫期に限っている。収穫後は、どこの家でも不足が進行していく。このため、あとは自分たちでなんとかすることが求められるのである。とくにトウモロコシにおいては、家の主／世帯主の男性たちは、トウモロコシが「なくなった」とは発言しても、まだどれだけ残っているのかを人前で話すことなどありえない。たとえ隣の家の血族の男性が困っていても、お願いをされては困る。いよいよ何もなくなり、練粥を食べに来るならば、自分の分を一緒に食べさせるが、足りない貴重なトウモロコシを渡すことはできないのである。

よって、家を率いる男性たちは、売る作物もなく、家畜を売ることもできないとき、離れた別の集落で暮らす血族や友人のもとに支援を求めに行く（これは、妻をはじめとする女性たちも同じである）。私も一度、ある男性が私の滞在先のアスマー氏に会いにやってきて、助けを求めているその場に居合わせたことがある。男性は、「昨日、家に煙が上がっていなくて悲しかった」という一言で、トウモロコシがなくなったために、彼の妻が料理できなかったこと、よってトウモロコシをいくらか分けてほしいことを間接的に伝えた。アスマー氏は、この男性にトウモロコシを一袋も持ち帰らせ、「私はお願いをしてくる友人には、ボウル（クリガ）一〇杯ではなく、一袋を与えることにしている」と私に言った。しかし、アスマー氏の家でも、トウモロコシは十分ではない。妹たちによると、家で各自が個別に朝食をとっているのは、建前として説明されるような、トロンでは朝食のためのパンや水粥が売られていて、それぞれが別のものを食べたいからということが理由なのではない。アスマー氏が食料農業省を完全に退職した二〇〇三年より、足りない穀物を購入できなくなったために、水粥へのトウモロコシの供給を止めたからだという。同居家族の人数が約三〇人前後で流動するアスマー氏の家では、昼と夜の練粥用のトウモロコシの年間消費量は約一五袋（一〇〇キログラムのカカオ用の麻袋、表2－2を参照）である（練粥に使う粉の五分の一はキャッサバを使用）。ただし、アスマー氏の毎年の生産の目標は二〇袋であり、余分な五袋は、（家の朝食の水粥用ではなく）お願いにやってくる友人の男性に与えるための分だと話す。アスマー氏が彼を頼りにやってくる友人の男性にトウモロコシを与えたいのは、元農業普及員としてのアスマー氏の流儀であり、プライドなのだと私は感じる。

第四節　サヒブの多様性

耕作者が収穫を手伝った者へ収穫物の一部を分け与えること（サヒブ）は、落花生とトウモロコシの収穫作業だけではなく、唐辛子とオクラの摘み取り、また、米やササゲなど豆類（落花生以外）やソルガムの脱穀と風撰の作業でも実施されている。これらの作物のサヒブのあり方（収穫の指揮者、参加者、分け与えの方式）は、それぞれの用途、収量、結実の特性、そして収穫作業の内容に応じて異なっている。

女性に収穫を一任する食材

「この唐辛子は誰のものかって？　あのね、その質問には答えられないんだよ。それは（一体であるべき母親と息子の）分裂（*waligibu*）を意味する発言になるからね」と私に話したのは、Y10の家の主の第一妻の長男（二八歳）である。彼は、家で料理をしている母に、自分がつくっている唐辛子の摘み取りと管理を一任している。

男性がつくる唐辛子、そしてオクラは、男性と母親や妻との生計関係の緊密さをあらわす作物である。唐辛子は、水粥にも練粥のスープにも必ず使う食材、そして、オクラは練粥のスープに最も頻繁に利用する具材である。このためか、第三章でも述べたように、唐辛子とオクラにおいては、男性は、母親や妻が料理に使うためだけではなく、彼自身の現金収入を目的としてつくる場合にも、収穫とその後の管理を彼女たちに一任してきた。これは、収穫を任された母親や妻が、唐辛子とオクラを食材として使うこと、また息子や夫のために販売するときに収益の一部を得ることだけではなく、彼女たち自身の判断でその一部を許可なしに売って足りない食材を買うことが多かれ少なかれできることを意味している。

（1）唐辛子の摘み取りと女性たちの友人づくり

唐辛子は、男性が販売目的で耕作する作物として、落花生に次いで人気である。唐辛子で収益をあげるためには、ある程度は肥えた土壌と化学肥料、そして入念な手入れを必要とするが、作付面積が狭くても済む。このため、土地が不足している西ダゴンバ地域では、最もよい土地を使うことができる家の主／世帯主やその長男たちが、集落内の土地でつくる作物として定着してきた。そして、このように男性が一定規模の唐辛子を「販売目的」でつくることは、落花生と同様に分け与える「余地」を生むことを意味している。

唐辛子の収穫は、九～一一月の三ヵ月間にわたって続く。九月はまだ多く結実しないため、息子や夫から収穫を任された女性は、唐辛子がぽつぽつと色づく度に摘み取ったり、作付けの広さに応じて、収穫する唐辛子畑をもたない同じ家の別の妻、またほかの家の友人や親族の女性を一～二人ほど呼んで収穫させる。摘み取り量が少なければ全部与え、一定量あればヒョウタン（直径二〇～三〇センチメートルほど）やボウルに適量を分け入れて渡す。大勢いるわけではないので、目分量で適当に与えても、招待した女性たちからは誰の分がより多いだの少ないだの不満は出ない。

その後、収穫を一任された女性がより多くの女性を摘み取りに招待するのは、結実がピークを迎える一〇～一一月の初めである。この間、一斉での収穫は、畑につき約三週間おきに二回、うまくいけば三回ほど開催できる。摘み取り作業は、一回あたり四時間以上に及ぶことがある。女性たちは、唐辛子の摘み取り作業が収穫のなかで一番大変だと話す。唐辛子の辛みで指も痛くなるのだが、腰をかがめた状態での長時間の作業がきついのである（写真５－11）。すべて摘み取り終えると、作業した女性たちは耕作者の家に唐辛子を持って行く。落花生のときと同様に、耕作者関係の遠い者から、収穫を一任された女性に摘み取り量を見せる。収穫を指揮した女性は、その摘み取り量と作業者との関係性を考慮して分割率を言い渡し、作業者は言われたように分割してそのひと山を持ち帰る（表５－７、写真５－12）。たとえば、ある収穫では、収穫を指揮した女性は、別の家の女性たちには五分の一、そして彼女たちが帰ったあと、同じ家の女性たちには四分の一を与えて優遇した（表５－７のno. 2）。また、別の収穫では、ほかの家の女性たちには基本比率として四分の一を言い渡したが、母親の代わりに参加し、摘み取り量が少なかった女児には三分の一を与えて優遇した（表5－7のno. 4）。

フィヒニでの聞き取りによると、料理を担当している女性は、たとえ夫や息子が唐辛子をつくっていなくても、たいていは一年をとおして唐辛子を買わずに済ませることができているという。二〇一〇年、フィヒニで昼と夜の練粥を担当する女性（全七四人）のうち、唐辛子をつくってくれる息子や夫がいなかった者は三六％（二七人、うち、自分で一二株の唐辛子を植えていた女性が一人だけいた）にのぼっていた。この二七人を含め、料理（練粥）を担当している女性の九九％（全七四人のうち一人を除く全員）が、同じ家のほかの女性や別の家の女性が指揮する唐辛子の摘み取りに参加し、摘み取り量の一部を分け与えてもらっていたのである。なお、唐辛子を収穫する畑がないのに一度たりとも唐辛子の摘み取りに参加しなかった唯一の女性とは、唐辛子の収穫が始まる前の二〇一〇年七月二三日に出産した者である。夫が唐辛子を購入するためのお金を出してくれているという。

写真5-11　唐辛子を収穫する女性。フィヒニにて2010年10月19日撮影。

つまり、女性たちは、互いに、あるいは自分が収穫できる唐辛子がなくても、ほかの女性が収穫を任された唐辛子畑に行くことで必要分を確保している。しかし、唐辛子の摘み取りには、招待なしに出向くことは難しい。唐辛子は、たとえ男性がつくっていても女性が収穫を指揮するため、その女性と仲よくなければ受け入れてもらえないからである。もちろん、夫の別の妻の息子が一定規模の唐辛子をつくっている場合、たとえその妻と仲が悪くても収穫に参加させてもらえる（あるいは強行したりする）ものである。しかし、同じ家に唐辛子を一定量つくる者が誰もいない場合や足りない場合、料理を担当する女性は、収穫を一任されている

表 5-7　唐辛子の摘み取り作業と分割率

no.	耕作者	収穫の指揮者	面積(ha)	人数		分割率			時間(分)
				合計	うち、非招待	1/5	1/4	1/3	
1	Y8の家の主の息子	継母	0.2	9	0	0	8	1	—
2	Y10の家の主の息子	母	0.3	13	0	10	3	0	—
3	Y31の家の主の息子	母	0.1	2	0	0	0	2	268
4	Y2-2の世帯主	妻	0.1	7	0	0	6	1	—
5	Y5-2の世帯主	祖母(養母)	0.1	12	2	0	8	4	315

収穫の指揮者の女性が自分で取る分はこの表には含まれていない。すべて 2010 年 10 月 19 ～ 26 日に開催。

写真 5-12　唐辛子の耕作者の母親から摘み取りに招待された 2 人の女性がその耕作者の母親の前で 4 分の 1 に分割する様子（表 5-7 の no.1）。フィヒニにて 2010 年 10 月 19 日撮影。

唐辛子畑をもつほかの家の女性と親しくする必要がある。そして、たとえ招待されなくても、足りなければ、収穫が始まった現場に向かい、摘み取らせてもらえるよう収穫を指揮する女性にお願いするしかない。たとえば、八〇歳を超えた女性が孫息子（養子）から収穫を一任されていた畑（表5－7の no.5）では、摘み取りが開始されてすぐ、畑の隣に位置する家から二人の妻（非親族）が急いでやってきて、老婆に挨拶をし、収穫に受け入れてもらっていた。

しかし、無下に断られることも、まれではないようである。たとえば、アブドゥ氏（家の主）の第四妻（三八歳）は、昼と夜の練粥の担当をしていないが、朝の水粥に使う唐辛子を必要としている。そこで、別の家で暮らす夫の叔父の第三妻（四一歳）、叔父の第二妻（五二歳）、そして夫の従叔父の第二妻（五二歳）が指揮する畑の収穫に行き、「水粥のための唐辛子を摘み取らせてください」と丁寧に頼んだ。それにもかかわらず、どちらの女性からも唐辛子が少ないと言われて断られたと私に話した。収穫できる唐辛子畑をもつのは、料理（練粥）を担当している女性たちがほとんどである。よって、若妻たちは、近所や親族の年上の女性たちに日ごろから挨拶して親しくすることで、与えてもらえる素地をつくっておかなければならないのである。一方で、図5－1をみると、Y14の家の主の妻は二〇一〇年の収穫期、合計八人もの女性に、のべ一五回も唐辛子の摘み取り作業に招待され、分け与えてもらっていた。このように、唐辛子の収穫に頻繁に招待されている女性がいれば、それは女性たちに慕われている女性である。

すなわち、女性にとって、唐辛子とは、自分で収穫するだけではなく、近所の親しい女性や親しくなりたい特定の女性に摘み取りを許可することで友人づくりに活用できる重要な作物である。よって、唐辛子を一定規模つくる男性は、近親者のうち、誰に、どのように、摘み取りと管理を任せるのか、慎重に検討しなければならない。彼が未婚でないかぎり、生計を緊密にする女性はたいてい複数人いるからである。たとえば、耕作者の男性は、母親と妻の双方と同居している場合、たとえ母親が昼と夜の練粥の担当から引退し、妻がその役目を負っていても、母親に稼働能力があるかぎり、母親の許可なしに、妻に唐辛子の収穫をお願いできないものである。また、男性は、二人の妻をもつ場合、先輩妻に収穫を任せ、その先輩妻の主導によって、二人の妻は一緒に収穫と管理をおこなうべきだといわれる。しかし、この方式は先輩妻と後輩妻の関係が良好でなければ難しく、二人の間に新たな火種を生む可能性さえある。実際、この規範的な例は、Y34の家の主の第一妻と嫁いできたばかりの第二妻の二人の妻の間の一件のみで確認できただけだった。かわりにどうしているかといえば、たとえば、フィヒニで二人の妻をもつヤクブ氏（六〇歳）は、畑をきっかり二区分して各妻に与えている。この二人の妻は、自らの区画の唐辛子の摘み取り作業を個別に開催してそれぞれの友人を招待し、互いに招待し合うことなしに互いの区画の摘み取りに参加している。さらに、男性が三人の妻をもつ場合においては、もはや妻たちの間の火種になる唐辛子を現金収入源としてつくらないか、わずかばかりつくって第三妻だけに収穫を一任することが一般的である。たとえば、フィヒニのアブダッラー氏（家の主）は、自らの現金収入源にする目的もあるが、唐辛子をつくる息子がいない第三妻の要請で唐辛子をつくっている。一方、第一妻と第二妻は、それぞれの息子が彼女たちのためにつくっている唐辛子を収穫している。よって、この第三妻は、ほかの家の友人一人を招待して収穫をしていた。

聞き取りによると、唐辛子においても、サヒブの方式は、以前は異なっていた。第一に、販売を主な目的として唐辛子をつくることがほとんどなかった一九八〇年代〜一九九〇年代の初めまでは、ほかの女性を摘み取りに招待するにしても一〜二人程度だった。その相手は、耕作者の男性自身が決めることが一般的であり、日頃から彼に挨拶をするなどして敬意を示してくれる女性を招待していたと男性たちは話す。収穫を一任された母親や妻は、招待した女性に、毎回の摘み取り作業後に次回の収穫まで料理に利用する少量分だけを渡していた。より多くの一定量を与えるのは、収穫期が終わったあとに全体としてどのくらい収穫できたかを確認してからだった。ところが、男性たちが販売を主目的として唐辛子を作付けするにつれて、収穫を一任された女性は自分でより多くの女性を招待するようになり、毎回の収穫の度に、招待した女性たちそれぞれに分け与えるようになった。すると、落花生の場合と同様に、招待された女性たちの間で、与えられる量の差をめぐり不満が生じてきた。また、販売のために唐辛子をつくっている男性の側としても、母親や妻がほかの女性たちに多くを与えすぎているよう感じ始めた。このような経緯から、とくに二人以上の女性を作業に招待する場合は、落花生と同様に分割率を言い渡し、実際に分割させて分け与える方式が好まれ、定着するようになったのだという。

摘み取りの作業後、収穫を一任された女性は、唐辛子を天日干しする。そのあと、色が悪いものを抜き取って、家での料理用に回す。状態のよいものを耕作者である夫や息子のために保管し、カビを生やさないように、ときおり袋から出して日光に当てる。そして、すでに述べたように、収穫を一任された妻や母親は、夫や息子の要請を受け、唐辛子を定期市で売る。加えて、女性たち自身の判断で、許可をとらずに夫や息子の唐辛子を「少し」ばかり売ったりするのは、料理を担当する彼女たちは不足した食材を買わなければならないからである。しかし、男性は、唐辛子を主な収入源にしている場合、そしてとくに夫の場合、妻にたくさん売り払われてしまうのではないかと心配している。よって、選別作業のあとに自分の部屋に持ってこさせ、袋に入れて自分で管理している者も多い。このような微妙な共同関係を築きながら、母親と息子、妻と夫は暮らしを継続させてきたのである。

（2）男性に喜びを与えないオクラ

オクラは、栽培が簡単なうえに、さほど肥えた土地を必要としない。このために、集落の外の畑で肥料なしでつくることができる。また、天日で干して料理に使う乾燥オクラの場合、年や時期によっては高値で売れる。よって、男性は、オクラを練粥のスープの具材にする妻や母親の要請を受け、またオクラを販売する目的も兼ね、オクラを落花生畑に間作し、さらには土地の一画をオクラに割いて単作したりしてきた。しかし、男性たちは、オクラづくりにはさほど乗り気ではないと話す。というのも、男性たちがオクラの収穫を任せてきた母親や妻が、どんどん売りさばいて、不足するトウモロコシをはじめとする食材の購入にあててしまうからである。これには、オクラが結実する時期が関係している。

オクラは成長が早く、雨粒が落ち着く五月の中旬にまけば、七月に実をつけ始める。この七月から九月の雨季の半ばとは、何度も述べたように、一年で最も主食の穀物が不足する時期である。加えて、市場では、乾燥オクラが高値をつけることもある。このような場合、女性たちが、まだ市場価格が上がらない手もちのシアナッツを売り控え、オクラのほうをせっせと売りに出して不足の穀物を調達するのは当然である。たとえば、図2-3からわかるように、二〇一〇年の六〜九月、乾燥オクラの価格が高騰した。女性たちは、価格が下がらないうちに定期市で売ろうと、実がまだ小さいオクラを摘み取り、「味が落ちるけどね」と言いつつ、天日干しにかかる時間を短縮するために鍋底でオクラを炒り乾かす作業に追われていた。オクラをつくる男性は、母親や妻が彼のオクラを売るのは（本来であれば男性が供給すべき）穀物を調達するためであり、しかたないと考えている。しかし、自分の手元にはお金が残らない。このような経緯から、「女（妻）が売ってしまうから男はオクラをつくりたがらないんだ」とフィヒニの若い男性は私に解説した。

これもあってか、男性は、オクラを単作するとき、もちろんよい土地を割かないし、手入れもないがしろにしている。集落内で耕作できる場所は、主にトウモロコシと唐辛子で埋め尽くす（この場所にある雨季用のオクラとは、そのほんの一画に生じる空間に女性が植え付けたもの）。集落の外の土地は、トウモロコシ、落花生、ヤムイモなどの主作に割く。オクラに割り当てるのは、耕作に最も適していない残りの土地、また水が溜まりやすい場所などである。そして、男性は、種まき後に一度は除草をしても、そのあとオクラ畑に草が生い茂ろうとも、気にせず放置している。これは、オクラの結実に多かれ少なかれ悪影響を与えるだけではなく、ウシによる食害にもつながっている。というのも、牧童たちは、草がぼうぼうになったオクラ畑を見て、男性がオクラをないがしろにしていることをよく知っている。よって、トウモロコシやヤムイモ畑の近くを通過するときであれば（ウシを侵入させてしまえばひどくぶたれてしまうために）細心の注意を払うのに、オクラ畑の近くを通過するときはずいぶん気が抜けている。こうして、オクラがウシに食べられてしまい、収量はまったく上がらない。このような悪循環のなか、料理をしている母親の要請で毎年〇・一ヘクタールほどオクラを単作している男性は、「オクラがカネになろうとなるまいと気にもならない」と話す。

以上のような事情から、女性は、たとえ息子や夫がオクラを単作してくれていても、ほかの女性たちに多くを分け与えることができない。オクラが結実のピークを迎える九〜一一月の初め、女性が一週間〜一〇日毎におこなう摘み取りに、もし友人を招待するとしても、たいてい一人くらいである。この際、分け与える量もとくに決まっておらず、一緒に作業を終えたあと、目分量で適当に与える具合である。たとえば、それぞれ一人の女性が摘み取りに招待されていた二件の収穫で、彼女たちの取り分を量ったところ、収穫量の全体の四分の一と七分の一程度だった[3]。こうして、練粥の当番を引退した母親は、唐辛子の場合とは異なり、友人さえ招待できないオクラには執着していない。オクラの収穫は、料理を担当している息子の妻にすっかり任せているのである。

嗜好品的な食材

ソルガム、ササゲ、大豆、バンバラマメなど豆類（落花生以外）、米においても、女性（また、かぎられた場合に子ども）は収穫、脱穀、風撰を手伝うことで、耕作者から収穫物の一部を受け取っている。第一章で述べたように、風味がよいソルガムは水粥、豆類と米は午前中にときおり食べる間食に使う食材であり、分け与えてもらうことができればうれしい。しかし、図5-1でみたように、これらの食材を直接的に分け与えてもらえる余地や機会はかぎられている。

（1）与えるほどないソルガムと豆類

ソルガムにおいては、毎日の水粥用にとても好まれているにもかかわらず、地力が低下しているために収量が悪い。落花生畑に「間作」しても、〇・一ヘクタール以上の規模で「単作」する男性は少ない（二〇一〇年はフィヒニでは二人のみ）。よって、収穫は少ししかないため、耕作者の男性は、刈り取ったあとのソルガムの脱穀と風撰を家の女性にお願いしても、直接的に分け与えるとはかぎらない。家／世帯全体、あるいは生計を緊密にする近親者の間で消費する水粥をつくるために提供するにとどまることがほとんどである。

豆類（落花生以外）も、地力が低下した土地ではさほど収益があがらないこともあり、小規模でしか作付けされていない。たとえば、ササゲにおいては、家の主／世帯主の男性であれば、自家消費を主目的にわずかばかりでもつくっている（二〇一〇年にフィヒニで耕作した全三六人の家の主／世帯主とその代理のうちY1の家の主を除く）。しかし、間作が主であり、単作するにしてもほんの一画に作付けするくらいである。この場合、ソルガムと同様に、たとえ妻や娘たちに脱穀させても、直接に分け与えないことがほとんどである。家／世帯全体のための間食用に何度か提供し、また重要な客人が来た時に妻に渡し、もてなす料理に使えばなくなってしまうのである。

男性のなかには、販売を主目的としてササゲや大豆を作付けする者もいなくはない。しかし、絶対的な収量が限られている。このため、女性に脱穀などの作業を手伝わせることを回避する傾向がみられる。たとえば、Y11の家の主の息子は、集落内の肥えた土地で、肥料を用いて改良品種のササゲを〇・二四ヘクタール作付けした。彼には料理を担当している継母（産みの母とは死別）がいるが、この母親はもう五〇代であり、棒を振り下ろして脱穀する体力がない。他方、彼には妻が一人いるが、彼女はまだ料理をしていない。これもあってか、彼は脱穀をこの妻にも任せることなく自分でおこない、そのあとの風撰を母親のほうに頼み、合計にして得たボウル二七杯のうち二杯を母親に与えた。また、フィヒニのカリム氏（家の主）は、少しでも売りたいと思い大豆をつくったが、自分で脱穀だけでなく風撰までした。その量（種子）はたったボウル五杯しかなかったのであり、たとえ自分で作業をする男は「女に与えたくない男」と揶揄されても、気にしている場合ではないのである。

（2）手に入ればうれしい米

女性は、もし同じ家の男性が低地に土地をもち、米をつくったのであれば（二〇一〇年のフィヒニでの耕作者は一三人）、米を確実に手に入れることができている。耕作者は少ないが、作付面積は一定規模にのぼるからである。面積にもよるが、米の脱穀と風撰には、耕作者と同じ家の女性だけではなく、ほかの家の女性たちも参加して賑わいをみせる。

米の収穫は、雨が完全に降り止む一一月、土地が乾き始めると始まる。Y19の家の主の弟（四一歳）は、二〇一〇年一一月三日、〇・八九ヘクタールの稲の刈り取りを開始した。これは男性の仕事である。家の内外の血族の男性たちの手伝いを受けつつ、八日後に刈り取り終わると、翌日から脱穀が始まった。

棒を振り下ろして稲穂を叩く米の脱穀とは、基本的に体力がある若い女性たちの仕事である。Y19の男性の米の脱穀の作業には、合計一〇人の女性が集まってきた。まず、耕作者と同じ家からは、耕作者の異母兄である家の主の第一妻（四二歳）と第二妻（四〇歳）、そして、脱穀した米を畑から家まで運搬する係として、その第一妻の養女（一三歳）の三人である。また、耕作者の従妹（二九歳）も嫁ぎ先の集落から、そして耕作者の弟の妻（二九歳、子育てのために里帰り中）も実家がある八キロメートル離れたディマビからわざわざ「手伝い」に戻ってきた。つまり、「手伝い」とは、この時期に脱穀がおこなわれることを知っていて、米を分け与えてもらうためなのである。また、フィヒニの別の家からは、Y30に嫁いだ耕作者の従妹（二七歳）、そして、耕作者が直々に招待した血族の年長の男性（Y14の家の主）の第一妻の代わりに彼女の息子の嫁（三一歳）、そして同じく招待した隣の家（Y22）の再従弟の母の代わりにその養女（二二歳）が来た。年配の女性は棒で稲穂を叩く体力がないため、娘や息子の嫁など若い近親者の女性を代理として送ることになっているのである。さらに、招待なしに聞きつけてやってきたのが、耕作者と同じ血族の家（Y19）の姻族の養女の女性（二四歳）と、まったくの親族関係にないフィヒニの別の家の女性（Y8の家の主の息子の妻、三〇歳）である。皆で力を合わせて稲穂を叩く作業の現場は、トウモロコシの皮むきのときと同様に親密な空間である。しかし、大人数が参加する場合、この女性のように気おじせずに、付き合いのない家からやってくる者もいるのである。なお、耕作者の妻（三九歳）においては、乳飲み子（〇歳）がいるために、脱穀の期間中（四日間）

写真 5-13　女性たちが米の脱穀をしている様子。フィヒニにて2010年11月12日撮影。

は家で料理を担当することになった。

作業の手順とは、まず、脱穀の場所をつくることである。土が乾いた平らな場所を設定し、そこを足で踏み固め、刈り取った稲穂をその周囲に円形状に積み上げる。次に、地面を足で踏み固めた中央の空間に適量の稲穂を重ね、皆でリズムを合わせながら一斉に勢いよく棒を振り下ろす（写真5-13）。稲穂を何度も叩き、籾米が穂から落ちると、最年少の女性二人が率先して脱穀済みの稲穂を別の場所に片付ける。その場を指揮する最年長の女性（耕作者の異母兄の第一妻）は、ぱらぱら残った稲穂を拾い集め、ほうきで籾米を中央に寄せて一回目の作業が完了である。この籾米の上に再び新たな稲穂を積み重ね、同じ作業を繰り返す。

初日の午前中は、耕作者の男性も一緒に棒を振るい、その場を活気づけた。その後、作業は翌日まで続いた。この二日間、女性たちは、棒を振り下ろしながら、たくさんの労働歌を歌っていた。次は、このときに収集した歌のうち、とくに女性たちが笑いながら盛り上がって何度も繰り返し歌ったものであり、その歌詞は若い女性ならではの内容である。

O ni bo yelli, bii yun mali gbuna ni bo yelli ti o ma.

――お尻の大きな女の子は母親に面倒をかけるのよ。

お尻が大きな女の子は、男性たちを惹きつけ、まだ適齢でもないのに男性との関係を楽しんでしまう。お尻の大きな若い娘をもつ母親は、娘が男に呼ばれて男の部屋などに行き、妊娠させられないように、家で見張っていないといけないから大変である。

――若い男が私を見て、私を欲しいと言ってきた。若い男が私を見て、私を欲しいと言ってきた。この若い男が「マプカ」(流行のバイク)をもっているかどうか尋ねてごらん。マプカをもっていない者は、私の前に現れて、近づこうとしないで。

Nachin'bila nyɛma yɛli ni o bɔrimaa mi. Nachin'bila nyɛma yɛli ni o bɔrimaa mi. Bohimiya nachin'bila ŋo ni o mali maapuka bee, doo yika maapuka. Ŋun di lan zani ntooni ni o layma.

女性は、お金のない(マプカを持っていない)男には用はないことを伝える歌。マプカは、お金のない若い男性たちも頑張ればなんとか購入できる、最も手頃でスタイリッシュな見かけの中国製のバイクの通称(二〇一〇年一月、状態がよい中古は三〇〇セディほどでタマレにて購入可能)。ただし、マプカは、とくに道が舗装されていない農村部で乗ればすぐに壊れることが知られており、男性が購入するバイクとして、さほど人気なわけではない。また、実際には、農村部の男性がバイクを買っても、維持することは容易ではない。たとえば、フィヒニで自分のバイクをもっていた者は、年配者も合わせてたったの一四人(二〇一〇年八月の調査時)であり、修理できずに乗ることができていない場合も二台あった。

――産んだ子を背負わない(中絶をした)者たち、産んだ子を背負わない者たちの生き方は虚しく役立たず。産んだ子を背負わない者たち、産んだ子を背負わない者たちの生き方は虚しく役立たず。サナお母さんはカポックの木の下で(堕胎した子を入れた)ビニール袋を持っている。彼女は代償を払うのよ。

Ban dɔyi-ku-kpabi, ban dɔyi-ku-kpabi ŋoo yi bɛhigu be yoli. Ban dɔyi-ku-kpabi, ban dɔyi-ku-kpabi ŋoo yi bɛhigu be yoli. N ma Sana be gumbili gbuni ni o loba baagi. O yi yee, o yi yee, o yi yee.

この歌での「産んだ子を背負わない」（*dɔyi ku kpabi*）ことは、死産ではなく、中絶を意味している。サナは、カポックの木の下が人に見つからない場所だと考えたため、そこで堕胎し、その子をビニール袋に入れた。

——私はいやよ、私はいやよ、私はいやよ。子を産み実家で子育てしている彼女（*dɔy'kana*）は、（男のもとには）もう戻れない。イルパンダナおじいさん、子を産み実家で子育てしている彼女はもう戻れない。私はいやよ。子を産み実家で子育てしている彼女はもう戻れない。私はいやよ。

Njɛ, njɛ, njɛ. Dɔy'kana ku lan kuli. N yab yilkpandana, dɔy'kana ku lan kuli. Njɛ. Dɔy'kana ku lan kuli. Njɛ.

女性は、ある男性の子を産み、実家で子育てをしている。しかし、女性の祖父（「イルパンダナ」の称号の保持者であり、女性の嫁ぎ先を承認する権限をもつ女性の家の主（イダナ）、家族の主（イリイダナ）、あるいは血族の年長者（ドグリピエマ））は、諸事情で、彼女が相手の男性（子の父）のもとに戻ることを拒否している。諸事情とは色々な想定があり、たとえば、まだ親同士の間で婚資（花嫁代償）の受け渡しがされておらず、子の父である男性の家の側の問題が見つかった場合、また娘が里帰り中に別の男性の子を妊娠した場合などである。

——プライド。出産後に里帰りした者のプライドは、（夫の家に戻り）日々の練粥づくりを当番できることよ。

Gabili. Dɔy'kana gabili shee moni yaa.

女性は、子育てのため、出産後に里帰りをしている。彼女が実家に戻って三年ほど経ったあと、夫が彼女を再び連れ戻すための現金（彼女が料理できるように食器などをそろえるための支援金（クンソー））を妻方に渡すことで、女性は実家からようやく夫の家に戻る。もし、二人、あるいは三人目の子育ての里帰りの後であれば、女性は夫の家で日々の食事の昼と夜の練粥づくりの当番に就くことになる。これは、女性がもう自由ではなくなり、その先ずっと大きな負担を担い続けなければならないことを意味する（第三章を参照）。一方で、料理をすることは、夫の家で女性が自分の地位を確立することである。また、彼女が、自分の里帰り中に夫が新たに加えた未熟者の妻に対して、彼女が得た地位を見せつけることができることを「プライド」として強調している。

――大きな鍋の名前は何？　大きな鍋の名前は「彼女たちを待っている」よ。

Duy' tiitali la yuli boo. Duy' tiitali la yuli n booni bo yee. Duy' tiitali la yuli "di-guliba."

すべての女性にとって、嫁ぎ先で大量の料理をするための大鍋は、とても重要である。女性は、たとえどんなにお金持ちになったとしても、女性として、料理をすることで妻の役目を担わなければならず、この大きな鍋をかならず買わなければならない。このため、大鍋は、女性に「購入されること」を待っている。

――女は、ニワトリの背中の（肉の）ために、たった一人（の妻）で居たいのよ。

Pay bɔri o ko noo yaanyi zuyu.

家でニワトリを食べるとき、同居家族たちは家での地位と身分に応じてそれぞれの部位を分ける。妻は、ニワトリの背肉の部分を食べることになっているが、妻が複数いるときは分け合わなくてはならない。このため、女性は、一人でニワトリの背肉をすべて食べるために、嫁ぎ先でたった一人の妻でありたいのである。

Y19の男性の米の脱穀が二日間で終わると、三日目は籾米を風撰し、質に応じて分別する作業に入った。適量の

写真5-14　米の風撰の様子。フィヒニにて 2010 年 11 月 22 日撮影（写真 5-13 とは別の脱穀現場）。

籾米をヒョウタンに入れて、そのヒョウタンを高い位置で傾け、中の籾米を少しずつ風に当てながら地面に落とす（写真５－14）。この際、しっかりと実がついた成熟米（*sinkaafa-manli*,「本物の米」の意）は、真っすぐ下に落ちる。同時に、茎などの異物は風で飛ばされる。そして、未成熟米（*sinkaafa-furi* もしくは *zay'furi*,「軽い穀物の粒」の意）であれば、風の影響を少し受け、成熟米と少しずれた横の位置に落ち積もる。女性たちが、Ｙ19の耕作者の家に分別した成熟米の大部分を運んだ四日目の午前、耕作者は脱穀の指揮をとった年長の女性（耕作者の異母兄の第一妻）に、残りは女性たちの取り分だと告げた。その後、女性たちは風撰を継続し、残りの籾米を、成熟米、未成熟米、そして風撰の過程で地面と接して小石が混じり入った「石（混じりの）米」（*sinkaafa-kuya*）に三分別して作業を終えた。

女性たちは、米を分け合ううえで、誰がどの米をどれだけ受け取るべきなのか、かなり明確な基準をもっている。米を得る資格をもつのは、脱穀と風撰の作業者の一〇人に加え、家に残って料理を担当した耕作者の妻を合わせた合計一一人である。その量と質は、耕作者との関係性の濃淡と乳児の有無で決定されていた。具体的には、年長の女性（耕作者の異母兄の第一妻）は、まず、ヒョウタンを用いて、一一人全員が持ってきた容器にそれぞれボウル（クリガ）で約八・五杯分の成熟米を配り入れた（写真５－15）。この籾米の量（約二一キログラム）は、玄米[4]に換算すると約一三キログラムであり、収穫直後の最安値の時価としては八セディ程度である。すると、Ｙ14の女性を除くほかの家から来た四人は、何も言われないままに、お礼を述べて帰宅して行った。その後、年長の女性は、乳飲み子をもつＹ14の女性と耕作者の家の二人（耕作者の妻と耕作者の弟の妻）の合計三人の容器にそれぞれ、作業中に彼女たちの代わりに「子守りをした者（*biyoliba*）の分」と言って、ボウル二杯分の成熟米を加えた。そして、Y14の女性がお礼を述べて帰宅すると、その場に残った同じ家の六人の容器に、成熟米をボウルで軽く一杯分ずつ加えたところで成熟米がなくなった。次に、石混じりの米においては、家で料理を担当している三人（耕作者の異母兄の第一妻と第二妻、そして耕作者の妻）の間で三分割し、さらに耕作者の妻に一杯分を加えてなくなった。最後に、未成熟米においては、すべてを耕作者の妻に与えた。これですべての米がなくなった（写真5-16）。少なくとも私が観察した配分の場では、女性たちは誰一人として、米を配り分ける役目を担った年長の女性に対し、より多くを得るための交渉を試みなかった。ここから、この配分の論理と方式は、女性たちの間ですっかり定着していることがうかがえる。

写真5-15 米の脱穀と風撰の終了後に耕作者の家に籾米をすべて運び、年長者の女性（耕作者の異母兄の第一妻）がそれぞれの容器に分け前を配り入れる様子。フィヒニにて2011年11月15日撮影。

この日に女性たちが受け取った米の量は、作業にかかった労働量に対する経済価値で評価するならば、落花生のもぎ取りで受け取る量と同じくらい、あるいは悪いくらいである。たとえば、なかでも最も少ない受け取り量（玄米量換算で一三キログラム、時価としては八セディ）を、あえて、作業にかかった日数（四日間）で日給換算するならば、二セディ（一日あたり七時間程度の作業）である。この額は、定期市での売り子としての雇用労働より割がよくても、先述した落花生（約四時間の作業で得られる量は収穫後

写真 5-16　すべての米をそれぞれの容器に配り分け終わったところ。一粒残さずほうきで集めた。フィヒニにて 2010 年 11 月 15 日撮影。

の最も安い時期の時価で〇・九セディ～一・六セディ）と比べれば同じくらいである。しかも、作業内容からすれば、米の脱穀のほうが、かなり重労働でもある。ところが、その量について感想を聞いてみると、落花生とは異なり、女性たちは文句を言わないどころか、「まあまあ（*di so*）」あるいは「よい（*di viela*）」と評価した。これには、落花生のもぎ取りとは異なり、大勢が手伝いに来ることができない米の脱穀は、過去と比べて一度に受け取る絶対量が減少していないため、少ないと感じないからだと推測できる。また、米は、朝も昼も夜も足りないことを日々憂える対象のトウモロコシとは異なり、間食用の嗜好品的な食べ物である。このため、手に入れることができてうれしいと感じるのである。

第五節　分け与えないとき／受け取らないとき

耕作者は、収穫の作業を手伝った女性や子どもに、「かならず」収穫物の一部を与えなければいけないわけではない。男性も女性も、この認識を「おおかた」共有している。実際、例外的ではあるものの、耕作者の男性が手伝った者に分け与えないこと、あるいは、手伝った者が自発的に受け取りを拒否することがある。それは、耕作者と作業を手伝った者の生計関係が緊密なとき、耕作者が扶養の責務をもつ複数の女性の間で分け与える量を公平にしたいとき、与えないことで反感を抱かせても問題がないと考えるとき、分け与えるだけの量が圧倒的にないとき、などである。

とがある。

生計関係の緊密さ

耕作者の男性と収穫を手伝った女性と子どもが近親者であり、生計関係が緊密なとき、収穫物の受け渡しがないことがある。

第一に、母親が未婚の息子の落花生のもぎ取りを手伝っても受け取らないことがあるのは、双方が経済的に相互依存の関係にあるからである。たとえば、表5-2のno.5の耕作者（二六歳）の母とno.8の耕作者（一七歳）の母は、自分が息子の畑の収穫でもぎ取った落花生のすべてを息子の落花生の山に加えた。あとでその理由を聞いたところ、どちらも、息子がつくった落花生の量が少ないことを挙げた。より詳しくみてみると、とくに、no.8の耕作者においては、その落花生しか耕していない。つまりは彼の母のほうが、彼女自身の畑、シアナッツ拾い、そしてサヒブによって、より多くの作物を手に入れている。息子が何か必要なとき、彼女のほうが息子に与えなければいけないほどなのである。しかし、仮に息子がより広く耕すなど経済力をつけることができれば、そして、妻をめとっていくならば、状況は変わっていく。耕作者である一人の男性の収益をめぐり、耕作者の母親と妻の二人の女性は多かれ少なかれ競合的な関係になるため、母親も妻も収穫時に彼の作物を受け取るように変化するものである。そして、先述したとおり、一人あたりのもぎ取り量が少なくなった現在においては、息子は母親がもぎ取った分のすべてを母親に与えることが規範になっているのである（表5-3の「母親」の「全部」）。

第二に、妻が夫の落花生のもぎ取りを手伝っても受け取らない場合は、一夫一妻の夫婦の間でみられることがある。たとえば、Y5の家の主の妻は、夫の落花生畑のもぎ取りを手伝ったものの、落花生を受け取らなかった。その理由として彼女が述べたのは、彼女の夫は必要なときに彼女に与えてくれることである。そして、彼女の夫は彼女の落花生畑の除草まで手伝ったと私に話した。対して、一夫多妻の夫婦の場合、一人あたりのもぎ取り量が少なくなった現在においては、夫は妻たちが彼の畑でもぎ取った落花生のすべてを与えるものとなっていて、実践されている（表5-3の「妻」の「全部」）。

第三に、耕作者が若い男性の場合、同母の弟や妹、母の養女である母方の従妹に与えない場合がある。弟や妹は、まだ一〇代ごろまでは、兄に労働力を提供する存在である。また、兄は、弟や妹を養う立場にもある。たとえば、私が観察した落花生の分け与えの現場（表5－2のno. 8）では、耕作者（一七歳）は一三歳の弟に与えなかった。この弟は、もぎ取った落花生を入れた袋の上に座りこみ、与えてくれるよう耕作者（兄）にお願いを続けたが、耕作者はとうとう弟から袋を押収した。そして耕作者は、私のほうを向き、「俺の弟だ」と一言放った（私が分割率の決定の理由を調査していることを知っているため）。また、別の分け与えの現場（表5－2のno. 5）では、先述した耕作者（二六歳）の母は、彼女がもぎ取った落花生をすべて息子の落花生の山に加えただけではなく、彼女の末の息子（八歳）にも、もぎ取った落花生を同じようにする（兄に渡す）よう言いつけた。これを末の息子が拒み、母親が強く叱りつけたところ、この末っ子は怒って泣きだし、もぎ取った落花生を入れた袋を中庭に置いたまま家の外へ飛び出して行ってしまった。与えてもらえることを強く願っていたのである。

分け与える量の調整

男性は、たいてい複数の作物をつくっている。このため、収穫期をとおして扶養家族である家／世帯の女性たちに作物を分け与える機会を複数回もつ。よって、特定の家族女性にすでに多くの作物を分け与えたと考えるとき、彼女が別の作物の収穫を手伝っても分け与えないことがある。

たとえば、先述したY18の家の主の自家消費用のトウモロコシのもぎ取りと皮むきの現場でのことである。もぎ取り作業が終了したとき、Y18の家の主は、ほかの家から手伝いに来た八人の女性、そして、同じ家の七人の女性（彼や弟の妻たち、母、姉妹など）の合計一五人にはタライ一杯を与え、彼の家で暮らす従妹（二四歳、未婚）一人だけにトウモロコシを取らないよう告げた。この理由について家の主に尋ねたところ、この従妹には、彼女が彼の開拓地の落花生のもぎ取り作業を手伝ったときに「十分」に与えているため、トウモロコシまで与える必要はないと話す。実際、開拓地に出向き、収穫を手伝えば、フィヒニで収穫を手伝うより多くの作物を獲得することができる。開拓地では、作付面積はフィヒニより広いうえ、土地はより肥えていて収量がよい。さらには、家々が離れてぽつぽつと建っていて人も少ないため、たとえ落花生の収穫であっても見知らぬ女性や子どもが手伝いにやってくることはほとんどないからである。

同時に、Y18の家の主が開拓地で作物を分け与えた同じ家の女性にフィヒニで作物を与えないのは、彼が抱える扶養家族としての女性たちそれぞれに分け与える量を公平にする試みともいえる。たとえば、Y18の家の主が耕作する開拓地は、フィヒニから二〇キロメートル以上離れた場所にある。ここに出向くことができるのは、耕作者の姉妹など家の主の血族の女性や嫁いできたばかりの若妻たち、すなわち、フィヒニの家で日々の食事の用意を担当していないため、自由に動ける女性たちである。しかし、開拓地に行くことができない料理の担当者こそ、より大きな負担を担っていて、より多くの収益を必要としている。このため、多くの男性たちが開拓地で耕作する今日、開拓地に行くことができず、家で料理を担当している女性たちは大きな不満を募らせていて、Y18の家の妻たちも例外ではないのである。そして、さらに付け加えるのなら、Y18の家の主の従妹は、収穫後すぐにアクラへと出稼ぎに出発した。家の主が彼女の行動を予測していたのであれば、彼女のアクラ行きの交通費を上乗せして支援する必要などないのである。

女性に反感を抱かせてもよいとき

女性たちは、男性が販売を主な目的にして作物をつくっているならば、分け与える「余地」はあり、その収穫を手伝えば与えてもらうべきだと考えている。よって、男性が分け与えなければ女性の反感を買うわけで、このような例を確認したのはたった一件だけだった。それは、販売目的でトウモロコシをつくった男性の事例である。

トウモロコシは、十分に肥料を使うことができれば、収益が上がると考えられている。こうして、二〇一〇年に販売目的でトウモロコシをつくった若い男性は、フィヒニには少ないものの六人いた。トウモロコシの収穫は、たいてい、まだ雨が降り止まない一〇月におこなわれる。このため、販売用にトウモロコシをつくる男性も、トウモロコシをカビで傷ませないために、女性たちの手伝いが必要になる。よって、たとえば、Y7の男性（推定三四歳）は、もぎ取りと皮むきを手伝ってくれた自分の妻を含む家の女性二人とY9の家の主（叔父）の第三妻に、タライ一杯を与えた。

その理由について、「かならず与えないといけないわけではないけど、与えたら女たちは喜ぶだろう？」と私に言った。

ところが、フィヒニのある男性（三一歳）は、手伝った女性のうち、自分より関係が下の女性には与えないという選択肢をとった。目上にあたる三人の女性（自分の母ではない父の第一妻、別の家の叔父の妻、別の家の従叔父の妻）にタライ一杯を分け与え、同じ家の妹（異母）、兄弟の妻の四人と、近くに嫁いだ姉の娘（姪）の合計六人にはまったく与えなかったのである。これには、耕作者の姪も不満だったようで、「なぜだか理解できない」と私に話した。

作業を手伝った女性は、「納得できる理由」がないかぎり、分け与えてもらえなければ不満を募らせ、次から手伝うのを躊躇する。しかし、土地が痩せたフィヒニでは、男性が販売を目的にトウモロコシを二年以上も続けて作付けすることはあまりない。十分な肥料を買えるだけの余裕がないかぎり、翌年はその土地で落花生をつくることが一般的である。ここから、おそらく来年はトウモロコシをつくらないと決めていると推測できる。

与えることができない家の主／世帯主が直面する問題

対して、トウモロコシを分け与えなければ女性たちが手伝いに来ない傾向にあることは、家の主／世帯主にとって非常に深刻な問題になっている。家の主／世帯主は、その年かぎりでトウモロコシづくりを止めることができる若い男性とは異なり、毎年、家／世帯の構成員を食べさせるためにトウモロコシを生産しなければならないからである。先述のとおり、家の主／世帯主の男性たちが、家／世帯の全体としての消費用のトウモロコシを十分に生産することができず、足りていないにもかかわらず、その皮むきを手伝った家／世帯の女性たちにその一部を与えることは矛盾している。家の女性たちは、たとえ直接的にトウモロコシを受け取らなくても、そのトウモロコシを少なくとも昼と夜の練粥として食べているからである。だから、家／世帯の女性たちにはまったく与えない、という選択肢をとってきた家の主／世帯主たちも多くいる（表5－5「サヒブ」の「ほかの家の女性と男性のみ」と「なし」）。しかし、これは、女性たちが家の主／世帯主を「ないがしろにする」ことにつながっている。

たとえば、合計四人の妻をもつ、フィヒニのアルハッサン氏（推定七八歳の家の主）のトウモロコシ畑の収穫のことである。私は、その前日、集落の外にある彼の〇・四ヘクタールのトウモロコシ畑で皮むきがおこなわれると聞いたので、翌日に手伝いに行った。すると、すでに午前一一時だったにもかかわらず、老いたアルハッサン氏はたった一人で皮むきをしていた。お昼ごろ、娘の一人が練粥の器と水を届けに来たが、そのまますぐに帰る。そして、一四時半すぎにようやく第二妻がやってきて、「あなた一人？」と話しかけた。すると、アルハッサン氏は、朝方に息子たちがもぎ取りを終わらせて各自の畑に行ったと話した。この第二妻が居座って皮むきを始めたので、私はその場を去ってY25の家に行ってみた。すると、第一妻は部屋の中で休んでいて、第四妻はシアバターづくり、そして、里帰り中の二人の娘も中庭で母親の手伝いのための作業をしていた。よって、アルハッサン氏が同居家族の全員が食べるためにつくったトウモロコシの皮むきを手伝うことができない妥当な理由があるのは、その日に料理の当番だった第三妻と出産したばかりの息子の妻の二人だけである。これは、すでに雨が降り止んでいた一一月四日の出来事であり、皮むきが長びいてもトウモロコシにカビは生えないだろうが、私は何とも言えない思いになった。

つまり、第三節でみたように、家の主／世帯主が、家／世帯で食べるトウモロコシが足りないにもかかわらず、家／世帯の女性たちにそのトウモロコシの一部を分け与え続けたりするのは、家の女性たちでさえ、皮むきの手伝いに来なくなったりするからである。これが大問題なのは、家の主／世帯主は、主食として最も重要なトウモロコシを一定規模は作付けしており、とくに、雨が降り止む前に収穫の時期を迎えれば、女性たちの手伝いなしにはトウモロコシが傷むからなのである。もぎ取ったあとに雨が当たれば、ものの二日でカビが生え始める。このため、家の主／世帯主の男性たちは、できるだけ早く作業を終えるために、女性たちの手伝いを必要としているのである。そして、たとえ雨が降り終わったあとの収穫であっても、トウモロコシの一部を分け与える家の主／世帯主の男性がいるのは、そうしなければ女性たちが彼を尊敬しなくなり、手伝いにこなくなることを恐れているからである。足りてもいないのに、家／世帯の女性だけではなく、ほかの家の女性を「招待」までしているY8の家の主が「ほかの家の女性にトウモロコシを与えることは支援（*sɔŋsim*）だ」と私に説明する裏には、このような事情があるのである。とはいえ、フィヒニには、たとえ直接的に分け与えてもらわなくても、家の主のトウモロコシの皮むきをかならず手伝う女性たちのほうが多いことは述べておきたい。

問題は、「町」のトロンである。ここでは、与えてもらえなければ、家の主のトウモロコシの皮むきを手伝わない女性たちのほうが圧倒的に多い。滞在先のアスマー氏も、三人の妻が皮むきを手伝わないことに対し「女が分け与えてもらえないからといって、家で食べるトウモロコシの皮むきを手伝わないのは罪（*taali*）だ。夫を尊敬していない証拠だ」と、強い口調で不満を言ったことがある。しかし、トロンの妻たちが、自分たちが食べる分の皮むきさえ手伝わなかったりするのは、練粥のスープの材料だけではなく、家の主が供給すべき穀物が足りず、料理をする彼女たちが買い足したり、よそで与えてもらって確保する状況にいっそう追い込まれてきたからである。トウモロコシの皮むきを手伝う時間があるのならば、食器の後片付けをし、自らの現金収入活動に励み、少しは部屋の中で横になって休息したいのである。

一方、トロンでは、妻たちが手伝いに来ないのに、見知らぬ家の女性が手伝いに現れることがある。しかし、トウモロコシの圧倒的な不足に苛まれているトロンの男性は、面識もない女性を歓迎することができない。

「私が畑で作業をしていたら、女がやってきた。女は私に挨拶をして、その場に座り込み、私のトウモロコシの皮むきをした。私はその日の作業の終わりに、この女に与えなかった。同じ女は、翌日も皮むきに現れた。その日の終わりに、私はその女にタライ一杯を与えた」。トロンのある男性はこう語って、畑でトウモロコシの皮むきをするのではなく、子どもたちにもぎ取ったトウモロコシを家に運ばせ、家の中庭で皮むきをしている理由を述べた（フィヒニではこのような現象はみられない）。また、付け加えるならば、誰もがトウモロコシの不足に苛まれている今日、トロンの男性にとって、その日に皮むきを終えることができないトウモロコシを畑に残すのは危険になっている。町のトロンで暮らす人びとの畑の場所は家から遠く、収穫後に畑を離れれば、大切なトウモロコシを誰に持って行かれるかわからないのである。

また、トロンの女性たちは、家の主のトウモロコシの皮むきを手伝わないだけではなく、家の主が自家消費用に家の庭先でつくっているトウモロコシを許可なしにも少しずつもぎ取ることで、彼らの威厳をますます低下させている。

家の主が厳しく管理できなければ、成熟して収穫を迎えたときにはトウモロコシが半分くらいしか残っていない。家の女性だけではなく、近所の女性たちが彼の妻や子どもたちに断りを入れたり入れなかったりして、実ったものから順に、午後のおやつの焼きトウモロコシにするためにとっていくからである。フィヒニでも、このような振る舞いをする女性は皆無ではない。ただ、男性たちが耕作能力を失ってきたトロンの「町」では、稼ぐことができる農業外の仕事をもたず、扶養家族を食べさせる責務を果たせない家の主への女性たちによる敬意の低さは、フィヒニとは比べものにならないのである。

第六節　たくさん集められる「残り物」

女性と子どもたちが他者のつくった作物を手に入れる方法とは、収穫の手伝いをすることだけではない。収穫後の「残り物集め」(*binyiha-yihibu*)も重要な手段である。状況次第では、残り物集めによってかなりの量を手に入れることができる。ただ、かならずしもそれを「残り物」とは言い難い場合がある。

落花生の収穫期、女児たちは、その日の朝にもぎ取り作業が終わったばかりの畑に向かい、「地中に残っている落花生を取り出す作業」(*sin'kursa*)をおこなう(写真5-17)。大勢の女性と子どもがもぎ取りに参戦する「男」の落花生畑では、実が成熟できなかった落花生が地中に残されている。作業出来高から取り分を受け取る女性と子どもは、殻が嵩張るできそこないの落花生をもぎ取らないからである。子どもだけではなく、老婆にとって、この仕事はうってつけである。体力がなくても、自分のペースでゆっくりと作業ができるからである。

稲の刈り取りが終わったあとの畑で落穂を拾い集めることは、およそ五〇代~六〇代の女性たちの仕事である。女性は、五〇代にもなると、若い女性たちに交じって棒を振り下ろし、稲穂から籾米を叩き落とす作業を数時間以上にわたって継続する体力はない。一方、七〇代に入れば目も見えにくくなっていて落穂を探すことができない。ただ、

写真 5-17　早朝にもぎ取り作業が終わったばかりの畑に落花生を取り出しに向かう女児たち。もぎ取った落花生を入れるための容器（頭の上）のサイズは、それぞれの作業能力に応じている。フィヒニにて 2010 年 9 月 12 日 10 時 7 分撮影。

二〇一〇年の収穫期、フィヒニで落穂拾いをしたと答えたのはたった二人（Y23とY22の家の主の母）だけだった（写真5-18）。さほど取り残しを集められないからである。これは、サバンナ農業研究所の稲作の圃場があるニャンパラ周辺の低地とは大違いである。コンバインによる収穫だからか、稲穂がたくさん落ちているようで、そこでは年齢にかかわらず多くの女性たちが、収穫後しばらくの間、落穂拾いをしているのを見かける。

他方、たくさん集めることができる「残り物」とは、トウモロコシであり、これが問題である。トウモロコシの収穫期、母親たちは、畑でもぎ取り残されたトウモロコシを集めるためとして女児たちを畑に送り出す。そして、女児たちは、かなりの量を持ち帰ってくることがある。たとえば、カリム氏（家の主）の第一妻の二人の女児たちは、二〇一〇年の収穫期を通して、ずいぶんと大量のトウモロコシを「残り物」として集め上げた。これらをすべて脱穀し、天日で干した後に重さを量ったところ、なんと二四・九キログラムにものぼったのである。もちろん、これらが「残り物」だったのか否かは、その場を観察していないので判定できない。

ただし、私は、女性たちが足りなくて困っているトウモロコシの「残り物」を積極的に創出している現場を見てきた。たとえば、フィヒニのムンミン氏（家の主）の畑で、自家消費用のトウモロコシの皮むき作業を手伝っていた日のことである。ムンミン氏の家の畑の隣には、ヨグ（フィヒニの隣の集落）の男性のトウモロコシ畑があった。ちょうどその日、ヨグの男性はたった一人でもぎ取り作業に来ていた。彼は、私たちが作業している側のトウモロコシをあらかたもぎ取ると、方向転換をして反対側へ進んでいった。まだ、私たちが居る側には、たくさんトウモロコシがもぎ取り残されていた。しかし、ヨグの男性が反対側へ行ったのは、そこの収穫を終えたことを意味していたわけではない。すると、私たちと一緒に皮むきをしていた女性の一人（タマレから手伝いに来たムンミン氏の亡き父の従妹、推定七〇歳）が用足しから戻ってきて、腰布に包んだ一〇本ほどのトウモロコシを、私たちにいたずら顔で「見て」と見せた。ヨグの男性のトウモロコシ畑に立ち入り、彼の「取り残し」をもぎ取ってきたのだった。すると、一緒に皮むきをしていた二人の女性（ムンミン氏とは別の家で暮らす父方の叔母で推定六〇歳、ならびに別の家の父方の再従叔父の第四妻で推定四四歳）が即座に立ち上がり、「残していったわ！」と言って、境界あたりのトウモロコシをもぎ取り始めた。しかし、数一〇メートル向こう側にヨグの男性の姿が見える。私は見つからないかと冷や冷やした。しかし、二人は少女のように「見て、こんなにとったわ！」とはしゃぎながら戦利品を見せ合い、もぎ取り続けた。その場にいたムンミン氏の弟（三七歳）が「分別ってものがあるだろ（*so kam malila o tariga*）」と呆れ顔でつぶやくだけだったのは、彼には目上にあたるこれらの父方の叔母、そして叔父の妻を注意する権限などないからである。この二人の女性がもぎ取り終えてしばらくすると、ヨグの男性が私たちの畑の側に戻ってきて、残りがないことを確認したのち、向こう側に去っていった。なお、このような大胆な振る舞いができたのは、その場にいた

写真 5-18　「どうかと思ってやってるけど、あんまりないわね」と言いながら、米の落穂拾いをする女性（推定50代後半）。体力的に脱穀作業にはは参加できない。フィヒニにて 2010 年 11 月 12 日撮影。

女性全員ではない。ムンミン氏の第一妻と第二妻、ムンミン氏の弟の第一妻、そしてムンミン氏の従妹と妹の五人（全員二〇代〜三〇代）は、私とムンミン氏の弟と同様に、ただ座ってその光景を眺めていただけである。

第七節　小括——家計／家族的な実践からジェンダー化された実践へ

本章では、農村部の日々の生活の糧になっている耕作物をめぐる男性と女性の生計関係とその変容について、耕作者が収穫作業の担い手に収穫物の一部を分け与える実践（サヒブ）に着目して検討した。ここから明らかになったのは、調査地における近年の人口の増加と農業の低迷をうけ、この実践は、近親者や同居家族の関係にある男性と女性の間だけでなく、不特定多数の男性、女性と子どもたちの間でジェンダー関係を強化しながら拡大してきたことである。

男性が耕作の主役となってきたこの地では、サヒブは、夫婦や親子、兄弟姉妹をはじめとする近親者や同居家族の男性と女性の間での家計／家族的な実践だった。第三章でも述べたように、家事仕事を担う女性は、シアナッツを拾うだけではなく、夫や息子など生計関係を緊密にする男性たち、また同じ家で暮らすそのほかの男性たちの畑仕事を手伝う際に、収穫物の一部を直接的に受け取り、できるかぎり主体的に生計を立ててきたのである。このように、女性たちが、収穫時に彼女自身の取り分としての作物を確保することは、この地域の暮らしにおいて、危機管理の面からも好ましい。作物の残量は、収穫後より翌年の収穫時まで徐々に減っていくうえ、男性たちは、妻、母親、姉妹など複数人の女性と子どもたちを「扶養家族」として抱えている。このため、女性たちが、支出や消費の必要が生じたときに近親者の男性から作物や現金を受け取ることだけではなく、まずは収穫時に作物を手に入れ、それぞれが消費や支出のために自分で管理することは、一つの家で年齢、地位、身分に応じて異なる役割を担う男性と女性、また夫婦、母と息子、兄弟姉妹の間柄にある男性と女性が、翌年の収穫まで不足の状況をできるだけ各自の力で切り抜けていくために生みだしてきた生存戦略なのである。

ところが、この家計／家族的な実践は、一九七〇年代ごろからの西ダゴンバ地域の人口の増加と農業の低迷にともない変貌を遂げた。足りているわけではないのだが、足りなくても分け与える「余地」がある作物を対象に、「男」が家族関係にかかわらず「女」と「子ども」たちに分け与えるジェンダー規範と関係が強化された実践となってきたのである。女性は、夫や息子など、自分の家の男性たちがつくる作物だけでは足りなくなるにつれ、招待されていないにもかかわらず、近所、また親しくもないほかの家の男性の畑に出向き、手伝いを強行することで、男性たちから収穫物を与えてもらう状況をつくりだしてきた。とくに、販売して現金を得ることを主目的として最も広く作付けされている落花生においては、「男」が追い払わないのをいいことに、女性たちは、そして子どもたちも加わり、互いに互いの家の男性の畑に行き合うようになっていった。こうして、男性が自らの畑の収穫を手伝った女性に収穫物の一部を分け与える行為は、近親者や同居家族の枠組みを越えて、親しくもない、あるいは見ず知らずの男女の間でもなされるように変化していったのである。なお、本書の調査地では、一九八〇年代ごろから女性による耕作が定着して以来、女性も、親しい女性や子どもたちを「限定的」に収穫に受け入れ、作物を与えることも見られるようになった。しかし、収穫を手伝い、作物を受け取る側は、相変わらず女性、そして子どもたちであり、耕作の主役としての成長した男性が女性の畑に与えてもらいに行くことは皆無である。

耕作者が収穫作業の担い手に収穫物を分け与える行為は、提供された労働力に対する「賃金」の支払いとして単純に捉えることはできない。たしかに、女性と子どもたちは、作物を手に入れる手段として収穫に労働力を投じ、収穫物の自らへの分け前を要求している。そして、耕作者にとっても、落花生やトウモロコシなど、作付面積が一定の規模あり、雨が降り止むまえに収穫がおこなわれる作物の場合、労働力を確保することは、作物を傷めないためにも重要である。しかし、たとえ女性が収穫を手伝っても、耕作者が収穫物の一部を与えなければならないという認識はかならずしもされていない。これは、人びとがサヒブを「本来であれば」生計を緊密にする近親者や同居家族の男性と女性の間の家計／家族的な実践として位置づけてきたからだと考える。さらに、収穫のあとに与えられる収穫物の量の価値が、投入された労働の市場価値をはるかに超えていることは、より重要である。たとえば、落花生の場合、作業出来高の四分の一、また、絶対量の少なさに応じて、三分の一や二分の一、あるいはすべてが渡されてもいる。この背景として本章で指摘したのは、男性たちは、大勢の女性と子どもたちの手伝いを際限なく受け入れてきたために、作業者一人あたりの出来高が減少するにつれ、公衆の面前で四分の一さえ言い渡すことが難しい状況に追い込まれてきたことである。このように、女性たちだけではなく男性たちもが、作業の手伝いを介して与える作物の量を労働量ではなく、作業の出来高の絶対量で評価していることは、この農村部における人びとの間の作物をめぐるやりとりを、資本主義経済はもちろんのこと市場経済の枠組みだけで理解することの限界を示している。たとえ男性が、作物を市場での販売を主目的としてつくっていても、収穫の作業に投入された「労働」に対して、市場での経済的な価値の換算をもとに「支払い」がおこなわれているわけではない。むしろ、社会的、状況的に、耕作者として与える男性と与えられる女性と子どもたちの関係が、近親者や同居家族を越えた枠組みでかたちづくられることで、サヒブの実践が展開してきたのである[5]。

人口の増加と農業の低迷にともない、女性と男性の間の生計関係は、耕作物だけではなく、領主のものとされているヒロハフサマメの木の実をめぐっても新たに展開してきた。最後の章では、この料理の実をめぐる女性たちと領地の称号を得た男性たちのやりとりに焦点をあてていく。

第六章　料理の実をめぐる領主と女性たち

ヒロハフサマメの木は、西アフリカのサバンナ地域に自生し、人びとによって耕作地に残されることで繁殖している樹木である。この木は、日々の料理に欠かせない「味噌」のような発酵調味料となる実をつける。しかし、この料理の実（ヒロハフサマメ）を収穫してよいことになっているのは、料理をする女性たちではなく、その木が自生している区画（領地）を得る称号を獲得した男性（領主）である。本章では、領主と料理をする女性の間のヒロハフサマメの収穫と利用をめぐる関係を検討する。

本書におけるヒロハフサマメの木の事例のように、地域で政治的な地位をもつ主体が自生して繁殖している有用な樹木を自らのものとして取り決めている事例は、西アフリカの各地から少なからず報告されてきた［e.g. Boffa 1999: 130］。そこでの仮定とは、これらの政治的な主体が樹木からの収益を権威的に自分のものにしていることである。たとえば、ガンビアのジョラ地域を調査した地理学者のマッジは、長老（エルダー）たちがアブラヤシの利用を支配し、商業的な収益を得ることで政治的な権力を維持していると主張している［Madge 1995: 141-142］。また、モシ地域のヒロハフサマメの木の帰属について言及した文化人類学者のシャウルも、地域における「政治的な主権」の象徴としてだけではなく、「経済的な意味での特権」として、ヒロハフサマメの木が首長（チーフ）のものとして取り決められていると解釈を加えている［Şaul 1988: 272］。ただし、どちらの研究においても、これらの樹木が実際にどのように収穫され、利用されているのか、その過程は検討されていない。

収穫と利用の実態をみていくうえで、政治的な地位をもつ主体の権威性と彼らによる樹木からの収益の支配を自明視する従来の研究には、次の三点の見落としがあることを指摘したい。第一に、樹木が帰属する政治的な地位をもつ主体とは、農村部の日々の暮らしにおいて、「支配者」としてではなく、むしろ「普通」の男性として生活していることである。たとえば、第四章では、ヒロハフサマメの木を手に入れている領主とは、集落の各家々を率いる年配の男性たちであることが明らかになった。このように、領主たちが、日常生活で夫、父、祖父、伯叔父として家の内外の人びとと社会的な関係を築いていることは、彼らのヒロハフサマメの木の収穫と利用のあり方をどのようにかたちづくってきたのだろうか。

第二の見落としとは、樹木の利用のあり方にかかわる、「自生」という繁殖形態である。たとえ自生した樹木であっても、その土地の耕作者やその樹木の世話をした者など、特定の個人のものとして認められている事例は世界各地から報告されてきた［Fortmann 1985: 235, 237; Obi 1988: 37］。本書でもとりあげているヒロハフサマメの木やシアナッツの木を含め、西アフリカのサバンナ地域で自生して繁殖している有用な樹木の場合も、暮らしにおける経済価値の高さゆえに、利用をめぐる権利が明確化されていることが指摘されてきた［Boffa 1999: 127-130］。ところが、たとえ自生した樹木が特定の個人に帰属することが認められていても、同時に、その個人以外の者が自生による樹木の繁殖形態を理由に収穫を強行していることも報告されてきた［Gausset *et al.* 2003: 8］。この矛盾的な状況は、樹木の利用のあり方を明らかにするうえで、帰属や収穫の権利だけではなく、収穫の現場を精査する必要性を示している。

第三に、人口の増加による影響である。第一章で述べたように、人口が稠密化してきたタマレからトロン一帯までの西ダゴンバ地域の農村部では、土地を管理してきた男性たちが、かぎられた土地で経済的な価値が高まったシアナッツの木を優先して繁殖させてきた結果、ヒロハフサマメの木の個体数は減少している。それにもかかわらず、人口の増加によって、全体として料理に使うヒロハフサマメの絶対的な消費量が増えてきた。ヒロハフサマメを十分に手に入れることができないそれぞれの女性たちは、好まれてはいないものの、より手に入りやすい落花生を加えてヒロハフサマメの発酵調味料（バリグ）をつくり、さらに、カポックの種子を利用した低質の代替品として別の発酵調味料（カントン）をつくって練粥のスープに利用しているほどである。女性が料理に使うヒロハフサマメが圧倒的に足りなくなったことは、その実の収穫のあり方にどのような影響を与えてきたのだろうか。

以上より、本章では、農村部の日常生活における領主と料理をする女性たちとの社会関係、そして木の繁殖形態と実の不足に着目して、ヒロハフサマメの収穫と利用の過程をみていく。また、それぞれの主体による収穫量と利用量の分析を試みるとともに、近年における収穫のあり方の変化とその背景を分析する。これを通じて、自生した有用な樹木資源が地域で政治的な地位をもつ主体に帰属する取り決めを、その主体の経済的な富の蓄積と結びつけ、彼らによる利用と収益の支配を自明なものとしてきた従来の議論を再考する。そして、ヒロハフサマメの木をもつ領主の男性と、その実を料理に使う女性たちが、ヒロハフサマメをめぐり、どのような関係を生みだし、再編させてきたのかを明らかにする。

第一節　ヒロハフサマメのゆくえ

二〇一〇年二月下旬、ヒロハフサマメの花が枯れ、青々したさやが垂れ下がり始めた。三月に入ると、さやは徐々に乾き、茶色に変色していく。収穫の頃合いは、さやの全体が完全に乾いたときである。中の種子が成熟している証拠であり、料理のためのよい発酵調味料（バリグ）になるのである。

このヒロハフサマメの大半は、その木をもつ称号の保持者（以下「領主」）の男性よりもむしろ、女性たちによって収穫され、また家での料理に利用されている。私は、この過程を描写するだけではなく、いかに大量のヒロハフサマメが女性たちの手に渡っているのか、その一端だけでも数値データとしてつかみたいと考えた。そこで、私は、二〇一〇年三〜四月の収穫が終わったあとの六〜七月、ガウァグ領とフィヒニ領でヒロハフサマメの木をもつ領主、ならびにフィヒニで暮らす女性たちを対象に、収穫の実施の有無とその量に関する聞き取りをおこなった。

料理をする女性に与える実

領主たちは、ヒロハフサマメの収穫をしないわけではない。二〇一〇年の収穫期、ヒロハフサマメの木をもつ領主のほとんどは、実の収穫を実施していた（称号の保持者が空席の場合や領主が遠方で暮らしている場合はその代わりの者）。ガウァグ領とフィヒニ領で木をもつ全領主（合計二五人）のうち、収穫にまったく関与していなかったのは二人だけだった。うち一人は、フィヒニ領のイルパンダナ（F8の領主、Y26の家の主）である。彼の狭い領地のヒロハフサマメの木は減少し続け、たったの三本だけになったうえ、どれも長らく「（ほとんど）実をつけない」とイルパンダナは、「なぜ収穫しないのですか」という私の質問に半ば苛立ち気に答えた。このためか、フィヒニでは、イルパンダナの親族以外の女性たちは、イルパンダナの称号がヒロハフサマメの木が与えられる領地の称号（ティンバンナム）であることさえも知らないくらいである。収穫をしなかったもう一人は、ガウァグ領のタマルナー（G1の領主、Y24の家の主）である。彼は、フィヒニ領のヤパルシナー（F4の領主）だったが、収穫が始まる三ヵ月前の二〇〇九年一二月に、ガウァグ領の再領主の第一位のタマルナーの称号を手に入れて昇進したばかりだった。新たに就任した領主は、実の収穫に無関心に振る舞うべき事情があり（詳細は後述）、これもあってか二〇一〇年は収穫に出向いていない。なお、二〇一〇年の収穫期の時点で称号が継承されていなかったガウァグ領内のボティング領のイッペルナー（G5-1の領主）とフィヒニ領のシリンボマナー（F9の領主）の区画においては、前領主の息子たち（それぞれ在パリグンと在トロン）が、それぞれの称号の直属の主君（それぞれガウァグ領のボティンナーとフィヒニの君主）の許可を得て収穫をしていた。また、領主がフィヒニの遠方で暮らしているガウァグ領のシリンボマナー（G7の領主）の区画では在パリグンの領主の甥、フィヒニ領のボマヒナー（F7の領主）の区画では領主の弟であるY11の家の主、フィヒニ領のヤパルシナー（F4の領主）の区画では領主の兄であるY30の家の主の息子、そして二〇一〇年の収穫期はテチマンにいたガウァグ領のヤパルシナー（G8の領主）の区画では彼の代わりにY31で暮らしてきた長男が代わりに収穫をしていた（領主の居住地は表4-7と表4-8を参照）。

領主（とその代わりの収穫者）は、ヒロハフサマメをさまざまな場面でほかの者たちにも与えていた（表6-1）。

表 6-1　ガウァグ領とフィヒニ領でヒロハフサマメの木を収穫する区画をもつ称号の保持者（領主、またその代理の合計 25 人）の管理下でのヒロハフサマメの収穫量と分与量

	領地記号	合計本数	事前の収穫の許可		収穫現場	収穫から帰宅後		①与えた種子量の合計(kg)	②販売済・消費済・未利用分の合計(kg)	①②の合計(kg)
			本数	収穫した種子量(kg)	与えたさやの種子量(kg)	与えたさやの種子量(kg)	与えた種子量(kg)			
ガウァグ	G1	58	0	0	0	0	0	0	0	0
	G2	79	0	0	0	0	6.9	6.9	4.6	11.5
	G2-1	31	0	0	0	9.2	0	9.2	0	9.2
	G2-2	21	0	0	0	0	9.2	9.2	2.3	11.5
	G3	75	1	0	25.3	5.3	0	30.6	25.3	55.9
	G4	39	0	0	0	0	4.6	4.6	0	4.6
	G5	79	0	0	0	0	9.2	9.2	4.6	13.8
	G5-1	72	0	0	0	0	2.3	2.3	6.9	9.2
	G6	126	3	12.7	42.6	16.1	0	71.3	27.6	98.9
	G7	94	0	0	17.3	0	9.2	26.5	13.8	40.3
	G8	12	0	0	2.3	0	0	2.3	0	2.3
フィヒニ	F0	17	0	0	10.4	0	0	10.4	4.6	15.0
	F1	50	4	17.3	25.3	2.3	4.6	49.5	0	49.5
	F1-1	52	4	32.2	16.1	0	2.3	50.6	13.8	64.4
	F2	63	0	0	34.5	0	18.4	52.9	46.0	98.9
	F2-1	199	3	0	20.7	0	103.5	124.2	11.5	135.7
	F2-2	52	0	0	2.3	0	0	2.3	0	2.3
	F3	81	0	0	0	0	18.4	18.4	0	18.4
	F3-1	29	2	11.5	11.5	0	6.9	29.9	4.6	34.5
	F4	61	0	0	8.1	0	4.6	12.7	23.0	35.7
	F5	78	2	2.3	59.8	0	4.6	66.7	25.3	92.0
	F6	108	0	0	32.2	0	18.4	50.6	4.6	55.2
	F7	10	0	0	11.5	0	0	11.5	0	11.5
	F8	3	0	0	0	0	0	0	0	0
	F9	4	1	0	2.3	0	0	2.3	0	2.3
	合計	1,493	20	75.9	322.0	32.9	223.1	653.9	216.2	870.1

収穫後の 2010 年 6 ～ 7 月に領主（あるいは代わりの者）、ならびに彼らから収穫を許可された者とさやや種子を受け取った者を対象に実施した聞き取り調査による。収穫量はボウル（表 2-2 を参照）を単位として回答を受け、重量に換算した（ヒロハフサマメの種子のボウル 1 杯は約 2.3kg）。特定のヒロハフサマメの木の収穫を許可された 19 人のうち、フィヒニではなく近隣の集落で暮らしている 4 人の女性には調査を実施していないため、その分のデータは含まれていない（N=19, n=15）。

ヒロハフサマメの収穫に関与した領主がほかの者たちに与えたヒロハフサマメの量は、収穫が終わって二ヵ月後の調査時点で、彼ら自身が販売や消費に利用したり、手元に残していた量の合計の三倍にのぼっていた。具体的にみると、領主がヒロハフサマメを与える方法とは、まず、事前に特定の木の収穫を特定の者に許可することである。また、収穫の現場や収穫から帰宅後に、さや、そしてさやから取り出した種子をほかの者に与えることである。これらの与えた量を聞き取りから推定したところ、種子量換算で合計にして六五三・九キログラムになった（表6－1の①）。一方で、この聞き取りを実施した六～七月の時点での領主による販売済みの量（トウモロコシの購入費・耕作資金のために販売）と自家消費済みの量（薬膳としてヒロハフサマメの発酵調味料をたっぷり入れた練粥のスープを食べるためであり、高齢者が好む）、そして未利用の分の合計は、ほかの者に与えた量の三分の一ほどの二一六・二キログラムだったのである（表6－1の②）。

領主がヒロハフサマメを与える相手は、発酵調味料をつくるためにヒロハフサマメを必要としている、家々で料理を担当している女性たちである。領主は、同じ家の女性（自分の妻、母親、息子や弟の妻）だけではなく、ほかの家に住む親族の女性（嫁ぎ先で暮らす娘、姉妹、姪、叔母、義理の母、血族の男性の妻たちなど）、そして近所の親族関係にはない女性たちにも直接にヒロハフサマメ（木、さや、種子の形状）を与えている。その量（種子量換算）の合計は、与えた全量の六五三・九キログラムの八二％（合計五三八・二キログラム）にのぼった。また、領主は、女性たちの夫や息子など近親者の男性を介して、女性たちに直接にではなく、間接的にヒロハフサマメを与えてもいる。たとえば、領主は、ヒロハフサマメの木をもたない血族の男性、また自らの領地内に耕作地をもつ血族や非親族の男性たちにもヒロハフサマメ（木、さや、種子の形状）を与えている（合計一〇四・二キログラム）。そして、これら男性たちによるヒロハフサマメの使い道を聞き取ったところ、例外なく、自分が換金利用するのではなく、妻や姉妹などの近親者で料理をする女性に渡すことだった。すなわち、領主が男性にヒロハフサマメを与えるのは、与えられた男性が、家で料理をする妻たちにヒロハフサマメを与えることができるようにするためなのである。最後に、領主のうち三人（F1、F1-1、F2）は、自らの称号が属する主君に、収穫後にさやから取り出した種子を献上している（合計一一・五キログラム)。これは、本来であれば、トロンの君主の妻たちが料理に使うために、トロンの君主の宮廷に献上する一部になるはずなのだが、後述するようにこの年は持って行っていない。

大量の「残り物」

領主が自分のヒロハフサマメを女性に与える方法とは、これまでみたように、ヒロハフサマメを女性へ直接に、また彼女たちの夫や息子を介して間接的に与えることだけを意味していない。ヒロハフサマメを許可なしに収穫する女性たちを「黙認」することも指している。

観察をとおした私の見立てでは、女性たちが許可なしに収穫するヒロハフサマメの量は、領主が収穫する分よりはるかに多い。そこで、だいたいどれくらいの量になるのか推定したいと考えた。しかし、建前上は許可なしの収穫は許されていないため、「盗み(*zu*)ましたか」、あるいは「許可なしにどれだけの量を収穫しましたか」と尋ねることはできない。よって、代わりに、「ヒロハフサマメの残り物を集めに行きましたか」「それはボウルで何杯になりましたか」と尋ねてみることにした。領主たちの収穫が終われば、木に残っていたり、地面に落ちている「ヒロハフサマメの残り物」(*dɔ'yiha*)は採ってよいことになっているからである。

この聞き取り調査で明らかになった女性たちによる「残り物」の収穫量は、やはりあまりに多すぎた。二〇一〇年のヒロハフサマメの収穫期にフィヒニにいた全女性(一三五人)を対象に質問してみたところ、なんと、六〇人もの女性が「残り物集め」に行っていて、それによって手に入れた種子量は合計にして五五四・五キログラムにのぼったのである。フィヒニの女性たちは、ガウァグ領やフィヒニ領だけではなく、ヨグ、チェシェグ、ザグアなど隣接する別の領地にも行って収穫している。また、ガウァグ領やフィヒニ領には、フィヒニだけではなく近隣の集落の女性たちが収穫に来ている。よって、厳密には比べることはできないのだが、ガウァグ領とフィヒニ領でそれぞれ区画をもつ領主たちの管理下で収穫された分の合計(八七〇・一キログラム)と合わせてみると、女性たちが集めた「残り物」の量は、その収穫の総量の四割弱にも相当するのである。

女性たちがヒロハフサマメを許可なしにとりに行くのは、料理に使う発酵調味料をつくるためのヒロハフサマメを買わずに済ませることが目的である。この六〇人の女性たちが収穫した量は、一人あたりの平均で九・二キログラム（二〇一〇年五月の収穫直後の時価では五・六セディ、二〇一一年の二月の収穫前の高値の時期は一六セディ、図2-3を参照）になる。九・二キログラムという量は、料理に使うヒロハフサマメの発酵調味料（パリグ）の一年分の量にはとうてい満たない。しかし、第一章で述べたとおり、女性たちはこの発酵調味料をつくるとき、ヒロハフサマメの三分の一を落花生で代替してこしらえている。また、さほど美味ではないものの、安値なカポックの種子の発酵調味料（カントン）をつくり、ヒロハフサマメの発酵調味料（パリグ）が足りない分だけカポックの種子の発酵調味料（カントン）味の練粥のスープをつくることで、翌年の収穫期まで、どうにかこうにか、ヒロハフサマメを買わずにやり過ごすのである。

領主が女性たちにヒロハフサマメをとられてしまうのは、領主たちが、領地にある木のさやのほとんどが乾くまで待つことにしているからである。というのも、さやが乾く時期は、それぞれの木、また同じ木でも部位で異なる。こうして、収穫に行かない領主たちをよそに、女性たちは乾いたものからどんどん採っていくのである。パリグンに住むガウァグ領のボティンナー（G2-2の領主）の息子によると、収穫に行ったときにはヒロハフサマメが残っていないのは毎年のことだった。しかし、二〇一〇年、一定量をかならず手に入れたいと思い、時期尚早とはいえ、ひとまず三月の末に収穫に出かけたという。この収穫で、ボティンナーはボウル四杯分のヒロハフサマメ（一一・五キログラム）を確保することに成功した。しかし、「そのときに引っかけ棒（収穫道具）をうっかり置き忘れたら、女からは残りのヒロハフサマメだけではなくて、引っ掛け棒までとられたよ！」と二度目の収穫は叶わなかったことを私に話した。とはいえ、ボティンナーはまあまあ収穫できたからよい。この年、三〇本以上の木をもつのにもかかわらず、女性が収穫した平均値（九・二キログラム）と同量、もしくはより少ない量しか手にできなかった領主は四人もいた（表6-1のG2-1、G4、G5-1、F2-2の領主）。

第二節　木、さや、種子を分け与える過程

前節では、領主は、木、ふさ、種子の三つの形状で、ヒロハフサマメをほかの者たちに直接的に分け与えていると述べた。そこで、本節では、領主たちがどのようにしてヒロハフサマメを与えているのか、その過程を順に詳しく追っていく。

特定の木の収穫を許可する

領主は、自らの領地の特定のヒロハフサマメの木を指して、この木は誰それに与えたものだ、また、誰それのものだ、と説明することがある。これは、その木を与えられた特定の個人がヒロハフサマメを収穫できることを意味している。しかし、それ以外の目的（燃料用など）で、枝を切ったりできることではない。ガウァグ領とフィヒニ領（全二五区画、合計一四九三本）の場合、八区画に位置している合計二〇本がそれぞれ合計一九人に与えられている。これらの木の収穫は、その年かぎりで許可されている場合と、期間を定めずに許可されている場合がある（表6－2）。

特定の木をその年かぎりで与えるというのは、なんらケチな話ではない。その年によく実がついている木を選ぶため、与えられた者はたくさん収穫できるからである。このようにして領主が収穫を許可する相手とは、領主の区画に耕作地をもち、日頃より彼を敬っているためによくしてあげたい男性、またフィヒニのほかの家や隣の集落で暮らす妹など近親関係にある女性たちである。なお、領主は、目上の男性への敬意の証として、その男性の妻や血族の女性にも木を与えることもある。たとえば、フィヒニ領のドヒナー（F5の領主、Y11の家の主）は、隣のY6で暮らす従姪に木を一本与えているが、それは単に血族だからではなく、「彼女が（彼の父方の従兄である）フィヒニの君主の娘だからだ」というのがその理由である。

表6-2　ガウァグ領とフィヒニ領で収穫を許可されたヒロハフサマメの木と収量（2010年、全25区画中8区画でみられる）

	区画	領主（あるいは代わりの収穫者）	与えた／与えている相手	本数	量	
					ボウル（杯）	換算（kg）
2010年のみ・合計11本	G6	Y14の家の主	木が位置する場所に耕作地をもつY13の家の主（家臣）の息子（亡き再従兄の孫息子）	1	2.0	4.6
			木が位置する場所に耕作地をもつY16の家の主の弟（亡き再従兄の息子）	1	3.5	8.1
			木が位置する場所に耕作地をもつY19の家の主の弟（亡き再従兄の息子）	1	0	0
	F1	Y15の家の主	木が位置する場所に耕作地をもつ非血族のY2-1の家の主	1	2.5	5.8
			Y19の家の主の弟（亡き再従兄の息子）	2	2.0	4.6
			Y27に嫁いだ娘	1	3.0	6.9
	F1-1	Y10の家の主	木が位置する場所に耕作地をもつ非血族のY33の家の主の弟	1	3.0	6.9
	F2-1	在ヨブジェリの男性	在ヨグ（隣の集落）の妹	1	不明	—
			在ククログ（隣の集落）の妹	1	不明	—
	F5	Y11の家の主	Y6に嫁いだ従兄（フィヒニの君主）の娘	1	1.0	2.3
期間未設定・合計9本	G3	Y16の家の主	Y19の叔従母	1	0	0
	F1-1	Y10の家の主	Y12の妹	1	3.0	6.9
			Y18に嫁いだ姪	1	4.0	9.2
			木が位置する場所に耕作地をもつY18の家の主の母（非親族）	1	4.0	9.2
	F2-1	在ヨブジェリの男性	在ヨブジェリ（隣の集落）の娘	1	不明	—
	F3-1	在ヨグの男性	在ヨグ（隣の集落）の妹	1	不明	—
			Y7の家の主の甥（前領主がこの甥の祖母へ与え死後に彼が受け継ぐ）	1	5.0	11.5
	F5	Y11の家の主	Y9の家の主（再従兄）の第一妻	1	0	0
	F9	空席（前領主の息子）	Y27の家の主の母（前領主が与えた）	1	0	0
	合計		のべ19人	20	33.0	75.9

G6の区画では、2010年の収穫期のみ1本の収穫を許可されたY19の男性が収穫していないのは、収穫に行く前にすでに女性たちに収穫されていたためだった。また、G3, F5, F9の区画においても、期間が未設定で与えられた木をもつ女性3人が収穫しなかったのは、結実が悪かったためである。聞き取りの方法は表6-1を参照。

他方、期間の限定なしに木が与えられている場合、結実すれば、毎年いちいち領主に確認せずとも自分のものとして収穫できる。興味深いのが、領主が期間を定めずに特定の木を特定の人物に与えた場合、与えた領主が死去しても、その領地の称号を継承した新たな領主がその木を押収せず、死去したかつての領主による取り決めを継続させていることである（二件）。まず、一件目は、フィヒニ領のシリンボマナー（F9の領主）の区画でY27の家の主の母がもつ一本の木である。彼女によると、血族だった二代前の領主から与えられたという。二件目は、フィヒニ領内のボティング領のイッペルナーの区画（F3-1）に位置する、一本の大きなヒロハフサマメの木である。現イッペルナーがその領地の称号を手に入れた際、彼の主君であるボティンナー（F3の領主）から、その木はフィヒニのY7の家の主の甥がさやを採っている木だと説明があったことを私に話した。しかし、この木は、もともと、Y7の家の主の甥に対して与えられたのではなかった。このY7の家の主の甥によると、ボティンナーの称号の前保持者（与えたのはボティング領のイッペルナーの称号が制定される前）がY7の家の主の甥の母方の叔母に与え、この叔母の死後に彼が木を受け継いだというのである。この木を自分の区画にもつ現（フィヒニ領内のボティング領の）イッペルナーに、なぜY7の家の主の甥からその木を押収しないのか聞いてみた。すると、彼にそんな気はさらさらないらしく、そんなことをしてどうするのかと聞き返された。ヒロハフサマメの木の一本を自分のものとして取り戻しても、何の得にもならないと考えているのである。よって、二〇一〇年も、例年通り、Y7の家の主の甥がその実を収穫し、家で料理を担当している彼の妻に与えたのである。

ただし、こうして自分のものとして毎年に収穫できる木をもつことに、ちっとも喜んでいない女性たちがいる。というのも、ヒロハフサマメの木は年によって実のつき具合がまったく違うだけではなく、[1] 古株は結実が悪い。たとえば、Y27の家の主の母（推定八〇代）は、フィヒニ領のシリンボマナー（F9の領主）の称号の前保持者から与えられたヒロハフサマメの木を一本もつが、少なくともここ六年間はその木を収穫していないと言う。与えられた当初はたわわに結実していたが、近年はめっきりで、その大きな古株は、収穫できないような幹から離れた高い位置にある枝にちょこちょこと実をつけるだけなのだと私に不満をぶつけたのである。同様に、G3とF5の区画の木をもつ女性二人も、ほとんど結実しなかったために収穫しなかったと話した。

収穫現場に呼ぶ

領主が次にヒロハフサマメを分け与える機会は、領主による収穫の現場から始まる（表6－3）。ヒロハフサマメの収穫（*dori-yabu*）は、先端に鉤を取り付けた長い棒（*variga*）を、一塊になっているさやの房に引っ掛けて、まとめて木の枝から引きちぎっておこなう。写真1－3でみたように、ヒロハフサマメの木の樹高は、たいてい四～五メートル以上はあり、樹冠が広がっている。木登りをしなければ効率的に収穫できないうえ、木の上で長い引っ掛け棒を使って枝の先になっているさやをまとめてちぎり取るのには技術がいる。このため、領主、あるいは彼の代理は、木登り上手な者たちを引き連れて収穫に向かう。

私がついて行った収穫の一つが、ガウァグ領のイッペルナー（G6の領主、Y14の家の主）の区画である。イッペルナーは、息子の二人を引き連れ、また血族の家（Y17）の息子を一人呼び、手分けして違う木に登らせ、さやを採らせた（写真6－1）。地面に木の上から落とされたさやが増えていくと、イッペルナーは、小さい息子たちと一緒にさやを集めて束ねていき（写真6－2）、さや束を家の謁見室へ運ばせた（写真6－3）。同時に、収穫した木が位置する土地を耕している血族のY23の出戻り寡婦（再従兄の娘）の息子、そして血族ではない向かいの家（Y33）の主の弟を収穫現場に呼び、実がまあまあついている木の収穫をさせ、さやを持ち帰らせた（表6－3のno.1、no.2）。

イッペルナーは、収穫が一段落し始めると、家の妻たちに残りのさやを与えるため、小さな息子たちに呼びに行かせた。イッペルナーは、到着した妻たちに、一本の木の下のヒロハフサマメのさやを取るように言った。妻たちは各自、房が解体してバラバラに散らばっているさやを集め、また、未成熟の青いさや（*dɔ'zaba*）も入れてできるだけ大きなさや束をつくった。これが、それぞれの妻たちの取り分になる（表6－3のno.3）。

領主の男性は、どの妻にどれだけの量を与えるのかを、それぞれの事情によって決定する。イッペルナーは、家で料理を担当する彼の三人の妻（第一妻、第二妻、第三妻）に、二度にわたってさや束をつくり、運び帰ることを許可した。

表 6-3　ガウァグ領とフィヒニ領の領主（あるいは代わりに収穫した者、全 23 人）が収穫の現場と収穫後にヒロハフサマメを分け与えた相手とその状況（2010 年）

場面	no.	分け与えた相手と状況	与えた領主／代理	受け取り人数（のべ）	量 ボウル（杯）	量 換算（kg）
収穫現場	1	木が位置する場所を耕作する血族の男性（収穫現場に呼び、特定の木を収穫させて与える）	2	2	4.5	10.4
	2	近所の非血族の年下の男性（収穫現場に呼び、特定の木を収穫させて与える）	1	1	1.5	3.5
	3	同じ家の妻、またその代理の娘（収穫現場に呼び、地面に落としたさやを与える）	14	35	100.7	231.6
	4	ほかの家の血族の息子（呪物の取り付けのお礼として、収穫を手伝わせ、一部を与える）	1	1	4.0	9.2
	5	ほかの家の血族の息子（収穫を手伝わせ、一部を与える）	1	1	2.3	5.3
	6	ほかの家に嫁いだ娘（娘の母である妻に、娘の分を一緒に与える）	1	1	2.5	5.8
	7	娘の婿で、自分の家臣のウラナ（収穫現場に呼び、与える）	1	1	9.0	20.7
	8	ほかの家の血族の妻（収穫現場に呼び、地面に落としたさやを与える）	2	5	12.0	27.6
	9	「折よく」通りかかった非親族の女性	1	3	3.5	8.1
		（小計）	24	50	140.0	322.0
帰宅後	10	姻族の女性（妻の母、息子の妻の母、妻の従兄の妻）	1	3	7.0	16.1
	11	同じ家の母	1	1	2.3	5.3
	12	亡き血族の男性の寡婦	1	1	1.0	2.3
	13	弟（ほかの家）	1	1	4.0	9.2
		（小計）	4	6	14.3	32.9
種子の取り出し後	14	同じ家の料理を担当する妻（さやから種子の取り出しをしてもらったあと）	7	13	41.0	94.3
	15	妻が妊娠中の息子（子の命名式の料理用）	1	3	15.0	34.5
	16	同じ家の料理を担当していない妻	1	3	6.0	13.8
	17	呪物を取り付けた非血族の男性	1	1	2.0	4.6
	18	年上の血族の男性の妻（敬意として）	1	1	1.0	2.3
	19	集落内の非血族（称号の保持者）の妻（敬意として）	1	1	2.0	4.6
	20	主君（自分の称号が従属する称号の保持者）	3	3	5.0	11.5
	21	料理を担当する妻（トウモロコシを購入したいと言われて与える）	1	1	6.0	13.8
	22	ほかの集落に嫁いだ娘	1	1	3.0	6.9
	23	ほかの集落に嫁いだ妹・姪	3	4	9.0	20.7
	24	ほかの集落に嫁いだ姉	1	2	4.0	9.2
	25	ほかの集落の叔母	2	2	3.0	6.9
		（小計）	23	35	97.0	223.1
		合計		91	251.3	578.0

2010 年の 3 月の観察と 6 ～ 7 月における聞き取りによる。聞き取りの方法は表 6-1 を参照。

写真6-1　ヒロハフサマメの木のさやを収穫するために木に登っている領主の息子。フィヒニにて2010年3月26日撮影。

次男の妻にも同様に、料理を担当していないにもかかわらず、二度にわたって許可をした。これは、彼女が妊娠中であり、生まれてくる子の命名式で客人に振る舞う大量の料理に使う発酵調味料をつくるために、ヒロハフサマメが必要になるからである。そして、唯一、三度にわたってさや束をつくり、運び帰ることを許可されたのが、開拓地で耕作する長男の妻である。この特別待遇の理由をイッペルナーに聞いてみると、彼女は第一妻の長男と一緒に開拓地へ行き、毎日料理をして大変だからだと話す。彼女はまだ二人目の子を産んだばかりであり、第三章でも述べたように本来であればまだ里帰りを許され、料理を担当しなくてもよいことになっている身分の若妻である。それにもかかわらず、彼女は実家でゆっくりするかわりに開拓地で日々、料理をする責務を負っている。このように若妻が早くから料理をする場合、夫側（夫、そして夫の父である家の主）は、彼女が練粥のスープに使う具材と調味料のやりくりで多大な負担を負わないように、できるだけ支援しなければならないといわれている。このような事情があるからこそ、イッペルナーは開拓地で耕作する息子の妻に最も多くのヒロハフサマメを与えたのであり、フィヒニで料理をするイッペルナーの三人の妻たちも、自分たちの取り分の量のほうが少ないことについては不満を述べないのである。

妻たち全員が帰っていくと、イッペルナーは、収穫に呼んだ血族の家（Y17）の息子に、まだ木に残っているさやと、地面に落ちている残りのさやを取ってよいと伝えた。Y17の家の主の息子においては、女性たちからヒロハフサマメを許可なしに収穫されることを阻むための特別な「呪物」を取り付けることをお願いした少年であり（詳細は後述）、そのお礼として収穫に招待したのである（表6－3のno. 4）。また、イッペルナーの収穫では確認できなかったが、ヒロハフサマメの木をもたないほかの家の血族の息子を収穫に招待し、手伝わせて一部を与えたり（no. 5）、嫁いだ娘に与えるために、その母である妻にさやを運び帰らせたり（no. 6）、娘の婿であると同時に自分の家臣の称号を与えた男性を呼びつけて持ち帰らせたり（no. 7）、またヒロハフサマメの木をもたない血族の家の妻たちを収穫の現場に呼び、さやを与えた領主とその代理の収穫者（no. 8）もいた。

写真 6-2　地面に落ちたヒロハフサマメのさやを集めた領主の家の子どもたち。フィヒニにて 2010 年 3 月 26 日撮影。

写真 6-3「ヒロハフサマメのさや束」(*dɔ' bɔbili*) を家に運んでいる領主の息子たち。中央の男児が頭にのせているものが「さや束」とよばれる際の通常の大きさ（2 本ほどのケナフの繊維で簡単にひとまとめにできる最大量）であり、その種子量はボウルで約 2.5 杯分（5.8 キログラム相当）程度。フィヒニにて 2010 年 3 月 26 日撮影。

ところで、領主たちが収穫していると、呼んでもいない女性たちが「折よく」やってきて、さやを与えることもある（no. 9）。こうしてヒロハフサマメを手に入れたと話したのが、フィヒニのある家の三人の妻たちである。収穫の時期、F6の領主（フィヒニのY2からトロンへ移住したフィヒニ領のイッペルナー）の息子たちが収穫に向かうのを見かけた。このF6の領地に、彼女たちの嫁ぎ先の家の主の耕作地の大部分が位置している。そこで、少し時間をおいてから（F6の領主の息子たちがさやを採り始めてしばらくしてから）、彼らが収穫している場所へ行き、挨拶をした。すると、F6の領主の息子は、彼らが収穫していた木々のうち、少量のさやが地面に落ちていた一本を指して、彼女たちにそのヒロハフサマメを取って行くよう伝えた。このようにして、この三人の妻たちは、それぞれ、ボウル一杯（約二・三キログラム）のヒロハフサマメの獲得に成功したことを私に話した。領主たちの行先を確認し、後追いするうえで、彼女たちが「私たちの家からはよく見渡せる」と話したが、彼女たちの家のように集落の周縁部に家が位置していることは後追いに都合がよいようである。そして、この作戦の成功率が極めて高いのは、この事例のように女性の嫁ぎ先の家の耕作地が位置している土地の領主に働きかける場合である。領主や領主の代わりに収穫をしている息子は、その土地を耕作している男性の妻たちがやってきて丁寧に挨拶をされてしまえば、そこにあるヒロハフサマメのさやのいくらかを与えて帰ってもらうほかないのである。

収穫後に与える、贈る

領主たちによる「分け与え」は、収穫を終えて帰宅後にも続いていく。私が収穫について行ったガウァグ領のイッペルナーの場合、同じくフィヒニで暮らしている彼の第二妻の母、息子の妻の母、そして第二妻の従兄の妻に与えるために、謁見室に運んださやや束を息子たちに届けさせた（表6－3のno. 10）。また、同じ家で暮らす老いた母（no. 11）、近所で暮らす亡き再従兄の寡婦（no. 12）、弟（no. 13）にさやや束を与えた領主もいた。

さやを与えるべき相手にだいたい配り終わったら、領主は家の女性にさやから種子を取り出す作業をお願いする。さやを開け、種子の周りにある黄色い豆果を取り除き（この粉は水粥に入れると美味しい）、種子を洗って乾かすのである。領主は、この作業を依頼する女性にも、取り出した種子の一部を分け与えるものである（no. 14）。よって、家の女性なら誰にでも任せてよい、というわけにはいかない。その女性とは、もちろん料理を担当する妻、そして、これらの妻が複数人いる場合、たいていは生計関係を最も緊密にしている最後にめとった妻になる。しかし、フィヒニ領のドヒナー（F5）は、家で料理をしている自分の妻ではなく、開拓地で耕作する息子について行き、そこで料理を担当している息子の若妻にこの仕事をお願いしていた（写真6－4）。それは、ガウァグ領のイッペルナーの例でも述べたとおり、本来ならば、まだ一人目を子育て中の彼女は料理をしなくてもよいはずだからである。もうその役目を担い、料理のための労働だけではなく、調味料をはじめとする足りない食材の金銭的なやりくりに追われているため、彼女には特別に分け与える機会を与えているのである。

写真 6-4　ヒロハフサマメのさやを開けて中から種子を取り出す領主の息子の妻。フィヒニにて 2010 年 3 月 20 日撮影。

ヒロハフサマメの種子を取り出したあとも、領主による分け与えは続いていく。たとえば、本調査において一九九本もの木をもち、多くのヒロハフサマメを収穫したフィヒニ領内のタマルグ領のククオナー（表6－1のF2－1の領主）は、妊娠中の妻をもつ三人の息子それぞれに、子の誕生後の命名式の料理に使うためとしてボウル五杯の種子を渡しただけでなく（表6－3のno. 15）、これらの妻にも直接にボウル二杯ずつ与えた（no. 16）。また、フィヒニ領のヤパルシナーの区画を代理として収穫したY30の家の主（ヤパルシナーの兄）の息子は、ガウァグ領のイッペルナーと同様に、女性たちから先に収穫されないように、ヒロハフサマメの木に呪物を取り付けてもらったY8の家の主の息子にボウル一杯を渡している（no.17）。

ヒロハフサマメは、トウモロコシと同様に、目上の男性への贈り物として利用される作物である。よって、集落内の年上の血族や非血族の男性の妻に、これら「男性」への敬意の証として贈った領主もいる（no.18、no.19）。また、自らの称号が属する主君に献上した領主も三人いた（no.20）。フィヒニ領のククオナー（F1の領主）からフィヒニ領内君主へボウル二杯、フィヒニ領のタマルナー（F2の領主）からフィヒニの君主へボウル二杯、そしてフィヒニ領内のククオ領のヤパルシナー（F1-1の領主）からフィヒニ領のククオナー（F1の領主）へボウル一杯である。

そのあとも、領主たちはヒロハフサマメを誰かに与え続けるために、その残量は徐々に減っていく。フィヒニ領のタマルナーは、家で料理を担当する息子の三人の妻それぞれに、発酵調味料をつくるためのヒロハフサマメをボウル五杯分（約一一・五キログラムであり、だいたい一年分程度）与えていた。しかし、与えた後日も、そのうちの先輩妻から、ボウル六杯も「（足りない）トウモロコシを買うと言って、取られてしまったよ！」と話した（no.21）。さらに、ヒロハフサマメの収穫期の直後、ほかの集落に嫁いだ娘だけではなく、妹、姪、姉、叔母などが訪問してくる（no.22、no.23、no.24、no.25）。わざわざ、ヒロハフサマメを彼女の血族である領主から得る目的で戻ってくるのである。とりわけ、目上にあたる叔母は、渡されるお土産の量で甥からの彼女への好意の度合いを評価する。このため、ボウル一杯分さえ余っていなければ、そのように話し、少なくとも現金一セディ札（〇・六ドル）を渡して帰ってもらわなければならないほどである。

「ナイリズナ」の献上を待つ妻たち、回収に出向く妻たち

「ナイリズナ」（*na'yili-zuna*）とは、宮廷（ナイリ）（君主の家）に献上するヒロハフサマメのことである。トロンの君主など各地の有力な君主に嫁いだ妻たちも、宮廷の同居家族の日々の食事のために料理の当番を回していて、発酵調味料（パリグ）をつくるヒロハフサマメを必要としている。

通常、図3-4でみた上位の階層IIの有力な君主たちは、自らでヒロハフサマメの収穫をしない。たとえば、トロ

ンの君主は、彼に直属する属領主である階層Ⅲのフィヒニやガウァグの君主たちに治める場所を与えてきた。よって、これらの属領主たちが、彼らがそれぞれ土地を分け与えている再領主、そしてその再々領主が収穫したヒロハフサマメを集め、トロンの君主の妻たちが料理に使うことができるように、トロンの宮廷に献上しに行くことになっているのである。しかし、宮廷の妻たちが困るのは、献上されるヒロハフサマメの量が少ないことである。

かつて、トロンの宮廷の妻たちは、トロンの君主に直属する君主（属領主）からヒロハフサマメが献上されるのを、ただ待っているだけではなかった。トロンの宮廷で料理をしている妻たちによると、トロンの宮廷の妻たちは、フィヒニやガウァグの君主を含む、トロンの君主に直属して各地を治めている君主たちの屋敷を訪問し、ヒロハフサマメを集め回っていたというのである。しかし、彼女たちの夫の故スレマニ三世（表４－１のno.19のトロンの君主）によって、それは物乞いの行為だとして禁じられてしまった。属領を治める君主たちが彼（スレマニ三世）に敬意を払うならば、彼ら自身がヒロハフサマメを献上しに来ると言ったのだという。

よって、トロンの宮廷の女性たちが不満げに話すのが、献上されるのを待っているだけでは十分なヒロハフサマメを手に入れることができないこと、とくに、近年の各領主たちによる収穫量の減少は、トロンの宮廷への献上量の減少にもつながってきたことである。故スレマニ三世の妻たちによると、二〇一〇年の収穫後にヒロハフサマメを献上しに来たのはヴォワグリ、ナグブリグ、ヨグの君主だけで、それぞれボウルで六杯くらいだった。とくに二〇一〇年は、地域一帯でヒロハフサマメの結実が悪かったともいわれているから、これはしかたないと話す。しかし、トロンの宮廷には一〇〇人を超える同居家族がいて、毎日の練粥のスープに使うにはまったく足りない。そこで、料理を担当している故スレマニ三世の五人の妻たち（第二妻〜第六妻）は、女性たち一般と同じように例外なく、ヒロハフサマメの発酵調味料の替わりに、低質の代替品として認識されているカポックの種子でつくった発酵調味料（カントン）を使っている。カポックの種子においては、トロンの集落からタリに向かう道沿いに街路樹として植えてある木がすべてトロンの君主のものであるため、買う必要がないらしい。なお、フィヒニにおいて、フィヒニ領とガウァグ領のヒロハフサマメの木の種子を献上する役目を担ってきたのは、フィヒニ領のパナラナの称号の前保持者（昇進し、現ガウァグ領のグンダーナー、Y16の家の主）だという。彼によると、最後に献上したのは、私の調査時の二年前の二〇〇八年であり、ボウル一二杯（推定二七・六キログラム）を持って行った。しかし、二〇〇九年と二〇一〇年においては、フィヒニの君主とガウァグの君主は、再属領主たちから収穫量の悪さの報告を受けたために、献上に行かなかったと話した。

ところで、トロンの宮廷の女性たちによると、クンブング、ウォリボグ、ブルン、サグナリグ地域などトロン地域の周辺の有力な君主の宮廷の妻たちは、自ら直々に属領の君主たちを訪問し、少なからず多くのヒロハフサマメを獲得できているということである。そこで、私は、サグナリグの君主に属するチャンナイリで暮らしているジブリール（フィヒニでの初期調査を手伝ってくれた友人）に、サグナリグ領の事情を聞いてみた。二〇〇九年に死去したばかりの彼の父は、ヒロハフサマメの木をもつ領地の称号（タマルナー）の保持者だったからである。彼によると、サグナリグ領では、サグナリグの君主の妻たちだけではなく、サグナリグの君主の姉妹たちも加わって、それぞれ手分けしてサグナリグの君主の属領の君主を訪問し、ヒロハフサマメを回収している。しかし、チャンナイリの君主も例外なく、彼に属する再領主たちから十分な量のヒロハフサマメを集めることができない。よって、チャンナイリの君主は、ボウル一杯のヒロハフサマメさえ献上できない再領主たちからは現金一セディを集めることにしていて、回収にやってきたサグナリグの宮廷の女性に、集めたヒロハフサマメと現金を合わせて渡し、帰ってもらっているらしい。

このように、西ダゴンバ地域の属領の君主たちが十分な量のヒロハフサマメを収穫できないのは、木の減少だけではなく、次から詳しくみるように、女性たちが大量のヒロハフサマメを許可なしに収穫していることが大きい。

第三節　猛暑期の真昼の収穫

ヒロハフサマメのさやが乾き始める三月とは、一年のうちで最も暑い、乾季の終わりの時期である。この猛暑期の真昼どき、太陽が強く照りつけている外の気温は、四〇度をはるかに超えている。このため、男性たちは、暑さをしのぐために部屋の中や庭先の木陰でゆっくり休んでいる。一方、女性たちはというと、集落から少し離れた場所で、せっせとヒロハフサマメのさやを収穫している。

ヒロハフサマメの収穫は、木登りが得意な若い男性の仕事とされていた。しかし、現在、タマレからトロン一帯までの人口が密集した西ダゴンバ地域の農村部では、まるで女性の仕事かのようになっている。女性たちは、燃料用の枝を採集するときと同じ方式で、木の下から引っ掛け棒を房に引っ掛けて、房を地面に引っ張り落とす。ときおり、男性のように木に登り、さやを収穫している若い女性も見かける。若い女性は、たとえ料理をしていなくても、この時期、離れて暮らす母や、彼女の育ての母親である父方の伯叔母などを訪問し、お土産として料理に必要なヒロハフサマメを渡すことが近年の慣行になってきたのである。また、里帰り中の娘も、母親がまだ料理を担当していれば母親のために、そうでなければ自分の稼ぎのためにも収穫に行く。二〇一〇年の収穫期、近くの集落の女性がヒロハフサマメを収穫していた際、木から落ちて大けがをしたという噂が回ってきた。男性たちは、「女がヒロハフサマメを採るようなことをするからよくないのだ」と話していた。

許可なしの収穫とその黙認

女性とその娘たちは、日々、料理に使う薪を集めるために、集落の周りの土地を歩き回っている。三月に入ると、燃料集めのついでに、あちこちに点在しているヒロハフサマメの木の結実の具合とさやの乾燥度合いの観察を始める。そして、三月の中旬から四月まで、男性たちが休んでいる真昼時、また夕刻時に、ヒロハフサマメの本格的な収穫に出向く。

フィヒニ領のタマルナー（F2の領主、Y7の家の主で推定八四歳）の家は、トロンからフィヒニまで延びている道沿いに面している。タマルナーは、お昼の練粥を食べたあと、庭先の木陰に腰掛を置いて座り、うとうとしつつ、家の前の通りをときおり行き来する人びとを眺めることを日課にしている。私もタマルナーの横に腰かけて通りを眺めていると、一人、また一人と、頭上のタライにヒロハフサマメのさやを積み上げた女性が通り過ぎていく。

当初、不思議だったのは、三月の中旬になり、白昼に女性たちが収穫した大量のヒロハフサマメのさやを持ち帰り始めていても、領主たちは、一向に収穫に行く気配をみせなかったことである。私は、領主たちの収穫について行きたくて、毎日いつ収穫に行くのか聞きまわっていた。しかし、誰しもなぜだか、のんびり構えているのである。そこで、私はタマルナーに、ヒロハフサマメを頭の上のタライにのせて通りすぎる女性を前にして、「いつになったらさやを採りに行くの？　女たちに全部とられてしまうよ」と聞いてみた。すると「いや、まだ完全に乾いてないんだよ」と言う。こうして、私が領主たちによる収穫を待ちわびてわかったのは、領主たちは、乾いたさやから一つひとつ、ちまちまと収穫する女性の真似はしないことである。かつてからそうであったと言うように、ほぼ、あるいは完全に乾くまで待ち、たいてい一度、ないしは二度の収穫でおしまいにするのである。

よって、ヒロハフサマメを欲する女性たちにとっては、ヒロハフサマメの収穫をめぐるライバルとは領主たちではない。うかうかしていると、目をつけていた木の収穫をほかの女性たちにされてしまう。だから、一房を構成するさやのすべてが乾いていなくても、大半が乾いていれば収穫する。もちろん、青いさやの中の未成熟の種子は、よい発酵調味料にならないどころか、すぐに加工しなければ駄目になる。しかし、待っていたら、ほかの女性たちに先に採られてしまうのである（写真6－5）。

また、私のもう一つの疑問点とは、タマルナーだけではなくほかの領主たちも、女性たちが大量のヒロハフサマメを収穫して集落に運び帰ってきて、家の中庭で堂々とさやから種子を取りだす作業をしていても、何にも注意しないことだった（写真6－6）。そこで、私は、男性たちになぜ何も言わないのかを聞いてみた。すると、「どこから採ってきたのかわからないのだから、何も言いようがない」と言う。一般的に、密告は別として、被害者でもない第三者が出しゃばって注意するような行為は非常に忌み嫌われている。ただ、仮に「現行犯の取り締まり」をしたかったとしても、そう簡単ではないようである。私はある女性に、「許可なしに収穫して見つかったりすることないの？」と聞いてみた。すると彼女は「おまえは向こうから領主がやって来ているのが見えるっていうのに、そのままそこに立ったままでいるのかい？　反対方向へ行く（その場を去る）、それだけだろ？」と呆れ顔である。たしかに、社の周囲のほかはすっかり農地化されているこの地域では、視界を遮る耕作物さえない乾季、遠くまでよく見渡せる。よって、女性も領主に気がつけば「逃げる」余裕は十分にある。とはいえ、領主たちは、自分の領地でヒロハフサマメを収穫している女性を発見し、どこの家の者かわかれば、あとで注意しに行くことは可能である。しかし、見逃すしかないのは、第一に、領主のヒロハフサマメを許可なしに採っているのは、その領主の親族の女性の場合が多いからである。「女が私のヒロハフサマメのさやを採っていようと、どうも言うことはできないよ。だって私の兄分（*bieli*, 年上の男性）

写真 6-5　女性の部屋に山積みされたヒロハフサマメのさや。上部の色が薄いさやはまだ乾いていない青いもの。三月の終わりには家々の女性の部屋で収穫したさやを見ることができる。フィヒニにて 2010 年 3 月 26 日撮影。

写真 6-6　中庭で、収穫したヒロハフサマメのさやの中から種子を取り出している女性。フィヒニにて 2010 年 3 月 24 日撮影。

の妻かもしれないだろ？」と私に話したのは、ガウァグ領のグンダーナー（G3の領主、Y16の家の主、六一歳）である。第三章で説明したように、農村部の規模が小さな集落は、血族の関係にある家々で構成されている。よって、ヒロハフサマメを許可なしにとる女性たちとは、血族の誰かの家に嫁いで料理をする妻たちだったりする。

実際、女性たちとくれば、親族関係が近い男性が領主としてヒロハフサマメをもっている場合、その関係を利用して彼の土地に行っている。たとえば、フィヒニの隣の集落で暮らす、フィヒニ領のある領主によると、彼のヒロハフサマメを許可なしに収穫しているのは、フィヒニの彼の母方の亡き従兄の寡婦と娘、その息子の妻たちなのだと話す。また、ガウァグ領のある領主の妻たちによると、夫のヒロハフサマメを堂々と収穫しているのは、隣の家の夫の亡き従兄の妻たちだという。この夫の亡き従兄とは、彼女たちの夫がもつ領地の称号の前保持者だった。このような近所、親族の関係、そして称号の継承の経緯など諸々の事情から、隣に住む夫の亡き従兄の家の妻たちがヒロハフサマメの木のさやを収穫し続けていても、彼女たちは何も言えないでいるのである。このこともあるのか、彼女たちの夫であるこの領主は、ガウァグ領のなかでは上位の称号をもち、多くの木の収穫ができるはずにもかかわらず、二〇一〇年はほとんど収穫できていない。よって、その妻の一人は、「もし夫のヒロハフサマメがたくさんあれば、私に与えてくれるけどね、夫は（ヒロハフサマメを）もっていないんだよ。もし夫がもたなければ、自分で採りにいかないと手に入れることはできないよ」と話した。

また、領主の妻たちは、夫に内緒で夫のヒロハフサマメを採りに行ったりもしているらしい。しかし、これも咎められるものでもない。「たとえ妻たちがヒロハフサマメのさやを収穫していたとしても、それは盗みとは言えないよ。妻たちはスープ（の材料）を買っているし、（足りない）トウモロコシまで買っているのだからね」とフィヒニ領内のククオ領のタマルナーは私に説明した。

女たちにとらせる規範

ここまでですでに明らかなように、ヒロハフサマメの収穫をめぐり、領主たちには一つの規範が課されている。それは、「富をもつなら与えよ」というお決まりの文句で説明されるのだが、より具体的には、ヒロハフサマメにはできるだけ無関心に振る舞い、女性たちに与えるべきことである。先述したように、さやが完全に乾くまで収穫に行かないこと、収穫できるのであれば、家の妻たちだけではなく、近所の女性たちを招待して分け与え、収穫後も女性たちが必要なかぎり与えることである。そして、ヒロハフサマメが足りないために、女性たちがヒロハフサマメを許可なしに採りに行く今日においては、女性たちに採らせてやることである。

よって、仮に女性たちに寛大な態度をとることができなければ、むしろ、女性たちによって彼の社会的な評価が下げられてしまう。たとえば、フィヒニ領のある領主の息子は、彼の父の領地で、隣のチェシェグとグンダーの集落の女性たちが収穫をしているのを見つけ、追い払った経験を語った。「ぶつぞ！」と言って、少しくらい追いかけて態度で示さないと、またやって来るそうだ。しかし、女性たちは陰で彼を「意地悪者」(*ninvuy'bieyu*)として噂だてるだけではなく、「(あの男は)貧しいのよ(*fara malo*)！」と嘲笑したりしている。男性たちは、このような女性たちを見て育ってきたので、あまり必死にならないほうがよいことを十分承知している。そして、料理に必要で足りないから採りに行くしかない女性たちからすれば、彼女たちを本気で追い払うことなど、意地悪で貧しい男にしかできない行為だという考えにも、男性たちはむしろ同調している。男性たちは「女たちは、ヒロハフサマメが自分たちのものだと思っている」と言う。そのとおり、女性たちは、ヒロハフサマメとは領主のものであっても、同時に女性が料理に使うための女性のものだと考えているのである。

また、称号を獲得し、就任式をおこなってから初めて迎える収穫期においては、称号の獲得者は収穫を実施せず、女たちに自由に採らせなければならないといわれている。男性たちにその理由を尋ねたところ、称号を手に入れてすぐに収穫しに行けば、人は彼がヒロハフサマメのために称号をとったと揶揄するからだという。ただ、「女たちに自由に採らせる」規範は、就任式を開催した後の初収穫に適用されるものであり、就任式の開催前であれば収穫してよいと考えられているらしい。しかし、二〇〇九年一二月にガウァグ領のタマルナーの称号を獲得した(ガウァグの君主からコーラナッツを受け取った)Y24の家の主は、二〇一〇年の収穫期(三〜四月)、まだ就任式をしていなかったにもかかわらず、ヒロハフサマメを採りにいかなかった（タマルナーの就任式はその年の二〇一〇年一一月二四日に開催）。よって、私はタマルナーに、収穫に行かなかった理由を尋ねてみた。すると、収穫の時期、ちょうど家で葬式や呪術の継承の儀式を開催したことを挙げ、いろいろ忙しかったとしてはぐらかされた。つまり、タマルナーは、忙しいのを理由にするくらい、ヒロハフサマメの収穫はどうでもよいと考えていることを私に伝えたのである。

しかし、タマルナーが収穫に行かなかったことは、タマルナーの家で料理をする女性たちにとっては好ましくないことである。「うちの家の者（妻）たちはね、タマルナーが収穫しに行くのを待っていたんだよ。そしたら結局は行かなかったものだから、誰もヒロハフサマメを手に入れることができてない。私は行ったけどね」と話したのは、タマルナーの家（Y24）で暮らしているタマルナーの姪である。妻たちが行かないのに、この姪が収穫に行ったのは理由がある。タマルナーがヒロハフサマメを収穫しても、それが大量でないかぎり、彼女には与えられない。なぜなら、彼女は嫁いできた妻ではなく、家で料理を担当していない出戻りの寡婦だからである。

女性たちに自由に採らせるべき規範があっても、許可なしにヒロハフサマメを収穫する女性たちを正すべきだと考えている男性もいる。現フィヒニの君主である。フィヒニの君主の家（Y8）の妻たちは、誰も「残り物」の収穫には行っていなかった。なぜか理由を尋ねたところ、家の主であるフィヒニの君主から、ヒロハフサマメを採りに行ってはいけないと言われているから行くことができないのだという。ただ、フィヒニの君主の家の妻たちがフィヒニの君主に従うことができるのは、フィヒニの君主は毎年、一定量を収穫し、妻たちに与えることができているからでもある。ガウァグ領とは異なり、フィヒニ領は再属領主に配分されつくしておらず、フィヒニの君主が自らでヒロハフサマメを収穫できる区画が集落のすぐ南側に残されている（図4-2のF0）。その区画には、ヒロハフサマメの木は一七本しかないものの、フィヒニの君主の家の目の前に広がっているために、女性たちがこっそりと採（盗）りに行くことができない。こうして毎年、わずかではあるものの、ある程度のヒロハフサマメ（二〇一〇年は推定で一五キログラム）を収穫できているために、家で料理をする女性たちは、フィヒニの君主に敬意を払い続けて彼に従うことができているのである。

第四節　新たな防止策

前節でみたように、領主たちは、女性たちがヒロハフサマメを収穫しつくすのを前にしても、必死に追い払うことができないでいる。しかし、領主たちのもとには、収穫期後、嫁ぎ先から姉妹や叔母、娘たちがヒロハフサマメをもらいに戻ってくる。さらには、家で料理をする女性たちに与える分さえ収穫できない領主たちまでいる。領主たちは、これらのジレンマに直面し、ここ一〇年ほどの間に、不特定多数の女性たちの収穫を間接的に阻むための対策を「新たに」講じるようになった。自らの取り分をなんとか確保するために、許可なしの収穫者に災いをもたらす「呪物」（*binbariyu*,「防止するもの」の意）を、実の付きがよいヒロハフサマメの木のいくらかに取り付けるのである。二〇一〇年、フィヒニ領とガウァグ領の二五人の領主のうち、半数以上の一三人が呪物を使って防止策をとっていた。

女性に因んだ災い

領主やその息子たちが呪物を取り付けに行くのは、ヒロハフサマメのさやがすっかり乾く少し前の三月の中旬から終わりにかけてである。領地を歩き回り、とくに実のつきがよい木を選び、女性たちの目に留まるように、木の低い位置に呪物をぶら下げておくのである。呪物が付いてある木の実を収穫した者、あるいはその実を食べた者には、なんらかの災いがもたらされることになっている。

女性に対する策とあって、呪物の災いの内容は女性に因んだものが多い。私は、先に述べたガウァグ領のイッペルナー（F6の領主、Y14の家の主）が、一度目の収穫の翌日、残りの木に呪物を取り付けに行くと言うのでついて行った。イッペルナーは、結実がよい合計八本の木にまず、収穫した女性がそのあとに出産する子が大きくなる度に死ぬ「出産死」（*dɔyiri-kpihim*）をもたらす「割れヒョウタン」（*ymanˋcheyu*）を括り付けた。次に、同じ効力をもつという「乾燥オクラ」を一本へ、そして、出産後に胎盤が出てこない問題をもたらす「布切れ」(*chinchin'chera*) を別の一本に括り付けた。イッペルナーが使用した呪物のうち、唯一女性に因んでいなかったのが、なんらかの病気をもたらす「馬の尻尾の毛」である。イッペルナーがこの呪物を一本の木に括り付けたところで、用意した四種類の合計一一個がすべてなくなった。

ほかの領主の区画の観察と聞き取りによると、フィヒニ領とガウァグ領で取り付けられた呪物の種類はまだあり、利用された物と効力はさまざまである。たとえば、「小石」も出産時に胎盤が出てこない問題をもたらす呪物として使用されていた。また、盗んだ実を食べた者の口が耳までひん曲がる「巻貝の殻」(*gingalanyoyu*) をヒロハフサマメの木に取り付けた領主もいた。これはマンゴーの木によく取り付けられている呪物であり、ヒロハフサマメの木にも流用されるようになったのである。さらに、落雷に打たれて死ぬ災いをもたらす呪物として、シアナッツの木の葉やヒロハフサマメの木の葉、またニセヤムイモの葉を幹に巻き付けた領主の息子もいた。私は確認できなかったが、カポックの実も呪物によく使われるという話である。なお、それぞれの呪物の効力についての人びとの間の認識は、割れヒョウタン、シアナッツの木の葉、ヒロハフサマメの木の葉、ニセヤムイモの葉、巻貝の場合は一致している。しかし、そのほかの呪物については、同じ種類の物を利用していても、違う効力をもつと考えられている場合もあった。領主たちは、巻貝や馬の尻尾など特別な呪物においては、先代から受け継ぎ、また、知り合いの呪術師(バガ)に依頼することで手に入れてきたという。

女性たちが恐れない呪物、恐れる呪物

女性たちは、これらの呪物のすべてが効力をもつとは思っていない。偽物(*varsibu*,「怖がらせる物」の意)があると考えている。その代表が、雷に打たれて死ぬ災いをもたらすニセヤムイモの葉、シアナッツの木の葉、ヒロハフサマメの木の葉など、手近にある植物の葉を利用して、即席にこしらえた種類である。「シアナッツの木の葉やヒロハフサマメの木の葉の呪物(ビンバリグ)だって? そんなものを見ても、「は! 誰だい(こんな子ども騙しなことしたのは)?」っ

て言うさ。私たちは誰もそんなものを恐がらないよ。いいかい、女は称号を獲得しない。盗（ズ）まなかったら、何にも手に入れることはできないからね」と私に言ったのは、夫が領主であるにもかかわらず、毎年ほとんど収穫できていないために、料理をしている自分に与えるヒロハフサマメさえないと話した五〇代の女性である。

ただし、彼女によると、女性たちは先に述べた「出産死（ドギリピヒム）」をもたらす割れヒョウタンを非常に恐れている。「子が死ぬからね。人はこう言うよ。「子の母が盗みをしたから子が死んだ」ってね」と話す。実際に、産んだ子どもが少し大きくなったたびに死んでしまうという不幸を経験している女性は身近にいる。ある再領主の妻である。息子（四歳）が病気だと聞いたので、私は昼下がりに見舞いに行った。その子は高熱を出していて、謁見室で横になっていた。しかし、私が帰ったあと、夕方になって息を引き取った。その子の死を私に最初に知らせたフィヒニの男性は「あの女の子どもは、いつもこれくらい（一メートルを超えたくらいの高さを手で示して）になったら死ぬんだよ。これで三人目だ」と言った。その子の葬式に行ったとき、この女性は部屋の中でほかの女性たちに付き添われ、静かにずっと泣いていた。彼女はもう妊娠できる年齢を過ぎているように思えた。

しかし、女性たちによると、結局のところ、どの呪物（ビンバリグ）が本物なのか偽物なのか判定できないらしい。たとえば、割れヒョウタンに「出産死」の効力をもたせるためには、タカやヘビの力を継承している家系の者が木に取り付けなければならないとされている。私が呪物の取り付けについて行ったガウァグ領のイッペルナーも、八個の割れヒョウタンを自分ではなく、母方からタカの力を継承した、血族のY17の家の主の息子（一〇歳）に依頼して取り付けてもらっていた（写真6－7）。しかし、その現場を女性が見ていなければ、それが実際にタカやヘビの力をもつ者が結びつけた割れヒョウタンなのかは識別できない。また、身近な材料で即席的につくった呪物にしても、取り付ける行為そのものが、許可なしに盗る者に何かの災いをもたらす力を宿らせるとも考えられている。しかし、盗った人物の身にすぐに何かが起こるわけでもないので、経験的にもよくわからない。これもあってか、女性たちは、よく結実した木に呪物が取り付けられているのを発見したとき、枝を使って木から呪物を取り外して収穫をしている。半信半疑のなか、リスクとヒロハフサマメを手に入れることを天秤にかけ、ヒロハフサマメを手に入れることを選択しているので

写真6-7　領主のために彼の血族の男性の息子（母方からタカの力を継承）が割れヒョウタンを取り付けている様子。フィヒニにて2010年3月27日撮影。

ある。なお、出産できる年齢を過ぎた女性には、恐れる呪物はないらしい。

ところで、呪物を使う気などさらさらない領主もいる。たとえば、前節で述べた、母方の亡き従兄の寡婦と娘、その息子の妻たちにヒロハフサマメを許可なしに収穫されていると話した領主である。私は、彼になぜ呪物を取り付けないのか、彼に質問した。その返答は、「もし私が取り付けた呪物が親族（の女性）を捕らえたら（親族の身に何か起こったら）、いったいどうするんだい？」だった。

第五節　交代した「盗人」

ところで、女性たちによる許可なしの収穫が活発になったのは、比較的近年の変化である。一九九〇年代に入るまでは、女性たちが自分でヒロハフサマメの収穫に行くようなことはあまりなかったという。しかし、それ以前においても、今と変わらず、ヒロハフサマメの「盗人」だらけだった。当時の「盗人」とは、女性ではなく、木登り上手な者たち、すなわち、一〇代の少年から三〇代の若い男性たちである。純粋に稼ぐことが目的でヒロハフサマメを許可なしに収穫し、売っていたというのである。

少年期にこの「仕事」をしていた三〇代〜四〇代の男性たちが私に話すところによると、夕刻どきが「犯行」の時間だった。一人で、また少年たちは仲間たちと数人でこっそり出かけ、木に登ってさやを採る。帰宅すると、自分で、あるいは母親にお願いして持ち帰ったさやの種子を取り出して洗う。それを、料理をする母親に与えるのはもちろん、母親に市場で売ってもらい、また、集落内でほかの女性たちにも直接に売ったりして、少なからずの稼ぎを得ていた。また、若い男性だけではなく、ヒロハフサマメの木をもたない中高年の男性もこっそり収穫していたと言う。一九八〇年代頃までは、タマレからトロン一帯の集落の密集地でも、ヒロハフサマメはかなり収穫できていた。売れば、肥料を買うための資金にもなったらしい。

この話に驚いた私に彼らが強調するのは、許可なしにヒロハフサマメを収穫するのはそんなに深刻な「問題（ターリー）」ではないことである。第三章でもとりあげたシアナッツの事例の場合と同じように、ヒロハフサマメの木は誰かが植えたわけでもない「神の贈り物（ウンピニ）」なのだから、と言うのである。また、ヒロハフサマメを収穫することは、誰かのヤギを盗ることとは同じではない、というのも、お馴染みの説明である。男性たちは、ときおりトロン一帯でニュースになる、ヤギやヒツジ、またホロホロチョウの盗みを大問題だと考えている。また、男性たちは、家の庭先の敷地の外で自分のホロホロチョウが産んだ卵をほかの誰かが見つけ、こっそり盗っていくことについても、よくある話だが問題として語る。さらに、畑の付近で保管していたヤムイモが盗られたり、収穫前のトウモロコシをもぎ取られることについても、問題として語る。しかし、ヒロハフサマメはそうではない。たしかに領主のものだから、許可なしにとってはいけないのだが、それは「盗み（ズブ）」ではない、という具合に説明するのである。

領主やその息子たちは、一〇代の少年はもちろん、二〇代～三〇代の若い男性たちが彼らのヒロハフサマメを許可なしに収穫しているのを現行犯として見つければ、「宮廷（ナイリ）に連れていくぞ」と脅し、追い払ったりもしていた。しかし、自生し、経済価値もそれほど高くはないヒロハフサマメが許可なしに採られたとして、領主が誰かをトロンの宮廷に連行するようなことは、実際にはなかった。それどころか、その「盗人」がヒロハフサマメの木をもたない年配の男性の場合は、何も言うことさえできなかったと言う。互いに顔見知りの集落における社会関係上、直接的にその行為を注意することは阻まれていたのである。

ところが、今日の若い男性たちは、許可なしにヒロハフサマメを収穫する座をすっかりと女性たちに明け渡している。「盗人」の交代は、西ダゴンバ地域の人口密集地では、一九九〇年代の後半ごろが境だという。男性たちは、収穫を止めた理由について、「カネになるほどヒロハフサマメが収穫できなくなったからだ」と述べる。徐々により多くの女性たちが収穫に出向くようになり、彼らより先に乾いたさやを収穫してしまうようになったからである。

女性たちは、かつて、一年をとおして料理に使う発酵調味料をつくるために十分な量のヒロハフサマメを、買わずとも手に入れることができていた。ヒロハフサマメの木が手に入る称号を獲得した嫁ぎ先や近所の家の主、また実家の血族から収穫に呼ばれて分け与えてもらうことで足りていたという。しかし、分け与えてもらうだけではヒロハフサマメが足りなくなっていった。人口の増加にともない、料理に使う発酵調味料(パリグ)の絶対的な消費量が増え、ヒロハフサマメの需要が高まっていたにもかかわらず、第一章でみたように、ヒロハフサマメの木の個体数が減少してきたからである。耕作地を管理する男性たちは、一九八〇年代〜一九九〇年代にかけて、カカオのように稼ぎを得ることを期待してシアナッツの木を耕作地に増やし、現在においては足りないトウモロコシを(女性たちが)買えるようにシアナッツの木を維持している。一方で、土地が不足し、耕作面積が限られるなか、重要ではあるものの、相対的にはシアナッツより重要性が低いヒロハフサマメの木を更新させることをないがしろにしてきた。こうして、収入源になるどころか、料理に使う分さえ足りなくて困っているために、できるだけ多くのヒロハフサマメを我先にと手に入れようとする女性たちが、お金になるほどのヒロハフサマメを収穫できない男性たちを、とうとう収穫現場から追い出したのである。

第六節　小括——サバンナの「支配者」と発酵調味料

本章では、ヒロハフサマメの木を自分のものにできる領地の称号をもつ男性と、その実を日々の料理に使う女性との間の実の収穫と利用をめぐる関係を検討した。従来の研究では、政治的な地位をもつ主体に経済価値のある樹木が個人の経済的な収益としてその実を排他的に利用したり、収益を得ることには執着してはいないことが明らかになった。

第一に、ヒロハフサマメの木を獲得した男性たちは、聞き取りが可能な過去より現在にいたるまで、家の内外の女性たちが料理に利用できるようにヒロハフサマメを与えてきた。収穫前に特定の木の収穫を許可したり、収穫時に呼んでさやを運び帰らせたり、収穫後にさやや種子を与えてきたのである。このように、領主が女性たちに実を与えることは、彼らが集落の家々を率いる年配の男性たちであることを踏まえれば十分に理解できる。仮に、領主が自分の家で料理を担当している自分や息子の妻たちにヒロハフサマメを与えないとすれば、あまり美味しくないカポックの発酵調味料でつくった練粥のスープを食べて我慢するのも彼自身なのである。また、領主たちが、自分の家の妻たちだけではなく、集落内の血族や近所の家々で料理をする女性たち、そして嫁ぎ先の娘や姉妹、叔母たちなどにもヒロハフサマメを積極的に分け与えるのは、この実が日々の料理の最も基本的な調味料となり続けてきて、女性たちが必要としているからである。

第二に、ヒロハフサマメの木を獲得した男性たちは、その取り決めにかかわらず、女性が許可なしに収穫する行為を黙認してきた。人口の増加にともない、一九九〇年代ごろより、日々の料理に使うヒロハフサマメが足りなくなってきた。女性たちは、与えてもらうのを待つだけでは必要分を得られなくなり、自らで収穫に出向くようになっていったのである。この過程で生みだされてきたのが、領主は女性たちに自由にヒロハフサマメを採らせるべきとする規範である。女性たちを追い払う行為が嘲笑の対象となるなか、領主たちが社会的な評価を大きく損なうことなく一定量を確保するために実施できることとは、女性たちが恐れる「呪物」を木に括り付けて彼女たちによる収穫を「間接的に」阻むことにかぎられているのである。

第三に、領主たちは、女性たちが自らで収穫をすることがあまりなかった一九九〇年代以前においても、若い男性たちによる許可なしでの収穫を半ば黙認していた。本章では、ヒロハフサマメが多く収穫できた一九九〇年代までは、女性ではなく一〇代~三〇代までの若年層を主とした称号をもたない男性たちがヒロハフサマメを収穫し、稼ぎを得ていたことが明らかになった。その当事者だった男性たちは、自生というヒロハフサマメの木の繁殖形態を挙げることで、ヒロハフサマメを許可なしに収穫することが「盗み」であっても「盗み」と言えるような深刻な問題にはあたらないことを強調している。とはいえ、仮に、ヒロハフサマメの価値が実際よりはるかに高ければ、領主たちは「盗人」の取り締まりを強行していた可能性は十分にあるだろう。しかし、自生し、その場所で成長してあちこちに点在しているヒロハフサマメの木を、朝から晩まで誰からも収穫されないように防衛するためには大人数が必要である。加えて、人間の思い通りにはならないこの「半栽培」の樹木は、個体によって結実量が異なり、年によっては実がついたりつかなかったり、ついても少しだけだったりする。領主たちがヒロハフサマメの排他的な収穫に執着していないのは、ヒロハフサマメの市場価値に対し、ほかの者による収穫を阻む努力があまりに費用高で、割に合わないからでもある。

この点において、かつて、ヒロハフサマメの木を君主のものとする決まりをつくりだした「支配者」たちでさえも、実を排他的に収穫し、経済力を増大させることに関心を寄せていたのかは疑問である。今日だけではなく、過去においても、あちこちに点在するヒロハフサマメの収穫をほかの者たちから阻むことが割に合うほど、ヒロハフサマメの市場価値が大きかったとは考えられないからである。もちろん、植民地化の前の記録においても、ヒロハフサマメはシアバターに並ぶ西アフリカの内陸部のサバンナ地域の主要な交易品だったことが記されている[e.g. Barth 1858: 122]。しかし、ヒロハフサマメの木は、この地域一帯で広く自生してきた[Boffa 1999: 15-16; Hall *et al.* 1997: 2-3]。そうであれば、農村部の人びとにとっては買わずに利用可能な食材だったはずである。また、ヒロハフサマメの発酵調味料を利用する食文化は、この木が自生しているサバンナ地域が中心である。かつてにおいても、移住者が暮らす都市部を除き、この木が繁殖していない西アフリカの雨が多い南側の地域で、さほど大きな需要があったとは考えにくい。

君主たちが、ヒロハフサマメを経済的な富の蓄積と権力の維持や増強の手段として利用することが現実的でないことは、より経済価値の高い穀物を引き合いに出してみれば、より明白である。西アフリカのサバンナ地域を対象にした民族学的研究では、この地域の「支配者」たちは、穀物でさえも、人びとに強制的に貢がせて自らの経済的、政治的な力を増強する意図はなかったという説が有力である。たとえば、ガーナ北部を調査地にしていた社会人類学者のジャック・グディは、熱帯の土壌の肥沃度や耕作技術との関連からこの地域の土地の生産性が低いことに着目し、年貢を強要することが現実的に難しいことを指摘してきた［Goody 1971: 30-31］。また植民地期に行政官としてノーザンテリトリーズの民族学的研究をおこなったエアスミスも、この地域の首長（チーフ）たちは、資源が限られている状況において、交易の通行料などの収益はあっても、物質的、経済的に繁栄する可能性がほとんどないことをよく知っており、その地において一般の人びとと同じように「質素」な暮らしをおくりつつ、人びとの主導者（リーダー）になるだけで満足していたと主張している［Eyre-Smith 1933: 32］。これに加え、第一章で検討したように、不安定な降雨のパターンのもと、年に一度の耕作で主食にする食料を確保しなければならないサバンナ地域の気候的な制約を踏まえると、各地を治める君主たちでさえ食料の不足とは無縁ではなく、交易による収益がなければ、自らの生活の維持さえ約束されたものではなかったことは明らかである。

ヒロハフサマメの木は、経済価値をもつ樹木には違いない。しかし、このサバンナ地域の男性たちにとってのヒロハフサマメの最も有益な用途とは、自らの地位を向上させ、家の女性たちに与えることで日々の美味しい食事をつくってもらい、ほかの家の男性、女性たちにも分け与えることで、ほかの人びととの関係を再編し、生みだし、維持することであり続けてきたのである。

結論

女性たちは、男性を対象とした農業の近代化政策を通して、生産者としての地位を失った。女性たちは、夫が主食用の作物の生産をないがしろにするために、自分で耕作して子どもを食べさせなければならない。女性たちは、狭くて痩せた土地しか与えられていないうえ、夫の畑を手伝う一方で自分の畑に十分な労働力を投入することができないために、収量の低迷に苦しんでいる。このようなアフリカの農村女性像は、エスター・ボズラップをはじめとするフェミニズムの影響を受けた学者たちによる諸研究が、開発政策において大きな潮流をつくり始めた一九七〇年代より生みだされ、定着してきた。これらの研究は、それぞれの地において人びとが織りなしてきた多様で複雑な暮らしの中身を吟味しないままに、女性の周縁化、女性の従属、資源配分の男女格差、そして貧困の女性化といったフェミニズムにかかわる諸概念と理論をあてはめることで、女性たちがおかれてきた状況を、男性との競合的、対立的な構図で理解してきたのである。そして、女性を支援する政策の目標として、ジェンダー平等の実現が女性の福利（ウェルビーイング）（幸福と利益）に結びつけられて掲げられるようになるなか、女性が自らで土地をはじめとする資源／資産をもつことは、女性自身が生産活動に従事して稼ぎ、経済的に自立することで、夫に対する政治的な自律性を高めるだけでなく、有事におけるよりどころとするためにも重要だと強調されるようになった。耕作をはじめとする女性の生計支援のプロジェクトは、一九七〇年代からのこのような一連の議論の展開にともない立案され、現在にいたるまで実施されてきたのである。

しかし、本書では、今一度、生計をめぐる女性の男性との関係がどのようなものであり、また過去からどのように変容してきたのかを検討しなおしたい、そして、女性の耕作を支援する政策が女性たちに何をもたらしてきたのかを分析したいと考えた。このために、西アフリカのサバンナ地域に位置するガーナ北部の農村部を事例に、男性と女性の暮らしを内側から精査した。ここから明らかになったのは、これまでの学説と現場の実態との間には、見逃すことができない大きな「ずれ」があることである。そして、女性が耕作することを支援する政策は、家計における女性の労働と支出の増加に追い打ちをかけてきた一方で、そこで想定されている女性の「福利」の向上の実現につながってきたようにも、とうてい思えないことである。

第一節　不可分な生計関係

ガーナ北部が位置する西アフリカの内陸部のサバンナ地域では、生活環境の物理的、技術的な条件が日々の暮らしの大きな制約になってきた。このような地域の日常生活において、仕事の分担（分業）が男女の二区分でパターン化されているのはなぜなのかは、双方の権力関係に着目することだけでは理解できない。本書の第一部「女性の耕作――サバンナの性別分業の大転換」では、男性と女性の仕事の領域とそのあり方が過去一世紀を通してどのように変わってきたのか、農村経済をとりまく環境の変化に着目して検討した。ここから明らかになったのは、およそ一九七〇年代まで、女性による耕作への関与は、夫、息子、兄弟、父親など近親者や同居家族の男性の種まきや収穫を手伝い、収穫物や加工品を市場で売ることにとどまっていたことである。そして、女性たちは、農村経済の「近代化」をとおして「新たに」自分自身で耕作を始めたこと――女性は周縁化したのではなく、反対に、生産者として経済活動を拡大させてきた――である。

男性が耕作の主役となる分業の体制は、西アフリカのサバンナ地域において天水での農業を基盤に男性と女性がともに暮らしを継続させるためには、多かれ少なかれ重要な生存戦略だった。それは、第一に、気候による。雨が降り続く時期は年に一度、降雨パターンも不安定なこの地域では、主食の穀物をはじめとする一年分の食料を十分に生産することは容易ではない。一度きりの耕作の機会に、適時に、集中的に、効率的に土地を耕起し、種をまき、植え付けをおこない、畑から畑へと除草を継続的に進めなければならないのである。第二に、耕起するうえでの土壌の状態にもよる。サバンナ地域では、一定量の雨が降らないかぎり、土壌が固く、鍬で土を掘り起こす作業は身体能力を必要とする。そのうえ、耕起に必要な鍬は、植民地統治が始まる一九世紀末、ウシ一頭に相当するほど簡単に購入できない代物だった。第三に、耕作するうえでの女性の身体的な制約である。耕起できるような身体能力が高い一〇代後半〜四〇代前半までの女性たちは、ちょうど妊娠と出産、子育てを繰り返している世代なのである。つまり、夫婦、母と息子、兄弟姉妹、同居家族の男女の間の役割分担という観点からすれば、耕作のために手際よく時間を配分し、労働力を十分に投じることができるのは、働き盛りの青年期から中年期の男性だった。女性たちにとっては、独りではなくこれらの男性（夫、息子、兄弟など近親者）と一緒に暮らすことができているかぎり、数に限りがある鍬の使い手として、重労働かつ生存のために責任重大な耕起と除草の鍬仕事を彼らに「任せる」にしたことはなかったのである。

また、たとえ身体能力が高い世代の女性たちが、妊娠と出産と育児の合間に自分だけで耕作をしたかったとしても、時間的な余裕は残されていなかった。女性たちには、耕作の代わりに、日々の料理と水汲みという別の仕事を「任されて」いたからである。このサバンナ地域では、トウジンビエやソルガム、トウモロコシなど穀物の水粥と練粥が日常の食事となってきた。女性たちは、木臼とすり石を使った手作業での穀物の製粉に時間を費やしていたのである。また、水汲みのために、家の近所に掘った浅井戸に水が浸み上がる八月から一二月ごろまでの期間のほかは、遠い水場と家を往復しなければならなかったのである。

しかし、女性が女性自身で耕作することを阻んでいたこれらの要因のうちの二つ——土を掘り起こすうえでの身体的な制約と料理と水汲みによる時間的な制約——は技術的、物質的な側面の変化をとおして緩和されていく。まず、ヨーロッパ製の安価な鍬の大量の輸入によって鍬が手軽に入手できるようになった。そして、トラクターの輸入も始まり、一九七〇年代ごろまでには、ガーナ北部においてもトラクターの入手者による他者への耕起サービスが浸透したことで、女性でも、お金さえ払えば土を掘り返して畑を用意できるようになったのである。また、料理においても、製粉にかかる時間が短縮された。都市のタマレだけではなく農村部の拠点的な集落で、粉砕機を入手し、製粉サービスを提供する者たちが出現する。一九八〇年代までには、女性たちは、日常的に粉砕所に通い、毎日の食事の用意のための製粉を機械に頼るようになっていったのである。そして、ちょうど同じ頃、各集落から一キロメートルも離れないような場所に貯水池が整備されることで、水汲みの時間が圧倒的に短縮した。日々の生活をとりまくこれらの一連の変化をとおして、幅広い年齢の女性たちに、耕作という新たな生産活動の領域が「開かれる」ことになったのである。

ところが、フェミニストが歓迎すべき女性の耕作への「進出」は、当の女性にとっては、喜ばしいことにはならなかった。ちょうど一九七〇年代より人口の増加が顕著になり、とくに集落が寄り集まっていた本書の調査地では、土地の不足と地力の低下が深刻な問題になっていく。そして一九八三年から始まった構造調整政策による肥料価格の高騰にともない、その頃にはすっかり定着していた主食用の改良品種のトウモロコシの収量が低迷する。耕作することで女性と子どもたちを食べさせる役割を担ってきた男性たちは、トウモロコシをはじめとする穀物の自給のために一定の面積の土地を割き続ける一方、地力が低下した土地で肥料を使わずに最も「妥当な」収益を得ることができる落花生に、その限られた土地を割り当てることで対応してきた。しかし、女性たちにとっては、夫や息子など、一緒に暮らす男性による耕作、また彼らのガーナ南部での耕作労働の出稼ぎに頼るだけでは、拡大してきた消費生活に対応できるわけもなく、また足りない穀物を購入することさえままならない。しかし、女性が稼ぎたくても、女性の専門領域である農産物の加工や小売業で得られる収益は、都市のタマレから離れたフィヒニのような小さな集落では限られている。そこで、より多くの女性たちは、自分で畑を耕作するために、身近な男性に彼らの耕作地の一部を分け与えるよう、お願いし始めた。より多くの夫や息子たちが、その要求を受け、地力の回復のために休ませているその土地の一画を不本意ながらも妻や母親たちに分け与えるようになったのは、本来であれば、自らが充足させるべき穀物でさえ彼女たちが恒常的に補うようになってきたからである。すなわち、女性たちは耕作によって自分自身で収益を生みだす機会を拡大させ、土地の配分の「男女格差」を軽減させた。しかし、これは、女性たちが、妊娠、出産、授乳、子育て、料理、水汲み、農産物の加工、小売業など従来の女性の仕事に、耕作という夫や息子たちがおこなってきた男性の仕事を「上乗せ」すること――男性の経済力が低下したために、料理の担当者として食材のやりくりを任されてきた女性が不足を補う必要に駆られた結果としての、家計における女性の労働と支出の負担の増加――を意味していたのである。

第二部「土地、樹木、労働力――資源をもつことの意味」では、農村部の暮らしに不可欠な土地、樹木、労働力が年齢や身分、地位の異なる男性と女性の間でどのように配分されているのかを検討した。ここで明らかになったのは、人びとは、これらの資源を、近親者や同居家族との日々の生活とダゴンバ地域における政治的な実践を通じて、分け合い、奪い合い、調整し合うことで獲得し、また、ほかの者に利用させてきたことである。そして、この地域において人びとが生みだし「男性」に課してきた、生殖能力、統率能力、経済力、政治力にかかわるシビアなジェンダー規範こそが、この資源配分のあり方を大きくかたちづくってきたことである。

本調査地において、近親者、同居家族の間でより多くの土地と労働力をもつ者とは、作物をつくり、家畜を繁殖させ、同居家族、妻子、母親を養う役目を負う、家の主、夫、一定の年齢に達した息子たちである。この地の人びとは、男性に対して、複数の女性たちを妻としてめとり、子を欲する彼女たちに子を産ませ、自分の子孫を増やすこと、さらに妻子や母親を養うことを求めてきた。また、家を率いるようになった男性に対しては、同居家族を日々の食事における共同の単位として成立させること、そのために、互いに競合関係にある複数の妻子たちや自分のもとで暮らしている同居家族たちを一つにまとめ、彼らの間の役割分担を指揮し、それぞれが責任を果たすことができるよう土地、労働力、シアナッツの木の配分の調整に努めることを求めてきたのである。しかし、耕作によって、男性が自分と近親関係にある女性と子どもたちのために十分な作物を生産し、また足りない食料を調達することは、気候的な制約が大きいサバンナ地域では難しいうえ、人口が増加して土地の不足と地力の低下に陥っている本調査地では困難を極めている。家の主になった男性においては、同居家族を統率する能力をもっていなければ、家での食事の単位の分裂だけでなく、同居家族たちの離散につながることさえある。だからこそ、容易に自分の土地を妻たちに与えて耕させるのではなく、穀物が足りないことに気をもみ、妻子が少ない血族の男性の土地や開拓地の土地を獲得し、その土地をできるかぎり肥やして穀物を生産し、妻たちが料理のための諸々の食材を得ることができるよう、同居家族の間で土地、樹木、労働力の配分を調整することで、息子たちとともに、増やした同居家族を「なんとか」維持している男性は尊敬されているのである。

本書ではまた、ダゴンバ地域において、西アフリカのサバンナ地域の食材の代表ともいえる発酵調味料になるヒロハフサマメの木をもつ者は、各地で人気の「領地」の称号を得た男性たちであることを明らかにした。人びとは、とくに歳を重ねた男性に対して、称号の獲得による地位の向上に努めることを求めてきた。こうして、男性たちは、妻子を増やし、家を大きくすることだけではなく、称号を得ることにも精力を注いできたのである。そして、この政治的な実践において「君主」位の象徴として用いられてきたのが、その有用さゆえに地域一帯で自生し、繁殖が促されてきたヒロハフサマメの木だった。ヒロハフサマメの木は、現ダゴンバ地域の侵略の歴史において「支配者」側の政治的な主権の象徴となってきた。そして、称号を得ることが農村部の男性の一般的な実践と化している現在においては、ヒロハフサマメの木は、その称号と木を手に入れた年配の男性の社会的な地位の象徴となっているのである。

第二部の検討から主張したいのは、男性は、男性個人の「経済的な利点」のためというよりは、他者との社会関係を築き、再編し、維持するために、土地、樹木、労働力を配分し、利用してきたことである。このような男性の女性たちとの営みの中身と総体、そしてこれらの資源の配分の過程をみることなしに、男女の権力関係に焦点を絞り、誰がどの資源をどれだけもつのかを性別で比較し、その差異を「男女格差」として解釈し、女性が手にしている資源が限定的なことを男性が優位の社会で女性たちが抑圧されている証拠だとする議論にはあまりに大きな飛躍がある。そして、何よりも、このような議論をもとに資源配分の男女格差を是正すべきだとする考えは、そこで暮らしている人びとにとっては、とてもちぐはぐな話なのである。

第三部「とりに行く女たち、与える男たち――人口の増加と強化されるジェンダー」では、男性が、土地や樹木の配分を限定的にしか得てこなかった女性に、作物を直接的、間接的に与える現場を掘り下げてみていくことで、資源配分の「男女格差」が女性の収益の低さに結びつくわけではないことを示すだけではなく、人口の増加と農業の低迷にともなう作物と労働をめぐるジェンダー関係の展開を検討した。ここから明らかになったのは、一九七〇年代からの人口の増加と農業の低迷は、第一部で述べた女性の耕作の開始と家計における負担の増加をもたらしただけではなく、同時に、男性が女性と子どもたちに作物を分け与える実践を家計／家族的な枠組みの外へ拡大させ、その男性規範を強化したことである。

農村部の女性たちが最も手っ取り早く作物を手に入れることができる手段とは、男性から収穫物を「与えてもらうこと」である。耕作物においては、女性たちは男性の畑の収穫を手伝う際に収穫物の一部を受け取ってきた。その相手の男性とは、一九七〇年代頃までは、夫、息子、父、兄弟、またそのほかの同居家族の男性が主だった。このように、耕作の主役を担ってこなかった女性たちが、生計関係を緊密にする家族の男性の畑の収穫を手伝ったそのときに直接的に作物を分け与えてもらい、手に入れることは、翌年まで食料不足が進行するうえ、家族構成が複雑なこの地域で生みだされた「家計」の危機管理の方策である。また、料理に欠かせない調味料をつくるためのヒロハフサマメにおいては、女性たちは称号を獲得してその木を手に入れた夫や父、息子、兄弟、また夫方の親族関係にある男性から与えてもらうことで、そして、その木をもたないものの、収穫を許可されたり、こっそりと収穫してきた息子や夫から一部を与えてもらうことで、料理に必要な分を手に入れてきたのである。

ところが、人口の増加と農業の低迷が顕著となってきた一九八〇年代頃から、男性は、日頃より親しくしているわけでもないほかの家の不特定多数の女性と子どもたちにも作物を分け与えるようになった。これは、男性たちが率先して分け与えるようになったというより、女性たちが、夫や息子などの生計関係を緊密にする同じ家の男性から得る作物だけでは足りないために、ほかの家の男性の作物を積極的に「とりに行く」ようになったからだった。とくに、地力の低下にともない広く作付けされるようになった落花生においては、女性たちは、招待されていないどころか、直接会話をしたことさえないような男性の畑にまでも出向き、また子どもたちも加わり、実をもぎ取る収穫の作業を手伝って、分け与えてもらう権利を生みだすことで、投入した労働量よりはるかに価値の高い量の作物を受け取るようになったのである。さらに、ヒロハフサマメにおいては、その収穫が木登り上手な男性の仕事として考えられていた以前とはうって変わり、女性たちは嫁ぎ先の親族関係を利用して、また誰の木とも構わずに、許可なしに我先に、乾いたさやからどんどん収穫してしまうようになった。こうして、男性たちは、好む、好まざるにかかわらず、非直接的にも女性たちにヒロハフサマメを与えるようになったのである。

男性が大勢の女性と子どもたちに作物を与える実践をとおして、「男は与える」という男性規範のほうも強まったようである。男性にとって、ほかの家の女性と子どもたちに作物を与えることは、自らの手元に残り、また自らの妻子や母親に渡すことができる作物の絶対量が減ることを意味する。それにもかかわらず、男性は、与えることそのものを規範として、そして、女性と子どもたちによる自分の畑の収穫への手伝いを、彼に対する敬意として語るのである。また、ヒロハフサマメの木をもつ領主の男性に対しても、許可なしに収穫する女性たちを黙認することが新たに規範として課されるようになってきた。料理に足りない穀物をはじめ諸々の食材を得るために必死な女性たちを追い払うようなことがあれば、またほんの少ししか与えないようなことがあれば、男性の評判が女性たちによって落とされてしまうからである。このように、男性が女性と子どもたちに積極的に分け与えることで自身の社会的な評価を（上げることができないまでも）なんとか維持しようとする生き方は、農業から得られる収益が限られたサバンナの地において、また近年の人口の増加と農業の低迷でその収益がいっそう限定的になってきた本調査地において、個人として経済的な富を蓄積させるというあまりに困難な夢にしがみつくより現実的に思える。

一方で、女性たちの間では、不特定多数の女性と子どもたちに分け与える実践も規範も、生みだされてはこなかった。男性の落花生の収穫においては、女性たちは互いの家の男性の畑の収穫に行き合っているために軋轢は顕在化していない。しかし、女性が自らでつくる落花生においては、女性たちはできるだけ「無駄に」分け与えないために、労働交換をすることで収穫を済ませ、関係を維持しなければならない女性とその子どもだけを限定的に招待することで分け与えている。同様に、女性は、自分が収穫を任されている息子や夫の唐辛子においても、同じ家で料理をしていたり、ほかの家の親しい女性を招待することはあっても、そうではないほかの女性の受け入れを断ったりしている。そして、女性自身も、女性は男性のようには分け与える必要はないと話すのである。このような女性の生き方はまた、料理という大仕事を任されてきたために、そして、とくに人口の増加と農業の低迷のこの時代に、食材の調達のやりくりの責任者として、日々その困難な任務を果たしていることを踏まえれば納得できる。女性たちは、たとえ食材が不足していても、極限の状況にいたるまで料理をしないという選択をすることができない。また、なんとかして、ほかの妻、女性たちに負けないように、より多くの食材を獲得して美味しい料理をつくりたいと考えているのである。

本書から少なからず浮き彫りになったのは、「中心と周縁」「優位と劣位」「支配と自律」「依存と自立」といった二項対立的な枠組みで男性と女性の生計関係を説明するフェミニズム／ジェンダー研究の限界である。男性と女性は、決して楽ではないサバンナの生活環境で、互いを必要とし、獲得した地位や身分に応じて仕事を分担し、土地や樹木、労働力を得て、そこから生みだした収益を分け合うことで「不可分な」生計関係を築いてきた。そして、この男性と女性の間の生計関係は、過去半世紀の人口の増加と農業の低迷に際して、女性が新たに耕作をするようになり、同時に女性がほかの家の男性の作物をとりに行き合うことで、近親者でも同居家族でもない男性と女性たちの間でも絡み合いを深めていった。こうして、男性と女性の生計関係は、双方が望まず、図らずして、女性のほうの負担が増す方向でいっそう不可分に展開してきたのである。

第二節　女性の「福利」とは

本書の最後に、これまでみてきた現場の暮らしと男性と女性の生計関係の変容の過程において、開発政策にかかわる国際機関や団体、各国の政府によって一九七〇年代より各地で断続的に実施されてきた女性の耕作を支援するプロジェクトが女性たちに何をもたらしてきたのかを考察したい。

第一に指摘したいのは、女性の耕作への支援は、女性たちの家計における労働と支出の負担を増加させることに一役買ってきたことである。また、休む間もなくあくせく働く母親を手伝って育った少女たち、そして、近い将来、同じ道をたどる、まだ料理をしていない若い妻たちを、ガーナ南部の都市へと逃避行的な出稼ぎに向かわせる一端にもなってきたことである。女性たちは、主食にする食料をはじめとする食材の不足に直面し、自らの意思で土地を要求し、耕作することで、夫や息子など男性たちの役割の一部を肩代わりしてきた。しかし、当の女性も、家計での女性の負担を増やすようなかたちで、女性による新たな生産活動への「進出」や土地の配分の「男女格差」の軽減、そして耕作者としての「地位の確立」を求めてきたわけではないのである。

たとえ女性の負担を増やしたとしても、女性が不足に苛まれているのであれば、生産する作物の絶対量を増やすために女性の耕作を支援すべきという意見もあるだろう。女性たち自身は、彼女たちの耕作を支援するプロジェクト（農業技術、マイクロクレジット、女性のグループ化をとおした土地の再配分）を大歓迎して受け入れてきた。まさに、手に入れる作物の絶対量を増やしたいからである。しかし、仮に、女性を支援する目的を、女性が獲得する作物の絶対量を増やすことにおくのであれば、なぜ、妊娠、出産、授乳、子育て、水汲み、料理、農作物の加工、小売業ですでに忙しい女性たちではなく、彼女たちの夫や息子を対象に、彼らの畑の生産性を上げることが女性たちを支援する策として検討されないのだろうか。

とりわけ本書の事例にもとづけば、男性から女性への耕作地の再配分は、女性たちの負担を増やしてきた一方で、どれだけ女性たち自身、そして夫婦や同居家族（あるいは「世帯」）の総体としての収益を増やしたのかは定かではない。男性が女性に土地の一画を与えることは、そうでなければ男性が休ませることができる土地の肥沃度の回復を阻み、男性の作付面積を減少させた。他方で、若い世代の男性の多くは、居住する集落近辺での耕作を止め、離れた開拓地で土地を与えてもらい耕作してきた。しかし、その開拓地はすでに空きがない状態であり、半恒常的に耕作されるようになったために地力が低下し始めているのである。よって、土地が足りない状況において、女性へ土地を再配分した結果としての男性の作物の生産量の低下は、結局のところ、女性たちが男性の畑の収穫を手伝うことで得られる作物量の減少につながっている。そして、女性たちは、同じ家の男性たちが生産する作物では足りないとして、互いに互いの家々の男性たちの畑に出向き、収穫を手伝い、分け与えてもらうようになったが、これは、同じ量の作物を得るために女性たちが何度も複数の男性の畑の収穫に出向かなければならなくなった点においても、女性たちの労働量の増加を意味しているのである。

そこで、第二に指摘したいのは、女性自身が生産主体として収益を得ることを、女性の福利（ウェルビーイング）（利益と幸福）に結びつける、ジェンダー平等を目標に掲げる議論の問題である。女性が新たに耕作を開始したことは、たしかに、女性が新たな技術を習得し、自らで生産して稼ぐ機会と能力を拡大させ、自分自身が生産して得る収益を増やしたことを意味している。そして、女性が嫁ぎ先で耕作のための土地を分け与えてもらうようになった変化は、たとえその土地の利用が一時的であったとしても、彼女たちが交渉力をつけた証とも捉えることはできる。しかし、女性自身が耕作をすることが家計における女性の労働と支出の負担を増やしたのであれば、これは女性支援の政策が想定しているような女性の福利の向上につながったといえるのだろうか。女性を支援する議論において、ジェンダー平等の推進が女性のためになるとして当然のごとく仮定され、一義的に推進されてきた結果、女性の耕作を後押しする支援が大きな矛盾をはらんできたことが見過ごされてきたのである。

もちろん、開発政策の議論の場でも、女性の生産活動を支援するプロジェクトが家計における女性の労働と負担を増加させてきた問題はすでにとりあげられてきた。ただし、そこで展開されてきた議論とは、「ジェンダー不平等」を「女性の貧困」という問題に結びつけ、その解決のために女性の生計支援をすることが、「ジェンダー平等」という最も重要な目標をかすませていること［Jackson 1996: 501］、そして、男性に対して女性の支出の役割と責任を増やしてきた一方、かならずしも女性たちの人生における選択の幅を広げてきたわけではない［Chant 2008: 185］という、ジェンダー平等を推進する立場からの問題提起である。こうして、開発政策の女性支援の議論の場においても、収益を得る生産活動だけではなく、むしろ家事仕事の領域において、男性と女性の間の負担の平等化を推進することが重要な方策として認められるようになってきたのである。

しかし、仮に家事仕事の平等化の議論を西アフリカの内陸部のサバンナ地域の農村部にあてはめようとするならば、それはこの地に多い一夫多妻ないしは拡大家族の家／世帯の構成と営みの複雑性が見えていないのである。さまざまな同居家族／世帯員が年齢や身分、地位に応じて役割分担をし、共同生活をおくっている場において、男性と女性が家事仕事を平等に負担することとは、いったいどのようなものになるのだろうか。それは、家／世帯を率いてきた男性が、彼が理論的には単独で背負ってきた家／世帯のための穀物の生産と調達の責務から解放される替わりに、女性がおこなってきた水汲みや料理をもすることなのだろうか。また、夫として複数の妻をもつ場合、どの妻の代わりに水汲みに行くのだろうか。夫は、複数の妻たちが回している料理当番の新たなメンバーとして加わるのだろうか。一方で、嫁いできた妻たちはもちろん、出戻ってきた寡婦が、家事だけではなく穀物の生産の役割を分担し、彼女の同居家族の全員のために提供することなのだろうか。また、母親の家事仕事と耕作を手伝っていた娘は母親だけではなく父親も手伝い、息子は、父親と母親の双方の家事と耕作などの仕事を手伝うことなのだろうか。あるいは、これらの調整は難しいため、同じ家で暮らす女性と男性は、個人としてそれぞれが個別に作物を生産し、食事を用意したほうがよいと考えるのだろうか。一夫多妻や拡大家族からなる複雑な家／世帯の構成と、人びとが織りなしてきた組織性の高い日々の営みは、ジェンダー平等の政策を実施するうえでの阻害になり、あたかも、いずれ解体するものとして想定されているかのようである。しかし、一夫多妻と拡大家族の実践は、たとえ出稼ぎや開拓地での耕作をとおして家族構成の流動性が増し、家計のあり方がより複雑化してきてはいても、少なくとも私の調査地の農村部では陰りをみせてはいない。それより、この営みの「修正」は、農村部で暮らす女性にとって福利の向上を意味することになるのだろうか。

詰まるところ、最後に指摘したい最も大きな問題とは、やはり、それぞれの女性にとっての「幸福」が判定不能であり、政策による介入は女性たちに利益も幸福も約束するものではない点である。たとえば、本調査地では、料理は大きな負担と責務をともなう仕事であり、それゆえに、女性として嫁ぎ先で自らの地位を確立する手段となっている。このように女性が夫方で料理をすることが、そうでない場合と比べて不幸な生き方であると、本人はもとより、どうやって他者が判断することができるのだろうか。都市や町化してきた地域ではジェンダー平等を推進する諸政策が、女性の生活や考え方に多かれ少なかれ影響を与え、多くの女性たちが母親たちとは異なる生き方を選択してきた。しかし、これらの女性たちの人生には、また、新たに別の問題が生じていることも、農村部で暮らし続けてきた女性たちはよく知っている。

本書のような民族誌的研究は、「開発」そのものへの批判、あるいは開発政策が拠りどころとしてきた前提が実態といかにずれているのかを浮き彫りにし、現場の理解が政策の議論の場で軽視されてきたことを批判してとどまるものである。それは、開発の対象となってきた地域を支配している近代化の思想そのものが問いなおしを要することだけではなく、本書からも明らかになったように、介入はたとえどのような立場に立ち、どのように問題を抽出しようとも、さまざまな要素が複雑に絡み合い、変化しているその現場において、想定外の新たな問題につながっていくものだからである。

ところが、私は、開発への批判や政策の矛盾の指摘で本書を締めくくることが困難な状況におかれてきた。何のために、誰のために調査をするのかという問いは、開発実践の経験をもとに研究を開始した私のなかで、重要であり続けてきた。しかし、何より、私は、この問いを、開発の実践と研究の場となり続けてきた調査地で、何度も突き付けられてきた。そして、フィヒニの老齢世代からは、単に暮らしを理解することだけではなく、子どもたちの将来のために何ができるのかを考えることを直接に求められたのである。私による長期の調査は、友情や親切心だけではなく、支援につながる期待をもって受け入れられてきたのである。

このような現地の状況と人びととの関係の拘束のもとで調査をした私は、何かを提案しなければならないと考えている。よって私の見解としては、まず、女性を支援するのであれば、女性の仕事を増やさないよう、また、女性の収益を減らさないように、女性がすでに従事している家事や現金収入を得るための仕事の労働量の軽減に焦点をおくことが重要だと考える。同時に、その地で暮らし続ける男性と女性たち当事者の考え方にもとづけば、そして本書で明らかになったように女性と男性の間の生計関係が不可分であることに着目すれば、まったく別の発想も生まれる。それは、女性を支援する政策として、男性の耕作を支援することである。なかでも優先すべきは、家／世帯を率いる男性たちの穀物の生産性を高めることである。その不足を補完してきた女性たちの労働と支出の負担の軽減につながりうるからである。仮に、このように、女性のために男性の耕作を支援することに違和感をもつとすれば、それは外からの価値観で女性の「幸福」を願うあまりに、「ジェンダー平等」の考え方に囚われているからのように思う。しかし、現場の女性たちにとっては、女性たちが、自分が食べる穀物を自分で生産し、調達する状況には至っていないことは幸いである。ほとんどの女性たちは、夫や息子、兄弟など近親者をはじめとする男性たちと一緒に暮らすことができていて、現在においても、彼らに耕作仕事を多かれ少なかれ「任せる」ことができているのである。もし、女性に穀物をはじめとする作物をつくってくれる夫や息子たちがいなければ、女性は自らで日々の食材を確保しなければならないのである。

女性を支援する開発政策とプロジェクトは、今後も続いていくのだろう。本書のような民族誌的研究が、政策の実践の場となってきた地域の人びとに果たしうる何かがあるとすれば、開発政策の議論の場に定説や一般論によって見えなくされた暮らしの内実を伝え続けていくことだと思う。開発政策の議論の場においても、個々の地域の暮らしの内側を知ることや介入がはらんできた問題に、思われているより大きな関心が寄せられているように私は感じている。

あとがき

二〇一六年七月、私は本書の調査を終えてから五年ぶりにガーナに戻った。たった五年だったが、私は多くの変化を目の当たりにした。

まず、景観が変わって見えた。首都のアクラでは、不動産の建設ラッシュが相変わらず継続中で、高層ビルが増えていた。車の渋滞はいっそうひどくなり、バイクタクシー業が誕生していた。ガーナの北部の中心都市のタマレでも車はもちろん増えていたが、五年前までは見かけたことがなかった三輪駆動の黄色いタクシー（通称「イェロイェロ」）とモーターキング社のトラック（通称「モトキング」）がいたるところを走っていた。また、タマレからトロンに戻る途中、赤土だったニャンパラからトロンまでの道のりはきれいに舗装されていた。これにともない、トロンには、大きなガソリンステーションまでできていた。そして、トロンにも、なんと初の、女性ではなく若い男性が調理販売する食べ物屋の露店が二軒も誕生していた。彼らはガーナの南部の出稼ぎ先で南部の料理を学び、戻ってきて、商売を始めたらしい。私がお世話になってきた家のアスマー氏は、「女（の同業者）より早く売り切ることができる」と、その評判ぶりを私に話した。

経済状況は、五年前と比べれば、全体としてはよくなっているように思えた。物価は、私が調査を終えた二〇一一年の四月から、一・五～二倍と急激に上昇していたが（ガーナは、二〇一三年から毎年一〇%を超えるインフレーションを経験中）、とくに都市部では景気はよさそうだった。タマレで美容師をしているアスマー氏の娘も、物価が日々上昇することや、行政や企業の勤め人との格差についての不満は述べても、景気が悪いとは言わなかった。また、電話・通信会社によるモバイル送金サービスが浸透していて、人びとは活発に利用していた。ほんの五年前であれば、離れた場所に暮らす親族や友人にお金を送りたくても、人づてでしかできなかったが、相手が携帯電話をもっていれば、少額でも簡単に送金できるようになったのである。

ただし、気になる事項もあった。以前であれば、荷物運搬の仕事をするガーナ北部の農村部からの出稼ぎ女性（カヤヨ）の行先とは、アクラやクマシなどガーナ南部の大都市の市場にかぎられていた。しかし、荷物の運搬をするこれらの女性たちは、この北部の中心都市であるタマレにも新たに登場し、その仕事を成立させていた。彼女たちは、タマレの中心部の乗り合いバスのターミナルに到着した車に群がり、積み荷の取り合いで大きな声を張り上げて争っていた。そして、夜には、その道路わきで寝ている女性たちまでいたのである。多くは、タマレから北に離れたナレリグなどマンプルシ地域からだというが、タマレ近郊や私の調査地のトロン一帯の西ダゴンバ地域の農村部から来ている女性たちもいるという。これは、ガーナの北部内でも、都市部のタマレと農村部の間で経済格差が広がったことを意味しているのだろうか。また、もう一つの懸念とは、私の調査地の人びとが耕作してきたトロン郡（旧トロン・クンブング郡）の南西側に位置する開拓地でも、土地の不足と地力の低下が顕著になっていたことである。もはや土地を使わせてもらえなくなり、フィヒニに戻り、わずかばかりの区画を耕作していた男性たちが少なからずいた。

本書は、二〇一五年三月に東京大学大学院農学生命科学研究科に提出した博士論文をもとに加筆・修正した内容である。二〇〇六年に調査を開始してから一二年間、多くの皆様に出会い、研究を進めることで、本書を出版することにつながった。どこかのピースが欠けていたら、研究の道を選ばなかったかもしれないし、博士論文を出版するにしても、本書のような内容には仕上がっていなかったと思う。本書の最後に、お世話になった皆様にあらためて感謝の気持ちを伝えさせていただきたい。

ガーナでのフィールドワークは、フィヒニの故アルハッサン君主、ガウァグの故アリドゥ君主と故アダム君主、そしてトロンのアブバカリ摂政による許可を受けて可能になった。トロンでの調査にご協力くださったトロンの宮廷のウラナ・ウンベイ氏とパナラナ・アルハッサン氏、ならびに歴史の語り部のタクラディ・ルンナー氏にも厚くお礼を申し上げたい。そして、とくに、フィヒニの皆様には、一四ヵ月もの長期間に渡って多大なお世話をしていただくと同時に、ご迷惑をおかけした。ここにお一人おひとりの名前を挙げることはできないが、深く感謝を申し上げます。二〇一六年、五年ぶりにフィヒニを訪問した際、温かく迎えてもらいうれしく思った。しかし、フィヒニやガウァグの君主をはじめ、亡くなっていたり、実家に戻っていて会うことができなかった方々もいた。跡形もなくなった家、新たに建設された家もあるなど、月日が経ったことを実感した。

私のフィールドワークを日々支えてくださったのは、滞在先のトロンのアスマー・マハマ氏とご家族の皆様である。調査を終えてから出版までの長い道のりにおいても、アスマー氏とご家族の応援は私に大きな力を与えてくれた。また、受け入れ研究者になっていただいたニャンパラの開発研究大学のジョシュア・アダム・イダナ博士、調査を手伝っていただいたジブリール・スグリ氏、ダゴンバ語の綴りの統一と訛りの表記の手助けをしていただいた高校教員のサディク・アブバカリ・イサー氏にもお礼を申し上げたい。

私は首都のアクラでも素晴らしい出会いに恵まれた。ヨシケントラベル／おはようガーナ基金の田村芳一氏と栃木加代子氏には、ガーナで調査を開始した二〇〇六年より、何から何まですっかりお世話になり続けている。長期にわたる本書の調査中は何度か病気にもなったが、アクラに頼ることができるお二人がいたことは私にとって大変心強く、本当にありがたかった。ガーナで調査をするにあたり、このうえない環境をいただいたことに心より感謝申し上げます。

研究を開始し、進めるにあたり、お世話になった先生方にも順にお礼を申し上げたい。まず、青年海外協力隊の村落開発普及員の顧問である駒沢女子大学の亘純吉先生には、二〇〇五年にブルキナファソから帰国したのち、大学院への進学を後押ししていただいた。その後、私は、二〇〇六年に東京大学大学院農学生命科学研究科の井上真先生の研究室に入室し、九年目にしてようやく博士論文を完成させることができた。学部時代に政治学を専攻し、諸理論を学んだ私にとって、研究を始めた当初、井上先生による、日本の地域研究におけるフィールドワーク論とその学際的な手法、そして研究室の助教をされていた田中求先生によるフィールドワークへのストイックな姿勢は、とても独特なものだと感じた。戸惑い、混乱して研究が一向に進まなかった期間がしばらくあったが、井上先生には、長い間、辛抱強く待っていただいたことに心より感謝している。なお、博士論文で民族誌を書くよう勧めてくださったのは、東京大学東洋文化研究所の菅豊先生だった。この助言を受けたことで、私の研究の方向性が大きく変わったように思う。

アフリカ各地で農村研究を牽引してきた京都大学の先生方からも多くの助言を受けた。一つひとつ数え、はかることで、データを積み重ねていく手法の重要性を説いてくださったのは、京都大学大学院アジア・アフリカ研究科の伊谷樹一先生である。私と同じく、西アフリカのサバンナ地域に位置するセネガルで研究をしてきた平井將公氏からは、樹木と土地の測定調査の方法を伝授してもらった。また、どんなに手間がかかっても、一つひとつ樹木を数えあげ、区画をプロットして地図を作成すべきだと説く彼に負け、私は三ヵ月もかけてそのとおりにしてみたのだが、地図（図3－6と図4－2）だけではなく、調査の過程でそれまで気がつくことができなかった質的なデータと新たな学びを多く得ることができたのだった。なぜ女性たちが新たに耕作を始めたのか、本書の核心となる第一部の問いは、二〇〇九年の日本アフリカ学会での発表の際に座長をしてくださった末原達郎先生からいただいたものである。そのほかにも、研究会を通して貴重なご意見や知見を提供してくださった皆様にお礼を申し上げたい。

東京大学東洋文化研究所の羽田正先生には、二〇〇七年に指導教員の井上先生と一緒に参加した東京大学の「日本・アジアに関する教育研究ネットワーク」（ASNET）の講義で出会って以来、お世話になってきた。羽田正先生が主催してきた多分野の研究者の交流の場である「新しい学問を考える会」は、博士論文を執筆するにあたり、有益な発表の機会を提供してくれた。そして、二〇一五年からは、日本学術振興会の特別研究員（RPD）として受け入れていただき、腰を据えて本書の原稿を書き直し、歴史的な分析と考察を深める機会を与えていただいた。羽田先生からは、ガーナ北部の農村部の一地域の出来事をより広いコンテクストに位置づけて検討することの重要性を教えられた。それだけではなく、本研究を通じて、英語圏や仏語圏で展開されてきた開発政策の議論に向けてどのような新たな視座や異なる知見を提供できるのかを、農村部を対象にした日本の地域研究の分野で編みだされてきたフィールドワークと学際的な手法を相対化させることで考えるよう指導を受けてきた。また、本書の出版を応援してくださった研究所の元同僚と先生方にもお礼を申し上げたい。

東京大学大学院農学生命科学研究科の小林和彦先生、東京大学東洋文化研究所の池本幸生先生、そして弘前大学の杉山祐子先生には博士論文の副査を引き受けていただいた。小林先生は、論文を丁寧に読んでくださり、本書の読者を広げるうえで、非常に重要な助言をくださった。池本先生からは、用語の問題についてご指摘いただいた。杉山先生は、資源／作物をめぐる社会関係に焦点をあてた本書の第二部と第三部の考察を深めるうえで、極めて貴重で有益なご意見をくださった。本書は先生方の助言に少なからず応えるものになっているはずである。

文化人類学の分野の友人からも多大な手助けをしてもらってきた。清水貴夫氏には、ブルキナファソでの青年海外協力隊の時代から長年にわたりお世話になっている。ガーナをフィールドにしている浜田明範氏からは、私が研究を始めたばかりの頃から研究上の数々の助言と、また国立民族学博物館での共同研究をとおして本書の分析を進める機会をいただいた。ブルキナファソ（オート・ヴォルタ）の研究をしている中尾世治氏には博士論文を、そしてウガンダをフィールドにしている森口岳氏には本書の原稿をじっくり読んでいただき、議論を明確化させ、また修正を施すうえで数々の重要な指摘を受けた。本書の性格上、用語の選択はもちろん、判断が難しかった検討事項がいくつもあった。これらを含め、本書の内容に関する責任はすべて私にある。

なお、本書は、平成二八年度に東京大学からの出版助成に採択されたが、作業に時間がかかり採択を取り消される事態になった。それにもかかわらず、出版契約を結んでくださった明石書店の大江道雅氏にはあらためて感謝を申し上げたい。そして、図表の点数も頁数も多い本書において、大変な編集作業を引き受けていただいた本郷書房の古川文夫氏と、編集作業を引き継いでくださった明石書店の石川優氏にお礼を申し上げたい。また、東京大学公共政策大学院の麻田玲氏には校正を手伝っていただき、原稿を改良するうえで数々の厳しい意見と叱咤激励を受けた。彼女がいなければ、この長い作業を終わらせることができなかったかもしれないと思うほどである。そして、本書の作業中、明るく励ましてくださった東京大学の文陽堂文具店の小島治氏と正子氏に心より感謝の念を捧げたい。

最後に、本書を完成させるにあたり応援してくれた両親と兄、博士論文の執筆から出版までの六年もの長い間、一緒に困難を乗り越えてくれた夫と息子、そして夫の転勤を先延ばしにしてくれた夫の会社に、厚く感謝の気持ちを表したい。

二〇一八年一二月

友松 夕香

本書の研究では、（社）協力隊を育てる会による帰国隊員ための奨学金（二〇〇六年度）、（独）日本学術振興会による特別研究員奨励費（二〇〇八〜一〇年度・二〇一五〜一七年度）、研究拠点形成事業「新しい世界史／グローバル・ヒストリー共同研究拠点の構築」（二〇一五〜一七年度）より助成を受けた。ここにお礼を申し上げます。

注

序論

（1）衛藤［2017: 2］は、ジェンダーを分析概念に据えた著書において、ジェンダーはフェミニズムの展開とともに分析概念として定着したこと、また、価値中立的な概念ではないことを強調している。本書では、ジェンダーの概念が抱えもつ歴史性を踏まえつつ、男性と女性の間の権力関係に焦点を絞るのではなく、双方、そして同性間での多様な関係性のあり方を明らかにするために、この概念を分析に用いるものである。

（2）たとえば、女性への耕作の支援にかかわるダゴンバ地域を対象にした近年の研究と実践としては、Kranjac-Berisavljevic & Seini［2005］や、Padmanabhan［2002］など。

（3）西アフリカのサバンナ地域における耕作の作業の主体についてのボズラップの記述は、参照元になったバウマンによる内容からの飛躍がある。ボズラップの論考における「一九三〇年ごろのアフリカにおける女性と男性の農耕の地域」と題した図1［Boserup 1970: 18］では、「男性は耕作には関与するが、女性がそのほとんどをおこなう」傾向が、西アフリカのサバンナ地域においてみられる。しかし、この地図のもとになったバウマンの論考の「鍬での耕作における仕事区分」と題する図では、この地域に支配的なのは「男性が鍬での耕作に関与する（単独で、あるいは女性と一緒に、土地の準備、鍬での耕作、種まき、除草、収穫をおこなう）」という分類になっている［Baumann 1928: 303］。文中においても、「［地理学上の］スーダン地方と東アフリカのステップ地域とサバンナ地域では、男性が多かれ少なかれ鍬での耕作にエネルギーを割いており、彼［男性］のみが、もしくは女性たちと、土地の準備、種まき、除草、収穫をおこなう」［Baumann 1928: 292］と明確に説明している。仮にボズラップの側に引用と解釈の混乱があったとすれば、ボズラップはバウマンが補遺として掲載している参照元の論文をまとめた「仕事区分」と題する三点の表のうち、問題の部分に該当する「男性と女性が現時点の鍬での耕作において一緒に働く」というタイトルの表I［Baumann 1928: 308-313］における、男女双方の作業内容の差異や双方の関与の程度の差について確認しなかったこと、またバウマンの論考内での説明に注意を払わなかったことが推測できる。

（4）ただし、ボズラップの仮説に対する批判の争点は、ボズラップが依拠していたバウマンによる農業技術の進化（evolution of agri-cultural technique）論――女性による耕作を原始的なモデルとして位置づけ、技術的な進化にともない男性による耕作へと移行すること――におかれていた［Guyer 1984; 1991: 257-264］。同様にライトは、ザンビアの事例研究において、男性が新たな耕作技術として鋤をとり入れて作物の生産を始めた際に、農作業の労働力の必要性が高まり、女性たちの農業への関与が強まったことを示し、農業技術の近代化にともない女性の農業への関与が低下するというボズラップのモデルに批判を加えている［Wright 1983］。なお、社会人類学者のホワイトヘッドは、アフリカにおける女性の食料生産の関与の程度が「全般的に」強調されすぎていることを指摘したうえで、その背景として、ボズラップの議論の「微妙さ」加減が政策論の場において誇張されてきたと主張している［Whitehead 1990: 430］。

（5）「世帯」（household）は、夫婦・親子関係、居住形態、あるいは生産、分配、消費の単位として、その実態や規範をもとに定義することができる［e.g. Yanagisako 1984: 331-332; Wilk & Netting 1984: 5-9］。ただし諸研究において、「世帯」だけではなく、「家族」（family）、あるいは「家内集団」（domestic group）や「親族集団」（kin group）など類似する概念は、かならずしも明確に定義されて使用されてきたわけではなく、また異なる文化間では普遍的な定義づけが不可能であるにもかかわらず、分析単位として比較研究に用いられてきたことが、一九七〇年代の終わりに文化人類学者のヤナギサコによって問題としてとりあげられた［Yanagisako 1979］。これを受け、その後に出版された、歴史学者や人類学者が寄稿した世帯研究の集大成である『世帯――家内集団の比較歴史研究』［Netting *et al.* 1984a］では、編者らによって分析概念としての「世帯」の有用性が主張される一方、定義の問題にも触れられている［Hammel 1984: 35; Netting *et al.* 1984b: xxi-xxii］。

（6）人類学者のクロード・メイヤスーの論考では、集団の単位として「家族制共同体」（communauté domestique）（和訳は川田・原口［1977］による）［Meillassoux 1977 (1975): 22］という分析概念が使用されている。「家族制共同体」は、最も基礎的な単位としての父、その配偶者と双方の間の直近の子から成る「世帯」（le ménage）［*ibid.*: 49-50］、また異なる文脈においては「拡大家族」（famille étendue）、「リネージ」「クラン」などを指しており、この用語の定義をあえて厳密にしないことで、議論の含意の範囲を広げさせている。

（7）具体的には、「世帯内の権力関係が変わるカギとなるのは、女性たちが自らをそれまでとは違うようにみること、つまり従属する地位を不快に感じるようになり、彼女たちを抑圧してきた家族関係と収入をめぐる関係に立ち向かい、変革させるための力をつけた（empowered）と感じる機会を与える家族外での経験である」［Bruce & Dwyer 1988: 9］と述べられている。

（8）ホワイトヘッドの論考とドワイヤーとブルースによる論集は、ここにおいても引用されている。たとえば、一九八一年のホワイトヘッドの論考においては、「西アフリカでは、男性たちは家庭に不在であるために、食べ物を求めて子どもたちが泣き叫んでいることを知らない」［Moser 1993: 23（強調は原文のまま）］と、ブルースとドワイヤーによる序論の引用での解釈をそのまま引き継いで引用している。

（9）たとえば、女性だけではなく男性にも焦点をあてたケニアやセネガルの農村部の事例研究では、出稼ぎや農業の低迷など経済的な環境の変化にともない、家庭や社会における男性たちの地位と役割が低下したこと、この一方で女性たちの経済活動が活発になり、家計においてより多くの役割を担うことで、夫婦や男女の間の関係が変化してきたことが主張されている［Silberschmidt 1999; Perry 2005］。

（10）エドワード・サイードは『オリエンタリズム』［Said 2003 (1978)］において「非西洋」の地域や人びとについて記述する人文学の「純

粋な」知識生産が、その地域と人びとの現実を創りあげ、文化的、政治的な抑圧をもたらしてきたことを主張した［*ibid*.: 9-11］。これは、「民族誌批判」として知られる、人類学者自身による他者についての記述と分析をめぐる政治性と客観性への問題提起にもつながっている［Clifford 1986: 12］。

（11）経済学分野の世帯研究においてコレクティヴモデルが主流となった詳しい経緯についてはHart［1995: 41-49］を参照。

（12）この「貧困の女性化」の概念を提唱したピアースの論考では、アメリカ合衆国の事例から男性より女性のほうが貧困層に占める割合が増加した「変化」の現象を意味している［Pearce 1978］。しかし、開発政策においては、この概念は「変化」の文脈だけではなく単純に男女間の「差」を意味する場合にも用いられており、また「貧困」は経済的な側面にとどまらない社会的な意味合い（教育や健康のレベル、社会インフラへのアクセスの低さや社会における排除など）も込められているなど、拡大解釈されて使われている［Chant 2008: 166-167］。

（13）女性支援の政策においては、世界銀行と国際連合の間で立ち位置に違いがみられる。世界銀行は、経済発展のための生産性や効率性の向上を重視する立場から、ジェンダー不平等がその阻害要因になっているという見解をもとに女性を支援する重要性を強調してきた［World Bank 2001: 10］。これに対し、経済発展ではなく、ジェンダー平等そのものを政策目標に掲げてきた国際連合やフェミニズムに関心を寄せる研究者は、世界銀行が女性を経済発展の道具とみなしていると批判してきた［e.g. Chant & Sweetman 2012］。ただし、二〇一一年の世界銀行の報告書［World Bank 2011］では、ジェンダー平等の重要性が強調されているとして、従来の経済発展を重視する姿勢に若干の修正がみられると指摘されている［Razavi 2012; Chant 2012］。

（14）一九七〇年代以降、国際連合の女性支援の政策は、一九七五年の第一回「国際婦人年世界会議」における一九七五〜八五年の「国際婦人の一〇年」の女性の社会経済支援のための行動指針の宣言、一九七九年の女子差別撤廃条約の採択、一九九二年の「環境と開発に関する国際連合会議（ＵＮＣＥＤ）」の「アジェンダ21」における第二四章「持続可能かつ公平な開発に向けた女性のための地球規模の行動」計画の採択、一九九五年に北京で開催された第四回「世界女性会議」における「ジェンダー主流化」のためのジェンダー平等の推進、二〇〇〇年の「ミレニアム開発目標（MDGs）」のジェンダー平等と女性のエンパワーメントの促進、そして二〇一一年には女性の地位向上を目指す「国連ウィメン」の設立という展開で続いている。

（15）「アフリカ」や「西アフリカ」など広い地理的範囲において、女性の地位や役割、男性との関係、そしてその変化のあり方が一様ではないことは、日本におけるアフリカを対象としたこれまでの民族誌的研究においても示されている［和田 1996］。この点において、文化人類学者のマイケルによる「アフリカン・フェミニズム」［Mikell 1997: 4］の概念も、フェミニズムの思想と運動を「アフリカ」で一括りに特徴づけるものとして賛同できない。

（16）羽田［2011: 85-90］はここで、ヨーロッパやアジアなどを例として、地域概念は地理学的な空間を指すだけではなく歴史的に創られてきた抽象的な意味を抱えもつことを指摘したうえで、無批判に使用することに警鐘を鳴らしている。

（17）西アフリカのサバンナ地域では男性、多雨林地域では女性が耕作の主役となってきた背景について、これまでさまざまな説明が試みられてきた。たとえば、主食とする作物とその栽培をする土壌の性質［Baumann 1928: 293, 303］、土地の相続制［Goody & Buckley 1973］や婚姻後の居住形態［Meillasoux 1977 (1975): 47-56］と関連づける議論である。また、ボズラップは、多雨林地帯（ボズラップの文献では「森林地域」）において、相対的に人口密度が高くなった地域では集約的農法が必要なために男性が農業の主役を担うのに対し、人口密度が低い地域では肥沃な土地が豊富なために集約的な農業技術を必要とせず、女性が農業の主役を担うとする論を展開している［Boserup 1970: 33-35, 54］。これらの議論を含め、文化人類学者のガイヤーは、比較研究で導き出された理論の矛盾を指摘している［Guyer 1984: 371-372, 1991: 259-264］。

（18）たとえば、性別での分業のパターンに関して、女性が家事を担う傾向については、女性を家にとどめる出産と育児という生殖能力との関連、また、注（17）でも述べたように男性が耕作の主体となってきた地域とそうでない地域の違いについては、技術や身体的適性、婚姻、居住、相続制など、さまざまな要因との関連から理論的な説明が試みられてきた［e.g. Baumann 1928; Murdock & Provost 1973; Goody & Buckley 1973］。

（19）たとえば、アフリカの農村部を対象にジェンダーに関心を寄せた研究においても、個人を分析の単位とする一方で、男女の対立や不和を強調することなく、「家計」のあり方や夫婦の間の生計をめぐる関係の複雑性を地域文脈に注視して明らかにする研究がなされてきたことは重要である［e.g. Guyer 1988; 杉山 1996; 高根 1999］。

（20）ジェンダー役割に着目するだけでは人びとの生計関係を捉えることができないことは、ダゴンバ地域を対象にした研究においても指摘されてきた。たとえば、ワーナーらは、婚姻的な地位、身分、役割が異なる女性（未婚、若い後輩妻、料理をする先輩妻）たちの間では生産活動の従事のあり方や資産（家具、食材、家畜の所持）の状況が異なることについて、過去の民族学的研究をもとに仮説を立てて検証している［Warner *et al.* 1997］。

（21）「共同寄託」（pooling）と「分与」（sharing）の訳は、マーシャル・サーリンズの『石器時代の経済学』［Sahlins 1972］を翻訳した山内［1984: 20, 112］による。

（22）ガーナの国勢調査における「ローカリティ」の定義は、「一つの家屋によって構成される場合もあれば、集落（hamlet）、村（village）、町（town）、都市（city）でもありうる、一つの名称があり、中核部をもち、物理的に区別できる定住地（settlement）」［Ghana 2005c: xxii］である。本書において、「定住地」でも「ローカリティ」でもなく、「集落」という用語を採用したのは、本書が対象とする西ダゴンバ地域の農村部では家々が集合的に寄り集まっており、これは日本語の「集落」という単語から想起されるイメージ（社会学的には集落の形態は多様）と最も近いと考えたからである。

（23）西アフリカのサバンナ地域内では、日々の食事のための作物の生産、食材の供給、調理をめぐる役割や分業、消費のあり方は一様ではない。その一例としては第一部の注（3）の後半部を参照。

（24）年齢は、乳幼児を除いて推定した。その方法は、社会的、政治的な出来事（兵士の帰還、君主の死や就任など）、集落で生まれ育った同世代の血族の人びととの間の年齢差、また嫁いできた女性の場合は最後に産んだ子の年齢などとの照合によるものである。

（1）原文では「ロダガァ」（*LoDagaa*）。文化人類学者のレンツによると、グディが調査をしたビリフが位置するラウラやナンドム近郊で暮らす人びと自身は「ダガラ」（*Dagara*）あるいは「ダガバ」（*Dagaba*）と自称しているようである［Lentz 2006: xi］。この地域で暮らす人びとの「民族」としての名称は、行政、学術的研究、ならびに現地の人びとの間においても混乱がみられ、一致しているわけではない。この問題の歴史的な経緯と詳細については、レンツ［*ibid.*］を参照。

（2）グディは、一九五〇～五二年の調査をもとにした研究において、夫方に嫁いだ女性は家の庭のトウモロコシやソルガム畑に副食用野菜を間作したりするが、女性が単身で暮らすなど地域では普通の状況ではない場合を除いて、女性が自らで耕すことは一般的ではないと記している［Goody 1956: iii, 33］。

（3）女性の耕作への関与が相対的に高い地域も報告されてはきた。たとえば、マイヤー・フォーテスは、ガーナ北部のタレンシの人びとが暮らす地域で一九三四年に実施の調査をもとにした研究にて、妻は夫の作物の種まきや収穫を手伝うだけではなく、夫から分けてもらった土地の一画で野菜や落花生をつくり、日々の食材として、また不足時に彼女の子どもたちや夫のために、そして自らの消費のために利用することを記している［Fortes 1949: viii, 101-102］。またブルキナファソ中部のダコラ地域のモシの人びとを対象に、一九六五年に実施の調査をもとにした研究では、妻たちが落花生やバンバラマメだけではなく穀物をつくり、夫がつくった穀物の不足時に利用していることが記されている［Kohler 1971: 9, 68-71］。さらに、妻たちが日常の基本的な食事のために穀物をつくっている事例もある。たとえば、ブルキナファソのヤテンガ地域において一九五七～五八年の調査をもとにした研究では、収穫後のおよそ四ヵ月間は妻がつくった穀物、そのあとの八ヵ月間は夫が生産した穀物を食事に利用することが記されている［Izard-Héritier & Izard 1959: 5, 33-34］。なお、より近年の類似した報告として、カメルーン北部のマサ地域を対象に一九八〇～八二年の調査をもとにした研究では、収穫後はまず妻がつくった穀物、次に夫がつくった穀物、最後に双方が共同でつくった畑の穀物を食事に利用することが記されている［Jones 1986: 108,119］。

（4）稲作においては、女性が耕作の主体となってきた地域が報告されてきた。その一つが、ガンビアのマンディカの人びとが暮らす地域である。一九七七～八〇年の調査をもとにした研究によると、男性は水はけのよい土地でトウジンビエやソルガム、トウモロコシ、落花生をつくり、女性は湿地で稲作をしていることが報告されている［Dey 1981: 109-110］。なお、一七三二年にガンビアを訪れた探検家のフランシス・ムーアは、ある地域の有力者の畑でみられた性別での耕作仕事の分担について「男たちはトウモロコシ畑で働き、女と少女たちは稲畑で働く」［Moore 1738: 127］と記していることから、この地域の女性による稲作は植民地化の影響を受ける以前から継続してきた可能性がある。また、一九八三年の調査をもとにした研究では、同じく西アフリカのサバンナ地域で暮らすブルキナファソのグイン、トュルカ、カラボロ、モシ、コートジボワールのセヌフォ、ベテ、グロ、セネガルやガンビアのジョラの女性たちも、「伝統的に」稲作をしてきたことが記されているが［Dey 1983: 426］、その詳細は明らかではない。

（5）西アフリカのサバンナ地域で農業の生産者としての「女性の周縁化」がとりあげられたのは、注（4）で記したような、女性が耕作の主体となってきたガンビアでの稲作の現場［Dey 1981; Carney 1988; Carney & Watts 1990; von Braun & Webb 1989］、そして女性が男性と同等に耕作に関与してきた状況が図０－１においてもみられていた中部アフリカにほど近いカメルーン北部［Goheen 1988］など、地域の全体の傾向からすれば例外的な事例と地域を対象にしていたことは注記しておきたい。

第一章　農食文化の静かなる変容

（1）二〇一二年六月二八日、トロン・クンブング郡はトロン郡とクンブング郡に二分した［Ghana 2014b: 1; Ghana 2014c: 1］。フィヒニは現トロン郡内にあるが、本書では調査をおこなった二〇一一年四月までの旧名称「トロン・クンブング郡」を用いることにする。

（2）http://data.worldbank.org/country, 二〇一七年五月一四日に取得。

（3）首長院（House of Chiefs）については、一九九二年に制定されたガーナ共和国の憲法第二二章「首長制」［Ghana 1992］を参照。

（4）二〇〇〇年の国勢調査では、トロン・クンブング郡におけるイスラム教徒は八四・八％になっている［Ghana 2005b: 31］。これを判断するための現地語での質問とは「あなたは礼拝しますか（*puhi jinli*）」である。多くの人びとが、日常的には礼拝をせず、また、たとえ礼拝所に行くのが祭事に限られていても「礼拝する」と答えるのは、イスラム教としての実践が日常生活のさまざまな側面で浸透してきていて、また好意的に受け止められているからだと考えられる。

（5）トロンの郡の事務所にて入手した、郡の境界を示した地図。地図［Ghana 1967］を原図にしている。二〇〇四年にウェスト・ゴンジャ郡から分離したセントラル・ゴンジャ郡［Ghana 2014a: 1］が表記されていないため、トロン・クンブング郡ができた一九八八〜二〇〇四年の間のいつかに作成されたものと推測。

（6）本書を執筆した二〇一七年現在、ニャンパラからトロンを越えて、タリまでの約一五キロメートルの道路は舗装されている。工事は二〇一二年に始まり二〇一五年に完成した。

（7）タマレの人びとは、顔や服に赤い土埃をつけてそのまま歩いている者たちを「田舎者さん」（*tiŋkpaŋ’ bila*, 複数形は *tiŋkpaŋ’ bihi*）呼ばわりするため、トロン地域の人びとはトロンからタマレに到着後にすぐに土埃を払ったりしている。

（8）規模が小さい集落の場合は、*tiŋkpaŋ’ bila*（「小さい村」の意）、複数の村の集合体は *tiŋkpaŋsi* とよばれる。

（9）社会人類学者のポリー・ヒルによると、より降雨量が少ないナイジェリア北部のハウサ地域（年間七〇〇ミリメートル程度）では、一八四七～一九五四年の約一〇〇年間に一六回もの飢饉が起きている。とくに人びとの記憶にあるのは、一九一四年、一九二七年、一九四二年、一九五四年の大飢饉であり、それぞれ名称がつけられている（たとえば、一九五四年の大飢饉は「移住したのは苦しんだあと」を意味する *Uwar Sani*）［Hill 1972: 231］。ただし、この地域の飢饉の多発について、地理学者のワッツは、気候だけではなく植民地化以降の市場経済化のあり方と食料（作物）の商品化による影響が大きいと主張している［Watts 2013 (1983): 462］。

（10）トウモロコシとしては、七五日の品種改良種もある。元農業普及員のアスマー氏によると、かつては五ヵ月の品種もつくられていた。

（11）トウジンビエは、少ない降雨と高温の土壌に耐えうる乾燥地の作物として知られている。トウジンビエはアフリカ大陸の乾燥地、半乾燥地に広く分布しているが、年間降雨量が六〇〇ミリメートルを超えるあたりでソルガムに替わる。ソルガムは、年間降雨量が六〇〇～八〇〇ミリメートルの地域に広く分布している。しかし、年間降雨量が一二〇〇ミリメートルを超える地域では、より栽培に適しているシコクビエやトウモロコシに替わる［de Wet 2000: 114］。西アフリカではシコクビエの栽培は一般的ではなく、調査地の一帯においても確認できなかった。

（12）ゴールドコーストの『公務員リスト（一九三九年）』（八二頁）によると、エイケンヘッドは一九三七年一〇月にゴールドコーストに到着し、任務を開始している［ADM8/1/41］。『ノーザンテリトリーズ農業局年次報告書（一九三八～三九年）』（二頁）には、一九三九年一月二一日までダゴンバ郡の農業監督（Agricultural Superintendent）を務めていたことが記されている［NRG8/3/74］。

（13）『ダゴンバ郡で実施した調査の仮報告書（一九三八～三九年）』（三頁）［NRG8/3/74］。調査そのものは一九三六～三八年に実施されている。

（14）マイケル・エイケンヘッドが一九五七年に発表した論文では、盛り土の高さは七五センチメートルほどと記されている。また、植えるヤムイモの種類は土壌のタイプに合わせるものだった［Akenhead 1957: 124-125］。

（15）休閑期明けの一年目のヤム畑は「ボグ」（*bɔɣu*）、二年目の畑は「バタンダリ」（*batandali*）、三年目の畑は「カグソグ」（*kaɣusɔɣu*）、そして四年目以降に休閑する場合の耕作放棄地（休閑地）は「バンソグ」（*gbansɔɣu*）とよばれている。

（16）学名は Coull［1929: 210］を参照。

（17）ゴールドコーストの『公務員リスト（一九三二年）』（六五頁）によると、クール（George Charles Coull）は、エディンバラ大学の農学部を卒業、一九二〇年よりゴールドコーストのコロニーに配属、一九二五年四月～一九三〇年代にかけてノーザンテリトリーズで農業・森林部門の監督を務めている［ADM8/1/34］。

（18）一九三〇年代後半にダゴンバ郡に配属されていた農業行政官のマイケル・エイケンヘッドが作成［NRG8/3/74］。この内容はエイケンヘッドが一九五七年に『ガーナ農民』誌に発表した「西ダゴンバ地域の農業」［Akenhead 1957: 124-127］の中身とほぼ一致しており、後者において一九三〇年代の内容が更新されていたかは不明である。

（19）クールによる論文［Coull 1929: 203］では、ピアハ（*piaha*, 学名は *Coleus rotundifolius* 英名は frafra potato）、ゼオカルパマメ（*simpie*, 学名は *Kerstingiella geocarpa*, 佐藤［2007: 121］によると *Macrotyloma geocarpum*）、タチナタマメ（*kpaliegu*, 学名は *Can-*

avalia ensiformis, 英名は sword bean）、フォニオ（*kabga*, 原文では *kabuga*, 学名は *Digitaria exilis*）もダゴンバ郡の作物（foodstuffs）として紹介されているが、現在の西ダゴンバ地域では見かけない。元農業相談員のアスマー・マハマ氏によると、ピアハとゼオカルパマメは肥沃な土地を必要とする作物であり、かつて西ダゴンバ地域でも作付けされていた（東ダゴンバ地域では現在もたまにつくられているという）。なお、タチナタマメについては聞き取りからも同定できなかったため、ダゴンバ地域一帯では長らく作付けされていない可能性が高い。また、フォニオはかつて東ダゴンバ地域ではつくられていたが、西ダゴンバ地域ではアスマー氏が知るかぎり（記憶をたどることができる一九五〇年代以降）、つくられても食べられてもいなかった。現在、西ダゴンバ地域の開拓地付近などに自生しているのを見かけることができるという。

（20） この地を対象にした農業経済学研究でも、降雨量は十分ではある一方で、降雨パターンが不安定なため収穫が保障されていないことが強調されてきた［Runge-Metzger 1993: 38; Donhauser *et al.* 1994: 7］。

（21） 『ダゴンバ郡の年次報告書（一九四六～四七年）』の補遺Ⅰ『ダゴンバ郡のウェスタン区の年次報告書（一九四六～四七年）』（八頁）には、第二次世界大戦へ出陣していたすべての軍隊がゴールドコーストに戻り、およそ二万六〇〇〇人の兵士がタマレ経由で解放されたことが記されている［NRG8/3/141］。本研究の調査地であるフィヒニでも、二〇〇二年に亡くなった一〇代目のフィヒニの君主が帰還兵であることが知られている。

（22） そのほかの語彙としては、朝起きてから何も食べていない状態を意味する *naŋban-tɔɣu*（「口の渇き」の意）も「飢饉」、あるいは「空腹」の年の状況を説明する際に使用される。なお、降水量がダゴンバ地域より一〇〇ミリメートルほど少ない現ガーナ北部のアッパー・イースト州のタレンシ地域で語り継がれている大飢饉とは、一八九〇年代の半ばに数年間にわたって発生した干ばつによるものである［Allman & Parker 2005: 35］。アルマンらの調査に対して、老齢世代は、多くの人びとが飢えと病気で死亡したこと、そして奴隷交易が継続していた当時、親たちは自らの生存のために多くの子どもたちを売ったことを語っている。

（23） 『ダゴンバ郡の年次報告書（一九四六～四七年）』（一六頁）、ならびに補遺Ⅰ『ダゴンバ郡のウェスタン区の年次報告書（一九四六～四七年）』（四頁）。これによると、年間降雨量は七六〇・七ミリメートルであり、種まきの時期の六月は八〇・五ミリメートル、七月は八八・九ミリメートル、八月は一〇一・九ミリメートルと平均より少なかったが、続く九月に二九七・九ミリメートルも降っている［NRG8/3/141］。

（24） 『ダゴンバ郡の年次報告書（一九四六～四七年）』の補遺Ⅰ『ダゴンバ郡のウェスタン区の年次報告書（一九四六～四七年）』（四～五頁）［NRG8/3/141］。

（25） Park［1799: 201-202, 1815: 105,107］。ルネ・カイエにおいては、各地の景観の印象について手短かながらもより頻繁に記録しており、異なる地域にたどり着くと優占する樹木の種類が変わったりすることや繁殖のあり方が異なることに気を留めていたことがうかがえる［Caillé 1830: 173, 238 , 239, 247, 253, 287, 296, 368, 393, 395, 435, 440］。また、ハインリヒ・バルトやヒュー・クラッパートンも樹木の景観について記している箇所がある［Barth 1858: 105, 107 ; Clapperton & Lander 1829: 164］。

（26）一九九〇年代から今日まで、女性の生計におけるシアナッツの重要性をとりあげた論考が、ブルキナファソやガーナ、マリ、ベナンなどを対象にした開発学や地域研究の分野で多く生みだされてきた［e.g. Elias & Carney 2007; Grigsby & Force 1993; Hyman 1991; Pouliot 2012; Schreckenberg 2004］。

（27）とくに、シアナッツの木の栽培種化が試みられてきたが、種子の寿命は短く、実をつけるまでに一〇数年かかり、接ぎ木や挿し木なども簡単ではないことが知られている［Hall *et al.* 1996:15; Lovett & Haq 2013; Teklehaimanot 2004; Sanou *et al.* 2004］ただし、シアナッツの木は切り株から活発に天然更新する。よって、すでにシアナッツの木がある土地では、あえて種子をまいたり苗を移植したりして繁殖を試みる必要がない。

（28）トモマツ［2014］のほかにも、サバンナの樹木と人びとの相互関係についての古典的な論考としては Pélissier［1980］や Seignobos［1982］を参照。

（29）個人の要請に応じて、薬膳として木炭のスープが用意されることもある。また、私は食べたことも、見かけたこともなかったのだが、樹木作物では、カポックの若葉やローゼルのような味だという *Vitex domiana* の若葉（表1－3）も好まれて食べられているという。また、*Vitex domiana* の葉そのものをゆでて塩や唐辛子、油と混ぜた料理（*yarij'kpandi*）も食べるというが、見かけたことはない。また、タマリンド（*Tamarindus indica*）の若葉（*puhu-vari*）も食べるという。低地に生息するタマリンドは、フィヒニやトロンでは見かけないが、トロンの南西に位置しているディンマビや郡の南西部の開拓地では自生している。なお、一九二九年の農業行政官のクールによる論文では、スープの具としてヒロハフサマメの木の葉（*doo-vari*）やニセゴマの葉（*bunkaa*）を使っていたことが記されているが［Coull 1929: 203］、現在は食べないという。その理由を尋ねると、「開化」（*nin' neesim*,「目が開く」の意）や「都会的な文化」（*fonsili*）などの表現で説明がされた。

（30）ヒロハフサマメの発酵調味料をつくる際のヒロハフサマメと落花生の分量比は通常二対一である。二〇〇九年三月に実施したつくり方の調査によると、ヒロハフサマメを計量用のボウル（*kuriga*）一杯分（二・二キログラム）、落花生をボウル二分の一杯分（一・三キログラム）使い、完成した九個の発酵調味料の重さは合計三・六キログラムだった。そのつくり方は以下のとおり。一日目、朝の九〜一〇時までヒロハフサマメと落花生をゆで（落花生は布に包み、混ざらないように）、そのあと、お湯からあげてそのままにしておく。二日目の朝の八時、ゆでたヒロハフサマメを灰と一緒に木臼でつき、種子の周りの外皮を取り除く。そのあと、貯水池に運び、ヒロハフサマメを水で洗って灰と外皮を取り除き、ヒロハフサマメに土を混ぜて再び洗うと外皮がほとんど取れてくる。その際、未熟なヒロハフサマメ（*zun-kuin*,「色が違うヒロハフサマメ」の意）を取り除く。家に戻り、九〜一三時までヒロハフサマメと落花生をもう一度ゆで、お湯からあげて袋に入れて鍋の中にしまう。三日目は何もせず、四日目の一三時、ヒロハフサマメと落花生を袋から取り出し、室内で乾かす。一五時ごろより落花生とヒロハフサマメを別々に木臼でつき、最後に混ぜて丸い形状にする。それから一週間ほど乾かしたあとに料理に利用できるようになるが、ヒロハフサマメだけでつくった場合であれば、当日から利用することもできる。

(31) ニセゴマの種子がスープの調味油として利用されていることは、一九二〇年代に農業行政官のクールが記した論文［Coull 1929: 205］や一九三〇年代後半にダゴンバ郡に配属されていた農業行政官のマイケル・エイケンヘッドが作成した『ダゴンバ郡で実施した調査の仮報告書（一九三八～三九年）』（一二頁）でも確認できる［NRG8/3/74］。

(32) ニャンパラの冷凍魚の卸売業者は、アマニはニシン（herring）であり、ロシアなどから輸入されていると私に話した。二〇一〇年に開催されたFAOの作業部会の報告書によると、これらのニシン科の小魚（sardinellaやサーディン）は、ロシアだけではなくウクライナやヨーロッパ諸国の漁船によって西アフリカ沖の北大西洋で漁獲されている［FAO 2011: 16］。定期市では、アマニだけではなくさまざまな種類の魚の干物が販売されているが、女性たちはその美味しさを理由にアマニを好んで購入している。

(33) 市場に出回っているタマネギの発酵乾燥葉はタマネギの生産地として知られるアッパー・イースト州のボク地域からのものがほとんどだという。タマネギは、トロンの近郊でも、ブンタンガなど灌漑地域で乾季につくられている。

(34) 観察したことはないが、各地を治める君主が病気で死にかけているときや死去したとき、家々では、君主が天国へ行くときに食べる特別な練粥（*soli-sayim*,「道の練粥」の意）をつくる習わしがあり、これにもトウモロコシではなくダゴンバ地域の「正式な」穀物であるトウジンビエを使用しなければならないとされている。

(35) ヨグの集落は、フィヒニとガヴァグの集落が誕生したあとにできている。これらの集落の歴史については第四章で述べる。

(36) このほかにも、タマレへ移り住んでいたフィヒニの出身者がフィヒニに搬送されて死去したケースは一件あったが、統計から除外している（二〇一〇年八月）。農村部からタマレへ移住した者は、老齢になり、病気で死にかけた場合、その者を世話する義務にある親族によってタマレから農村部の実家に搬送され、実家でそのまま死を迎えることが多々ある。タマレでは墓代が高いことが高齢の病人を実家に送り返す理由だというが、病気になると実家に帰って療養する習わしもあることから、実家の者たちは快く思っていなくても何も言えない状況にある。

(37) ダゴンバの人びとの間では、出産は夫方でおこなうことになっている。アクラなどに出稼ぎに行っていた女性も、夫の集落に戻り、産むことがある。二〇一〇年二月～二〇一一年四月の間にも、ガーナ南部の都市で暮らしていた女性が夫方のフィヒニに戻ってきて出産したケースは二件あったが、統計には含んでいない。

(38) トロン、クンブング、ニャンパラ一帯の人口が密集した地域（五七六平方キロメートル）で人口密度を推定した研究は、一九八四年の国勢調査の時点で一平方キロメートルあたり一二九人という数値を算出している［Norton n.d. (1988)］。この文献には頁番号はなく、数値は「一平方キロメートルあたりの人口密度――トロンと周辺地域」と題した「地図06」に記されている。

(39) 地力が低下したことについて、元農業普及員のアスマー氏は、同時に、およそ一九七〇年代ごろより普及してきたトラクター耕作の影響も指摘している。説明によると、トラクターの爪は比較的肥えている表層土だけではなく、植物の生育に適さない下層部の栄養分の少ない土壌にまで到達するほど長いため、耕起によって下層の土壌が混ざり合い、土壌の肥沃度を全体的に低下させた。牛耕で使われる鋤においては、爪が短いため、問題はなかったという。

（40）ダゴンバ地域の大きな町（towns, タマレだけではなく複数の「町」）では、集落内の家の周囲の土地を使ってタバコだけではなく、唐辛子、ソルガムやトウモロコシをつくっていること、ほかの畑は家から町の外側へと約五キロメートル（原文では三マイル）も離れた場所にあることが記されている［Coull 1929: 209］。

（41）ガーナが構造調整政策を受け入れたのちに肥料価格が上昇した過程と農業への全体的な影響については、Seini & Nyanteng［2005］を参照。

（42）ただし、調査した一部の地域では、一九八〇年代後半～一九九〇年代初頭まで、開発援助関連の機関や団体（IFAD, Global 2000 など）が肥料を使って複数のトウモロコシの品種を育てるプロジェクトを実施していたこと、この際に「実質的に」無償で肥料を提供したために、人びとが継続して肥料を使用できていたことを記している［Warner *et al.* 1999: 96］。

（43）クーポンの配布をめぐる問題として、バンフルは、選挙のための「票の買収」としてクーポンが配分されている可能性を指摘している［Banful 2011: 1175］。

（44）『ノーザンテリトリーズ農業部門年次報告書（一九三八～三九年）』には、地元の耕作者たちは極めて保守的であるため、混合農法の普及には実演が一番の方策だと述べられている（一六～一七頁）［NRG8/3/74］。

（45）『ダゴンバ郡年次報告書（一九三七～三八年）』（三四頁）。混合農法は、本調査地の一帯のトロンやタリ、またルンブング、サヴェルグ、そして東ダゴンバ地域のサンブなどの「原住民行政」にてすでに始められていること、また、イェンディの学校でも導入が始まったことが記されている［NRG8/3/65］。

（46）聞き取りによると、ウシをもっていた者は少なかったが、各地の有力な君主であればその頭数は概して非常に多く、一〇〇頭を超え、また二〇〇頭をもっている者までいた（実際にどれだけの数だったかは不明）。当時はフラニもおらず、家の男児のうちの数名を牧童にして世話をさせていたという。なお、『ダゴンバ郡で実施した調査の仮報告書（一九三八～三九年）』の表IIには、調査の対象となった一四軒（family, ここでは、一つの住居で暮らす家族の単位を意味すると推測）のうち、家禽類をもっていたのは八軒、ヤギは一一軒、ヒツジは六軒、そして、ウシはたったの二軒だった（それぞれ二頭と五頭）［NRG8/3/74］。調査の対象となった「家族」の社会的な状況には言及されていないため、これに君主たちが含まれていたかどうかは不明である。

（47）『一九三五年九月一一日にタマレの郡長官の事務所で開催された第二回ダゴンバ郡農業委員会の議事録』（三～四頁）。トロンの君主を含む、およそ二〇〇人が参加している。委員会では、堆肥を実験的に使用した各地の君主たちが作物の生育と収量の向上を報告していた。しかし、タマレ地域の君主（*Gulkpe-Naa*）は、その効果を認めつつも、ウシの排泄物でつくった堆肥を遠くの畑まで運ぶには手間がかかると指摘していた［NRG2/16/1］。

（48）一九四七年七月二六日付、ダゴンバ地域の農業行政官がダゴンバ郡の長官へ宛てた書簡（件名「原住民行政の実演圃場」Ref. No. 40/4S.F.2 Vol.11/47）。混合農法の実演のための圃場での作物に十分な世話がなされておらず、また作物の販売からの収益が不十分であることに関して理由を求めたダゴンバ郡の長官からの書簡（Ref. No.359/12/1947/S.F.2）への返答として、集村型の集落を形成しているダゴンバ地域で普及を推し進めたければ、北マンプルシ地域やイギリスの農村部で形成されている散村型の集落のように、現在の集村型の集落を分解する必要があること、よって、人びとの生活を大きく変えようとするのではなく、別の方策を考案すべきことを提案している（二～三頁）[NRG2/12/3]。

（49）マイケル・エイケンヘッドによる報告書 [NRG8/3/74]。一九二〇年代の文献には、現在トロン一帯でまれに作付けされているのを見かけるだけの三～四・五ヵ月の晩生種（*zaa*, 学名は *Pennisetum typhoides*, 原文では *Pennisetum typhoideum*）だけでなく、グルンシ地域でよくつくられているという二～三ヵ月の早生種（*nara*, 学名は *Pennisetum* sp.）も載っている [Coull 1929: 203]。

（50）この頃より、改良品種の導入が活発になされてきた。『農業局の年次報告書（一九五六～五七年）』によると、ニャンパラの農業研究所では「西アフリカ・トウモロコシ研究ユニット」から送られてきた四九ものハイブリッド種の比較栽培がおこなわれている [Ghana 1959: 23]。ただし、白色のトウモロコシは、一九三〇年代にはすでに西ダゴンバ地域でつくられていた。『ダゴンバ郡で実施した調査に関する仮報告書（一九三八～三九年）』（六頁）によると、集落内の畑では早生種の黄色い在来種が、そして集落の外の畑では晩生種の白いトウモロコシがつくられており、報告書の作成者はこの白いトウモロコシが直近にアシャンティ地域からもたらされたものと推測している [NRG8/3/74]。

（51）「化学肥料」は一九二四年に「Manure – Chemical」として輸入の記録がされている（『貿易報告書（一九二七年）』四二頁）。そして、一九四八年、それまでは一〇〇トンを超えなかった輸入量が一二一〇トンにのぼり、名称が化学物質の下部品目として「Fertilisers」に変更されている（『貿易報告書（一九四八年）』の八四頁に記載の一九四四～四七年の数値は、一九四四～四七年の『貿易報告書』における「Manure – Chemical」と数値が一致）。さらに、一九五四年からは、化学肥料は種類別（「硫酸アンモニウム」「そのほかの窒素系肥料」「過リン酸石灰」「カリ肥料」「そのほかの肥料」）で記録されるようになっている（『対外貿易と船舶と航空輸送の年次報告書（一九五四年）』四九頁）。他方、「分類II――原料と非製造品目」としての「石灰」（Lime）と「肥料」（Manures）の輸入の記録においては、少なくとも一九二三年には確認できる（『貿易報告書（一九二七年）』三六頁）。これらも同じく一九五四年から、「天然肥料」（natural fertiliser）、「天然硝酸ナトリウム」（natural sodium nitrate）、「天然リン酸塩」（natural phosphate）、「天然カリウム」（crude potash）の名称で「肥料――原料」の下部項目として記録されるようになっている（『対外貿易と船舶と航空輸送の年次報告書（一九五四年）』三九頁）[ADM7/2/1; ADM7/2/2; ADM7/2/3; ADM7/2/4; ADM7/2/5; ADM7/2/6; ADM7/2/7; ADM7/2/8; ADM7/2/9; ADM7/2/10; ADM7/2/11; ADM7/2/12; ADM7/2/13; ADM7/2/14; ADM7/2/15; ADM7/2/16; ADM7/2/17; ADM7/2/19; ADM7/2/20; ADM7/2/22; ADM7/2/23; ADM7/2/24; ADM7/2/25; ADM7/2/26; ADM7/3/1; ADM7/3/2; ADM7/3/4; ADM7/3/6]。

（52）一九六二年四月二八日付、農業省のノーザン州の担当の役人からトロン郡を含むノーザン州の各郡の長官へ宛てた書簡（件名「一九六二年のノーザン州の農民への肥料の販売」。参照番号の最初は不明であり、終わりは /108/V.2）[NRG2/12/7]。

（53）エイケンヘッドは、『ダゴンバ郡で実施した調査の仮報告書（一九三八～三九年）』（一二頁）にて、キャッサバは比較的に重要ではない作物であり、キマメのように畑の周囲に境界の目印として植えられていると述べている [NRG8/3/74]。

（54）一九四八年九月五日付、ダゴンバ郡の農業行政官が作成した「増産のための補助策と合わせたダゴンバ地域における混合農法の促進に関する覚書」（四頁）［NRG8/11/17］。

（55）元農業普及員のアスマー氏によると、ガーナが独立した一九五七年ごろに「カルバァ」（*kalbaa*）とよばれるキャッサバの品種が普及し始め、これによってキャッサバの加工食品（*garri*）づくりが盛んになり、キャッサバの作付けが拡大した。しかし、ほどなくして収益があがらなくなり、キャッサバの作付けも減少したという。「カルバァ」とは、ダゴンバ地域では「娼婦宿で働く娼婦」（男性の部屋を訪問する娼婦としての *jayimelo* とは区別）を意味しており、このキャッサバが、娼婦宿が多いとされているナイジェリアの一地域（おそらく *Calabar*）からもたらされたことが語源だという。

（56）二〇〇五〜一一年にフィヒニの近隣の集落のブルンにて五軒の家を対象に実施された調査でも、キャッサバの作付けは限定的になっている［中曽根 2013: 6］。

（57）トロン地域の定期市での二〇一一年三月のトウモロコシの価格は、ボウル一杯（約二・四キログラム）〇・九セディだった。ただし、七月以降であれば、人びとはキャッサバではなくトウモロコシを購入することがあるのは、この雨季の真っただなかの時期のキャッサバにはカビがはえていて臭いがすることだけではなく、ガーナ南部でつくられたトウモロコシが北部の市場にも出回るために、トウモロコシの価格が安くなるからである。多くの家々では、この時期、売る作物がなくなった男性たちの代わりに、女性たちが拾ったシアナッツなどを売って現金を得ることで、水粥だけではなく練粥をつくる主食用の食料の購入もしており、彼女たちは状況に応じてキャッサバではなくトウモロコシを選択することがある。

（58）ワーナーらによる作物の作付けの変遷に関する論考では、キャッサバはヤムイモと同様にイモ類であるために双方の作付面積を比較し、ヤムイモが減少する一方でキャッサバが増加したことを強調している［Warner *et al.* 1999: 102-103］。しかし、主食作物としては、キャッサバは、ヤムイモではなくトウモロコシと作付けする土地をめぐり競合関係にある。人びとは昼食と夕食の練粥に使う穀物（今日ではトウモロコシ）の代替としてキャッサバを食べており、ヤムイモではなくトウモロコシと比較するほうが適切である。

（59）限られてはいるものの、この間、綿花（cotton, raw）の輸入実績がまったく記録されていなかった年もある（一九二四年、一九二六年、一九五〇年、一九五四〜五七年）。他方で、綿花（cotton: lint, 一九三七年より raw と linters を含む）の輸出は、一九二七〜四〇年においては、オランダ、英国、ドイツ、フランス領トーゴランドへなされてはいた［ADM7/2/1; ADM7/2/2; ADM7/2/3; ADM7/2/4; ADM7/2/5; ADM7/2/6; ADM7/2/7; ADM7/2/8; ADM7/2/9; ADM7/2/10; ADM7/2/11; ADM7/2/12; ADM7/2/13; ADM7/2/14; ADM7/2/15; ADM7/2/16; ADM7/2/17; ADM7/2/19; ADM7/2/20; ADM7/2/22; ADM7/2/23; ADM7/2/24; ADM7/2/25; ADM7/3/1; ADM7/3/2; ADM7/3/4; ADM7/3/6］。

（60）貿易報告書によると、落花生の輸出量は、一九二三年に三三〇トン、一九二四〜三九年と一九四三〜四九年に一〇トン以下、一九五〇年に二九六トンであり、一九四一〜四二年と一九五二〜五七年はまったく記録されていない［ADM7/2/1; ADM7/2/2; ADM7/2/3; ADM7/2/4; ADM7/2/5; ADM7/2/6; ADM7/2/7; ADM7/2/8; ADM7/2/9; ADM7/2/10; ADM7/2/11; ADM7/2/12; ADM7/2/13;

ADM7/2/14; ADM7/2/15; ADM7/2/16; ADM7/2/17; ADM7/2/19; ADM7/2/20; ADM7/2/22; ADM7/2/23; ADM7/2/24; ADM7/2/25; ADM7/3/1; ADM7/3/2; ADM7/3/4; ADM7/3/6］。

（61）一九六二年二月九日付、タマレの食料農業省の農業部門が作成した『食料農業省農業部門のノーザン州とアッパー州の四半期の進捗状況報告書（一九六一年一〇～一二月）』（二頁）では、イェンディを含む実験圃場でのマニピンターの実験栽培の内容が記されている［NRG9/4/12］。また元農業普及員のアスマー氏は、どちらも一九六〇年代に普及が始まったが、チャナの導入はマニピンターより早かったと記憶している。

（62）マリオン・ジョンソンによる史料集『サラガ・ペーパーズ（第一巻）』［Johnson n.d. (1965)］のSAL/63/1; SAL/63/2による。入手した資料には鉛筆で頁番号が記されており、それによると六九～七〇頁にあたる。

（63）一九二八年二月八日付、アクラのゴールドコーストの植民地秘書室の秘書官（T・S・W・トーマス）は、タマレのノーザンテリトリーズの長官に宛てた書簡（No. 539/M.P.15708/1927）で「ゴードン・グッギスバーグ卿は、ノーザンテリトリーズ鉄道の必要性を見極めるうえで、シアバター産業の発展が非常に重要だと認識していました。閣下においては、家畜の貨物輸送がより重要な決定要因だとして、この見解と完全に一致してはいません。ただし、閣下は、農業の観点からすれば、シアバター産業の可能性がノーザンテリトリーズ鉄道の交通量の見込みを検討するうえで最重要だと確信しています」（一頁の第三項）と記している［NRG8/11/2］。なお、ゴードン・グッギスバーグの総督としての在任は一九一九年一〇月～一九二七年四月であり、ここでの「閣下」はそのあとに総督に就任したアレクサンダー・ランスフォード・スレイターである（在任期間は一九二七年七月～一九三二年四月）。

（64）貿易報告書において、シアナッツとシアバターのどちらの輸出も実績が記録されていない年は、一九三四年、一九三八年、一九三九年、一九四一年、一九四三～四五年、一九四八年、一九五〇年、一九五二年、一九五四～五七年。また、輸出があるといっても、シアナッツで一〇〇トン以上が輸出されているのは三年間（一九二三年、一九五一年、一九五三年）のみである［ADM7/2/1; ADM7/2/2; ADM7/2/3; ADM7/2/4; ADM7/2/5; ADM7/2/6; ADM7/2/7; ADM7/2/8; ADM7/2/9; ADM7/2/10; ADM7/2/11; ADM7/2/12; ADM7/2/13; ADM7/2/14; ADM7/2/15; ADM7/2/16; ADM7/2/17; ADM7/2/19; ADM7/2/20; ADM7/2/22; ADM7/2/23; ADM7/2/24; ADM7/2/25; ADM7/2/26; ADM7/3/1; ADM7/3/2; ADM7/3/4; ADM7/3/6］。

（65）一九三二年四月二五日付の書簡（件名「タマレでのシアの油脂の抽出施設と試験」）。参照番号は、Ref. No. 91/46として読み取れるが不鮮明である。［NRG8/11/2］。

（66）一九八六年三月一九日の『ピープルズ・デイリー・グラフィック』（一頁）に掲載の「ガーナがシアナッツの輸出から一四億セディを稼ぐ」と題する記事。

（67）一九八六年五月一四日の『ピープルズ・デイリー・グラフィック』（一頁）に掲載の「シアナッツの木を救え」と題する記事。

（68）一九八六年一二月二日の『ピープルズ・デイリー・グラフィック』（八頁）に掲載の「ガーナ・ココアボードによるシアナッツの収穫者のための包括政策」と題する記事。

（69）詳しくは第四章で述べるが、ヒロハフサマメの木はダゴンバ地域の政治組織における特定の称号をもつ者に帰属することになっている。ヒロハフサマメの木が更新していないことに関し、プドヤルはダゴンバ地域ではヒロハフサマメの木が私的に所有されていないためにシアナッツの木と比べて保全における経済的なインセンティブが働いていないと主張し、保有制度の変革を提言している［Poudyal 2011: 1074-1075］。しかし、土地の希少化に直面した耕作者が限られた土地からより多くの収益を得るうえで、相対的な経済的価値の高さから、ヒロハフサマメの木ではなくシアナッツの木のほうを増やすことを選択している点をむしろ考慮しなければならないことを強調したい。

（70）二〇〇七年、ガーナのカカオ（カカオの生豆、カカオペースト、カカオバター）の輸出総額は八・七億ドル（九・七億セディ）だった［Ghana 2010: 61］。これに対して、シアナッツとシアバターの輸出総額は三四六六万ドルである。

第二章　仕事の変革

（1）もう一つは、垂直に一〇メートル以上掘り下げ、内壁をセメントなどで固めた「コブリガ」（*kobilga*）とよばれる浅井戸である。トロン一帯ではザグアなどにある。耐久性は高いが、建設費がかかるために、農村部ではあまり見かけない。浅井戸の水量は、土地の高低など場所による。自生したバオバブの木と木を結ぶ直線が水脈の印だといわれている。

（2）泉は、郡内ではワントゥグ周辺に多いことが知られている。

（3）一九二八年一二月二〇日付、ボクの郡長官の補佐官のJ・A・アームストロングがタマレのノーザンテリトリーズの長官に宛てた、旅程の最終確認についての書簡（参照番号はなし、フォルダー内では一頁目）［NRG2/20/1］。

（4）一九三一年一二月三日付、ポンタマレの動物衛生部局のJ・L・スチュワートがタマレのノーザンテリトリーズのサザン県の長官に宛てた書簡（件名「ツェツェバエの駆除——ナボゴ川」No. 1913/70.H/1930）［NRG2/20/1］。

（5）一九三四年三月二一日付。書簡の参照番号は不明。内容は、ノーザンテリトリーズの長官代理による書簡（No. 241/23/1929）の参照から始まっている［NRG2/20/1］。

（6）『経済社会開発のための一〇ヵ年計画の改正草案（一九五〇〜六〇年）』（一二三頁）［ADM5/4/82］。

（7）『経済社会開発のための一〇ヵ年計画の改正草案（一九五〇〜六〇年）』（一二三頁）［ADM5/4/82］。

（8）『ダゴンバ郡の年次報告書（一九三七〜三八年）』（三〇〜三一頁）［NRG8/3/65］。

（9）「ダッピェマ」は「市場の長」を意味する。現在、タマレの中心部の市場付近の地域の首長（chief）として知られていて、「君主」（*naa*）とも表現されるが、もとは「君主」の位の称号ではない。植民地化を通じて「首長」として認められるようになり、現在にいたるまで、その政治・社会的な地位が強化された経緯についてはMacGaffey［2013］を参照。

（10）『ダゴンバ郡の年次報告書（一九四六〜四七年）』の補遺Ⅰ『ダゴンバ郡のウェスタン区の年次報告書（一九四六〜四七年）』（一一〜一二頁）。年間降雨量は、七六〇・七ミリメートルだった（四頁）［NRG8/3/141］。

（11）『経済社会開発のための一〇ヵ年計画の改正草案（一九五〇〜六〇年）』（三七頁）では、水供給の改善が発展の重要事項として掲げられ、都市部では公共事業部局（Public Works Department）、そして小さな町や農村部では地方水開発部局（Rural Water Development）が水供給のための調査と建設を担うことになった［ADM5/4/82］。

（12）トロンにある古いほうの貯水池は、当初の目的では、一九五二〜五三年の「コミュニティー開発・米計画」の対象地としてトロンとタリ地域が選定され、稲作のための灌漑施設をつくるために建設されたようである。一九五二年一二月三〇日付、タマレのノーザンテリトリーズの社会福祉局のコミュニティー開発の担当官がイェンディのダゴンバ郡行政に宛てた書簡（件名「トロンプロジェクト」参照番号は140/SF.3/18）によると、トロンの町の西側に小さな池があり、そこに貯水池をつくることが検討事項として挙げられている［NRG2/12/3］。

（13）一九六八年一月四日付、タマレ郡の行政官（A. Okyere-Twum）がタマレの州の行政官に宛てた書簡（件名「トロンのギニア虫症の流行——助成の要請」Ref. No. 016/SF.2/186）［NRG8/8/30］。

（14）一九八四年二月付、タマレで作成の『評価報告書』（一八〜一九頁）［PAT22/1/504］。

（15）アスマー氏にとって、とりわけ印象に残っているのが、ルンブン・グンダーにおける貯水池の整備だった。アスマー氏によると、建設の請負業者が到着したとき、耕作期に入ったばかりで人びとから資金を集めることができなかった。このために、当時のルンブン・グンダーの君主が必要額の半分を支払うことで業者が途中まで工事をおこない、その翌年に残りの資金が集められることでようやく作業が完了したという。

（16）一九七三年三月二日付、トロン地方自治体（Tolon Local Council）の書記員S・S・シャイブがタマレの州行政に宛てた書簡（件名「農村部の水供給計画——トロン地方自治体郡」Ref. No. TLC/D.4/97）［NRG8/8/30］。

（17）『一九三六年三月二五日にイェンディにて開催の第三回ダゴンバ郡農業委員会の議事録』（二頁）。ここでは「トウモロコシの製粉機」（maize grinding machine）として言及されているが、トウモロコシ以外の穀物も製粉できたものと思われる［NRG2/16/1］。

（18）『貿易報告書（一九四五年）』（七八頁）には、その前年までは「Implements and Tools, Agricultural (including Horticultural)」として分類されていたことが明記されている［ADM7/2/19］。これには、鍬や鉈をはじめとする複数の農具が含まれていた。

（19）『一九三五年九月一一日にタマレの郡長官の事務所で開催された第二回ダゴンバ郡農業委員会の議事録』（二〜四頁）。タマレ地域の一部を治める君主（*Gulkpe Naa*）は、牛耕は効率的ではあるものの、耕作できるウシの入手は容易ではないことを、加えて指摘している（四頁）［NRG2/16/1］。

（20）一九五三年四月一〇日付、ダゴンバ郡の農業局長補佐室がイェンディのダゴンバ郡議会の議長に宛てた書簡（件名「ダゴンバ郡農業融資計画」Ref. No. D45/56）の二頁［NRG2/17/3］。

（21）一九七四年一一月一四日付、タマレの経済計画省のP・S・メンサーがタマレの州行政に宛てた書簡（件名「ノーザン州における牛耕計画の場合」RPC/NOR/AG/1）[NRG8/11/90]。

（22）一九八四年二月付、タマレで作成の『評価報告書』（一二頁）[PAT22/1/504]。

（23）自分の家だけではなく、ほかの家の者の畑にも牛耕サービスを提供しているが、さほど稼げない。二〇一〇年の耕作期の相場は、一エーカーあたり一〇セディ（約六ドル）程度という話だったが、実際は親族や友人関係、また相手の経済的な諸事情により大幅に値引きされる。たとえば、牛耕用のウシをもつフィヒニの二人の男性のうち一人は、二人の息子に、従叔父であり、精神的な病を抱えている七〇代の男性とその六〇代の妹が二人で暮らす家の庭先のトウモロコシ用の畑を無償で耕起させた。この家で主食となるトウモロコシが確保できない場合は、彼が提供しなければならない関係にあるからである。

（24）トラクターの輸入は一九四六年より前からあった。『貿易報告書（一九四六年）』（四二頁）では、「Machinery, Agricultural (including Horticultural)」としてほかの農業用機械と一緒に分類されていた旨が明記されている [ADM7/2/20]。

（25）一二九台が輸入された一九五四年より、トラクターは四分類されて記録がつけられている（『対外貿易と船舶と航空輸送の年次報告書（一九五四年）』（七九～八〇頁）。なお、一九五七年の独立までは、イギリスとアメリカ合衆国を主に、カナダ、フランス、西ドイツ、南アフリカから、そして一九五七～一九七四年は、上記の国々に加えイタリア、日本、スペイン、オランダ、デンマークからの輸入が確認できる。また、ンクルマ政権が東側諸国に接近後の一九六三年から、失脚する一九六六年までは、チェコスロバキアから大量に、そしてユーゴスラビアやソ連からも輸入されている（一九六三年のトラクターの輸入は合計九一一台で、チェコスロバキア一国からは合計七〇〇台が記録されている）。さらに、西側諸国との関係が再び悪化した一九七二～七四年のアチャンポン政権下では、再びチェコスロバキア、ポーランド、ルーマニアからも輸入が記録されている [ADM7/2/1; ADM7/2/2; ADM7/2/3; ADM7/2/4; ADM7/2/5; ADM7/2/6; ADM7/2/7; ADM7/2/8; ADM7/2/9; ADM7/2/10; ADM7/2/11; ADM7/2/12; ADM7/2/13; ADM7/2/14; ADM7/2/15; ADM7/2/16; ADM7/2/17; ADM7/2/19; ADM7/2/20; ADM7/2/22; ADM7/2/23; ADM7/2/24; ADM7/2/25; ADM7/2/26; ADM7/3/1; ADM7/3/2; ADM7/3/4; ADM7/3/6; ADM7/3/8; ADM7/3/10; ADM7/4/1; ADM7/4/3; ADM7/4/4; ADM7/4/5; ADM7/4/6; ADM7/4/7; ADM7/4/9; ADM7/4/12; ADM7/4/13; ADM7/4/14]。

（26）G・F・クレイら作成の『西アフリカ植物油脂視察団の報告書』によると、一九四七年、落花生の輸出のための機械化による大規模生産の適性を検討するために、西アフリカの植民地に視察団が送られており、ゴールドコーストでは、人口密度、土壌、気候の条件からアシャンティ地域とノーザンテリトリーズのダモンゴが候補地として提案されている [Colonial Office 1948: 4, 10]。また、『ゴンジャ開発公社に関する諮問委員会の報告書（一九五三年）』には、ダモンゴが気候と雨量の適性、そして土地保有の観点においても問題が生じないことからその対象として選ばれ、その翌年の一九四八年より、農業局はダモンゴに試験場を設け、落花生だけではなく、ソルガム、トウモロコシ、トウジンビエなどを小規模につくったことが要約されている（一頁）[NRG8/3/191]。

（27）一九五三年一月二九日付、タマレのノーザンテリトリーズの社会福祉部局のコミュニティー開発員がタマレのノーザンテリトリーズ行政の補佐官に宛てた書簡（件名「米づくり計画」No. SWNT.139/22）に添付の「稲についての議論の概要」（二頁）［NRG2/12/3］。

(28) 一九六四年三月一一日付、タマレのガーナ農民組合連合会（UGFCC: United Ghana Farmers' Cooperative Council）より、サヴェルグの郡委員会の秘書のブグリがアクラの農業長官（Chief Agriculgtural Officer）、タマレの農業長官（Principle Agricultural Officer）、そしてノーザン州の州生産性行政官（Regional Productivity Officer）へ宛てた書簡（件名「一九六四年二月二〇日にサヴェルグで開催されたタマレ郡の農業委員会の議事録」）の一～二頁。西ダゴンバ地域においては、トラクターはガーナ農民組合連合会に属する各郡の農業委員会（District Agricultural Commitee）が主体になり、各郡を構成する小行政区への配分が決定されていた［NRG2/16/26］。

(29) 一九七五年七月一六日付、国際連合開発計画と国際連合食糧農業機関による農業機械訓練プロジェクトにおけるノーザン州グシェでのプロジェクトマネージャーのG・N・ウィリーがタマレの州行政官のE・P・O・クワフェに宛てた書簡（件名「ノーザン州グシェの農村部の工場モデル（Model Rural Workshop at Gushie）」6-1-0/6-1-10）の一頁［NRG8/11/89］。

(30) 収穫した米を買い付け、半ゆでして日干し後、籾殻を取り除いて玄米にすることを生計手段にしている女性たちも多くいる。ただし、籾米を信頼できる知り合いの男性から買い付けなければ、未成熟米（*zafuri*）を混ぜ入れた米袋を渡されてしまい、籾殻を取り除いた玄米の分量が基準に達せずに赤字になる場合さえある。

(31) お礼の相場は、効果や関係性、依頼主の経済力によって変わる。願いごとの場合、依頼時と願いごとが成就したあとのお礼には、近い間柄でないかぎり、少なくとも〇・五～一セディ（〇・三～〇・六ドル）が渡されている。このため、その能力に一定の評価を得ている者にとって、この仕事は農業に加えて重要な収入源にもなっている。トロンの有名な呪術師やイスラム教の知識人の場合、たとえば合わせて一〇セディ（六ドル）ほどもらったりすることもある。なお、卜占は、誰かをめとるときの判断や、誰かが病気だったり、死んだりした場合にその原因を明らかにするために依頼するものである。三人の呪術師に見解を聞くことが多い。

(32) 『ダゴンバ郡の年次報告書（一九五〇～五一年）』（二頁）［NRG8/3/173］。スタニランドによると、植民地期、とりわけイェンディのダゴンバ地域の最高君主の子孫たちは西洋式の教育を受けることを拒んでおり、むしろ学校に行っていたのは家臣（elders）の子どもたちだった［Staniland 1975: 106］。

(33) 各グループは、それぞれ一二人、八人、四人、三人で構成。かつては、早朝時に稼働するグループも多かったという。

(34) 二〇一〇年七月二九日、フィヒニの男性がウォリボグで暮らす彼の第一妻の父親から要請を受け、フィヒニの家々に声をかけたこのパリバには、ほかの家から二五人が参加しただけではなく（その前の七月一五日に開催されたフィヒニの君主のパリバには、ほかの家から二三人が参加）、息子たちが大勢いる家からは、その前に開催されたフィヒニの君主のパリバのときには行かなかった、すでに結婚していて耕作能力が高い三〇代～四〇代の男性たちも参加していた。このように男性たちの参加意欲が高いのは、別の集落の人びとに自分たちの耕作能力を見せつけて「圧倒」し、集落の名を上げるという「出陣的」な行事になっているからである。

(35) 開催日の二〇一〇年一〇月一〇日、私も、フィヒニの家々から参加した一四人と一緒に朝の七時半頃に自転車でフィヒニを出発した。途中、膝上まで浸かる季節河川（集中的に雨が降る雨季にできて乾季に干上がることが多い）を渡り、二時間半後にようやく到着した。男性たちは、少し休んで水粥を飲むと、すぐに作業を開始した。途中で二度の休憩をはさみ、作業が終わったのは、なんと夕方の四時だった。それから、しばらくして出発し、ようやくフィヒニへ帰り着いたのは夜の七時すぎだった。このような労力をかけてまでもフィヒニから男性たちが開拓地まで行くのは、彼に敬意を払っているからであり、また彼の開拓地での耕作状況や出来栄えが気になるからである。

（36）一九五三年一月二九日付、タマレのノーザンテリトリーズの社会福祉部局のコミュニティー開発員がタマレのノーザンテリトリーズ行政の補佐官に宛てた書簡（件名「米づくり計画」No. SWNT.139/22）に添付の「稲についての議論の概要」（二頁）［NRG2/12/3］。

（37）「重い荷物を運ぶ女性」（*kayayo*）の *kaya* はハウサ語で「重い荷物」、*yoo* はアクラのガ語で「女性」の意。女性の複数形は *yei* のため、アクラでは *kayayo* の複数形として *kayayei* とよばれているが、ダゴンバ語を話す人びとの間では複数形での区別はしない。

（38）とくに、各地を治める有力な君主の息子たちは、位を継承するまで出身地に住み続けるのではなく、旅をして、また違う地域で苦労をして、さまざまな知識と経験を積むことが求められていた。また、これは、ダゴンバ地域の最高君主の位をはじめとする有力な君主の位の継承の資格をもつ子孫たちが、その座を争う叔父などによって若いうちに殺されるのを防ぐためにも効果的であったという。なお、植民地期より、ダゴンバ地域からの人びとの移住先となってきたクマシのゾンゴ地区の研究としては Schildkrout［1978］を参照。

（39）ボボの女性たちも、以前は自らで耕作をすることはあまりなかった。一九一二年に、ブルキナファソの南西部のトネやパヤロのボボの人びとについてルイ・トクシエが記した文献によると、女性たちは男性の畑で種まきと収穫を担うのみで、自らではまったく耕さないか、耕しても少しだけだと記されている［Tauxier 1912: 52］。

第二部　土地、樹木、労働力——資源をもつことの意味

（1）これまで、ダゴンバ語と同じグル語圏を調査地にした社会人類学者も、これらの語に own（ここでは「所有する」と訳す）という訳をあててきた［e.g. Fortes 1949: 101-102; Goody 1956: 34］。なお、これまで作成されたダゴンバ語の辞書での「ス」（*su*）の訳は、言語学者のブレンチが監修したものでは、「所持する」（to possess）、「所有する」（to own）、「支配する」（to rule over）、「責任をもつ」（to be responsible for）、「権限をもつ」（to have authority over）［Blench 2004: 161］である。これは、マイヤー・フォーテスによるダゴンバ地域と同じグル語圏のタレンシ地域を対象とした社会人類学研究での説明——「…男は妻を所有する。〔中略〕ここでの〈所有〉という概念は、男が彼の妻に対して権限と責任をもつことを意味している」［Fortes 1949:101］——と一致しており、フォーテスの文献が参照された可能性がある。なお、ダゴンバ語を母語とする弁護士のマハマによるものでは、「所持する」（to possess）、「所有する」（to own)、「支配する」(to rule over) のほか、「権原をもつ」(to have title to) [Mahama 2003: 227] という西洋法に由来する新たな訳が加えられている。なお、「マリ」(*mali*) の訳は、双方の辞書において一致しており、「もつ」(to have)、「所持する」(to possess)、「保つ」(to hold) [Blench 2004: 111; Mahama 2003: 144] になっている。

第三章 「家」の営まれ方

(1) これらの議論は、「アフリカ」の一夫多妻についてのヨーロッパでの長年にわたる理解の延長線上にもある。たとえば、一八世紀初め、オランダ西インド会社の商人のヴィレム・ボスマンが、彼が長年駐在した西アフリカのギニア湾の沿岸の地域(現ガーナ)の暮らしについて記した、この時代を知るうえで限られた史料となってきた出版物である。これには、男性たちが多くの妻をめとり、耕させ、働かせ、料理をさせる一方で、何もしないでヤシ酒を飲んでいるという描写がなされており [Bosman 1705: 198-199]、オランダをはじめとするヨーロッパでの一般論の形成に大きな影響を与えたと考えられる。

(2) マイヤー・フォーテスは、一九四〇年代後半、女性の経済的な自律性の高さは、夫婦が同居しているわけではない、母系制を実践する現ガーナ南部のアシャンティ地域の特徴として指摘していた [Fortes *et al*. 1947: 163, 169]。また、人類学者のポルムは、一九六三年に出版のアフリカの女性についての論集『熱帯アフリカの女性たち』の序論において、アフリカでは女性が自らの労働によって手に入れた財においては支配できること、これは、女性が商売を通じてかなり多くの現金を得た場合においてもあてはまるという見解を述べていた [Paulme 2004 (1960): 4-5]。

(3) 西ダゴンバ地域の農村部における近年の同居家族の間の土地の配分のあり方を検討した経済学的研究においても、家を率いる男性のもと、同居家族を単位とした穀物の消費のために共同での生産が継続されていることが指摘されている [中曽根 2013]。

(4) ダゴンバ地域の親族構造を記したオポンも、人びとの間には双方的な親族関係 (bilateral descending kindred) がみられる点を強調している [Oppong 1973: 31]。とくに、オポンが調査した弦楽器奏者 (*goonzenima*) など楽師の職能をもつ人びと (*baansi*) の間では、嫁いだ娘がその息子を実家に養子におくることが実践されていて [*ibid*.: 48]、これは現在もなされている。

(5) また、「シェージェー」(*sheejee*) は、ハウサ語を語源とする「生物学上の父が不明の子ども」を意味する罵り言葉である。意味そのものは使用時には意識されていないが、社会的に子にとって父の存在は母より重要だと考えられてきたことを示している。

(6) ダゴンバ地域では日常生活で苗字を利用しておらず、また、アラビア語を語源とする個人名が増えて同じ名前の人びとが多くいるため、屋号は区別に便利である。なお、ガーナ政府が発行する身分証明書では、男性の苗字は父親の名前、女性の苗字は父親や夫の名前が使われている。

(7) F-aとF-bで血族の年長者として認められている人物は、フィヒニではなく、ほかの集落に暮らしている。

（8） 婚姻関係の取り決めの際、その是非には双方の父や祖父だけではなく、血族の年長者も決定に関与することがみられる。

（9） 女性は、夫の死後にたとえ自分の息子が家（住居）を受け継いでも、その夫が彼女が初めて嫁いだ相手ではなく、前夫の死後に再び嫁いだ相手ならば、夫方に残ってはいけないという習わしがフィヒニでは実践されている。これら二人の夫が彼女をめぐりあの世で喧嘩をしてしまうからだという。しかし、タマレに近い集落では、女性に前夫がいたとしても、自分の息子が家の主になれば、女性は亡き夫の家に戻っていることが見られる。

（10） 本研究ではみられなかったが、母方へと養子に出され、母が戻ってくるかどうかは関係なしに伯叔父から土地をもらい、一つの独立した家を建てて分家がおこなわれる場合もあるという。

（11） たとえば、二〇〇二年に家の主が死去し、都市部に住んでいた長男が戻ってきて受け継いだ一軒の家である。この新たな家の主は耕作能力に乏しく、この家での穀物の生産は、死去した前の家の主の生前からその役目を実質的に担ってきた甥が続けていた。ところが、二〇一〇年の収穫後、穀物の生産の責任をめぐり、この甥はその役目を担おうとしない叔父の家の主に刃物を向けて腕に怪我をさせた。この事件をきっかけに、次の耕作期を迎える前の二〇一一年三月、甥はそれまで彼がこの家のための穀物づくりにあててきた集落内の土地の一画に家を建てて分家した。

（12） かつては、家（住居）を受け継いだのが息子の場合、集落内外の別の家で暮らしている亡き家の主の弟が、亡き家の主のウシを押収しにやってきて、自分のものにしてしまうこともあったとはいうが、今ではこのような話は聞かない。なお、タマレに近い地域やトロンなどでは、イスラム教の教えとして、家を受け継いだかどうかにかかわらず、息子たちの間で家畜を分け合うこともみられるようになってきているという。

（13） 私はある日、「俺が歩けなくなったのは何でだと思うか？」とY5の家の主に尋ねられた。私が「わかりません」と答えると、彼は「人だ」と言った。誰かが彼に超自然的な力で危害を加えたという意味である。「俺の倒れた家は、かつてのフィヒニの君主だった曽祖父が建てたものだった。ウシを一〇〇頭以上もっていてね、その曽祖父に追いつくこともできず、こんな状態なのはどんなに心が苦しいことかわかるか？」と私に話した。彼の曽祖父だったフィヒニの君主の通称である「リギリボリ」（*ligiri-bori*）とは「お金好き」という意味である。「お金好き」という表現は、金銭欲を皮肉っているのでは決してなく、むしろ、向上心や能力、成功を評価するものである。現タマレ・メトロポリス郡のンモドュア出身のリギリボリは、母方のフィヒニで君主の位を得て、経済的にも繁栄したことで、トロン地域一帯では有名だった。

（14） 父の生前に分家をする息子は、兄弟のうち弟のほうとはかぎらない。ある家の主の第一妻の長男は、家の主の死の直前に、父がもつ集落内の畑の一画に家を建てた。この長男は、タマレでの生活が長いために耕作能力が乏しく、家（住居）を受け継いでも、同居家族の全員のための食料生産を統括する役目を実質的に担うことができない。このため、フィヒニに帰ってきたものの、早くもその地位を弟に譲り、別の家で静かに妻子だけと暮らすために分家を決意したということである。

（15） 第二章でも述べたとおり、「ソンヤ」（*sonya*）とは、人を死にいたらしめる「妖術使いの女」であり、彼女の子宮には強い力（*yaa*）

をもつなんらかの薬（*tim*）が隠し入れられているとされる。なお、男性の場合は「ブッパハ」（*bukpaha*）とよばれたりするが、ブッパハは、人を殺すだけではなく、たとえば、作物の収量のよい人物を妬み、その者の家畜を殺したりもする点においてソンヤとは異なるとされる。ダゴンバ地域を対象とした「ソンヤ」の事例研究としては、Tait［1963］を参照。

（16）もう一件の妖術沙汰の公開聴取は、二〇一一年一月二七日にパリグン（フィヒニから北へ約二キロメートル）の若い男性の死をめぐって実施された。彼は死の前に三人の女性に殺される夢を見たとして、生前にそのうちの一人の名前を血族の誰かに告げたとされる。このため、彼の血族の者は、その女性を「トロンの戦士の君主」の家へと連れて行った。そこで尋問されたその女性は、ほか二人の女性の名前を述べたため、戦士の君主は部下にパリグンに残るこれら二人の容疑者を迎えに行かせたという。私も見に行ったトロンの宮廷での公開聴取では、三人とも容疑を否認した。このため、トロンの摂政は社での卜占で判定することを提案した。ただし費用は三人で二〇〇セディ（一二〇ドル）もかかるため、死んだ若者の血族に負担するつもりがあるかどうか尋ねた。血族の者たちは、ひとまずパリグンに帰ってから当事者たちに真実の追及をおこなうと述べて、その日の聴取は終わった。そして、後日に聞くところによると、その後これら三人の女性と一人の男性のかかわりが判明し、全員がパリグンを追われたということである。

（17）トロンなど町化した地域だけではなく、農村部の集落では、従来は円形である女性たちの部屋も含め、複数の部屋を長屋式につなげ、屋根をトタンで張る新たな建築の方式が採用されてきている。フィヒニでは、図３－１の航空写真からも明らかなように長屋式の家はみられなかったが、二〇一一年の三月に新たに建てられた一軒、そして大規模に建て直しがなされたもう一軒で初めて採用されていた。トタンは高いが、一度購入すれば、その後は屋根の葺き替えをしなくてよいために、好まれるようになった。

（18）一夫多妻率は、都市部の生活や女性の識字率の向上による意識の変化で減る傾向にあるといわれてきた［e.g. Clignet 1970: 33］。この仮説をタマレにもあてはめることには一定の妥当性がある。しかし、タマレでは、婚資（花嫁代償）の受け渡しをしなかったり、男性が複数の女性をそれぞれ別の家に住ませ、会いに通い、子をつくる状況もみられるため、何を「結婚」とするかの判断基準をめぐる問題が生じる。

（19）二〇一〇年の相場は、親同士が知り合いか否か、またその程度に応じて、一〇〇～四〇〇セディだった。親同士が知り合いではない場合も、親族関係をたどったり、知り合いをとおすことによって、女性側の親の言い値の半額程度にまで交渉される。この金額のうち、およそ二分の一が女性本人、四分の一が彼女の母親、残りの四分の一が彼女の父親たち（父、祖父、伯叔父、大伯叔父など血族の年長者）の取り分である。また、彼女が養女として育てられていた場合、その養母である伯叔母などにも彼女の生物学上の母より少し少ない額が渡されることになっている。イスラム教式にこれをサダチ（*sadachi*）とよぶ場合もあり、その際の金額は少し少ない。しかし、これに加えて、夫は、女性が服や布、バックやサンダル、下着などをそろえる「買い物のための現金」（*daa-liyili*）を与えることになっていて、この相場は二〇〇セディほどだった。

（20）トロンの滞在先のアスマー氏は、ある著名なイスラム教の導師が死去した際、周囲の者が、その寡婦が非イスラム教徒に再び嫁ぐことを恐れ、死去した導師の弟に嫁がせたという噂であれば聞いたことがあるという。

(21) 男性、女性とも、病気になると実家に戻って療養する習わしがある。

(22) 二〇一〇年の場合は、六〇～一〇〇セディが相場であり、第二子目であれば金額はこの半額くらいだった。

(23) 行政に、子どもの誕生と死の登録はしても、結婚や離婚の登録はなされていない。

(24) 二〇一一年一月二七日、トロンの君主の宮廷で開催された妖術の疑惑に対する公開聴取では、血族の男性の殺人の疑いをかけられた一人の女性に「子は何人いるのか」という質問がされた。彼女が「子は全員死んだ」と答えたとき、会場はどよめいた。一緒にいた私の友人の男性は「あの女は自分の子どもの肉を噛み食べたのだよ」と私に解説をした。妖術使いの女が人間の肉を食べるという表現は、「殺す」ことの比喩である。

(25) かつては、家を率いている男性は、生物学上の息子がいても、養子のほうが出来がよければ彼に家（住居）を受け継がせるために生前から穀物の生産を任せたりすることもめずらしくなかったという。なお、フィヒニではみられないものの、タマレやトロンなど著名なイスラム教の知識人の家には血のつながりがない男児が養子として暮らしている。私の滞在先のアスマー氏も、このようにして五人の養子を育ててきた。アスマー氏によると、男児の生物学上の父が自らの息子を著名なイスラム教の知識人に与えるのは、友好の証、そして息子にイスラム教の知識を身につけさせることで、出世してほしいと願うからだという。

(26) 養女は、養母となる女性の姉妹の娘（姪）や年の離れた従妹（父方）のこともある。また、かつて養女だった女性が、彼女の養母である父方の伯叔母の要請に応え、彼女の代わりとして嫁ぎ先から自分の娘を養女として与える習わしも実践されている。

(27) 女性が初めて妊娠する際、その子の生物学上の父である男性の姉妹や従姉妹などの血族の女性は、妊娠した女性に「プリギブ」(*prigibu*,「裸になること」の意) という儀礼を実施する。この儀礼の実施者が妊娠した女性の夫の血族の女性なのは、生まれた子が女児であった場合に、養女として引き取るためである。具体的には、嫁いできた妻の腹部が大きくなり始める妊娠五ヵ月目ほどの時期、生まれてくる子が女児の場合を想定し、その引き取り手として決定している夫の姉妹などが嫁ぎ先から実家に戻り、夕食後、妊婦の体をうしろから突いて「もうおまえは子どもではない」と告げ、安産のお守りの首飾りを妊婦の首にかけるものである。なお、儀礼そのものの目的としては、その名称のとおり、彼女の妊娠について、子の生物学上の父が誰であるかを含めて周囲に知らせること（「裸になること」）である。すでに親同士の間で婚資（花嫁代償）の受け渡しがされていて、女性の妊娠の相手が明らかな場合も、この儀礼なしには妊娠が公表されてはならないという説明がされる。しかし、この儀礼が積極的に実施されているのは、養女をとても欲している女性たちが、生まれてくる子（女児だった場合）を自分のものとして「予約」したことを明確にさせたいからである。養女が欲しい女性たちは、事前にその旨を実家の母親や父親に告げており、実家では彼女たちの要請を受けて誰に儀礼を実施させるか調整をしている。また、女児の引き取りを予約した女性は、儀礼を実施した一～二ヵ月以内に「ヒョウタンの導入」(*ymani-babu*) とよばれる別の儀礼（妊婦に料理のための食器を与え、特別な練粥を彼女と一緒につくり、親族や近所に配ること）を実施することになっているが、トロンではなされなくなってきている。なお、トロンのモスクなどではプリギブの儀礼を止めるよう、人びとへの呼びかけがおこなわれている。ガーナでは、妊婦は無料で国民健康保険に加入し、妊婦健診を受けることができるにもかかわらず、妊娠五ヵ月目ごろにしか実施されないプリギブの儀礼が、妊婦が病院にかかる時期を遅らせることになっていると主張されている。

(28) かつて一緒に住んでいた兄弟、従兄弟がそれぞれ率いるようになった家の間では、毎日の練粥の一食分の器を互いに届け合う習わしもあるが、フィヒニでは一組(Y14、Y15、Y18)で実施されていただけだった。

(29) 二〇一一年一月一二日にY7にて開催の呪術の継承の儀式には、周辺各地から一八人の呪術師が集まった。儀式に使うためのニワトリとして、各呪術師は二羽、そしてフィヒニの各家々は一羽を提供した(ニワトリをもたない家は一セディを代わりに提供)。また、本儀式のためには「正式」な食材で「正式」な食事をつくる必要があるとのことから、ソルガムの地酒、また落花生だけではなく一部にニリとゴマを使用した練粥用のスープが用意された。

(30) 姻族の葬式への負担は、形式として夫方と妻方の血族の年長者の間で交される。妻の父親の葬式の場合、二〇一〇年の相場はヤギやヒツジ一頭だが、夫の経済力や妻の亡き父親の社会的な地位にもよって変わる。とくに、夫の経済状況がよくない場合は、妻がそれを彼女の血族へ内密に伝え、あとで現金の払い戻しがおこなわれたりもしている。また、これとは別に、夫は自分の妻と子にも現金を与えることになっていて、全額をまとめて妻方の血族の年長者に渡す形式になっている。また、親族関係にかかわらず、同じ集落の女性たちは、同世代の女性が寡婦となった場合、その女性に「石鹸代」として香典を渡しており、フィヒニでの二〇一〇年の相場は〇・五セディだった。

(31) 二〇一〇年七月一九日にフィヒニのY14で開催された命名式のお祝いの額は、子の父へ同世代の男性からは一セディ、子の母へ同世代の女性からは〇・五セディ、家の主へ同じ血族の家の主からは五セディが相場になっていた。若い世代の男女は、それぞれ命名式と結婚式のために互いに資金を支援し合うグループを集落単位でつくっている。また男性においては、自らが属する集落を超えてほかの集落のグループにも参加してネットワークを構築している。

(32) このような妻から夫への「お願い」(*suhibu*)は、これまでもフェミニスト人類学者のホワイトヘッドによって「懇願」(begging)[Whitehead 1984 (1981): 106] と訳されてきた。しかし、この言葉から思い浮かべがちな情景は、妻が不満を述べたり、強気で駆け引きをする実際のあり方からは程遠い。

(33) たとえばY19では、家の主は耕作期に開拓地に移り住んでおり、フィヒニに残って料理をしている彼の二人の妻のうち、息子がいない第二妻においては、夫の弟の唐辛子を収穫することができている。また、妻をもたないある家の主は、隣の家を率いる再従兄の第一妻に唐辛子の収穫をさせて、彼女に分け与えている。

(34) もちろん、男性の経済力にも差があり、耕作だけではなくほかの仕事をもち、それがうまくいっている男性であれば、主食の作物をつくるだけではなく、それ以上の支援を複数の妻たちに対しておこなうことができる。たとえば、フィヒニにおいては、タバコの葉の取引をしているY27の家の主やクマシまでウシを運ぶ仲買業を営んでいるY28の家の主であり、後者は女性たちが料理に使いたいものの高いために多く買うことができない乾燥小魚を、北部より価格がよいクマシで買い、持ち帰ってくれているという。

(35) なお、双子の乳飲み子を抱えた女性が物乞いをしに家々を回っている姿(家の入り口でおこなう)もたまに見かける。これは双子を産んだ彼女を養う夫がいないのではなく、双子の成長が悪いとき、「物乞い」を実施することでその問題が解決されると考えられているからである（たいていは知り合いの呪術師に相談し、そのようにすることを助言される）。どんなにお金をもっている女性でも、物乞いをしないかぎり、双子が成長できないといわれている。

（36）すでに料理から引退した妻や出戻ってきた女性は、自らで水粥を用意することもある。ほかの女性（息子や兄弟、甥の妻など）に用意してもらう場合も、老いていないかぎりは彼女自身と養女が消費する程度の穀物は提供するものである。

（37）穀物庫（*pupuru*）は見かけなくなっている。フィヒニでも穀物庫がある家はＹ17の一軒のみで、これも米用である。

（38）これまでも、穀物が足りていないために、妻など家の女性が穀物庫から穀物を盗む事態は、ガーナ北部やブルキナファソからも報告されてきた［Thorsen 2002: 136; Goody 1958: 72-73］。

（39）開拓地や、稲作が盛んな低地が広がる地域（郡南部のディマビなど）では、他者から土地を与えてもらった際、現物での「お礼」の受け渡しが発生している。しかし、その量は面積に応じておらず、極めて少しである。たとえば開拓地では、同じ人物（個人やその地域の君主）から土地を与えられた者たちは、毎年の収穫のあと、それぞれボウル一杯のトウモロコシ（約二・四キログラム）を持ち寄って、まとめて渡しに行っているという。一方で、土地のもち主がゴンジャの人びとである場合、肥料一袋などを要求されることがあるとも聞く。また、ディマビなどでは、親しい相手ではない人物から稲作用の土地を与えてもらう場合、収穫後に土地のもち主に籾米を渡すがその量はタライ一杯（第二章の表２－２を参照）が相場だという。

（40）女性が「事実上」自分の土地をもつ例外的な事情とは、たとえば、Ｙ１のように、実家に出戻った女性が実家の血族の男性（兄）に先立たれて独り暮らしになり、実家の土地の唯一のもち主になるときである。また、Ｙ14の家の主の第二妻は、彼女が耕作するための土地をフィヒニの彼女の実家（Ｙ５）の亡き父から与えてもらった。彼女の父の土地は、彼の死後、彼女自身の長男（息子に恵まれなかった彼女の両親に夫の許可を得て「養子」として与えた）が受け継いだ。この息子は、祖父（養父）が彼の母に与えた区画を母から取り返すようなことはしておらず、実質的に彼女が父の死後にその土地を受け継いだものとして認められている。また、彼女は、その土地を彼女自身の意思で彼女の実家（Ｙ５）にいる息子、あるいは女性の嫁ぎ先（Ｙ14）にいる息子たちの誰かに与えることができると説明される。

（41）そのうちの一人であるＹ18の家の主の母（八二歳）は、料理当番から引退して長いが、彼女の四人の養女を収穫に行かせている。料理の担当をしているこの家の主の妻にその理由を尋ねたところ、彼女の義理の母はこれらの四人の子ども（すべて六歳以下の養女）を食べさせる必要があるからだと説明した。実際、この家の主の母は、彼女の部屋に同居している息子の別の妻の一人と一緒に、水粥はもちろん間食もつくり、これらの子どもたちを食べさせている。このように、女性が小さな子どもを多く抱えることは、シアナッツを収穫する資格を認めさせることにつながっている。また、Ｙ８では、料理を担当していない息子の妻もシアナッツの収穫のために一区画を割り当てられている。これは、料理（練粥）当番ではない若妻も水粥を同居家族の全員のためにつくることになっているからである。ところが、Ｙ８を含む大きな家では、家の主は朝食の水粥のための穀物を提供することがたいていできていない。しかし、Y8では、未だに若妻に収穫を許可し続けているのだという。

(42) 狭義では、食べ物を食べようとしたときに突然その場に現れて食べ帰る者のことである。

(43) 「ムチで打つ」(*fɛbira*)や「ぶつ」(*bua*)は、子どもや女性を叱ったり脅したりするとき、またその冗談としてよく使われる日常表現である。現在、「ムチ」として使われるのは、弾力性があり折れないインドセンダンの枝である。

第四章　侵略の歴史と領地の称号

(1) 第一章の注(3)を参照。

(2) ガーナでは、首長による管理の実態がみられる土地は、「慣習地」(customary land)と表現されることが一般的である。また、憲法第二一章「土地と天然資源」の第二六七条「Stool and Skin Lands and Property」では、「椅子と皮の土地」として表現されている[Ghana 1992]。南部のアサンテ地域や北部のダゴンバ地域などの君主たちは、統治者としてそれぞれ椅子と動物の皮の上に座ることから、「椅子」と「皮」は植民地期より首長制度(chieftaincy)の象徴とされてきた。具体的には、「すべての慣習地(stool lands)は、慣習法と利用のあり方(customary law and usage)に従い、慣習的権威主体(stool)の臣民のために、信託として、適切な慣習的権威主体(stool)に帰属している」[*ibid.*: 第二六七条の一項]と記されている。一方で、ガーナ政府は、地方土地委員会(Regional Land Commission)と慣習地事務所(Office of the Administrator of Stool Lands)という二つの行政機関を通じ、慣習地の利用にかかわる取引からの収益を首長らとともに分け合う制度をつくることで介入を試みてきた[第二六七条の二~九項]。しかし、現場では、人びとは土地への権利をもつ慣習的な権威主体に支払いをおこなう一方で、土地の登記を通じた政府への支払いという制定法にもとづく行政上の手続きを避ける場合が多いことが、その費用面からも指摘されてきた[Blocher 2006: 187-188]。なお、カサンガらは、ガーナの慣習地(原文ではcustomary sector)は、「未開発地」の八〇~九〇%にのぼるとしている[Kasanga & Kotey 2001: 13]。

(3) また、二〇〇〇年代より、ガーナやナイジェリアにおける首長制を主題に、首長位への関心の高まり、祭りや政治行事の再起、首長らの社会における役割などに着目した研究が活発である[e.g. Boafo-Arthur 2003; Odotei & Awedoba 2006; Brempong & Pavanello 2006; 松本 2008]。

(4) イマニュエル・フォスター・タマクロエ(一九一〇年よりノーザンテリトリーズの事務員)が一九三一年に発表した『ダゴンバの人びとの概略史』では、トハジェは円形の丘に囲まれたハウサの土地(Hausaland)からやってきた「超人的な人間」だったと記されている[Tamakloe 1931: 3]。この内容は、タマクロエが一八九七~一九〇七年にケテ・クラチ地域にてアダム・ミスリヒ(ドイツからの宣教師でハウサの研究者)[Bivins 2007: 8]の通訳として彼のために集めた書物である、ハウサ系のイスラム教の導師(Hausa Mallam)が各地で旅をしていたダゴンバの人びとから収集した伝承をもとに、タマクロエが一九一六年よりイェンディに赴任した際に、歴史の語り部とともに比較、修正を施したものだと記されている［Tamakloe 1931: xi］。また、トハジェの出身地に関するより詳細な記述は、一九三〇年一一月、間接統治を目的に、ノーザンテリトリーズのサザン県の長官のダンカン＝ジョンストーンとイースタン・ダゴンバ郡の長官のブレアがダゴンバ地域の有力な君主たちを最高君主のアブドゥライ二世（補遺1のno. 32）が暮らすイェンディに集め、その歴史について確認した会議の議事録（『ダゴンバ王国の憲法と組織に関する調査』）にある。それによると、トハジェは「チャド湖の東側のワダイ（*Wadai*）に続く道のどこかに位置していた」トンガ（*Tonga*）あるいはトゥンガ（*Tunga*）で暮らしていた。しかし、砂漠からやってきた、おそらく「イモシャグ」（*Imoshagh*, トワレグ系）の侵略を受けたため、ハウサ国家（Hausa states）の一つであるバンザ・バックウォイ（*banza bakwoi*）のザンファラの土地に移動した［Duncan-Johnstone & Blair 1932: 5］。

（5）トハジェとその一党は、現在のチャド湖周辺のハウサの土地（Hausaland）の出身［Fage 1961 (1959): 22］、あるいはチャド湖の東側のトゥンガ（*Tunga*）の出身であり、そこからザンファラ地域に人びとを引き連れて移動した［Wilks 1976 (1971): 417］という伝承として引用している。

（6）伝承で登場する「マレ」をマリ帝国とする説［Fage 1964:178; Wilks 1976 (1971): 417］に対し、ネヘミア・レヴィツィオンはマリ帝国ではなく、この名称が近年に伝承に加えられたのではないかぎり、ボルグのブサ（*Busa*, 現ナイジェリアの中北西部）の可能性があると記している［Levtzion 1968: 86］。

（7）ダンカン＝ジョンストーンとブレアによる記録では、シトブはグベワの息子のズィリリ（*Zirili*）の息子になっており［Duncan-Johnstone & Blair 1932: 6］、シトブをグベワの息子としているタマクロエの文献［Tamakloe 1931: 12］をはじめ、ほかの伝承の記録［Rattray 1932: 562-563; 川田 1977: 333-334］とは一致していない。

（8）年代の推定の手法とその問題については川田［2001 (1976): 47-59］を参照。とくに、タマクロエ［Tamakloe 1931］における年代が早すぎることが指摘されてきた［Fage 1964: 179-80］。

（9）ウェスタン州のタコラディ（*Takoradi*）が語源。

（10）たとえば、ラットレイは、トロンの君主は、ダゴンバの聖なる剣（*Suhe*）と槍（*Kpana*）をもち、ダゴンバの騎馬隊（*worzohe*）ではザンドゥナーに続く第二位だと記している［Rattray 1932: 567］。社会人類学者のディヴィッド・テイトは、トロンの君主はダゴンバの騎馬隊の長であり、ダゴンバ地域の最高君主の第一位の臣下（first elder）のウラナ（*Wulana*）にあたると記している［Tait 1955: 202-203; 1961: 7-8］。また、ウィルクスも、トロンの君主がダゴンバの聖なる槍をもち、ダゴンバの騎馬隊の長であると記している［Wilks 1976 (1971): 450］。私がトロンの君主の歴史の語り部（タクラディ・ルンナー）に聞き取ったところによると、トロンの君主はダゴンバ地域の最高君主とは近い関係にあった。君主の位の継承候補である君主の息子たちが君主位を狙う彼らの叔父たちから殺されないように守ったり、位の継承の決定における大きな影響力をもっていたが、白人の到来によってその力は低下したという。

（11）「ティスア」の一語ではなく、「夜」（*yun*）を先に加えて「ユンティスア」（*yun'tisua*）で伝わる表現になる。

（12）一九八六年六月二三日の『ピープルズ・デイリー・グラフィック紙』の「トロンの君主の埋葬」と題する記事（六頁）では、君主のヤクブ・タリの経歴が詳しく記されている。具体的には、ヤクブ・タリは一九一六年にトロンで生まれ、アチモタ・カレッジで教師としての訓練を受けたのち、一九五四年に設立された政党（NPP: Northern People's Party）の創立メンバーの一人となり、議会に入った。一九六五〜六六年に起きたクーデターまでは国民会議の議長（Deputy Speaker）を務め、その後はガーナの高等弁務官としてナイジェリアに赴任し、ユーゴスラビアやシエラレオーネの大使を務め、Provisional National Defence Council（PNDC）では法務協議会のメンバーだったという内容である［People's Daily Graphic, 23 June 1986: 6］。

（13）「皮の主」を意味するこの表現は、君主（称号の保持者）の長男が父のその地位を一時的に継承することの象徴として葬式で殺した動物（ヒツジ）の皮（*gbɔŋ*）を担ぐ儀式（*kuyili-gbɔŋlana*）からきている。また、君主は動物の皮の上に座ることから、動物の皮は君主の象徴である。

（14）ダゴンバ地域の最高君主の位の継承がアブドゥ家とアンダニ家の間で二分したのは、植民地化前の一九世紀の中頃に死去したヤクブ一世（補遺1のno. 27）の二人の息子であるアブドゥライ一世（補遺1のno. 28、一八七六年没）とその弟のアンダニ二世（補遺1のno. 29、一八九九年没）からである。君主位の争いを主題に研究した政治学者のスタニランドは、植民地政府による君主位の継承への介入（位の剥奪や、継承の資格と手続きの明文化による司法の場での争いの勃発）をその歴史的背景として指摘している［Staniland 1975: 110, 120, 148］。またトナーは、ダゴンバ地域の人びとの間における二つの家系のどちらかの支持をめぐる二分化は、一九七九年から続いたローリングス政権が一九九二年に民主化して以降、対立するアブドゥ家とアンダニ家をそれぞれ支持する新愛国党と国民民主会議との間の票田をめぐる争いを通じて、さらに激化したと主張している［Tonah 2012］。

（15）司法の場でも事実確認がおこなわれている。その詳細はAkurgo［2010: 65］に記されているが、アクルゴは新愛国党（アブドゥ家）側の支持者だとされている。

（16）社会人類学者のディヴィッド・テイトは、同様にタマレの西南部で暮らしている人びとが「ダゴンバ地域の黒い人びと」とよばれていることを報告しているが、彼らがグルンシだった可能性もあるとしている［Tait 1955: 206］。なお、トロン地域の高齢世代の人びとからは、「ダゴンバ地域の黒い人びと」が現ダゴンバ地域で暮らしていたこと、しかし彼らは追いやられてどこかへ行ってしまったという話を聞くこともできた。しかし、本研究で聞き取りをおこなったタクラディ・ルンナーが、初代のトロンの君主のティスア一世が戦った相手として挙げたのは、グルンシ、ゴンジャ、ザンバラの人びとであり、「ダゴンバ地域の黒い人びと」という表現は出てこなかった。また、この地で暮らしていた先住民が誰だったのかという問いにも答えは出されなかった。

（17）イェンディ周辺の東ダゴンバ地域では、ダゴンバ語やコンコンバ語が使用されている。ダゴンバ地域の東と西ではダゴンバ語にもバリエーションがあり、東ダゴンバ地域のダゴンバ語は「ナヤハリ」（*nayahali*）、西ダゴンバ地域のダゴンバ語は「トーンシリ」（*toonsili*）とよばれている。

（18）トロンの君主の子孫が治めることになっている属領／集落の君主位のうち、上位（タリやワヤンバ、カーンシェグなど）ではない称号をもち、その地で暮らしている君主は、トロンの集落の人びとから「田舎の君主」（*tinkpan-naa*）と表現されることがある。「都」

であり、「町」としてのトロンの集落で暮らす人びとからみれば、これらの集落は農村部（*tinkpaya*）に位置するためだが、見下した表現である。

(19) ただし、かつてドュリの集落があった場所を含め、一部の場所では境界が不明になっていることが考えられる。よって、実際はすべてを与えたのではない可能性がある。

(20) トロンの集落で展開されている戦士の君主の家系に順番が回ってきたとき、戦士の君主はトロンで暮らし続け、ジャグロイリで戦士の称号の第二位の「アチリ」の継承者を新たに任命して代わりに統治させる。その後、トロンで暮らす戦士の君主が死去すると、ジャグロイリで暮らしていたアチリの称号の保持者が昇進して戦士の君主の位を継承するものである。

(21) 当時、現ガーナ北部のダゴンバ地域の一帯は、ジェンネ（現マリ）からコンとボンドゥク（現コートジボワール）、そしてベグホ（現ブロン・アハフォ州）へと続く北西の交易ルートと、カノ（現ナイジェリア）、ニッキ（現ベナン）、サンサネ・マンゴ（現トーゴ）からサラガへと続く北東の交易ルートが交わるために、塩、金、コーラナッツなど交易品を支配するうえで非常に重要な場所だった［Staniland 1975: 5］。このような経済的な背景から、ダゴンバ地域の最高君主のダリジェグ（補遺1のno. 11）はゴンジャの君主のジャッパの攻撃を受け、ヤペイ（図1-1、現セントラル・ゴンジャ郡）で殺された。ダゴンバ地域の最高君主のルロ（補遺1のno. 12）［Tamakloe 1931: 27; Rattray 1932: 564］、もしくはルロの息子のティトゥグリ（補遺1のno. 13）の時代［Levtzion 1968: 88］に西ダゴンバ地域から東ダゴンバ地域へと遷都したのは、この事件がきっかけだと主張されてもいる［Fage 1964: 179-180］。

(22) 詳細は『ダゴンバ地域におけるカンボンシの歴史と組織』［NRG8/2/1］に記されている。私がタマレの公文書館で入手したこの文献には日付も著者も記載がないが、ウィルクスは著者をDaviesと記している［Wilks 1976 (1971): 454］。なお、ガーナ北部で中央集権的な政治組織がみられなかったダガラ地域を研究対象としてきたレンツは、アカン地域を専門としてきたラットレイの著書の内容を「ノーザンテリトリーズのアカン化した見方」［Lentz 1999: 137］として批判している。しかし、ダゴンバ、ナヌンバ、そしてマンプルシ地域では植民地化の以前より集権性がみられる政治組織が形成されていたことがその伝承からも知られている。植民地期の統治を通じて新たに創造された部分があったとしても、このようにガーナ北部を一括りで特徴づけることはまた問題があると考える。

(23) タクラディ・ルンナーとフィヒニの老齢の世代を対象にした聞き取りをもとにしている。ただし、初期の君主の系譜の伝承においては、繰り返し聞き取りをおこなった際に相違が生じていたり、つじつまが合わないような箇所がある。

(24) 注(19)でも述べたように、少なくとも、かつては存在していたドュリの集落（図4-1の☆）が位置していた土地の周辺は、分け与えられていなかった可能性がある。境界がわからなくなったのは、この地域一帯は人口密度が高く、土地が集約的に耕作されてきたために、ヒロハフサマメの木が極めて少なくなっていることによるとも推測できる。

(25) 現場レベルでの土地の取引とは、注(2)でも述べたように、ガーナの憲法に記されている土地委員会を介した慣習的な権威主体による土地の取引［第二六七条］とは別に実践されているものである。この取引とは、たとえば、町なかでよく見かけるコンテナの店舗であれば、地元の君主／首長が一定の期間などで金額を設定してその区画を個人や事業体に「与える」(*tari*)ことを指している。また、土地そのものを対象にした取引とは、地元の君主が（期間を定めずに）区画を個人や事業体に「与える」ことである。この取引について、人びとは一般に、土地を手に入れた者は現金を「支払う」（*yo*）ことでその土地を「買い」（*da*）、君主が土地を「売った」（*kɔhira*）と表現する。ただ、ガーナの法律に従えば、自由保有権（freehold）ではなく、借地権（leasehold）しか認められていないため、君主は土地を「売る」（sell）ことはできない。なお、君主から土地を手に入れた個人や事業体が、さらなる確約を求めて土地委員会に支払いをおこない登記簿を手に入れるかどうかは、各自の判断次第である。二〇一〇年頃には、トロンの集落においても摂政より新たに土地の区画を得た者たちは登記をおこなうようになっていて、識字教育を受けていない人びとの間でも土地委員会が発行する証明書である「紙」（*gbɔŋ*）を得ることが重要だと認識されるようになってきていた。なお、憲法では、第二六七条で取り決められている土地の取引をおこなう慣習的権威主体がたとえばダゴンバ地域では最高君主に限定されるのか否か、また最高君主が不在の場合はどうなるのかなど、その詳細は曖昧にされている。ガーナ北部の中心都市のタマレでは、土地の価値が高く、君主／首長と地元の人びとの間で土地の取引が活発におこなわれてきた。この取引をめぐる混乱については、MacGaffey［2013: 173］に詳しく記述されている。

(26) 植民地期より、ダゴンバ地域の最高君主が土地の取引の権限を集権的に握るための試みも継続している。一九三二年にノーザンテリトリーズの植民地行政がイェンディで君主たちを召喚して開催した会議の議事録『ダゴンバ王国の憲法と組織に関する調査』の第一七項には最高君主がすべての土地を所有する（own）こと、そしてすべての土地問題の処理にあたることが確認されたと明記されている［Duncan & Johnstone 1932: 34］。また、二〇〇二年に暗殺された最高君主のヤクブ二世（補遺1のno. 38）の顧問弁護士を務めたイブラヒム・マハマは、自身の著書において「ダゴンバ地域の最高君主は慣習地の収益（Stool Land Revenue）を受け、ダゴンバ地域の慣習地（Dagbon Skin Land）からの現金の管理（custody）を担う」と明記している［Mahama 2004: 68］。なお、ダゴンバ地域では最高君主に直属する君主たちの政治的な自律性が高いことが植民地期より指摘されてきた。ラットレイは、最高君主のガリバ（補遺1のno. 20）が彼の配下であるはずの各地を治める君主たちに軍事的な支援を断られたためにアサンテによる囚われの身になった歴史や、最高君主の位の継承の決定をめぐる各地の君主たちの影響力の強さから、「ダゴンバ王国」は「半独立的な自治区のゆるやかなる連邦」［Rattray 1932: 565］と表現している。間接統治の始まりとともに最高君主の権限の強化につながる試みがなされてはきたものの［Duncan & Johnstone 1932: 34］、現在に至るまでその中央集権性の度合いはさほどは高まっていないように思える。

(27) トロンの君主のヤクブ・タリのほか、ダゴンバ地域の最高君主のアブドゥライ三世（補遺1のno. 35）やグシェグの君主のB・A・ヤクブなど［Tonah 2012: 14］。

(28) 挨拶で渡すコーラナッツの数は一二粒という決まりがある。トロンの君主に渡す場合は、失礼にあたらないよう大粒を買わなければならず、およそ一〇セディ（六ドル）以上はかかる。また、現在は、むしろ現金のほうが好まれており、その額は訪問客の経済力や社会的地位に応じるべきと考えられている。たとえば上級の公務員であれば三〇セディ（一八ドル）程度が相場だといわれる。フィヒニの君主など地位の高くない属領の君主たちへの挨拶金の相場は一セディ（〇・六ドル）だった。

(29) トロンの君主に直属する称号の場合、その獲得を目指す立候補者たちがトロンの君主に渡す額は一定ではないが、一〇〇セディ(六〇ドル)を超えることはないといわれている。また、候補者が多ければ、より高額を渡すべきだという。フィヒニの君主など属領を治める君主に属する称号の場合も、彼らへ候補者は敬意として現金を渡すが、その額はトロンの君主の場合と比べて格段に低く、一〇セディ(六ドル)ほどだという。なお、ほかの立候補者より条件的に不利な者は、より高い額で可能性を高めるべきだとされる。

(30) ただし、同様に二〇一〇年にフィヒニの君主から称号(領地の称号の第六位のヤパルシナー)を与えられたルンブン・グンダーで暮らす男性は、フィヒニの君主にトウモロコシを献上していなかった。

(31) フィヒニからは、フィヒニの君主と彼の臣下のうち四人(ウラナ、イルパンダナ、タマルナー、ククオナー)の息子、そして、ガヴァグからは、ガヴァグの君主と臣下のうち四人(タマルナー、イッペルナー、グンダーナー、トゥジェナー)の息子の計一〇人が各自カゴ一杯のトウモロコシを用意してフィヒニの君主の屋敷の庭先に集まり、バイクをもつフィヒニ領のグンダーナーを除き、自転車でトロンへ出発した。トロンではまず、トロンの君主のためにフィヒニを管轄する窓口役のトロンのグンダーナーの屋敷に向かい、取り次いでもらうことでトロンの宮廷を訪問し、献上の儀式が執りおこなわれた。その日、トロンの君主の謁見室の奥にある中庭につながる部屋には、トウモロコシが私の背丈より高く山積みされていた。その出所を尋ねたところ、すべて属領を治める君主が献上してきたものだと説明があった。

(32) トロンの君主の宮廷へ問題の解決をお願いしに行くのは、トロンの集落だけではなくトロンの君主に属する集落の人びとである。重要な問題や争いごとは、それぞれの集落を率いる称号の保持者(君主)では対応できないと考えられているからである。私が記録をとった出来事は、たとえば、①ホロホロチョウを盗んだ者の処罰(二〇一一年一月三〇日の朝、ホロホロチョウを盗んで見つかり、トロンの君主の宮廷に通報された男性に対し、摂政は見せしめとして彼の首にニワトリをぶら下げ、歴史の語り部に罪状を周知させながらトロンを一周させた)、②紛失物の捜索への協力のお願い(二〇一〇年一〇月一九日、定期市の帰りの乗り合いバスで女性がボウル五杯分の乾燥オクラを紛失した件について、摂政は人びとから情報の提供を求めるために歴史の語り部に小鼓を叩かせてトロンの集落を一周させた)、③盗みの容疑者への追及(二〇一一年一月、バイクの盗みの容疑をかけられた男性を宮廷に召喚し、事実確認をおこなったところ、否認したため、卜占で判定するために家臣にイェンディ近辺の社まで連れて行かせた)、④邪術をかけた疑惑を告発された容疑者の公開聴取(二〇一一年一月二七日と二〇一一年二月二日、詳細は第三章で説明済み)である。これらの問題の解決の依頼にも、君主への敬意として現金を渡すことが必要である。

(33) 私が参加した二〇〇八年一二月二六日の謁見では、トロン・クンブング郡の水道事業の担当の役人の二名が、トロン地域の水道工事の計画の詳細を伝えるために挨拶に来ていた。トロン地域では合計二四個の蛇口を設置する予定にしていることを摂政に説明し、円滑に事が運ぶように協力を求めた。なお、トロンの集落の子どもたちへのワクチン接種や乳児健診など各種の行政サービスの提供も、トロンの君主の宮廷の広場(庭)でおこなわれている。

(34) 君主の家臣の称号の保持者が君主の子孫であってはならないという説明は、君主の立場からもなされる。それは、謁見や祭事などの場では家臣の称号の保持者が主君の前に座るが、主君の不在時では側近の第一位のウラナ、あるいはウラナも不在の場合は第二位のパナラナが君主の位置に座る。仮に彼ら家臣が君主位を継承する資格をもつ子孫だった場合、君主の不在時に君主の位置に座れば、まるで彼が君主の位を奪ったも同然であり、そのようなことは決して起きてはならないからだという。

(35) トロンでもフィヒニでも語られている世襲の原則とは、まさにダゴンバ地域の最高君主の位の継承をめぐる研究で述べられてきたものと同じである。それは、過去の称号をもつ者の生物学上の息子のうち長兄が誰よりもその適任者として考慮されるべき存在であること、そして誰も自分の父より位の高い称号を手に入れることはできないこと［Staniland 1975: 24-25］などである。これは、継承の「ルール」の明文化にともなう言説が西ダゴンバ地域の農村部にまで浸透しているものと思われるが、トロンの君主や、とくに、より下の階層の君主と彼らに属する称号の継承の実態に沿ったものではない。また、仮にフィヒニやガウァグの君主に属する称号の世襲にこのような厳しい決まりをあてはめるならば、農村部の小さな集落でともに暮らしている同じ血族の男性たちの間において重要な年功序列の決まりと矛盾することになる。加えて、称号の保持者は多くの息子をもつともかぎらないため、息子が父がもっていた位より高い称号を手に入れることができなければ、称号の継承者がいなくなる問題が生じるのである。

(36) この世襲のあり方は、過去にその地位に就いていた人物の子孫の男性の全員が継承の資格をもつが、若年者はリネージ内で（とくに年上の男性たちからの）支持が得られないという、半世紀前にマデリン・マヌキアンがガーナ北部を対象に記した内容［Manoukian 1952: 36］と一致しているように思える。

(37) 別の例としては、トロンの君主の宮廷で暮らす人びとへの挨拶では「君主はお元気ですか？」と直接的に尋ねるのは失礼にあたるため、代わりに「宮廷の馬は元気ですか（*Nayili-wahu*）？」と尋ねる実践がみられる。ダゴンバ地域では馬を繁殖させることは難しく、ブルキナファソのモシ地域産だという馬が購入されている。フィヒニやガウァグなど属領を治める下層の君主であっても馬をもつべきだと考えられているが、育てるのは難しい。フィヒニの君主のアルハッサンにおいては、馬を複数回も購入したにもかかわらず死なせてしまい、馬をもつのを止めてしまったという。二〇〇九年に死去したガウァグの君主のアリドゥは馬をもっていたが、その馬は君主の死後に別の集落の君主へと売却された。

(38) 川田は、ブルキナファソのモシ地域を対象にした研究で、政治的、経済的な支配は、「土地」というより「人」を対象になされていることを主張している［川田 2001 (1976): 147］。この背景として川田が指摘していたのが、土地を「所有する」ことがたいした意味をもたない「人口密度の低い広大な草原地帯」［*ibid*: 149］としての地域の特徴だった。しかし、本調査地が位置する西ダゴンバ地域のトロン一帯は、多くの集落が形成されてきた人口密度が高い場所である。現在、最下層で分割されている領地は、面積が一〇ヘクタール未満の場合もあるなど、その範囲を実際に見渡すことができるほど狭く、互いの境界を再確認することもたやすい。この点において、川田の調査地と本書の調査地では状況が大きく異なることは重要である。なお、川田は、モシ地域のヒロハフサマメの木の帰属については言及していない。

第三部　とりに行く女たち、与える男たち――人口の増加と強化されるジェンダー

（1）一九七〇年代にジャワ島で稲刈りの現場を調査した関本の研究においても、老婆や少女を含む大勢の女性たちが手伝いに押し寄せ、より多くの作業ができるよう互いに競い合い、作業の終了後に受け渡される稲の量をめぐり、生産者（原文では「水田経営者」）と駆け引きをしていることが記されている［関本 1979: 379-381］。

第五章　耕作物をめぐる男性、女性、子どもたち

（1）これに対して、たとえば、女性は嫁ぎ先で耕作することになっていて、土地が十分に与えられるというナイジェリアの南部のティブの人びとを対象にした研究では、夫婦は互いの畑の農作業を手伝い、互いの作物を与え合うと記されている［Burfisher & Horenstein1985: 7-11］。

（2）計量には、麻袋とボウル（表2－2）を用いていた。脱穀サービスの代金として、全種子量の一〇分の一の現物の支払いがおこなわれた。

（3）このうちの一件は、一〇月二四日にY14の家の主の第一妻が招待を受けたY13の家の主の息子のオクラの収穫である。二人は、一緒に雨季用のオクラを合計五八・三キログラム収穫した（耕作者の妻ではなく彼自身が収穫したのは、彼の妻は出産したばかりで畑に行くことができないため）。Y13の家の主の息子が作業の終了後に招待したY14の家の主の第一妻に分け与えた量は一四・七キログラム（四分の一の量）だった。もう一件は、一〇月二九日にY25の家の主の第四妻が招待を受けた、Y26の家の主の第三妻が収穫を一任されているオクラ畑の収穫である。二人で雨季用のオクラを合計二九・七キログラム収穫したあと、Y26の家の主の第三妻がY25の家の主の第四妻に与えた量は四・二キログラム（およそ七分の一の量）だった。

（4）現地では、籾米を半ゆでしたあとに乾燥させ、叩いて籾殻を取り除くことで玄米にしている。表2－2で記した麻袋にはボウルで約四〇杯の籾米が入り、この量は通常であれば約二四杯（四〇％減）の玄米（*Siŋkaafa-biɛlm*）になる。私が二〇〇九年にトロンの家でおこなった実験では二二・五杯しか得られず、アスマー氏の妻たちはその袋には未成熟米が意図的に混ぜられていた（「白人」である私が購入者だったため騙された）と判断した。

（5）本研究の事例と同様に、収穫の労働の提供に対して現物を分け与える実践に関する調査は、ジャワ島での稲作の事例を対象に

一九七〇～八〇年代にかけて活発に実施されてきた。しかし、ジャワ島の事例における分割の比率は本研究と比べると悪く、諸研究では近親者や隣人に分け与える場合を除いて市場ベースで決定されていたという見解が示されている。たとえば、速見らが一九七九年に四八村でおこなった調査では、その率は五分の一～一八分の一以下までと幅広く、九分の一～一一分の一があてはめられていた場合が最も多くなっている［Hayami & Hafid 1979: 107］。同じ畑での作業にもかかわらず率が異なる要因として、ウタミらは、親族は二分の一～四分の一、親しい隣人たちは四分の一～六分の一を受け取る一方で、ほかの作業者は一〇分の一よりよい比率で受け取ることはないとしている［Utami & Ihalauw 1973: 53］。また、藤田は、生産者は、労働市場の変動とともに、作業の出来高から現物を分け与える率だけではなく、労働条件を調整することで作業の賃金を市場に合わせる試みをとっていたと論じている［藤田 1990: 37-38］。なお、クリフォード・ギアーツの「貧困の共有」論について、ジャワ島における稲作にかかわる労働／雇用の慣行の詳細な検討をおこなった米倉［1986］は、一九七〇年代に稲穂の刈り取りの方式が変化し、農具や高収量の品種などの新たな技術の導入とともに収穫労働への参加が制限されるようになったことを指摘しつつも、耕作において所得の獲得の機会を分け合うシステムが、それを「貧困の共有」と言えるかどうかは別にしても維持されてきたと主張している。

第六章　料理の実をめぐる領主と女性たち

（1）ヒロハフサマメの木やシアナッツの木は、野火にあたると刺激されて結実がよくなると認識されている。とくにシアナッツの木については、マリの調査でも同様の報告がある［Laris 2002: 167-168］。本調査地では、以前は、ヒロハフサマメの結実に先立ち、領主たちが乾季入りした直後に野焼きを推奨することがあったという。この一一月ごろの野火は、「ヒロハフサマメの木の野火」（*dohi-kparasibu*）とよばれていた。しかし、野焼きが禁止されてきたこと、そして西ダゴンバ地域のトロン一帯では、人口の増加にともない草木が生い茂るような休閑地が消失したために火入れがされなくなっている。

補　遺

補遺1　歴代のダゴンバ地域の最高君主（ヤーナー）

no.	名前 / 通称	就任期
1	*Nyagsi*	c. 15世紀後半
2	*Zulande*	
3	*Naɣlogu*	
4	*Dalgu/Datorili*	
5	*Briguŋmunda*	
6	*Zolgu*	
7	*Zoŋ-bila*	
8	*Niŋmitooni*	
9	*Dimani*	
10	*Yenzoo*	
11	*Dariʒiɛgu*	
12	*Luro*	c. 1660年：イェンディへ遷都
13	*Zuu Titugri*	
14	*Zagli*	
15	*Zokuli/Dawuni*	
16	*Gungobili*	
17	*Zangina*	c. 1700年：イスラム教の導入
18	*Andani Siɣli*	
19	*Binbiɛɣu/Zuu Jingli*	
20	*Gariba*	c. 1740年
21	*Saa-Lana Ziblim*	
22	*Ziblim Bandamda*	
23	*Andani Jangbariga*	
24	*Koringa/Mahami*	
25	*Ziblim Kulunku*	c. 1820年
26	*Sumani/Zoli*	
27	*Yakubu Nantoo*（ヤクブ一世）	c. 1850年
28	*Abdulai Nagbiɛɣu*（アブドゥライ一世）	1863～1876年［Ferguson 1972: 11; Levtzion 1968: 198］
29	*Andani Jerilon*（アンダニ二世）	1876～1899年［Ferguson 1972: 10; Ferguson & Wilks 1970: 345］：イギリスとドイツの間でのダゴンバ地域の分割（1899年）［Metcalfe 1964: 505］
30	*Darimani/Kukra Adjei*	1899年（ドイツより解任）
31	*Alhassan Tipariga*（アルハッサン一世）	1900～1917年：ダゴンバ地域の再統合（1914年）［Staniland 1975: 42］
32	*Abudulai Satankuɣli*（アブドゥライ二世）	1920～1938年
33	*Mahama Kpɛma*（マハマ二世）	1938～1948年
34	*Mahama Bila*（マハマ三世）	1948～1953年
35	*Abdulai Gmariga*（アブドゥライ三世）	1953～1967年：ガーナ独立（1957年）
36	*Andani Zoli-Kugli*（アンダニ三世）	1968～1969年
37	*Mohamadu Abudulai*（マハマ四世）	1969～1974年
38	*Yakubu Andani*（ヤクブ二世）	1974～2002年（イェンディで暗殺）

順序と就任期は Staniland［1975: 19］をもとに作成（no. 28, no. 29, no. 38 を除く）。

補遺２　暦(太陰暦)と祭事

月(*goli*)	名称	意味・祭(*chuɣu*)
第1月	ブグン *Buɣim*	「火」の意。新年。月が出て9日目の夜、「火の祭」(*Buɣim-chuɣu*)が開催される。トロンの君主は宮廷の庭に集まる人びとにイスラムの教えをカラメルで木版に書いて溶かした水(*wɔliga*)をふりかける。そのあと、人びとは各自で用意したワラに点火し、宮廷から貯水池までその火を運ぶ。「火」はノアの洪水のあとに行方不明になった息子を見つけるための明かりに由来する。10日目の朝、トロンの君主に仕えるイスラム教の礼拝師の称号の保持者と家臣らがトロンの宮廷に集まり、新年を統治する預言者を発表する。干ばつ、雨、死など、預言が伝えられ、供儀が実施される。宮廷の庭で踊りが開催される。
第2月	ダンバビラー *Dambabilaa*	「ダンバの前月」の意。
第3月	ダンバ *Damba*	ダンバはダゴンバ地域の君主の祭の名称。預言者ムハンマドの誕生月であり、月が出て11、17、18日目に祭が開催されるが、ムハンマドの生誕祭ではなくダゴンバ地域の君主の祭として開催。
第4月	ガーンバンダ *Gaanbanda*	意味は不明。
第5月	バンダチェーナ *Bandacheena*	意味は不明。
第6月	ピニビラー *Kpinibilaa*	「ホロホロチョウの前月」の意。
第7月	ピニ *Kpini*	「ホロホロチョウ」の意。月が出て27日目に祭が開催される。トロンの君主の宮廷でホロホロチョウをヒロハフサマメの木の枝でムチ打ちする儀礼が実施される。儀礼の由来は、昔、戦時中に喉が渇いた戦士がそこに現れたホロホロチョウに水場を聞いたところ何も言わずに飛び去ったが、そのあとに大きな豚が足に泥をつけてやってきて水場を教えてくれたという寓話である。ムチ打ちは、ホロホロチョウへ罰を加える意味がある。
第8月	ノロリビラー *Nolɔribilaa*	「ラマダンの前月」の意。
第9月	ノロリ *Nolɔri*	「ラマダン」の意。断食する月。トロンでは、歴史の語り部たち(ルンシ)が皆を起こす目的で、夜明けの約2時間前から歌いながら小鼓を叩き、集落内を回っている。
第10月	コニュルチュグ *Ko' nyuri-chuɣu*	「水を飲む祭」の意。月が出て1日目にラマダン明けの祭が開催される。夜は、トロンの君主の宮廷の庭で歴史の語り部が夜明けまで君主たちの歴史を吟唱(*samban' luŋa*)。
第11月	チムシビラー *Chimsibilaa*	「チムシの前月」の意
第12月	チムシ *Chimsi*	月が出て10日目、預言者アブラハムの祭(犠牲祭)が開催される。神がアブラハムの信仰を試すために息子を殺すように命じ、アブラハムが息子の首を泣く泣く切ろうとしたところ、天使が現れて助けた話が知られている。夜は、トロンの君主の宮廷の庭で歴史の語り部が夜明けまで君主たちの歴史を吟唱。

土地面積の合計（ha）	（うち、別の家／世帯の成員に与えた「懇願区画」）		人口密度（人/km²）※2011.2	別の家／世帯の成員から得た「懇願区画」※フィヒニとその近辺のみ		開拓地との二重居住人口（人）	シアナッツの木			ウシの頭数
	数	ha		数	ha		家／世帯の土地の本数	（うち、別の家／世帯の成員へ与えた本数）	与えられた本数※個人として得た場合も含む	
3.9	5	2.76	25.8	0	0.00	0	79	15	0	0
4.0	0	0.00	200.4	0	0.00	3	75	26	0	0
5.6	0	0.00	178.2	0	0.00	0	6	0	85	0
7.2	2	0.50	153.2	2	0.68	0	94	0	0	7
8.4	5	2.05	59.2	0	0.00	0	60	0	0	0
13.9	0	0.00	158.4	6	1.27	2	115	0	0	0
6.4	2	0.20	171.7	2	1.20	0	223	0	0	0
3.3	1	0.69	183.5	1	0.10	0	32	14	0	0
3.4	1	0.52	178.9	0	0.00	0	82	0	0	0
5.6	0	0.00	354.6	2	1.35	5 (1)	107	0	0	7
21.9	6	3.22	137.1	0	0.00	3 (1)	310	5	0	9
8.1	0	0.00	332.6	1	0.79	11 (1)	114	0	0	4
4.0	2	1.18	298.9	3	1.20	0	32	18	0	1
3.7	1	0.40	433.7	3	0.98	4 (1)	48	0	0	0
0.0	0	0.00	—	4	2.25	0	0	0	23	0
5.5	3	0.37	91.0	0	0.00	0	61	0	0	0
3.8	1	0.06	576.9	4	1.43	5 (1)	71	0	14	0
7.5	0	0.00	307.7	4	1.86	0	276	0	47	5
11.2	1	0.55	142.9	0	0.00	0	89	0	0	0
13.4	8	4.67	156.9	0	0.00	1	212	65	0	13
9.2	0	0.00	325.1	7	3.99	1 (1)	59	0	0	14
10.9	1	0.40	303.7	4	2.15	11 (1)	131	0	0	0
0.0	0	0.00	—	1	0.09	6	0	0	0	0
5.5	1	0.40	108.3	0	0.00	0	73	0	0	0
2.4	0	0.00	337.8	1	0.40	0	2	0	0	0
0.0	0	0.00	—	4	2.37	0	0	0	44	0
11.7	0	0.00	383.9	1	0.40	8	94	0	0	9
8.5	0	0.00	330.7	0	0.00	2 (1)	190	0	0	6
19.7	2	0.89	106.5	5	3.22	4	375	0	86	8
20.2	0	0.20	153.6	0	0.00	1	273	0	0	5
11.3	1	0.40	202.9	1	0.40	1	234	0	0	（不明）
3.4	6	3.36	119.1	0	0.00	1	86	86	0	0
6.8	1	0.40	427.6	4	1.44	2	5	0	0	8
2.5	0	0.00	316.4	0	0.00	0	19	0	0	4
2.7	0	0.00	554.0	4	1.69	0	37	0	9	0
4.6	0	0.00	237.0	3	0.56	0	176	0	0	0
11.9	2	0.60	84.2	0	0.00	0	104	0	0	6 (2)
9.0	1	0.04	44.3	0	0.00	0	279	0	0	0
281.1	53	23.9	211.3	67	29.8	71 (7)	4,223	229	308	—

「家の主」は、2010年8月のデータをもとにしており、全員男性である。ただし、Y1の場合、家の
る。家の主の死後に息子が継いだ家では、その息子の生物学上の母が同居している場合も、女性では
どとは別に彼女の息子と独立した家を建て、住んでいる場合は、女性ではなくその息子のほうを家の
月）に耕作のために開拓地に移動し、乾季／農閑期（2011年2月）に戻ってきていた人口であり、括
2010年8月のデータであり、2011年2月でその人数が変化した場合のみ括弧内に記載。土地の面積
シアナッツの木の本数を目視によって数えた。「土地面積の合計」は、別の家／世帯の成員に与えた「懇
察して数えた。Y34の括弧内の数値はフィヒニ以外の場所でほかの者に預けている頭数であるが、観

補遺３　フィヒニの家々の基本情報

「親族」／血族の関係／君主の家系	家(Y)／世帯番号 ※35軒／38世帯		家の主の住まい	家の主／世帯主の年齢 ※推定	屋号	家の主と同世代の傍系の血族の男性が妻子と同居	人口						
							2010年8月			2011年2月			昼夜の料理の担当者（人）
							合計	男	女	合計	男	女	
F-a	1		父方	75	インガ	—	3	1	2	1	0	1	1
	2	1	父方	69	イリ	○	4	3	1	8	3	5	1
		2	—	60	—		13	3	10	10	3	7	2
	3	1	父方	57	インガ	○	11	7	4	11	7	4	1
		2	—	45	—		5	3	2	5	3	2	1
	4		父方	44	ダボグニ	○	22	10	12	22	10	12	2
F-b	5	1	父方	55	イリ	○	11	5	6	11	4	7	2
		2	—	30	—		5	3	2	6	3	3	1
	6		父方	47	インガ	—	7	3	4	6	3	3	1
F-c	7		母方	84	イリ	—	16	11	5	20	13	7	2 (3)
	8		父方	82	イリ	—	34	17	17	30	15	15	3
	9		母方	75	イリ	—	19	8	11	27	12	15	3
	10		父方	67	イリ	—	11	5	6	12	5	7	3
	11		父方	60	イリ	—	13	8	5	16	8	8	2
	12		母方	27	インガ	—	4	2	2	3	2	1	1
G-a	13		父方	78	イリ	—	5	2	3	5	2	3	1
	14		父方	72	イリ	—	18	9	9	22	13	9	3
	15		父方	70	イリ	—	24	8	16	23	8	15	3
	16		父方	61	イリ	○	16	7	9	16	7	9	2
	17		父方	57	イリ	—	15	8	7	21	9	12	2
	18		父方	45	ダボグニ	○	33	13	20	30	13	17	3
	19		父方	43	ダボグニ	○	25	13	12	33	19	14	3
	20		父方	39	インガ	—	0	0	0	6	2	4	1
	21		父方	37	インガ	—	6	2	4	6	2	4	1
	22		父方	25	インガ	—	8	4	4	8	3	5	1
	23		母方	23	インガ	—	9	4	5	7	3	4	1
G-b	24		父方	79	イリ	—	37	18	19	45	22	23	5
	25		母方	78	イリ	—	20	8	12	28	10	18	4
	26		母方	69	イリ	—	18	11	7	21	14	7	2
	27		父方	48	ダボグニ	○	36	14	22	31	14	17	3
	28		父方	44	ダボグニ	○	27	13	14	23	12	11	3
	29		父方	30	ダボグニ	○	0	0	0	4	3	1	0
G-c	30		父方	86	イリ	—	28	13	15	29	16	13	4
	31		父方	62	イリ	—	5	3	2	8	4	4	1
	32		父方	60	イリ	—	19	8	11	15	6	9	2
	33		父方	58	インガ	○	11	3	8	11	4	7	1
	34		父方	56	インガ	—	10	4	6	10	4	6	2
	35		父方	45	ダボグニ	—	2	2	0	4	3	1	1
合計	—		—	—	—	—	550	256	294	594	284	310	75 (76)

人口統計は 2010 年 8 月（雨季／耕作期）と 2011 年 2 月（乾季／農閑期）に実施した戸口調査による。
主が 2010 年 12 月に死去したため、その後に単身で残された妹が 2011 年 2 月人口では家の主であ
なくその息子が家の主である（Y4, Y19, Y21, Y22）。また、実家がある集落に出戻った女性が兄弟な
主として仮定して、計上した（Y12, Y23）。「開拓地との二重居住人口」は、雨季／耕作期（2010 年 8
弧内の数値は耕作期に開拓地とフィヒニのどちらでも同時に耕作した人数。「昼夜の料理の担当者」は
は、2010 年 12 月～ 2011 年 2 月に GPS ガーミンと Google Earth を利用して測定した。また、この際に、
願区画」を含み、別の家／世帯の成員から与えられた「懇願区画」は含まない。「ウシの頭数」は観
察して数えていないため合計の「6」には含めていない。

補遺４　親族関係の語彙

親族関係	ダゴンバ語（複数形）
父	*ba* (*banima*)
母	*ma* (*manima*)
兄、姉、従兄、従姉	*biɛli*
弟、妹、従弟、従妹	*tizo* (*tizɔhi, tizonima*)
息子、娘	*dapala* (*dapaliba*)
祖父 大伯叔父	*yaba* (*yaannima*)
祖母 大伯叔母	*yabpaɣa* (*yabpaɣ' ba*)
孫息子 孫娘 兄弟姉妹の孫息子 兄弟姉妹の孫娘	*yaaŋa* (*yaansi*)
父方の伯父・従伯父	*ba-kpɛma* (*ba-kpamba*)
父方の叔父・従叔父	*ba-pra* (*ba-pranima*)
母方の伯叔父 母方の従伯叔父	*ŋahaba* (*ŋahanima*)
父方の伯叔母 父方の従伯叔母	*priba* (*prinima*)
母方の伯母・従伯母	*ma-kpɛma* (*ma-kpamba*)
母方の叔母・従叔母	*ma-pira* (*ma-pirnima*)
男性の姉妹・従姉妹の息子 男性の姉妹・従姉妹の娘	*ŋahiŋga* (*ŋahinsi*)
女性の兄弟・従兄弟の娘	*priŋga* (*prinsi*)
子、兄弟姉妹の子、従兄弟姉妹の子	*bia* (*bihi*)
夫 家の主	*yidana* (*yidannima*)
妻（「女」の意）	*paɣa* (*paɣ' ba*)
親族	*daŋ* (*daŋnima*)
血族	*dɔɣim* (*dɔɣiriba*)
姻族	*diɛmba* (*diɛmnima*)
家族、家系	*yili*

新聞記事

People's Daily Graphic, March 19, 1986.
People's Daily Graphic, May 14, 1986.
People's Daily Graphic, June 23, 1986.
People's Daily Graphic, December 2, 1986.

そのほか

Mahama, Asumah. n.d. (2003). *Curriculum Vitae. Mahama Afa Asumah*.（未公刊文書）
ガーナ気象局（Ghana Meteorological Agency）
ガーナ輸出促進協会（Ghana Export Promotion Council）

ADM7/2/9. Gold Coast. Trade Report for the Year 1935.
ADM7/2/10. Gold Coast. Trade Report for the Year 1936.
ADM7/2/11. Gold Coast. Trade Report for the Year 1937.
ADM7/2/12. Gold Coast. Trade Report for the Year 1938.
ADM7/2/13. Gold Coast. Trade Report for the Year 1939.
ADM7/2/14. Gold Coast. Trade Report for the Year 1940.
ADM7/2/15. Gold Coast. Trade Report for the Year 1941.
ADM7/2/16. Gold Coast. Trade Report for the Year 1942.
ADM7/2/17. Gold Coast. Trade Report for the Year 1943.
ADM7/2/19. Gold Coast. Trade Report for the Year 1945.
ADM7/2/20. Gold Coast. Trade Report for the Year 1946.
ADM7/2/22. Gold Coast. Trade Report for the Year 1948.
ADM7/2/23. Gold Coast. Trade Report for the Year 1949.
ADM7/2/24. Gold Coast. Trade Report for the Year 1950.
ADM7/2/25. Gold Coast. Trade Report for the Year 1951.
ADM7/2/26. Gold Coast. Trade Report for the Year 1952.
ADM7/3/1. Gold Coast. Annual Report on External Trade and Shipping and Aircraft Movements, 1953. With Comparative Figures for 1949-1952.
ADM7/3/2. Gold Coast. Annual Report on External Trade and Shipping and Aircraft Movements, 1954, vol. I.
ADM7/3/4. Annual Report on External Trade of Ghana and Report of Shipping and Aircraft Movements and Cargo Unloaded and Loaded, 1955 and 1956, vol. I.
ADM7/3/6. Annual Report on External Trade of Ghana and Report of Shipping and Aircraft Movements and Cargo Unloaded and Loaded, 1957, vol. I.
ADM7/3/8. Annual Report on External Trade of Ghana and Report of Shipping and Aircraft Movements and Cargo Unloaded and Loaded, 1958, vol. I.
ADM7/3/10. Annual Report on External Trade of Ghana, 1959 and 1960, vol. I.
ADM7/4/1. External Trade Statistics of Ghana, December, 1961.
ADM7/4/3. External Trade Statistics of Ghana, December, 1963.
ADM7/4/4. External Trade Statistics of Ghana, July. – Dec. 1964, vol. XIV.
ADM7/4/5. External Trade Statistics of Ghana, December 1965.
ADM7/4/6. External Trade Statistics of Ghana, July. – Dec. 1966, vol. XVI.
ADM7/4/7. External Trade Statistics of Ghana, July. – Dec. 1967, vol. XVII.
ADM7/4/9. External Trade Statistics of Ghana, July. – Dec. 1969, vol. XIX.
ADM7/4/12. External Trade Statistics of Ghana, December 1972.
ADM7/4/13. External Trade Statistics of Ghana, December 1973.
ADM7/4/14. External Trade Statistics of Ghana, December 1974.
ADM8/1/34. Gold Coast. Civil Service List. Revised to 30th September, 1932.
ADM8/1/41. Gold Coast. Civil Service List, 1939.

——. 1955. *Annual Report and Accounts of the Agricultural Produce Marketing Board for the Year Ended 1954*. Accra: Government Printer.
——. 1956a. *Department of Rural Water Development. Annual Report, 1954-55*. Accra: Government Printer.
——. 1956b. *Report of the Department of Tsetse Control for the Period 1st April, 1954 – 31st March, 1955*. Accra: Government Printer.

公文書管理局（タマレ）

NRG2/12/3. Demonstration Farms. 12/8/1947–28/12/1955.
NRG2/12/7. Agricultural and Workers Brigade and Surveying. 1961–1966.
NRG2/16/1. Dagomba District Agricultural Committee. 19/8/1935–31/8/1936.
NRG2/16/26. District Agricultural Development Committee. 1964.
NRG2/17/3. Agricultural Loan Scheme. 1952–1956.
NRG2/20/1. Tsetse-Fly Clearing. 20/12/1928–23/1/1940.
NRG8/2/1. The History and Organization of the 'Kambonse' in Dagomba.
NRG8/3/65. Annual Report on the Dagomba District for the Year 1937–1938.
NRG8/3/74. Annual Report (Agriculture). 1938–1939.
NRG8/3/141. Annual Report. Dagomba District. 1946–1947.
NRG8/3/173. Annual Report of the Dagomba District. 1950–1951.
NRG8/3/191. Report of the Advisory Committee on the Gonja Development Company. 1953.
NRG8/8/30. Water Supply Tolon. 20/1/1963–20/11/1974.
NRG8/11/2. Shea-Butter Industry. 1928–1932.
NRG8/11/17. Agriculture in Dagomba District. 7/8/1947–27/1/1960.
NRG8/11/89. Agricultural Mechanization Training Project–UNDP/FAO. 1974–1976.
NRG8/11/90. Bullock Ploughing in Northern Region.1974–1975.
NRG9/4/12. Ministry of Food and Agriculture – Policy. 20/9/1960–17/9/1964.
PAT22/1/504. Ghanaian-German Agricultural Development Project (GGADP). Evaluation Report. 1984.

公文書管理局（アクラ）

ADM5/4/82. Gold Coast. Revised Draft. Ten-Year Plan for the Economic and Social Development of the Gold Coast, 1950-60.
ADM7/2/1. Gold Coast. Trade Report for the Year 1927.
ADM7/2/2. Gold Coast. Trade Report for the Year 1928.
ADM7/2/3. Gold Coast. Trade Report for the Year 1929.
ADM7/2/4. Gold Coast. Trade Report for the Year 1930.
ADM7/2/5. Gold Coast. Trade Report for the Year 1931.
ADM7/2/6. Gold Coast. Trade Report for the Year 1932.
ADM7/2/7. Gold Coast. Trade Report for the Year 1933.
ADM7/2/8. Gold Coast. Trade Report for the Year 1934.

per Regions. Accra: Census Office.
——. 1980. *Agricultural Bulletin* 29. Tamale: Ministry of Agriculture/Ghanaian German Agricultural Development Project.
——. 1989a. *Political Map of Ghana*. Survey of Ghana.（地図）
——. 1989b. *1984 Population Census of Ghana. The Gazetteer 1 (AA-KU). Alphabetical List of Localities with Statistics on Population, Number of Houses, Main Source of Water Supply*. Accra: Statistical Service.
——. 1989c. *1984 Population Census of Ghana. The Gazetteer 2 (KW-ZU). Alphabetical List of Localities with Statistics on Population, Number of Houses, Main Source of Water Supply*. Accra: Statistical Service.
——. 1992. *The Constitution of the Republic of Ghana*. (http://www.ghana.gov.gh/images/documents/constitution_ghana.pdf , 2017 年 11 月 25 日参照)
——. 2005a. *Socio-Economic and Demographic Trends*, vol. 1 of *Population Data Analysis Report*. Accra: Ghana Statistical Service.
——. 2005b. *2000 Population and Housing Census. Northern Region. Analysis of District Data and Implication for Planning*. Accra: Ghana Statistical Service.
——. 2005c. *2000 Population and Housing Census of Ghana. The Gazetteer 1 (AA-FU). Alphabetical List of Localities with Statistics on Population, Houses and Households*. Accra: Ghana Statistical Service.
——. 2005d. *2000 Population and Housing Census of Ghana. The Gazetteer 2 (GA-MY). Alphabetical List of Localities with Statistics on Population, Houses and Households*. Accra: Ghana Statistical Service.
——. 2005e. *2000 Population and Housing Census of Ghana. The Gazetteer 3 (NA-ZU). Alphabetical List of Localities with Statistics on Population, Houses and Households*. Accra: Ghana Statistical Service.
——. 2006. *Agricultural Extension Handbook*. Tamale: Ministry of Food and Agriculture.
——. 2010. *Economic Survey 2005-2007*. Accra: Ghana Statistical Service.
——. 2012. *2010 Population and Housing Census. Summary Report of Final Results*. Accra: Ghana Statistical Service.
——. 2013. *2010 Population and Housing Census. Regional Analytical Report. Northern Region*. Accra: Ghana Statistical Service.
——. 2014a. *2010 Population and Housing Census. District Analytical Report. Central Gonja District*. Accra: Ghana Statistical Service.
——. 2014b. *2010 Population and Housing Census. District Analytical Report. Kumbungu District*. Accra: Ghana Statistical Service.
——. 2014c. *2010 Population and Housing Census. District Analytical Report. Tolon District*. Accra: Ghana Statistical Service.
——. n.d. *Tolon /Kumbungu District*.（地図）
Gold Coast. 1922. *Report by the Conservator of Forests on the Shea-Butter Areas in the Northern Territories of the Gold Coast. Ordered by His Excellency The Governor to be Printed*. Accra: Government Press.
——. 1950. *Census of Population 1948. Report and Tables*. London: Crown Agents for The Colonies.

Being, vol. I of *The Political Economy of Hunger*. Jean Drèze and Amartya Sen, eds. Pp. 425-473. Oxford: Clarendon Press.

——. 2000. Continuities and Discontinuities in Political Constructions of the Working Man in Rural Sub-Saharan Africa: The 'Lazy Man' in African Agriculture. *The European Journal of Development Research* 12(2): 23-52.

Whitehead, Ann, and Naila Kabeer. 2001. *Living with Uncertainty: Gender Livelihoods and Pro-Poor Growth in Rural Sub-Saharan Africa*. Brighton: Institute of Development Studies.

Wilk, Richard R., and Robert M. Netting. 1984. Households: Changing Forms and Functions. In *Households: Comparative and Historical Studies of the Domestic Group*. Robert McC. Netting, Richard R. Wilk, and Eric J. Arnould, eds. Pp. 1-28. Berkeley: University of California Press.

Wilks, Ivor. 1976 (1971). The Mossi and Akan States. 1500-1800. In *History of West Africa*, vol.1. J. F. A. Ajay and Michael Crowder, eds. Pp. 413-455. London: Longman.

World Bank. 2001. *Engendering Development: Through Gender Equality in Rights, Resources, and Voice*. New York: Oxford University Press.

——. 2011. *World Development Report 2012: Gender Equality and Development*. Washington, DC: World Bank Publications.

Wright, Marcia. 1983. Technology, Marriage and Women's Work in the History of Maize-Growers in Mazabuka, Zambia: A Reconnaissance. *Journal of Southern African Studies* 10(1): 71-85.

Yanagisako, Sylvia Junko. 1979. Family and Household: The Analysis of Domestic Groups. *Annual Review of Anthropology* 8: 161-205.

——. 1984. Explicating Residence: A Cultural Analysis of Changing Households among Japanese-Americans. In *Households: Comparative and Historical Studies of the Domestic Group*. Robert McC. Netting, Richard R. Wilk, and Eric J. Arnould, eds. Pp. 330-352. Berkeley: University of California Press.

八塚春名　2011 「タンザニアのサンダウェ社会におけるニセゴマ（*Cerutotheca sesamoides*）の「半栽培」——乾燥葉の保存と分配に注目して」『アフリカ研究』第78号　25-41頁

米倉等　1986 「ジャワ農村における階層構成と農業労働慣行」『アジア経済』第27巻第4号　2-35頁

政府刊行物

ゴールドコーストとガーナの貿易報告書は公刊されている場合も含めて公文書の欄に掲載。

Colonial Office. 1948. *Report of West African Oilseeds Mission*. London: His Majesty's Stationery Office.

Ghana. 1959. *Annual Report of the Department of Agriculture for the Year 1956-57*. Accra: Government Printer.

——. 1962. *The Gazetteer. Alphabetical List of Localities with Number of Population and Houses*, vol. 1. of *1960 Population Census of Ghana*. Accra: Census Office.

——. 1967. *Ghana*. Sheet 0902B3, 0902B4, 0901A3, 0902D1, 0902D2, 0901C1. Accra: Survey of Ghana.（地図）

——. 1971. *1970 Population Census of Ghana. Special Report 'D'. List of Localities by Local Authority with Population, Number of Houses and Main Source of Water Supply. Northern and Up-*

Thorsen, Dorte. 2002. 'We Help our Husbands!' Negotiating the Household Budget in Rural Burkina Faso. *Development and Change* 33(1): 129-146.

Tiffen, Mary, Michael Mortimore, and Francis Gichuki. 1994. *More People, Less Erosion: Environmental Recovery in Kenya*. Chichester: John Wiley & Sons.

Timmer, L. A., J. J. Kessler, and M. Slingerland. 1996. Pruning of Néré Trees (*Parkia biglobosa* (Jacq.) Benth.) on the Farmlands of Burkina Faso, West Africa. *Agroforestry Systems* 33(1): 87-98.

Tomomatsu, Yuka. 2014. *Parkia biglobosa*-Dominated Cultural Landscape: An Ethnohistory of the Dagomba Political Institution in Farmed Parkland of Northern Ghana. *Journal of Ethnobiology* 34(2): 153-174.

Tonah, Steve. 2012. The Politicisation of a Chieftaincy Conflict: The Case of Dagbon, Northern Ghana. *Nordic Journal of African Studies* 21(1): 1-20.

Toulmin, Camilla. 1986. Access to Food, Dry Season Strategies and Household Size amongst the Bambara of Central Mali. *IDS Bulletin* 17(3): 58-66.

内堀基光　2014 (2007) 「序――資源をめぐる問題群の構成」『資源と人間』内堀基光編 15-43頁　東京：弘文堂

Udry, Christopher. 1996. Gender, Agricultural Production, and the Theory of the Household. *Journal of Political Economy* 104(5): 1010-1046.

Udry, Christopher, John Hoddinott, Harold Alderman, and Lawrence Haddad. 1995. Gender Differentials in Farm Productivity: Implications for Household Efficiency and Agricultural Policy. *Food Policy* 20(5): 407-423.

UN Women. 2013. *A Transformative Stand-Alone Goal on Achieving Gender Equality, Women's Rights and Women's Empowerment: Imperatives and Key Components*. New York: United Nations Entity for Gender Equality and the Empowerment of Women.

Utami, Widya, and John Ihalauw. 1973. Some Consequences of Small Farm Size. *Bulletin of Indonesian Economic Studies* 9(2): 46-56.

von Braun, Joachim, and Patrick J. R. Webb. 1989. The Impact of New Crop Technology on the Agricultural Division of Labor in a West African Setting. *Economic Development and Cultural Change* 37(3): 513-534.

和田正平編　1996　『アフリカ女性の民族誌――伝統と近代化のはざまで』　東京：明石書店

Warner, Michael W., Ramatu M. Al-Hassan, and Jonathan G. Kydd. 1997. Beyond Gender Roles? Conceptualizing the Social and Economic Lives of Rural Peoples in Sub-Saharan Africa. *Development and Change* 28(1): 143-168.

――. 1999. A Review of Changes to Farming Systems of Northern Ghana (1957-94). In *Natural Resource Management in Ghana and its Socio-Economic Context*. Roger Blench, eds. Pp. 85-113. London: Overseas Development Institute.

Watts, Michael J. 2013 (1983). *Silent Violence: Food, Famine, and Peasantry in Northern Nigeria*. Athens: University of Georgia Press.

Webber, Paul. 1996. Agrarian Change in Kusasi, North-East Ghana. *Africa* 66(3): 437-457.

Whitehead, Ann. 1984 (1981). 'I'm Hungry, Mum.' The Politics of Domestic Budgeting. In *Of Marriage and the Market: Women's Subordination Internationally and its Lessons*. Kate Young, Carol Wolkowitz, and Roslyn McCullagh, eds. Pp. 93-116. London: Routledge & Kegan Paul.

――. 1990. Rural Women and Food Production in Sub-Saharan Africa. In *Entitlement and Well-*

and Society in Contemporary Africa. R. E. Downs and S. P. Reyna, eds. Pp. 243-279. Hanover: University Press of New England.

——. 1989. Separateness and Relation: Autonomous Income and Negotiation among Rural Bobo Women. In *The Household Economy: Reconsidering the Domestic Mode of Production*. Richard R. Wilk, ed. Pp. 171-193. Boulder: Westview Press.

Schildkrout, Enid. 1978. *People of the Zongo: The Transformation of Ethnic Identities in Ghana*. Cambridge: Cambridge University Press.

Schreckenberg, Kathrin. 2004. The Contribution of Shea Butter (*Vitellaria paradoxa* C.F. Gaertner) to Local Livelihoods in Benin. In *Africa,* vol.Ⅱ of *Forest Products, Livelihoods and Conservation: Case Studies of Non-Timber Forest Product Systems*. Terry Sunderland and Ousseynou Ndoye, eds. Pp. 91-113. Bogor: CIFOR.

Scott, James C. 1972. The Erosion of Patron-Client Bonds and Social Change in Rural Southeast Asia. *The Journal of Asian Studies* 32(1): 5-37.

Seignobos, Christian. 1982. Végétations anthropiques dans la zone soudano-sahélienne: La problématique des parcs. *Revue de Géographie du Cameroun* 3(1): 1-23.

Seini, A. Wayo, and V. Kwame Nyanteng. 2005. Smallholders and Structural Adjustment in Ghana. In *The African Food Crisis: Lessons from the Asian Green Revolution*. Göran Djurfeldt, Hans Holmén, Magnus Jirström, and Rolf Larsson, eds. Pp. 219-237. Wallingford: CABI Publishing.

関本照夫　1979 「農業をめぐる人のカテゴリーと相互関係――中部ジャワの一事例」『国立民族学博物館研究報告』第 3 巻第 3 号　345-415 頁

Silberschmidt, Margrethe. 1999. *" Women Forget That Men Are the Masters": Gender Antagonism and Socio-Economic Change in Kisii District, Kenya*. Stockholm: Nordiska Afrikainstitutet.

Staniland, Martin. 1975. *The Lions of Dagbon: Political Change in Northern Ghana*. Cambridge: Cambridge University Press.

杉山祐子　1996 「離婚したって大丈夫――ファーム化の進展による生活の変化とベンバ女性の現在」『アフリカ女性の民族誌――伝統と近代化のはざまで』和田正平編　83-114 頁　東京：明石書店

――　2007 「アフリカ地域研究における生業とジェンダー――中南部アフリカを中心に」『ジェンダー人類学を読む』宇田川妙子・中谷文美編　144-169 頁　京都：世界思想社

Tait, David. 1955. History and Social Organisation. *Transactions of the Gold Coast & Togoland Historical Society* 1(5): 193-210.

——. 1961. *The Konkomba of Northern Ghana* (Edited from His Published and Unpublished Writings by Jack Goody). London: Oxford University Press.

——. 1963. A Sorcery Hunt in Dagomba. *Africa* 33(2): 136-147.

高根務　1999 『ガーナのココア生産農民――小農輸出作物生産の社会的側面』 東京：アジア経済研究所

Tamakloe, Emmanuel Forster. 1931. *A Brief History of the Dagbamba People*. Accra: Government Printing Office.

Tauxier, Louis. 1912. *Le noir du Soudan. Pays Mossi et Gourounsi: Documents et Analyses*. Paris: Emile Larose.

Teklehaimanot, Z. 2004. Exploiting the Potential of Indigenous Agroforestry Trees: *Parkia biglobosa and Vitellaria paradoxa* in Sub-Saharan Africa. *Agroforestry Systems* 61(1-3): 207-220.

Price, John A. 1975. Sharing: The Integration of Intimate Economies. *Anthropologica* 17(1): 3-27.

Pugansoa, Ben, and Amuah, Donald. 1991. Resources for Women: A Case Study of the Oxfam Shea-nut Loan Scheme in Ghana. In *Changing Perceptions: Writings on Gender and Development*. Tina Wallace and Candida March, eds. Pp. 236-244. Oxford: Oxfam.

Pullan, R. A. 1974. Farmed Parkland in West Africa. *Savanna* 3(2): 119-151.

Quisumbing, Agnes R. ed. 2003. *Household Decisions, Gender, and Development: A Synthesis of Recent Research*. Washington, DC: International Food Policy Research Institute.

Quisumbing, Agnes R., and Bonnie McClafferty. 2006. *Food Security in Practice: Using Gender Research in Development*. Washington, DC: International Food Policy Research Institute.

Quisumbing, Agnes R., Lawrence Haddad, Ruth Meinzen-Dick, and Lynn R. Brown. 1998. Gender Issues for Food Security in Developing Countries: Implications for Project Design and Implementation. *Canadian Journal of Development Studies* 19(4): 185-208.

Rattray, Robert Sutherland. 1932. *The Tribes of the Ashanti Hinterland*, vol. II. Oxford: Clarendon Press.

Rawlings, Jerry John. 1982. *A Revolutionary Journey. Selected Speeches of Flt. Lt. J. J. Rawlings. Chairman of the Provisional National Defence Council. December 31, 1981 - December 31, 1982*, vol. 1. Accra: Information Services Department.

Ray, Donald I. 1996. Divided Sovereignty: Traditional Authority and the State in Ghana. *The Journal of Legal Pluralism and Unofficial Law* 28(37-38): 181-202.

Razavi, Shahra. 2009. Engendering the Political Economy of Agrarian Change. *The Journal of Peasant Studies* 36(1): 197-226.

——. 2012. World Development Report 2012: Gender Equality and Development—A Commentary. *Development and Change* 43(1): 423-437.

Ribot, Jesse C., and Nancy Lee Peluso. 2003. A Theory of Access. *Rural Sociology* 68(2): 153-181.

Runge-Metzger, Artur. 1993. Farm Household Systems in Northern Ghana. In *Farm Household Systems in Northern Ghana: A Case Study in Farming Systems Oriented Research for the Development of Improved Crop Production Systems*. Artur Runge-Metzger and Lothar Diehl, eds. Pp. 31-170. Weikersheim: Verlag Josef Margraf.

Ruthenberg, Hans. 1971. *Farming Systems in the Tropics*. Oxford: Clarendon Press.

Ryan, Patrick J. 1996. Ariadne auf Naxos: Islam and Politics in a Religiously Pluralistic African Society. *Journal of Religion in Africa* 26(3): 308-329.

Sahlins, Marshall. 1972. *Stone Age Economics*. New York: Aldine de Gruyter.（マーシャル・サーリンズ『石器時代の経済学』山内昶訳　東京：法政大学出版局　1984 年）

Said, Edward W. 2003 (1978). *Orientalism*. London: Penguin Books.

Sanou, Haby, Sie Kambou, Zewge Teklehaimanot, Mamadou Dembélé, Harouna Yossi, Sibidu Sina, Lompo Djingdia, and Jean-Marc Bouvet. 2004. Vegetative Propagation of *Vitellaria paradoxa* by Grafting. *Agroforestry Systems* 60(1): 93-99.

佐藤廉也　2007 「アフリカの農耕文化」『朝倉世界地理講座——大地と人間の物語 11　アフリカ I』池谷和信・佐藤廉也・武内進一編　118-132 頁　東京：朝倉書店

Şaul, Mahir. 1981. Beer, Sorghum and Women: Production for the Market in Rural Upper Volta. *Africa* 51(3): 746-764.

——. 1988. Money and Land Tenure as Factors in Farm Size Differentiation in Burkina Faso. In *Land*

O'Laughlin, Bridget. 2007. A Bigger Piece of a Very Small Pie: Intrahousehold Resource Allocation and Poverty Reduction in Africa. *Development and Change* 38(1): 21-44.

Olawsky, Knut J. 1996. *An Introduction to Dagbani Phonology*. Düsseldorf: Heinrich-Heine-Universität.

Olayiwole, Comfort B. 1991. The Role of Home Economics Agents in Rural Development Programs in Northern Nigeria: Impacts of Structural Adjustment. In *Structural Adjustment and African Women Farmers*. Christina H. Gladwin, ed. Pp. 359-372. Gainesville: University Press of Florida.

Oppong, Christine. 1973. *Growing up in Dagbon*. Accra: Ghana Publishing Corporation.

——, ed. 1983. *Female and Male in West Africa*. London: George Allen & Unwin.

Padmanabhan, Martina Aruna. 2002. *Trying to Grow: Gender Relations and Agricultural Innovations in Northern Ghana*. Münster: LIT Verlag.

Park, Mungo. 1799. *Travels in the Interior Districts of Africa: Performed under the Direction and Patronage of the African Association, in the Years 1795, 1796, and 1797. By Mungo Park, Surgeon. With an Appendix, Containing Geographical Illustrations of Africa. By Major Rennell*. London: W. Bulmer.

——. 1815. *The Journal of a Mission to the Interior of Africa, in the Year 1805 by Park: Together with Other Documents, Official and Private, Relating to the Same Mission. To Which Is Prefixed an Account of the Life of Mr. Park*. London: John Murray.

Paulme, Denise. 2004 (1960). Introduction. In *Women of Tropical Africa*. Denise Paulme, ed. Pp. 1-16. London: Routledge.

Pearce, Diana. 1978. The Feminization of Poverty: Women, Work and Welfare. *The Urban & Social Change Review* 11(1-2): 28-36.

Pélissier, Paul. 1980. L'arbre en Afrique tropicale: La fonction et le signe. *Cahiers ORSTROM* 17(3-4): 127-130.

Perry, Donna L. 2005. Wolof Women, Economic Liberalization, and the Crisis of Masculinity in Rural Senegal. *Ethnology* 44(3): 207-226.

Peterman, Amber, Agnes Quisumbing, Julia Behrman, and Ephraim Nkonya. 2011. Understanding the Complexities Surrounding Gender Differences in Agricultural Productivity in Nigeria and Uganda. *Journal of Development Studies* 47(10): 1482-1509.

Poudyal, Mahesh. 2011. Chiefs and Trees: Tenures and Incentives in the Management and Use of Two Multipurpose Tree Species in Agroforestry Parklands in Northern Ghana. *Society & Natural Resources* 24(10): 1063-1077.

Pouliot, Mariève. 2012. Contribution of "Women's Gold" to West African Livelihoods: The Case of Shea (*Vitellaria paradoxa*) in Burkina Faso. *Economic Botany* 66(3): 237-248.

Pouliot, Mariève, and Thorsten Treue. 2013. Rural People's Reliance on Forests and the Non-Forest Environment in West Africa: Evidence from Ghana and Burkina Faso. *World Development* 43: 180-193.

Poulton, Colin. 1998. Cotton Production and Marketing in Northern Ghana: The Dynamics of Competition in a System of Interlocking Transactions. In *Smallholder Cash Crop Production under Market Liberalisation: A New Institutional Economics Perspective*. Andrew Dorward, Jonathan Kydd, and Colin Poulton, eds. Pp. 56-112. Wallingford: CABI Publishing.

京都：世界思想社
Mayaux, Philippe, Etienne Bartholomé, Steffen Fritz, and Alan Belward. 2004. A New Land-Cover Map of Africa for the Year 2000. *Journal of Biogeography* 31(6): 861-877.
Meillassoux, Claude. 1977 (1975). *Femmes, greniers et capitaux*. Paris: François Maspero.（クロード・メイヤスー『家族制共同体の理論――経済人類学の課題』川田順造・原口武彦訳　東京：筑摩書房　1977 年）
Metcalfe, George Edgar. 1964. *Great Britain and Ghana: Documents of Ghana History*, 1807-1957. London: Thomas Nelson & Sons.
Mikell, Gwendolyn. 1997. Introduction. In *African Feminism: The Politics of Survival in Sub-Saharan Africa*. Gwendolyn Mikell, ed. Pp. 1-50. Philadelphia: University of Pennsylvania Press.
Moock, Joyce Lewinger. 1986. Introduction. In *Understanding Africa's Rural Households and Farming Systems*. Joyce Lewinger Moock, ed. Pp. 1-10. Boulder: Westview Press.
Moore, Francis. 1738. *Travels into the Inland Parts of Africa: Containing a Description of the Several Nations for the Space of Six Hundred Miles up the River Gambia; Their Trade, Habits, Customs, Language, Manners, Religion and Government; The Power, Disposition and Characters of Some Negro Princes; With a Particular Account of Job Ben Solomon, a Pholey, Who Was in England in the Year 1733, and Known by the Name of the African. To Which Is Added, Capt. Stibb's Voyage up the Gambia in the Year 1723, to Make Discoveries; With an Accurate Map of that River Taken on the Spot; and Many Other Copper Plates. Also Extracts from the Nubian's Geography, Leo the African, and Other Authors Ancient and Modern, Concerning the Niger, Nile, or Gambia, and Observations Thereon*. London: Edward Cave.
Moser, Caroline O. N. 1993. *Gender Planning and Development: Theory, Practice and Training*. London: Routledge.
Murdock, George Peter. 1967. Ethnographic Atlas: A Summary. *Ethnology* 6(2): 109-236.
Murdock, George Peter, and Caterina Provost. 1973. Factors in the Division of Labor by Sex: A Cross-Cultural Analysis. *Ethnology* 12(2): 203-225.
中曽根勝重　2013 「ガーナ北部における市場自由化による営農構造の変化」『アフリカ研究』第 83 号　1-16 頁
Netting, Robert McC., Richard R. Wilk, and Eric J. Arnould, eds. 1984a. *Households: Comparative and Historical Studies of the Domestic Group*. Berkeley: University of California Press.
——. 1984b. Introduction. In *Households: Comparative and Historical Studies of the Domestic Group*. Robert McC. Netting, Richard R. Wilk, and Eric J. Arnould, eds. Pp. xiii-xxxviii. Berkeley: University of California Press.
Norton, Andrew. n.d. (1988). *The Socio-Economic Background to Community Forestry in the Northern Region of Ghana*. London: Overseas Development Administration.
Obi, S. N. Chinwuba. 1988. Rights in Economic Trees. *Whose Trees? Proprietary Dimensions of Forestry*. Louise Fortmann and John W. Bruce, eds. Pp. 34-39. Boulder: Westview Press.
落合恵美子　2009 「序論――歴史人口学と比較家族史」『歴史人口学と比較家族史』落合恵美子・小島宏・八木透編　1-30 頁　東京：早稲田大学出版部
Odotei, Irene K., and Albert K. Awedoba, eds. 2006. *Chieftaincy in Ghana: Culture, Governance and Development*. Accra: Sub-Saharan Publishers.
小川了　2004 『世界の食文化⑪ アフリカ』 東京：農山漁村文化協会

Modernity. London: International Institute for Environment and Development.
川田順造　1977「首長位の継承と政治組織——モシ・マンプルシ・ダゴンバ族の事例」『民族学研究』第 41 巻第 4 号　330-367 頁
——　1992『口頭伝承論』　東京：河出書房新社
——　2001 (1976)　『無文字社会の歴史——西アフリカ・モシ族の事例を中心に』東京：岩波書店
Kevane, Michael, and Leslie C. Gray. 1999. A Woman's Field is Made at Night: Gendered Land Rights and Norms in Burkina Faso. *Feminist Economics* 5(3): 1-26.
Kohler, Jean Marie. 1971. *Activités agricoles et changements sociaux dans l'Ouest-Mossi*. Paris: ORSTOM.
Kranjac-Berisavljevic, G., and Abubakari Seini. 2005. Land, Women and Opportunity in Northern Ghana. *PLEC News and Views* (New Series) 6: 19-21.
Lange, Kofi Ron. 2006. *Dagban' ŋaha. Dagbani Proverbes*. Tamale: Cyber Systems.
Laris, Paul. 2002. Burning the Seasonal Mosaic: Preventative Burning Strategies in the Wooded Savanna of Southern Mali. *Human Ecology* 30(2):155-186.
Lentz, Carola. 1999. Colonial Ethnography and Political Reform: The Works of A. C. Duncan-Johnstone, R. S. Rattray, J. Eyre-Smith and J. Guiness on Northern Ghana. *Ghana Studies* 2: 119-169.
——. 2006. *Ethnicity and the Making of History in Northern Ghana*. Edinburgh: Edinburgh University Press.
——. 2013. *Land, Mobility, and Belonging in West Africa*. Bloomington: Indiana University Press.
Levtzion, Nehemia. 1968. *Muslims and Chiefs in West Africa: A Study of Islam in the Middle Volta Basin in the Pre-Colonial Period*. Oxford: Clarendon Press.
Longhurst, Richard. 1982. Resource Allocation and the Sexual Division of Labor: A Case Study of a Moslem Hausa Village in Northern Nigeria. In *Women and Development: The Sexual Division of Labor in Rural Societies*. Lourdes Benería, ed. Pp. 95-117. New York: Praeger.
Lovett, Peter N., and Nazmul Haq. 2000. Evidence for Anthropic Selection of the Sheanut Tree (*Vitellaria Paradoxa*). *Agroforestry Systems* 48(3): 273-288.
——. 2013. Progress in Developing in vitro Systems for Shea Tree (*Vitellaria paradoxa* C.F. Gaertn.) Propagation. *Forests, Trees and Livelihoods* 22: 60-69.
MacGaffey, Wyatt. 2013. *Chiefs, Priests, and Praise-Singers: History, Politics, and Land Ownership in Northern Ghana*. Charlottesville: University of Virginia Press.
Madge, C. 1995. Ethnography and Agroforestry Research: A Case Study from The Gambia. *Agroforestry Systems* 32(2): 127-146.
Mahama, Ibrahim. 2003. *Dagbani-English Dictionary*. Tamale: GILLBT Printing Press.
——. 2004. *History and Traditions of Dagbon*. Tamale: GILLBT Printing Press.
Malinowski, Bronislaw. 1922. *Argonauts of the Western Pacific: An Account of Native Enterprise and Adventure into the Archipelagoes of Melanesian New Guinea*. London: Routledge & Kegan Paul.
Manoukian, Madeline. 1951. *Tribes of the Northern Territories of the Gold Coast*. London: International African Institute.
松本尚之　2008『アフリカの王を生み出す人びと——ポスト植民地時代の「首長位の復活」と非集権制社会』　東京：明石書店
松村圭一郎　2008『所有と分配の人類学——エチオピア農村社会の土地と富をめぐる力学』

Comparative and Historical Studies of the Domestic Group. Robert McC. Netting, Richard R. Wilk, and Eric J. Arnould, eds. Pp. 29-43. Berkeley: University of California Press.
羽田正　2011　『新しい世界史へ——地球市民のための構想』　東京：岩波書店
Harlan, Jack R. 1975. *Crops and Man.* Madison: American Society of Agronomy/Crop Science Society of America.
Hart, Gillian. 1995. Gender and Household Dynamics: Recent Theories and Their Implications. In *Critical Issues in Asian Development: Theories, Experiences and Policies.* M. G. Quibria, ed. Pp. 39-74. Oxford: Oxford University Press.
Hawkins, Sean. 2002. *Writing and Colonialism in Northern Ghana: The Encounter Between the Lo-Dagaa and "The World on Paper", 1892-1991.* Toronto: University of Toronto Press.
Hayami, Yujiro, and Anwar Hafid. 1979. Rice Harvesting and Welfare in Rural Java. *Bulletin of Indonesian Economic Studies* 15(2): 94-112.
Hemmings-Gapihan, Grace S. 1982. International Development and the Evolution of Women's Economic Roles: A Case Study from Northern Gulma, Upper Volta. In *Women and Work in Africa.* Edna G. Bay, ed. Pp. 171-189. Boulder: Westview Press.
Hill, Polly. 1972. *Rural Hausa: A Village and a Setting.* Cambridge: Cambridge University Press.
——.1975. The West African Farming Household. In *Changing Social Structure in Ghana.* Jack Goody, ed. Pp. 119-136. London: International African Institute.
平井將公　2014　「サバンナ」『アフリカ学事典』日本アフリカ学会編　414-415 頁　京都：昭和堂
Hyman, Eric L. 1991. A Comparison of Labor-Saving Technologies for Processing Shea Nut Butter in Mali. *World Development* 19(9): 1247-1268.
Iddrisu, Abdulai. 2013. *Contesting Islam in Africa: Homegrown Wahhabism and Muslim Identity in Northern Ghana, 1920-2010.* Durham: Carolina Academic Press.
井上真　2002　「越境するフィールド研究の可能性」『環境学の技法』石弘之編　215-257 頁　東京：東京大学出版会
Izard-Héritier, Francoise, and Michel Izard. 1959. *Les Mossi du Yatenga: Étude de la vie économique et sociale.* Bordeaux: Institut des Sciences Humaines Appliquées de l'Université de Bordeaux (Service de l'Hydraulique de Haute-Volta).
Jackson, Cecile. 1996. Rescuing Gender from the Poverty Trap. *World Development* 24(3): 489-504.
——. 2003. Gender Analysis of Land: Beyond Land Rights for Women? *Journal of Agrarian Change* 3(4): 453-480.
Johnson, Marion, ed. n.d. (1965). *Salaga Papers*, vol. 1. Legon: Institute of African Studies, University of Ghana.
Jones, Christine. 1983. The Mobilization of Women's Labor for Cash Crop Production: A Game Theoretic Approach. *American Journal of Agricultural Economics* 65(5): 1049-1054.
——. 1986. Intra-Household Bargaining in Response to the Introduction of New Crops: A Case Study from North Cameroon. In *Understanding Africa's Rural Households and Farming Systems.* Joyce Lewinger Moock, ed. Pp. 105-123. Boulder: Westview Press.
Kasanga, Kasim. 1996. *The Role of Chiefs and Tendamba in Land Administration in Northern Ghana.* London: The Royal Institution of Chartered Surveyors.
Kasanga, Kasim, and Nii Ashie Kotey. 2001. *Land Management in Ghana: Building on Tradition and*

Gausset, Quentin, Anders Ræbild, Jean-Marie Kilea K.Y., Bassirou Bélem, Søren Lund, Emma Lucie Yago-Ouattara, and Joachim Dartell. 2003. Opportunities and Constraints of Traditional and New Agroforestry in South-Western Burkina-Faso. *Paideusis-Journal for Interdisciplinary and Cross-Cultural Studies* 3: 1-26.

Geertz, Clifford. 1963. *Agricultural Involution: The Process of Ecological Change in Indonesia*. Berkeley: University of California Press.（クリフォード・ギアーツ『インボリューション——内に向かう発展』池本幸生訳　東京：ＮＴＴ出版　2001 年）

——. 1973. *The Interpretation of Cultures: Selected Essays*. New York: Basic Books.

Gijsbers, H. J. M., J. J. Kessler, and M. K. Knevel. 1994. Dynamics and Natural Regeneration of Woody Species in Farmed Parklands in the Sahel Region (Province of Passoré, Burkina Faso). *Forest Ecology and Management* 64(1): 1-12.

Gladwin, Christina H., ed. 1991. *Structural Adjustment and African Women Farmers*. Gainesville: University of Florida Press.

Goheen, Miriam. 1988. Land and the Household Economy: Women Farmers of the Grassfields Today. In *Agriculture, Women, and Land: The African Experience*. Jean Davison, ed. Pp. 90-105. Boulder: Westview Press.

Goody, Jack. 1956. *The Social Organisation of the LoWiili*. London: Her Majesty's Stationery Office.

——. 1958. The Fission of Domestic Groups among the LoDagaba. In *The Developmental Cycle in Domestic Groups*. Jack Goody, ed. Pp. 53-91. Cambridge: Cambridge University Press.

——. 1971. *Technology, Tradition, and the State in Africa*. London: Oxford University Press for the International African Institute.

——. 1972. *The Myth of the Bagre*. Oxford: Clarendon Press.

——. 1973. Polygyny, Economy, and the Role of Women. In *The Character of Kinship*. Jack Goody, ed. Pp. 175-190. Cambridge: Cambridge University Press.

Goody, Jack, and Joan Buckley. 1973. Inheritance and Women's Labour in Africa. *Africa* 43(2): 108-121.

Grigsby, William J., and Jo Ellen Force. 1993. Where Credit is Due: Forests, Women, and Rural Development. *Journal of Forestry* 91(6): 29-34.

Grischow, Jeff Douglas. 2006. *Shaping Tradition: Civil Society, Community and Development in Colonial Northern Ghana, 1899-1957*. Leiden: Brill.

Guyer, Jane I. 1984. Naturalism in Models of African Production. *Man* (New Series) 19(3): 371-388.

——. 1988. Dynamic Approaches to Domestic Budgeting: Cases and Methods from Africa. In *A Home Divided: Women and Income in the Third World*. Daisy Dwyer and Judith Bruce, eds. Pp. 155-172. Stanford: Stanford University Press.

——. 1991. Female Farming in Anthropology and African History. In *Gender at the Crossroads of Knowledge: Feminist Anthropology in the Postmodern Era*. Michaela di Leonard, ed. Pp. 257-277. Berkeley: University of California Press.

Hall, John B., Danielle P. Aebischer, Helen F. Tomlinson, Emmanuel Osei-Amaning, and Julia R. Hindle. 1996. *Vitellaria paradoxa: A Monograph*. Bangor: University of Wales.

Hall, John B., Helen F. Tomlinson, P. I. Oni, M. Buchy, and Danielle P. Aebischer. 1997. *Parkia biglobosa: A Monograph*. Bangor: University of Wales.

Hammel, Eugene A. 1984. On the*** of Studying Household Form and Function. In *Households:*

Publishing.
Donhauser, F., H. Baur, and A. Langyintuo. 1994. *Small Holder Agriculture in Western Dagbon: A Farming System in Northern Ghana*. Tamale: Nyankpala Agricultural Experiment Station.
Duncan-Johnstone, A. C., and H. A. Blair. 1932. *Enquiry into the Constitution and Organisation of the Dagbon Kingdom*. Accra: Government Printer.
Dwyer, Daisy, and Judith Bruce, eds. 1988. *A Home Divided: Women and Income in the Third World*. Stanford: Stanford University Press.
Earle, Timothy K. 2001. Institutionalization of Chiefdoms. In *From Leaders to Rulers*. Jonathan Haas, ed. Pp. 105-124. New York: Kluwer Academic/Plenum Publishers.
Elias, Marlène, and Judith Carney. 2007. African Shea Butter: A Feminized Subsidy from Nature. *Africa* 77(1): 37-62.
Escobar, Arturo. 1995. *Encountering Development: The Making and Unmaking of the Third World*. Princeton: Princeton University Press.
衛藤幹子　2017　『政治学の批判的構想――ジェンダーからの接近』　東京：法政大学出版局
Eyre-Smith, J. 1933. *A Brief Review of the History and Social Organisation of the Peoples of the Northern Territories of the Gold Coast*. Accra: Government Printer.
Fage, John D. 1961 (1959). *Ghana: A Historical Interpretation*. Madison: The University of Wisconsin Press.
Fage, John D. 1964. Reflections on the Early History of the Mossi-Dagomba Group of States. In *The Historians in Tropical Africa: Studies Presented and Discussed at the Fourth International African Seminar at the University of Dakar, Dakar, 1961*. J. Vansina, R. Mauny, and L. V. Thomas, eds. Pp. 177-191. London: Oxford University Press.
FAO. 2011. *Report of the FAO Working Group on the Assessment of Small Pelagic Fish off Northwest Africa, Banjul, 18–22 May 2010.* Rome: Food and Agriculture Organization of the United Nations.
Ferguson, Phyllis, and Ivor Wilks. 1970. Chiefs, Constitutions and the British in Northern Ghana. In *West African Chiefs: Their Changing Status under Colonial Rule and Independence*. Michael Crowder and Obaro Ikime, eds. Pp. 326-369. New York: Africana Publishing.
Ferguson, Phyllis. 1972. *Islamization in Dagbon: A Study of the Alfanima of Yendi*. Unpublished Doctoral Dissertation. Department of Social Anthropology, Newnham College, University of Cambridge.
Fortes, Meyer, R. W. Steel, and P. Ady. 1947. Ashanti Survey, 1945-46: An Experiment in Social Research. *The Geographical Journal* 110(4-6): 149-179.
Fortes, Meyer. 1949. *The Web of Kinship among the Tallensi*. London: Oxford University Press.
Fortmann, Louise. 1985. The Tree Tenure Factor in Agroforestry with Particular Reference to Africa. *Agroforestry Systems* 2(4): 229-251.
藤岡悠一郎　2016　『サバンナ農地林の社会生態誌――ナミビア農村にみる社会変容と資源利用』　京都：昭和堂
藤田幸一　1990　「ジャワ農村における労働慣行に関する一考察――西部ジャワ州天水田地域の農村調査から」『農業総合研究』第 44 巻 3 号　1-53 頁
Garikipati, Supriya. 2009. Landless but Not Assetless: Female Agricultural Labour on the Road to Better Status, Evidence from India. *The Journal of Peasant Studies* 36(3): 517-545.

by Daniel Thorner, Basile H. Kerblay, and Robert .E. F. Smith). Homewood: Richard D. Irwin, for The American Economic Association.

Cheal, David. 1989. Strategies of Resource Management in Household Economies: Moral Economy or Political Economy? In *The Household Economy: Reconsidering the Domestic Mode of Production*. Richard R. Wilk, ed. Pp. 11-22. Boulder: Westview Press.

Churchill, Allegra. 2000. *Under the Kapok Tree: Power, Authority and Female Chieftains in Dagbon, Northern Ghana*. Unpublished Doctoral Dissertation. Department of Anthropology, Harvard University.

Clapperton, Hugh, and Richard Lander. 1829. *Journal of a Second Expedition into the Interior of Africa from the Bight of Benin to Soccatoo by the Late Commander Clapperton of the Royal Navy. To Which Is Added, the Journal of Richard Lander from Kano to the Sea-Coast, Partly by a More Eastern Route. With a Portrait of Captain Clapperton, and a Map of the Route, Chiefly Laid Down from Actual Observations for Latitude and Longitude*. London: John Murray.

Clifford, James. 1986. Introduction: Partial Truths. In *Writing Culture: The Poetics and Politics of Ethnography*. James Clifford and George E. Marcus, eds. Pp. 1-26. Berkeley: University of California Press.

Clignet, Remi. 1970. *Many Wives, Many Powers: Authority and Power in Polygynous Families*. Evanston: Northwestern University Press.

Cloud, Kathleen, and Jane B. Knowles. 1988. Where Can We Go from Here? Recommendations for Action. In *Agriculture, Women, and Land: The African Experience*. Jean Davison, ed. Pp. 250-264. Boulder: Westview Press.

Codjoe, Samuel Nii Ardey. 2004. *Population and Land Use/Cover Dynamics in the Volta River Basin of Ghana, 1960-2010*. Göttingen: Cuvillier Verlag.

Cornwall, Andrea, Elizabeth Harrison, and Ann Whitehead. 2007. Gender Myths and Feminist Fables: The Struggle for Interpretive Power in Gender and Development. *Development and Change* 38(1): 1-20.

Coull, George Charles. 1929. Foodstuffs in the Dagomba District of the Northern Territories. *Bulletin of the Department of Agriculture of the Gold Coast* 16: 203-215.

Creevey, Lucy E., ed. 1986a. *Women Farmers in Africa: Rural Development in Mali and the Sahel*. Syracuse: Syracuse University Press.

——.1986b. The Role of Women in Malian Agriculture. In *Women Farmers in Africa: Rural Development in Mali and the Sahel*. Lucy E. Creevey, ed. Pp. 51-66. Syracuse: Syracuse University Press.

Davison, Jean, ed. 1988. *Agriculture, Women, and Land: The African Experience*. Boulder: Westview Press.

de Wet, J. M. J. 2000. Millets. In *The Cambridge World History of Food*, vol. 1. Kenneth F. Kiple and Kriemhild Coneè Ornelas, eds. Pp. 112-121. Cambridge: Cambridge University Press.

Dey, Jennie. 1981. Gambian Women: Unequal Partners in Rice Development Projects? *The Journal of Development Studies* 17(3): 109-122.

——. 1983. Women in African Rice Farming Systems. In *Women in Rice Farming: Proceedings of a Conference on Women in Rice Farming Systems, International Rice Research Institute, Manila, 26-30 September 1983*. International Rice Research Institute, ed. Pp. 419-444. Aldershot: Gower

Bosman, Willem. 1705. *A New and Accurate Description of the Coast of Guinea: Divided into the Gold, the Slave, and the Ivory Coasts. Containing a Geographical, Political and Natural History of the Kingdoms and Countries; With a Particular Account of the Rise, Progress and Present Condition of All the European Settlements upon That Coast; And the Just Measures for Improving the Several Branches of the Guinea Trade. Illustrated with Several Cuts*. London: J. Knapton, A. Fell, R. Smith, D. Midwinter, W. Haws, W. Davis, G. Strahan, B. Lintott, J. Round, and J. Wale.

Boutillier, Jean-Louis. 1964. Les structures foncières en Haute-Volta. *Études Voltaïques* (Nouvelle Série, Mémoire) 5: 5-181.

Brempong, Nana Arhin, and Mariano Pavanello. 2006. *Chiefs in Development in Ghana: Interviews with Four Paramount Chiefs in Ghana*. Legon: Institute of African Studies, University of Ghana.

Brottem, Leif. 2011. Rediscovering "Terroir" in West African Agroforestry Parklands. *Society & Natural Resources* 24(6): 553-568.

Bruce, Judith, and Daisy Dwyer. 1988. Introduction. In *A Home Divided: Women and Income in the Third World*. Daisy Dwyer and Judith Bruce, eds. Pp. 1-19. Stanford: Stanford University Press.

Bryceson, Deborah Fahy, ed. 1995a. *Women Wielding the Hoe: Lessons from Rural Africa for Feminist Theory and Development Practice*. Oxford: Berg Publishers.

——.1995b. Wishful Thinking: Theory and Practice of Western Donor Efforts to Raise Women's Status in Rural Africa. In *Women Wielding the Hoe: Lessons from Rural Africa for Feminist Theory and Development Practice*. Deborah Fahy Bryceson, ed. Pp. 201-222. Oxford: Berg Publishers.

Burfisher, Mary E., and Nadine R. Horenstein. 1985. *Sex Roles in the Nigerian Tiv Farm Household*. West Harford: Kumarian Press.

Caillié, René. 1830. *Travels through Central Africa to Timbuctoo; And Across the Great Desert, to Morocco, Performed in the Years 1824-1828*, vol. 1. London: Henry Colburn & Richard Bentley.

Cardinall, Allan Wolsey. 1920. *The Natives of the Northern Territories of the Gold Coast: Their Customs, Religion and Folklore*. London: George Routledge & Sons.

Carney, Judith A. 1988. Struggles Over Crop Rights and Labour within Contract Farming Households in a Gambian Irrigated Rice Project. *The Journal of Peasant Studies* 15(3): 334-349.

Carney, Judith, and Michael Watts. 1990. Manufacturing Dissent: Work, Gender and the Politics of Meaning in a Peasant Society. *Africa* 60(2): 207-241.

CBI. 2015. *CBI Product Factsheet: Shea Butter in Europe*. The Hague: Center for the Promotion of Imports, Netherlands Ministry of Foreign Affairs.

Chalfin, Brenda. 2004. *Shea Butter Republic: State Power, Global Markets, and the Making of an Indigenous Commodity*. New York: Routledge.

Chant, Sylvia. 2008. The 'Feminisation of Poverty' and the 'Feminisation' of Anti-Poverty Programmes: Room for Revision? *The Journal of Development Studies* 44(2): 165-197.

——. 2012. The Disappearing of 'Smart Economics'? The World Development Report 2012 on Gender Equality: Some Concerns about the Preparatory Process and the Prospects for Paradigm Change. *Global Social Policy* 12(2): 198-218.

Chant, Sylvia, and Sweetman, Caroline. 2012. Fixing Women or Fixing the World? 'Smart Economics', Efficiency Approaches, and Gender Equality in Development. *Gender & Development* 20(3): 517-529.

Chayanov, Alexsander Vasilevich. 1966. *A. V. Chayanov on the Theory of Peasant Economy* (Edited

引用

文　献

Abu, Katie. 1992. *GGAEP Target Group Survey: Dagbon Area in Northern Ghana*. Tamale: Ghanaian German Agricultural Extension Project/German Organisation for Technical Cooperation (GTZ).

Agarwal, Bina. 2003. Gender and Land Rights Revisited: Exploring New Prospects via the State, Family and Market. *Journal of Agrarian Change* 3(1-2): 184-224.

Akenhead, Michael. 1957. Agriculture in Western Dagomba. *The Ghana Farmer* 1(4): 122-228.

Akurgo, Alex J. W. 2010. *The Yendi War: The Real Facts and How Politicians Turned a Traditional Dispute into Politics of Attrition. Accra*: Aeon International.

阿久津昌三　2006　「ガーナ北部の地域紛争――ホロホロチョウ戦争（guinea-fowl war）の事例を中心として」『信州大学教育学部紀要』第117号　97-108頁

Allan, William. 1965. *The African Husbandman*. Edinburgh: Oliver & Boyd.

Allman, Jean, and John Parker. 2005. *Tongnaab: The History of a West African God*. Bloomington: Indiana University Press.

Banful, Afua Branoah. 2011. Old Problems in the New Solutions? Politically Motivated Allocation of Program Benefits and the "New" Fertilizer Subsidies. *World Development* 39(7): 1166-1176.

Barral, Henri. 1968. *Tiogo: Étude géographique d'un terroir léla (Haute-Volta)*. Paris: Mouton.

Barth, Henry. 1858. *Travels and Discoveries in North and Central Africa: Being a Journal of an Expedition Undertaken under the Auspices of H.B.M.'s Government in the Years 1849–1855*, vol. IV. London: Longman, Brown, Green, Longmans, & Roberts.

Baumann, Hermann. 1928. The Division of Work According to Sex in African Hoe Culture. *Africa* 1(3): 289-319.

Bay, Edna G., ed. 1982. *Women and Work in Africa*. Boulder: Westview Press.

Becker, Gary Stanley. 1981. *A Treatise on the Family*. Cambridge: Harvard University Press.

Benneh, George. 1973. Small-Scale Farming Systems in Ghana. *Africa* 43(2): 134-146.

Berry, Sara. 1993. *No Condition is Permanent: The Social Dynamics of Agrarian Change in Sub-Saharan Africa*. Madison: The University of Wisconsin Press.

Bivins, Mary Wren. 2007. *Telling Stories, Making Histories: Women, Words, and Islam in Nineteenth-Century Hausaland and the Sokoto Caliphate*. Portsmouth: Heinemann.

Blench, Roger. 1999. Agriculture and the Environment in Northeastern Ghana: A Comparison of High and Medium Population Density Areas. In *Natural Resource Management in Ghana and its Socio-Economic Context*. Roger Blench, ed. Pp. 21-43. London: Overseas Development Institute.

――. 2004. *Dagbani-English Dictionary*. Tamale.（http://www.rogerblench.info/Language/Niger-Congo/Gur/Dagbani%20dictionary%20CD.pdf., 2017年2月19日参照）

Blocher, Joseph. 2006. Building on Custom: Land Tenure Policy and Economic Development in Ghana. *Yale Human Rights and Development Law Journal* 9: 166-202.

Boafo-Arthur, Kwame. 2003. Chieftaincy in Ghana: Challenges and Prospects in the 21st Century. *African and Asian Studies* 2(2): 125-153.

Boffa, Jean-Marc. 1999. *Agroforestry Parklands in Sub-Saharan Africa*. Rome: Food and Agriculture Organization of the United Nations.

Boserup, Ester. 1970. *Woman's Role in Economic Development*. New York: St. Martin's Press.

ラ行

ワ行

マ行

ヤ行

ナ行

ハ行

タ行

サ行

索引

ア行

カ行

[著者紹介]

友松　夕香（ともまつ　ゆか）

大分県生まれ。2001年、カリフォルニア大学バークレー校政治学部を卒業。2003～05年に、青年海外協力隊の村落開発普及員として西アフリカのブルキナファソ国で活動。2015年、東京大学大学院農学生命科学研究科博士課程を修了。博士（農学）。現在は、日本学術振興会の特別研究員として京都大学人文科学研究所、また博士研究員としてプリンストン大学歴史学部に所属。主な論考に、「*Parkia biglobosa*-Dominated Cultural Landscape: An Ethnohistory of the Dagomba Political Institution in Farmed Parkland of Northern Ghana」（『Journal of Ethnobiology』第34巻第2号、2014年）、「研究は実践に役立つか？」（『フィールドワークからの国際協力』昭和堂、2009年）など。

サバンナのジェンダー
――西アフリカ農村経済の民族誌

2019年3月31日　初版第1刷発行

著　者	友　松　夕　香
発行者	大　江　道　雅
発行所	株式会社　明石書店

〒101-0021　東京都千代田区外神田6-9-5
電　話　03（5818）1171
FAX　03（5818）1174
振　替　00100-7-24505
http://www.akashi.co.jp/

編集／組版	本郷書房
装丁	細野綾子
印刷・製本	モリモト印刷株式会社

（定価はカバーに表示してあります）　ISBN978-4-7503-4822-3